HarperCollins*Publishers*
哈珀·柯林斯出版集团

后浪

成 为 智 人

人类演化足迹探索涂绘书

The Human Evolution
Coloring Book

〔美〕阿德里安娜·L. 齐尔曼/著

程孙雪子 田保花/译

海峡出版发行集团
THE STRAITS PUBLISHING & DIBLISHING GROUP
海峡书局

谨以此书献给我的恩师和同事——加州大学伯克利分校的舍伍德·沃什伯恩

以及我在加州大学圣克鲁斯分校的学生们

目　录

致　谢 ……………………………………… VII

第一版序言 …………………………………… IX

第二版序言 …………………………………… XI

填色说明 …………………………………………… 1

第一章　演化的证据 ……………………………… 2

1-1　描绘地球：达尔文的旅行 ………………… 4

1-2　解释物种：达尔文的方法 ………………… 6

1-3　比较胚胎学：脊椎动物的躯体 …………… 8

1-4　比较解剖学：脊椎动物的脑 …………… 10

1-5　推陈出新：脊椎动物的耳骨 …………… 12

1-6　适应性辐射：哺乳动物的前肢 ………… 14

1-7　适应性辐射：哺乳动物的齿系 ………… 16

1-8　趋同演化：海洋与游泳 ………………… 18

1-9　趋同演化：有袋类与有胎盘类 ………… 20

1-10　微粒遗传：孟德尔的豌豆 …………… 22

1-11　孟德尔遗传学：分离定律 …………… 24

1-12　孟德尔遗传学：自由组合定律 ……… 26

1-13　体细胞分裂：有丝分裂 ……………… 28

1-14　生殖细胞分裂：减数分裂 …………… 30

1-15　果蝇、突变与连锁基因 ……………… 32

1-16　物种形成与遗传漂变：金丝猴 ……… 34

1-17　自然选择实况：加拉帕戈斯雀 ……… 36

1-18　变化中的世界地图：大陆漂移 ……… 38

1-19　生命的起源与分化 …………………… 40

1-20　古生代：从海洋走上陆地 …………… 42

1-21　中生代：爬行类主宰，哺乳类出现 … 44

1-22　新生代：哺乳动物大发展 …………… 46

第二章　生命的分子基础 ……………………… 48

2-1　生命的分子基础：DNA 双螺旋 ……… 50

2-2　生命的分子基础：DNA 复制 ………… 52

2-3　生命的分子基础：DNA 与 RNA 分子 … 54

2-4　转录与翻译：蛋白质合成 …………… 56

2-5　生命的字母表：通用遗传密码 ……… 58

2-6　一个蛋白质的演化史：珠蛋白基因的启示 ……… 60

2-7　现存物种的关系：DNA 杂交与测序 ……… 62

2-8　现存物种的关系：免疫学 …………… 64

2-9　现存物种的关系：校准分子钟 ……… 66

2-10　分子钟：以不同速率演化的蛋白质 … 68

2-11　快速分子钟：线粒体 DNA …………… 70

2-12　小卫星与微卫星：DNA 指纹 ……… 72

2-13　两个层面的演化：分子演化与形态演化 … 74

2-14　动物形体构造：同源异形框基因 …… 76

2-15　一个灭绝物种的启示：斑驴的回归 … 78

第三章　人类现存的灵长类亲属 ……………… 80

3-1　灵长类谱系：种类划分 ……………… 82

3-2　现存灵长类：世界分布 ……………… 84

3-3　灵长类生态：雨林群落 ……………… 86

3-4　灵长类生态：巢区与领地 …………… 88

3-5　灵长类生态：栖息地与生态位划分 … 90

3-6　食物与进食方式：饮食结构与齿系 … 92

3-7　灵长类的哺乳动物特征：树鼩骨骼 … 94

3-8　灵长类的运动方式：树栖与地栖 …… 96

3-9　运动方式分析：身体比例 …………… 98

3-10　自主运动：幼崽发育 ……………… 100

3-11　灵长类的抓握能力：手与脚 ……… 102

3-12　灵巧的手：手与动作 ……………… 104

3-13　行为潜能：直立姿态与两足运动 … 106

3-14　社会行为的变化与哺乳动物的脑 … 108

3-15　嗅觉：鼻子与气味交流 …………… 110

3-16　眼睛与视觉：视野与深度知觉 …… 112

3-17　眼睛与视觉：白天与彩色的世界 … 114

3-18　视觉交流：面部表情与姿态 ……… 116

3-19　听觉：耳朵与听力 ………………… 118

3-20　声音交流：灵长类的叫声 ………… 120

3-21　脑部地图：大脑皮层 ……………… 122

3-22　交流、语言与脑 …………………… 124

3-23　灵长类的社交生活：社会群体与社交联系……… 126

3-24 灵长类的哺乳动物特征：生命阶段与生命史········ 128

3-25 灵长类生命史：雌性生殖周期············ 130

3-26 灵长类生命史：雌性生殖差异············ 132

3-27 灵长类生命史：新生幼崽及其存活·········· 134

3-28 灵长类生命史：少年期与过渡期··········· 136

3-29 灵长类生命史：雄性及其社交生活·········· 138

3-30 性别差异：雌雄分殊················· 140

3-31 骨骼中的生物地理学：贡贝的黑猩猩········· 142

3-32 灵长类的智力：解决问题·············· 144

3-33 灵长类的智力：使用工具与学习技巧········· 146

3-34 种群差异：行为、传统与传递············ 148

3-35 符号与抽象：糖果游戏··············· 150

第四章　灵长类的多样性与适应性·········· 152

4-1 雨林、植物与灵长类动物·············· 154

4-2 古新世的原始灵长类················ 156

4-3 始新世的灵长类多样性··············· 158

4-4 原猴类的谱系树·················· 160

4-5 原猴类的生态与生态位划分············· 162

4-6 岛屿隔离与狐猴生态················ 164

4-7 雌性统治与能量规律················ 166

4-8 眼镜猴：跳跃专家················· 168

4-9 特殊感官与齿系·················· 170

4-10 埃及法尤姆的类人猿················ 172

4-11 新世界猴类的起源················· 174

4-12 新世界猴类的谱系树················ 176

4-13 狨猴科······················ 178

4-14 伶猴的共同抚养行为················ 180

4-15 僧面猴科与"种子天敌"·············· 182

4-16 卷尾猴科：动物捕食者··············· 184

4-17 蜘蛛猴科及其善抓握的尾部············· 186

4-18 新世界与旧世界的猴类··············· 188

4-19 旧世界猴类的谱系树················ 190

4-20 旧世界的猴类··················· 192

4-21 长尾猴：戴面具的猴类··············· 194

4-22 非洲疣猴····················· 196

4-23 圣猴······················· 198

4-24 狝猴："杂草种"与"非杂草种"··········· 200

4-25 猴类与猿类的运动方式··············· 202

4-26 猴类与猿类的觅食范围··············· 204

4-27 中新世与上新世的猴类··············· 206

4-28 中新世的猿类化石················· 208

4-29 拼接原康修尔猿·················· 210

4-30 猿类的谱系树··················· 212

4-31 亚洲猿类：长臂猿与合趾猿············· 214

4-32 亚洲猿类：红毛猩猩················ 216

4-33 性别二态性的模式················· 218

4-34 大猩猩：温和的巨人················ 220

4-35 不同的社交生活·················· 222

4-36 黑猩猩与人类··················· 224

第五章　人类演化················· 226

5-1 舍伍德·沃什伯恩与新的体质人类学········· 228

5-2 人类起源：生态剧院与稀树草原镶嵌地带······· 230

5-3 化石的诞生：从死亡到被发现············ 232

5-4 测量时间：放射性钟与古地磁测年法········· 234

5-5 原始人类化石点·················· 236

5-6 坦桑尼亚的奥杜威峡谷··············· 238

5-7 肯尼亚的图尔卡纳湖················ 240

5-8 肯尼亚的西图尔卡纳湖··············· 242

5-9 埃塞俄比亚的阿法尔三角洲············· 244

5-10 南非的洞穴化石点················· 246

5-11 南非的斯瓦特克朗洞穴··············· 248

5-12 南非洞穴中的骨骼················· 250

5-13 早期原始人类的行为················ 252

5-14 两足结构与运动方式················ 254

5-15 原始人类的运动方式：骨盆与下肢·········· 256

5-16 原始人类的运动方式：足迹与足骨·········· 258

5-17 原始人类的运动方式：露西能告诉我们什么？····· 260

5-18 南方古猿：头骨与面部对比············· 262

5-19　南方古猿：齿系对比 ·············· 264

5-20　南方古猿的适应性 ·············· 266

5-21　脑的血流模式 ·············· 268

5-22　走进显微世界 ·············· 270

5-23　手与工具 ·············· 272

5-24　非洲的早期人属成员 ·············· 274

5-25　扩散到欧洲 ·············· 276

5-26　尼安德特人：不同的物种 ·············· 278

5-27　智人的非洲起源 ·············· 280

5-28　当现代人遇到尼安德特人 ·············· 282

5-29　智人的扩散 ·············· 284

5-30　语言与脑 ·············· 286

第六章　人类的适应性 ·············· 288

6-1　有性生殖 ·············· 290

6-2　身体分节与比例 ·············· 292

6-3　身体系统与生命阶段 ·············· 294

6-4　生长与发育：头部与齿系 ·············· 296

6-5　生长与发育：骨骼与骨架 ·············· 298

6-6　生活事件的印记 ·············· 300

6-7　性染色体与伴性基因 ·············· 302

6-8　两性的身体结构 ·············· 304

6-9　生殖与文化 ·············· 306

6-10　皮肤保护盾 ·············· 308

6-11　饮奶与生活方式 ·············· 310

6-12　适应高海拔地区 ·············· 312

6-13　种群与 ABO 血型系统 ·············· 314

6-14　镰状细胞抗击疟疾 ·············· 316

6-15　镰状细胞：环境与文化 ·············· 318

6-16　人类的迁徙 ·············· 320

进阶版填色技巧 ·············· 322

致　谢

我从 1995 年开始撰写《成为智人：人类演化足迹探索涂绘书》的第二版，而完成全书是一段漫长的旅程，其间我获得了很多人的帮助。

在这段旅程中，琼·埃尔森（Joan Elson）一直与我同行。她是我的编辑和平面设计师，同时还是我的老师、学生和"啦啦队队长"。最重要的是，每当我们遇到无法回避的障碍，可能要绕道而行时，她都对这个项目充满信心。在共同工作的数年里，分享冷冻快餐和巧克力，以及一起在野外赏鸟散心的轻松时光都拉近了我们之间的距离。

几位朋友在本书的写作、编辑和研究方面贡献良多，他们为我出谋划策，提出修改意见。尽管有些人参与的时间并不长，但若没有他们的帮助，这本书便无法完成。在此感谢德布拉·博尔特（Debra Bolter）、玛吉·道森（Maggie Dawson）、特德·格兰德（Ted Grand）、杰里·洛温斯坦（Jerry Lowenstein）、罗宾·麦克法兰（Robin McFarland）、玛格达·穆赫林斯基（Magda Muchlinski）、金·尼科尔斯（Kim Nichols）和梅丽莎·勒米（Melissa Remis）。

许多不同领域的专家也对我施以援手，他们在试读新出炉的章节和插图后，耐心回答我的问题，分享他们的想法并做出评价，还提供了大量素材。在此感谢罗宾·阿布-舒梅斯（Robin Abu-Shumays）、斯图尔特·奥尔特曼（Stuart Altmann）、珍妮·奥尔特曼（Jeanne Altmann）、巴里·博金（Barry Bogin）、迪克·伯恩（Dick Byrne）、克里斯·迪安（Chris Dean）、迪安·福尔克（Dean Falk）、琳达·费迪甘（Linda Fedigan）、奥古斯丁·富恩特斯（Agustin Fuentes）、多萝西·哈里斯（Dorothy Harris）、尼娜·雅布隆斯基（Nina Jablonski）、法里什·詹金斯（Farish Jenkins）、利奥·拉波特（Léo Laporte）、菲利斯·李（Phyllis Lee）、史蒂夫·利（Steve Leigh）、唐·伦凯特（Don Lenkeit）、罗伯塔·伦凯特（Roberta Lenkeit）、香农·麦克法兰（Shannon McFarlan）、玛丽莲·诺康克（Marilyn Norconk）、米歇尔·索特（Michelle Sauther）、加里·施瓦茨（Gary Schwartz）、卡罗琳·马丁·肖（Carolyn Martin Shaw）、克里斯·斯特林格（Chris Stringer）、雪莉·斯特鲁姆（Shirley Strum）、鲍勃·萨斯曼（Bob Sussman）、乔安妮·坦纳（Joanne Tanner）、阿利·巴伦西亚（Alis Valencia）和安·约德（Ann Yoder）。我的研究助理包括贾森·布拉什（Jason Brush）、苏珊娜·施塔茨（Susannah Staats）和勒妮·夏普（Renee Sharp）。

才华横溢的艺术家卡拉·西蒙斯（Carla Simmons）创作了本书所有新增的原创插图，第一版中的很多作品也出自她手。克里斯·埃尔森（Chris Elson）将两版插图成功地融合在一起。

特别感谢我的"灵长类社交小组"的核心成员在过去两年高强度的工作中给我的莫大支持，包括我的编辑委员会、TIG、JML、MM、MD，以及"斯科特河不正常人类"（Scott Creek Irregulars）。

最后，我深切悼念四位已经离开人世的亲友，他们的爱与支持始终如一，他们给我的灵感永不枯竭。他们是：墨菲·麦克法兰（Murphy McFarland）、希拉·霍夫（Sheila Hough）、卡尔·齐尔曼（Carl Zihlman）和舍伍德·沃什伯恩（Sherwood Washburn）。

第一版序言

四年前，在一个涉及脚印证据的案件中，拉里·埃尔森（Larry Elson）和我作为专家证人，被邀请出庭作证。我们都曾是加州大学伯克利分校的研究生（在不同的学院），但已有 10 年没见过面了。当我们作为辩护方的专家证人重逢时，拉里作为畅销书《解剖学涂绘书》的作者之一，请求我考虑撰写一本关于人类演化的涂绘书。解剖学当然适合用"涂绘书"的呈现方式。而对于人类演化来说，内容很多，如何采用"涂绘书"的形式来表现，我思索了很久。其实，很多人类特征极其适合通过"涂绘"来表现，比如彩色视觉、手眼配合、手部灵活性，以及为使用工具而演化的大脑！

在 20 世纪 60 年代早期，我曾是舍伍德·沃什伯恩的学生，从他身上我学到简洁清晰的口头表达和视觉辅助对于高效教学的重要性。在过去 15 年中，我在加州大学圣克鲁斯分校教授人类学时应用了这些方法。此外，特德·格兰德是我在伯克利的好友和同事，他对此书有很大影响。特德是一名富有创新精神的人类学家和解剖学家，他强调优美的插图对于清晰传播解剖学概念的重要价值。知名的插图师道格·克拉默（Doug Cramer）同时也是一名人类学家，在我们的多次合作中，他向我展示出插图与人类学之间的紧密联系。舍伍德·沃什伯恩、特德·格兰德和道格·克拉默都在这本书诞生的过程中扮演着重要的角色，尽管他们自己并不知道。不过，我并不要求他们为本书的内容负责。

多年来，我与杰里·洛温斯坦合作过多篇科普和学术文章，他教会我如何清晰而幽默地向广大读者传递信息，并从中体会到乐趣。与另一位同事，古生物学家利奥·拉波特的合作让我认识到，在自己的课题上放宽眼界大有裨益。

事实证明，很多学生从《解剖学涂绘书》中获益匪浅。从根本上说，在创作本书的过程中，我也以自己的学生为读者对象，尤其是人类学基础课《人类演化导论》的学生。我深知要讲清楚某些专业概念（例如 DNA 的结构和功能）有多难，一本针对此类概念的涂绘书的教育意义非同小可。

当然，这本书中的观点与其他人类演化教材的观点有一些差异。例如，我认为分子生物学证据对于演化论的重要价值堪比化石和比较解剖学，因此在本书中，我对于分子数据和相对熟悉的传统证据给予了同等的重视。在关于"人"（Man）的演化的著作中，女性和小孩经常被忽略，本书将他们视为与男性同等地位的演化参与者。书中还呈现了我自己在比较解剖学、化石和倭黑猩猩方面的原创研究成果，同时我也力求平衡自己和他人的观点。人类演化至今依然颇具争议，很多人甚至仍然否认演化的真实存在。

四年前，拉里·埃尔森和我因一组脚印而相遇，现在，本书成形出版，书封面上印着 300 万年前的人类化石足迹，两个脚印之间是一段艰难又漫长的成书旅程，演化仅仅是人类旅程的开端。全书共111 个图版，有些可能比较复杂，每一个图版背后都浓缩了几十篇学术论文和多部著作的章节，以及学者们多年的思考。图版通过了专家和初学者的测试。设计图版是为了让读者能够通过涂绘过程更好地学会相关内容。

准备好踏上这段从生物分子到猴类再到现代人的演化旅程吧！你只需要准备好填色用具，以及灵长类的脑和手——正是依靠两者的组合，我们的祖先才能在过去的 6,000 万年里成功幸存下来。

阿德里安娜·L. 齐尔曼

1981 年 6 月

美国加利福尼亚州，圣克鲁斯

第二版序言

在《成为智人：人类演化足迹探索涂绘书》第一版出版后的 20 年里，书中涉及的诸多主题和知识有了许多新发展。这是一个令演化理论和人类学领域兴奋的时代！《科学》《自然》等期刊、国家级和地方性的报纸与其他媒体几乎每周都会刊发报道，介绍来自非洲、亚洲或欧洲的重要化石新发现，或是新出炉的灵长类关系及其迁徙研究线索的分子数据。对人类演化课题有影响的研究材料从四面八方不断涌来。然而，其中很多材料一开始只对专家开放，而且对于学生和普通读者来说也很难理解。我的目标是用学生和非专家能够理解的方式，来介绍与人类演化有关的知识。

本书第一版受到了学生及教师们的热烈欢迎，并且被翻译成多种语言。这让我萌生了对其进行修订的想法。1990 年，为了探讨体质人类学基础课程的教学问题，圣克鲁斯的卡布里洛学院举办了一个圆桌论坛。当时有几名同事正在教学中使用这本书，他们给我提出了宝贵的建议。罗伯塔·伦凯特和唐·伦凯特夫妇是加利福尼亚州莫德斯托学院的长期教员。他们系统性地研读过第一版的每一个图版，对其实用性给出了很多评价，并指出了他们最喜欢的章节以及完全没有用到的部分。他们提出的改进建议促使我这次对我们已知的人类演化知识进行了改写、扩增和更新。

第一章的演化概论为演化证据的发展提供了历史背景。要将达尔文的研究工作总结在 2,000 个单词以内几乎是不可能的任务！好在很多书籍为我提供了帮助，比如珍妮特·布朗（Janet Browne）于 1996 年出版的达尔文的传记。伦敦自然历史博物馆的演化展览则为我如何展现视觉信息提供了新的思路。罗斯玛丽·格兰特和彼得·格兰特夫妇（Rosemary and Peter Grant）开拓性的研究记录了加拉帕戈斯群岛大达夫尼岛（Daphne Major）上达尔文雀的演化过程，为达尔文的著名推论——自然选择对生物的影响会随时间而改变——提供了新的证据。我最近到加拉帕戈斯群岛进行考察时，彷佛随达尔文回到了 1858 年，那时，他发现了岛上和岛屿间不同动植物物种的差异。之后，人们在演化论的基础上提出了遗传漂变理论，后续研究成果又继续支持了该理论，如尼娜·雅布隆斯基对中国仰鼻猴[①]的研究。各种新研究都在不断证明演化和自然选择的基本原则。

分子演化领域内的变化更是翻天覆地，第二章的体量比上一版增加了一倍。在 20 世纪 60 年代，我在加州大学伯克利分校的导师舍伍德·沃什伯恩，超前地意识到分子数据为灵长类演化提供了独立于化石和比较形态学的另一条证链，并教授了相关课程。文森特·萨里奇（Vincent Sarich）和艾伦·威尔逊（Allan Wilson）在伯克利进行的分子研究表明，人类和非洲的猿类在 500 万年前（而不是当时人们普遍认为的 2,500 万年前）拥有共同的祖先。这个结论在当时极具争议性，而现在却成了

[①] 由于世界上最早发现的仰鼻猴是长有金黄色皮毛，生活在中国四川、陕西、甘肃的金丝猴，所以仰鼻猴通常被称为金丝猴。——编者注

新的常识！埃米尔·楚克坎德尔（Emil Zuckerkandl）和莱纳斯·鲍林（Linus Pauling）高明地提出了至今仍然很难被理解的分子钟的概念。在第二章中，我用了4个图版来讲解分子钟，这一概念还在继续对各种演化研究产生巨大的影响。DNA已经是人们耳熟能详的名词，甚至出现在字谜游戏中，但线粒体DNA和微卫星就没有那么知名。为了描绘出演化研究领域中令人兴奋的"新前沿"，我又增加了2个图版：一个讲述同源异型框，它既是解开生物发育奥秘的关键，也是基因与形态学之间的连接点；另一个则介绍了已灭绝物种的分子数据，勾勒出一部现实版的《侏罗纪公园》。

第三章是关于人类现存的灵长类近亲，其中包含丰富的维度和概念，对我来说挑战巨大。我在这一章中介绍了人类和灵长类近亲共有的多种生活方式，以及哺乳动物的演化遗产（脑和情感）。我自己的很多研究与生命史相关，这一章添加了大量生命史的内容，描绘了不同年龄、性别的灵长类个体在生存繁殖活动中的差异，并且加入了无数辛勤的野外工作者采集和汇编的数据。在我关于贡贝的黑猩猩的研究中，我试图通过"读懂"骨骼化石来解释动物的骨骼损伤。珍·古道尔（Jane Goodall）曾通过记录后者，揭示了这些动物的生命史。她对黑猩猩个体和社会的长期研究表明，黑猩猩各自生活方式迥异，它们都可以形成专属的传统和习惯。我希望本章能够表现出黑猩猩与人类之间演化的连续性，尽管两者差距不大，但是中间有一条深深的鸿沟。我们还在不断加深对二者差异维度的认识。

第四章是全书中最长的一章，主题是灵长类的多样性和辐射演化。科学家通过对灵长类行为、化石和分子的长期研究，大大推进了演化课题的进展。我的挑战是，如何将野外研究者的故事和令人激动的研究成果呈现给大家，让年轻人以他们为榜样，不断探索未知。在他们的努力下，新世界猴类的研究成果突出，我们对马达加斯加狐猴的了解变多了。我们发现，过去所知甚少的眼镜猴在灵长类谱系树上占据了新的位置，因为它与类人猿的关系比与原猴类更近。得益于适应性极强的牙齿，新世界猴类采取了各种相对巧妙的觅食方式——从挖凿洞穴到嚼食坚硬的种子，无所不能。当然，旧世界猴类和猿类（红毛猩猩、大猩猩和黑猩猩）的适应性也在被不断地探索和阐明。在这一部分，我将侧重点放在解剖学上，让学生从内部视角了解它们运动和觅食方式（外在行为）的基础，同时增加对化石记录的理解——鉴于化石种通常只有骨骼和牙齿保留了下来。不幸的是，今天我们刚刚对自己的灵长类家族有了一点更深入的认识，却发现许多灵长类正面临着越来越严重的生存威胁，它们的种群正在衰落，科学界和自然生态将蒙受巨大损失，这无疑是个悲剧。

第五章是关于原始人类的化石记录，这是改动幅度最大的一章。新发现总是令人兴奋，运用诸如CT扫描等技术对已熟知的化石进行再次研究，有时能够证实我们过去对人类演化的认识，但更多的情况是，它们改变了那些陈旧的观点。我们已经清楚，仅依靠化石并不能构建起关于演化的知识，分子数据同样能产生深刻洞见，例如，它能确证黑猩猩是人类最近的亲属，确定智人约在15万年前起源于非洲，另外通过化石DNA还能证明智人与尼安德特人分属不同的物种——它们在6万年前从共同的祖先那里分别演化出来。这些发现在人类学家之间引发了大量争议，并让那些持有旧观点且观点与新数据不符的学者非常沮丧。当然，在其他很多问题上，如有关化石的解读和分类，还有人属物种在 250 万年至 200 万年前的起源，不同学者间还存在一定分歧。本书仅呈现了在合情合理的情况下建立起的理论，以及关于专业人士分歧点的叙述。我总是强调，演化领域一直在不断更新变化，没人能够预测明天的新发现和新技术又会为我们带来什么。

第六章的重点是人类，从受精卵的发育到个体的生长，再到种群的形成。人类在不同的发育水平下和各个人生阶段中，个体间的差异始终存在。乔治·盖洛德（George Gaylord）称人的各个阶段是人类演化研究的第四维。骨骼和牙齿记录了个体的生活、事件和与种群健康相关的信息，这些信息可以通过科学研究来读取。我们对自身的了解可由此扩展到历史中的和史前的人群。人类的生物特征与我们的文化相互影响、彼此塑造。从寄生虫泛滥的热带地区，到寒冷得无法呼吸的高纬度地区，人类适应了各种各样的气候和环境。无论走到何处，我们的基因、传统和语言都与我们形影不离。

本书是作为本科生入门教材而写的，基于我长期的教学经验，其中一些内容对高中生和教师可能也有所帮助，有一部分也可被研究生用作复习资料。我希望读者能在探索人类演化足迹的过程中兴趣盎然并获得无穷的乐趣。我在书中引用了很多同行的研究成果，读者也许可以借助本书了解到其他人的研究内容。有些图版直观易懂（例如描绘手的图版），填色较为容易，而有些（例如涉及分子数据和解剖结构的图版）则需要更多的精力。填色完成之后相关信息会更容易理解。本书的目的是传递关于科学发现的兴奋感和历史感，并展现在世界各地奉献数年甚至一生来解答演化问题的科学家作为普通人的一面。当然，本书只能呈现海量信息中极小的一部分，但我希望它能帮助各个年龄段和各种背景的读者更深入地理解生而为人的意义。

阿德里安娜·L. 齐尔曼

2000 年 11 月

美国加利福尼亚州，圣克鲁斯

填色说明

1. 本书由插图（图版）和相关的文字组成。图中的事物（或结构）及其名称（用大号的中空字体表示）标注有相同的字母（尾注 a、b、c 等）。你需要为每种事物（或结构）及其名称填上相对应的颜色。

2. 你需要提前准备填色工具，最好是彩色铅笔，中、细线条的签字笔也可以。12 种颜色就足够填色，不过颜色越多，你得到的乐趣也越多。

3. 本书的内容安排是基于作者对该课题的整体认识，与一门正式的导论课程的顺序相一致。为了尽可能地从书中获益，建议你按顺序为图版填色，至少在一章内要按顺序完成。当你按顺序完成一个图版并阅读对应文字后，插图就会显现出更大的价值，各部分间的关系也会更加清晰。

4. 在对一个图版填色前，先大略观察一下整幅插图，注意名称的顺序和排布方式。你可以数一下尾注的个数，以确定需要的颜色数量。然后浏览一下填色指南（用加粗字体表示），以获得更多提示。请确保按照指南给出的顺序进行填色。在大多数情况下，这意味着从图版顶部的第一个名称（a）开始，按照字母顺序填色。个别图版需要你在开始填色前先思考一下如何安排颜色。对于有的图版，你可以用同一色系但不同色调的颜色来表示相关联的图案，用反差色来表示有差异的图案。对于需要采用反映事物（或结构）的自然外观的颜色，填色指南可能会给出提示，你也可以根据自己的知识和观察来选择颜色。最重要的判断因素是将事物（或结构）及其名称对应起来。如果要填色的事物（或结构）有多个需要不同颜色的部分，你可以把这些颜色组合起来填到名称上。建议先给名称填色，然后再完成对应的事物（或结构）。

5. 需要填色的部分和周围区域由粗边线划分开。较细线条代表底纹或某种填色形式。如果你使用的颜色够浅，这些底纹就会透过颜色显现出来，你可以用深一些的颜色，与底纹一起呈现出一种三维的效果。部分填色区域之间的边界线是由点构成的虚线，用以区分事物（或结构）的名称，这种虚线并非某种事物（或结构）真实的边界线。如果一个图版上出现重复的底图，如左右对称的结构、分支或分节，我们只为其中一处标上尾注。若底图没有明显边界且没有其他提示，则需为这些底图填上相同的颜色。整体来说，较大的区域应填浅色，而较小的区域应填深色。谨慎使用很深的颜色，因为它们会覆盖底纹或点彩等细节。有时一个图案可能标注有 2 个尾注（比如 a+d），此时建议选用两种浅色。星号 ✿ 意味着需要为名称或底图填上灰色。若名称后面出现 a^1、a^2 等尾注，则说明这些部分具有较强的相关性，建议使用同一色系不同色调的颜色来填色。

6. 有时，完成一个图版需要的颜色种类，可能超过你的画笔颜色数量。若不得不在一个图版中重复使用一种颜色，请注意不要引起混淆，并将同种颜色用在完全分隔的区域中。

7. 如想了解更多关于色彩搭配的信息，请阅读"进阶版填色技巧"一节。

第一章　演化的证据

演化论解释了地球上各种生命的起源和多样性。在第一章中，我们将从历史、比较和适应的维度来介绍演化过程。人类与其他灵长类和脊椎动物在生物化学、形态学和胚胎学等很多方面都有共同之处。这一章中，我们还会举例介绍生命随时间变化的两种模式——适应和趋同。

过去150年来，对演化论的理解本身也在不断演化。查尔斯·达尔文（Charles Darwin，1809—1882年）最先明确且系统地提出有机生命的演化论，该理论如今已是现代生物学的基石。他的观点反驳了当时人们的普遍看法——物种是被创造出来且固定不变的，它们完美地适应所在的环境，所有物种都是造物主"伟大设计"的一部分。达尔文通过观察自然过程，将多条不同的证据链结合，并以此为基础，寻求科学的解释。他得出了新的结论：物种并非一成不变，它们在不断适应周围的环境，不断地多样化，分化形成亚种和独立子物种，其中大多数物种最终都会灭绝。物种随时间动态演变的机制被达尔文称为自然选择。为了捍卫自然选择理论，达尔文不得不说服他的科学家同行们接受物种变化的内在逻辑性，并与当时盛行的科学观念和宗教信条对抗。

1859年，达尔文在《论依据自然选择即在生存斗争中保存优良族的物种起源》[①]一书中论述了上述极具颠覆性的观点，这本书是集他多年来观察、思考与研究的大成之作。年轻时，达尔文先后在爱丁堡大学学习地质学，在剑桥大学进修植物学，后作为博物学家随英国皇家海军的"小猎犬号"（H.M.S. Beagle）出海（见1-1）。在航程接近尾声时，"小猎犬号"造访了加拉帕戈斯群岛。这个火山群岛坐落于厄瓜多尔以西1,000多千米的太平洋中。尽管当时达尔文还没有梳理总结他的演化理论，但他仍感觉到，这些岛屿上有某种力量在发挥作用。他在日记中写道："在这里，无论在时间还是在空间上，我们似乎都更接近那个伟大的事实，那个谜团中的谜团：新的生命形式在地球上的首次亮相。"

达尔文研究了珊瑚、蚯蚓、兰花、鸽子、藤壶和人类婴儿；他的论述涉及博物学、地质学、动物学、植物学、心理学和人类学。他的洞见为探索演化过程的本质带来了全新的视角（见1-2）。1969年，迈克尔·盖斯林（Michael Ghiselin）曾在文章中论述了"达尔文的方法的胜利"。达尔文有着非凡的能力，他提出大胆的猜想和假设，并通过观察与实验来验证，从而在看似无关的信息之间发现合乎逻辑的模式。例如，他将自然选择与驯化动物的繁育联系起来，可谓天才之举。

达尔文认为，物种是连续变化且彼此互相关联的，这一观点得到了现代胚胎学与比较解剖学的支持。在生物发育的最初几天或几周内，不同物种的形态非常相似，而到了成年期，它们则明显不同（见1-3）。脊椎动物间的联系在于容纳感官及中央神经系统的头部（见1-4）。随着生物体的成长和发育，起初相同的胚胎

结构开始发展出新的功能：鱼类的鳃弓结构在爬行动物身上可能发育成颌骨，而在人类身上最终成为耳骨（见1-5）。

一个物种如何变为另一个物种，达尔文给出的解释是"后代渐变"。哺乳动物的前肢具有相似的骨骼结构（见1-6），但功能不同：蝙蝠飞行，鼹鼠挖洞，海豚游泳。类似地，牙齿和颌骨上的改变也导致其表现各异。有些哺乳动物以肉类为食，有些吃树皮，有些吃树叶与果实（见1-7）。从同一祖先演变而来的身体变化很好地阐释了达尔文的分异原理（现在称之为适应性辐射）。

另一个过程被称为趋同演化，即在相似的选择压力下，没有亲缘关系的生命体也会变得相似。海洋动物都演化出鱼雷般的流线型躯体，无论是鱼类、爬行类（如鱼龙）、哺乳类还是鸟类（见1-8）。北美洲的有胎盘类哺乳动物和澳洲的有袋类哺乳动物在身体形态、生活行动方式和饮食结构上都显现出许多相似的特征（见1-9）。

达尔文认识到，种群中的个体变异会通过某种方式从一代传递给下一代，但他当时并不知道遗传的基本原理。遗传单元（基因）和遗传定律由奥地利神父格雷戈·孟德尔在达尔文生前发现，但几乎一直不为科学界所知，直到这些知识在1900年被再次提起（见1-10、1-11、1-12）。体细胞分裂的过程叫做有丝分裂（见1-13），产生生殖细胞的过程则被称为减数分裂（见1-14），理解两者对理解遗传过程至关重要。减数分裂展现了变异是如何在代际传递并维持的，强调了基因重组对于保存已有变异和产生新变异的重要性。

孟德尔的观察结果预见了可将遗传因子从父母传递给后代的基因的存在。20世纪，人们对遗传学的认识有了显著提高，个体基因（基因型）与外部特征表现（表现型）之间的关系被进一步阐明。对果蝇的研究加深了我们对基因突变、有性生殖下的基因重组及伴性基因的理解。基因可能会自发突变。一些基因排列在同一条染色体上，互换过程会将这些相关联的基因打乱，从而产生新的组合（见1-15）。20世纪初期，遗传学家十分强调突变对物种诞生的作用，令达尔文的自然选择概念黯然失色，甚至有取而代之之势，"达尔文主义"似乎被彻底抛弃了。

对许多相信生命的有机演化确实存在的达尔文的同行来说，仅依靠自然选择，似乎还不足以解释新物种的形成。到了20世纪30年代，自然选择的概念和它在演化过程中的作用才受到重视。一群侧重数学方法的种群遗传学家重点研究了种群和基因池中的集体变异，他们发现了"遗传漂变"这一演化过程。当一个种群被地理条件分隔为更小的繁殖群体时，较小的基因变化可以累积起来。以突变和基因重组作为变异来源，以自然选择作为动因，被分隔的种群可能最终变成新的物种。金丝猴的典型案例说明了遗传漂变、小种群效应和抽样变异是如何导致物种形成的（见

---

① 简称《物种起源》。——译者注

1-16）。在过去的1万年中，环境波动与人类活动的增加导致了生物栖息地的碎片化，这一金丝猴种群内部过去分布广泛的基因流被截断。在自然选择和遗传漂变的影响下，这些被孤立的种群逐渐演化为当今四个截然不同的物种。

然而，新物种的形成不是突变和自然选择非此即彼导致的，而是这两种机制的共同作用，再加上遗传漂变的影响，才导致了个体、种群和物种层面的变异。20世纪30年代的几个潮流，包括种群遗传学的崛起和对自然种群的野外研究的开展，以及针对化石记录中的变异的新分析法的出现，共同促进了"现代综合演化论"的形成。

自然选择是可以被观察和测量的。罗斯玛丽·格兰特和彼得·格兰特夫妇关于加拉帕戈斯雀（见1-17）的长期研究重点关注的是在人类寿命长度内生物演化的实际情况。达尔文认为自然选择是没有长期目标的，科学界也同意这一点。在普遍的环境条件的制约之下，自然选择只在新一代可发生变异的范围内起作用，并由此改变下一代个体的特征。

20世纪60年代，当板块构造学说的机制被认可时，我们对物种分布和其随时间变化的认识发生了一次飞跃（见1-18）。地质作用，如达尔文曾经历过的火山喷发和地震等，会导致大陆持续移动，这又会对陆地上动植物物种的分布产生影响。从大约40亿年前地壳形成，最早的生命出现开始，新物种不断诞生、分化、繁盛，再逐渐被取代，并最终走向灭绝（见1-19）。在久远的地质史中，生命形式与地球一直保持同步变化。我们认识到，从最早的脊椎动物（见1-20）、最早的哺乳动物（见1-21），到我们最早的灵长类祖先的出现（见1-22），所有演化"产物"都是自然选择、有性生殖中的基因重组、基因突变、遗传漂变和物种迁移所共同塑造而成的。

达尔文一定非常喜欢这个结论！

1–1
描绘地球：达尔文的旅行

查尔斯·达尔文改变了我们看待自己和世界以及地球上一切生命形态的方式。这位博物学家是如何提出关于演化和自然选择的思想，并引发了一场生物学革命的呢？达尔文的科学家生涯始于跟随英国皇家海军的"小猎犬号"的一次航行。这次航海任务旨在绘制南美洲沿岸海域的海图，达尔文作为博物学家以及船长罗伯特·费茨洛伊（Robert FitzRoy）的伙伴随同前往。在为期五年（1831—1836年）的环球航行中，尚未提出演化论的达尔文苦苦思索着自己观察到的生物的多样性及其分布。

首先，为"小猎犬号"（a^1）以及它的出发地英国普利茅斯港（a）填色。

"小猎犬号"航行了很远的距离，驶过了大量海岸线，造访了无数岛屿和群岛。随着航程的推进，达尔文意识到，"与无垠的大海相比，干燥陆地所占的比例是多么小"。只要有机会，达尔文就会登上陆地。五年间，他花了三年的时间深入山区，跨越潘帕斯草原并探索雨林。他研究岩层构造，收集动植物标本，观察不同栖息地上的生物组成，同时还注意到地理阻碍对于物种分布的影响。在这次航行中观察和收集到的材料为达尔文对自然世界的毕生研究奠定了基础。

接下来，为前往佛得角群岛（b^1）的航段（b）填色，该群岛位于西非海岸外的大西洋中。然后为抬升的珊瑚礁（b^2）填色。

"小猎犬号"在佛得角群岛停靠了23天。在这期间，达尔文详细地研究了当地的地质情况。此时，他已经拜读了查尔斯·莱尔（Charles Lyell）新出版的《地质学原理》。书中解释称，地质风貌，诸如隆起、侵蚀和沉积等，都是自然作用的产物。对达尔文来说，佛得角群岛的案例印证了莱尔在书中描述的作用。

达尔文观察到，岛屿一侧暴露的一层层珊瑚本来应该生长在浅水中，而不是生长在水面以上。于是他得出结论，这些在岩石上远远高于潮位的地方由珊瑚沉积物形成的白色条带，证明了火山活动不仅曾让这里的海面在较早时期发生过抬升，而且还改变了地表风貌。在航行的早期，达尔文开始对一个当时刚出现的地质理论深信不疑，即地球是不断动态变化的，而非静止固定的。

接下来，为前往阿根廷（c^1）的航段（c）填色。为大地懒的化石遗迹（c^2）填色。

在探索阿根廷广袤的潘帕斯草原时，达尔文发现了很多已灭绝动物的骨骼化石，例如大地懒（一种在地面上生活的巨型树懒）、雕齿兽（一种巨型犰狳）和箭齿兽（一种类似河马的奇怪动物）。达尔文注意到，有些已灭绝的生物就像是南美洲某些现存动物的远古亲戚，而另一些则不像任何现存的动物。为什么有些物种突然间消失了，有些被相似但略有不同的现存动物替代了呢？达尔文试图寻找一个答案。

为绕过合恩角前往智利（d^1）康塞普西翁的航段（d）填色。别忘了给下面喷发的火山和地震废墟（d^2）填色。

在探索智利南部的森林时，达尔文经历了一场强烈的地震。他后来写道："剧烈摇晃让我头晕目眩。"那场地震波及了约640千米的海岸线，并伴随一系列火山喷发，这一切都被"小猎犬号"上的达尔文记录下来。当"小猎犬号"停靠在位于震中的康塞普西翁时，达尔文目睹了这个城镇遭受的巨大破坏。据他判断，海平面从之前的海拔高度急剧抬升。他发现看似稳定的地球可以在经历短暂而剧烈的地质事件后发生重大变化。

为前往加拉帕戈斯群岛（e^1）的航段（e）填色，完成整个图版。该群岛位于厄瓜多尔以西1,000千米，坐落在赤道上。为群岛上多样的生物（e^2）填色。

航程接近尾声时，"小猎犬号"在加拉帕戈斯群岛停留了5周。这一火山群岛是地球内部的岩浆从地壳热点涌出时形成的。海水中来自西面的温暖表层洋流与来自南面的寒冷上升洋流交汇在一起，在这里同时孕育出极地与热带物种。看到企鹅、海豹、海狮与飞鱼和仙人掌以及热带鸟类（如火烈鸟）生活在一起，达尔文感到无比惊愕。巨型陆龟（该群岛就是以它们来命名的[①]）和鬣蜥等蜥蜴在这里繁衍生息，而蛙类和本土哺乳类动物却不见踪影。达尔文十分好奇，这样不同寻常的物种组合究竟是如何在这些岛屿上形成的呢？

在对动植物的多样性及地理分布进行观察后，达尔文开始质疑物种是从一次性的创造行为中诞生且不可改变的。他认为，和地球一样，物种也在不断变化。各种形式的生物体会占领新的栖息地，在新的环境中求生。经过一代代的变化，有的变成了新的形态，有的走向了灭绝。演化的观点开始在达尔文的脑海中逐渐成形。

[①] 加拉帕戈斯由西班牙语 Galápagos 音译而来，意为陆龟群岛。——编者注

达尔文的旅行

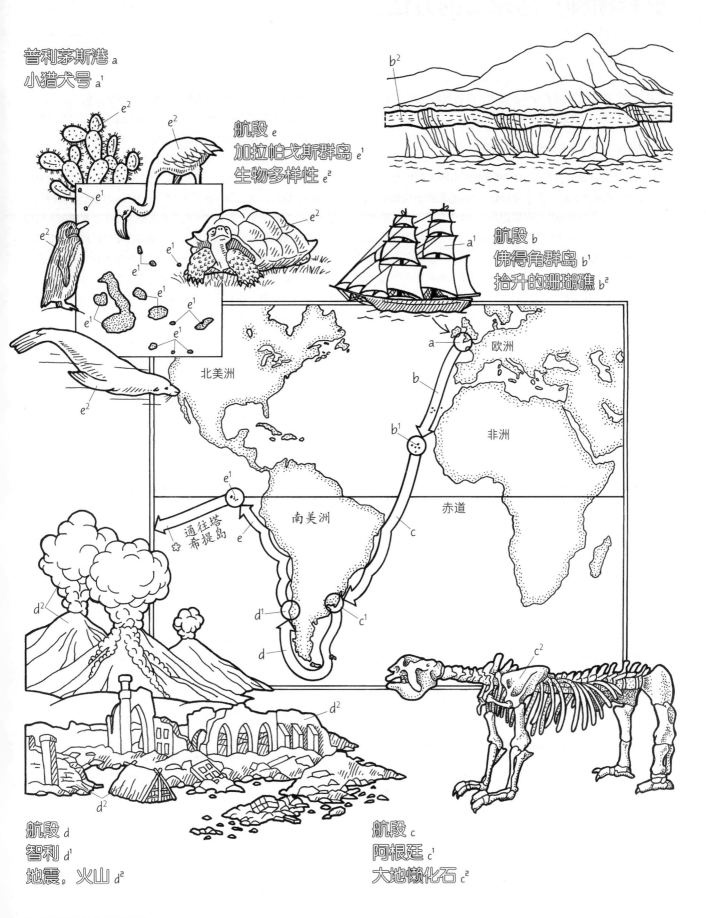

普利茅斯港 a
小猎犬号 a¹

航段 e
加拉帕戈斯群岛 e¹
生物多样性 e²

航段 b
佛得角群岛 b¹
抬升的珊瑚礁 b²

北美洲

欧洲

非洲

赤道

南美洲

通往塔希提岛 e

航段 d
智利 d¹
地震，火山 d²

航段 c
阿根廷 c¹
大地懒化石 c²

1-2
解释物种：达尔文的方法

人们曾认为动物和植物是一成不变的，然而太平洋上荒凉的加拉帕戈斯火山群岛把难题摆在了达尔文面前。为了寻求这些问题的答案，达尔文采用了科学的方法，即将观察、批判性思考、创造联系、提出假设并用实验验证结合起来。

为代表达尔文实验的种子和鸟类填色。

达尔文经过观察发现，加拉帕戈斯群岛的某些鸟类和蜥蜴与一水之隔的南美洲的同类十分相似。如果它们的祖先都来自南美大陆，那么其中哪些物种可以跨越 1,000 千米的大洋，哪些又可能失败呢？鸟类会飞，贝类在幼体阶段可以在水面漂浮，龟类擅长游泳，蜥蜴可以趴在树枝上随河水顺流入海。另外，青蛙等两栖类则无法长时间在盐水中存活，也几乎从没出现在距离大陆 800 千米以外的海岛上。

达尔文困惑于植物是如何抵达那里的？也许种子会漂流到岛上，或者被鸟类带到那里。达尔文用实验证明，在盐水中浸泡后，种子仍可以发芽。他用在鸟类粪便和迁徙鸟类脚爪上的泥土中找到的种子培育出了幼苗。在一个实验中，达尔文将一只死鸟泡在盐水中长达一个月，竟然还从它的嗉囊中找到了能发芽的种子！当时盛行的观点认为，"造物中心"[①]可以解释动植物独特的分布，而达尔文拒斥了这个观点。相反，他认为自然作用完全可以解释生物的地理分布。

为通过选择性育种得到的犬类品种填色。

回到英国后，达尔文继续思考物种如何变化的问题。他对选择性育种产生了浓厚的兴趣。驯养的动物和人工栽培的植物几乎具有无穷多个变种。为了从已有的品种中得到一个新品种，繁育员需要选择那些具有最理想特征的个体进行选择性杂交繁殖，从而让理想特征在后代中逐渐集中体现。这个过程可以培育出胜任高山搜救任务的大型圣伯纳犬和用于放牧羊群的柯利牧羊犬，以及具有流线型身体且擅于捕猎獾类的达克斯猎犬。

由于"人工选择"十分有效，达尔文将其与野生种群联系起来，并提出关于自然选择的假设。他认为，一种与之类似的自然选择过程在长年累月的作用后，也可以产生不同的物种，正如今天地球上看到的那些一样。

为代表科学家们交流活动的著作、信函和出版物填色。

尽管达尔文一直在乡村过着近似隐居的生活，但他并非孤立地工作。他频繁写信向同事们请教，在科学期刊上发表了大量文章，在各种学术团体中报告自己的研究。在"小猎犬号"航行结束之后的 10 年内，达尔文出版了 4 部著作，修订了 1 部著作，编辑了 19 卷期刊，撰写了 25 篇学术论文，完成了长达 250 页关于物种演变的手稿，并把自己的想法写满了 7 个笔记本。

达尔文涉猎广泛且系统。1838 年，他偶然读到托马斯·罗伯特·马尔萨斯（Thomas Robert Malthus）在 1798 年撰写的《人口论》。这篇论文为达尔文一直难以解答的问题提供了破解灵感。马尔萨斯观察到，人口数量只需经过一代就能增加一倍，这会导致食物供不应求。他认为，既然任何时间点的人口数量与食物供给量大体上是平衡的，那么就一定存在某种抑制因素在限制人口增长。达尔文以前并没有思考过人口数量的稳定性问题。他对马尔萨斯关于人类的想法进行了归纳，并将其应用到自然界中。动物和植物通常会产生大量后代，然而只有很少能够存活下来。达尔文认为，最羸弱、最不适应环境的那些个体会在这场持续的"生存斗争"中被淘汰出局。

达尔文进一步思考了是何种因素决定了个体是繁衍后代还是无后而亡。后代并不与它们的父母和兄弟姐妹完全一样。如果它们能在实际生存的环境中存活下来，则会比其他个体更强壮，也更适应环境。这些个体成熟后便将其有利特征传递给后代。这个筛选过程被达尔文称为自然选择，它会一代代进行下去。此时，达尔文已经能够清晰地领会由不同个体组成的种群随时间演变的过程。

为达尔文的生命之树填色，完成整个图版。

自然选择过程通过时间逐渐改变和转化物种。新物种从旧物种中诞生。达尔文总结道，如果将所有的物种追溯回原点，地球上所有的生命都来自一个共同的祖先。所有的生物都由一棵具有无数分支的生命之树联系在一起。在达尔文眼中，人类只是生命之树上灵长类分支中的一个小分支，就像加拉帕戈斯群岛的海鬣蜥是其祖先南美洲陆蜥分支中的一个小分支一样。达尔文认为，黑猩猩和大猩猩是"人类最近的同胞"。此外，尽管当时猿类或人类的化石几乎还未问世，但达尔文推断，非洲很可能是人类的摇篮。

在达尔文去世后的一个多世纪中，他一直是科学界的重要人物。他的观点到今天还一如他在世时那般备受争议，但也影响广泛。在没有现代演化研究技术、生物化学和遗传学知识支撑的情况下，达尔文靠着敏锐的观察和精明的推理，基本上"全说对了"。他举止谦逊，但其思想如陨石一般猛地撞向人间。对于很多地质学家、生物学家和人类学家来说，达尔文是一个典范，他是科学家中的科学家。

[①] 神创论认为造物主在某些热点地区创造了物种，这些地区即为"造物中心"。——译者注

达尔文的方法

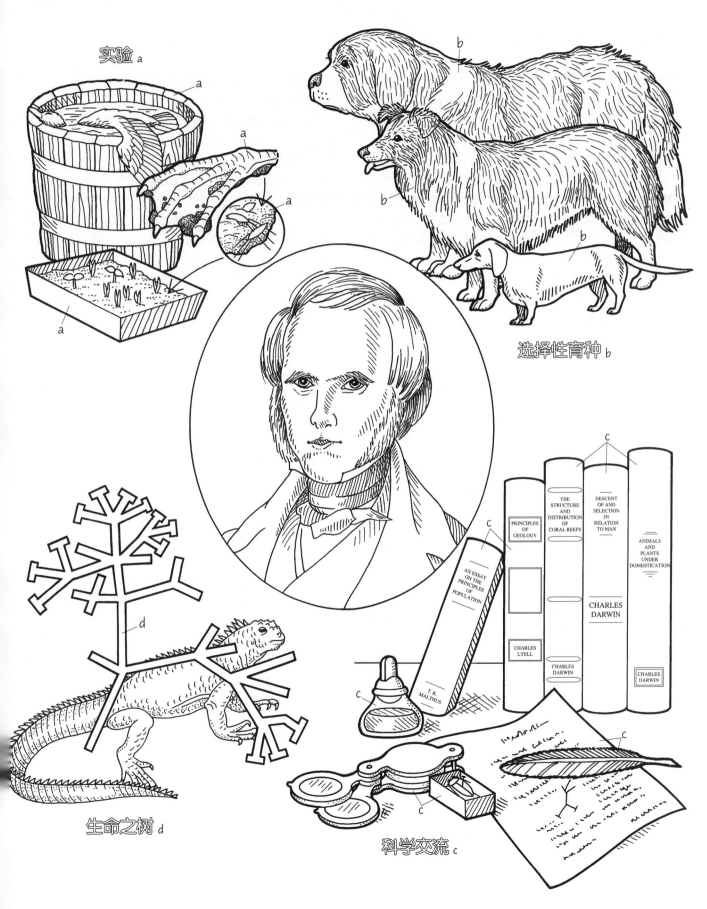

实验 a

选择性育种 b

科学交流 c

生命之树 d

1-3
比较胚胎学：脊椎动物的躯体

早在达尔文提出基于自然选择的演化理论之前，恩斯特·冯·拜尔（Ernst von Baer）就发现，两个物种的亲缘关系越近，它们的发育过程也越相似。他在1828年发表的专题论文，将个体发生与种系发生联系了起来，为此后的研究奠定了基础。前者研究的是个体在单个生命周期内的发育过程，而后者则是研究来自共同祖先的不同物种间的相关性。达尔文在串联多条独立的证据链以证明新物种诞生于旧物种时，也纳入了胚胎研究的成果。

冯·拜尔对动物发育过程做了详尽的研究，他发现了哺乳动物的卵子。据他观察，脊椎动物在胚胎发育的早期阶段似乎具有相同的构造，而其成年形态却有所区别。例如，不同物种的臂芽在胚胎刚形成时几乎别无二致，但之后可能分别发育成翅膀、手臂或鳍足（见1-6）。

在重要器官开始成形的早期生长阶段，所有脊椎动物的身体发育顺序（或称个体发生过程）是非常相似的。当受精卵逐渐转化为成年个体，脊椎动物的基础构型会随生长而更改，每个物种也会具有各自的成熟形态。

这个图版自左至右描绘了五种脊椎动物的六个发育阶段，这五个物种包括：一种两栖类（蝾螈）、一种鸟类（鸡）和三种哺乳类（猪、猴和人类）。在填色时，请注意看五个物种的身体形态在早期发育阶段的相似性，而后面的胎儿/新生幼崽/成年阶段则反映出由于生长分化，每个物种会出现的特有身体构型。

先为代表种系发生的垂直箭头填上灰色。然后为名称"受精卵"及下面对应的几个卵子依次填色，从蝾螈开始，向上填到人类。接下来为图版底部代表个体发生的水平箭头填上灰色。

继续为其余图案及名称从左至右按（b）到（f）的顺序填色。在每个阶段都从底部开始向上填色。不同阶段间请使用对比鲜明的颜色。

受精卵（a）又称合子，尽管它们的形态非常相似，但是两者的细胞核大小有细微差别。单细胞的合子有序分裂为多细胞的囊胚的过程被称为卵裂。在卵裂后期（b）末尾之前，不同物种的胚胎形态都十分相似，仅在卵裂模式上存在差异。这种差异是由受精卵中卵黄量的不同所造成的。

随着体节（c）形成，三种哺乳动物看上去仍然几乎完全一样。注意看原始的鳃裂结构，它在哺乳动物身上会发育为耳朵和咽的一部分（见1-5）。哺乳动物还具有与胎盘相连的脐带。相反，蝾螈和鸡则从卵黄中汲取养分。

早期的前肢最先以肢芽（d）的形式出现。到胎儿后期阶段（e），四肢才会显现出成年的形态。猴和人类在胎儿后期阶段惊人地相似，这反映了它们亲近的种系发生关系。两者最主要的区别在于人类胎儿没有尾巴（如果用猿的胎儿代替图中猴的胎儿，那么在该阶段也是没有尾巴的）。鸡在此时已长出了它特有的用于破壳而出的喙。

蝾螈经孵化进入了它的幼崽阶段（e）。幼崽的第一阶段是在水中度过的，在通过羽状鳃获取生命所需的氧气的同时，用四肢作为游泳的"桨"。接下来，蝾螈会经历变态发育成为成年个体，长出用于陆地行走的四肢和用于呼吸空气的肺。这时，成年的蝾螈才能离开水体在干燥的陆地上生活，但仍无法在陆地上繁殖。

不同物种的新生幼崽受到的待遇大相径庭。蝾螈会在产卵后便弃之不顾，幼体不会得到任何来自父母的照顾。母鸡会在巢中蹲坐在鸡蛋上，用体温将其孵化。刚孵出来的小鸡能得到鸡妈妈的保护，但很快便开始自己觅食。哺乳动物在经历四个月（猪）、六个月（猴）或九个月（人类）的怀孕期后，新生胎儿由母亲的乳汁哺育，而且在长成独立的成年个体之前都会得到全面的照顾。

根据不同脊椎动物发育阶段的对比研究，恩斯特·海克尔（Ernst Haeckel，1834—1919年）提出了著名的"胚胎重演律"。作为演化论的支持者，海克尔提出，个体发育（个体发生）反映了该物种在演化过程中所经历的各个阶段（种系发生）。然而，"胚胎重演律"这个概念过于简单了，而且暗示演化是有目标或方向的，而这具有误导性。事实上，所有脊椎动物的早期发育顺序之所以相似，是因为它们具有相同的祖先。

所有脊椎动物的胚胎之所以都遵循相同的发育模式，是因为它们都具有一套基因，会对发育过程发出相同的指令（见2-14）。不同的生物体在生长过程中会按照自身物种的生存方式进行分化。人类的胚胎发育过程在所有脊椎动物中，与哺乳动物的更为相似，而在哺乳动物中又与灵长类的最为相似。通过对个体发生的研究，我们可以发现物种经演化而发生变化的线索。

脊椎动物的躯体

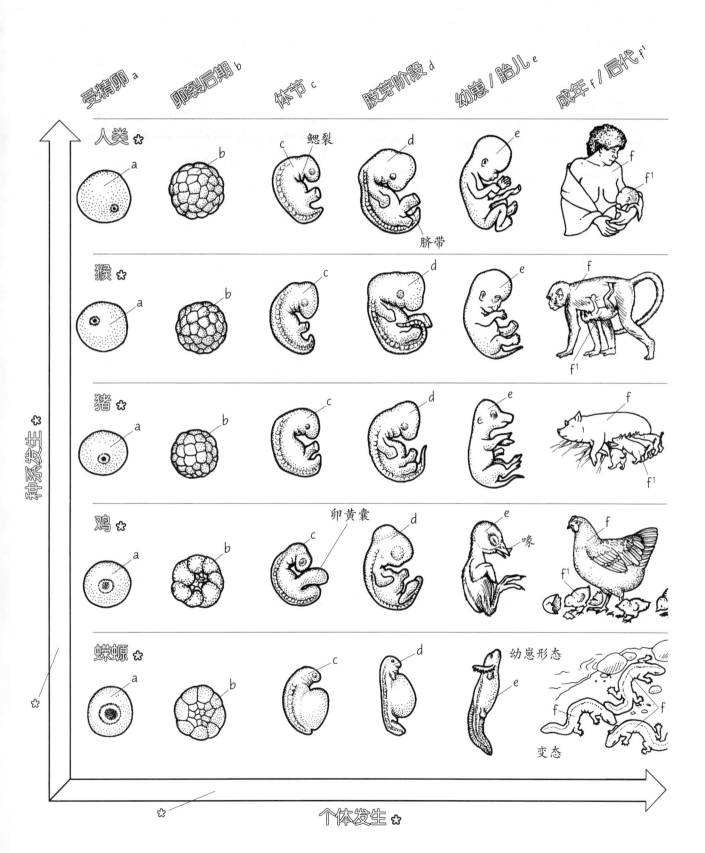

受精卵 a 卵裂后期 b 体节 c 肢芽阶段 d 幼崽 / 胎儿 e 成年 f / 后代 f¹

人类 ✿

猴 ✿

猪 ✿

鸡 ✿   卵黄囊   喙

蝾螈 ✿   幼崽形态   变态

种系发生 ✿

个体发生 ✿

1-4
比较解剖学：脊椎动物的脑

脊椎动物的头部有脑，以及用于接收环境信息的嗅觉、视觉和听觉等感觉器官。脑和脊髓构成了中枢神经系统。中枢神经系统就像一台总机，负责处理各个感官收集到的信息，并通过改变生物体的反应来做出应答（见 3-21）。在脊椎动物演化的过程中，大脑的新结构产生于对旧结构的细化。脊椎动物以鱼类形态出现的化石记录，最早可追溯到 4.5 亿年前（见 1-20）。脊椎动物之间的相似性在生命初期最为显著，但在个体的发育过程中，其身体结构会发生分化，显现出不同物种各自的特征（见 1-3）。本图版中，我们要观察并比较四种脊椎动物脑部结构的基本布局。

为左边的名称及左上角脊椎动物胚胎中由神经管膨胀形成的脑填色，脑又分为前脑（a）、中脑（b）和后脑（c）。填色时请选用三种对比强烈的颜色。

在发育过程中，随着脑在胚胎中形成，神经管前端会出现三个膨大。每个膨大都会发育为一组为脊椎动物所共有的特化结构。不同物种的各个脑部区域的重要差异，体现了不同物种在处理和整合感觉信息并做出反应方面具有的水平高低不一。

接下来，为每种脊椎动物的前脑结构及其名称填色。从鱼开始，向下填至兔。请使用与前脑颜色相同的色系但不同色调的颜色来为各部分填色。

前脑包括嗅球与嗅束、视神经和大脑。嗅神经束会传导来自环境的信息。这些信息由感觉接收器收集，再传递到嗅球进行处理。在鱼类和爬行类中，嗅球在整个脑部的占比较大，这说明这些动物在很大程度上依赖于嗅觉感官来获取信息。鸟类的嗅球相对较小，但某些靠嗅觉定位食物的腐食性鸟类除外。哺乳动物嗅球的大小差异较大，部分灵长类的很小（见 3-15），而有些动物的则极其硕大，比如食蚁兽和土豚等，因为它们要靠嗅觉寻找蚂蚁和白蚁。

视神经负责将信息从眼睛传递到大脑。

鱼类的大脑几乎全部用来处理嗅觉信息。爬行类的大脑比鱼类的明显大得多，且前者首次出现了扩增的大脑——新皮质，它在脊椎动物演化的后期逐渐增大，接管了包括视觉、味觉和触觉

在内的信息处理工作。在鱼类中，这些功能则由中脑和后脑负责。

在哺乳动物中，大脑新皮质的扩增在人类身上表现得最为明显（见 3-21）。大脑将中脑包围起来，并与新增的复杂的学习和记忆能力有关。大脑中出现了一个新的结构，叫做胼胝体。这束神经纤维将大脑两个半球连接起来，让信息在大脑两侧之间迅速传递。

按从鱼到兔的顺序为中脑和后脑填色。分别使用代表中脑和后脑的颜色，其中不同的结构用不同色调的颜色来表示。

兔的上丘位于大脑半球之下。鱼类、鸟类和爬行类的视叶及哺乳类的上丘都包括在中脑里。

鱼类的视叶很小，而爬行类和哺乳类的视叶却几乎都硕大且明显，证明这些动物具有优越的视力。在哺乳动物中，上丘和视叶具有相同的胚胎起源（它们是同源的），前者是在中脑末端形成的两个小突起，由上面的大脑半球所覆盖。它们之所以体积较小，是因为在哺乳动物的种系发生过程中，视觉信息处理功能从这里转移到了大脑枕叶。

后脑包括了小脑、延髓以及鸟类和哺乳类的脑桥。

小脑是随意肌肉运动的协调中枢，在保持平衡方面起着重要作用。鸟类与其他动物相比，小脑所占的比例最大，以便协调飞行所需的复杂动作。

延髓是脊髓的直接延伸部分。它负责协调呼吸和血液循环涉及的无意识自主活动，并整合身体各部分的感觉冲动，以进行迅速的反射性反应。鱼类的延髓是平衡和处理触觉、温度、味觉的唯一中心。其他脊椎动物的大部分感觉处理功能都已转移到新皮质当中。但即便是人类的延髓，也保留了启动反射性反应的能力。

鸟类和哺乳类演化出了附属的脑桥，它负责整合大脑、小脑和脊髓间日益复杂的神经元传导任务。

人脑占自身体重的比例居所有动物之首。所有脊椎动物的脑的功能都是接收外部与内部的信息，并做出适当反应。不同脊椎动物获取和处理信息的能力，以及储存记忆和对信息进行复杂重组的能力各有区别。这些能力构成了我们称之为"智力"的一方面。

脊椎动物的脑

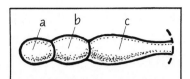

脊椎动物胚胎的脑

前脑 a
嗅球 a¹/ **嗅神经束** a²
视神经 a³
大脑 a⁴

中脑 b
视叶 b¹
上丘 b²

后脑 c
小脑 c¹
延髓 c²
脑桥 c³

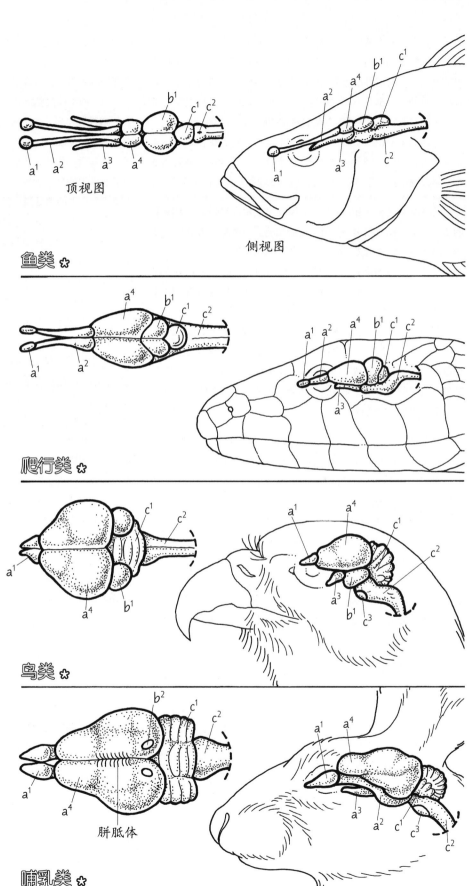

顶视图

侧视图

鱼类 ✿

爬行类 ✿

鸟类 ✿

胼胝体

哺乳类 ✿

1-5
推陈出新：脊椎动物的耳骨

脊椎动物具有共同的祖先，这可以从它们的胚胎发育以及人类颌骨和听觉机制的演化中看出。通过研究鱼类、爬行类和哺乳类的鳃结构，我们可以追溯其中的关联。尽管这些结构在这三类脊椎动物的身上都有不同的功能，但它们胚胎的高度相似性（同源性）详尽地展现了人类与其他脊椎动物的联系（见1-3）。

本图版举例说明了四种脊椎动物的鳃弓和鳃裂在胚胎发育过程中的变化。第一鳃弓会发育出8个结构，第一鳃裂会发育出3个；第二鳃弓会发育出4个结构，而第二鳃裂则会发育出3个。

先为名称（a）（b）（c）（d）以及左上角人类胚胎放大图中的第一、第二鳃弓和第一、第二鳃裂填色。一个鳃弓用冷色，另一个用暖色。两个鳃裂请用两种对比强烈的浅色。

接下来，为有颌鱼（F）填色，再用与第一鳃弓不同的色调为鱼身上由第一鳃弓衍生出的结构填色。这些结构包括腭方软骨（a¹，F）和麦氏软骨（a⁴，F），它们在侧视图中可见。

继续为爬行类（R）、哺乳类（M）和人类（H）的第一鳃弓衍生结构填色。然后为每个物种的名称及其第一鳃裂的衍生结构填色，采用与第一鳃裂不同的色调。类似地，为第二鳃弓和第二鳃裂的衍生结构填色。完成整个图版后，请阅读下面的文字，并辨认提到的每一个结构。

有颌鱼（F）的第一鳃弓（a）被称为颚，它会逐渐发育为颌，由上部的腭方骨与下部的麦氏软骨构成。第一鳃裂（b）位于颚与第二鳃弓之间，会发育为鳃孔，使水从鳃中通过，从而在呼吸时进行气体交换（陆地脊椎动物用肺来完成这一功能）。第二鳃弓（c）会发育为两块骨骼：舌颌骨和舌骨。前者能将周围水体中的压力波传送给内耳，后者则支撑下颌的肌肉。内耳的主要功能是维持身体平衡。

在似哺乳类爬行动物（R）（如已灭绝的兽孔类）中，鱼类的第一鳃弓和腭方骨变成了方骨，方骨将下颌与头骨连接在一起；鱼类的麦氏软骨变为颌骨和颅骨中的几块骨骼，包括下颌关节处

的一小块关节骨及稍大些的隅骨。前视图表现了第一鳃裂如何形成了内容镫骨——一个下颌骨的重塑版——的中耳腔。连接喉与中耳腔的咽鼓管，也是从第一鳃裂衍生而来的。镫骨靠在从第二鳃裂衍生而来的鼓膜上。

爬行类和哺乳类（M）的鼓膜已退入头骨内部。在哺乳动物中，从第二鳃裂衍生而来的外耳会将外部的声波聚集起来传入中耳，中耳由三块耳骨构成。爬行类的方骨和关节骨内移，分别形成了哺乳类的砧骨和锤骨，它们和镫骨一起将声波从鼓膜传送到内耳。爬行类的隅骨则形成了哺乳类的鼓环，围绕在鼓膜周围。

在人类（H）中，鳃只是个短期存在的结构，大约在受孕四周后出现。鳃裂不像鱼类那样完全向外界敞开，而是以鳃囊的形式存在。胎儿的第一鳃弓会变成砧骨、锤骨和鼓环。麦氏软骨的衍生物则构成了部分下颌和面部。第一鳃囊形成了中耳腔和咽鼓管，就像其他哺乳动物一样。第二鳃囊变为镫骨以及部分茎突和舌骨。舌骨则起到对舌头和喉的支撑作用。第二鳃囊还形成了外耳、鼓膜及耳道。

演化过程是很保守的。它不会丢掉旧结构，而是想办法将其回收利用。因此，祖先的结构会"保留"在后代物种的胚胎阶段。通过基因变化与自然选择，那些一直存在的胚胎结构会在生长发育后期被重塑，并获得新的功能。

在演化过程中，原始鳃弓和鳃裂的重塑使哺乳动物可以比其爬行类祖先听到更广范围内的声音，尤其是高频波段的声音。更敏锐的听觉可以帮助哺乳类的幼崽存活下来，是哺乳动物适应环境（见3-14）的重要因素之一，也是灵长类沟通和人类语言的核心（见3-20和3-22）。

鳃的结构功能的变化表明，在脊椎动物和哺乳动物的整个演化过程中，其形式具有连续性。在之后学习发育的过程时，我们还可以看到，这种外在形式的连续性是基因保守性的一个表现，因为昆虫、老鼠和人类的身体构型都由相似的基因决定着。

脊椎动物的耳骨

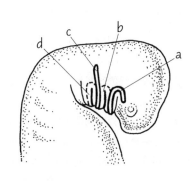

第一鳃弓 a
腭方骨 a^1 (F)
方骨 a^2 (R)
砧骨 a^3 (M,H)
麦氏软骨 a^4 (F,H)
关节骨 a^5 (R)
锤骨 a^6 (M,H)
隅骨 a^7 (R,M)
鼓环 a^8 (M,H)

第一鳃裂 b
鳃孔 b^1 (F)
中耳腔 b^2 (R,M,H)
咽鼓管 b^3 (R,M,H)

第二鳃弓 c
舌颌骨 c^1 (F)
镫骨 c^2 (R,M,H)
舌骨 c^3 (F,H)
茎突 c^4 (H)

第二鳃裂 d
外耳 d^1 (M,H)
鼓膜 d^2 (R,M,H)
耳道 d^3 (H)

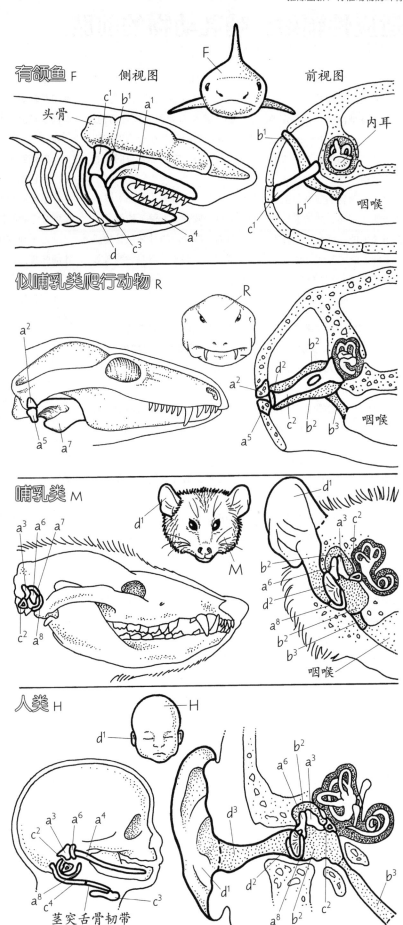

1-6
适应性辐射：哺乳动物的前肢

哺乳动物的前肢多种多样——蝙蝠的是翅膀，海狮的是鳍足，大象的是粗壮的像柱子一样的腿，而人类的则是胳膊与手。它们很好地阐释了，一切哺乳类之所以都具有相似的解剖结构，是因为它们拥有共同的祖先。尽管哺乳动物的前肢在形态上有明显差别，但都具有类似的生长排列方式，因为它们都来自同源的胚胎结构。

哺乳动物的前肢包括肩、肘和腕关节。肩胛骨（肩部）将前肢与躯干相连，并构成肩关节的一部分。肱骨（上臂）构成了上方肩关节的一部分，以及下方肘关节的一部分。桡骨和尺骨构成了下臂（前臂），以及部分肘关节与腕关节。最后，腕骨、掌骨和指骨构成了蝙蝠的翅膀、海狮的鳍足、树鼩和鼹鼠以及狼的爪、大象的足，还有人类的手和指。

从图版中央树鼩的肩胛骨开始用浅色填色。然后继续为其他动物，包括鼹鼠、蝙蝠、狼、海狮、象和人类的肩胛骨填色。

按这种方式也为其他骨骼填色，包括肱骨、桡骨、尺骨、腕骨、掌骨和指骨。

为每只动物的所有结构填色之后，注意观察前肢整体形态的区别。同时注意观察每个物种的骨骼形态对前肢功能发挥的作用。

树鼩的骨骼与早期哺乳动物的非常相似，反映了原始的前肢骨骼形态。树鼩的身体很小，非常灵活的前肢让它们可以在地面和树上轻松地移动。

鼹鼠的前肢相对较短，从躯干伸出短短的一截，使身体具有流线型。铲状的爪子几乎占了整个前肢长度的一半。细长棒状的肩胛骨和短小且形状独特的肱骨将其前肢固定在躯干上，并使得爪子离头部很近。其肘关节可以转动，以便爪子面向后侧。粗壮的肌肉附在长长的鹰嘴突上，使肘关节能够伸直，有利于爪子挖土并将挖出的土推到侧面。粗壮的掌骨和指骨也加强了爪子的力量，一根额外的骨骼（镰状突）则能增加其宽度。因此，鼹鼠的前肢非常适合挖掘潮湿的土壤，以便其寻找昆虫。

蝙蝠的前肢适合用于飞行。与细长的桡骨相比，蝙蝠的肱骨相对较短。尺骨退化了，不再是腕关节的一部分。掌骨和指骨提供了轻盈却结实的框架，撑开皮膜，就像丝绸蒙在风筝骨架上一般。

狼奔跑迅捷，擅长追捕猎物。它的肱骨、桡骨和尺骨相对较长，使它能够迈出较大的步幅。与蝙蝠具有显著区别的是，狼的掌骨紧紧地聚集在一起，以支撑其重量。在行走过程中，狼基本靠脚趾弯曲的指骨支撑。

为了在水中和陆地上生活，海狮具有宽阔的肩胛骨，短小粗壮的肱骨、桡骨和尺骨。肩胛骨和肱骨位于体腔内，使其身体具有流线型（见 1-8）。掌骨和指骨相对较长，形成宽大的"桨"。粗壮的骨骼可以在陆地上支撑海狮的身体，这使其能在陆地上缓慢移动，进行交配以及生育。

要支撑重达 5 吨的体重，大象的肩、肘和腕关节依次堆叠在一起，形成柱状的结构。肩胛骨朝下，也与粗壮的肱骨和尺骨连成一线。桡骨相对退化，尺骨承载着绝大部分重量。掌骨与指骨短小而粗壮，脚掌上还长有一个由脂肪和皮肤组成的肉垫。

人类的上肢细长且灵活。与其他哺乳动物都不同的是，人类的上肢在运动过程中不会承重。肩部的球窝关节使上肢可以进行360°的旋转。细长的指骨与突出的拇指使人手可以完成精细的动作。

如果不仔细观察内部骨骼结构，那么蝙蝠翅膀、象腿和人类手臂之间的相似性似乎并不明显。哺乳动物前肢的基础结构很好地反映了一种演化现象——适应性辐射。在过去的 6,500 万年间，哺乳动物前肢通过自然选择作用（见 1-17）演化出了各种形态，以完成不同功能。它们适应了在森林、平原、天空、水体与地下生活，从而向多样的栖息地辐射扩散。同时，比较解剖学和比较胚胎学（见 1-3）的研究也很好地阐释了达尔文的"后代渐变"观点以及万物共祖现象。

哺乳动物的前肢

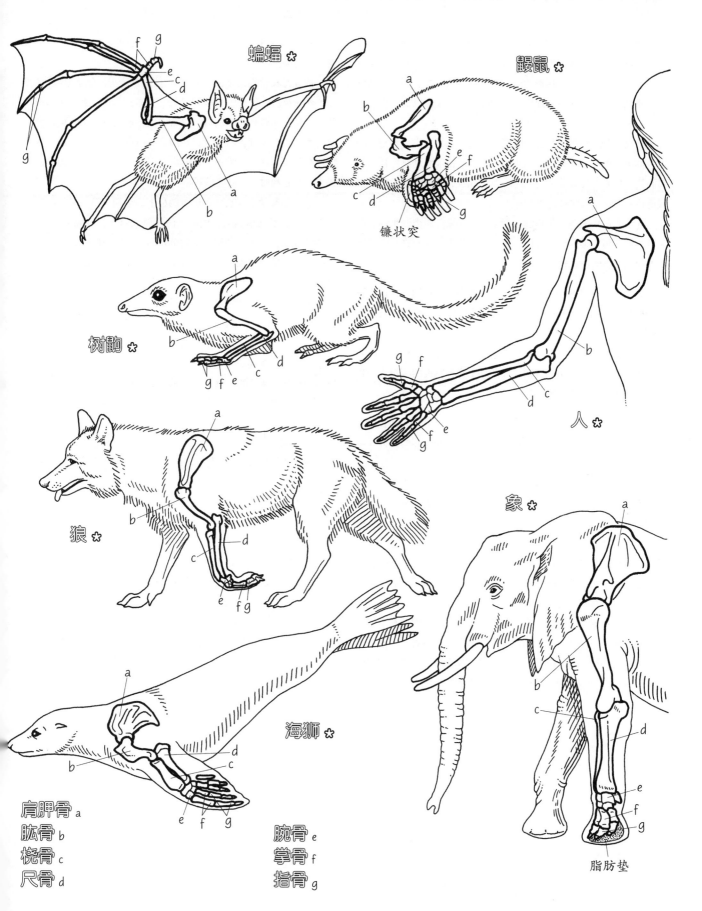

蝙蝠 ✿

鼹鼠 ✿

镰状突

树鼩 ✿

人 ✿

狼 ✿

象 ✿

海狮 ✿

脂肪垫

肩胛骨 a
肱骨 b
桡骨 c
尺骨 d

腕骨 e
掌骨 f
指骨 g

15

1–7
适应性辐射：哺乳动物的齿系

哺乳动物的食物范围很广：草、树叶、水果、昆虫和肉类，无所不包。牙齿，或称齿系，在获取食物和为消化做准备方面具有一系列重要功能，包括割、削、切、捣、压、扯、碾、撕和刺等。哺乳动物还用牙齿清理皮毛，或辅助面部表情以交流沟通等（见 3-18）。

哺乳动物牙齿的大小和形态不一，被称为异型齿，和爬行动物全都类似的圆锥状同型齿相对。人类和其他哺乳动物一样，具有两套齿根发育良好的牙齿（见 6-3）。相反，爬行动物的齿根比较简单，而且可以终身持续更换。

牙齿参与的只是动物进食过程的一个部分。肌肉会带动下颌关节，使牙齿表面闭合，发挥作用。这一节中，我们将仔细观察四种哺乳动物的齿系和咀嚼肌。

为每一种牙齿类型填色。先为四个物种的门齿填色，然后继续为犬齿、前臼齿和臼齿填色。最后，用浅色为每个物种的肌肉填色。

为每种动物的各个结构都填上颜色后，请注意观察它们在牙齿大小、形状和功能上的区别。注意每个物种肌肉的相对大小和位置及其对牙齿功能所起的作用。

哺乳动物的牙齿包括用于咬合、剥皮、刮削和啃咬的门齿，用于撕咬和穿刺的犬齿，以及用于碾磨、捣压和搅碎的臼齿和前臼齿。

哺乳动物颌关节的形状和肌肉排布也不尽相同，主要取决于其饮食习惯。颞肌位于头骨的顶部和侧面，穿过下颌关节连接到下颌上。颞肌的主要功能是使颌迅速且强有力地闭合。咬肌与颧弓（又称"颧骨"）相连，同样穿过下颌关节，明显地连接到下颌上。咬肌的主要功能是加强颌闭合的强度，以粉碎并咀嚼食物。翼外肌位于下颌内部（图上未标出），它使下颌可以横向移动，这对于磨碎食物非常重要。

负鼠是一种杂食动物。它们的饮食十分多样，因此具备所有的牙齿类型——共有 50 颗牙齿，上颌 26 颗（两侧各 13 颗），下颌 24 颗（上颌比下颌多两颗门齿）。门齿和犬齿用于咬断柔软的根茎，还可以攫取昆虫。前臼齿和臼齿用于捣碎昆虫、软体动物

和柔软的植物等。负鼠的颞肌和咬肌大小几乎相等，所以能够实现这些功能。

河狸是植食性的啮齿动物，具有 20 颗牙齿。每个象限①各具有 5 颗牙齿：1 颗较大的凿状门齿、1 颗前臼齿和 3 颗臼齿。巨大的门齿用于啃咬树木和枝叶，尽管它们会被持续磨损，但也会终生持续生长。河狸没有犬齿，在门齿和臼齿之间有一个很大的空隙，被称为牙间隙。方形的前臼齿和臼齿能够挤压并碾碎坚硬的树皮、树心和树叶，以便吞咽。

河狸和其他啮齿动物可进行两种下颌运动。第一种是咬肌拉动下颌向上及向前运动，使上下门齿彼此对齐，以完成夹、切、刺和啃等动作。第二种则是下颌被拉回，使臼齿咬合，以便碾磨食物。较大的咬肌辅助河狸完成这两种动作，而颞肌起的作用则要弱很多。

山猫与狗、水獭、獾及鬣狗都是肉食动物。山猫通常具有 26 颗牙齿：上颌 12 颗，下颌 14 颗（下颌比上颌多 2 颗门齿）。较小的门齿与发达的犬齿形成鲜明对比，后者可用于抓住并杀死挣扎的猎物。较大的前臼齿和臼齿具有尖利的齿尖，上下接触时像剪刀一样切断食物。这些用于切割食物的牙齿叫做"裂齿"或"食肉齿"。大而强有力的颞肌可以迅速使颌闭合，以保证抓住并杀死猎物。

人类属于灵长类，是杂食动物，具有 32 颗恒齿，其中每个象限包括 2 颗门齿、1 颗犬齿、2 颗前臼齿和 3 颗臼齿。门齿将食物切割成更小的碎块，比如咬下一口苹果。犬齿的功能和形态都与门齿类似。与很多猴类和猿类突出的犬齿相比，人类的犬齿已大大缩小。前臼齿和臼齿用于磨压食物，以辅助吞咽和消化。颞肌和咬肌同等发育，用于在咬断和碾碎食物时重复闭合颌部。与其他灵长类动物相似的是，我们用手进食，将食物送入口中，而不是像绝大多数哺乳动物那样直接用嘴摄取食物。

解剖结构很好地反映出动物的适应性。牙齿的数量、形态和大小能够反映哺乳动物的饮食结构，就像前肢骨可以反映运动方式一样。由于保存下来的牙齿是最常见的化石，它们的结构对于科学家鉴定物种和重建动物的饮食结构显得尤为重要（见第四章至第五章）。

---

① 上颌或下颌的左右侧各为一个象限，口腔内共有 4 个象限。——译者注

哺乳动物的齿系

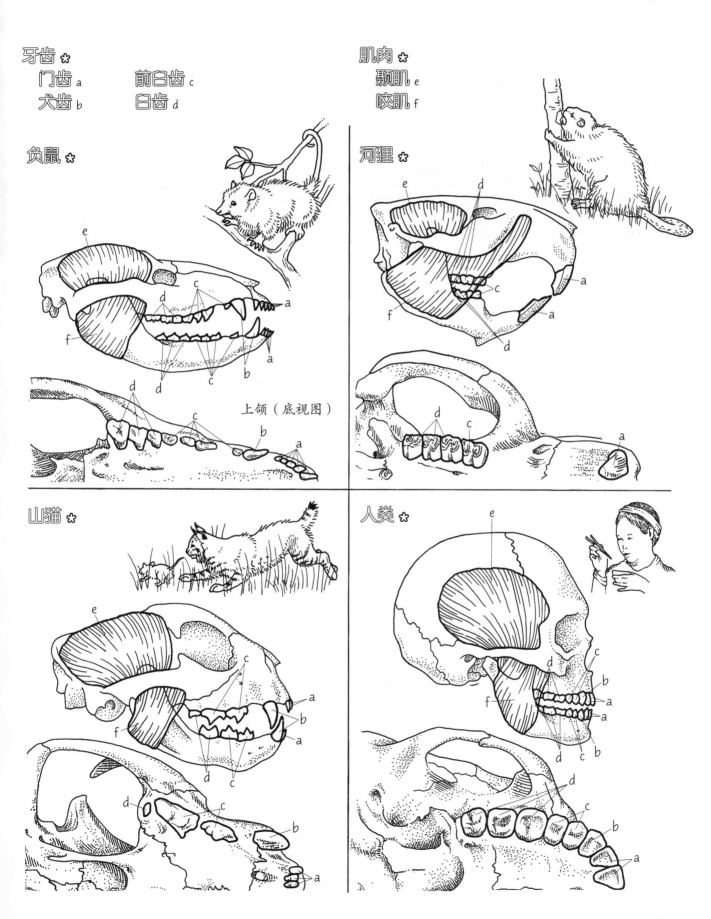

牙齿 ✹
   门齿 a   前臼齿 c
   犬齿 b   臼齿 d

负鼠 ✹

肌肉 ✹
   颞肌 e
   咬肌 f

河狸 ✹

上颌（底视图）

山猫 ✹

人类 ✹

1-8
趋同演化：海洋与游泳

达尔文强调，自然选择发生在特定的环境下。环境会提供机遇与限制，而动物则要逐渐接受生存与繁殖的双重选择。在相似的生态条件下，没有紧密关联的动物也会变得彼此相似。这样的相似性可能是由类似的运动方式和觅食行为造成的。该现象被称为"趋同演化"。

生活在海洋环境中以捕食为生的动物就生动地阐释了趋同演化的过程。这些物种分别来自不同的脊椎动物类群，包括鱼类、爬行类、鸟类和哺乳类，而它们的外形却彼此相似。这是因为它们都在海水这种液体介质中移动、觅食并躲避天敌。

为四种动物的身体填色。这些动物并非按比例绘制。

这四种动物都具有流线型的身体，头部似乎直接与躯干相连。它们都具有鳍或者鳍状肢，以及某种尾部。这种身体形态降低了迎面阻力，使它们得以在水中轻松移动。

为每种动物的前肢填上不同的浅色，然后用同一色系较深的色调为其内部结构填色。

这些动物的前肢的形状非常相似，都是又扁又长，而且十分灵活。前肢像一副功能强大的舵，用来指引方向，同时又像船桨，可以推动身体在水中前进。注意四种动物的内部结构具有显著区别。前肢外形的相似性反映了其功能的相似，而内部结构的不同则反映了它们不同的基因和种系发生关系，或独立的演化历史。请将此处的前肢与 1-6 哺乳动物的前肢进行对比。

鲨鱼是一种软骨鱼，没有真正的骨骼。软骨支撑了它的前肢，呈扁平状，延伸为鳍。鲨鱼体形各异，是重要的捕食者，分布在世界各地。它们从大约 4 亿年前的泥盆纪开始出现在化石记录中（见 1-20）。

鱼龙代表了爬行类。这种动物会游泳，是许多高度特化的海洋爬行动物中的一员。它们出现在约 2 亿年前的三叠纪（见 1-21），在侏罗纪逐渐繁盛，然后走向灭绝。这些爬行动物可以长到近 3 米长，具有流线型的身体，四肢演化为游泳用的"桨"，还有高度发达的尾巴。前肢的骨骼相对僵硬。尽管鱼龙长得很像条大鱼，但它的形态细节（包括内部结构、牙齿、骨骼等）都绝对属于爬行类。

企鹅是游泳高手。它们基本上被局限在南半球的海域，在大约 6,000 万年前从飞行鸟类演化而来。提到鸟类，我们总会想到它们在天空中飞翔，但这些鸟类穿梭在水中。企鹅的翅膀由鸟类祖先的翅膀演变而来，由扁平的前肢骨连接在一起，形成紧致且强有力的"桨"。脚呈蹼状，位置靠后，所以不会干扰流线型的身体。企鹅属于鸟类，这在解剖特征、生理构造和繁殖模式等细节上表现得十分明显。它们会来到岸上下蛋并将其孵化，还会喂养出壳后的雏鸟。在陆地上，企鹅仅靠双脚支撑身体。

海豚属于哺乳类中的鲸类，该类还包括鼠海豚。这类哺乳动物在大约 4,000 万年前入侵海洋。最新的分子信息表明，与它们亲缘关系最近的动物是河马，后者属于陆生哺乳动物的偶蹄类，该类还包括猪、骆驼、鹿、羚羊、绵羊和山羊等。

我们注意到，尽管海豚的肱骨、桡骨和尺骨比较特殊，却也与其他哺乳动物的前肢骨同源（见 1-6），而这是鉴定它为哺乳动物的重要特征。与海豚的整个身体相比，这些骨骼明显退化，从而帮助海豚形成流线型的身体。腕骨、掌骨和指骨也发生变化，构成了宽宽的鳍状肢。尽管海豚长得像条鱼，它却直接呼吸空气，保持较高的体温，并且具有和其他哺乳动物一样的繁殖方式。它的胎儿在母亲的身体中生长，通过胎盘获得养料（见 1-9）。在水中分娩后，后代靠母亲的乳汁哺育，得到母亲的保护，并且在母亲身边相伴数年。

亲缘关系很远的鲨鱼、鱼龙、企鹅和海豚在体形和前肢上发生了趋同演化，在水中也以相似的运动方式快速移动，以捕捉猎物并躲避危险。尽管它们的外部形态和各自的近亲有很大差别，但根据内部结构细节和繁殖模式，每一物种的远古祖先和现存亲属的同源性依旧非常明显。

海洋与游泳

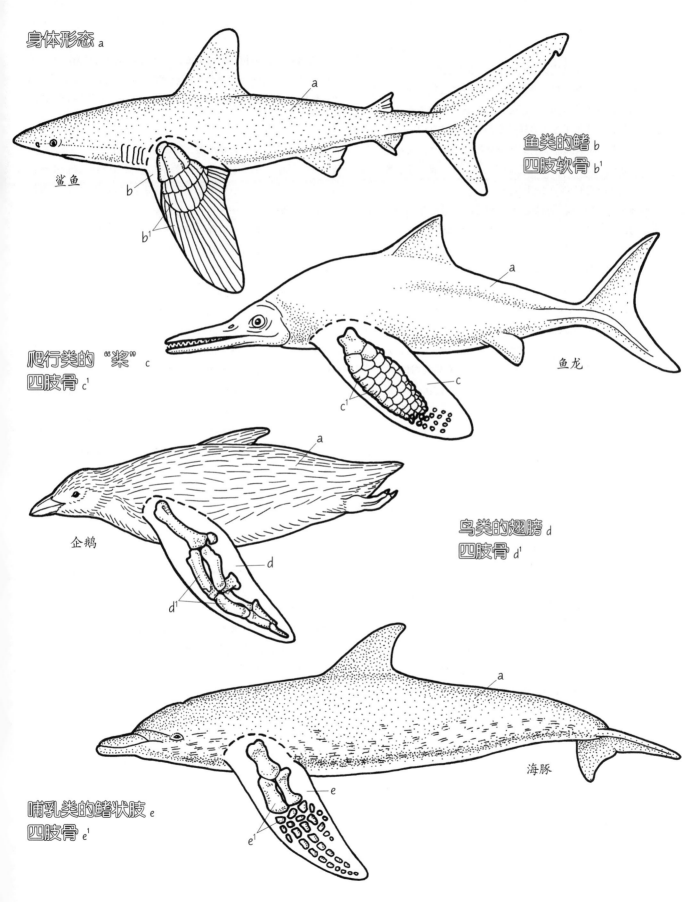

身体形态 a

鲨鱼

鱼类的鳍 b
四肢软骨 b^1

爬行类的"桨" c
四肢骨 c^1

鱼龙

企鹅

鸟类的翅膀 d
四肢骨 d^1

海豚

哺乳类的鳍状肢 e
四肢骨 e^1

1-9
趋同演化：有袋类与有胎盘类

澳洲的有袋类和北美洲的有胎盘类哺乳动物为趋同演化提供了另一个例子。这两个亚纲的哺乳动物以相似的方式发展出了特定移动技巧，适应了特定的食物供给模式和气候环境。1亿多年前，这两个谱系从共同祖先分道扬镳，随后继续独立演化。尽管两者之间存在巨大的时间和地理分隔，澳洲的有袋类和北美洲的有胎盘类却各自产生了多种多样的物种，它们具有相似的生活方式，生活在相似的环境中。它们在整体形态、运动方式及觅食方式方面的相似性与截然不同的繁殖模式叠加在一起，而后者才能够准确地反映出它们独特的演化关系。

澳洲是位于南半球的一块大陆，和巴西面积相当。2亿年前，它还是冈瓦纳古陆的一部分，那是南半球的一块巨型大陆，包括非洲的一部分、马达加斯加、新西兰、南极洲和南美洲（见1-18）。随着冈瓦纳的裂解，澳洲被隔离开来，并在随后的1亿多年保持孤立的状态。有袋类在澳洲被隔离前进入这块大陆，然后独立演化，区别于有胎盘类。此外，那时的南美洲也是一座岛屿，而那里的有袋类也成功地完成了相似的适应性辐射。在300万年前，南美洲与北美洲由被称为巴拿马地峡的陆桥相连。有胎盘类哺乳动物因而得以入侵南美洲，并取代了很多有袋类物种。

澳洲生活着200多种有袋类动物，而有胎盘类的数量则少很多。有袋类在经历适应性辐射后占据了澳洲多样的栖息地，就像有胎盘类在北美洲的辐射一样。

为北美洲地图上有胎盘类的胚胎和成年个体填色。

有胎盘类哺乳动物是因为具有连接子宫内胚胎与母亲循环系统的胎盘而得名。胎盘是为胎儿输送养料的渠道，使胎儿的身体和大脑可以在出生前发育得更加成熟。相比有袋类，有胎盘类在胎儿生长的早期阶段会投入更多的时间和能量。有胎盘类在北美洲等绝大多数大陆上的数量都远胜有袋类。

用与（a）同一色系但不同色调的颜色，为澳洲地图上有袋类的成年个体和幼崽填色。

有袋类的幼崽的生命在母亲的子宫内开始，但仍在胚胎期就会离开母亲体内，然后进入母亲的袋囊（或称育儿袋）中。它们用尚未成熟的前肢爬进袋中，在那里继续发育。幼崽的嘴部发育

良好，能够完成吸吮的动作，会自己靠近乳头获取乳汁。

为每对有袋类和有胎盘类填色，在看完每对的介绍后再为下一对填色。先用同一色系但不同色调的颜色为（b）和（b¹）填色，再用另一色系但不同色调的颜色为（c）和（c¹）填色，依此类推。

袋鼬和北美洲的老鼠类似，体形较小，动作敏捷，生活在低矮的灌木丛中。它们生活在植被茂密的地方，在夜间寻找小型食物。这两者在身体大小和形态上都表现出很强的相似性，各自都包括很多物种。

袋鼯与飞鼠类似。两者都能够滑翔，以昆虫和植物为食。袋鼯和飞鼠都有可由前肢和后肢拉长的皮肤，这样才能产生更大的体表面积，以便在树间滑翔。

袋鼹和北美洲常见的鼹鼠一样，喜欢在松软的土壤中挖洞，以昆虫为食。流线型的身体及改良的用来挖掘的前肢（见1-6）为它们在地下食虫的生活方式提供了很好的帮助。天鹅绒般柔软的皮毛有助于其在土壤中畅快地前进。袋鼹的皮毛一般从白色到橙色都有，而北美洲鼹鼠的则是灰色。

袋熊与北美洲的旱獭类似，用啮齿动物般的牙齿啃食树根和其他植物。这两种动物都会挖掘洞穴。

兔耳袋狸与北美洲的兔类似。这两种动物都具有发达的后肢，凸显出它们代表性的跳跃行进的运动方式。其长长的耳朵突出了听觉的重要作用。袋狸的饮食结构很多样，其中一些会吃昆虫和植物，而兔类则全部为食草动物。

袋狼是一种肉食的有袋类，与有胎盘类的狼类似，它们生活在澳洲大陆和塔斯马尼亚岛。它们有修长的四肢骨，适合快速奔跑。头骨的形状和尖利的牙齿则适合撕咬肉类。由于袋狼有时会捕食绵羊和家牛，农场主曾经在1900年左右发起过一场消灭袋狼的运动。1936年，最后一只袋狼死在霍巴特动物园中。

澳洲的有袋类和北美洲的有胎盘类这两类哺乳动物是一个趋同演化的例子。没有紧密亲缘关系的物种之所以彼此相似，是因为它们在各自的大陆占据了类似的生态位。在西非和南美洲的热带雨林中，或在北美洲和非洲的沙漠中，我们还能找到其他动植物趋同演化的例子。

有袋类与有胎盘类

胎盘

胎儿

a

北美洲有胎盘类 ✱
(a-g)

老鼠

飞鼠

c

鼹鼠

d

北美洲旱獭

e

兔

f

狼

g

b¹ 袋鼩

c¹ 袋鼯

d¹ 袋鼹

e¹ 袋熊

f¹ 兔耳袋狸

幼崽
育儿袋
a¹

澳洲有袋类 ✱
(a¹-g¹)

g¹ 袋狼

1–10
微粒遗传：孟德尔的豌豆

达尔文意识到了个体差异在自然选择中的重要性，但他无法解释个体差异是如何从亲代传递给下一代的。1866年，就在达尔文出版《物种起源》几年之后，一位默默无闻的奥地利神父格雷戈·约翰·孟德尔（Gregor Johann Mendel，1822—1884年）发表了关于豌豆培育实验的报告。这份报告描述了遗传模式的很多特征，这正是达尔文在辛苦寻找的答案。很不幸，达尔文并没有看到孟德尔的研究成果，而孟德尔的伟大发现一直到1900年才开始受到欧洲科学家的重视。

孟德尔在布尔诺的一座修道院内的花园中研究植物，研究的主要是豌豆属的普通甜豌豆。他一丝不苟地记录观察结果，还为证实结论开展了很多实验。即便用今天严格的标准来看，孟德尔的研究都是科学研究方法的典范。

观察孟德尔的植株的特征。

先为表示豌豆植株特征的相关术语填上灰色，包括种子形状、子叶颜色、种皮颜色等。再分别用两组对比强烈且色调不同的颜色为显性和隐性特征填色。

孟德尔观察到，他的豌豆有7组明显的特征，每组只有两种变化。种子形状分为圆粒或皱粒，子叶颜色分为黄色或绿色，种皮颜色分为灰色或白色，成熟的豆荚分为饱满或不饱满的，不成熟的豆荚分为绿色或黄色，花的位置分为腋生或顶生，而根据茎的长度则分为高茎或矮茎。当孟德尔用具有圆粒种子和皱粒种子的植株杂交时，得到的永远是圆粒种子，连一点点褶皱都没有。

孟德尔观察并记录了每一代具有特定性状的植株数量。他相信，每一子代中不同植株的比例会揭示遗传的线索。他开展了更多实验，不断检验自己的想法。通过这些耐心的研究，这位隐居避世的神父有了一个重大发现：性状从亲代传递给子代的方式。

孟德尔发现，每一组特征中都包含一个显性性状和一个隐性性状。尽管隐性性状并没有表现在第一代植株中，但会在之后的杂交子代中显现，而且它的比例可以通过统计进行预测（见1–11和1–12）。通过严格控制的实验以及采用大量样本的杂交实验，孟德尔提出了基本遗传因子的存在。他认为，这些基本因子会作为独立单元发生作用，并不会在受精时发生融合。因此子代会具有来自双亲的不同因子。

先用两种较浅的基本色代表亲代（a）和（b）的遗传特征，为上面四支试管中的遗传特征填色。再用代表亲代的两种颜色共同为下面两支试管中的遗传物质填色。

孟德尔提出，双亲贡献的因子（现在被称为基因）以独立单元的形式保留在子代体内，不管是否在子代外貌上表现出来，它都能够被传递下去。这就是微粒遗传的基本原则。孟德尔的遗传观点挑战了19世纪流行的融合遗传概念。融合遗传认为，由双亲生殖细胞传递下来的性状会在子代中发生融合，就像在试管中混合两种颜色的液体一样。然而，孟德尔研究的所有特征都没有发生融合现象。

孟德尔的研究一直不为人知，直到三名科学家在1900年各自独立地重新发现了孟德尔定律。他们分别是荷兰的雨果·德弗里斯（Hugo de Vries）、德国的卡尔·埃里克·柯伦斯（Karl Erich Correns）和奥地利的埃里克·冯·切尔马克（Erich von Tschermak）。现代遗传学观点可以追溯到孟德尔提出的遗传定律。

自孟德尔的时代起，遗传的复杂性呈现出爆炸式的增加趋势。虽然孟德尔对基因、染色体和DNA一无所知，但他的遗传定律为经典遗传学提供了支持，也为演化研究的现代分子方法奠定了基础（见第二章）。

孟德尔的豌豆

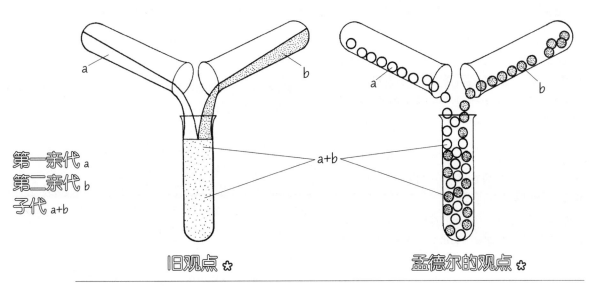

第一亲代 a
第二亲代 b
子代 a+b

a+b

旧观点 ✽

孟德尔的观点 ✽

孟德尔的豌豆植株性状 ✽

显性 c	种子形状 ✽	隐性 d
	圆粒 c^1 皱粒 d^1	
	子叶颜色 ✽	
	黄色 c^2 绿色 d^2	
	种皮颜色 ✽	
	灰色 c^3 白色 d^3	
	成熟豆荚 ✽	
	饱满 c^4 不饱满 d^4	
	不成熟豆荚 ✽	
	绿色 c^5 黄色 d^5	
	花的位置 ✽	
	腋生 c^6 顶生 d^6	
	茎的长度 ✽	
	高茎 c^7 矮茎 d^7	

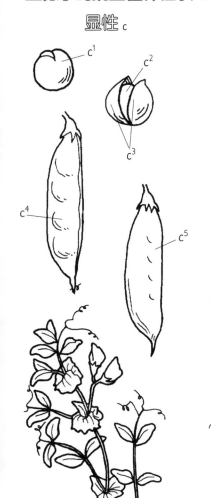

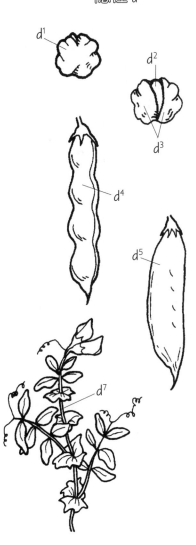

1-11
孟德尔遗传学：分离定律

孟德尔的分离定律阐述了变异从亲代传递到下一代并重组的过程。尽管某个性状未必在每一代中都表现出来，但它仍保存在个体的基因组成中，可能在子代中重新表现出来。孟德尔第一定律解释了这些遗传因子在减数分裂（见1-14）时的分离以及在受精时的重组是如何导致隐性性状重新出现的，比如第二代杂交子代中的皱粒种子。

被孟德尔称为"因子"的独立可遗传微粒现在叫做基因。基因是携带蛋白质"生产说明书"的DNA分子片段（见2-4）。基因就像绳子上的珠子一样排列在染色体上。

一个基因可能具有多种形式。这些形式被称为等位基因，正是它们导致了孟德尔的豌豆植株的性状变化。等位基因位于各个同源染色体上相同的位置，故而占据了相同的基因位点。等位基因之间的不同在于几个核苷酸碱基的差异。所以，每个等位基因会编码出略微不同的氨基酸序列，也就产生了不同的蛋白质（见2-5）。

人类和豌豆以及所有具有成对染色体的生物一样，每个性状都对应两个基因，一个来自雌性亲代，另一个来自雄性亲代。这两个基因可能完全相同，也可能在一个基因位点上具有两个或以上的形式（等位基因），比如决定血型的基因（见6-13）。

孟德尔发明了用字母来表示等位基因的系统：用大写字母代表显性等位基因，用小写字母代表隐性等位基因。例如，R代表圆粒种子的等位基因，r则代表皱粒种子的等位基因。

像孟德尔一样，观察决定种子形状的等位基因在两代杂交中的传递。从图版的上方开始，先为亲代豌豆植株填上灰色。再为染色体（a）和决定种子形状的两个等位基因（b）和（c）填色。不要用绿色或黄色。

在每个个体中，一对成对或同源的染色体会携带决定种子形状的等位基因。

每个亲代都具有纯合子基因型。左侧的植株具有圆粒性状（RR），而右侧的植株则具有隐性的皱粒性状（rr）。

先为亲代植株种子的表现型（d）和（e）填上两种不同的颜色。再为种子旁边的基因型填色。

表现型指的是个体的外在表现，而基因型则指该个体的基因组成。例如，具有圆粒种子表现型的豌豆植株可能有两种基因型：RR或Rr。基因型RR是纯合子，该个体从双亲处遗传到了相同的等位基因。左侧的亲代植株就是这种情况。基因型Rr是杂合子，即一个亲代贡献等位基因R，另一个则贡献等位基因r。由于代表圆粒的等位基因R是显性，而皱粒的等位基因r是隐性，所以这类植株的表现型为圆粒。两种基因型都能表达圆粒的表现型。

右侧的亲代植株具有基因型rr，表现型为皱粒。

先为减数分裂时代表种子形状等位基因分离的箭头填色，然后继续向下为整个图版填色。为配子（生殖细胞）填色，每个配子中包含一个决定种子形状的等位基因。注意追踪基因在受精时的重组方式，并为子一代的表现型和基因型填色。

现在，我们已经很清楚为什么孟德尔观察到子一代中100%的植株都具有圆粒种子的性状。每棵子一代豌豆植株都具有一个皱粒的隐性等位基因，但代表圆粒的等位基因是完全显性的，它阻止了皱粒基因的显现。

现在为子一代受精时的基因重组过程填色。然后为子二代的表现型和基因型填色，完成图版。

观察子一代的杂合子杂交时发生的变化。如图中箭头指示的那样，配子会进行重组。随机的交配会产生三种基因型的植株，其中之一是隐性的纯合子rr。这个基因型会导致皱粒表现型在这一代中重新出现。

孟德尔收获了7,000多颗豌豆，发现圆粒豌豆的数量是皱粒豌豆的三倍，即两种表现型的比例为3∶1。孟德尔根据这个观察结果推断：父母各自的遗传因子分离到了不同的生殖细胞中。

孟德尔展示的基因分离现象为达尔文提供了缺乏的证据，说明了变异是如何在代际留存的。在系统地提出现代综合理论时，种群遗传学家休厄尔·赖特（Sewell Wright）强调，有性生殖过程中的基因重组对于产生新的基因组合、新变异与保存已有变异具有重要作用。

分离定律

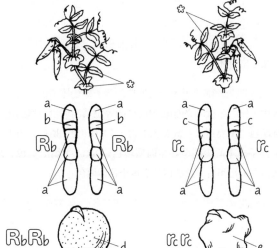

亲代植株 ✿

同源染色体 a
种子形状等位基因：R_b r_c

表现型 ✿
圆粒种子 d
皱粒种子 e

基因型 ✿
纯合子 R_b R_b
纯合子 r_c r_c

减数分裂时等位
基因分离

配子及其基因型

受精时的基因重组

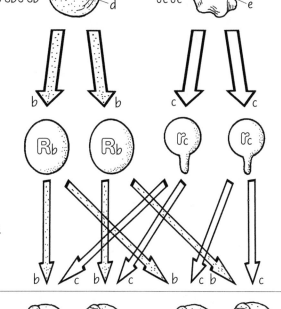

子一代 ✿
圆粒表现型 d
杂合子基因型 ✿

受精时的基因重组

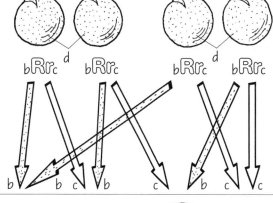

子二代 ✿
表现型 3_d：1_e
基因型 1_b：2_bc：1_c

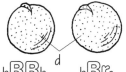

1-12
孟德尔遗传学：自由组合定律

孟德尔证明，多个特征可以同时遗传，例如种子形状和种皮颜色。这个过程叫做孟德尔自由组合定律。不同的特征可以自由组合，是因为它们由不同的染色体所携带，尽管当时的孟德尔根本不知道染色体是什么。

先为图版顶部属于子一代植株的四条染色体填色。用上一节图版中（b）和（c）的颜色为同样的等位基因填色，然后用另外两种颜色（不要用绿色或黄色）为（d）和（e）填色。再为子一代杂合子亲本的表现型和基因型填色。为（y）填上黄色，最后为网格左上角和右上角的四条亲本染色体填色。

我们考虑了四个等位基因：R＝圆粒，r＝皱粒，T＝黄色，t＝绿色。注意观察这四个等位基因在两个植株杂交时的去向。每个子一代亲本的种皮颜色和种子形状都具有杂合子基因型——Rr/Tt，表现型是圆粒黄色。等位基因在减数分裂时（见 1-14）分离，随半套染色体组进入不同配子（或称单倍体生殖细胞）当中。

为代表配子形成（减数分裂）过程中等位基因分离的箭头填色，然后为产生的配子基因型填色。

注意看，同源的等位基因在配子中会彼此分离。例如，R 绝对不会与 r 出现在同一个配子当中。携带圆粒等位基因 R 的染色体在配子中可能会与 T 或 t 配对。类似地，代表绿色种皮的等位基因 t 也可能与 R 或 r 配对。

网格中的每一格都代表来自双亲的配子组合。将网格左右两侧的配子等位基因结合起来，就可以得到子代的基因型。

为网格内可能的子代基因型填色，然后为可能的种皮表现型填色。为（g）填上绿色。

种子形状由等位基因 R 和 r 决定。子代中，纯合子 RR 和杂合子 Rr 会表现为圆粒种子。只有具有两个皱粒等位基因，即基因型为 rr 的子代才会出现皱粒的表现型。种皮颜色由等位基因 T 和 t 决定。子代中的纯合子 TT 及杂合子 Tt 会表现为黄色种皮，只有纯合子 tt 才会出现绿色种皮的表现型。

在图版的左下角，用对应的等位基因的颜色为种子形状和种皮颜色的基因型填色。数数子代中基因型 RR、Rr、rr 以及 TT、Tt、tt 的数量。现在我们知道，它们的比例为 1∶2∶1。计算表现型的比例，并为其填色。

正如上一节所述，每组单独的特征，比如种皮颜色和种子形状，都具有 3∶1 的表现型比例。若把两组特征结合起来，孟德尔总结出 9∶3∶3∶1 的比例。也就是说，在 16 个可能的组合中，有 9 棵植株产圆粒黄色种子，3 棵产圆粒绿色种子，3 棵产皱粒黄色种子，以及 1 棵产皱粒绿色种子。

凭借数学知识，孟德尔意识到两组特征组合的比例 9∶3∶3∶1 与一组特征的比例 3∶1 具有统计关系。如果两组特征在重组过程中被均匀混合，那么两个单独的概率就需要相乘。所以，如果 3/4 的种子为黄色，当两组特征结合时，我们仍应看到 3/4 的黄色种子。你可以数一数黄色种子植株的数量来确认这一点，一共应有 12 棵。也可以通过把 9 棵种子为圆粒黄色的植株与 3 棵种子为皱粒黄色的相加得到这个数字（9/16+3/16=12/16），即 3/4。我们还应看到有 1/4 的植株有绿色种子：网格中一共有 4 棵绿色种子植株，即 4/16=1/4。在这 4 棵中，3 棵的种子为圆粒，1 棵的为皱粒，两者相加也可以得到相同的数字。

同理，圆粒和皱粒表现型也表明，16 棵植株中仅有 1 棵具有皱粒绿色种子。

无论孟德尔怎样搭配豌豆植株的两组特征，他都得到了 9∶3∶3∶1 的表现型比例。这个观察结果使他在 1865 年推导出了自由组合定律。

孟德尔通过实验发现，豌豆植株的这 7 组特征都可以独立地传递给子代。我们可以由此预测，孟德尔所用的特征分别位于不同的染色体对上。研究香豌豆属的植物遗传学家已经发现，豌豆植株仅有 7 对染色体，即一共 14 条。有些人认为，孟德尔非常幸运，因为他恰好选择了 7 组位于不同同源染色体对上的特征，而非位于相同染色体上的连锁基因（见 1-15）。但这也正是因为孟德尔非常谨慎，且具有敏锐的观察能力。幸运总是会眷顾有准备的人。

孟德尔和达尔文一样，都在不了解真正的遗传机制的情况下，对遗传特征进行了精确的观察。现在，我们认识了染色体、基因和 DNA，可以更好地理解像孟德尔和达尔文这样的博物学家做出的科学贡献。他们在没有现代技术的帮助下，发现了自然的规律。

自由组合定律

同源染色体 a
种子形状等位基因 R_br_c
种皮颜色等位基因 T_dt_e

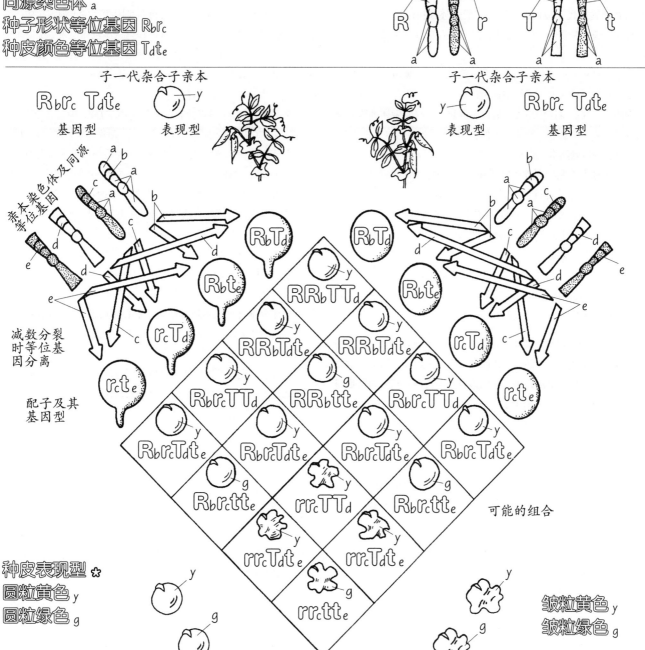

子一代杂合子亲本

R_br_c T_dt_e

基因型   表现型

子一代杂合子亲本

表现型   基因型

R_br_c T_dt_e

亲本染色体及同源等位基因

减数分裂时等位基因分离

配子及其基因型

种皮表现型 ✿
圆粒黄色 y
圆粒绿色 g

皱粒黄色 y
皱粒绿色 g

可能的组合

基因型比例 h

R_bR_b R_br_c r_cr_c
4_h : 8_h : 4_h
1_h : 2_h : 1_h

T_dT_d T_dt_e t_et_e
4_h : 8_h : 4_h
1_h : 2_h : 1_h

表现型比例 i

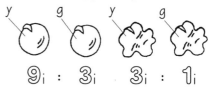

9_i : 3_i : 3_i : 1_i

1-13
体细胞分裂：有丝分裂

我们的身体由数百万计的细胞构成。除了神经细胞和生殖细胞外，它们无时无刻不在增殖和分裂。这样生物体才能生长，才能用新细胞取代死掉的旧细胞，才能修补破损的组织。在分裂过程中，遗传物质 DNA 也会被复制，然后遍布身体的每一个新细胞。

细胞复制的过程包括两个部分：第一，遗传物质在细胞核内复制，并分别进入两个子细胞核中；第二，细胞质分裂进入两个子细胞中。我们身体中绝大部分细胞分裂的过程叫做体细胞分裂或有丝分裂。子细胞核具有和母细胞一模一样的染色体组和基因，是母细胞的精确副本。

染色体在细胞中存在的时间和表现出的特性一直备受争议，因为它们可以在细胞核进入休眠期时"消失"。1903 年，沃尔特·萨顿（Walter Sutton）将孟德尔定律与细胞分裂联系起来。他发现，同源染色体会在细胞分裂过程中配对并保持它们的独立性，不过其存在形式可能发生变化。

人类具有 46 条染色体，即 23 对同源或配对染色体。每条染色体由长长的 DNA 链组成（见 2-1）。本节中仅绘制了 4 条，即 2 对同源染色体。

先从细胞周期的分裂间期开始填色。为细胞周期正下方处于分裂间期的细胞填色。然后一边阅读文字，一边逐一为每个阶段的每种结构填色。最后，用同一色系但不同色调的颜色为细胞周期中有丝分裂的每个阶段填色。

色彩可直接覆盖代表核膜（d）的线条。用较鲜艳的颜色为着丝粒填色。

图版中的有丝分裂纺锤体由一系列点组成，为其填色时，画一条细线将点连接起来，使纺锤体看起来像是从中心粒放射出来的纤维。细胞的中点又称赤道板（j），用箭头表示。最后，为分裂间期（a）的子细胞填色。

细胞周期被分为两个阶段。有丝分裂仅占整个周期的很小一部分。

在分裂间期，即有丝分裂开始之前，展开的染色体以染色质的形式存在。该名称来自希腊语中意为"颜色"的一词，代表了它与一种染料的密切联系。染色质呈团状，位于细胞核中。核膜是一层多孔的膜，将完整的核仁和染色质包裹起来。细胞质中具有中心粒，用于生产纺锤体。后者是一个管状结构，在细胞分裂中起至关重要的作用。在 18 个小时的分裂间期中，DNA 复制（见 2-2）大约占 10 个小时。

在实际生命中，有丝分裂是一个连续的过程，但它总是被分为四个阶段来描述：前期（b^1）、中期（b^2）、后期（b^3）和末期（b^4）。

在分裂前期，随着细长的染色质丝螺旋缠绕并缩短变粗，它们可以在反光显微镜下被观察到。染色体以一式两份的形式存在，中间以着丝粒相连。这些姐妹染色单体是 DNA 在分裂间期复制的产物。因此，处于分裂前期的细胞中有双倍体染色体物质。还应该注意的是，此时核仁已经消失，核膜也开始裂解，为细胞分裂做准备。此外，在这一阶段，中心粒开始向细胞的两极移动。随着它们的移动，纺锤丝开始在细胞内形成。

在分裂中期，着丝粒在细胞赤道板上排成一列，相同的姐妹染色单体分别排列在赤道板两侧。中心粒在细胞两极稳定下来。随着它们的移动，纺锤体与着丝粒相连。注意，此时核膜已完全消失，而纺锤体已高度发育。

在分裂后期，两条姐妹染色单体在纺锤体的作用下分开，细胞随之开始拉长。着丝粒分离，每条染色体在纺锤体的牵拉作用下，各自向细胞的另一端移动。

在分裂末期，有丝分裂已经完成。染色体分别聚集在细胞两极的中心粒附近。细胞质在中间被夹断，新细胞膜则沿赤道板形成。到末期尾声时，两个子细胞中会形成核膜，核仁重新出现，而纺锤体则分解消失。每个新形成的子细胞都具有与母细胞完全相同的全套遗传物质。

有丝分裂完成后，染色体会解旋，并在之后 18 个小时的分裂间期内回归原本混乱的染色质状态，直到每个子细胞再次复制，分裂为更多的体细胞。

有丝分裂

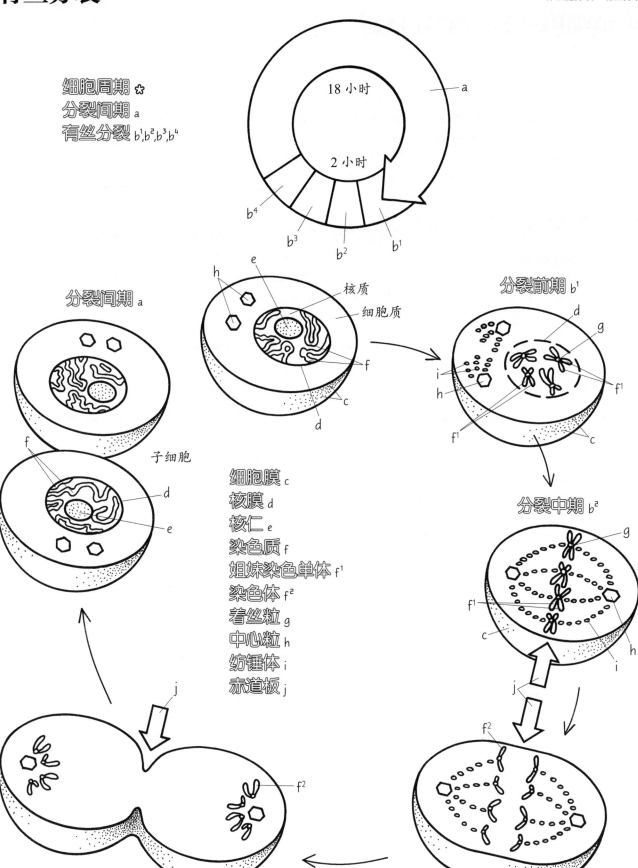

细胞周期 ✽
分裂间期 a
有丝分裂 b¹,b²,b³,b⁴

18 小时

2 小时

b⁴
b³
b²
b¹

分裂间期 a

h
e
核质
细胞质
f
c
d

分裂前期 b¹
d
g
i
h
f¹
f¹
c

子细胞
f
d
e

细胞膜 c
核膜 d
核仁 e
染色质 f
姐妹染色单体 f¹
染色体 f²
着丝粒 g
中心粒 h
纺锤体 i
赤道板 j

分裂中期 b²
g
f¹
c
h
i
j

j
f²

f²

分裂末期 b⁴

分裂后期 b³

29

1-14
生殖细胞分裂：减数分裂

有性生殖涉及两个生物体，两者都要贡献遗传物质，以形成新个体。这个过程有助于重组和交换遗传信息。新个体会组合来自双亲的两组遗传物质。有性生殖起源于约10亿年前的真核生物，它在一定程度上促进了之后多细胞生物的多样化（见1-19）。

在体细胞分裂（有丝分裂，见1-13）时，每条染色体需要自我复制，以维持该物种的染色体数量，比如人类有46条染色体。相反，生殖细胞的产生则涉及一种特殊的细胞分裂过程，它将细胞核内染色体的数量减半，故被称为"减数分裂"。

生殖细胞在特殊的器官内产生，例如哺乳动物的卵巢或睾丸。这些生殖细胞又称配子，所含染色体数量只有体细胞的一半（单倍体）。人体内的减数分裂会使染色体从46条减少为23条，从而形成生殖细胞。雌性的卵子与雄性的精子通过受精作用结合，使受精卵再次获得全套染色体（双倍体）。

从卵子发生（卵子形成）开始为图版填色。先为卵原细胞内的染色体填色，然后为箭头和初级卵母细胞中的各种结构填色。再用细线将代表减数分裂时纺锤体的点连接起来。

卵原细胞是可能成为卵细胞的卵巢细胞。人类女性出生时大约具有200万个卵原细胞，但女性一生中只有400个左右的卵原细胞会发育成熟。

卵原细胞具有全套的双倍体染色体数量。本节只绘制两个同源染色体对。

DNA复制时会产生姐妹染色单体。这个过程会形成初级卵母细胞。由于DNA已经复制，这一阶段的染色体数量是双倍体的两倍。

为代表第一次减数分裂的箭头填色，然后为次级卵母细胞填色。

第一次减数分裂时，成对的染色体会在赤道板上排列，然后分离，每对染色体分别进入不同的子细胞中。第一次减数分裂与有丝分裂有两处区别：（1）着丝粒保持完整；（2）姐妹染色单体彼此相连。因此，次级卵母细胞拥有和体细胞相似数量的遗传物质，但分布略有不同。尽管只有一半数量的染色体，但这些染色体均处于复制后的状态。

需要注意的是，细胞质在这次分裂时的分布不均等。另一个子细胞，即第一极体，几乎没有分得任何细胞质。此时，卵巢中释放出次级卵母细胞和第一极体（见6-1）。

如果在卵母细胞被释放后发生了受精作用，它便会进入第二次减数分裂。

为代表第二次减数分裂的箭头填色，然后为卵子和第二极体填色。

第二次减数分裂与有丝分裂类似。姐妹染色单体分离，一半留在卵子内，另一半进入极体，从而形成第二极体和卵子，它们都含有必需的单倍体染色体数量。卵子会分得绝大部分细胞质，保证合子（受精卵）能够得到充足的营养。在卵子内，精子的精核会贡献另一半单倍体染色体。

为精子发生的每个阶段填色。

精子发生指的是精子的形成。在这个过程中，雄性生殖细胞在雄性睾丸内形成。精原细胞具有双倍体染色体数量。在DNA复制后（由箭头标示），初级精母细胞具有双倍体两倍的染色体物质。

第一次减数分裂会产生两个次级精母细胞。两者具有等量的细胞质，并各自从每对同源染色体中得到一条染色体。

第二次减数分裂产生四个大小相等的精细胞，它们具有同样数量的单倍体染色体。这些精细胞会长出长尾，并发育出特化的头部，让它们得以穿透卵子并使之受精。

人类女性在出生时就具备她一生的全部卵子。在她的整个生育年龄，如果没有怀孕或哺乳，她通常平均每28天释放一个卵子，从青春期一直持续到40多岁。人类男性从青春期开始会不断产生大量精子，一次释放的数量就高达近3亿。

卵子和精子的形成具有很大区别。初级卵母细胞仅产生一个卵子，并分得绝大部分的细胞质，而初级精母细胞会产生四个可育精子，但内含的细胞质很少。线粒体DNA（见2-11）位于细胞质中。由于雌性生殖细胞具有大量细胞质，而雄性生殖细胞却不具备，所以线粒体DNA只能通过雌性传递。线粒体DNA研究可帮助我们了解近亲物种及种群间的种系发生关系。

减数分裂

染色体 a
姐妹染色单体 a¹
着丝粒 b
DNA 复制 c

中心粒 d
纺锤体 e
第一次减数分裂 f
第二次减数分裂 g

卵子发生 ✲

精子发生 ✲

卵原细胞 ✲

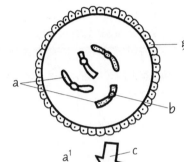

卵泡细胞

精原细胞 ✲

初级卵母细胞 ✲

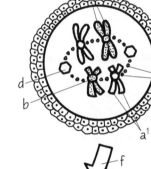

初级精母细胞 ✲

次级卵母细胞 ✲

第一极体 h

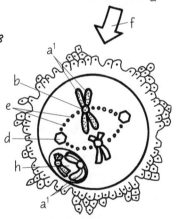

次级精母细胞 ✲

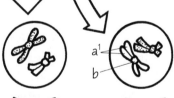

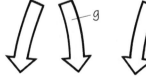

精细胞 ✲

卵子 i
第二极体 j

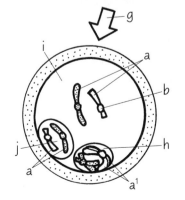

精子 k

1–15
果蝇、突变与连锁基因

达尔文认为，突变是形成新物种的基础。对于那些拥有优势特征的个体，无论这些特征多么微小，都能帮助该个体存活并繁殖出大量后代。那么突变从何而来呢？在研究藤壶（蔓足亚纲）的八年间，达尔文观察到突变会经由正常的有性生殖自发产生。他意识到，遗传差异是自然选择的必要条件，但他并不了解孟德尔关于遗传和突变在代际传递的理论（见 1–10）。

19 世纪末期，有关突变的谜团又添了一笔。荷兰植物学家雨果·德弗里斯好奇达尔文的自然选择理论是否足以产生新物种。为了检验达尔文所持有的新物种来自长时间累积的微小突变的观点，德弗里斯对月见草进行了研究。他发现，在 5.3 万多株植株中，自发地出现了 8 个新变种，且均可以产生纯种的后代。于是，德弗里斯提出"突变种"这个概念来形容这些新变种。他认为，新物种的形成源自能产生新变种的巨大突变，而非缓慢的自然选择。

英国生物学家威廉·贝特森（William Bateson）将孟德尔的研究进一步细化，他观察到豌豆植株的某些特征似乎是关联在一起的。这些特征并没有像孟德尔研究中那样发生自由组合。为了检验这两个观点，托马斯·亨特·摩尔根（Thomas Hunt Morgan）在 20 世纪早期开始对黑腹果蝇进行遗传学研究。尽管这是一种体形很小的昆虫（约 4 毫米长），总在熟过头的水果附近盘旋，但它后来成了遗传学研究中动物界的传奇巨星。这种动物每两周繁殖一代，只占用很小的实验室空间，并展现出明显且差异显著的表现型特征。通过正常繁育，它们中出现了惊人数量的突变，包括眼睛颜色、翅膀尺寸及形状、腹部斑纹和刚毛的排列。

经过一整年对上百万只果蝇的研究，摩尔根发现其中突然出现了一只白眼雄性果蝇。由于红眼为正常的显性性状（R），摩尔根确信自己发现了一个变种。一开始，他将这只孤独的白眼雄性与野生的红眼雌性杂交，然后让其杂种后代互相交配。摩尔根发现，在 3,470 只后代中，共有 2,459 只红眼雌性、1,011 只红眼雄性和 782 只白眼雄性。然而，并没有出现一只白眼的雌性。为什么只有雄性具有白眼呢？摩尔根从基因在染色体上的分布方式中找到了答案，而染色体正是遗传特征的载体（见 1–13）。1905 年，就在摩尔根开始研究之前，人们发现了性染色体。

用浅色为图版上方雌性和雄性果蝇体内的三对常染色体和一对性染色体填色。将红色、灰色和黑色留给眼睛和身体。

每个物种都具有特定的染色体数量。果蝇具有 4 对（8 条），人类具有 23 对（46 条），而孟德尔的豌豆具有 7 对（14 条）。雌

性果蝇和人类女性一样，具有两条 X 染色体（XX），而其雄性具有一条 X 染色体和一条 Y 染色体（XY）。果蝇和人类的卵子都具有 X，而两者的精子一半具有 X，另一半则具有 Y。

为两只果蝇的表现型和基因型填色。

眼睛颜色的基因位于性染色体上。X 染色体携带眼睛颜色的基因（R），而 Y 染色体则不携带该类基因（—）。由于雌性具有两条 X 染色体，而红色为显性，所以不太可能两条染色体都携带突变基因（r），因此几乎没有白眼雌性。雄性仅有一条携带眼睛颜色基因的 X 染色体，因此如果突变基因存在，就会产生出白眼的表现型。

为左下角野生种和突变种的表现型和基因型填色。

常染色体上的突变为解释新变异的诞生过程提供了更多的线索。野生果蝇具有灰色身体和较长的翅膀（BV），而突变果蝇具有黑色身体和退化的短翅膀（bv）。当这两者杂交数代后，只出现了两种表现型：一半为黑色身体及短翅（bv），另一半则为正常的灰色身体及长翅（BV）。没有出现长翅的黑身果蝇或短翅的灰身果蝇。

如果这两组基因可以独立组合，那么有 1/4 的子代应为黑身长翅（bV），还有 1/4 的子代应为灰身短翅（Bv）。由于没有出现这些预测的组合，摩尔根认为，决定身体颜色和翅膀长短的基因一定位于同一个染色体上。因此，这些基因是关联在一起的，并没有在有性生殖过程中进行独立组合。这个发现使摩尔根得以绘制包含一百多组特征的染色体图。他建立了四组连锁基因，每组对应一对果蝇染色体。

为减数分裂和交叉互换过程中以及由此所得配子的常染色体上的基因填色。然后为新表现型填色。

摩尔根在后续研究中注意到，有时连锁基因会分开，然后以新的方式重组。他发现，在减数分裂过程中（见 1–14），成对的染色体可能会交换彼此的一部分，故称之为"交叉互换"。交叉互换过程会打断连锁基因，改变碱基对序列，并产生新配子组合及对应的表现型，包括之前没有发现的 bV 和 Bv 的表现型。

摩尔根和赫尔曼·穆勒（Hermann Muller）因这项实验共同获得了诺贝尔奖，后者用 X 光破坏果蝇的染色体以提高突变率。现在我们已经证明，突变可作为新变异的来源，并且是影响演化的重要因素。

突变与连锁基因

常染色体 a

性染色体 ✿

X_b Y_c

表现型 ✿

红眼 d

白眼 e

基因型 ✿

红眼 d^1

白眼 e^1

常染色体连锁基因 ✿

表现型 ✿

灰身 f

黑身 g

长翅 h

短翅 i

基因型 ✿

等位基因 ✿

B_{f^1} b_{g^1}

V_{h^1} v_{i^1}

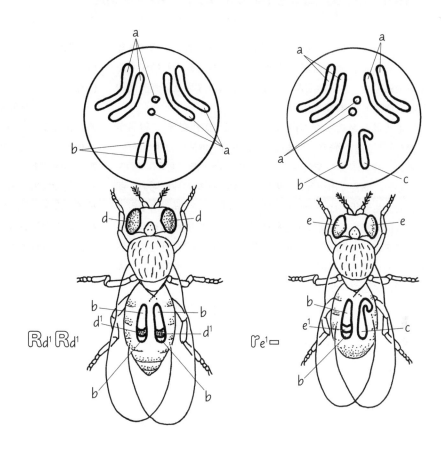

$R_{d^1}R_{d^1}$ $r_{e^1}-$

减数分裂   交叉互换   配子

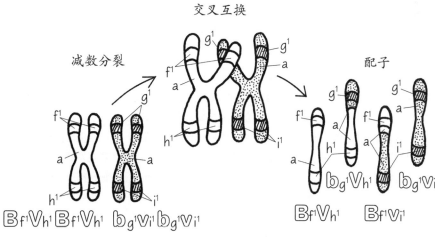

$B_{f^1}V_{h^1}B_{f^1}V_{h^1}$ $b_{g^1}v_{i^1}b_{g^1}v_{i^1}$ $B_{f^1}V_{h^1}$ $B_{f^1}V_{i^1}$

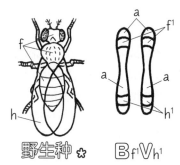

野生种 ✿ $B_{f^1}V_{h^1}$

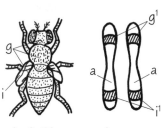

突变种 ✿ $b_{g^1}v_{i^1}$

新表现型 ✿

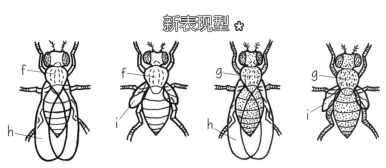

1-16
物种形成与遗传漂变：金丝猴

在遗传学家提出突变会导致新物种诞生时，野外生物学家却只观察到种群中的缓慢渐变。种群遗传学家休厄尔·赖特引入遗传漂变的概念，在自然选择、迁徙（现被称为基因流）和突变的基础上增添了第四种演化机制。

遗传漂变又被称为"小种群效应"或"抽样变异"，得名于赖特对豚鼠的观察研究。当来自同一谱系的个体被分为两个群体，并各自只在其群体内交配时，它们的外形会逐渐"漂离"对方，产生差异。赖特提出假设，如果一小部分个体与大种群隔离，那么就会发生遗传漂变。少数的个体会改组有限的变异，由于没有基因流的作用，新的突变更容易被固定下来。被隔离的种群最终就会"漂离"亲代种群。同时，自然选择会对小种群进行塑造以适应新的环境条件。因此，遗传漂变可与自然选择和突变共同发挥作用，促进物种形成。

仰鼻猴（又称金丝猴）很好地阐释了遗传漂变或导致四个物种的外貌高度迥异的过程。灵长类动物学家尼娜·雅布隆斯基及她在中国和越南的同事们对这些稀有濒危的猴类在解剖学、古生物学和行为生态学方面进行了大量研究，为演化谜团又添一条破解线索。

大约100万年前，金丝猴在东亚森林中广泛分布。随着气候逐渐恶化，寒冷干旱的时间延长，金丝猴种群的栖息地变得碎片化，从而导致基因流受到干扰和阻碍。幸存下来的种群被隔离开来，其分布范围缩减，集中在古老且人迹罕至的森林中，因为那里所受环境恶化的影响最小。

为每个物种填色。你可以根据文字描述，用动物本身的颜色为每个物种的显著特征填色。

金丝猴属下的四个种生活在中国和越南北部海拔在1,000~4,500米之间亚热带或温带山地森林中相对隐蔽的区域。它们在行为、解剖学以及整体外形方面都十分相似，尤其是独特的鼻子形态，即其名字"仰鼻猴"的由来。它们还具有特化的消化方式，与叶猴类似（见3-1、4-20）。

越南金丝猴（又称东京金丝猴）与生活在中南半岛东部的白臀叶猴十分相似。在所有金丝猴中，东京金丝猴的身体最纤细，主要为树栖，可能与其祖先种群最为相似。它们生活在亚热带森林中海拔1,000米左右的灰岩陡壁上，以树叶及成熟和未成熟的果实为食，和其他叶猴类似。越南金丝猴分布在两个孤立的群体

中，总计仅有130~350只。成年个体后背和四肢外侧为黑色，四肢内侧为乳白色，同时具有白色的头部、橙色的喉部和浅蓝色的脸。

在另一极端环境下，滇金丝猴生活在最恶劣的条件中。它们栖息在海拔3,000~4,500米之间的常绿森林中，是所有非人类灵长类中栖息地海拔最高的。云南省山地的平均气温在一年内有数月会降到零度以下，积雪将超过一米深。令人惊讶的是，它们80%的食物来自树挂枝状地衣，此外还有季节性的树叶、水果和种子。滇金丝猴的数量在1,000~1,500只之间。它们的后背、头、腿和尾巴都长有灰黑色的毛发，身体两侧、胸部和颈部正面则为白色。它们的面部为灰白色，还长有粉色的鼻口。

黔金丝猴生活在贵州省武陵山区海拔在1,500~2,000米之间的针阔叶混交林。它们能够在寒冷的雪天存活，不过那里的冬季平均气温并没有到零度以下。黔金丝猴的饮食结构在一年里会有显著变化，视嫩叶、嫩芽、果实、种子、树皮及昆虫的多寡而定。目前它们只有一个种群存活，数量在800~1,200只之间。黔金丝猴身体毛发的颜色为棕灰色，其胸部和上肢内侧为金色。头部为黑色，具有金色的眉毛。面部皮肤为白色，略带淡蓝色。

川金丝猴分布范围最广，种群数量最大（8,000~10,000只）。它们生活在四川盆地周围各山区海拔在1,200~3,000米之间的针阔叶混交林中。它们的食物包括树叶、种子、花和地衣，但所占比例随季节波动。川金丝猴得名于它们肩部覆盖的金黄色毛发。其后背的毛发为棕黑色，上肢和大腿内侧为白色，眼睛下侧及嘴部周围是带着蓝色的白色皮肤。

金丝猴属下的四个种现在已经被完全隔离开来，但它们曾经广泛分布，且很可能属于同一个可变的物种。由于栖息地的碎片化阻断了基因流，每个幸存种群内部不多的个体只能彼此交配，对仅有的变异进行重组。结果，这些种群在各自的生存环境中面对不同的自然选择压力后，最终与彼此"漂离"。长此以往，种群间便出现微小差异，后代逐渐发展出新的物种。不同寻常的面部和毛发颜色与新突变一起被固定下来。雅布隆斯基提出，每个物种面部及身体上明亮且突出的颜色很可能使附近群体中的少数繁殖个体更容易在森林里被其他个体注意到。这些独特的猴类是亚洲叶猴适应性辐射的一部分（见4-19）。过去，它们一直鲜为人知，而现在已极度濒危。在我们了解遗传漂变和自然选择如何共同作用并产生新物种的过程中，它们提供了重要的线索。

金丝猴

仰鼻猴 ✳

川金丝猴 d
四川

黔金丝猴 c
贵州

滇金丝猴 b
云南

越南金丝猴 a
东京（越南）

自然选择实况：加拉帕戈斯雀

加拉帕戈斯群岛的雀类体形较小、颜色较深，而且非常不起眼。然而，它们在达尔文思考自然选择的过程中扮演着非常重要的角色，因此又被称为达尔文雀。达尔文的朋友，鸟类学家约翰·古尔德（John Gould）确认，在"小猎犬号"航行过程中收集到的 13 种雀类都来自不同的物种，而且为加拉帕戈斯地区独有。如此这般，达尔文就必须要解释它们是如何到达各个孤立岛屿上的（见 1-1 和 1-2）。他认为最符合逻辑的解释是，盛行风将一部分雀类祖先从南美洲带来。这个小型奠基者种群存活了下来并大量繁殖。在遗传漂变和自然选择的长期作用下，这些种群积累了足够的变异，以发展出一系列新物种。

达尔文认为物种形成是个缓慢渐变的过程。然而，罗斯玛丽·格兰特和彼得·格兰特夫妇及其同事们的长期研究记录反映出加拉帕戈斯雀如何在几代内就积累出巨大的变化，以应对主要的环境事件。在 20 年的时间里，格兰特夫妇观察到了自然选择的"实况"。

一边阅读下文的描述，一边为每种雀的喙部、与之相似的工具以及它适应的食物填色。为雀身填上深色。

群岛中最大的伊莎贝拉岛上有 10 种雀类，其中 5 种在体形、喙部大小和形态以及食性上都表现出很强的多样性。不同物种的体长不一，7～12 厘米都有。它们都具有相似的身体比例，区别主要表现在喙的形状上。这些物种通过食用不同种类和大小的食物以尽量使竞争最小化。因此，生物学家罗伯特·鲍曼（Robert Bowman）将其喙部的形态和功能与不同工具进行了对比。每种喙部形态都是为适应攫取或处理特定食物的结果。

植食树雀是一种植食性雀类，以嫩芽、树叶与果实为食，生活在茂密潮湿的森林中，栖息在高大的乔木上，偶尔会到地面上寻找种子。它具有短粗的喙部，像夹管钳一样。

加岛绿莺雀与莺类没有关系，但其外形非常相似，就连达尔文一开始都认错了。它的喙很细，适合捕捉飞行和地栖的昆虫。

拟䴕树雀又称啄木鸟雀，主要生活在更潮湿地区的树木间。它与真正的啄木鸟具有趋同特征（见 1-8），它们都具有又长又直的喙部，但它没有啄木鸟的长舌头。相反，这种雀类会使用工具。它会携带一根小树枝或仙人掌的刺，将昆虫从树皮底下赶出来。

仙人掌地雀也是一种地栖雀类。它们仅生活在干旱的低地上，因为那里生长着它们的主要食物——仙人掌。这种雀类具有又长又直的喙，就像尖嘴钳一样。它们还具有叉状的舌头，以吸食仙人掌花中的花蜜和浆液。

中嘴地雀是一种中型地栖雀类，以种子为食，其粗重的喙部与重型钳类似。它们与另外两种地雀生活在一起，一种略大，另一种略小。这些地面觅食者各自偏爱大小略微不同的种子。

为格兰特夫妇在大达夫尼岛上的研究插图填色。

中嘴地雀和仙人掌地雀生活在大达夫尼岛上。格兰特夫妇为每只地雀进行了鉴定，测量它们的体重、翼展宽度、喙深和喙宽。这些地雀都被终身跟踪研究，其生存状况、后代数量以及后代的生存状况都被详细记录了下来。

这些信息的采集横跨 20 年，翔实地记录下了自然选择的过程。有些后代没有存活到可以繁殖的年龄，因此无法往后代的基因池中输送基因。

要证明自然选择真的存在，必须满足以下几项条件。首先，被研究的特征必须在种群个体中存在差异。对于中嘴地雀来说，格兰特夫妇发现其不同个体的身体大小和喙深各有不同。其次，特征必须能够直接从父母传递给后代。通过对父母和后代进行测量，格兰特夫妇发现，身体大小（91%）和喙深（74%）具有高度遗传性。最后，特征必须能够影响个体的存活和繁殖概率。在格兰特夫妇的研究中，降雨量的巨大波动极大地影响了岛屿的食物供给，为鸟类的竞争提供了条件。

在干旱的年份，相对较软的种子供给变得稀缺，所以 6/7 的雀类都死去了！更大更坚硬的种子对于喙部较深的大型鸟类来说更容易被打破取食，也相对更加充沛。格兰特夫妇证明，身体更大、喙部更深的中嘴地雀存活率明显更高。新一代中嘴地雀的喙部大约比干旱前增大了 4%～5%。

相反，在厄尔尼诺效应爆发时，长达 8 个月创纪录的降雨量使种子达到前所未有的产量。大型种子相对较少而小型种子大量出现，使生存优势偏向小型雀类。基于不同个体具有的特定特征，有的在食物竞争中能成功，有的会失败。那些成功存活并繁殖的个体便会将这些可遗传性状在后代中保留下来。

格兰特的研究回答了达尔文最初的问题——为什么会有变异？它强调演化结果既非基于长期的规划，也不能进行短期预测，而是视情况而定。基于特定时间内占优势的自然选择效应，演化可能往任何方向发展。对于物种自身，从长远角度来看，能够选择喙部的大小当然是最好的了！

加拉帕戈斯雀

加拉帕戈斯雀 ✿
植食树雀 a
加岛绿莺雀 b
拟䴕树雀 c
仙人掌地雀 d
中嘴地雀 e
工具 a^1,b^1,c^1,d^1,e^1

食物 ✿
嫩芽、树叶、果实 a^2
昆虫 b^2
幼虫 c^2
仙人掌 d^2
种子 e^2

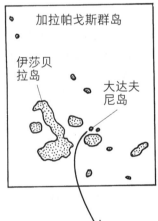

大达夫尼岛研究 ✿
干旱 f
喙部和身体增大 f^1
厄尔尼诺 g
喙部和身体缩小 g^1
死雀 e^3

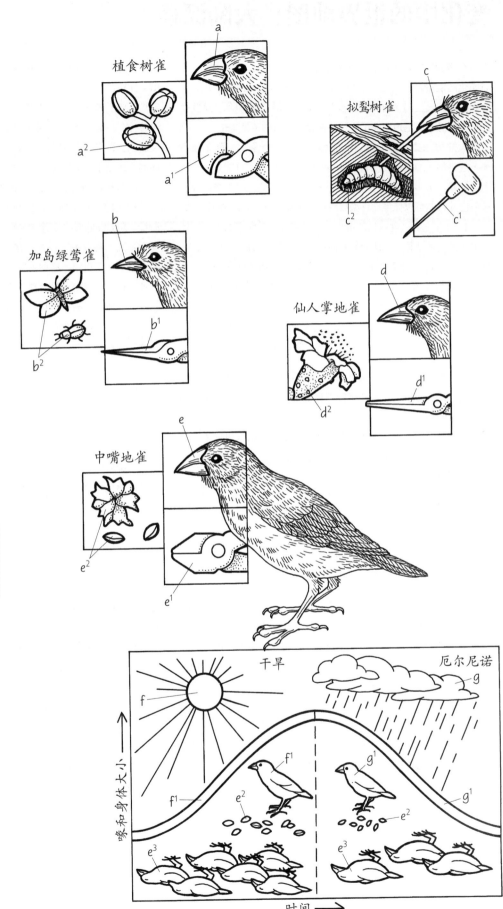

37

1–18
变化中的世界地图：大陆漂移

在遭遇地震和火山后，达尔文意识到地球是个充满活力、不断变化的能量站。然而，他和同时代的科学家们都没能发现，大陆和海洋曾经历过怎样的巨大变迁。他们也没能认识到，这些变迁是如何意义深远地影响了物种的演化与分布的（见1–1）。

大陆边缘像拼图一般的匹配程度令德国气象学家阿尔弗雷德·魏格纳（Alfred Wegener）怀疑这些大陆曾经很可能是一个巨大的陆块。大多数地质学家对这个概念嗤之以鼻，因为当时没有任何已知机制可以像推动巨型战舰一样推动大陆在地球表面移动。

1950年之后，魏格纳的猜想得到了部分海洋学家的支持。他们采用最新的钻孔、磁法测量和回声技术来测绘海底山脉和峡谷。这些研究发现，大洋中脊的岩石相对较新，是由地球深处的炽热岩浆从断层喷出后冷却而成的，这些岩浆摊开形成了新的洋底。加拿大地球物理学家图佐·威尔逊（Tuzo Wilson）推断，地壳被分割成了一系列板块。由较轻岩石组成的大陆漂浮在地幔凝固形成的较重板块之上。它们的运动被称为板块构造运动。

先为现代大陆的所在之处填色，然后在本图版中继续填色时沿用同样的颜色。为冰岛和格陵兰岛填上同一种颜色，为澳大利亚和周围的岛屿也填上同一种颜色。

接下来，为三叠纪末期的陆块填色。那时的陆块组成了一个超级大陆——联合古陆，在图中由实线标出。联合古陆由同一片大洋完整包围着。

大约2亿年前，印度离非洲很近，马达加斯加插在两者中间。这片大陆上的植物和动物共同构成了一个连续的生命系统。

为白垩纪的陆块填色，在图中由实线标出。注意，当时现代大陆上被淹没的部分由虚线标出。

联合古陆分为两个主要的陆群，即北方的劳亚古陆和南方的冈瓦纳古陆，两者都在逐渐地远离非洲。印度向北"漂移"，与亚洲大陆碰撞，从而让喜马拉雅山脉崛起。马达加斯加则成为一个岛（见4–6）。尽管南美洲和非洲分离，但它们之间距离足够近，因而可以交换动植物种类。

大陆漂移为之前困扰动物学家、植物学家和古生物学家的问题提供了答案。例如，恐龙化石在各个主要陆块上都有发现，那它们是怎样跨越大洋的呢？答案是，它们并没有跨越大洋。三叠纪时，它们都是在联合古陆上演化而来的。

达尔文及其同时期的阿尔弗雷德·拉塞尔·华莱士（Alfred Russel Wallace）都很困惑，不会飞行的巨大平胸鸟类是如何能够广泛地分布的，例如非洲的鸵鸟，马达加斯加的象鸟（现已灭绝），南美洲的美洲鸵，澳大利亚和新几内亚的鸸鹋和食火鸡，以及新西兰的几维鸟和现已灭绝的恐鸟。有些鸟类学家认为这是趋同演化的结果，即每种平胸鸟类都从不同的飞行祖先演化而来。

结合板块构造和分子生物学的信息，我们知道趋同演化的观点是错误的。查尔斯·希伯利（Charles Sibley）和乔恩·阿尔奎斯特（Jon Ahlquist）利用DNA杂交技术（见2–7）证明，平胸鸟类在基因上都有关联，并具有一个共同祖先。这个祖先与南美洲的共形类鸟类很像，这种飞鸟与平胸鸟类具有相同的"古颚"。平胸鸟类很可能起源于冈瓦纳古陆，当其裂解为今天的南半球各大陆时，各地的平胸鸟类开始分别演化。

爬行类和哺乳类的演化也随着世界地图的变化而改变。爬行动物时代持续了2亿年，共演化为20个类目（见1–21）。在过去的6,500万年间（新生代，见1–22），地球进入哺乳动物时代，多样化进程加快，共出现35个类目。爬行类演化时的陆地板块相对哺乳类演化时的较少，气候环境也更单一。芬兰古生物学家比约恩·库尔滕（Björn Kurtén）认为，正是这些区别使得哺乳动物的演化更为迅速全面。劳亚古陆和冈瓦纳古陆的分离导致了地理上的进一步分隔，因此也就产生了更多使物种独立演化的机会，包括澳洲的有袋类和北美洲的有胎盘类（见1–9），以及马达加斯加的狐猴等（见4–6）。

透过地质史，才能最好地理解现代地理学。分隔非洲和欧亚大陆的地中海，是曾经广袤的特提斯海的残余。印度洋将印度与非洲分隔开来。大洋中脊是一条巨大的水下山脉，分隔南美洲与非洲（见4–11）。北美洲和南美洲直到约300万年前才由巴拿马地峡相连，让动植物得以彼此交换，但曾经连在一起的海洋生物圈却被分隔开来。

在过去的4亿多年中，我们的地球一直在不断变化，远不是一个固定的历史遗迹。大陆聚合、破碎，有时还会碰撞在一起。这样的运动会影响洋流、大气环流以及大陆的温度和降雨模式。这些运动还导致山脉以各种方式形成，也解释了为何火山和地震大多发生在板块边缘。板块构造理论为达尔文苦思未解的生物地理问题——为何无数曾经存在的物种会出现在特定地方，要么是其后代生存之处，要么是其化石存在之地——提供了答案。

大陆漂移

欧亚大陆 a
北美洲 b
格陵兰岛 b¹
南美洲 c
非洲 d
马达加斯加 e
印度 f
澳大利亚 g
新西兰 h
南极洲 i

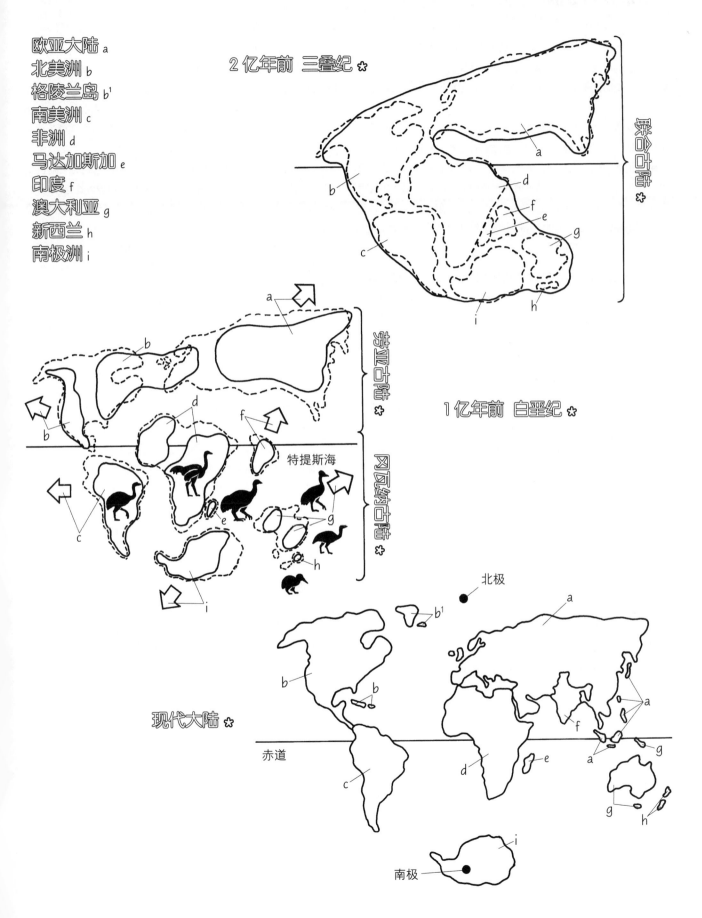

2 亿年前 三叠纪 ✿

1 亿年前 白垩纪 ✿

特提斯海

北极

现代大陆 ✿

赤道

南极

1-19
生命的起源与分化

地球的起源可以追溯到近46亿年前，那时地球刚刚形成。这中间漫长的时间被划分为多个间隔期，并成为判定地质年代的尺度。在这个时间框架里，演化事件的序列和持续时间都被记录在岩层中。

地质学家用两种时间刻度来测量地球历史：地层年代和编年年代。地层年代决定相对年龄：地球的岩石和化石保存于不同地层中，最老的化石在底部，最新的在顶部。世界不同地区的岩层可以通过时间上的关联勾勒出地球历史的完整图景。编年年代可以代表岩层的绝对年龄。在1896年人类发现放射性物质之后，我们可以用特殊的仪器来测量岩石中的放射性副产品，从而计算岩石的编年年代（见5-4）。

本节及之后三节中的图版都需从下往上填色。这个过程体现了地层测年法的基本原则，即最老的地层在最底部。用四种颜色分别代表四个宙：冥古宙、太古宙、元古宙和显生宙。在阅读文字的同时，为每个宙的名称填色，然后为其对应的年代柱、编年年代和各个宙中的事件填色。用浅蓝色代表大气中的氧气（f）。冥古宙、太古宙和元古宙合称前寒武纪。

冥古宙开始于距今将近46亿年前。那时，刚刚形成的地球还是由尘埃微粒聚集成的一团熔融物质。另外，地球的大气是炽热的蒸汽，地表是熔化的熔岩。随着地球慢慢冷却，水蒸气凝结，化学反应生成了有机分子，包括富含碳的酸类、醇类及简单的碳水化合物。这些都是构造早期生命必需的基石。生命很可能就起源于这个时期。

在大约40亿年前的冥古宙末期及太古宙早期，地球继续冷却。陆壳中最古老的岩石和早期海洋开始形成。

关于生命体最古老的直接证据可追溯到约38亿年前，发现地点是在非洲南部和澳洲西部的叠层石化石中。这些席状的细菌群落与澳洲现存的叠层石几乎一模一样。这种早期生命形式是单细胞的原核生物（与现代细菌相似），以原始海洋中的有机汤为生。原核生物是没有细胞核的细胞。人们在这些古老岩石中发现了大量且多样的微体化石，这说明生命体已经演化了很长时间。

早期生命生存的大气圈由于没有自由氧，无法阻挡太阳致命的紫外线辐射，导致有机分子被摧毁。火山喷出的硫化物可能阻挡了这些射线，也为生命提供了能量来源。

30多亿年前，诸如蓝藻的原核生物开始通过光合作用获取能量。这个过程利用来自太阳的能量，将二氧化碳与水合成为单糖并储存起来。氧气作为副产品被释放到大气中。

约25亿年前，太古宙结束，元古宙开始，地表的大陆板块成形。原核生物分化出很多种类，主宰着整个地球。在这个时期，它们从空气中吸收二氧化碳，将碳转化为生命组织，再将氧还原到大气当中。

大约20亿年前，光合作用已经在大气中积累了足够的氧气，显著地提升了大气中的氧含量。通过该时期岩石中氧化铁的红色条带，我们可以推断出自由氧的存在。大气中氧含量的提升彻底地改变了地球表面，并为不能进行光合作用的生物提供了另外的能量来源。臭氧层也在此时形成。臭氧是氧气的一种同素异形体，可以吸收对生命有害的紫外线辐射。

大气中的氧气和臭氧层的遮蔽帮助地球形成了稳定的环境，该时间段恰好是18亿年前真核生物出现的时候。真核生物比细菌大，能将遗传物质DNA保存在细胞核中。几个主要的生物圈都是由真核生物组成，包括原生生物、真菌、植物和动物。

大约11亿年前，真核生物通过有性生殖开始迅速多样化。岩石中保存下来的囊状结构很可能来自生殖细胞分裂（减数分裂）周期的某些阶段（见1-14）。这个重要的生物创新通过结合双亲的遗传物质来产生新的生命体，进而提升遗传多样性。

元古宙后期，化石记录显示后生动物突然出现。后生动物是具有特化细胞和组织系统的多细胞动物，具有复杂的身体形态。这段时期的氧气含量继续攀升，可能触发了之后后生动物的"寒武纪大爆发"。由于硬壳比之前的软体组织更容易存留，所以在硬壳无脊椎动物出现后化石记录大幅增多，标志了元古宙的结束。

在显生宙，生物体遍布全球，它们的后代在陆地上长出根系或手脚。关于这个最后的宙，我们了解的细节比前三个多很多，在之后三节中我们将继续讨论。

生命的起源与分化

宙 ✿
显生宙 d
元古宙 c
太古宙 b
冥古宙 a

大气 ✿
自由氧积累 f
没有自由氧 e

重要事件 ✿
植物和动物扩张 d^1
后生动物 c^5
有性生殖 c^4
真核生物出现 c^3
铁条带 c^2
原核生物多样化 c^1
光合作用 b^4
蓝藻 b^3

早期生命 ✿
原核生物 b^2
叠层石 b^1
地壳 a^3
有机分子 a^2
地球形成 a^1

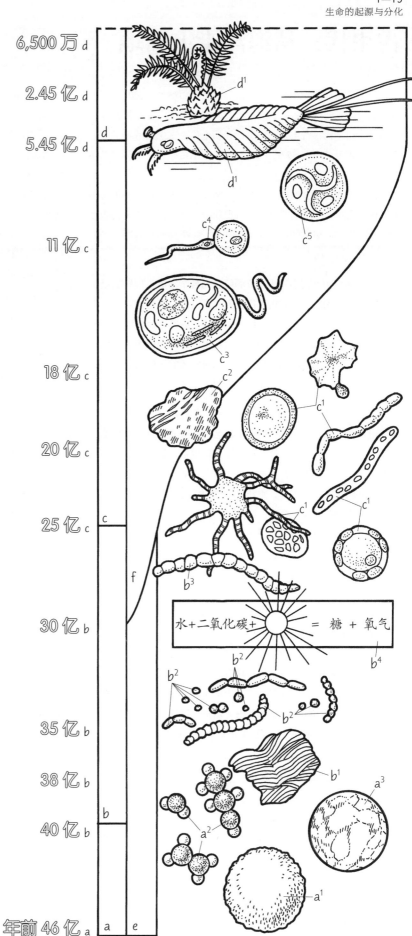

6,500 万 d

2.45 亿 d

5.45 亿 d

11 亿 c

18 亿 c

20 亿 c

25 亿 c

30 亿 b

35 亿 b

38 亿 b

40 亿 b

年前 46 亿 a

水+二氧化碳+ = 糖 + 氧气

1-20
古生代：从海洋走上陆地

显生宙化石记录中多样的生命形式更显而易见。我们对显生宙的认识比之前的冥古宙、太古宙和元古宙更深入，并将其进一步划分为三个代：古生代、中生代和新生代。古生代持续了3亿年左右，即从大约5.45亿至2.45亿年前存在，它又被划分为6个纪。

我们发现，在古生代，多细胞生物在海洋中扩张，最早的陆生动植物出现。最早的脊椎动物出现在海洋里，很快便来到陆地上。大陆板块的移动塑造出高山，改变了海洋环流和温度，并影响了陆地气候。在古生代末期，很多物种都走向灭绝。

在本图版中，请沿用上一节的颜色为各个宙填色，然后用新的颜色为各个代填色。为宙和代的名称，以及左下角相应的年代柱填色。注意，对于显生宙，只有年代柱上的部分需要填色。为古生代的6个纪填上六种浅色。为最古老的寒武纪填色。你可以为各个动植物填上不同的颜色，也可以用所选的浅色为整个寒武纪填色。一边阅读文字，一边从至上填色。

寒武纪的名称源自罗马语中意思为"威尔士"（Wales）一词，因为这一时期的岩石最早是在那里命名的。寒武纪时，生命被局限在海洋里。那时出现的绿藻很可能是陆生植物的祖先。很多软体的无脊椎动物繁荣生长。这段时间以有壳节肢动物的出现为标志，它是现代昆虫、蜘蛛、龙虾和螃蟹的祖先。三叶虫是当时最常见的节肢动物。

奥陶纪（以威尔士最后一个臣服于罗马人的部落而命名）时期演化出大量的掠食者，包括以远古乌贼为代表的头足类，还出现了最早的海百合、苔藓虫以及新的三叶虫科。目前，保存完好的第一批脊椎动物是无颌鱼，它们身披铠甲抵御掠食者。它们的内部骨骼为神经系统、肌肉系统和消化器官提供支持，而且不会降低其灵活性和移动能力（见1-4）。

志留纪（以另一个威尔士古部落命名）的化石记录中出现了最早的陆地生物证据。维管植物具有一个运输系统，可以在根与叶之间输送养料。它们还具有蜡质表皮层，可以保护茎叶，避免干枯。这些早期植物只能生活在沼泽地带，以便在水中繁殖。节肢动物是最早的陆生动物，在图中由蝎子代表。

在海洋中，盾皮鱼基于无颌祖先的第一鳃弓演化出上颌与下颌（见1-5）。可活动的颌为肉食或植食的新习性开拓了更多可能。盾皮鱼具有偶鳍，为它们登上陆地奠定了基础。

泥盆纪（得名于英格兰西南部的德文郡）是各种鱼类繁荣昌盛的时期。海洋中最重要的事件就是多骨鱼（硬骨鱼）的演化。与软骨不同，真正的骨骼能为内部骨架提供更高的硬度。硬骨鱼的后代是两栖类，它们很快就开始在沼泽地带自由移动。

新出现的动植物食物来源让最早的两栖类利用鱼类的两个适应性改变实现了陆栖：有内部骨骼的叶状鳍使其能在池塘间移动；原始的肺部使部分鱼类可以到水面呼吸空气。这些"肺鱼"可以在氧含量较低、其他鱼类无法生存的池塘中存活。

石炭纪得名于其沉积物中的煤层。这一时期，大陆板块碰撞导致造山运动。结种子不开花的裸子植物，如松柏等，代替了没有种子的植物。从两栖类演化而来的最早的爬行动物在陆地上产下有硬壳、卵黄丰富的羊膜卵，它们逐渐形成了这样的繁殖方式。干燥、布满鳞片的皮肤可保存身体的水分。于是，种子植物和爬行动物都演化出各种机制，以降低对水环境的依赖性。它们从海滨和溪流中上岸，逐渐遍布干燥的高地。

二叠纪时，红杉和其他松柏组成的裸子植物林替代了沼泽地中大型蕨类植物构成的原始森林。两栖类和昆虫繁盛起来。爬行类经过多样化，演化出多种生活方式。来自这一时期的还有最早的爬行类卵化石。当时出现的爬行动物包括异齿龙，这是一种后背长着"帆"的蜥蜴，属于下孔类或盘龙类。这群动物代表着演化树上朝着似哺乳类爬行动物演化的这一支。

到二叠纪末期，最大的几块大陆聚合在一起形成了一块超级大陆——联合古陆（见1-18）。大陆边缘的浅海大陆架面积减少到二叠纪早期的15%。二叠纪的大规模灭绝现象波及很多海洋无脊椎动物，比如腕足类、菊石、海百合和所有的三叶虫，这可能是由于浅海栖息地减少而导致了更加激烈的竞争。在陆地上，两栖类衰落了，很多爬行动物和陆生植物也走向灭绝，但同时也出现了很多新的昆虫类群。在古生代末期，我们看到另一个生命循环的结束。生命形式出现、繁荣、灭绝，最终在下一个时代被新的形式取代。

从海洋走上陆地

显生宙 d
代 *
新生代 g
中生代 f
古生代 e
元古宙 c
太古宙 b
冥古宙 a

古生代 e

纪 *
二叠纪 m
石炭纪 l
泥盆纪 k
志留纪 j
奥陶纪 i
寒武纪 h

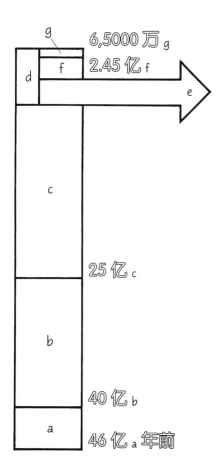

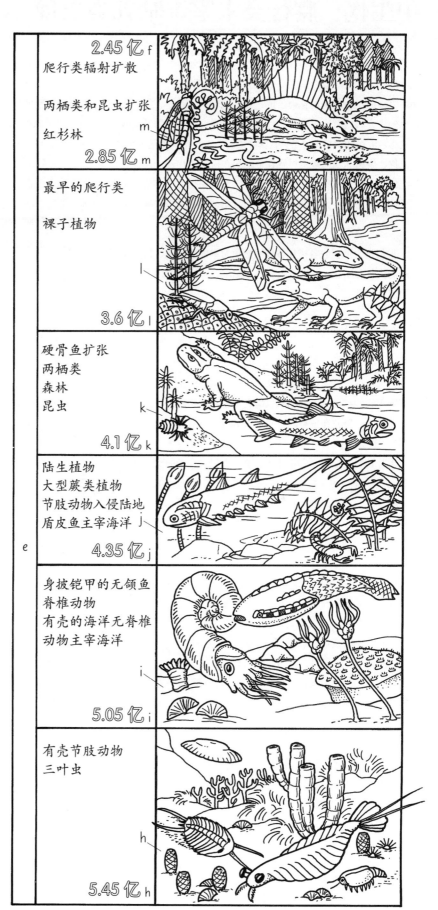

2.45 亿 f
爬行类辐射扩散

两栖类和昆虫扩张
m
红杉林
2.85 亿 m

最早的爬行类

裸子植物

l
3.6 亿 l

硬骨鱼扩张
两栖类
森林
昆虫   k
4.1 亿 k

陆生植物
大型蕨类植物
节肢动物入侵陆地
盾皮鱼主宰海洋   j
4.35 亿 j

身披铠甲的无颌鱼
脊椎动物
有壳的海洋无脊椎
动物主宰海洋
i
5.05 亿 i

有壳节肢动物
三叶虫

h
5.45 亿 h

1-21
中生代：爬行类主宰，哺乳类出现

显生宙的中生代持续了约 1.8 亿年，被划分为三个纪：三叠纪、侏罗纪和白垩纪。中生代又被称为"爬行动物时代"，反映了种类繁多的爬行动物的辐射扩散，尤其是恐龙。此时，很多我们熟悉的生命形式首次出现，如鸟类、哺乳类、有花植物及很多现代昆虫。苏铁和松柏十分常见，阔叶的开花被子植物也随处可见，如榆树、橡树和枫树等。尽管各个陆块在这个时代初期还连在一起，但联合古陆的裂解使各大陆分开，气候变得更加多样。很多爬行动物都在中生代末期灭绝，包括恐龙，这为新生代哺乳类和鸟类的扩张奠定了基础。

继续用之前代表各宙和各代的颜色为本图版填色。接着用三种新的浅色为三叠纪、侏罗纪和白垩纪填色，同时沿用上一节图版的填色风格。

三叠纪因德国发掘的该时期岩层的三种划分而得名，它始于约 2.34 亿年前，持续了大约 4,000 万年。这个时期出现了许多新的两栖类和各种爬行类，且它们都站稳了脚跟。新的生物性变革出现，比如保护性的蛋壳可提高后代存活率，而先进的身体结构也有助于它们在陆地上移动。似哺乳类爬行动物（兽孔类）种类多，数量大。恐龙在三叠纪末期首次出现。形似短吻鳄的植龙是早期恐龙的近亲。

大片松树、冷杉和雪松林在三叠纪出现。今天的红杉林就与三叠纪和侏罗纪的松柏-苏铁森林非常相似。在三叠纪末期，真正的哺乳动物首次出现。它们体形较小，具有的颌部和牙齿与鼩鼱的差不多大小，其化石遗迹在美国西部、英国、欧洲和南非均有发现。

侏罗纪得名于法国东部的侏罗山，它开始于约 2 亿年前。在侏罗纪时，松柏-苏铁-银杏林分布广泛，蕨类植物也十分普遍。菊石主宰着开阔海域。爬行动物已经扩张到了空中、海洋和陆地。长有翅膀的爬行动物大小不等，小到比麻雀还小，大到翼展超过 1 米。流线型的海洋肉食动物繁荣兴盛，如鱼龙（见 1-8）和蛇颈龙等。爬行类主宰着陆地。图版中绘有一只迷惑龙，它属于三大恐龙类群之一。始祖鸟是已知最早的鸟类，它们具有和现代鸟类一样的羽毛，但其牙齿和骨骼结构与爬行类的相似，其翅膀相对于体长而言较短。

这一时期还出现了几个独特的原始哺乳动物类群，它们被称为中生代哺乳动物。其中体形最大的如猫一般。因具有许多结构简单而尖利的齿突而得名的多瘤齿兽类很可能是植食性动物，其大型凿子状的门齿如啮齿类的一般。古兽类[①]大多为食虫动物，这个类群很可能是之后绝大多数哺乳类群的祖先。那时，这些小型哺乳动物的数量并不多，在陆生动物界也无足轻重。

白垩纪得名于英国和法国的白垩沉积物，它始于约 1.45 亿年前。那时，联合古陆正在裂解成较小的大陆，安第斯山脉和落基山脉已经隆起。大量恐龙依然遍布于各个大陆，如长角的三角龙等。食肉的霸王龙站起来高达 6 米，头骨长达 1 米。此外还有巨大的海龟及海生的沧龙。大型的飞行爬行动物仍然繁盛，如无齿翼龙。

中生代哺乳动物在白垩纪晚期分化为几个类目，但一直保持着较小的体形，在陆地动物中也一直无足轻重。在哺乳动物的 13 个科中，有 6 个为多瘤齿兽类，1 个为有袋类，还有 3 个为食虫类。

这一时期最重要的新物种就是开花的种子植物——被子植物（当今 96% 的维管植物都是被子植物）。被包裹起来的种子让植物得以发育出肉质的可食用的果实。鸟类和哺乳类通过传播花粉以及食用果实并播散种子的方式来帮助植物扩散。与之形成对比的是裸子植物，如蕨类[②]和苏铁，它们依靠风来在植株之间传递花粉。

被子植物为鸟类和哺乳类提供了各种各样可能的食物。植物的很多部分，如果实、种子、花、嫩芽和叶子，以及与之休戚与共的昆虫都促进了哺乳动物的辐射扩散。被子植物还在灵长类的适应性辐射方面扮演了重要角色（见 4-1）。

白垩纪末期和古生代的二叠纪末期一样，也以大规模的灭绝现象为标志。海洋中的菊石全部灭绝，很多陆栖爬行动物也未幸免于难，尤其是恐龙。可能有多个事件共同导致了这场剧烈的爬行类灭绝事件。大陆抬升使沼泽面积和茂密的植被减少；大陆板块向北漂移，导致生存气候变冷；被子植物的崛起进一步改变了陆栖爬行动物的食物来源。白垩纪末期的一次小行星撞击可能是使大型爬行动物彻底走向毁灭的原因。

---

① 该分类单元已被取消，其下种属被重新分类，现只能作为一个非正式类群出现。——译者注
② 蕨类并非裸子植物，但同样靠风传播孢子。——译者注

爬行类主宰，哺乳类出现

显生宙 d
代 ✿
新生代 g
中生代 f
古生代 e
元古宙 c
太古宙 b
冥古宙 a

中生代 f

纪 ✿
白垩纪 p
侏罗纪 o
三叠纪 n

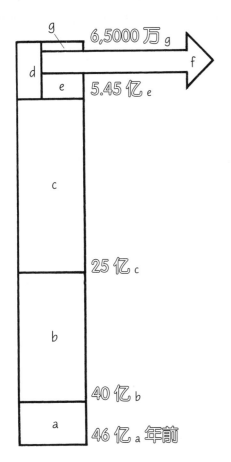

g 6,5000 万 g
d
e 5.45 亿 e
c 25 亿 c
b 40 亿 b
a 46 亿 a 年前

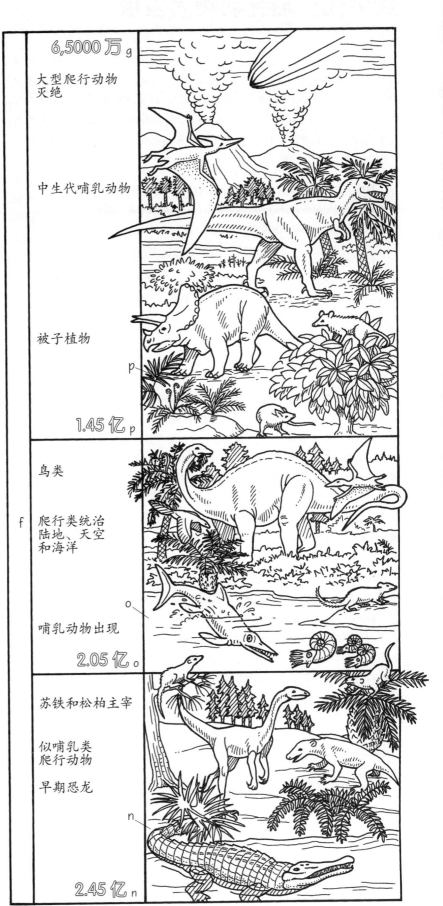

6,5000 万 g

大型爬行动物灭绝

中生代哺乳动物

被子植物
p

1.45 亿 p

鸟类

f 爬行类统治陆地、天空和海洋

哺乳动物出现
o

2.05 亿 o

苏铁和松柏主宰

似哺乳类爬行动物

早期恐龙
n

2.45 亿 n

1-22
新生代：哺乳动物大发展

新生代的岩石单位比之前各代的都保存得更加完整，为我们提供了更详细的记录。新生代长约6,500万年，被分为两个纪：第三纪和第四纪。每个纪又被分为各个世，其中很多都是由现代地质学的奠基人查尔斯·莱尔命名的。随着大陆缓慢向北移动，气候日渐凉爽。更明显的季节波动和赤道与极地间更大的温度梯度让动植物发生了重大变化。

继续用之前代表各宙和各代的颜色为对应部分填色。接着为第三纪和第四纪填色，然后一边阅读文字，一边用浅色为古新世、始新世、渐新世、中新世和上新世填色。

古新世持续了1,000多万年，是一个温暖潮湿的时期。在古新世前，哺乳动物都很小，体形最大的不超过猫。新的哺乳动物从毫不起眼的形式开始，逐渐形成多样而平衡的动物群，具有各种体形和特性。原始有蹄类哺乳动物（踝节类）和早期的古食肉类动物的数量增多。真正的啮齿类出现，食虫类和多瘤齿兽类繁荣生长。更猴是一种原始的灵长类，它生活在北美洲和欧洲（见4-2）。

始新世持续了将近2,000万年。此时，北美洲、欧洲和亚洲这三块北方大陆仍然彼此相连。肉食性的古食肉类是当时的主宰，而真正的食肉类也出现了，包括猫科、犬科和鼬科等。古老的多瘤齿兽类和踝节类等类群开始衰落。现代有蹄类哺乳动物出现。奇蹄类是马的祖先，其体形不比狐狸大。偶蹄类具有在力学上高效的"双滑轮"踝关节，运动效率有所提高，从而开始促进类群多样化。与诸如狐猴和眼镜猴等现代原猴类相似的灵长类开始占据北半球（见4-3）。蝙蝠占领天空，似鲸的哺乳动物开始在海洋中生活。在这一世，哺乳动物开始成为陆地、天空及海洋的主宰。

渐新世持续了约1,300万年，这期间，全球气温逐渐下降。极地冰盖形成，海平面降低。到该时期结束时，渐新世早期存在的95个科的哺乳动物有1/3已经灭绝，被我们熟悉的现代哺乳动物取而代之。草原的出现为食草哺乳动物带来新的机会。三趾马出现，偶蹄类开始兴盛起来，如真正的猪、野猪等。灵长类的演化中心转移到南半球的大陆上。和现存猴类相似的类人猿的化石在非洲和南美洲出现（见4-10和4-11）。还有些原猴科存留在北美洲。

中新世持续了1,500多万年。火山活动在北美洲造山，抬升了科罗拉多高原。非洲板块与欧亚板块碰撞，极大地缩小了中间的特提斯海，留下面积剧减的地中海。温度和降雨的季节性更加显著。由于陆地抬升和断裂，曾经横跨赤道地区的非洲低地森林开始变得碎片化。这些活动还导致了东非大裂谷的形成，现在那里是一长串南到马拉维，北达红海的湖泊链。在东非，森林碎片化更加严重，混合的植被类型（包括草原）形成热带稀树草原镶嵌带。猪科和牛科进驻到这片新形成的栖息地中，分化为多种形态。象类成功地从非洲扩散到欧亚大陆。猿类演化出多个科。食肉类也兴盛起来，还留下了海洋哺乳动物的化石，如海豹、海狮和鲸等。在北美洲，马科占据着不断扩大的草原，并变得多样化。较长的颊齿[①]使它们能够更好地咀嚼富含硅的草料。

上新世是一个平静的间隔期，持续了约300万年。物种继续扩散到北美洲和非洲的草原。美国的科罗拉多河开始切开大峡谷。随着旧世界的猴类在非洲、欧洲和亚洲扩张，猿类的数量降低。最早的人类祖先为南方古猿，它们在非洲东部、南部和中北部的热带稀树草原镶嵌带都留有遗迹和骨骼（见5-2）。

为第四纪的更新世和全新世填色。

在更新世，北半球遭遇冰河时期。适应寒冷环境的猛犸象、乳齿象、马以及很多食肉类幸存下来并繁荣生长。新的人类祖先种属在非洲出现。现在，通过欧洲和亚洲的石器遗迹，我们已找到祖先开始离开非洲，进入南欧、中东及亚洲很多地区的证据（见5-24）。

在全新世，人类开始驯化和培育动植物，这个时代以食物生产方面的革新为标志。

在结束本章之前，请再次回顾地球漫长的历史。我们自身的演化历史只占据极其微小的一部分，即仅仅500万年。在40亿年的时光里，地球上的生命曾以多种方式存在过，从简单的单细胞生物，到多细胞的脊椎动物，再到哺乳动物和我们的近亲——灵长类。

① 包括臼齿和前臼齿。——译者注

哺乳动物大发展

1—22
新生代：哺乳动物大发展

显生宙 d
新生代 g
第四纪 r
世 ✿
全新世 y
更新世 x
第三纪 q
上新世 w
中新世 v
渐新世 u
始新世 t
古新世 s
中生代 f
古生代 e
元古宙 c
太古宙 b
冥古宙 a

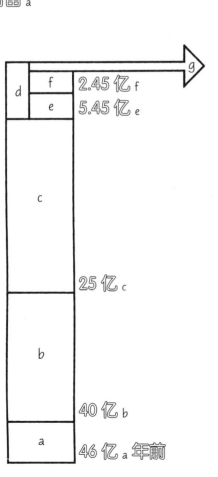

d	f	2.45 亿 f
	e	5.45 亿 e
c		25 亿 c
b		40 亿 b
a		46 亿 a 年前

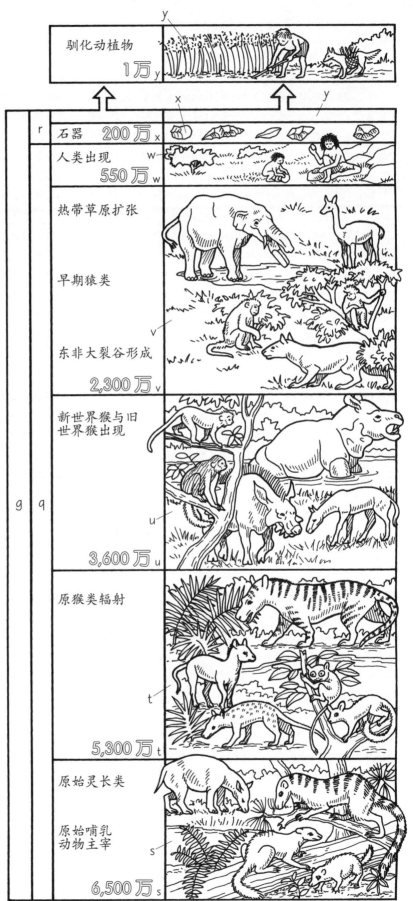

驯化动植物
1万 y

石器 200万 x

人类出现
550万 w

热带草原扩张

早期猿类

东非大裂谷形成
2,300万 v

新世界猴与旧
世界猴出现
3,600万 u

原猴类辐射
5,300万 t

原始灵长类

原始哺乳
动物主宰
6,500万 s

第二章　生命的分子基础

对于达尔文及在他之后的几代科学家来说，比较解剖学、生物地理学和化石记录是确立生物演化论的三类科学证据。在过去的几十年里，我们对生命的分子基础的认识逐渐加深，这为演化研究提供了有力的新材料。分子方法可以量化物种间的遗传关系和时间关系，其精确度在一个世纪前做梦也想象不出。今天，对于体质人类学家来说，演化的分子基础是不可或缺的，就像医生需要了解健康和疾病的生理化学基础一样。

回看过去一百年的科学进程，真可谓是一个分子的世纪。在1900年，几乎没有科学家相信分子是真实存在的。诺贝尔化学奖获得者威廉·奥斯特瓦尔德（Wilhelm Ostwald）就强烈反对分子的概念。直到1905年爱因斯坦（Einstein）对布朗运动进行数学分析，发现仅通过简单的观察和测量就能计算出分子量，分子存在的事实才被物理学家和化学家广泛接受。自那时起，分子学概念开始主导这些领域，以及生物学和医学领域。这一框架不断用测量和定量分析取代猜测和直觉，为不同的科学领域奠定了共同的分子学基础，包括灵长类社会行为学、灵长类演化学和人类起源学。

1953年，年轻的美国分子生物学家詹姆斯·沃森（James Watson）在英国进行研究时，与英国物理学家弗朗西斯·克里克（Francis Crick）合作，共同发现了地球生命的遗传物质DNA的双螺旋结构（见2-1）。这一结构是破解有关生殖、遗传、突变和演化等长期秘密的关键。

一百多年前，达尔文观察到动植物种群内发生的变异，但无法解释变异的来源。孟德尔通过研究豌豆植株，推断出植物的形状和颜色等性状是由遗传微粒决定的，但他并不知道微粒的构成形式。现在沃森和克里克的发现告诉我们，这些微粒构成了细胞核，包含了细胞发挥功能和进行复制所需的全部信息。

生物体的基因组包括它的全部遗传物质，对绝大多数生命来说，这一遗传物质是DNA，对有些病毒来说，则是RNA（见2-3）。在细胞核里，DNA对蛋白质的合成进行编码，蛋白质构成了绝大部分身体组织（见2-4）。DNA的"语言"是一套通用的基因编码，"字母表"是4种核苷酸碱基A、C、G和T。三个碱基构成一个密码子，密码子则对应氨基酸，而20种氨基酸又构成了合成蛋白质的"字母表"（见2-5）。

蛋白质组成生物体的结构，并发挥功能。举例来说，我们血液中携带氧气的血红蛋白，就对人类在高纬度的存活以及抵抗某些疾病（如疟疾）至关重要（见6-14）。血红蛋白也经历了演化过程，随着它的演化，新的生命形式也浮出水面，比如不再从水中而从空气中直接获取氧气的生命和具有更高能量水平的哺乳动物，以及大脑更发达的灵长类。珠蛋白基因迷人的演化史提供了一个研究个案，让我们可以据此了解基因如何在漫长的岁月中重复存在于各种具有亲缘基因的物种中，以及如何获得新的功能，如何经历突变，又是如何走向灭绝的（见2-6）!

比较不同物种的DNA和蛋白质，可以揭示不同物种间的相似性和差异性。不同物种的DNA可以通过DNA杂交加以测量，即测试来自不同物种的DNA链的结合程度有多高。DNA测序则是通过对不同物种的DNA碱基对序列进行比较，并计算其差异（见2-7）。

早在1900年，当我们尚不了解生命的分子基础时，剑桥大学的乔治·H. F. 纳托尔（George H. F. Nuttall）就对不同物种的蛋白质进行了研究。他将数百种不同动物的血浆分别注射到兔子体内，对比其所引发的免疫反应（见2-8）。他发现，人类血浆与猿类最为相似，其次为猴类的，而与其他动物的则几乎没有相似之处。纳托尔相信，这些免疫反应反映了物种间的遗传关系，事实的确如此。但在100年前，免疫学的分子基础尚不为人知。

所有这些技术都提供了对物种间的遗传差异的定量测量，并可据此构建谱系树。不同于解剖学的比较方式，当与来自化石记录的时间结合时，对现存物种的分子比较确实可以提供物种从共同祖先演化的估测时间。当分子钟首次被应用到人类演化研究时，它就挑战了当时公认的人类与猿类祖先的分化时间。在20世纪60年代，埃米尔·楚克坎德尔和莱纳斯·鲍林注意到，在利用氨基酸差异构建的谱系树上，其分支长度与通过化石记录推测的物种分化时间大致上是成比例的（见2-9）。蛋白质与DNA起到了分子钟的作用，每一个核苷酸或氨基酸的突变，都记录着数千年或数百万年时间的流逝（见2-10）。

线粒体DNA就像一个快速的时钟，揭示了人类与黑猩猩的联系以及我们这一物种的起源（见2-11）。由于线粒体DNA只能通过母亲传递给下一代，它可被用于研究不同物种社会群体中灵长类雌雄两性的易位与扩散。

DNA是一种多功能的分子，不仅可以通过它测量物种间的遗传关系和它们的起源时间，还可以将其作为身份的识别，用于区分地球上每一个生物个体，除非该个体有一个同卵双胞胎。对于同一物种的不同个体来说，编码蛋白质的DNA序列几乎一模一样，然而，DNA不参与编码的部分——小卫星DNA或微卫星DNA——演化得非常迅速，以致任何两个不同个体之间都具有显著区别。凭借DNA指纹这一新技术，在确定遗传关系时可避免盲目猜测。例如，如果能够采集到子女与父母的DNA用于比较，DNA指纹技术就能够确认他们之间的关系（见2-12），灵长类的父亲身份的不确定是一个长期令人困扰的问题。而DNA指纹技术的出现，使得关于种群主导地位、社会配对关系、交配关系和父亲身份的相关知识的修正成为必要。

非常令人意外的是，物种间的分子差异其实经常与外表差异并无关联！外表特征几乎一模一样的物种，如倭狐猴和倭丛猴，它们的亲缘关系却可能非常之远。而外形差异极大的物种，如黑猩猩和我们，却可能是近亲（见2-13）。形态学证据和分子遗传证据相互补充，提供了关于适应性、遗传关系和分化时间的重要信息，两种方法相结合可绘制出更完整的演化图景。

在新知的前沿，有学者正在研究决定多细胞动物身体设计和发育的同源异形基因。这些基因控制着动物体节、四肢和头部的发育过程。果蝇、老鼠和人类的少数几个同源异形基因惊人地相似，这反映了数亿年间的分子遗传在本质上具有连续性（见2-14）。同源异形基因有望在分子学和形态学之间架起一座桥梁，直到最近，我们对这一领域的知识或理解还很少。

展望分子探险和应用的前沿，放射免疫分析（纳托尔血清-抗血清实验的高科技版本）和DNA测序等技术已被应用在化石和现存物种上。这些技术揭示了已灭绝生物和现存物种之间的演化关系，比如已灭绝的西伯利亚猛犸象与现存的非洲象和亚洲象的关系，以及已灭绝的南非小斑马与现存的斑马和马的关系等（见2-15）。

与大多数动物的基因组一样，人类基因组包含了一个生物体的全部遗传物质——约30亿个碱基对，共约10万个基因的遗传信息。通过人类基因组计划，我们正在破译这部微小但庞大的关于人类外表、能力、健康、行为和演化历史的信息的百科全书的巨大复杂性。无数的惊喜已经从这个扭曲的DNA丛林中跃然而出。95%的DNA并不参与蛋白质编码，似乎对生物体并无用处，被称为自私DNA或垃圾DNA。此外还有"假基因"，曾经编码蛋白质但如今被埋葬在基因组中的死亡了的"化石基因"。

我们有一个由分子计时器组成的"钟表店"，它们以不同的速度滴答作响，有的非常迅速，可以作为识别同一物种中不同个体的指纹；有的非常缓慢，甚至连牛和豌豆都难以区分。

欢迎来到分子的奇妙世界！

2-1
生命的分子基础：DNA 双螺旋

细胞是生物体最基本的构成单元，是生物学中的"原子"。17世纪 60 年代，罗伯特·胡克（Robert Hooke）在当时新发明的显微镜下对软木塞薄片进行观察，发现了细胞并为之命名。1839 年，特奥多尔·施旺（Theodor Schwann）提出，所有的生命形式都由细胞组成。

大多数植物、动物和真菌都有大量细胞。每个细胞组成了最小和最简单的生命单元，并为完成特定功能而特化：白细胞阻击传染病，神经细胞传导电信号，胃肠表皮细胞分泌酶来分解食物。尽管功能各异，但大多数细胞都携带着指导各种生命过程——生长发育、生殖、新陈代谢等——的全套遗传物质。细胞中的染色体 DNA 决定了细胞的形状和功能。

格雷戈·孟德尔的豌豆实验发现，遗传微粒或基因将遗传物质从亲代传递给子代（见 1-1）。然而在当时，遗传微粒的性质还是一个谜。长久以来，人们以为微粒是由某种蛋白质构成的。1939 年，奥斯瓦尔德·埃弗里（Oswald Avery）将遗传微粒和一种叫脱氧核糖核酸（DNA）的分子联系在一起。他研究了两种形态的肺炎球菌，平滑型肺炎球菌具有的一层细胞被让它非常活跃，从而引发肺炎；而没有细胞被的粗糙型肺炎球菌则是无害的。平滑型比粗糙型多一个额外的将粗糙型转变为平滑型的基因。埃弗里的研究表明，这一基因并不是一种蛋白质——它是 DNA。该实验首次在科学上证明了遗传物质是 DNA。

在埃弗里的这一发现之后的二十年中，科研人员之间竞相揭示 DNA 的秘密：它如何在代际传递遗传信息？它如何与细胞机制互相作用？它如何复制自己？它的"信息"如何被"解读"并"翻译"到蛋白质中？ 1953 年，重大突破出现了：詹姆斯·沃森和弗朗西斯·克里克发现了 DNA 的双螺旋结构。他们因此一起获得了 1962 年的诺贝尔奖。当年共享诺贝尔奖的还有莫里斯·威尔金斯（Maurice Wilkins），他的 X 射线分析证实了这一分子结构的存在。沃森在其著作《双螺旋》中描绘了围绕这一发现和通往这一发现的过程中的令人激动的故事。

在细胞剖面图中，为包围并保护细胞部件，控制物质进出的结构——细胞膜——填色。再为标出的细胞各部件填色。

本节图版描绘了一个典型的真核细胞（或有核细胞）。在真核细胞（如酵母）中，DNA 被包裹在位于细胞核中的染色体内。多孔的核膜允许特定的分子在细胞核和细胞质间通过。原核细胞（如细菌）则没有细胞核，DNA 散布在细胞质当中。

留意核仁，它是生产核糖体的核内细胞器（见 2-4）。图中位于细胞质中的线粒体为细胞活动提供能量，我们将在 2-11 中对它进行详细讨论。

为放大的染色体填色。再为姐妹染色单体中的 DNA 双螺旋填色。

在大多数时间，细胞核 DNA 都处于松散缠绕的状态，而不是整齐地绑定在染色体内。不过，当细胞在分裂前期准备分裂时（见 1-13），DNA 会复制成两条完全一样的染色体，这被称为姐妹染色单体，并由一个着丝粒相连。染色体可以在光学显微镜下被观察到。

为双螺旋的各部分填色，包括 DNA 链、碱基对和氢键。

借助电子显微镜的更高放大倍数能看见，DNA 分子的双螺旋结构看上去像一架扭曲的梯子。梯子的两侧即链 1 和链 2，朝着相反方向彼此缠绕。

这两条链的梯干由碱基对相连在一起，碱基对又由氢键连接。单独一个氢键很弱小，但双螺旋上大量氢键的共同作用，使得 DNA 分子可以像拉链一样开合，这是 DNA 复制的必备步骤。

基因由 DNA 构成，控制着蛋白质的合成。蛋白质组成了绝大部分身体组织和细胞内数千种化学反应必需的蛋白酶。一个生物体的全部 DNA 信息被称为基因组，它包含着形成一个生物体所需的全部遗传指令。

DNA 双螺旋

细胞中的物质 ✿
细胞膜 a
细胞质 b
核膜 c
核仁 d
染色体 e
着丝粒 e¹
姐妹染色单体 e²

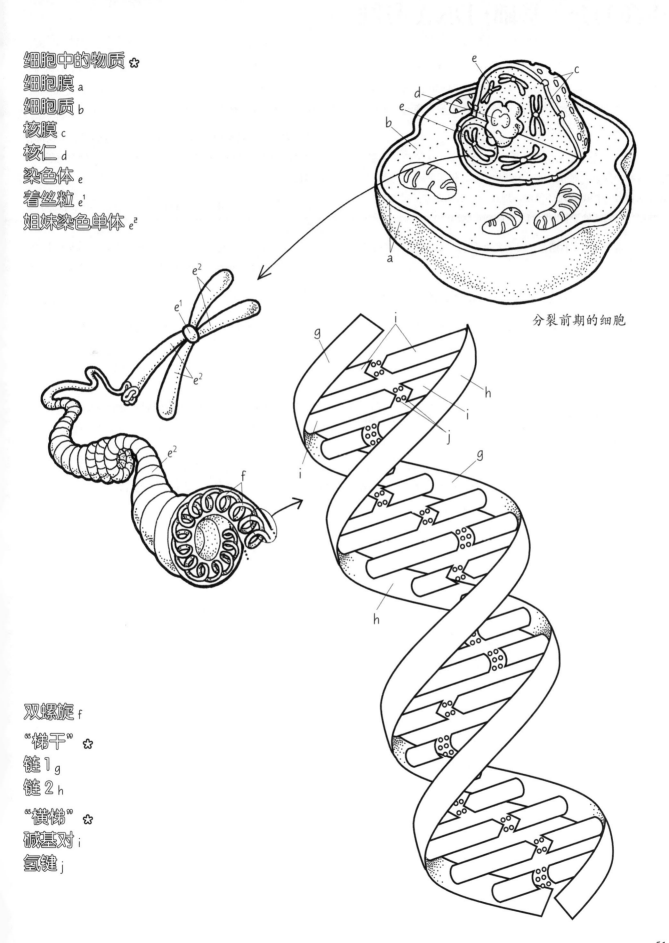

分裂前期的细胞

双螺旋 f
"梯干" ✿
链1 g
链2 h
"横梯" ✿
碱基对 i
氢键 j

2-2
生命的分子基础：DNA 复制

生物体如何繁殖出与自己几乎一模一样的后代？这一直是自然世界中最神秘的现象之一。双螺旋在最基础的层面揭示了复制——一个 DNA 分子设法自我复制为两个一模一样的分子——是如何完成的。

用与上一个图版中相同的颜色为（g）到（j）填色。从图版顶部开始，为第一部分的每一个结构填色，包括母链 1、母链 2、碱基对以及连接碱基对的氢键。现在，你已经完成了对 DNA 分子的填色，它还处于复制前的双螺旋构造状态。

双螺旋由一左一右两条互相缠绕的链构成。DNA 链像是梯干，碱基对像是横梯。

在图版中部，为母链 1 和母链 2，以及被解开的碱基对填色。

随着特定的酶破坏连接碱基对的氢键，两条母链被拉开，DNA 复制由此开始。缠绕的双链"解开"成为两条单链，每个碱基现在都暴露出来，可与细胞核附近漂浮的自由核苷酸分子发生反应。

为左侧自由核苷酸的各成分填色。然后，为 DNA 链周围漂浮的所有自由核苷酸填上对应的颜色。

每个核苷酸由三部分构成：一个磷酸、一个糖和一个碱基。一个自由核苷酸的碱基与一个解开的母链上的互补核苷酸碱基相连。氢键将两个核苷酸固定就位，新的梯子开始形成。在 DNA扭曲的梯子状结构中，核苷酸上的磷酸和糖构成了梯子的侧面支撑（梯干）。随着每一条母链归拢，新的核苷酸形成新的子链，碱基对配对形成梯子的横梯。

先为左侧的子链填色。麻点代表梯杆各个结构部件的实际位置。整个区域的填色应呈现出一种三维空间感。然后为图版剩余部分填色。

两个新的双螺旋出现，每个双螺旋都具有一条原来的母链和一条新的子链，复制完成了。

从一个 DNA 分子开始，形成了两个携带着同样遗传信息的一模一样的新分子。现在，细胞也已经准备好分裂成两个子细胞（见 1-13）。

这一复制具有惊人的精确性，以致绝大部分生物体的 DNA 在历经成千上万代后几乎仍保持原样。当然，在一次又一次地复制这一同样的信息的过程中，有时确实会出现错误，我们将其称为突变。突变提供了长时段内的改变与演化所需的遗传变异。

大多数复制错误对生物体的健康几乎毫无影响，因此被称为中性突变。但有些突变会影响关键的结构，如大脑，或者会损害生命必需的酶，这些突变大多具有破坏性，甚至致命性。一小部分突变可能是有益的，能给生物体在特定环境中的生存带来优势。例如，一种可导致红细胞变为镰刀状的血红蛋白突变，可使它的携带者在战胜疟疾方面具有生存优势，但会在没有疟疾的地区成为负担（见 6-14）。

DNA 复制

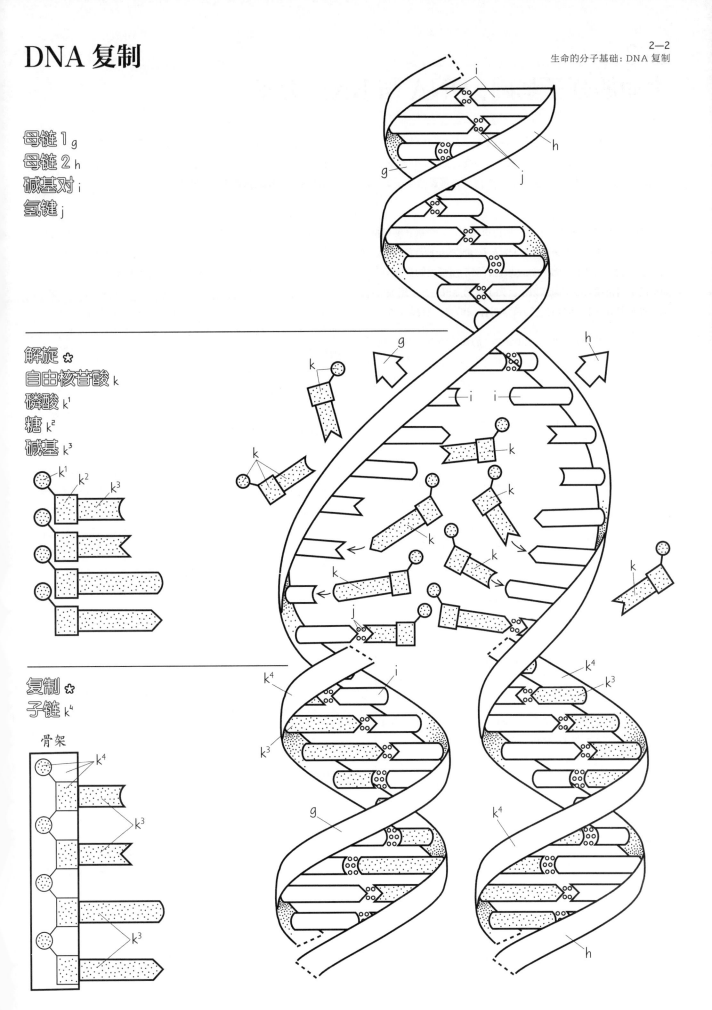

母链 1 g
母链 2 h
碱基对 i
氢键 j

解旋 ✿
自由核苷酸 k
磷酸 k¹
糖 k²
碱基 k³

k¹ k² k³

复制 ✿
子链 k⁴

骨架

k⁴

k³

k³

2-3
生命的分子基础：DNA 与 RNA 分子

在上一个图版中，我们看到 DNA 双螺旋如何由氢键结合在一起，以及如何在复制过程中解旋、再缠绕、复制。在本图版中，我们将更深入地观察组成这一多功能且至关重要的分子的更小单元。

为图版顶部的核苷酸填色。请再次注意，一个核苷酸包括一个磷酸、一个糖和一个碱基。为 DNA 双螺旋的组成部件填色。用同一色系的不同色调为嘌呤碱基填色，然后用反差明显的另一种颜色的不同色调为嘧啶碱基填色。为了帮助你识别分子组成部件，每个部件都用该部件英文名的首字母作为编号，如核苷酸（n）。

回顾上一节内容，母链 1 和母链 2 的梯干的两个侧边是交替出现的磷酸和糖单元。所有的磷酸都完全一样，所有的脱氧核糖也都一样，但四种碱基的特定序列有所不同，并决定着每个基因的遗传信息。

DNA 信息的"字母表"简单地由四种碱基 A、G、C、T 构成，即腺嘌呤、鸟嘌呤、胞嘧啶和胸腺嘧啶。碱基分为两种化学类型：嘌呤（A 和 G）和嘧啶（C 和 T）。一个嘌呤通过一个氢键与一个嘧啶相连。在图中，嘌呤分子较长，尖端向外；嘧啶分子相对较短，用凹槽表示。这些尖端和凹槽彼此匹配，就像钥匙和锁一样。

在我们了解 DNA 分子的结构之前，生物化学家埃尔文·查戈夫（Erwin Chargaff）就发现，他分析过的所有 DNA 分子总是有着相等数量的腺嘌呤和胸腺嘧啶，以及相等数量的胞嘧啶和鸟嘌呤。这两组相等关系——A=T 和 C=G 被称为"查戈夫法则"，它为沃森和克里克提供了关于 DNA 结构的线索。不过，直到双螺旋结构被揭开之后，查戈夫法则的重要性才变得清晰起来。

DNA 梯子的每个横梯要么是腺嘌呤-胸腺嘧啶（A-T）的组合，要么是胞嘧啶-鸟嘌呤（C-G）的组合。注意，每个组合都只有一个嘌呤（A 或 G）与一个嘧啶（C 或 T），这很好地解释了查戈夫法则。我们从未观察到 A-C、A-G 或 C-T 等其他组合。因此，我们称呼 A 与 T、C 与 G 为互补碱基。

先为左下角的 DNA 单链填色，然后用与嘧啶同一色系但不同色调的颜色来为尿嘧啶填色，用一种新的颜色来代表核糖。再为 RNA 链和细胞内的 RNA 填色。

一个 RNA（核糖核酸）分子具有一个糖亚基核糖（而不是脱氧核糖）和一个磷酸以及四种碱基。其中三种碱基与 DNA 的碱基相同，即腺嘌呤、鸟嘌呤和胞嘧啶。RNA 的第四种碱基是尿嘧啶（U），它与胸腺嘧啶具有非常相似的化学成分和形态。

为了将信息从细胞核内传递出来，DNA 把 RNA 当作邮差或信使。如本图版所示，一个 DNA 单链将自己转录到一个 RNA 单链上。其中，T 转录为 A，但 DNA 上的 A 转录为 U 而不是 T，G 则转录为 C。

转录后的 RNA（又称信使 RNA）从细胞核进入细胞质。在细胞质中，核糖体最终将信息"翻译"为蛋白质分子（见 2-4）。

细胞内部这个复杂的信息系统，好比一个具有听写机器、信使、转录员和翻译员的大型国际法律公司。这个系统在久远的过去可能要比现在简单得多。很多分子生物学家现在认为，在生物的演化过程中，在目前的 DNA 世界之前很可能存在一个 RNA 的世界。为了完成复制，DNA 需要蛋白酶的参与，如脱氧核糖核酸酶（DNase）。这些酶只能被有着 DNA、RNA、核糖体的复杂机构生产出来。很难想象，这么多不同种类的分子在演化过程中是同时出现的。

另外，RNA 可以实现很多种酶的功能并携带遗传信息。因此，我们可以假设一个更简单的细胞世界，它就像一个单人办公室，早期地球化学汤孕育出的唯一一个可自我复制的分子颤颤巍巍地开启了生命的历程。病毒是已知最简单的生物体，某些病毒就采用 RNA 而非 DNA 作为自己的遗传物质。导致艾滋病的人类免疫缺陷病毒（HIV）即是如此。

DNA 相对于 RNA 的优点是，它在复制遗传物质时要精确得多。RNA 没那么稳定，在相同时间内，RNA 经历的突变数量约为 DNA 的 100 万倍。对于病原体（如 HIV）来说，快速突变让病毒不断变化，以便躲避宿主的免疫反应，这对它的生存而言是一种优势。然而对我们这样的大型生物来说，这样的突变率几乎一定会导致迅速的灭绝。大概在地球诞生的最初 10 亿年左右的某个时刻，DNA 取代 RNA 成了细胞公司的老板，但仍然将 RNA 留在身边，传递关键信息。

下一节将展示信使 RNA（mRNA）是如何将信息从细胞核中接力传递到细胞质里（具体来说是细胞质里的核糖体），并在其中为蛋白质的生产提供制造图纸的。

DNA 与 RNA 分子

核苷酸 n
磷酸 p

糖 ✿
脱氧核糖 d
核糖 r
碱基 b

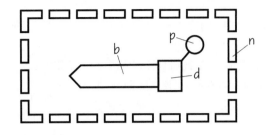

碱基 ✿
嘌呤 ✿
腺嘌呤 a
鸟嘌呤 g

嘧啶 ✿
胞嘧啶 c
胸腺嘧啶 t
尿嘧啶 u

氢键 h

DNA 双螺旋 ✿

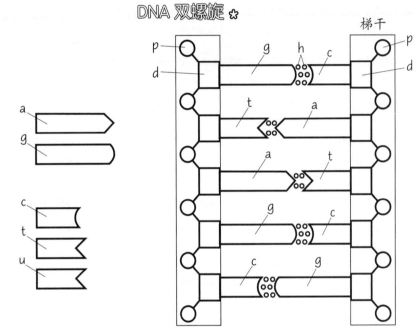

梯干

从 DNA 到 RNA 的转录 ✿

DNA 链 ✿   RNA 链 s

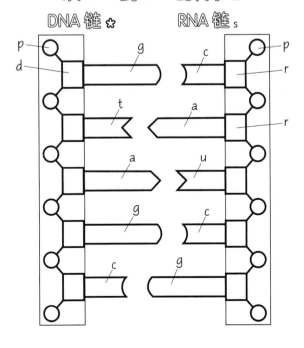

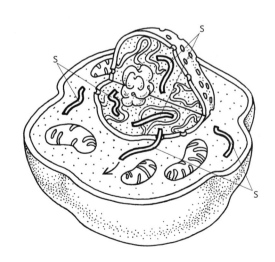

2-4
转录与翻译：蛋白质合成

通过前三节的内容我们知道，指导所有生命过程所需的遗传信息都被编码在 DNA 中。双螺旋上成串排列的基因为蛋白质的合成或制造提供指令。人体内大约有 10 万个蛋白质，它们是皮肤、肌肉、心、肾、肝等器官的主要组成部分；控制化学反应速率的酶和提供免疫防御的抗体也都是蛋白质。蛋白质类激素控制生长发育、繁殖和新陈代谢。

先为右上角细胞中有标记的结构填色。用浅色代表核糖体、信使 RNA、转运 RNA 和氨基酸。其中，用最浅的颜色代表核糖体。信使 RNA 和转运 RNA 的颜色需呈现明显反差。

蛋白质生产过程的第一阶段发生细胞核内。在核膜内，DNA 和游离的 RNA 核苷酸结合形成 mRNA（这个过程的复杂之处在于，大多数基因都具有两种 DNA 序列：用于编码蛋白质的氨基酸序列的外显子，以及必须被"编辑"并丢弃的内含子，内含子会被转录但不会被翻译，见 2-6）。mRNA 随后离开细胞核。

第二阶段发生在细胞质中。此时，特殊的酶会将内含子（图中未标出）剪掉。因被编辑而缩短的 mRNA 与核糖体、转运 RNA（tRNA）和氨基酸结合，构成用以形成蛋白质的氨基酸链。

为图版左上角的结构填色，这是一个放大了的染色体。

当 DNA 链分开时，蛋白质合成开始。游离的 mRNA 核苷酸与互补的 DNA 碱基结合，形成一条 mRNA 单链，这一步被称为转录，因为 DNA 上的碱基序列被直接转写到了 mRNA 分子上（见 2-3）。

mRNA 分子穿过核膜，进入细胞质中。在被酶"剪辑"去除内含子后，mRNA 将自己与核糖体相连。核糖体是由 RNA 和蛋白质构成的细胞器，在细胞的核仁中产生。核糖体充当速记员和翻译员的角色，它接收 mRNA 中四个碱基字母的指令，翻译 mRNA 的信息，并将其"打印"为——以 20 个氨基酸为"字母表"的——蛋白质的"语言"。

现在为放大的核糖体和 mRNA 填色，包括贯穿核糖体的密码子。请特别注意，用与 mRNA 同一色系但非常浅的色调来代表密码子。

如图所示，随着 mRNA 与核糖体相连，一个"扩展坞"形成了，mRNA 一次暴露出 3 个碱基。蛋白质合成的这一步被称为翻译。由三个碱基构成的一组被称为密码子，其作用就像是密码——将被翻译到正在形成的"蛋白质项链"中。

先为所有 tRNA 填色，每一个 tRNA 都有对应的反密码子。再用与 tRNA 相同的色系但非常浅的色调为反密码子填色。

每个 tRNA 分子的一端具有 3 个碱基对，它们被称为反密码子，因为它们与一个 mRNA 密码子是互补的。在 tRNA 分子的另一端，与该 tRNA 反密码子对应的特定氨基酸开始与其相连。

为氨基酸填色。注意，tRNA 反密码子的花纹与它相对应的氨基酸的花纹相同。每个 tRNA 都携带一个特定的氨基酸。mRNA 密码子的花纹与 tRNA 反密码子的一样。为连接氨基酸的肽键填色。

tRNA 分子的工作是将特定氨基酸转运到核糖体上。在那里，tRNA 分子通过氢键与其在 mRNA 分子上的互补密码子相连。

当两个 tRNA 分子与 mRNA 相连时，两个相邻的氨基酸间会形成一个肽键。tRNA 分子随后自行从氨基酸和 mRNA 上脱落，离开扩展坞，去寻找下一个氨基酸。核糖体沿着 mRNA 移动，按顺序读取密码子，形成不断加长的氨基酸链（见图片底部）。当信息读取完毕，氨基酸链就像绳子上的珍珠一般，形成一个蛋白质分子。蛋白质分子被释放后，将折叠为最终的形态，开始执行指定的功能。mRNA 分子的寿命很短：它在酶的作用下解体，核苷酸则会被回收利用。

氨基酸的数量、种类以及其具体的排列方式决定了将不同蛋白质分子区分开来的形态和功能。

关于密码子中碱基对的具体序列如何确定每一个氨基酸，将在下一节进行详细描述。

蛋白质合成

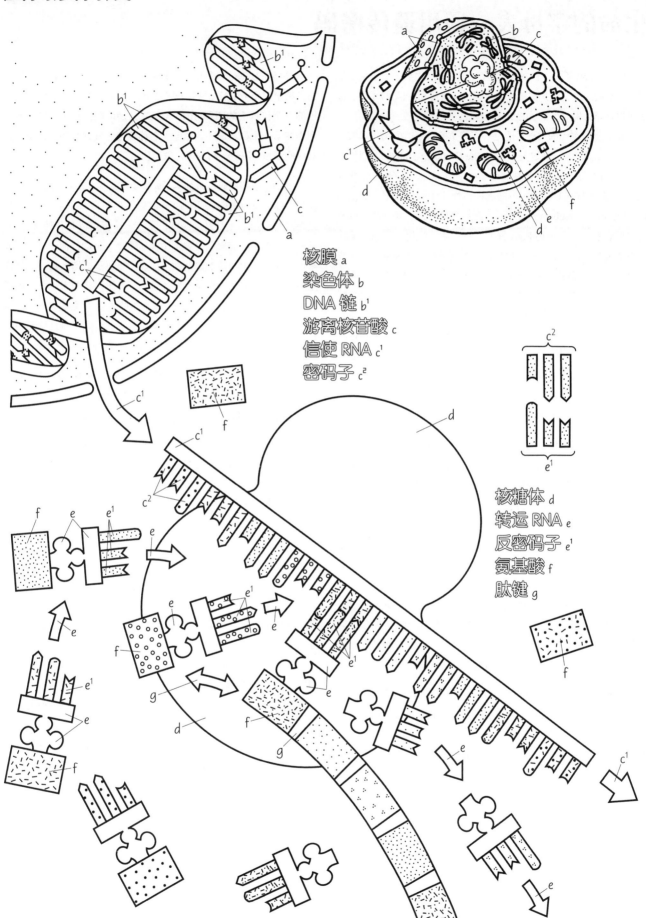

核膜 a
染色体 b
DNA 链 b^1
游离核苷酸 c
信使 RNA c^1
密码子 c^2

核糖体 d
转运 RNA e
反密码子 e^1
氨基酸 f
肽链 g

2-5
生命的字母表：通用遗传密码

20世纪50年代，在发现DNA双螺旋结构之后，分子生物学家们面临的最大挑战是破解遗传密码，搞清楚mRNA的4个字母如何被翻译为构成蛋白质的20种氨基酸。

破解复杂密码的关键可能是一个简单的口令。生物化学家玛丽安娜·格伦贝格-马纳戈（Marianne Grunberg-Manago）制作了一个很"傻"的mRNA聚尿苷酸（poly-U），它由一长串尿嘧啶（U）构成：UUUUUUU……随后，生物化学家马歇尔·尼伦伯格（Marshall Nirenberg）设计了一套内含核糖体、氨基酸，以及酶的试管系统，用于将RNA翻译为蛋白质。当他把聚尿苷酸输入该系统时，他得到了一长串仅由一种氨基酸（苯丙氨酸）构成的毫无意义的蛋白质链：phe-phe-phe-phe……UUU被翻译为了phe。将三个碱基的密码子与一种特定的氨基酸联系起来，是破解遗传密码的第一个重大突破。

1961年夏天，当时还默默无闻的尼伦伯格在莫斯科举行的生物化学大会上报告自己的成果时，几乎没人理会。但消息很快传开，弗朗西斯·克里克让他在座无虚席的会议上又重新做了一次报告。这个"简单"的实验为尼伦伯格赢得了1968年的诺贝尔奖。

用反差明显的浅色为左上角的碱基——尿嘧啶、胞嘧啶、腺嘌呤和鸟嘌呤——填色。图版右上角绘制了3个mRNA分子及其密码子。先为第一个mRNA的密码子UUU（尿嘧啶、尿嘧啶、尿嘧啶）填色。接下来，为下方正对的tRNA分子上的反密码子AAA（腺嘌呤、腺嘌呤、腺嘌呤）填色。mRNA上的UUU碱基对序列会编码一种特定的氨基酸，用一种浅色为这一特定的氨基酸（phe）填色。在包含20种氨基酸的竖列中，找到对应的下标phe，你会发现这个氨基酸是苯丙氨酸。下一个mRNA密码子为UUG。为UUG与它互补的tRNA反密码子AAC填色。为对应的氨基酸填色，并找到它的名称。我们看到，UUG编码的是亮氨酸（leu）。用同样的方法为第三个mRNA和tRNA分子填色。UGG编码的是色氨酸（try）。

四种碱基（U、C、A和G）可以有$4 \times 4 \times 4 = 64$种可能的三字母组合或64种mRNA密码子。每种密码子可以编码一种氨基酸，但实际上只有20种氨基酸。由于$64 \div 20 = 3.2$，每种氨基酸大约对应三种可能的密码子，遗传密码是有富余的。

图版主要部分绘制出了64种mRNA密码子组合（由第一、第二和第三个mRNA核苷酸碱基组合而成）。先为围绕氨基酸方框的三个位置上的四种mRNA碱基分别填色。然后为氨基酸竖列中的第一个氨基酸（丙氨酸）名称填色。找到右侧方框中与其对应的缩写（ala），再为该方框填色。

举一个遗传密码富余的例子，丙氨酸对应四个密码子：GCU、GCC、GCA和GCG。所有四个密码子的第一个mRNA碱基都是鸟嘌呤，第二个都是胞嘧啶。第三个位置可以是4种RNA碱基——尿嘧啶、胞嘧啶、腺嘌呤或鸟嘌呤——的任何一种。一般来说，如果一个特定的氨基酸对应多个密码子，那么第三个位置是最多变的，而第一个位置变化最少。对于丙氨酸来说，经历任何第三位上的密码子突变（一个碱基的替换），仍会被编码为丙氨酸，它的功能或者说生物体本身都不会因此受到影响。这类替换被称为由遗传密码富余导致的"沉默的"或"同义的"替换。

继续为每种氨基酸的名称填色。找到右侧方框中对应的缩写字母，并用浅色为方框填色。注意，色氨酸（try）与酪氨酸（tyr）的缩写很像。

蛋氨酸与色氨酸都只对应一个密码子，所以任何密码子位置上的突变都会导致氨基酸改变。另一个相反的极端是，亮氨酸具有6个对应密码子，它可能经历很多"沉默的"替换，但仍被编码为亮氨酸。

如果说合成蛋白质而建造氨基酸序列就像写句子一样，那么细胞工厂如何知道何时开始和结束一个序列呢？答案是有起始密码子和终止密码子，它们的作用就像一个句子的首字母大写和结尾的句号一样。蛋氨酸的密码子AUG就是一个"起始"信号，以致所有蛋白质都以蛋氨酸作为它们的第一个氨基酸。UAA、UAG和UGA是"终止"密码子，标志着信息的结束与蛋白质合成的完成。

用一个碱基替换另一个碱基，被称为"点突变"或"碱基替换"。如果序列中删除或添加一个碱基，就会造成后续所有密码子出现变化的"移码突变"，从而导致蛋白质中的氨基酸的改变。举例而言，句子"THE CAT ATE THE HAT"（那只猫吃帽子）有5组三字母的密码子，如果去掉第一个字母T，就会得到"HEC ATA TET HEH AT"，即4组新的完整密码子和一组新的不完整密码子。

遗传学家曾经认为，几乎所有的突变都是有害的，偶尔才会出现一个有益突变。但在我们研究了大量生物基因组后，出乎所有人意料的是，绝大多数突变既不是有害的，也不是有益的，而是中性的。它们既不会损坏生物体生存的能力，也不会为之提供帮助。

20种氨基酸的不同排列组合可以制造出的蛋白质种类非常丰富。大约有数万甚至数十万种蛋白质参与构筑生物体的结构，并发挥各自的功能。

遗传密码

密码子中的碱基 ✿
尿嘧啶 u
胞嘧啶 c
腺嘌呤 a
鸟嘌呤 g

20 种氨基酸 ✿
丙氨酸 ala
精氨酸 arg
天冬酰胺 asn
天冬氨酸 asp
半胱氨酸 cys
谷氨酸 glu
谷氨酰胺 gln
甘氨酸 gly
组氨酸 his
异亮氨酸 ile
亮氨酸 leu
赖氨酸 lys
蛋氨酸 met
苯丙氨酸 phe
脯氨酸 pro
丝氨酸 ser
苏氨酸 thr
色氨酸 try
酪氨酸 tyr
颉氨酸 val

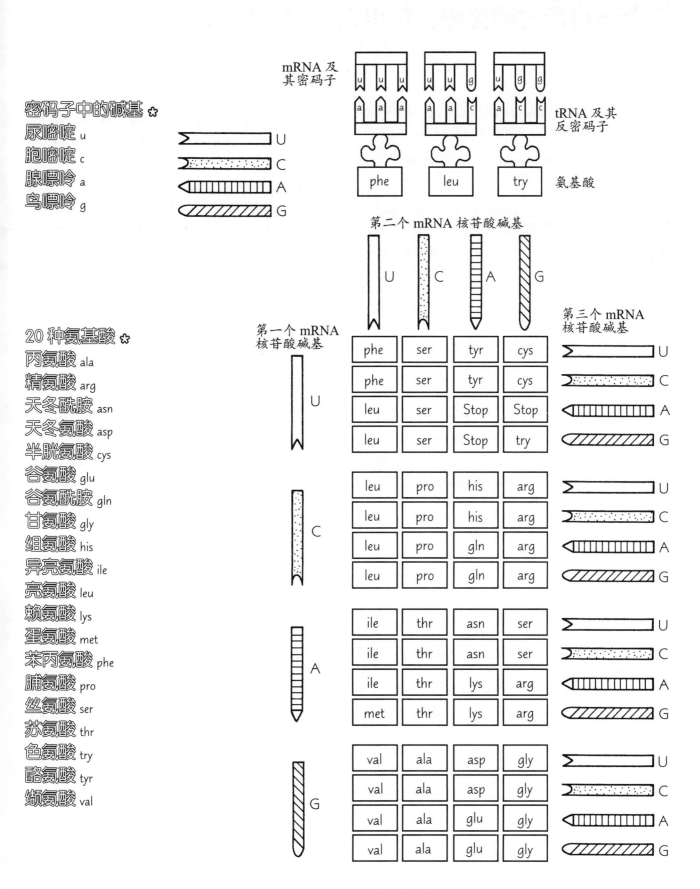

64 种密码子组合 ✿

2-6
一个蛋白质的演化史：珠蛋白基因的启示

血红蛋白对人类健康至关重要，科学家已对它进行了相当多深入的研究。珠蛋白基因编码由铁和珠蛋白组成的血红蛋白。珠蛋白的故事生动地揭示了基因结构、基因复制频率、蛋白质功能的变化，以及无效基因如何以可识别的模式保存在基因组的内部。

从图版底部的基因结构和植物珠蛋白（豆血红蛋白）开始填色。

基因由一长串 DNA 碱基对序列构成，其中外显子和内含子片段交替出现。外显子编码组成蛋白质的氨基酸（见 2-4、2-5）。内含子不编码氨基酸；它们看上去像空格一样，在翻译过程中会被剪掉并废弃。

珠蛋白在许多植物和所有动物中都存在。一个植物珠蛋白基因有 4 个外显子和 3 个内含子，在动物谱系中则只有两个内含子，中间的那个消失了。两个相邻的外显子从此结合为一个更长的序列。因此，第一个珠蛋白基因必定起源于植物和动物 10 亿年前从一个共同祖先分化之前。动物中最早出现的珠蛋白是肌红蛋白，它是肌肉中结合氧的色素分子。

从动物珠蛋白的正上方开始填色，为距今 7 亿年前的肌红蛋白谱系填色，然后为代表无脊椎动物的海星和海葵填色。接下来，为距今 4.5 亿年前的肌红蛋白和血红蛋白填色，早期脊椎动物由一种原始的无颌鱼盲鳗代表。两种无颌鱼由长方形框在一起，表示肌红蛋白和血红蛋白同时存在于早期脊椎动物中。

在演化过程中，基因经常重复为完全一致的副本。无脊椎动物具有肌红蛋白，但没有血红蛋白，脊椎动物两者都有。原始的肌红蛋白基因必定是在 7 亿年前脊椎动物与无脊椎动物分化后才出现重复的。

肌红蛋白基因重复后，一个基因继续编码肌红蛋白，另一个则变为血红蛋白基因。通常，一个基因重复的产物保持原有的功能，另一个则演化并具备一种互补的功能。在动物中，血红蛋白分子将水或空气中的氧输送给身体组织，并将组织中的二氧化碳排回外部环境中（植物珠蛋白则帮助植物将氧气从植物组织中排出，因为氧气，而不是二氧化碳，才是植物新陈代谢的废弃物）。

继续为距今 3 亿年前的肌红蛋白基因填色。然后为同时期的 α 血红蛋白基因和 β 血红蛋白基因填色。然后为有颌鱼填色。

大约 4.5 亿年前，在有颌鱼刚出现不久，血红蛋白基因再次重复，成为 α 血红蛋白基因和 β 血红蛋白基因。有颌鱼具有肌红蛋白、α 血红蛋白和 β 血红蛋白。

为全部肌红蛋白填色。接下来为剩下的 α、θ、ζ、β 和 γ 血红蛋白填色。

大约 3 亿年前，大约在陆地脊椎动物开始出现时（这里用已灭绝的两栖类蚓螈代表），α 基因重复为 θ、ζ 珠蛋白基因。大约 1.5 亿年前，在早期哺乳动物出现之时（用树鼩代表），β 基因经重复产生了 γ 基因。新世界猴类只有一条 γ 珠蛋白基因，而旧世界猴类和人类则具有两条 γ 珠蛋白基因——γG 和 γA。因此，γ 基因必定是在 3,500 万年前新世界猴类与旧世界猴类谱系分化后才出现重复的。

先为假基因填色。再为人类染色体数量及其对应的图形填色。

如果一个重复的基因遭遇破坏性突变，它可能无法翻译出蛋白质产物，并因此成为假基因。假基因以很快的速度继续突变，因为自然选择法则不像限制有效基因那样限制它们的改变（见 2-10）。假基因具有可识别的序列，但这些序列不具有任何实际功能。像化石一样，它们可能有助于重建演化历史。在所有这些重复后，人类 α 血红蛋白基因家族包含 16 号染色体上的 4 个有效基因和 3 个假基因（图中未全部绘出），β 血红蛋白基因家族在 11 号染色体上有 5 个有效基因和 1 个假基因。肌红蛋白基因则位于 22 号染色体上。

人类的大量重复的珠蛋白基因为生命的各个阶段提供了一套复杂的生理系统。例如，生长在子宫低氧环境中的胚胎需要最大限度地利用其所拥有的氧气。某些血红蛋白链的组合对氧气的亲和度高于其他组合，最强的氧气结合剂活跃在胚胎中，次强的出现在胎儿期，而较低的出现在儿童期和成年期——届时，周围空气的氧含量已经很高了。生活在疟疾肆虐的地区或喜马拉雅高原的人们所处的环境不同，由此需要新的基因来适应（见 6-12、6-14）。

珠蛋白超级家族十几亿年的历史揭示了：1. 单一基因可以重复并实现新的功能；2. 一个基因可能变成无用的假基因；3. 一个基因家族能够帮助生物体在不同的发育阶段中存活；4. 弄清遗传谱系中某个基因的有无，有助于重建基因家族的演化历史，以及动物谱系在地理时间上分化的节点。

珠蛋白基因的启示

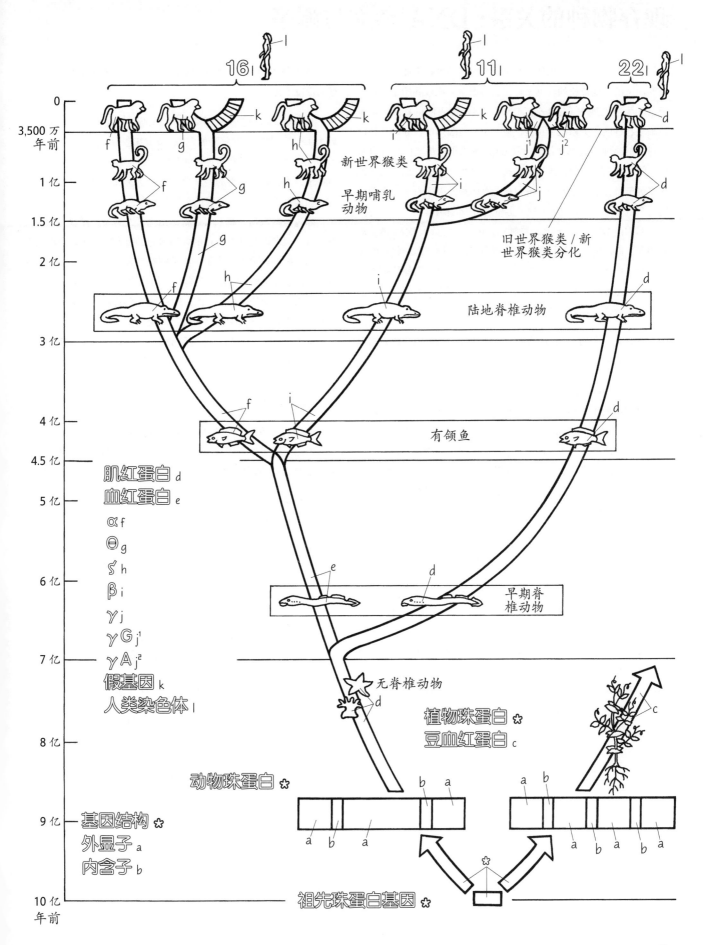

肌红蛋白 d
血红蛋白 e
α f
θ g
ś h
β i
γ j
γG j¹
γA j²
假基因 k
人类染色体 l

新世界猴类

早期哺乳
动物

旧世界猴类 / 新
世界猴类分化

陆地脊椎动物

有颌鱼

早期脊
椎动物

无脊椎动物

植物珠蛋白 ✿
豆血红蛋白 c

动物珠蛋白 ✿

基因结构 ✿
外显子 a
内含子 b

祖先珠蛋白基因 ✿

2-7
现存物种的关系：DNA 杂交与测序

达尔文推测，所有的物种都是随着时间的推移由此前的物种演变而来的。他依赖的证据来自比较解剖学、比较胚胎学、化石记录和生物地理学（见 1-2）。DNA 和遗传密码使得直接和定量地确立物种间的关系成为可能。遗传密码是通用的，亦即，地球上所有的生命形式都使用同一套 DNA 密码子来决定同样的氨基酸，就连细菌和大象都具有很多相同的基因。这些发现证实了达尔文关于世界上所有生物——包括现存的和已灭绝的——都源自同一个祖先并共同形成了一棵"生命之树"的推论。

基因由 DNA 序列构成。物种的遗传差异包括了 DNA 碱基对的差异，而后者可以被计量。如珠蛋白基因一样，两个物种的关联越近，同源基因的 DNA 序列也就越相似。两个物种的关联越远，同源基因间的差异也就越大。一种测量两个物种间"遗传距离"的方法就是 DNA 杂交。

先为左上角的人类 DNA 填色，再用反差明显的颜色为黑猩猩的 DNA 填色。

由于 DNA 由双螺旋或双链构成，中间以氢键连接（见 2-1），我们可以从两个不同物种的 DNA 中各取一条链，并制作一条人造的杂交 DNA。这些杂交螺旋体上的碱基对不会像原先的双螺旋那样完美地匹配，因而无法像原来的双螺旋那样紧密结合。两个物种的遗传距离越遥远，不匹配越多，两条链彼此结合得就越弱。结合强度表现在解链温度上，即在实验室中将双螺旋分离为两条单链所需的最低温度。

先为烧瓶中的人类 DNA 和黑猩猩 DNA 分别填色。再为火焰、解链温度和有盖培养皿中的 DNA 链填色。

要进行杂交，需从待测试物种的细胞中——例如，人类和黑猩猩的细胞中——提取 DNA。当 DNA 溶液被加热到约 86℃ 时，双螺旋分开为单链。

接下来，生物化学家使用酶将每个物种的同源 DNA 单链"剪"为约 500 个核苷酸长度的碎片。如果我们将来自人类与黑猩猩的两种 DNA 溶液混合，并让溶液冷却，一方的单链就会与另一方的单链相结合。由此，我们得到一条黑猩猩 DNA 单链与人类 DNA 单链杂交而成的双链。

先为放大的杂交 DNA 填色。再为烧瓶中的杂交 DNA 及其解链温度填色。

加热时，这一杂交双螺旋在 84.4℃ 解旋，而不是在 86℃，差异为 1.6℃。解链温度每降低 1℃，就意味着两条链间有约 1% 的不匹配。由此，人类和黑猩猩的基因差异为 1.6%。用同样的方法可得出，人类和大猩猩的差异为 2.4%，大猩猩和黑猩猩的差异为 2.1%，而红毛猩猩与这三者的平均差异为 3.6%。

通过这些数据，我们可以得出结论，人类和黑猩猩的亲缘关系最近，两者因此拥有最近的共同祖先，而大猩猩谱系则在某个更早的时间点就分支出去了。红毛猩猩与人类、黑猩猩、大猩猩这三者的遗传距离大约比这三者之间的平均距离远一倍。

作为测量遗传距离的手段，DNA 杂交的优缺点都很明显。最主要的优点是，通过使用整个细胞的提取物，这种方法同时比较了很多不同的基因，以及非编码 DNA（见 2-6），因而能给出被比较的各物种基因组全体的平均遗传距离（基因组是一个物种的全部遗传物质）。这种方法的缺点是，杂交无法得出被测试的 DNA 链精确的碱基对序列。

先为左下角四个物种血红蛋白基因中的一个小片段上的碱基差异填色。用浅色来代表不同的碱基。然后为 DNA 杂交的对比结果和 DNA 测序结果填色。

莫里斯·古德曼（Morris Goodman）和其同事们用 DNA 测序方法确定了人类和三个猿类物种的 β 珠蛋白基因（见 2-6）的精确碱基对序列。一旦 DNA 序列被测定，它们就可以相互对齐并上下对比，就像是同一份古老手稿的不同版本中的句子，而碱基对的差异可以加以计量。

在本图版中所示的一小部分 β 珠蛋白基因序列片段中，人类和黑猩猩仅有 1 个碱基不同，大猩猩与人类及黑猩猩各有 2 个不同，而红毛猩猩与其他三个物种各有 3 个不同。对比 β 珠蛋白基因数千个碱基的序列，人类和黑猩猩的差异为 1.7%，几乎与 DNA 杂交的结果一致。人类和大猩猩的差异为 2.0%，黑猩猩与大猩猩的差异为 1.9%（图中未标出），证明了人类与黑猩猩确实是其中关系最近的一对。红毛猩猩与其他三个物种的差异约为 4%。

用杂交和测序两种方法对人类和类人物种的 DNA 的定量比较得出了同样的结果。人类与黑猩猩是亲缘关系最近的"姊妹物种"，大猩猩则是这两个姊妹年纪略长的堂兄，而红毛猩猩则是这三个非洲兄妹在亚洲的远房表亲。

DNA 杂交与测序

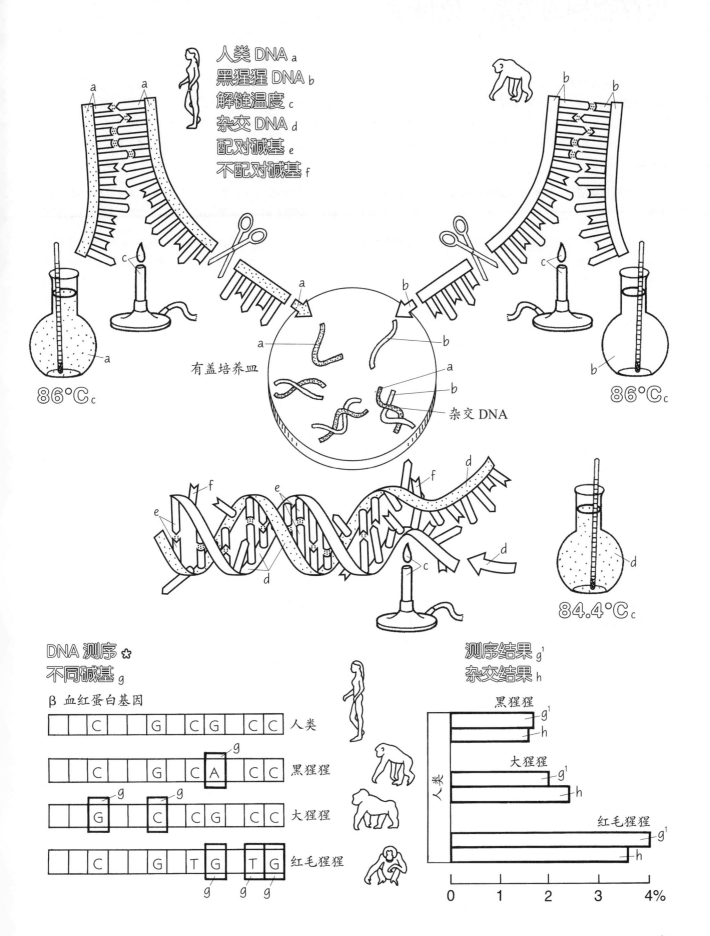

人类 DNA a
黑猩猩 DNA b
解链温度 c
杂交 DNA d
配对碱基 e
不配对碱基 f

有盖培养皿

杂交 DNA

86℃c

86℃c

84.4℃c

DNA 测序 ✿
不同碱基 g

β 血红蛋白基因

人类
黑猩猩
大猩猩
红毛猩猩

测序结果 g¹
杂交结果 h

黑猩猩
大猩猩
红毛猩猩
人类

0 1 2 3 4%

2-8
现存物种的关系：免疫学

在上一节中，我们看到 DNA 双螺旋分子的两条单链间的亲和力可用来评估物种间的遗传关系。本节中，我们将阐释免疫学（蛋白质抗体的亲和力）也可以通过类似的定量方法被用来测量遗传距离。就其历史来说，免疫学方法在我们认识基因或遗传密码之前很久就已经被科学家采用，但当时人们还不理解免疫学的分子基础。

为图版顶部填色。用不同的浅色来代表人类血清和兔抗人血清。

早在 1900 年，剑桥大学的纳托尔就从数百种动物中提取了血清。他将小剂量的每种血清注射到不同兔子的身体组织中。兔子被异类物种的蛋白质"入侵"，其循环系统和免疫系统中的某些细胞会与外来的蛋白质（抗原）发生反应。免疫系统会制造抗体——分子体积较小的 Y 形蛋白质，它能与抗原紧密结合并摧毁后者。我们的身体用这种方式抗击由病毒和细菌引发的疾病，如果我们在与传染源接触前就通过注射已死的病毒或细菌的蛋白质来引发免疫反应，那么免疫系统的工作就会更加高效。

先为倒入试管的人类血清和兔抗人血清填色。然后用这两种颜色混合出第三种颜色，来代表沉淀物。再为右侧放大的表现人类抗原和兔抗体彼此的镶嵌结合物填色，这些结合物会从溶液中析出变为沉淀物。

纳托尔从每只兔子中抽取血液，从而得到用来引发兔子免疫反应的血清（例如人类血清）和兔抗人血清蛋白。当人类血清被注入兔血清中时，兔抗体和抗原（人类蛋白）的融合就会导致混合物成为乳状。一种白色的沉淀物会沉到试管底部，像雪花一样。

用浅色为其余的血清对比物填色。

人类 DNA 与自身物种的互补链结合程度最高，而与黑猩猩或其他哺乳动物的结合程度较低。同样，兔抗人血清也与人类蛋白结合得最好，而与黑猩猩或其他哺乳动物的结合程度相对较低。

向兔抗人血清中加入黑猩猩血清后，试管中又形成白色沉淀，但并没有那么多。当加入狒狒血清时，白色沉淀显著减少，而非灵长类哺乳动物的血清则几乎没有产生沉淀。纳托尔相信，这些沉淀反应揭示出多种动物的演化关系。他是正确的。然而，就像很多杰出的科学家一样，他过于超前了自己的时代，其研究结果并没有被当时的演化生物学家们认真对待。

先为图版的左下角填色，然后为谱系树填色，完成整个图版。注意谱系树中分支的长度，垂直的距离其实没有太大意义。

这个实验的原理与 DNA 杂交时匹配与否的规则非常相似。兔抗人血清与人类血清蛋白（如白蛋白）可以完美匹配。而黑猩猩白蛋白则与人类白蛋白的形状略有区别，所以人类白蛋白的抗体无法与黑猩猩白蛋白精确匹配。如果人类和人类的反应被看做是 100%，那么人类与黑猩猩的交叉反应只能产生 95% 的沉淀物，或称差异为 5%。

在白蛋白交叉反应中，我们发现人类与其他物种的差异如下：黑猩猩 5%、狒狒 20%、狐猴 50%，老鼠 65%。这些数字与上一节的解链温度一样，可以代表物种间的"遗传距离"。它们还可以用来绘制谱系树。首先，距离最近的物种被关联起来，然后这一组物种再与距离次近的物种相关联，以此类推。在图中的谱系树上，黑猩猩与人类的分支长度为 5，这两者与狒狒间的距离为 20，然后再依次添加狐猴和啮齿类分支。

在过去的 30 年间，构建谱系树所用的免疫学测试越来越灵敏，如免疫扩散、补体结合、放射免疫分析等。实验原则仍与纳托尔所持观点一致，两个物种间同源分子的交叉反应越弱，它们的遗传关系就越远。

注意，在谱系树中，狒狒作为一种旧世界猴类，与人类的距离为黑猩猩与人类距离的 4 倍（20∶5）。狐猴是一种原猴类，它与人类的距离是黑猩猩与人类距离的 10 倍（50）。分支长度反映出这些灵长类谱系演化过程与地质时间的某种关系（见 3-1）。在下一节中，我们将继续探索分子钟的概念。

免疫学

人类血清 a
人类蛋白质 / 抗体 a^1
兔 b
兔抗人血清 c
抗体 c^1
黑猩猩血清 d
狒狒血清 e
狐猴血清 f
老鼠血清 g
老鼠抗原 a^1

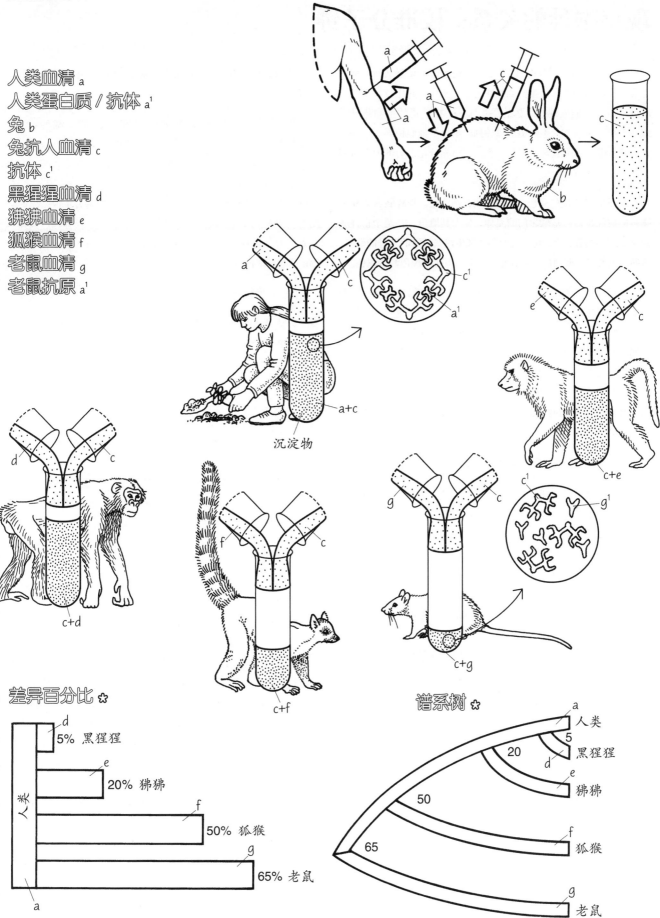

沉淀物

a+c

c^1

a^1

c+e

d c

c+d

f c

c+f

g c

c^1 g^1

c+g

差异百分比 ✿

d
5% 黑猩猩
e
20% 狒狒
f
50% 狐猴
g
65% 老鼠
人类
a

谱系树 ✿

a
人类
5
黑猩猩
20
d
e
狒狒
50
f
狐猴
65
g
老鼠

2-9
现存物种的关系：校准分子钟

20世纪60年代早期，埃米尔·楚克坎德尔和莱纳斯·鲍林为几个不同物种的血红蛋白氨基酸进行了测序，并比较了它们之间的差异。他们展现了卓越的洞察力——把获得的生物化学结果与来自古生物学的生命史加以并列。结果令他们惊异：这些物种的氨基酸差异大致与它们从一个共同祖先分化以后的地质时间相称。

用6种非常浅的颜色，从右上角开始填色。矩阵展示了6个物种的血红蛋白氨基酸之间的差异，先为其填色。在两个物种颜色交叉的某些节点上，记录着两种血红蛋白氨基酸的差异的数量。这些节点方格不要填色。在其他节点上，用两种浅色混合填色。

使用这一矩阵，我们可以对物种加以比较。沿着人类这一列往下，直到其与马这一行在数字18这个节点交叉，这意味着楚克坎德尔和鲍林在人和马的血红蛋白中发现了18个氨基酸差异。同样地，比较人类与老鼠的血红蛋白的差异，他们发现了16个，人类与鸟类有35个，与蛙有62个，与鲨鱼有79个。三种哺乳动物彼此之间平均有大约20个氨基酸的差异（人类与马18个，人类与老鼠16个，马与老鼠22个）。三种哺乳动物与鲨鱼之间的氨基酸差异接近80个（79、77、79）。

用对应的颜色为左侧的谱系树填色。

当他们将两条证据链并列时，楚克坎德尔和鲍林敏锐地观察到，这些物种彼此氨基酸差异的数量，大致与它们的地质时间呈对应关系（如图所示）。灵长类（人类）、马和老鼠的谱系被认为大约起源于7,000万年前，鸟类大约在2.7亿年前出现，蛙类（源自两栖类）起源于约3.5亿年前，而鲨鱼（源自软骨鱼）则起源于约4.5亿年前。

血红蛋白起到了分子钟的作用！从未有人预料到，生物分子在数以亿年计的时间里以稳定的速率发生变化。很多古生物学家批评分子学者"假想"出了这样一种类似于时钟的行为。但事实恰恰相反。稳定的变化速率并不是一个假想，而是基于对材料的观察，并且现在已被针对其他蛋白质和DNA分子的更多研究所证实。

分子钟首次被应用到人类演化研究中时，就证明了腊玛古猿不可能是人类谱系的一员。

为猿类和人类祖先的传统谱系树以及腊玛古猿和南方古猿的位置填色。

腊玛古猿是在巴基斯坦和非洲发现的化石标本，曾经被认为是最早的人类祖先。腊玛古猿的化石大约有1,400万年的历史，并且它的牙齿与人类牙齿在某些方面十分相似。很多人类学家因此假设人类谱系从猿类分化出来的时间点大约在2,000万年之前。不过，人类学家也赞同，生活在200万年前的南方古猿是一种早期人类（人猿总科）祖先。长臂猿、红毛猩猩、黑猩猩、大猩猩与人类的分化时间点据此估计早于2,000万年前，但没有办法可以证明这一时间点。

为20世纪60年代的分子谱系树填色。

为估计人类和猿类从一个共同祖先分化开来的时间，文森特·萨里奇（Vincent Sarich）和艾伦·威尔逊（Allan Wilson）采用了白蛋白免疫学方法。白蛋白是包括灵长类在内的所有脊椎动物的主要血清蛋白质，且可以从血液样本中提取出来。萨里奇和威尔逊将人类、猿类和猴类的白蛋白注射到兔子中并得到相应的抗体血清，就像纳托尔60年前所做的那样（见2-8）。他们在纳托尔的方法的基础上改进出定量化的补体结合技术，而不是采用沉淀法。

萨里奇和威尔逊发现，人类、黑猩猩和大猩猩（人猿总科物种）的白蛋白相差约1%，三者中每一个的白蛋白与旧世界猴类的均相差6%。为将这些信息转化为一台"时钟"，萨里奇和威尔逊从化石记录中挑选出一个古生物学家公认的事件，用以校准他们的分子发现。他们选择的事件是人猿总科与旧世界猴类谱系的分化，其估算时间为3,000万年前。因此，非洲人猿总科物种间1%的差异对应着3,000万年的1/6，即500万年。萨里奇和威尔逊由此推断出，人类、黑猩猩与大猩猩有一个生活在500万年前的共同祖先。1,400万年前的腊玛古猿不可能是原始人类！

当这些发现在1967年首次发表时，引起了很大争议。很多古生物学家坚称，腊玛古猿的牙齿形态特征证明，它们就是原始人类。他们否认分子钟的有效性，拒绝承认人类和猿类分化的时间点是500万年前，因为其太过于晚近。但接下来，更多分子证据支持了500万年前人猿分化的观点（见2-11）。腊玛古猿骨骼化石的发现，表明它是一种树栖猿类，而不是直立行走的人类。400万~300万年前的原始人类化石与黑猩猩非常相似（见5-17）。"人类和猿类的共同祖先生活在500万年前"这一判断，与目前的原始人类化石记录相符。

化石可以告诉我们远古祖先在何地生活，以及它们可能的外貌形态。另外，分子证据为我们提供了有关物种间关系的定量信息，以及各谱系在过去分化的时间点。古生物学信息与分子信息是互补的，而非彼此对立的，两者对重建演化历史都不可或缺。

分子钟

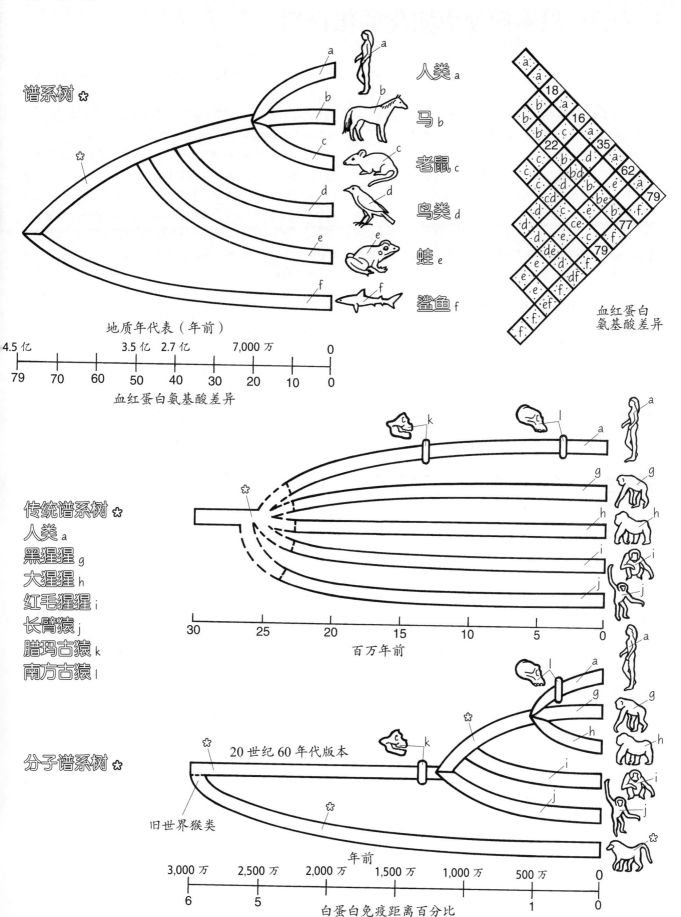

谱系树 ✱

人类 a
马 b
老鼠 c
鸟类 d
蛙 e
鲨鱼 f

地质年代表（年前）

4.5 亿　　　3.5 亿　2.7 亿　　7,000 万　　　0

79　70　60　50　40　30　20　10　0

血红蛋白氨基酸差异

血红蛋白
氨基酸差异

传统谱系树 ✱
人类 a
黑猩猩 g
大猩猩 h
红毛猩猩 i
长臂猿 j
腊玛古猿 k
南方古猿 l

30　25　20　15　10　5　0

百万年前

分子谱系树 ✱

20 世纪 60 年代版本

旧世界猴类

年前

3,000 万　2,500 万　2,000 万　1,500 万　1,000 万　500 万　0

6　5　4　3　2　1　0

白蛋白免疫距离百分比

67

2-10
分子钟：以不同速率演化的蛋白质

两个物种分开演化的时间越长，它们蛋白质中累积的氨基酸差异越多（见 2-9）。氨基酸变化反映了基因中的突变（见 2-5）。所有基因的基本突变率可能是相同的，但自然选择会过滤掉损害蛋白质功能的突变。这些功能上的限制影响了氨基酸在特定蛋白质中被替代的速率。

本图版中，我们将考察四种蛋白质，它们在超过 10 亿年的演化进程中以截然不同的速率发生变化。组蛋白的功能是结合 DNA 分子，这一功能的界定是如此严格，以至于自动物和植物分化 10 亿年时间以来，一株豌豆和一头牛的组蛋白之间仅有一个氨基酸的差异。相反，血纤维蛋白肽几乎可以在接受任何氨基酸的改变后，仍执行其凝血功能，因此它有很高的变化率。

从右上角开始填色。为放大的分子和沙漏填色，这些图案比较了现代人类和马的氨基酸差异。先为组蛋白填色，然后一边阅读文字，一边为每种蛋白质填色。

沙漏代表时间，沙粒代表每种蛋白质的氨基酸。右上角的"时钟"把 9,000 万年前设定为起点，那是从化石记录推算出的有胎盘类哺乳动物中各个主类目彼此分化的时间（见 1-22），此处由马和人类代表。

注意，在放大的组蛋白沙漏中，没有一个沙粒掉下。表明在过去 9,000 万年中，人类和马的组蛋白中没有任何氨基酸替换。

组蛋白与染色体中的 DNA 相互作用，为 DNA 提供结构性支持，并调节 DNA 的活动，如 DNA 复制和 RNA 合成等。它们结合 DNA 的能力取决于一种特定的结构和形状。事实上任何突变都会损害组蛋白的功能，没有突变能经受得住自然选择的过滤。这种蛋白质中的 103 个氨基酸在所有动植物中几乎都是一样的。

细胞色素 C 有 104 个氨基酸。氨基酸在这种蛋白质中经历的突变比组蛋白中的快，但与血红蛋白和血纤维蛋白肽相比仍然较慢。少量掉落的沙粒代表了 12 个氨基酸差异，或人与马的细胞色素 C 有约 12% 的差异。细胞色素 C 是食物氧化——细胞产出能量的主要化学反应——必需的酶。它存在于从酵母到多细胞动物的所有需氧细胞中。它的重要功能限制了它能接受的改变。

β 血红蛋白链（见 2-6）有 146 个氨基酸；人和马的 β 血红蛋白链有 26 个差异，占 18%。血红蛋白将血液红细胞中的氧从肺部输送到全身其他组织，使能量被高效利用。只要血红蛋白分子能够结合并释放氧，具体的氨基酸排序对血红蛋白分子并不重要。由于氨基酸替换并不影响该蛋白的功能，自然选择允许血红蛋白比前两种蛋白质分子有更多的变化。

血纤维蛋白肽是纤维蛋白原分子的片段，共有约 20 个氨基酸。人类和马体内这种蛋白质的氨基酸差异高达 86%。血纤维蛋白肽对于血液凝结很重要。这些片段的作用就像空格，将纤维蛋白原中的活性位点隔开。当生物体出血时，血纤维蛋白肽被切除并废弃，留下黏性的表面自由地参与到血液的凝结中。对于这个空格功能来说，氨基酸的实际序列无关紧要，因此可以容许大量氨基酸被替换。

每一种蛋白质以其特有的变化率，确定了不同的进化时间框架内各种事件的时间。组蛋白改变是 10 亿年才发生一次的事件。血纤维蛋白肽变化得更快，平均每 100 万年出现一次突变，近亲物种间在过去 500 万年内改变的时间点可以用这座分子钟来厘定。生物学家拉塞尔·杜利特尔（Russell Doolittle）早在 20 世纪 70 年代对血纤维蛋白肽进行测序时就指出了人类与黑猩猩的近亲关系，早于这一观点在 20 世纪 80 年代获得确认（另一个可用来测定近亲物种间演化事件的分子钟是线粒体 DNA，我们将在 2-11 进行讨论）。

细胞色素 C 和血红蛋白的变化速率介于组蛋白和血纤维蛋白肽之间。细胞色素 C 提供了最早的被测序过的蛋白质的谱系树，而血红蛋白则是首个被使用的"分子钟"（见 2-9）。从珠蛋白基因到血红蛋白基因，其间跨越了 10 亿年（见 2-6），并且与动物的演化紧密相连。随着动物走上陆地，并将氧气的来源由水变为空气，珠蛋白结构的变化至关重要。动物的体形能够变大，是因为血红蛋白使得身体组织能够获得充足的氧供给。

分子钟以不同的速率"摆动"，同样的蛋白质在某个谱系（如啮齿类）可能比在其他谱系（如灵长类）演化得更快。为了获得物种分化时间的最准确估算，有必要用化石记录校验分子演化速率，前提是存在相应的化石（见 2-9）。分子钟并不像数字时钟一样精确，因此，如果可能，同时使用几种不同的分子钟更好，就像一个世纪前的航海家同时使用几种精密计时器，通过取其平均值来确定经度一样。

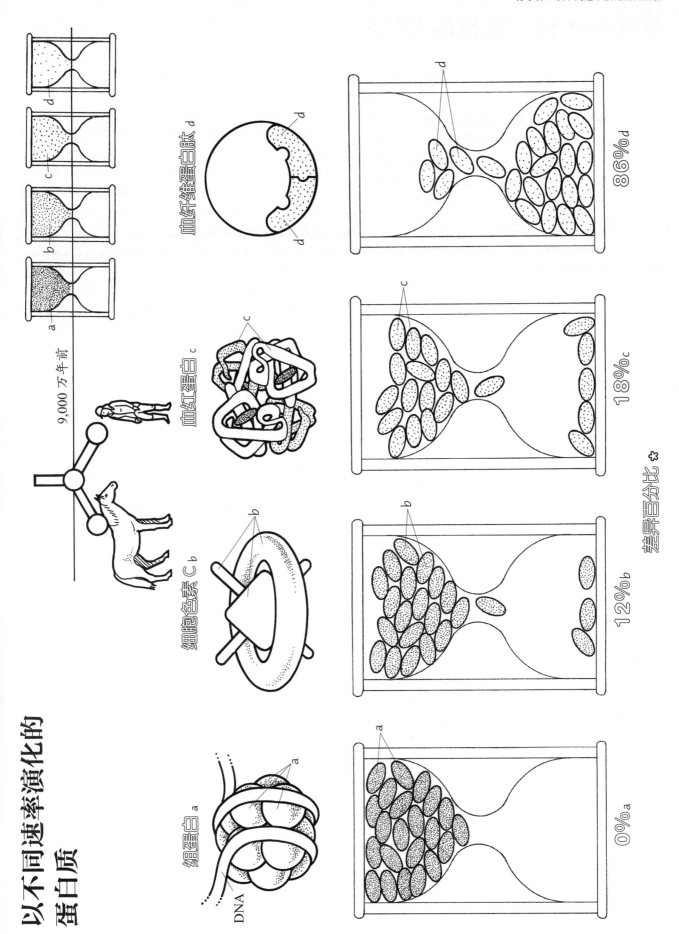

以不同速率演化的
蛋白质

9,000 万年前

组蛋白 a

DNA

细胞色素 C b

血红蛋白 c

血纤维蛋白肽 d

差异百分比 ✿

0%a

12%b

18%c

86%d

2-11
快速分子钟：线粒体DNA

到目前为止，我们对基因和蛋白质的讨论仅限于细胞核DNA（见2-1）。尽管真核细胞的大多数遗传物质都集中在细胞核中，但还有一种线粒体DNA（mtDNA）位于细胞质中。线粒体DNA不会在有丝分裂时重组（见1-13），并且在减数分裂期间仅由雌性携带（见1-14）。在哺乳动物中，线粒体DNA的演化速率比细胞核DNA的快10倍左右，这对于评估近亲物种间和种群内个体间的遗传关系非常有用。它可以作为一个"快速分子钟"，为发生在几千到几百万年间的演化事件计时。

先从真核细胞中被标记的部分开始填色，包括细胞质中的线粒体。为放大的线粒体填色。

线粒体是很小的椭圆形细胞器，在真核细胞的细胞质内大量存在。它们的作用就像小型电池，为细胞的活动提供能量。线粒体与细菌大小差不多。

20多年前，林恩·马古利斯（Lynn Margulis）怀疑，线粒体实际上是侵入早期真核细胞的细菌，后来在此安营扎寨，并反过来为它们的宿主提供产生能量的酶。这个猜想在当时看来非常牵强，但DNA测序结果和线粒体与原核生命形式的对比表明，线粒体DNA与某些好氧细菌有亲缘关系，且毫无疑问由其起源而来。

尽管20亿年前地球大气的氧含量比现在低很多（见1-19），这些古细菌却已经找到了使用氧气产生能量的办法。在细菌作为线粒体进入其中之前，早期真核细胞是以一种不采用氧气的相对低效的化学反应为生的"发酵罐"。真核生物和线粒体的长期合作关系是彼此互利的。真核生物获得了有氧反应作为新的和更有效的能量来源，而细菌找到了为之提供保护的细胞内环境，以及供其生长和复制的丰富营养。

为人类线粒体DNA填色，图版中所绘的片段代表基因。

和其他真核生物一样，细胞核DNA和线粒体DNA作为人类基因组的两部分，差异明显。线粒体基因组只有16,500个碱基对和37个基因，而细胞核DNA有30亿个碱基对和约10万个基因。线粒体DNA是环形的，和细菌的基因组相同，而不是像细胞核DNA那样的链状。线粒体DNA非常紧密，缺乏细胞核DNA特有的内含子和非编码基因。

为线粒体DNA的传代过程填色。

不像包含了来自双亲的等量遗传物质的细胞核基因组，线粒体基因组全部遗传自母亲。雌性生殖细胞（卵子）具有大量细胞质，其中充斥着线粒体，而作为雄性生殖细胞的精子由细胞核DNA形成的头部和用于推进的尾部鞭毛组成，几乎没有细胞质和线粒体。当卵子与精子结合时，各自的细胞核DNA在受精合子中重组为新的基因组，合子拥有来自父亲和母亲的同等部分。由于没有父亲的线粒体DNA参与重组，所以后代只有母亲的线粒体DNA。因此，从遗传学角度来看，我们与母亲的亲缘关系比与父亲的更近。

对线粒体DNA的研究为估算物种分化时间和建立物种间与物种内的遗传关系增添了重要信息。例如，线粒体DNA证实了通过DNA杂交获得的发现：我们与黑猩猩的亲缘关系最近（见2-7）。线粒体DNA测序则为智人在20万~10万年前起源于非洲提供了有力证据（见5-27）。

结合线粒体DNA的研究结果与来自细胞核DNA的信息，能够反映雄性和雌性的扩散模式。灵长类动物学家唐·梅尔尼克（Don Melnick）和盖伊·赫尔策（Guy Hoelzer）对印度普通猕猴种群进行了研究。他们发现，不同群体在细胞核DNA上的差异微乎其微。离群的雄性使得群体间的基因发生混合。相反，线粒体DNA表现出了群体间的差异，雌性留在出生的群体中，所以线粒体DNA能够代代相传，并在各个群体中独立演化。尽管雄性扩散了，但它们无法将线粒体DNA传递给后代，因此群体间很少发生线粒体DNA混合。

线粒体DNA研究还能对亲密个体间的遗传关系进行测试。京都大学的灵长类动物学家桥本千绘（Chie Hashimoto）和同事们证实，在刚果民主共和国万巴地区，在雌性倭黑猩猩中，亲密关系和社会亲密关系的遗传之间没有相关性。年轻的雌性倭黑猩猩会移入新的群体中，与年老的雌性形成一种紧密的社会纽带，不受其遗传关系的影响。

这些新近被解读出来的"家族史"记录在我们细胞中像微小的细菌一样的"居民DNA"里，给我们对人类演化的认知带来了惊人的变化。有些完全依靠解剖学来认识人类演化历史的人类学家一直抵制这些始料未及的分子学发现，以及分子层面和形态层面并非同步演化的惊人发现（见2-13）。我们在第四章和第五章会看到，分子学和形态学的数据相结合，可为灵长类和人类演化进程提供一幅更为完整的图景。

线粒体 DNA

结构 ✱
细胞核 a
细胞质 b
线粒体 c
线粒体 DNA d

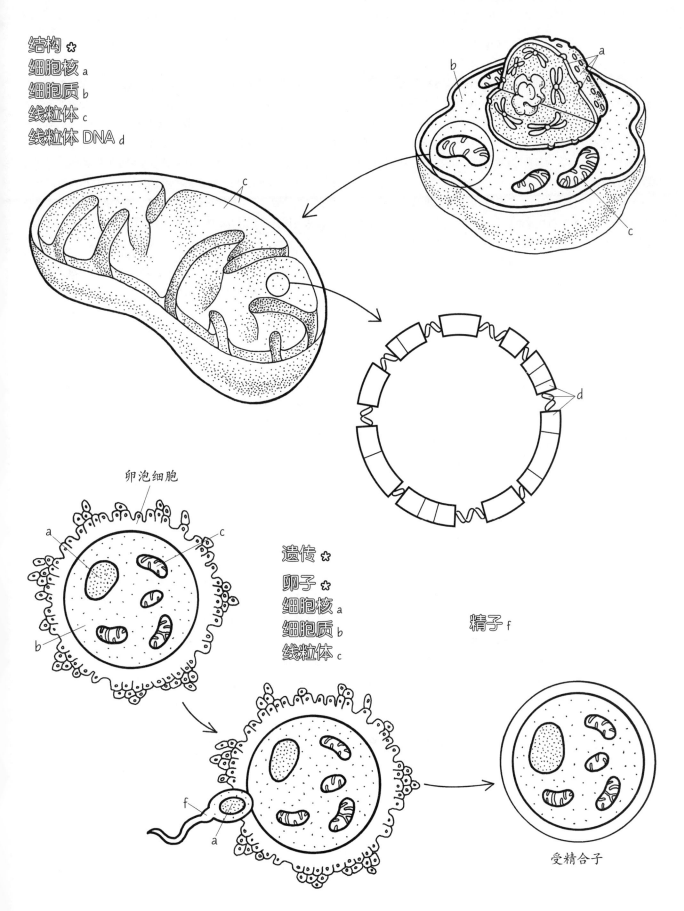

卵泡细胞

遗传 ✱

卵子 ✱
细胞核 a
细胞质 b
线粒体 c

精子 f

受精合子

2-12
小卫星与微卫星：DNA 指纹

DNA 构成了基因组，包含了约 10 万个基因。在超过 30 亿个碱基对中，其实只有大约 5%～10% 的碱基对可编码蛋白质，剩下的都是不导致蛋白质产生的长片段。有些 DNA 非编码片段的变化是如此迅速，以至它们在每一个个体中都迥然不同。这些属于个体的"条形码"还可以确定该个体的双亲。如同一百年前的指纹一样，这些条形码为法律和法医科学领域带来了巨大变革。对演化研究来说，对作为父辈的雄性的确认正在构建关于雄性繁殖成功率的理论。

DNA 指纹指的是染色体上非编码 DNA 多次重复的区域。这些变异度高的 DNA 序列片段被称为小卫星，包含了多次重复的长度为 16～64 个碱基对的单元。例如，CATTAGGATTATAACC 是一个单元。这些单元本身在不同个体身上都是一样的，但它们重复的次数却各不相同。小卫星就像车厢数量不等的火车。每节车厢都是一样的，但这些火车可以通过它们的长度，即不同的车厢数量彼此区分开来。上面提到的序列如果重复三次（一列具有三节车厢的火车），就会变为 CATTAGGATTATAACC CATTAGGATTATAACC CATTAGGATTATAACC。这些基本序列——每一个小卫星也彼此不同——可能会重复上百次甚至上千次。

除小卫星外，我们还发现了另外一组被称为微卫星的 DNA 序列。微卫星也包含不同数量的重复单元，但这些单元只有 3～6 个碱基对的长度，比如 CAT。将其重复三次就是 CAT CAT CAT，并且可能有许多次的重复。

为 DNA 样本和使用电泳法得到的 DNA 指纹图填色。用浅色代表凝胶。

DNA 样本取自头发、皮肤、血液或精子，用酶将小卫星和微卫星切下来，将样本放在一个薄层凝胶中，让一道电流从中通过。请注意：由于有不同 DNA 单元的小卫星长度不同，三个个体都有其独特的条带图案。

不同大小的分子移动的速度不同，较小的分子速度更快，所以条带的长度也有区别。就像在引擎相同的情况下，短火车比长火车跑得更快一样。几个小时后，分离的片段以条带形式在凝胶上表现出来，就像超市里用以确定商品的条形码。

三四个不同的小卫星可以为任何人类、鸟类或酵母细胞生成一条独一无二的条形码 ID（除非该个体有同卵双胞胎的兄弟姐妹）。与手指肚上的螺旋和条纹不同，DNA 指纹还可以鉴定出个体的父母，因为它的遗传效应遵循了孟德尔法则，即从双亲处各得到一半遗传物质。

DNA 指纹分析技术是由英国生物化学家亚历克·杰弗里斯（Alec Jeffreys）命名的，而他首次应用这一方法，是为了在一个案件中解决母亲是谁的争议。某人的生父被质疑很常见，而母亲的身份被质疑的情况比较罕见。在这个案例中，一个加纳男孩想与在英国的母亲团聚。移民局怀疑这位女性并不是他真正的母亲，而只是为了帮助他移民才谎称的。当男孩一半的 DNA 条码都与该女性的一致时，家庭团聚获得了许可。DNA 指纹分析技术现在已经被应用到无数刑事案件中，用于判断嫌疑人是否有罪。

为 DNA 指纹分析过程填色，并判断后代真正的父亲是谁。先从母亲开始，然后为两名可能的父亲的图案填色。接下来为后代的条带填色，从与母条一致的那些开始。最后，为剩下的条带填色，并将它们与真正的父亲匹配。

个体的 DNA 指纹是其父母 DNA 序列的结合体。条带图案中片段的出现和缺失都可以将该个体与其生父或生母联系起来。

在拥有 DNA 指纹技术之前，没有行之有效的方法来确定鸟类、猴类和猿类等物种的生父。一般来说，父亲身份是通过雄性的地位和交配成功率来推断的。然而结果表明，研究人员的观察和推断可能会出错。举例来说，在日本猕猴群体中，占统治地位的雄性被观察到与雌性交配最多，但亲子鉴定结果表明，被观察到有交配行为的雄性在 15 例研究案例中有 11 例与后代没有关系。不过，在两个关于食蟹猕猴和山魈的研究中，雄性地位与繁殖结果之间有很强的相关性。

在对西非象牙海岸塔伊森林中的黑猩猩群体长达 17 年的观察期间，研究人员从没有看到任何雌性接触过周围其他群体的雄性。然而，当对 21 对母子及群体中所有雄性进行 DNA 指纹分析后，发现有 7 只幼崽的父亲来自其他群体。雌性和雄性黑猩猩也会结成伴侣，花很长的时间待在一起，人们以为这样的配对会导致大多数雌性怀孕。然而，6 对被观察的伴侣中，只有 2 对生下的后代是属于其雄性配偶的。

DNA 指纹分析结果说明，在灵长类社会群体中，把雄性地位与交配频率和父系后代的关系挂钩时，应万分谨慎。这是分子技术为验证关于人类和其他灵长类社会关系的猜想，以及获得社会行为和繁殖行为上的新洞见提供了新的工具的又一个例子。

DNA 指纹

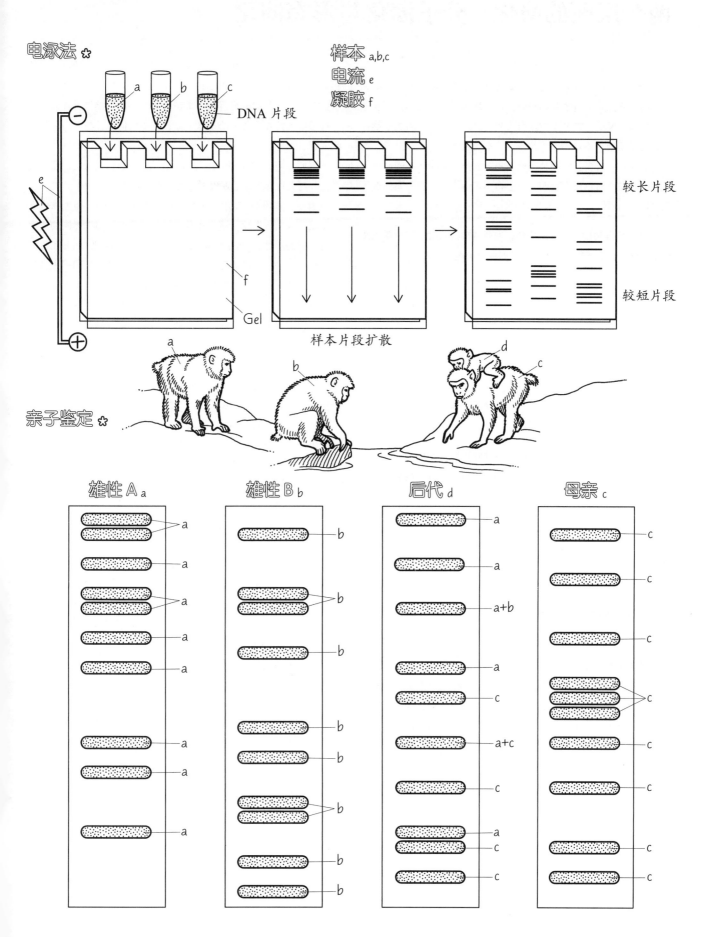

电泳法 ✿

样本 a,b,c
电流 e
凝胶 f

a b c

DNA 片段

e

f

Gel

较长片段

较短片段

样本片段扩散

亲子鉴定 ✿

a b c d

雄性 A a
a
a
a
a
a
a
a
a
a

雄性 B b
b
b
b
b
b
b
b
b
b

后代 d
a
a
a+b
a
c
a+c
c
a
c
c

母亲 c
c
c
c
c
c
c
c
c

2-13
两个层面的演化：分子演化与形态演化

　　一般来说，相对于无亲缘关系的个体，近亲之间看上去更相似，但外表可能具有欺骗性。在获得分子数据以前，演化关系和分化的时间点是通过现存物种与化石物种在形态学上的相似和差异来加以推断的。把分子数据引入演化研究之后，许多关于物种关系的早期观点不得不被重新修正。本图版将利用三对灵长类物种，对比每一对灵长类物种经分子测定的分离时间与基于其身体外观的印象。对比结果表明，用形态学来估算两个物种间的遗传距离具有局限性。

　　从倭丛猴和倭狐猴开始填色。为两者在谱系树上的位置以及标示这两个原猴类物种彼此分化的时间点填色。

　　两个物种有可能看上去非常相似，但亲缘关系很远。灵长类动物学家皮埃尔·查理斯-多米尼克（Pierre Charles-Dominique）和罗伯特·马丁（Robert Martin）注意到非洲西部的倭丛猴与马达加斯加的倭狐猴在行为学和生态学上非常相似：整体大小和外形、运动方式、以果实和昆虫为主的食谱、漫游的模式，以及用尿液清理身体和成年个体的叫声等。这些相似之处会让人以为两者可能具有较近的亲缘关系。然而，分子数据却表明，两个物种在 6,000 多万年前就已分道扬镳（见 4-4）。

　　在图版中部，继续为南美洲的新世界猴类——卷尾猴，以及生活在非洲的青长尾猴填色，并为它们在谱系树中的位置填色。

　　无论生活在新世界还是旧世界的热带雨林里，猴类都具有类似的外貌和行为，这暗示了它们之间可能的亲缘关系。然而，分子和化石证据以及大陆漂移学说都告诉我们，尽管新世界猴类与旧世界猴类拥有共同祖先，但这两支谱系早在 3,500 万年已经分化（见 4-11）。

　　为倭黑猩猩、人类（智人）和它们在谱系树上的位置填色，完成整个图版。

　　外表形态和演化距离之间的不一致性在猿类和人类之间表现得尤其突出。黑猩猩与其他猿类——非洲大猩猩和亚洲红毛猩猩——非常相似。猿类都在森林中的树上爬行、进食和睡觉。在形态学特征上，它们都有类似的大脑体积、长臂和短腿、突出的犬齿及浓密的毛发。去动物园看看就能发现，这三种猿类彼此在外形和行为上的相似性，远远大于它们与其动物园管理员之间的相似性。人类的大脑体积是猿类的三倍，犬齿较小，相对而言几乎没有体毛，并用两足行走。常识和比较解剖学都告诉我们，这三种猿类彼此在遗传上的亲缘关系比其中任何一种与人类的关系都要近。

　　因此，当 DNA 研究（见 2-7）证明，黑猩猩与人类的亲缘关系比其与大猩猩或红毛猩猩更近时，所有人都大吃一惊。

　　遗传学家玛丽-克莱尔·金（Mary-Claire King）和生物化学家艾伦·威尔逊发现，演化在基因层面与形态层面以不同的速率进行。形态学特征反映了物种的适应性，它可能比 DNA 和蛋白质演化得更快，也可能更慢。有些物种保留了它们共同祖先身上的适应性特征（如倭丛猴与倭狐猴、新世界猴类与旧世界猴类），其他物种为了适应新的生活方式，可能剧烈地改变了其形态。例如，大猩猩和黑猩猩在森林中生活，仍然在树上攀爬，它们与共同祖先的相似之处，要远远多于人类，后者在 500 万年前迁入新的环境，从此一直在平地上生活（见 5-2）。

　　原猴类、猴类和人猿总科物种的故事为我们展示出演化在分子层面与形态层面的四处区别：

　　1. 分子是遗传信息的直接表现。相反，形态与 DNA 及其编码的蛋白质之间隔着多个步骤。外在特征，诸如身体比例、牙齿形态和大小，甚至包括声音特征，可能由许多不同的基因共同决定，并且可能为了适应特定的生活方式，经过了自然选择的改造。

　　2. 分子数据是定量且可复制的，并因此易于比较。不同的实验室几乎总能得到类似的结果。相反，基于形态学的物种关系评估经常难以达成一致。

　　3. 由成千上万乃至数百万个核苷酸碱基对构成的分子，不会显著"趋同"，而在形态学上却常常如此。没有亲缘关系或只有很遥远的亲缘关系的物种由于以类似方式生活在类似环境中，其外表可能最终变得相似（见 1-8 和 1-9）。但繁殖模式和分子信息反映出了它们之间的演化距离。

　　4. 分子通过基因突变发生改变，其改变量与分离时间大致成比例，可以作为分子钟使用（见 2-9）。形态学演化可能进展缓慢，如倭狐猴和倭丛猴那样；也可能很迅速，如人类与黑猩猩那样。因此，仅仅基于形态学，不可能提供两个或多个物种间的演化时间、演化速率和变化程度的可靠估计。

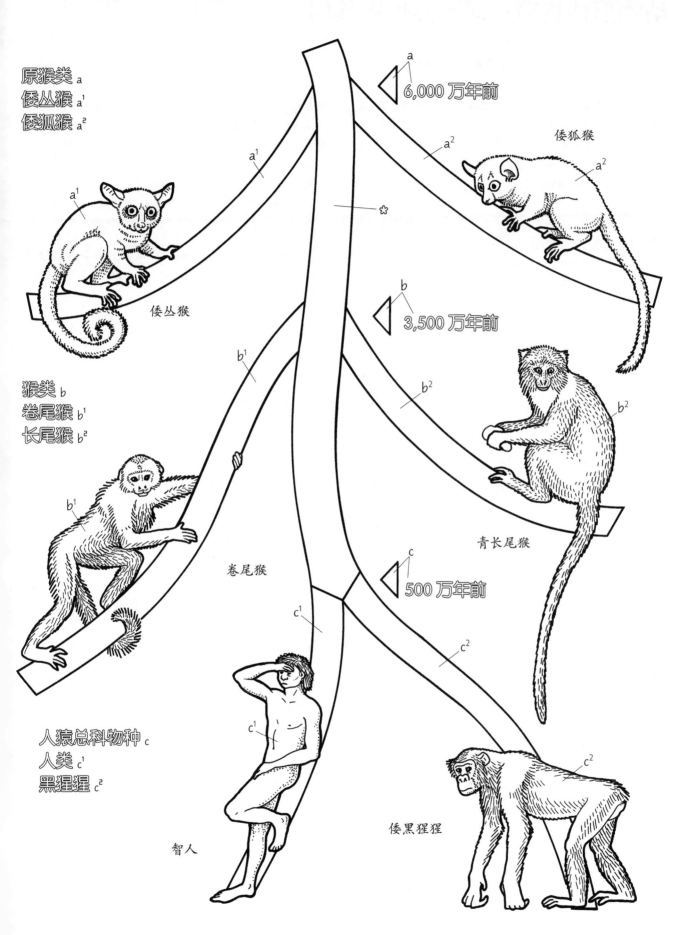

分子演化与形态演化

原猴类 a
倭丛猴 a¹
倭狐猴 a²

6,000 万年前

倭狐猴

倭丛猴

猴类 b
卷尾猴 b¹
长尾猴 b²

3,500 万年前

青长尾猴

卷尾猴

500 万年前

人猿总科物种 c
人类 c¹
黑猩猩 c²

智人

倭黑猩猩

2-14
动物形体构造：同源异形框基因

一个受精卵如何发育为复杂的生物体——如苍蝇、老鼠或人——一直是生物学领域最大的谜团之一。19世纪早期，冯·拜尔观察到，从蝾螈到人类的所有脊椎动物，在胚胎发育早期阶段都非常相似（见1-3）。几乎同一时期，法国动物学家若夫华·圣伊莱尔（Geoffroy Saint-Hilaire）宣称，所有的动物都具有相同的形体构造。昆虫的主要脊索在前部，而脊椎动物的在背部，若夫华·圣伊莱尔因此提出假说认为，脊椎动物实质上是无脊椎动物的倒置。

今天，分子革命解开了双螺旋的秘密，又开始继续探索动物发育之谜。分子生物学家们发现，非常多样化的动物间存在着显著的遗传联系。某些特定的基因在所有动物中的结构和功能都惊人地相似，它们被称为同源异形基因（Homeotic Genes），其作用就像分子建筑师，根据明确的详细的计划来构建身体。

如同遗传学的其他许多突破一样，同源异形基因的发现也来自默默无闻的黑腹果蝇。果蝇是实验室的宠儿，它繁殖迅速，只有4条染色体，且容易通过近亲交配和X射线来引导突变（见1-15）。果蝇是高度特化的昆虫，有2只翅膀和3个体节。它们的祖先曾有4只翅膀和很多体节。果蝇胚胎最开始有一串16个大小相等的体节，发育时不同的体节融合在一起，最终形成3个体节，即头、胸、腹。

在20世纪40年代，美国生物学家爱德华·B. 刘易斯（Edward B. Lewis）开始研究影响果蝇分节的同源异形基因。他发现，在一簇被称为双胸复合物的基因中的突变会导致体节重复，长出一副多余的翅膀。这些突变很奇怪，也很难被解释，因为有数百个不同的基因参与体节和翅膀的形成。然而，在这一情形中，这些单独的突变形成了新的身体部分，消除了其他基因的作用。这些基因的作用就像一个总开关，可以打开或关闭其他参与构造身体形态的基因组合，并控制体节和附肢的数量、组合、位置和融合。

为（a）选择一个颜色，为果蝇染色体 *HOM C* 上的 "*lab*" 基因填色。为胚胎和成体上对应的部位（a）也填上相同的颜色。然后，为（b）选择一个颜色，并用此色为 "*pb*" 基因填色。为 "*pb*" 基因控制的胚胎和成体部位（b）填色。注意，基因在一条染色体上从头到尾的排列顺序与这些基因控制的身体部位的顺序相同。为编号 f 选择一种浅色。

在20世纪70年代末期，德国生物学家克里斯汀·纽斯林-沃尔哈德（Christiane Nüsslein-Volhard）和艾瑞克·F. 威斯乔斯（Eric F. Wieschaus）对控制果蝇身体发育的同源异形基因进行了测序。他们观察到，这些同源异形基因的每一个都有一条长度为180个碱基、序列几乎完全一致的特定DNA片段。这段DNA序列被称为同源异形框，它被翻译为长度为60个氨基酸的蛋白质序列，这一蛋白质序列与DNA绑定并可开启和关闭转录过程，亦即基因在蛋白质中的表达（见2-4）。通过控制所有细胞的转录活动，同源异形框基因（Hox基因）就像总开关一样，决定了细胞的命运、生长和发育。

因对同源异形基因的研究，刘易斯、纽斯林-沃尔哈德和威斯乔斯共同获得了1995年的诺贝尔生理学或医学奖。

用同样的颜色和方法，为排列在4条染色体上的小鼠同源异形基因（*Hox A*、*Hox B*、*Hox C*、*Hox D*）以及各自对应的胚胎身体部位填色。

正如珠蛋白基因的多次重复一样（见2-6），同源异形框基因在无脊椎动物向脊椎动物演化时也有过两次明显的重复。不同于果蝇在一条染色体上聚集成一簇的约10个基因，小鼠在4条不同的染色体上均有成簇的约10个基因。小鼠和人类的同源异形框基因在数量和在染色体上的排列上非常相似。值得注意的是，在总计约10万个基因中，仅仅约40个基因控制着复杂哺乳动物的绝大部分发育、结构形态和身体外形。

成年果蝇和成年小鼠的外形大相径庭，但它们同源异形框基因的DNA序列明显非常相似，表明它们具有同一个进化起源。果蝇和小鼠在5亿年前有一个共同祖先，在漫长的演化中，同源异形框基因的序列几乎没有改变。同样的同源异形框基因，既决定了无脊椎动物的脊索在前部，又决定了脊椎动物的脊索在背部。圣伊莱尔认为脊椎动物形体的构造是昆虫形体的倒置的"荒唐"想法，也被证明是正确的。

同源异形框基因的观点为眼睛的演化提供了非凡的洞见。不同的动物有着不同的眼睛，如章鱼、果蝇和人类的眼睛，演化生物学家为此百思不得其解。恩斯特·迈尔（Ernst Mayr）的结论是，眼睛很可能已经独立地演化了40次。然而，在1994年，瑞士生物学家瓦尔特·格林（Walter Gehring）的团队发现，诱使果蝇长出眼睛的同源异形框基因与诱使小鼠长出眼睛的同源异形框基因事实上完全一样。这个基因可开启无数具有视觉功能的动物的眼睛的形成。因此，无论它们现在看上去差异多大，所有的眼睛显然都具有一个共同的进化起源。

同源异形框基因是一个多世纪前冯·拜尔研究的动物身体构造的分子建筑师，也为圣伊莱尔提出的动物身体构造方案提供了内在一致性证明。

同源异形框基因

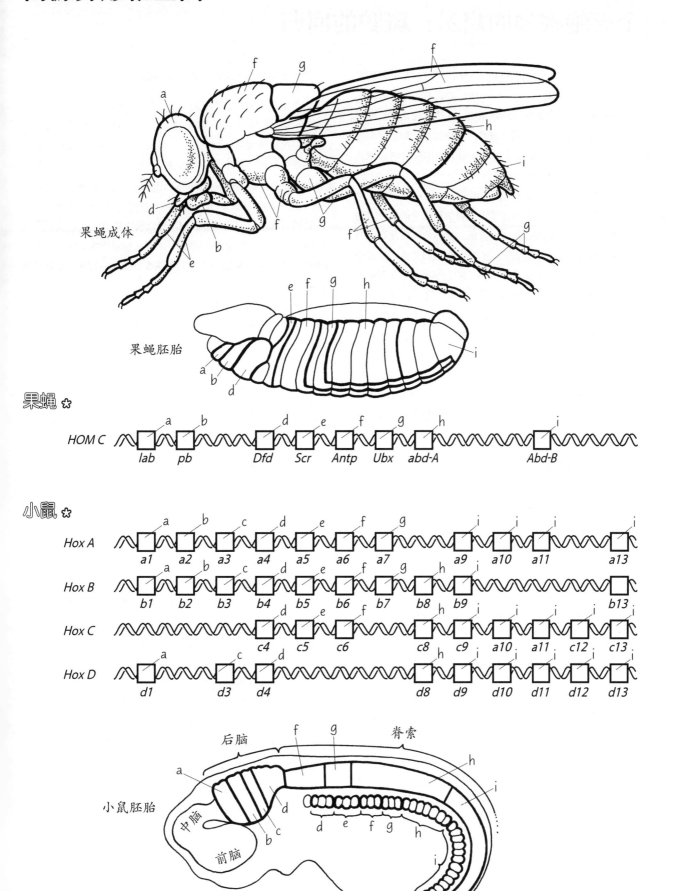

果蝇成体

果蝇胚胎

果蝇 ✿

HOM C

lab *pb* *Dfd* *Scr* *Antp* *Ubx* *abd-A* *Abd-B*

小鼠 ✿

Hox A

a1 *a2* *a3* *a4* *a5* *a6* *a7* *a9* *a10* *a11* *a13*

Hox B

b1 *b2* *b3* *b4* *b5* *b6* *b7* *b8* *b9* *b13*

Hox C

c4 *c5* *c6* *c8* *c9* *a10* *a11* *c12* *c13*

Hox D

d1 *d3* *d4* *d8* *d9* *d10* *d11* *d12* *d13*

后脑   脊索

小鼠胚胎   中脑   前脑

2-15
一个灭绝物种的启示：斑驴的回归

电影、小说《侏罗纪公园》描述了利用化石 DNA 来复原恐龙的故事，从而向大众普及了化石和 DNA 的联系，并宣告了一个被称为"生物分子古生物学"的新领域。在地球的众多生命形态中，已灭绝的生物数量远远超过现存的生物数量。如果我们能从化石中提取 DNA 和蛋白质分子，就能极大地拓展对现存和灭绝物种之间关系及其分化时间的认识。

分子演化生物学家杰罗德·洛温斯坦（Jerold Lowenstein）率先用一种免疫学技术开创了生物分子古生物学领域，该技术名为放射免疫分析（RIA）。这种方法非常灵敏，能够检测出化石中的蛋白质。1980 年首次应用这种方法时，洛温斯坦和艾伦·威尔逊及其同事们成功地从一头已经在西伯利亚冻土中冰冻了 4 万年的幼年猛犸象的肌肉中检测出白蛋白分子。这个古老的白蛋白在免疫学特征上与现存的亚洲和非洲象有 99% 的相似性。该发现表明，在有利的环境中，诸如牙齿和骨骼的化石分子可以在很长时间内保留其原有的结构。

20 世纪 80 年代，由于 DNA 测序（见 2-8）及扩增技术的改进，这些方法也被应用于鉴别已灭绝物种化石中的 DNA。测定线粒体 DNA（见 2-11）的新方法在首次应用时，就是为了解开已灭绝的斑驴的演化谜题。

先为图版顶部已灭绝的斑驴填色。

在 20 世纪早期，无数斑驴成群结队地漫步在南非平原上，就像北美洲平原上的美洲野牛一样。然而，它们也遭遇了同样的命运：被狩猎者无情地杀戮，栖息地也被农场主破坏。世界上最后一只斑驴于 1883 年在阿姆斯特丹动物园去世。

斑驴的前半身具有斑马般的条纹，而后半身为栗色，与马相似。根据它的皮肤、骨骼和牙齿等外在形态，研究马类种系发生的专家们无法就斑驴与其他马科动物的关系达成一致，主要有三种不同的理论。

为代表斑驴演化的三种理论形态填色。

理论一：斑驴最近的亲属是家马。理论二：斑驴最近的亲属是平原斑马。理论三：斑驴与非洲三种斑马具有相等的近亲关系，包括平原斑马、山斑马和细纹斑马。仅靠形态学我们还无法确定这三种理论哪种是正确的。因此，两个分子演化实验室决定解开斑驴的谜题，一个采用了 RIA，另一个则采用的是 DNA 测序方法。

为基于不同方法建立的谱系树填色。

洛温斯坦从博物馆收藏的斑驴皮肤上提取出蛋白质，然后采用 RIA，将之与现存马科成员的蛋白质进行对比。他成功地测试了所有马属成员彼此间的关系，包括斑马、驴和马，以及它们与牛的关系，并将后者作为外部参考。与此同时，在艾伦·威尔逊实验室工作的罗素·樋口（Russell Higuchi）提取到斑驴的线粒体 DNA（见 2-8 和 2-11），并将其碱基对序列与斑马和马进行对比。

每种方法都具有优缺点。RIA 可以较快地建立起包括很多物种在内的谱系树。DNA 测序稍慢，而且工作量更大，所以可研究的物种数量较少。然而，DNA 测序能够更敏锐地发现近亲物种和亚种间的差异。

这两种方法都能够建立斑驴与其他马科物种的谱系树。注意，这两棵谱系树不仅十分相似，而且都支持理论二，即斑驴最近的亲属是平原斑马。事实上，斑驴与平原斑马如此近的关系意味着，它们是亚种，而不是单独的物种。如果是这样，已灭绝的斑驴的绝大部分甚至全部基因都由平原斑马携带。

基于这个假说，开普敦的南非博物馆创立了一个选择性育种项目，希望在某种意义上使斑驴"复活"。后半身没有条纹或只有很少条纹的平原斑马与斑驴相似，因而工作人员让它们在自然保护站进行内部杂交。据推断，其后代会在遗传特征上与斑驴几乎一模一样。如果该实验成功，它将成为演化历史上首个将已灭绝的物种成功复活的例子。

对于斑驴的研究揭露出几点很重要的内容。首先，生物分子可能在已灭绝的物种中留存。其次，在现代技术的帮助下，这些分子或已足够完整而可为我们揭示出关于物种联系的信息。不同的分子研究方法基本上会得出相同的结果。再次，无论是已灭绝的还是现存的生物，通过形态学比较不是总能判断出正确的遗传关系。最后，对于保护遗传学和研究濒危动物群体，分子方法是非常强大的工具，甚至有时它还能挽救这些动物，就像斑驴那样。

斑驴的故事还展现出科学是如何发挥作用的。有竞争关系的假说要经过新方法和数据的测试，这些证据会支持某个理论，而否定其他的。多条调查线索最终应指向相同的结果。在斑驴的案例中，两个独立的实验室分别对不同的分子进行研究，证实了相同的猜想。在从灭绝走向再生的路上，现实中的斑驴着实胜过了《侏罗纪公园》中虚构的恐龙。

斑驴的回归

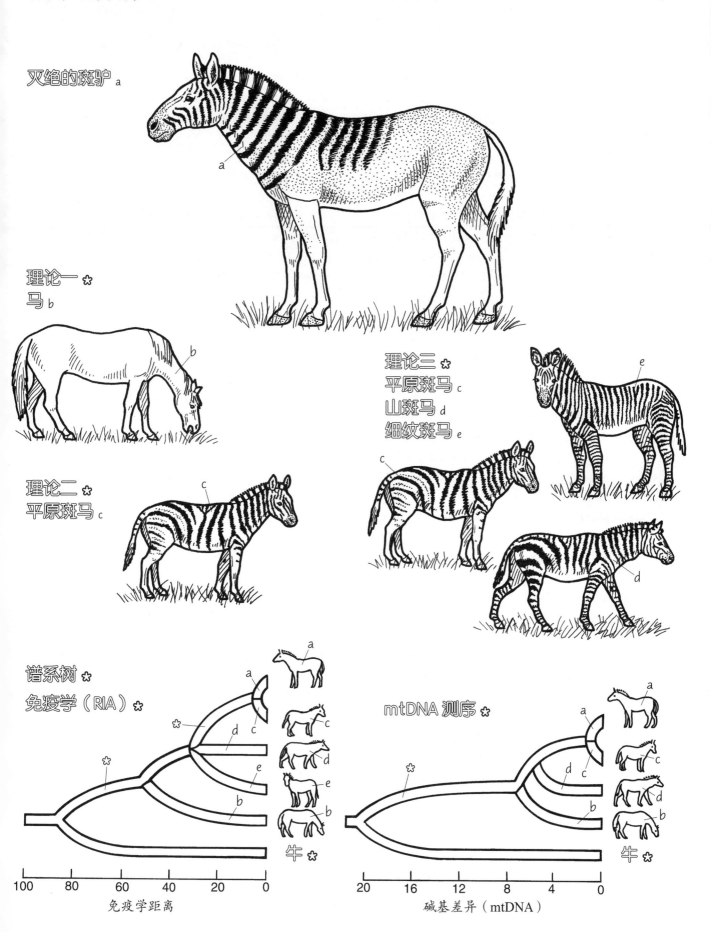

灭绝的斑驴 a

理论一 ✿
马 b

理论三 ✿
平原斑马 c
山斑马 d
细纹斑马 e

理论二 ✿
平原斑马 c

谱系树 ✿

免疫学（RIA）✿

mtDNA 测序 ✿

牛 ✿

牛 ✿

| 100 | 80 | 60 | 40 | 20 | 0 |

免疫学距离

| 20 | 16 | 12 | 8 | 4 | 0 |

碱基差异（mtDNA）

第三章　人类现存的灵长类亲属

查尔斯·达尔文提出，所有生命都由过去的形态演化而来，而人类只是生命之树上的一个分支。这种观点将人类演化研究带入了科学领域（见 1-2）。达尔文在《物种起源》（1859 年）一书中总结道："人类及其演化历史总会迎来曙光。"这句话明确的潜在含义是，人类物种是通过与其他生命形式类似的机制演化而来的。1950 年，人类学家舍伍德·沃什伯恩强调称，人类演化研究需要与现存灵长类进行对比，以展现作为灵长类的我们所具有的生物学遗传特征。正如我们在本书其他部分学习到的内容，人类与其他生命形式有很多共同之处。例如，我们与果蝇都拥有决定身体分节结构的基因（见 2-14）。人类同时是脊椎动物、哺乳动物和灵长类。我们与其他脊椎动物都有一样的身体发育基础、脑部解剖特征和耳部结构（见 1-3、1-4 和 1-5），还与其他哺乳类具有相同的四肢和牙齿结构（见 1-6 和 1-7）。

第三章将阐述我们与其他灵长类及哺乳动物的相似性和差别。相似性表现出演化的连续性，而差异则展示出生命的分化和适应性辐射。人类这个物种只是灵长类下 300 个物种的其中之一。很多特征将灵长类与其他 17 个哺乳动物类目区分开来，并定义了"灵长类的生活方式"。

今天地球上的灵长类都具有超过 6,000 万年的演化史（见 3-1）。尽管人类出现得较晚，但现在占据了地球的各个角落。大多数其他灵长类生活在热带雨林（见 3-2）三维空间中的高处，与其他很多物种共存（见 3-3）。

灵长类生活在社会群体中，它们占据的地盘被称为巢区。尽管这些地盘各有区别，但栖息在森林中的长臂猿与草原上的狒狒都必须克服相似的生存挑战。它们必须获取食物和水，与周围的动物接触，并且躲避天敌（见 3-4）。同域生存的近亲物种必须找到合适的方式来划分可用空间。三种适应了陆栖的非洲猴类分别具有自己偏爱的食物、独特的分布范围和迥异的群体规模，这很好地阐释了空间的共享方式。每个物种必须找到自己的生态位，并学会不阻碍其他物种的生活（见 3-5）。尽管牙齿的形状和大小能够反映食物偏好和饮食结构，但灵长类大多为杂食性动物（见 3-6）。牙齿可帮助鉴别已灭绝的物种，并为它们的食性研究提供线索。

树鼩虽然不是灵长类，但它们为原始灵长类骨骼提供了很好的模型（见 3-7）。灵长类在森林中攀缘、悬摆和跳跃，或者在地面上行走、奔跑或弹跳（见 3-8）。它们与其他四足动物（比如狗）不同，其手、脚、前臂和腿上具有更多肌肉，从而使灵长类的灵活性和移动能力显著增强（见 3-9）。在生长发育过程中，灵长类新生幼崽从依附于母亲身体上过渡到独立移动时，身体比例也会发生改变（见 3-10）。

灵长类的手和脚具有家族相似性。所有成员都长有指（趾）甲、触觉垫和汗腺。人类的脚在形状和功能上已经与正常形态相差甚远（见 3-11）。灵长类的手在运动过程中都非常灵活，能熟练地进食、梳理毛发和操控物品（见 3-12），这与大多数其他哺乳动物不同。手的使用帮助灵长类实现了直立的坐姿。猴类和猿类都可以用两足站立、观望、伸手、携带物品和展示两足性，不过只有人类保持了习惯性的直立姿势，并采用两足行走方式（见 3-13）。

人类与其他灵长类和哺乳动物都具有很紧密的母婴关系。在灵长类中，一个新生幼崽与母亲建立的最初社会纽带是其一生中社会关系发展的基础。亲密的面对面交流从新生幼崽摄取母亲的乳汁时就开始了。这种建立情感联系的能力来自哺乳动物大脑中一个新出现的部分——边缘系统（见 3-14）。

嗅觉是感知世界的重要感官。这个感官在原猴类中就十分发达，是一种重要的交流模式。人类的嗅觉灵敏度已相对弱化（见 3-15）。灵长类的视觉比大多数其他动物都更加敏锐。视野重合的部分提供了立体感，使灵长类判断距离的能力大大增强，并提高了其灵活性（见 3-16）。彩色视觉有助于白天活动，如寻找颜色鲜艳的果实、观察周围群体的成员和及时发现并躲避天敌等（见 3-17）。敏锐的视力连同扩展的大脑皮层增强了灵长类解读面部表情和手势的能力，这对与社会其他成员交流至关重要（见 3-18）。

敏锐的听觉也是生存的关键。原猴类可听到高频率的声音，而人类在低频区域更加敏感，这对于使用口头语言非常有利（见 3-19）。不同的声音可以传递出个体的位置和情绪状态。有些猴类针对不同的捕食者具有特殊的叫声，它们会据此做出恰当的回应（见 3-20）。

身体重要的组织者是大脑皮层，其中不同的区域负责控制特定的功能（见 3-21）。语言中枢控制人类讲话时的吐字发音。非人灵长类，甚至部分人类的发声要比正常讲话更情绪化，随意性也更低——这些声音源自边缘系统的扣带回。目前，研究脑部活动的新方法已标示出与语言感知和发声相关的大脑区域（见 3-22）。

灵长类的一生都与种群内其他成员保持着紧密的联系。无论在种内还是种间，群体规模和组成都具有一定差异，群体内不同成员间的社交联系强度也不尽相同。这种差异让灵长类在各种不同环境中生存时表现出灵活性（见 3-23）。灵长类比大多数其他哺乳动物成熟的速度更缓慢，寿命也更长。和其他哺乳动物一样，它们从新生幼崽到老年也会经历一系列明确划分的阶段。每个阶段出现的时间点和持续时间就构成了个体的整个生命史。每个物种都具有独特的生命史模式，而不仅仅和该物种的体形大小相关（见 3-24）。

如果仔细观察灵长类社会群体和种群中不同的年龄性别阶层，我们就会发现，雌性灵长类生命的绝大多数时间都在怀孕和哺乳。针对个体的长期研究为我们揭示出影响雌性一生繁殖成功率的因素（见 3-25）。身体条件和体脂量方面的个体差异会影响受孕时间、泌乳成功率，以及新生幼崽最终的成活率。雌性能够获取的食物量和它的活动量会影响体重和体脂量，而这些又反过来影响其自身的成熟速率、首次分娩的年龄，以及两次分娩的间隔时间（见 3-26）。

从新生幼崽的角度来看，生活就是生存。在这段大脑迅速生长的时期中，幼崽非常脆弱，具有很强的依赖性。从出生第一天开始，幼崽就是社会生物，要和母亲及其他群体成员交流互动，还要学习"灵长类的生活方式"。它们能否存活很大程度上取决于母亲的健康程度（见 3-27）。成为少年期幼崽后，它们在身体层面变得更独立一些，可以自己觅食，玩耍的时间也更长。不过，它们仍然十分弱小，在依赖群体凝聚力和保护的同时，逐渐了解自己在社会群体中的地位（见 3-28）。

雄性的行为和生活形态仍然是个谜。有种刻板印象倾向于认为，雄性行为是充满攻击性和竞争性的，其生活中只有寻找雌性和统领其他雄性这两件事。灵长类动物学家特尔玛·罗厄尔（Thelma Rowell）驳斥了这种观点。相反，她强调雄性其实很长寿，而且过着复杂的生活。例如，雄性狒狒社会行为的范围就很广，从养育后代到致命的攻击性行为。尽管我们对雄性一生的繁殖成功率所知甚少，但是受雌性欢迎和长寿绝对是有利的因素（见 3-29）。灵长类的雌性和雄性之间有很多区别，包括颜色、叫声、体形和牙齿大小等。对于性别差异明显的物种来说，雄性成长的时间更长，比雌性更晚达到生理和社会的成熟阶段（见 3-30）。

在路易斯·S. B. 利基（Louis S.B. Leakey）赞助下，珍·古道尔对非洲贡贝的黑猩猩进行了一项长期研究，记录下了黑猩猩个体生命中的事件。每只黑猩猩的骨骼都讲述着有关自身生命和死亡的故事（见 3-31）。

灵长类具有相对较大的脑部，以人类标准来看似乎智力很高。研究狐猴的灵长类动物学家艾莉森·乔利（Alison Jolly）指出，灵长类的智力体现在克服社交生活的挑战和解决问题方面，而并不一定要像很多人定义的那样会使用工具。猴类和猿类在解决日常问题和与同类交流方面都展现出了惊人的能力。然而，在试图解决非社交问题时，猴类和猿类则表现出能力的差异（见 3-32）。

很多动物都会使用工具，如海獭会用石头砸开蛤蜊，雀类会用仙人掌刺探探昆虫幼虫，猴类有时也会利用物品。不过，只有黑猩猩、红毛猩猩和大猩猩达到了接近人类高度发达的操作水平。例如，黑猩猩会使用多种工具来达到很多实用目的。这些技巧通常需要多年的学习和练习（见 3-33）。场论心理学家威廉·麦格鲁（William McGrew）对多个野生黑猩猩种群的研究进行总结，而它们会使用工具这一说已经众人皆知。

对野生黑猩猩的长期研究还记录下种群间不同的个体行为模式特点及其变化。有些行为会变成固定的传统，并传递给后代。行为还可以从一个黑猩猩群体传播到另一个群体中，正如记录表明，曾有一只年老的雌性迁移到附近的群体中后，会把它的经验和记忆也传递过去。社会传统并不是黑猩猩所独有的。其他脑部较大且长寿的社会性哺乳动物也能够在群体间传递信息，从而让有助于生存的创新被保留下来。社会传统并非人类概念中的"文化"，但它们可能是艺术和科学的前身，而这两者体现了我们人类这个物种的独一无二（见 3-34）。

黑猩猩无法成功应对糖果游戏，而四岁以上的人类小孩却都能够掌握其中的诀窍，这充分说明抽象符号可以让个体从本能反应的"生物学命运"中解放出来（见 3-35）。我们学习语言，包括口语、手语和书面用语的能力，为文化差异奠定了基础。这是条狭窄却深不见底的鸿沟，将我们与在基因层面上非常相似的猿类区分开来。

正如达尔文猜想的，我们人类只是巨型生命之树上的一根树枝。附近的分支是我们的灵长类亲属。离我们最近的是非洲猿类，近到当我们看它们活动时，都禁不住惊叹它们看上去有多么像人。然而，我们之间的差异同样令人着迷。现在，大量的科技之光已照亮和揭示了不同灵长类物种的生活方式，而反射的光线为我们讲述了自身的故事。

3-1
灵长类谱系：种类划分

灵长类是现存的有胎盘类动物的 16 个类目之一，在新生代早期的化石记录中出现过（见 1-22），现在已分化为大约 300 个种。为了适应热带雨林生活，灵长类在行动范围和进食模式方面与其他哺乳动物差别很大（见 4-1）。灵长类动物学家舍伍德·沃什伯恩注意到，早期灵长类可通过抓握进行攀缘，而灵长类的适应性基础正是围绕这一点。

本节将介绍主要的灵长类谱系及它们分化的时间点，其中综合了来自分子、化石和解剖学的信息。我们还将引入一些科学术语，以便根据物种间的关系和适应性将其分类。

灵长类由两个主要分支组成：原猴类和类人猿，两者在感官结构和生理学特征上都有区别（见 4-9）。较老的原猴类具有长期夜行生活的标志，即适应夜间视力的大眼睛，以及对嗅觉的持续依赖等。相反，较晚出现的类人猿具有适应日间光线的眼睛，在觅食和社交沟通方面对嗅觉的依赖度降低。

从原猴类开始填色。一边阅读文字介绍，一边为狐猴、懒猴和婴猴的各分支填色。

原猴类两个主要谱系的共同祖先存在了数几百万年，随后两者在 6,000 万年前分道扬镳。狐猴类包括多个夜行和昼行物种，从小型的倭狐猴到家猫大小的环尾狐猴，再到大型的大狐猴（见 4-4）。目前，人们只在马达加斯加发现过狐猴。由于该岛屿与非洲和印度大陆分离，所以狐猴得以脱离其他原猴类，进行独立演化（见 1-18）。

懒猴和婴猴等其他谱系的个体体形较小，适应夜行生活。懒猴科的成员都攀爬缓慢，包括非洲的树熊猴和亚洲身材细长的蜂猴（见 4-5）。婴猴科的成员只分布在非洲。它们特化的腿部可以完成很多高难度的弹跳和飞跃动作。攀爬缓慢的树熊猴和快速跳跃的婴猴共同生活（同域分布）在非洲西部的热带雨林中（见 4-5）。在大约 5,500 万年前，懒猴和婴猴彼此分离演化。

为眼镜猴分支填色。

眼镜猴包括三个种，在灵长类谱系树上占据一个很有趣的位置。它们在解剖学和行为的整体特征上与原猴类相似，体形都较小，适应夜行生活，捕食昆虫和小型哺乳动物。它们生活在东南亚热带岛屿的森林中，能够在高枝间轻松灵巧地跳跃。

眼镜猴还在以下方面表现出与类人猿的亲缘关系：具有可独立控制的手指，视网膜上有中央凹，具有半封闭的眼眶和干燥的鼻尖（见 3-15）以及有助于做面部表情的肌肉质上唇。分子数据表明，在一个较短的进化史阶段中，眼镜猴与类人猿曾属同一分支，直到约 5,000 万年前才走上不同的演化道路。简鼻类将眼镜猴和类人猿归为一类，从而体现出它们共同的演化历史。原猴类包括狐猴、懒猴和婴猴，与眼镜猴和类人猿区分开来（见 4-8 和 4-9）。

为类人猿分支填色。这一支起源于似原猴类的祖先，然后分化为新世界猴类、旧世界猴类、猿类和人类。

类人猿是白天活动的以果实为生的灵长类，具有特化的彩色视力，基本上靠四足移动。类人猿分为两个谱系——阔鼻猴类和狭鼻猿类，两者各自在 4,000 万～3,500 万年前开始其适应性辐射扩散。

阔鼻猴又称新世界猴类，生活在中美洲和南美洲的新热带区的森林中。从娇小的狨猴和柽柳猴，到较大型的吼猴和绒毛猴等，它们不仅体形各异，还具有善于抓握的尾巴。

狭鼻猿类包括两个主要分支：一个演化为旧世界猴类和其他猴类，另一个在 2,500 万～2,000 万年前发生分化，成为猿类和人类。

旧世界猴类生活在非洲和亚洲，由两大家族组成：叶猴类，包括疣猴和长尾叶猴等；猕猴类，包括狒狒、白眉猴、长尾猴和猕猴等（见 4-19）。在所有灵长类中，旧世界猴类的栖息地类型最多样，从热带森林到稀树草原，从半干旱地带到雪山，都有它们的身影。

猿类与旧世界猴类的主要区别在于运动能力。前者由于具有灵活的上肢，它们可以吊在树枝上，将手伸到树枝末端摘取嫩叶和果实（见 4-26）。亚洲猿类包括体形较小的长臂猿和合趾猿，以及较大的红毛猩猩，它们在 14,000 万～1,000 万年前与非洲猿类分化（见 4-30）。生活在非洲中西部雨林中的非洲猿类，包括两种黑猩猩——倭黑猩猩和黑猩猩，以及两个大猩猩亚种——低地大猩猩和山地大猩猩（见 4-34）。

人类（人科）和现代非洲猿类是从 500 万年前的共同祖先演化而来的。

种类划分

原猴类 ✽
狐猴 a
懒猴／树熊猴 b
婴猴 c
眼镜猴 d

类人猿 ✽
新世界猴类 e
旧世界猴类 f
猿 g
人 h

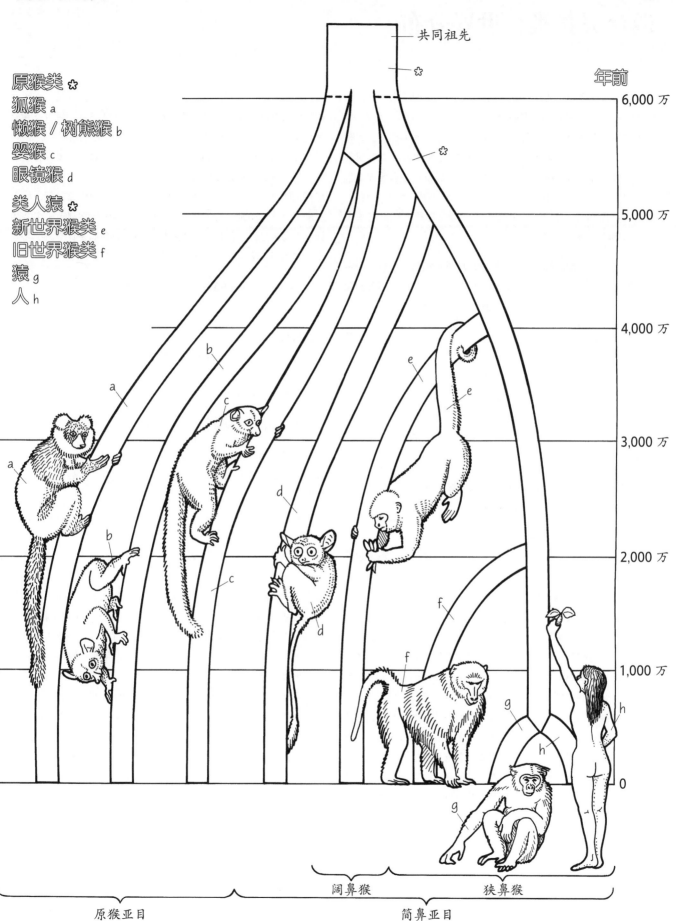

共同祖先

年前
6,000 万
5,000 万
4,000 万
3,000 万
2,000 万
1,000 万
0

阔鼻猴　　狭鼻猴

原猴亚目　　简鼻亚目

3-2
现存灵长类：世界分布

灵长类主要生活在热带雨林地区。热带地区包括太阳能够直射的最高纬度之间的地区，即南、北纬23.5°之间（南、北回归线之间）。23.5°是地球的转轴倾角。

灵长类密度较高的地理区域共有四个：中、南美洲，主要有新热带区猴类；非洲大陆，是婴猴、树熊猴、旧世界猴类和猿类的栖息地；马达加斯加，只有属于原猴类的狐猴；还有亚洲，包括印度和斯里兰卡、中南半岛、中国、马来西亚、印度尼西亚、菲律宾群岛和日本。亚洲拥有多种原猴类（蜂猴、懒猴和眼镜猴）、旧世界猴类和猿类。

为中、南美洲的标注区域以及该区域灵长类名称填色。为本图版填色，请使用浅色，以保留地理细节。赤道穿越了南美洲北部、非洲中部以及东南亚的群岛。请突出显示赤道。

南美洲的奥里诺科河和亚马孙平原地区被热带雨林覆盖。各种猴类在此处十分集中，例如柽柳猴、狨猴、伶猴、僧面猴、卷尾猴、松鼠猴、蜘蛛猴等。一些物种的分布区域最北可到墨西哥和伯利兹，最南可达阿根廷北部（见4-12）。安第斯山脉穿过秘鲁和智利，成为天然的地理屏障，所以西海岸没有猴类生活。除了人类在1.5万年前来到美洲，新热带区只出现过猴类（而没有原猴类或猿类）。

为非洲的标注地区和其中的灵长类名称填色。

热带雨林覆盖着非洲中西部的刚果、尼日尔及赞比西平原，大多数灵长类物种都生活在这些地区。

小型的夜行原猴类，如树熊猴和婴猴，栖息在非洲赤道附近的热带森林中，不过在东部的埃塞俄比亚，沿东海岸南至莫桑比克，再到非洲中南部的干旱地区，也发现过某些属于婴猴的物种。

旧世界猴类在整个撒哈拉以南的非洲均有出没。疣猴分布广泛，从肯尼亚、桑给巴尔，到东面的埃塞俄比亚，以及西面的冈比亚都有。鬼狒和山魈的分布区域局限在尼日利亚、喀麦隆和加蓬茂密的赤道低地森林中。长尾猴出没于赤道森林和肯尼亚至塞内加尔一带的混合栖息地中。绿猴在干旱地区繁荣生长，并一直扩散到非洲南部。草原狒狒广泛分布在撒哈拉以南的非洲，并延伸至南非的最南端和东北部的埃塞俄比亚，以及西部的毛里塔尼亚和塞内加尔。阿拉伯狒狒生活在非洲之角和阿拉伯半岛附近的干旱且开阔的半沙漠地带，包括埃塞俄比亚、索马里、也门和沙特阿拉伯。狮尾狒能够在埃塞俄比亚中部海拔高达4,500米的山地草原区生存。

在最北边，曾经广泛分布于欧洲的地中海猕猴仅剩一小部分种群生活在阿特拉斯山及其附近地区，包括摩洛哥、阿尔及利亚和直布罗陀地区。直布罗陀是地中海与大西洋交汇的地方。

非洲猿类的地理分布局限于非洲中西部的森林。黑猩猩属下共有两个种：一种是黑猩猩，分布范围东到坦桑尼亚西部，靠近坦噶尼喀湖，西至塞内加尔和冈比亚；另一种为倭黑猩猩，局限在刚果盆地。山地大猩猩局限于卢旺达、乌干达和刚果民主共和国的高海拔地区，而低地大猩猩则从刚果的森林一直向西扩展到中非共和国、喀麦隆、加蓬、赤道几内亚和尼日利亚。

为马达加斯加和该地区的灵长类名称填色。

今天，大型热带岛屿马达加斯加上依然只有狐猴这一原猴类。从北部茂密的森林到南部干旱的针叶林，这些原猴类栖息在不同的海拔高度和各式各样的林地中。尽管其他地区的原猴类都是夜行动物，但由于马达加斯加缺少白天活动的类人猿与之竞争，那里的某些狐猴便开始昼行生活，在地面上活动。

为南亚和东南亚群岛及该区域的灵长类名称填色。

灵长类既生活在热带森林中，也生活在高山和温带气候区。在印度、斯里兰卡和南亚，懒猴和旧世界猴类广泛分布。日本则只有旧世界猴类。

东南亚群岛包括一大片区域，从东部的苏门答腊岛和明打威群岛，经过爪哇岛、苏拉威西岛、加里曼丹岛，一直到菲律宾群岛，这里是多种原猴类、猴类和猿类栖息的家园。几个岛上都有眼镜猴出没，如苏门答腊岛、加里曼丹岛、苏拉威西岛和菲律宾群岛。懒猴广泛分布于南亚和东南亚。合趾猿生活在马来半岛和苏门答腊岛的森林中。长臂猿栖息在马来西亚和苏门答腊岛上，在明打威群岛、爪哇岛和加里曼丹岛上也有出没，并从印度东部及缅甸一直扩展到中国。红毛猩猩的生活区域则局限在苏门答腊岛和加里曼丹岛。

东非发现的化石显示，人类出现于400多万年前。在解剖学意义上的现代人今天已经占领了全球。不幸的是，由于破坏森林栖息地，为食物和战利品大肆杀戮，还有人口数量的急剧上升，人类在很大程度上是造成马达加斯加部分狐猴物种消失的罪魁祸首，包括很多灵长类近亲的濒临灭绝。

世界分布

中美洲和南美洲 a
新世界猴类 a

非洲 b
树鼩猴、婴猴
旧世界猴类 b
黑猩猩、大猩猩 b

马达加斯加 c
狐猴 c

南亚、日本 d
懒猴 d
旧世界猴类 d
长臂猿 d

东南亚群岛 e
懒猴、眼镜猴类 e
旧世界猴类 e
长臂猿、红毛猩猩 e

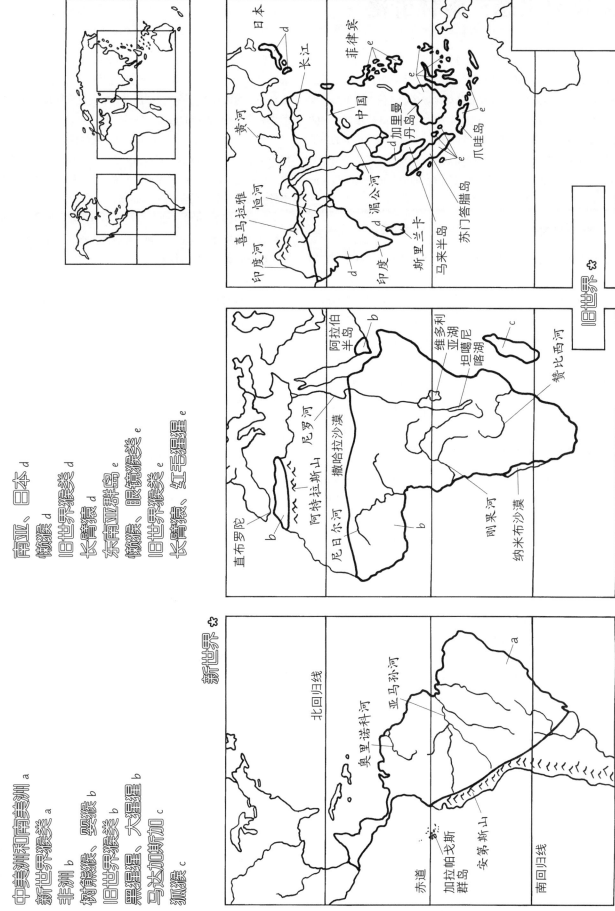

3-3
灵长类生态：雨林群落

令人惊叹的热带雨林仅占地球陆地面积的 6% 左右，却容纳了地球上几乎一半的现存物种和约 90% 的灵长类物种。在赤道区域，来自太阳的光照和热量是较高纬度地区的 5 倍，这是热带地区温度高（年平均气温为 25℃），湿度大（年降雨量为 200～400 厘米），植物生长茂盛、种类多样的原因。比如，马来半岛的热带雨林具有至少 2,500 种树木和 5,400 种被子植物。丰富的植物作为初级生产者，反过来支持了采食和分解它们的各种动物（初级消费者）的存活（见 4-1）。

为图版顶部的热带生物群落横截面示意图填色。

大多数灵长类生活在人类侵扰相对较少的原始雨林中，它们的栖息地延伸到自然或人工破坏后重新生长的次生林里。有些灵长类生活在湖泊和河流边上的长廊林中，或者与稀树草原镶嵌区相连的林地中。少数灵长类栖息在半沙漠地带的灌木丛中。森林形态各异，会因降雨量、海拔高度、土壤状况和树木年龄表现出多个层次。比如，森林可分为季节性森林或落叶林、高海拔山地雨林、多刺或山地疏林，以及稀疏草原镶嵌区的混合植被类型。

本图版描绘了非洲、南美洲和亚洲热带雨林中的灵长类。先为露生层填色。用同一色系的另一色调来代表绒毛猴。再用同样的方式继续为每一层及其对应的灵长类居民填色。

植物之间的阳光争夺战使森林地面之上形成了三个主要植被层：露生层（或顶层）、树冠层和灌木层。灵长类具有很强的攀缘能力，能够很轻松地在这一立体环境中穿过树枝缠绕、交叉连接的通道。大多数灵长类通常待在自己偏好的高度，但它们也能够在各层间垂直移动，以便寻觅各种感兴趣的植物与附着其上的昆虫。

高度超过 40 米的树木是露生层的主体，并直接接收阳光，它们是如此之高，以至垂直差距将它们巨大的树冠与下面的树冠层的植被分隔开来。新热带区的绒毛猴和非洲的长尾猴以及东南亚的叶猴通常生活在更高的露生层。其他灵长类也会爬上来晒太阳，尽管这么做时，它们更容易受到空中捕食者的威胁。

露生层之下，在 10～25 米的高度间，彼此缠绕覆盖的树枝形成了一个树叶繁茂、藤蔓密布的密集网络。这一中间层最为多产，也是许多物种偏爱的层次。非洲森林中的白眉猴和东南亚森林中的长臂猿以及南美洲的僧面猴等都生活在这里。

灌木层为底层，高约 10 米，这一层的植物包括适应树荫环境的草本植物、小树苗、灌木和藤蔓。节尾猴喜欢在底层寻觅昆虫，东南亚森林中的眼镜猴也偏爱底层，它们在此捕食昆虫和小型脊椎动物，偶然也会下到地面活动。

只有不到 2% 的阳光能够穿过森林缝隙照到地面，并且只有少数灵长类在地面活动。山魈、两种黑猩猩和低地大猩猩在地面和树枝上活动、觅食与休息。

灌木层中的大多数灵长类都是初级消费者，处在食物链的较低位置，它们充分利用了植物可食用部位提供的充足能量资源。十多种灵长类可以同域生存在同一片森林中。灵长类近亲物种有着略有差别的食物组合，它们在不同的森林层活动以占据各自独特的生态位（见 4-5）。因此，与同体形的肉食动物（捕食其他动物的次级消费者）相比，森林容纳的灵长类的种群密度更高。

灵长类具有很强的适应性，其机会主义倾向让有些物种在边缘栖息地中得以生存：例如，阿拉伯狒狒可以睡在埃塞俄比亚半沙漠区的岩壁或悬崖上，日本北部的猕猴冬季可以在雪层下面觅食，中国针叶林中的金丝猴则可以靠地衣为生（见 1-16）。灵长类四足行走的能力让它们能在地面和树枝上运动，可以在富有挑战性的，甚至连人类都难以生存的环境中栖息。

法国灵长类动物学家弗朗索瓦·布里埃（François Bourlière）将灵长类的成功演化归功于以植物为主的饮食结构和树栖倾向，以及灵活抓住机会的能力。灵长类对雨林的健康、保护和重生有着卓越的贡献，因为雨林中的空气是静止的，雨林植物无法靠风来传播种子，它们必须靠动物将其种子传播到新的地方。作为初级消费者，灵长类去除坚硬外皮吃掉果肉，吐出种子，或在消化后将种子排出，都有助于种子的散播（见 4-1）。因此，灵长类在热带雨林生态中发挥着重要作用。

雨林群落

雨林 a
长廊林 b
林地 c
稀树草原镶嵌区 d
灌木丛 e

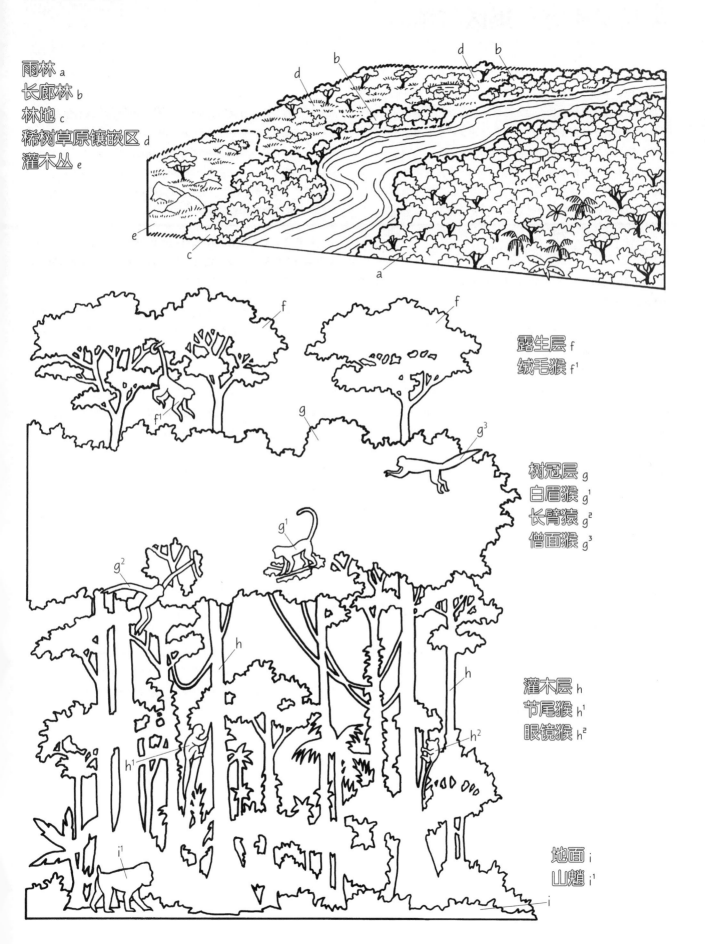

露生层 f
绒毛猴 f¹

树冠层 g
白眉猴 g¹
长臂猿 g²
僧面猴 g³

灌木层 h
节尾猴 h¹
眼镜猴 h²

地面 i
山魈 i¹

3-4
灵长类生态：巢区与领地

灵长类一生都生活在社会群体中，通常多年都待在同一个地方。这种群体在一片熟悉的区域内进行系统活动，有共同的知识储备，比如什么时候在什么地方可以找到食物和水源，如何避免潜在的竞争者，如何警惕危险，尤其是捕食者的威胁。一个群体能否存活就取决于它们对自己巢区和领地的了解。

灵长类对于巢区的保护程度各有不同。大多数物种，如东非狒狒，生活在不设防的巢区，并会占领那里很多年。少部分灵长类，如白掌长臂猿，是领地性动物，会公然保卫一块地盘，不让其他同类个体接近。狒狒和长臂猿这两个物种生活在不同的栖息地，体现了定义和使用空间的两种方式。

用浅色为狒狒和四个狒狒群体的巢区填色。然后为巢区内部的核心区填色。用深色为巢区的重合部分填色。

与大多数灵长类相比，非洲稀树草原镶嵌区的狒狒会花更长的时间在地面上行动和觅食。它们行动时会形成紧密的群体，一个群体中可包含 20～80 只以上的个体，不同的性别和各种年龄的都有。群体在一年之中占据的地盘被称为巢区，其面积可超过 20 平方千米。狒狒在这个区域内寻找食物和水。它们吃树上的水果、树叶，也吃地面和低矮灌木丛中的草本植物以及植物根系和鳞茎，还吃能捉到的昆虫。很多食物分季节出现，并可能散布在很大的区域内，所以群体在一天内的活动距离就可能超过 4 千米，这个距离又被称为日间行动距离。

在巢区里，群体的主要活动都集中在至少一个核心区内。核心区通常包含最好的食物来源，以及用来休息的树木和不会枯竭的水源。尽管阿拉伯狒狒在白天大多数时间都在地面上，但它们会在黄昏前回到安全的树上休息。几个狒狒群体的巢区通常会重合，但相邻核心区重合的情况非常少见。

当巢区重合时，狒狒群体通常会回避对方，所以公开的冲突很少。当两个群体在溪流或大型永久水源相遇时，它们可能会混合在一起，幼年个体还可能会一块儿玩耍。或者，它们也可能忽略彼此。当不同群体的核心区重合时，气氛才会紧张起来。

狒狒与周围的群体很熟悉。雄性个体在成年后，便要离开出生地，加入一个附近的群体。它们会运用成长过程中学习到的社交技巧（见 3-28 和 3-29），在新的群体中找到自己的位置。

很多其他物种，尤其是以嫩叶和草为食的大型动物，如黑斑羚、角马、象、长颈鹿、野牛等，都与狒狒群体共享巢区。狮子、鬣狗和猎豹等捕食者有时会威胁到群体，而数量多就意味着安全，所以群体成员会在彼此的视线范围内活动。此外，成年雄性的体形很大，具有剑状犬齿，有时能够吓退捕食者。发现危险时，狒狒会发出报警信号，也能根据其他物种的报警信号做出反应。豹是狒狒的主要天敌（见 5-12），危险性最大，它们在夜间捕食，能够轻松爬到狒狒休息的树上。

用浅色为长臂猿和四个长臂猿群体的巢区／领地填色。用较深的颜色为相邻群体领地重合处的冲突区域填色。每个区域都代表一个三维空间，面积约为 0.14 平方千米。

长臂猿生活在东南亚的热带雨林中，以小型社会群体为单位活动，最小的群体仅包括一名成年雄性和一名成年雌性以及若干不同年龄的幼崽。它们的食物大部分是果实，尤其是无花果（见 4-31）。因为长臂猿体形较小（5 千克），而且栖息地为一个三维空间（见 3-3），所以它们的营养需求在很小的日间行动距离内就可以满足（大约 1.5 千米），只需要几棵可以重点觅食的树木。与狒狒相反，长臂猿的巢区严格地仅由一个家庭群体或一对配偶及其后代所使用，它们会通过叫声来保卫自己的地盘（见 3-30）。因此，它们的巢区又被称为领地。长臂猿是灵长类中仅有的几个真正具有领地意识的物种之一。

注意，领地的边界也有重合。长臂猿具有一套精巧的长途喊话系统，能向邻近群体通告自己的位置。这些叫声有助于促进群体间的相互熟悉，也帮助年轻的成年个体在离开出生的群体后组成新的家庭，或者在配偶失踪后重组家庭。群体通常会避开彼此，以尽量减少接触。重合的区域则可能是群体间交流的聚集点，"领土争端"就发生在这些地方。仪式性的斗争也时有发生，雄性会攻击、追逐甚至咬伤彼此。不同群体的相遇也可能是中性或友好的。不同群体的雌性和雄性可能会偶尔在领地边界交配。

灵长类巢区和领地的知识告诉我们，一个物种内的不同群体如何分配空间，还有不同物种的群体如何划分可用空间以避免竞争。

巢区与领地

狒狒 a
巢区 b
核心区 c
重合区域 d

长臂猿 e
巢区／领地 f
冲突区域 g

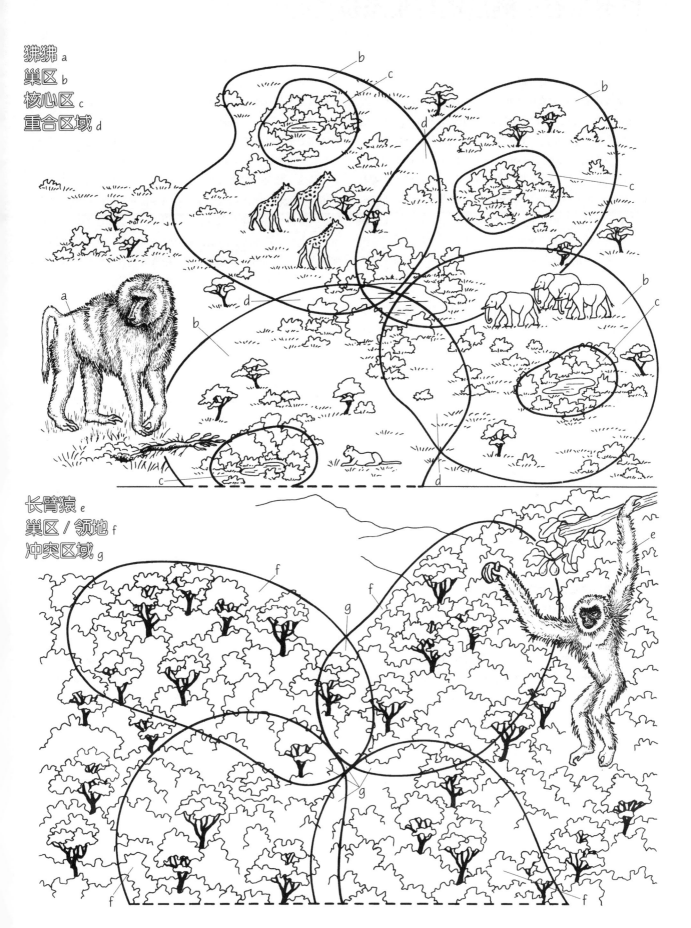

3-5
灵长类生态：栖息地与生态位划分

几个灵长类物种经常在同一片栖息地中共同生活，但各自占据不同的生态位。每个物种都演化出独特的空间使用及觅食方式，并避免与其他灵长类直接竞争。根据英国灵长类动物学家罗宾·邓巴和帕奇·邓巴夫妇（Robin and Patsy Dunbar）的研究结果，我们将重点讨论埃塞俄比亚博尔山谷中三种同域栖息的猴类。

博尔山谷是青尼罗河水系的一部分，形成了深600米的可分为垂直四层的峡谷。第1区为河流和长廊林，具有高大的树木（30米）和生长着多种灌木、草本植物的茂密灌木层。第2区在长廊林之上，长有茂密的树木、灌木和草本植物，点缀着几片草丛。山谷更高处的陡峭斜坡为第3区，几乎全部由开阔的草地构成，只有一些零星的灌木和矮树。第4区在高原顶部，为开阔的草地，有零星的灌木丛，偶尔也能见到树木。

先为图版中的东非狒狒及其跨越不同区域的巢区填色，用浅色来代表巢区。然后为左下角的东非狒狒的巢区规模和日间行动距离填色。接下来用同样方法为狮尾狒和绿猴填色。用混合的两种颜色为巢区重合部分填色。

博尔山谷中生活着以下物种：7群东非狒狒（140只）、3~5群狮尾狒（240只，划分为17个繁殖单元和几个纯雄性群体）以及4群绿猴（75只）。

东非狒狒占据了全部4个植被区，每年巢区的平均规模可达0.94平方千米。它们主要生活在第1区和第2区，平均日间行动距离为1,200米。狮尾狒只在第3区和第4区觅食，其巢区规模达0.84平方千米，平均日间行动距离为630米。绿猴的活动区域局限在第1区和第2区，其巢区规模为0.3平方千米，平均日间行动距离为700米。

先为代表每种猴类饮食结构的饼图填色。再为代表每种猴类赖以觅食的植被层的柱状图填色。

东非狒狒的食物包括果实和种子（55%）、叶子（草和草本植物）（33%）、花（7%）、昆虫（3%）和植物根系及鳞茎（2%）。狮尾狒最主要的食物是叶子（92%），也包括果实和种子（7%），并偶尔会食用花、根系及鳞茎（1%）。绿猴食用果实和种子（50%）、叶子（19%）、花（18%）、昆虫（7%）以及另外两个物种都不食用的树皮（6%）。

每个物种的饮食结构都与植物的高度有关。东非狒狒的食物在各层植被中均匀分布：39%来自地面（草本植物），25%来自中层的灌木和矮树丛，还有35%来自树木。狮尾狒的食物有97%来自地面，只有2%来自灌木和矮树丛，不到1%来自树木。绿猴主要是在树上（64%）和地面上（28%）觅食，还有一部分食物来自灌木和矮树丛（8%）。

这三个物种的进食方式也有所不同。东非狒狒在草地上觅食时用两只脚和一只手站立，用另一只手掘开土壤并拉出根状茎食用。狮尾狒行动迅速而高效。它们会用臀部支撑坐下，用手摘取草叶，然后保持坐姿，一次向前移动1米左右，其两只手都可以伸进土壤，挖掘植物根系和鳞茎。绿猴进食时每次只摘取一个果实，比如无花果，然后坐下小口咬食（东非狒狒会一次性把整个或大半个果实都塞进嘴里）。

尽管这些物种有共同的地理分布区，但它们的共存区域之间很少重合。狮尾狒显然与其他两者的活动区域和饮食喜好都有所不同。它们（体重为11~20千克）的巢区范围较小，日间行动距离仅为东非狒狒（体重为14~28千克）的一半。狮尾狒很少攀缘树木，而它们用坐姿进食的偏好很可能导致了其胸口特殊标记的产生：那是呈沙漏状的鲜艳粉红色皮肤，分布在颈部和胸部。对雌性来说，胸部皮肤在发情期会起水疱，发出繁殖状态的信号（见3-25）。

绿猴体形最小（3~5千克），大部分时间生活在树上，觅食区域比另外两种灵长类都高。它们的日间行动距离比狮尾狒的长，这与它们食用更多的果实和种子有关，因为那些食物的分布十分不规律。东非狒狒在较低的植被层觅食，会利用第3区和第4区更加开阔的栖息地里的资源，而那里是绿猴不会出没的地方。因此，尽管这两个物种都食用很高比例的果实和种子，但是它们之间没有多少直接竞争。

现在，我们回到图版。注意看饮食结构、巢区规模、生态区和日间行动距离间的关系。尽管这些猴类物种共享博尔山谷的同一片三维空间，但它们的利用方式各不相同。生存挑战对每个群体和它们的生态位来说都是独一无二的。通过分析动物的食物偏好以及觅食和出没规律，灵长类动物学家可以确定多种灵长类动物是如何在同一片栖息地中共同生活的。

栖息地与生态位的划分

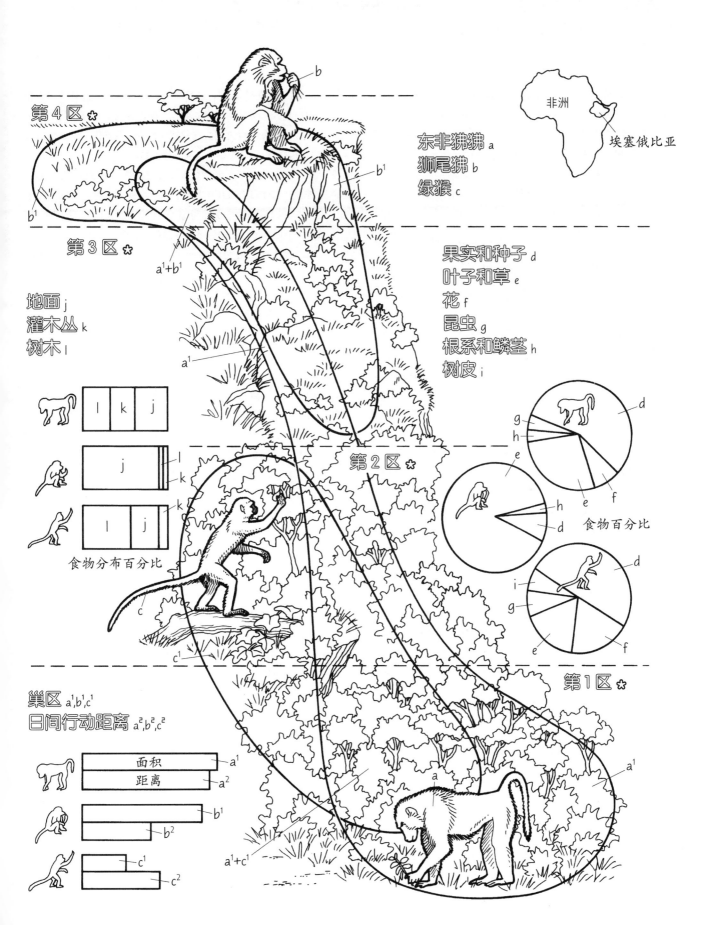

第4区 ✱

第3区 ✱

第2区 ✱

第1区 ✱

非洲

埃塞俄比亚

东非狒狒 a
狮尾狒 b
绿猴 c

果实和种子 d
叶子和草 e
花 f
昆虫 g
根系和鳞茎 h
树皮 i

地面 j
灌木丛 k
树木 l

食物分布百分比

食物百分比

巢区 a¹,b¹,c¹
日间行动距离 a²,b²,c²

面积
距离

3-6
食物与进食方式：饮食结构与齿系

灵长类的食物以植物为主，有些还食用树胶、昆虫以及诸如鸟蛋、小型脊椎动物和哺乳动物等动物蛋白质。准确说来，灵长类是杂食性动物。齿系、消化系统和运动系统是体现灵长类饮食适应性的重要特征。动物牙齿的形状和大小与其获取、预备和处理食物的方式息息相关（见 1-7）。在化石记录中，软组织的解剖结构无法保存下来，而齿系则为我们提供了关于已灭绝灵长类的饮食结构的线索。

本节图版中的每个树栖物种都具有不同的饮食结构，例如以昆虫为基本食物（蜂猴），以水果为主要食物（白睑猴），以及以树叶与果实为食（吼猴）。

为蜂猴的齿系的各个部分和饮食结构填色。

蜂猴是一种体形娇小（300 克）的原猴类，它们在夜间活动，爬行缓慢，生活在印度南部和斯里兰卡的高山林中。蜂猴喜欢吃行动缓慢的昆虫。由于这种食物来源分布很广，所以蜂猴都是独自觅食。它们在森林间安静缓慢地移动，用双手抓取昆虫。由于体形娇小，蜂猴可以靠这些小型但是营养价值极高的食物（比如虫子！）存活。

蜂猴一共有 36 颗牙齿，其齿式可以表示为 2.1.3.3（2 颗门齿、1 颗犬齿、3 颗前臼齿和 3 颗臼齿），占全部牙齿的 1/4。

这种动物的食物不需要进行预处理。蜂猴的门齿很小，而前臼齿又高又尖的齿尖和方形的臼齿互相咬合，可以刺穿昆虫身体的外骨骼。这种齿系还有一个特殊之处在于具有齿梳，或称齿板，由下颌的 4 颗门齿和 2 颗犬齿构成。这种牙齿排列方式出现在原猴类中，它们用它从树皮上铲下树胶，或用来梳理毛发。

为白睑猴的齿系的各个部分和饮食结构填色。

灰颊冠白睑猴（6~7 千克）是一种非洲白睑猴（见 4-20），果实是它们最主要的食物。这种颊囊猿类在茂密森林的树冠层觅食，彩色视力（见 3-17），它们在寻觅食物时表现出很强的选择性，并使用触觉和嗅觉，或试着啃咬较大的绿色果实，来判断它们的成熟度。白睑猴还会吃很多其他植物部位，也吃鸟蛋和蛇之类的脊椎动物。

所有旧世界猴类、猿类和人类，即狭鼻猿类的牙齿数量都相等，共 32 颗，齿式为 2.1.2.3。白睑猴惊人的齿系特征就是又大又宽的门齿。这些牙齿可用来啃咬、剥皮或撕碎较大的果实，以供进一步咀嚼。这些动作会逐渐磨损门齿。解剖学家威廉·海兰德（William Hylander）证明，一般来说，吃果实的灵长类的门齿相对于臼齿较大，可耐受相当的磨损。旧世界猴类具有独特的方形臼齿，即每颗有两对齿尖。这种特征被称为双脊齿型，让牙齿具有更大的表面积，以便在吞咽前磨碎食物。

突出的犬齿在雌性和雄性身上差异很大（见 3-30 和 4-33），除了进食，它还可能被用于社会行为。上颌犬齿和门齿间以及下颌犬齿和前白齿间的空隙（齿隙）容纳了犬齿。当犬齿闭合时，上颌犬齿可以在特化的扇形下颌前白齿上打磨。

白睑猴生活在由大约 15 只个体组成的群体中，并形成更小的亚群去觅食。一片片果实按季节成熟，时间间隔通常无法预测，而且在空间上散布广泛。因此，主要以水果为生的猴类通常具有较大的巢区和较远的日间行动距离。

为吼猴的齿系和饮食结构填色，完成整个图版。

吼猴（4~8 千克）是最大型的新热带区猴类之一，具有善于抓握的尾巴，以树叶和果实为食，两种食物的量几乎相等。善于抓握的尾巴可以使它们悬挂起来，够到树枝末端的食物。

它们的齿式为 2.1.3.3。高度发达的门齿可以将树叶从树枝上咬下或剥下。与吃更多水果的猴类相比，吼猴的门齿相对于颊齿（前白齿和白齿）较小。方形的前白齿和白齿有又高又尖的齿尖，能像剪刀一样切碎树叶。吼猴的犬齿突出，同样具有齿隙，但没有旧世界猴类的扇形下颌前白齿。

吼猴生活在由 18~30 只个体组成的稳定群体中，与食用更多果实的猴类相比，其巢区较小。与果实不同，森林中的树叶常年充足，所以吼猴每天只用行动很短的距离。人类学家凯瑟琳·米尔顿（Katherine Milton）发现，与消化果实和蛋白质相比，消化树叶需要更长的消化道和时间，因为植物细胞壁中的纤维素很难被分解。吼猴需要花大部分时间来休息和消化，而用来行动的时间很少，因而以悠闲的生活方式著称（见 4-17）。

饮食结构是灵长类适应性特征的关键组成部分。在食物范围和觅食行为方面，灵长类的灵活性很强。和其他灵长类一样，人类也是杂食性动物和机会主义者。人类进食的内容、方式和时间是由生态因素、经济条件和文化信仰习俗共同决定的。

饮食结构与齿系

牙齿 ✱
门齿 *a*
犬齿 *b*
前臼齿 *c*
臼齿 *d*

饮食结构 ✱
昆虫 *e*
果实 *f*
树叶 *g*

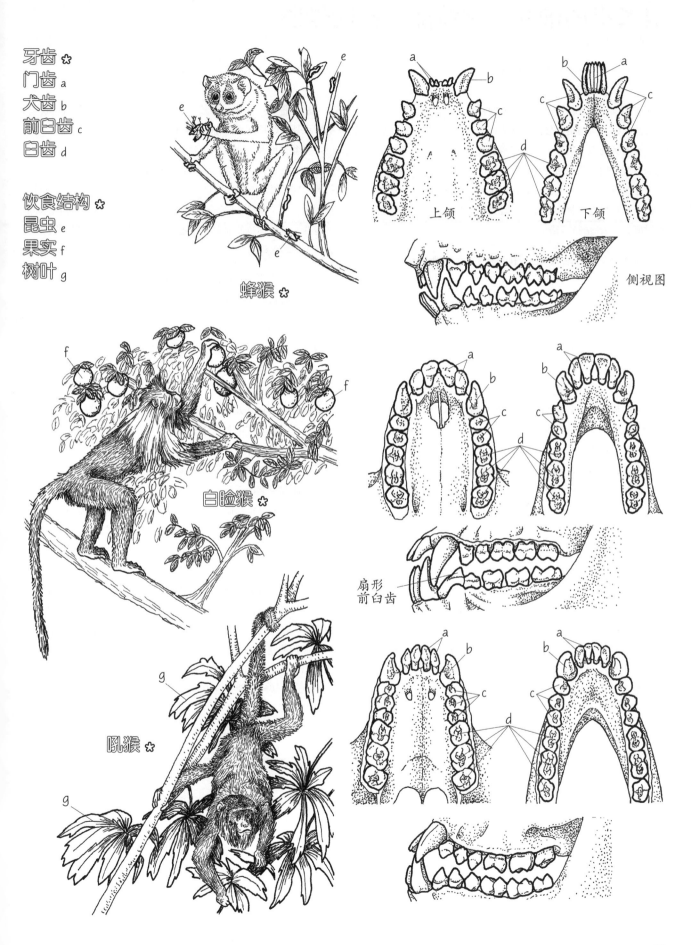

蜂猴 ✱

上颌　下颌

侧视图

白睑猴 ✱

扇形
前臼齿

吼猴 ✱

3-7
灵长类的哺乳动物特征：树鼩骨骼

灵长类是从身体形态与现代普通树鼩相似的哺乳类祖先演化而来的。这种小型食虫哺乳动物将引导我们对骨架的主要部分、整体建构及功能进行讨论。哺乳类的骨骼为它们提供了一个稳定而灵活的框架，与更僵硬的爬行类骨骼有着显著区别。树鼩以及灵长类的灵活性取决于中轴骨和四肢骨的构造。可用于抓握的手脚和四肢比例的变化增强了灵长类的运动能力。解剖学和古生物学家法里什·詹金斯（Farish Jenkins）对树鼩的解剖结构和行为特征及早期哺乳动物化石进行了研究，试图回答灵长类祖先究竟是树栖的还是地栖的问题。

为中轴骨的各区域填色。在骨骼上，右肩胛骨仅绘出轮廓，可见胸椎。

中轴骨包括头骨（颅骨和下颌骨）及脊椎，从颈部一直延伸到尾尖。脊椎上的每一节为一块椎骨，共组成了 5 个区域。每个区域的椎骨形态略有差别，体现出它们有不同的功能（爬行动物的椎骨基本一致，每块椎骨都与肋骨相连）。

与爬行类不同的是，树鼩的颈椎（b）不与肋骨相连，从而提高了其脑袋左右上下转动的灵活性。胸椎（c）支撑肋骨，肋骨包围并保护至关重要的器官——心脏和肺。腰椎（d）也不与肋骨相连，支撑着四肢骨的一部分——骨盆带。荐椎融合在一起，再加上两根髋骨，形成了骨盆带；在侧视图中只能看到最后一节荐椎的神经棘。尾椎的数量差别很大，为尾部肌肉提供了附着点。在没有尾巴的动物中，尾椎则为骨盆底肌肉提供了附着点。

为四肢骨各部分填色。图版中还绘有爬行类的骨盆带和肩胛带以供比较，请为它们填上灰色。

前肢包括三个区域：上臂有肱骨，小臂有尺骨和桡骨，爪部有腕骨、掌骨和指骨（见 1-6）。肩胛骨和锁骨构成了哺乳类的肩胛带，只包含 2 块骨头，不同于爬行类的 6 块。与爬行类的骨骼不同，哺乳类的肩胛带与肱骨、胸是由肌肉相连的，肩胛骨得以更加自由地在胸腔上活动。灵活的肩胛骨与肩部运动使这些动物跨出的步子弧度更大，步幅可能也更大。肱骨的关节窝开口向下，

使前肢可以在身体下方抬起。腕关节可向里或向外旋转（内转和外转）。

后肢也由三个区域组成：大腿有股骨，小腿有胫骨和腓骨，脚有踝骨、跗骨以及脚底的跖骨和趾骨。

骨盆带由荐骨连接的一对髋骨构成。成年个体的髋骨由三块骨骼在成长过程中融合而成，包括髂骨、坐骨和耻骨（相反，爬行类的髋骨形态不同，而且未经融合）。髂骨为长条形，与脊柱平行；髋关节（髋臼）向下，穿过这个关节的肌肉则帮助下肢伸展和弯曲。这种构造使髋关节稳定且灵活。踝关节能够向里或向外旋转（内转和外转）。

先为哺乳类的脊椎屈伸运动和放大的直棘胸椎区域填色。再为爬行类的侧向脊椎运动填色。

树鼩在跑动时，可以弯曲或伸展脊椎。随着四肢在身体下方前后摆动，这个动作可加大其步幅。运动的屈伸点被称为直棘胸椎区域，位于胸腔下部。横膈膜也位于直棘胸椎区域，将心脏和肺与其他内脏及腰部分隔开来，体现出运动机制的增多。脊椎的弯曲使身体在垂直方向发生移位，而肩部和髋关节的运动也更加灵活，进而影响前腿和后腿的落点位置。相反，爬行动物的移动只限于侧向的旋转。

詹金斯总结道，树鼩并不是绝对"树栖"或"地栖"的，这一点可能和早期的哺乳动物很像。重要的是，由于脊椎具有很强的灵活性，而且前后腿的运动能力增强，树鼩可以在杂乱不平的表面稳定且灵活地行动。低矮的植被区域或森林地表之上很可能就有这种地形。

哺乳动物的骨骼促进了哺乳类适应能力的多样性（见 1-6）。骨骼为运动系统的肌肉提供附着点。和爬行类不同的是，哺乳类的骨骼具有特定的生长期。骨髓腔为身体提供红细胞，而骨骼细胞则充当了钙的仓库。骨骼还具有生殖性功能。在怀孕期间，钙从母体转移到胎儿中，形成牙齿和骨骼。在演化研究中，单个骨头大小和形态的变化以及它们彼此的比例会帮助我们鉴定已灭绝的物种，并解释其动作行为。

树鼩骨骼

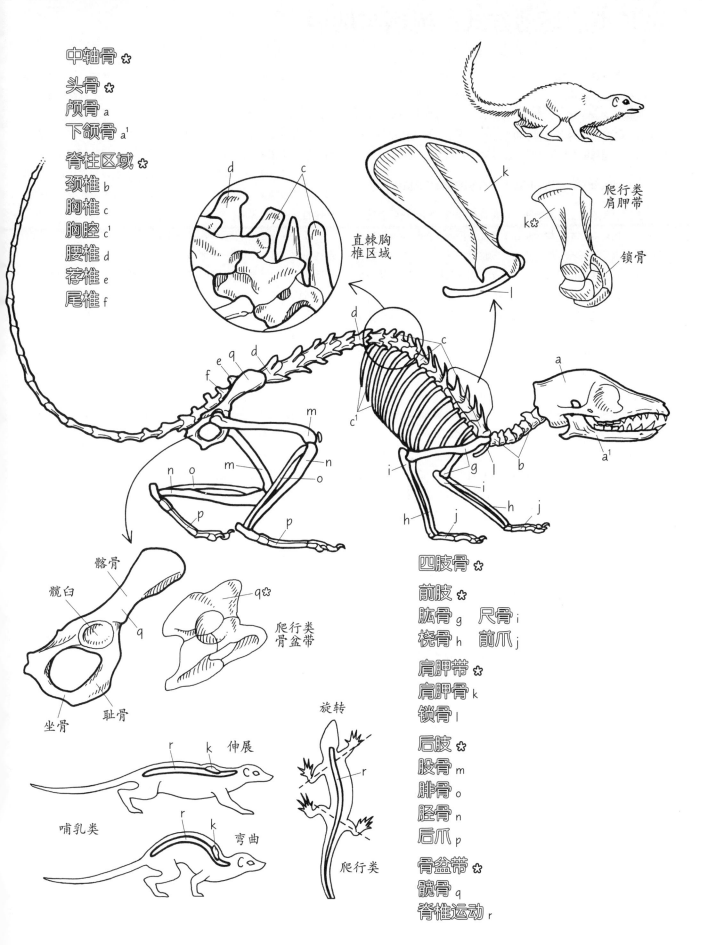

中轴骨 ✲

头骨 ✲
颅骨 a
下颌骨 a¹

脊柱区域 ✲
颈椎 b
胸椎 c
胸腔 c¹
腰椎 d
荐椎 e
尾椎 f

直棘胸
椎区域

爬行类
肩胛带

锁骨

髂骨

髋臼

q

q ✲

爬行类
骨盆带

坐骨

耻骨

旋转

r

k

伸展

哺乳类

r

k

弯曲

爬行类

四肢骨 ✲

前肢 ✲
肱骨 g 尺骨 i
桡骨 h 前爪 j

肩胛带 ✲
肩胛骨 k
锁骨 l

后肢 ✲
股骨 m
腓骨 o
胫骨 n
后爪 p

骨盆带 ✲
髋骨 q
脊椎运动 r

3-8
灵长类的运动方式：树栖与地栖

灵长类在树上与地面上的运动表现和进食姿势上都表现得相当多才多艺。很难用一个词来形容一个物种的运动模式，因为灵长类的运动包含了攀缘、奔跑、行走、蹦跳、弹跳、跨越、摆动和悬挂等。很多物种既在树上也在地面上活动、觅食和社交。有些物种的活动局限在树上，只有人类仅仅在地面上活动。

一边阅读文字，一边为图版中各式各样的灵长类填色。

有些灵长类生活在森林树冠层的高处，以果实、树叶和昆虫为食。在热带森林中，树枝向各个角度伸展，在森林高处形成不连续的通道。灵长类要在这张缠绕的网络中移动，必须善于抓握树枝末端长满树叶的支撑点，垂直爬上高高的树干，并在从一个树枝网络跳跃到另一个时准确判断距离。

树熊猴是谨慎但行动缓慢的爬行者，其前肢和后肢长度几乎相等。它们宽宽的手和脚与蜂猴的一样（见 3-11），能够握住树枝，并能在树间小心移动时同时抓住 2~3 个支撑点。小心翼翼的行动使得树熊猴难以被捕食者发现。婴猴擅长跳跃，它们有着相对较长且粗壮的后肢，明显加长的足部以及又短又轻的前肢。马达加斯加的冕狐猴能够从一根垂直支撑物上优雅地跳跃到另一根之上，它们长长的后肢反映出这样的运动模式。

中南美洲新热带区的猴类不同于它们的旧世界堂亲，它们很少来到地面。体形较小的柽柳猴沿着树枝的顶端奔跑，以直立的姿势进食（见 4-13）。松鼠猴是天生的跳跃者，能在树枝上行走和奔跑。它们成群结队地在树木间轻快移动，惊起飞虫，然后捕而食之（见 4-16）。绒毛蛛猴在枝头移动时用尾巴作为第五肢。它们将肥硕的身体贴近支撑的树枝，使身体重心贴近支撑物，将善于抓握的尾巴缠在树枝上悬挂它们的身体，并向着树叶和果实伸展，还可以跨越到邻近树木的树枝上。

亚洲叶猴用长长的后肢提供推动力，用优雅的长尾巴来平衡身体，用手脚抓住长满树叶的树枝着陆，在树木间完成精彩的跳跃。它们有时也会到地面上来。长尾猴生活在非洲中部森林的高层，行动迅速又安静（见 4-21）。和狒狒一样，猕猴爬树是为了

安全、睡觉和觅食。它们在巢区附近的地面上移动，就像大多数灵长类那样，母亲将新生幼崽背在身上。赤猴善于奔跑，被称为灵长类中的飞毛腿。

长臂猿是最小的猿类，也是王牌杂技演员，用一套两足奔跑和助推、快速攀缘、跳跃的体操式组合动作在树林中呼啸而过。它们的情况反映了用长长的臂膀、手和灵活的肩膀在树枝下悬挂和摆动的极端适应性（见 4-26）。这与某些新热带区猴类用尾巴悬挂的方式截然不同。

红毛猩猩是一种亚洲猿类，两性体重差异较大，成年雌性体重在 30 千克以上，成年雄性在 75 千克以上。它们巨大的钩子一样适宜抓握的手和脚加上长长的手臂、灵活的猿类肩膀和髋关节，使其可以将体重分配到树上不同的支撑点上。雄性尤其擅于利用自己强大的上身力量摆荡，在树枝和树干间穿行（见 4-32）。

和黑猩猩一样，大猩猩在树上待的时间比任何一种亚洲猿类都少。当采用四足行走时，它们的手指会弯曲，并用指节触地行走。附着在前肢和肩胛骨上的突出肌肉，反映了它们对地面活动时所负载体重的适应性。尽管体形很大，大猩猩仍会爬到树上并食用果实。与体重较大的雄性相比，幼年大猩猩和体重较轻的雌性可以爬到更细的树枝上找果实吃。

黑猩猩（图中未绘出）也在树上觅食和睡觉，但通过地面从一个地方移动到另一个地方。和其他灵长类一样，黑猩猩会采取多种姿势和运动方式，包括两足站立、双手搬运和投掷（见 3-13）。

灵长类是唯一生活在树上的大型哺乳动物。体形大小通常限制了动物在一棵树上安全移动的区域。由于具有擅于抓握的手脚和灵活的前后肢，灵长类能够将身体重量分配到多根树枝上，为休息、进食和躲避捕食者提供一种稳定的姿势。身体比例和四肢长度的差异反映了每个物种"微调"其运动技巧的方式。灵长类在树上和地面上的敏捷动作和成功存活靠的是四肢的灵活性，并因为其深度知觉（见 3-16）、手眼和运动配合度，以及在巢区内的强大记忆力而得到了进一步加强。

树栖与地栖

原猴类 ✿
树熊猴 a
婴猴 b
冕狐猴 c

新世界猴类 ✿
柽柳猴 d
松鼠猴 e
绒毛蛛猴 f

旧世界猴类 ✿
叶猴 g
长尾猴 h
猕猴 i
赤猴 j

猿类 ✿
长臂猿 k
红毛猩猩 l
大猩猩 m

3-9
运动方式分析：身体比例

运动方式从根本上影响着动物的生存，是某个物种环境适应性的核心组成部分。如果将灵长类（猕猴）和其他哺乳动物（驯养的灵缇赛犬）的四肢和肌肉量进行比较，这种具有运动适应性的全身特征就更加清楚了。这两个物种都是用四足活动，但除此之外就没有太多相似之处了！猕猴在地面上奔跑、跳跃和行走，但也在树上攀缘，而且非常擅于沿着纤细的枝头行走。相反，灵缇赛犬就像是地面上的奔跑机器。对软组织进行分析可以展现出对比多种不同动物运动适应性的过程。

本节内容借鉴了比较解剖学家特德·格兰德（Ted Grand）的研究。他开发出一种对全身（而不仅仅是骨骼）进行分析的方法。他测量了所有的解剖学部位，还比较了骨骼及软组织（尤其是肌肉）与运动行为之间的关系。格兰德的方法是定量的，它将身体分为几个部分：头、躯干和尾巴；大臂、小臂和手；大腿、小腿和脚。每个部分都单独称重，并计算其占整个动物体重的百分比。

从猕猴的躯干、头和尾巴及其对应的身体重量百分比开始填色，也为旁边的柱状图（a）填色。先用同一色系但不同色调的颜色为灵缇赛犬身上对应的解剖学部位以及相应的重量百分比及柱状图（a¹）填色。然后用另一色系的两种色调为（b）和（b¹）填色。再用同样的方法继续为所有身体部位及百分比填色。

填好颜色后，仔细观察两者的相似性。注意，两种动物在整体上都将大部分体重分配给了头和躯干（猴62%，狗70%），其次是后肢（猴24.8%，狗20.6%）。除头和躯干之外，两种动物最重的身体部分就是大腿（猴16.4%，狗15.8%）。高度发达的大腿对于推动这两种动物前进至关重要。它们的前肢重量所占比例也比较相似（猴6.8%，狗6.0%）。

现在，注意看两者的区别。灵缇赛犬的头、躯干和尾巴占体重的百分比（70%）比猕猴的（62%）更高。相应地，猕猴就有更多体重可以分配给前肢。一个显著的差异在于猕猴的小臂，其所占百分比比犬类的两倍还多（猴5.2%，狗2.4%）！这种差异反映出两者功能的不同。和其他灵长类一样，猕猴用小臂实现很多技能，如抓握、操作和进食。

尽管在整体上两种动物的后肢重量差不多（猴24.8%，狗20.6%），但猕猴脚部的相对重量是灵缇赛犬后爪的两倍（猴2.4%，狗1.2%）。猕猴的手脚大约有1/3为肌肉，在抓握树上的支撑物时非常灵活。相反，灵缇赛犬的爪子基本上只由骨骼和皮肤构成，几乎没有肌肉，只能在平坦的地面上支撑其重量。

由于适应树上的生活，猕猴的前后肢比灵缇赛犬的具有更广的关节活动范围。灵长类的关节可以完成更多旋转动作，因此比狗具有更多旋转所需的肌肉。猴类在地面上可以自如移动，但较重的四肢使猴类无法快速奔跑。狗则正好相反，其关节运动范围十分局限，而肌肉运动都在一个屈伸平面上，以保证高效前进。

相对较重的躯干和较轻的小腿及小臂都直接反映出狗对于速度的适应。在狗身上，为运动提供动力的肌肉都集中在身体上部及后侧，以及髋关节和肩关节的运动点附近。狗四肢末端的爪子较轻，这就意味着每迈出一步向前摆动的重量较少。较长的爪子和四肢还使狗的步幅加大，令其奔跑效率更高。

这种解剖学分析为比较不同体重、年龄（见3-10）、性别（见6-8）或物种（见4-36）的个体提供了定量数据。例如（见4-5），攀爬缓慢的树熊猴的前肢和后肢的重量几乎相等（分别占总体重的12%和14%）。与树熊猴遗传关系紧密的婴猴擅长跳跃，前肢（9%）非常轻，而后肢（23%）的重量为前肢的2.5倍。

格兰德的方法着重于动物的整个个体，对骨骼和软组织都进行分析。了解有关身体软组织和骨骼的信息对于认识动物的运动方式都非常重要。当试图借助常常碎化的骨骼化石来解释已灭绝物种的运动行为时，我们必须时刻记住，骨骼只能代表运动适应性的一个组成部分。

身体比例

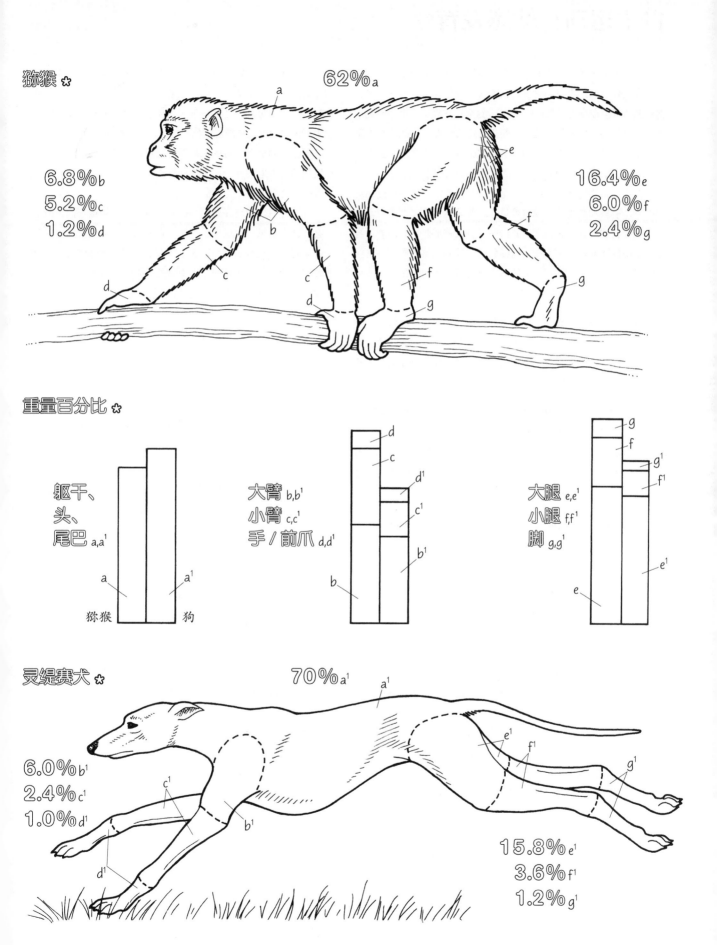

狝猴 ✱

62%a

6.8%b
5.2%c
1.2%d

a

b

c

d

e

f

g

16.4%e
6.0%f
2.4%g

重量百分比 ✱

躯干、
头、
尾巴 a,a¹

a   a¹

狝猴   狗

大臂 b,b¹
小臂 c,c¹
手／前爪 d,d¹

d
c
d¹
c¹
b¹
b

大腿 e,e¹
小腿 f,f¹
脚 g,g¹

g
f
g¹
f¹
e¹
e

灵缇赛犬 ✱

70%a¹

a¹

6.0%b¹
2.4%c¹
1.0%d¹

b¹
c¹
d¹

e¹
f¹
g¹

15.8%e¹
3.6%f¹
1.2%g¹

身体比例

3-10
自主运动：幼崽发育

新生的灵长类在出生时还没有准备好离开母亲独立生活。它会紧紧握住母亲的毛发，母亲走到哪儿都带着它（只有几种灵长类会把幼崽留在巢里或放在树枝上），这会让它经历一个用触觉来进行心理社会化的时期。此外，新生幼崽的形态（包括大小）都与成年个体的有本质上的差别。脑部和肌肉生长速度发生复杂变化的时间表反映了灵长类开发独立运动能力的时间节点。

在上一节中，我们介绍了特德·格兰德确定身体各部分相对比例，即猕猴和灵缇赛犬身体重量分配差异的方法。为研究新生幼崽的生长和发育，我们在该分析中又引入一个要素，即测量身体各组织的相对比例和分布，包括肌肉、骨骼、皮肤和脑。格兰德的研究展示出，猕猴在解剖结构上要经历怎样的变化，才能从400克的新生幼崽发育为8千克的成年个体。

从图版顶部开始填色。先为成年猕猴的头及其在柱状图上对应的重量百分比（a）填色。再用同一色系但不同色调的颜色为新生幼崽的头及其重量百分比填色。接下来为成年个体的躯干及其重量百分比填色，最后为新生幼崽的填色。

灵长类的幼崽在身体比例和组织构成上都与成年个体不同。新生的灵长类具有较大的头部。与身体重量相比，新生猕猴头部的重量百分比大约为成年的3倍（20%和6%）。幼崽的头内装着较大的脑部，在出生时，它的视觉、听觉、触觉和嗅觉都已经高度发达。相反，新生的猫和狗在出生时几乎没有视觉。

现在为前肢和后肢填色。注意，手和脚的比例是分别表示的。

新生幼崽与成年个体的四肢有相似之处，也有差异。两者前肢重量的相对百分比比较接近（11.6%和13.2%），但两者的重量分配不同。新生幼崽的手所占百分比是成年个体的两倍还多（2.6%和1.2%）。新生幼崽和成年个体的后肢所占的百分比有显著区别（15.8%和24.8%）。新生幼崽的脚所占百分比大约是成年个体的1.5倍（3.8%和2.4%）。因此，其抓握动作的解剖学基础在出生时就已经高度发达，但帮助其独立运动的强壮后肢还基本没有发育。

随着新生幼崽逐渐成熟，其身体各部分的生长不成比例。有些部分，例如大腿、小腿、大臂和肩膀的百分比增加，而头、手和脚的百分比则减少。

新生灵长类具有的身体比例和构成有助于其在生命早期成

活。与其他哺乳动物幼崽安全地躲在巢穴中不同，灵长类幼崽会与社会群体一同移动。它们高度发达的手脚可以有力地抓住活动中的母亲。幼崽紧紧地贴在母亲身体上，母亲的双手就得以解放出来，因此它可以跟随群体觅食、进食并躲避捕食者。

出生两周后，幼崽的抓握反射会被协调的肌肉运动取代。幼崽便能够自主地离开母亲和再回到母亲身上。但在出生后的前三个月内，幼崽仍然完全依靠母亲生活。

几个月后，幼崽开始独立行动，尽管一开始很笨拙，但也还是会和其他幼崽一起玩耍。很快，它就从挂在母亲腹部转变为骑在母亲背上。至少还有六个月，年幼的猕猴要依赖母亲的保护、哺育和移动。随着幼崽卸掉出生时的毛发，长出成年个体颜色的毛发，它的母亲就开始逐渐忽略它想要吸吮乳汁和爬上后背的诉求。

随着幼崽逐渐断奶，它开始在玩耍中练习成年个体的各种有技巧的运动方式。大约在一岁时，年轻的猕猴就可以自如地独立行动了。

为对比成年个体与新生幼崽主要身体组织百分比的柱状图填色，完成整个图版。图中没有列出所有的组织，所以总百分比不到100%。

刚出生时，幼崽的脑部百分比大约为成年个体的10倍。脑部如此硕大说明，新生幼崽具有高度发达的触觉、视觉、嗅觉和听觉以及用于抓握的运动皮层。这些重要的功能都有助于新生幼崽的存活（见3-27）。注意，在出生时，幼崽的皮肤、骨骼和肌肉的百分比几乎相等（20%、15%和25%）。在发育过程中，皮肤和骨骼的百分比会降低，而肌肉的百分比则几乎翻倍，从25%提高到成年后的43%。这些组织构成的变化反映出身体肌肉增加的趋势，这种趋势与幼崽在出生后第一年内向独立运动的转变息息相关。

格兰德的方法评估了组织和大脑发育后造成的身体重心的变化。依附母亲的新生幼崽头部较大，重心位于躯干上相对靠前的位置，而到成年后其重心则向后移动到粗壮的后肢上。由于四肢的大小和肌肉逐渐增大，它们便能够为成年个体的攀缘和奔跑提供推动力。新生幼崽到成年个体在解剖特征上的转变，与身体从依赖到独立的转变刚好吻合。在每个阶段，成长中的灵长类都具有特定的运动"装备"帮助它存活到下一个阶段，这些"装备"就反映在它身体的各部位上。

幼崽发育

体重百分比 ✿

| 头 a,a¹ | 躯干和尾巴 b,b¹ | 前肢／手 c,c¹ | 后肢／脚 d,d¹ |

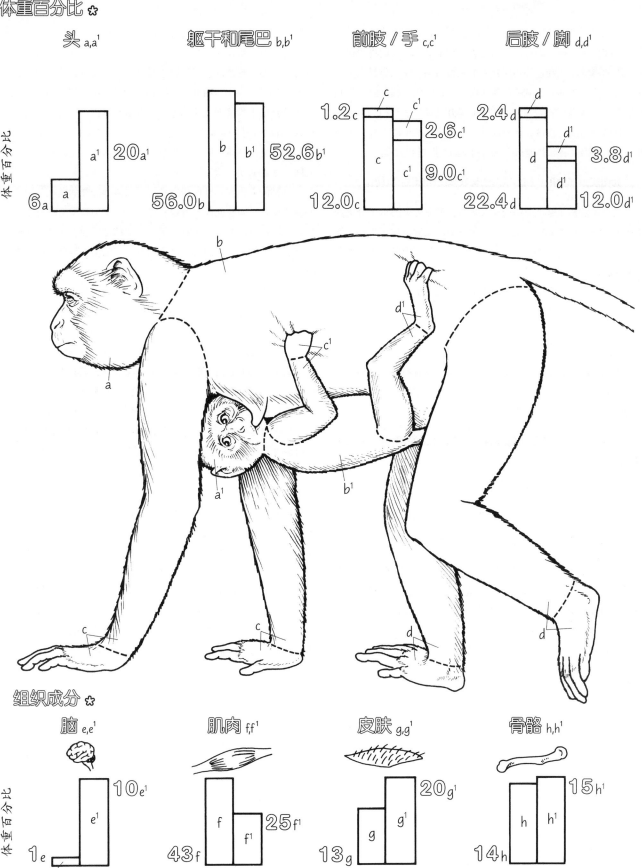

20_{a^1}

6_a

52.6_{b^1}

56.0_b

1.2_c

2.6_{c^1}

9.0_{c^1}

12.0_c

2.4_d

3.8_{d^1}

22.4_d

12.0_{d^1}

组织成分 ✿

| 脑 e,e¹ | 肌肉 f,f¹ | 皮肤 g,g¹ | 骨骼 h,h¹ |

10_{e^1}

1_e

25_{f^1}

43_f

20_{g^1}

13_g

15_{h^1}

14_h

体重百分比

3-11
灵长类的抓握能力：手与脚

灵长类的手和脚具有不同寻常的抓握能力、感觉和触摸能力，以及控制手指、脚趾运动的能力。在本节中，我们将探讨其手、脚的感觉功能和运动功能背后的独特结构。灵长类具有又长又直的指头，上面还有扁平的指（趾）甲；它们的指（趾）尖具有触觉垫，布满血管和神经末端，能提升触觉；手掌和脚掌上长有增强摩擦力的厚皮肤，还有汗腺能保证皮肤的干净柔软；最重要的是，它们具有和其他指头朝向相反的大拇指和大脚趾。

为图版顶部的爪子和指甲的结构底视图和侧视图填色。

灵长类的指（趾）甲结构从大多数其他哺乳类的爪子分离演化而来。一个爪子具有两层：深层紧紧地压在侧边被压扁的末端指骨之上，表层则在上面提供保护。末端指骨和中节指骨间的关节弯曲成锐角。

指（趾）甲没有深层，表层为触觉垫提供了结构支持。末端指骨又宽又扁，中节指骨的关节是伸直而不是弯曲的。手指和脚趾末端的触觉垫包含了大量触觉接收器，能够判断温度、质地、压力和形状。

手指、脚趾、手掌和脚掌上的皮肤具有没有毛发的表面。这种厚皮肤上长有充足的汗腺，以保证其潮湿和柔软，这对于精细的触觉和坚实的抓握来说必不可少。

用反差明显的颜色为树鼩的手和脚填色，它代表了灵长类祖先。

树鼩（见3-7）所有的指头上都保留有爪子，尽管它们和哺乳类一样会用手握住东西或操纵物品。

一边阅读文字，一边为每种灵长类的手和脚填色。

懒猴把手和脚当夹子来使用。退化的第二手指（脚趾）使懒猴手（脚）掌伸展的距离最大化，这也是所有灵长类中最宽的。第二个脚趾上保留了爪子，能够用来抓痒，而其他的指头都有指头（趾）甲，但在本图版中看不到。

眼镜猴会把手张开，以便抓牢猎物，并在完成大跳后抓住并握紧树枝。长长的指头和高度发达的触觉垫特征明显。它们的大拇指与其他手指在同一个平面，朝向相反的程度并不明显。由于具有突出的大脚趾，它们的脚与胫骨、股骨长度相等，为后肢长度的1/3（见4-8）。这种四肢结构反映出眼镜猴惊人的跳跃能力。

吼猴的手脚又细又长。它们的食指和拇指可以自由活动，与原猴类的"全手"运动控制不同。吼猴的手在灵长类中别具一格，它们能够将树枝抓在第二指和第三指之间，而不是在拇指和食指之间（见4-17）。

狒狒的手指和脚趾比树栖特征更明显的猴类的稍短，因为它们会花很长时间在地面上行走和挖洞。手掌和脚掌上长有厚厚的皮肤。拇指可以与食指相对。每个手指都可以独立活动，从而进一步提升手的精确控制度。这个能力的基础在于脑部的运动皮层（见3-21）。

红毛猩猩有时又被称为"四手动物"。它们能够向各个方向同时伸展四肢，并通过抓握多个树枝来分配庞大身体的重量（见4-32）。它们有长长的手掌、脚掌和指头。大拇指和大脚趾相对较短，但是肌肉发达，在与其他指头相对时能够进行强有力的抓握。

人类手脚的骨骼、肌肉分布都与其他灵长类的不同。人类的脚完全适应了承重功能。用来碰撞地面的宽阔脚跟成球状，由厚厚的皮肤包裹着，接下来是起缓冲作用的脚垫，横跨脚底并向下延伸的足弓让脚具有弹性。人类的脚与其他灵长类的明显不同，强壮的大脚趾并非与较小的其他脚趾的朝向相反，而是与它们排成一列。这样的排列很适合承重，以及在行走时反推地面（见5-14）。

成年人类的手没有运动性功能。人类手的形态与其他灵长类的相似，具有肌肉发达的大拇指，能够辅助完成精确的操作。大拇指与其他手指的抓握方式和独立控制每根手指的能力，是完成精确且有力抓握动作的基础，这一能力非同寻常（见5-23）。

灵长类的手能实现复杂的感觉功能和运动功能（见3-12）。灵长类的大脑不仅很擅长处理由手部有分辨力的触觉感知传来的环境信息，而且还能协调手和眼睛。人类大脑皮层中很大一片区域都用于处理从手部输入的信息，然后生成适当的反应，让手指进行精确的运动控制。

手与脚

爪子 a
指甲 b
表层 c
深层 d
末端指骨 e
大拇指 f
手掌 g
大脚趾 h
脚掌 i
手指／脚趾 j

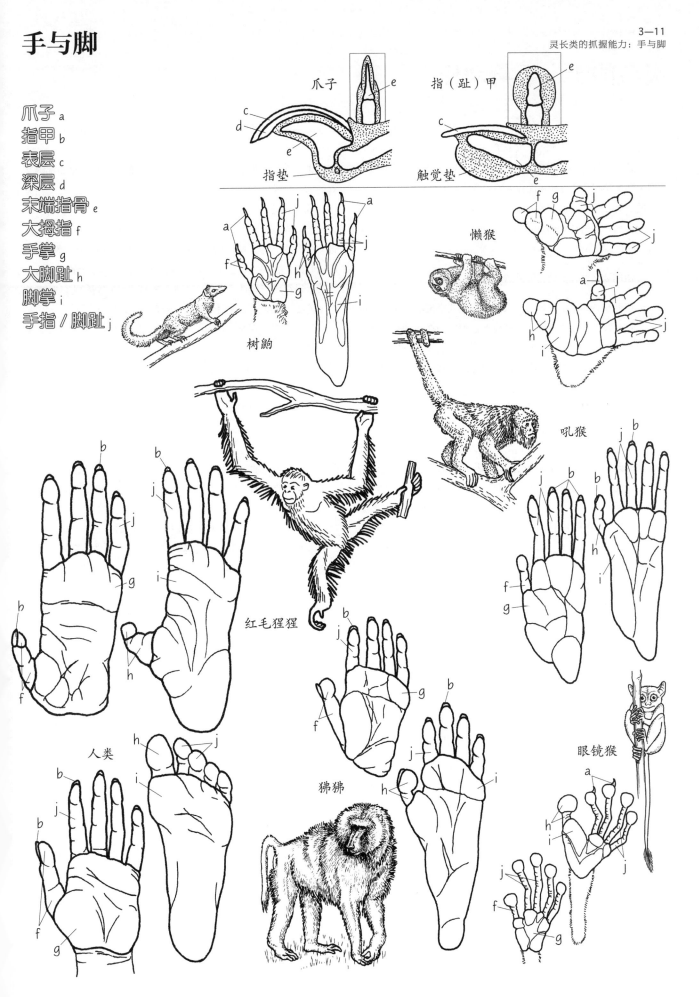

爪子
指（趾）甲
指垫
触觉垫

懒猴

树鼩

吼猴

红毛猩猩

眼镜猴

人类

狒狒

3-12
灵巧的手：手与动作

灵长类用手和脚抓握物品，而这是大多数其他哺乳动物用爪、蹄和鳍状肢都做不到的。在觅食和进食、探索和利用环境以及社交接触方面，手都大有用处。灵长类手部的技巧要依靠良好的视力和运动配合度。如果没有灵长类前肢与生俱来的活动能力，它们的手部也不会这么灵活。本节中，我们将讨论它们用手完成的一些活动。这些活动不仅是为满足动物的好奇心，同时还能增加它们的存活概率。

一边阅读文字，一边为每种活动填色。

灵长类在森林中活动时，要采用很多方式来灵活运用自己的双手。眼镜猴又长又灵活的手指和脚趾能帮它们抱住细长的垂直支撑物。长臂猿在空中穿梭时，借助手和长长的手臂来悬挂和摆动。猴类（如图中的叶猴）在树枝间和地面上移动时需要用到四肢，它们的手能帮助支撑身体重量。

灵长类刚出生以及之后的几个月里，幼崽要紧紧抓住母亲的毛发，随着她到处移动。撒手就意味着摔死或暴露给捕食者。就连人类婴儿在出生时都具有很强的抓握反射能力。灵长类新生幼崽的手和脚上的肌肉占身体的比例也比成年个体的更高。

和其他大多数哺乳动物不同的是，灵长类会用手来进食。它们会将食物送入口中，而不是像山猫和海狸那样将嘴伸向食物（见1-7）。用手进食并不像看起来那么简单。它包含多个单独的任务，包括寻找、伸手、采摘、抓取和握住。小臂的运动能力和良好的视力和运动配合度是必需的。在进食时，灵长类通常会采取稳定的垂直坐姿，以便它们的双手从支撑功能中解放出来（见3-13）。

灵长类是天生好奇的生物，会不停地从环境中寻求刺激，经常会去探索并寻觅视野外的食物。这种搜寻可能需要将树叶或石头移到一边，就像图中的狒狒那样，把暴露出的蜥蜴或肥美多汁的昆虫当小吃。再挖深一点也可能出现隐藏的宝藏，比如狒狒喜欢的球茎，或黑猩猩喜欢的蚯蚓。

我们人类并不是唯一在吃蔬菜之前会将其洗干净的生物。很多年前，人们就观察到一只叫"芋"（Imo）的日本猕猴幼崽，会带着沾满沙子的红薯下到海水中将其洗干净。这似乎是个好主意，所以它的玩伴们也学会了。接下来，这些小猴子的母亲也开始洗红薯，最终成年雄性也开始洗起来。这样，芋的新行为就开创了一项传统，这些猴子直到今天还在沿袭。

灵长类在觅食时展现出的手部技巧和协调性，也可以转化为对工具的使用，例如图中拿着铅笔的人手。卷尾猴和黑猩猩也很擅于使用工具。黑猩猩可以改造并使用多种材料（见3-33）。

在灵长类群体成员间的社会交流中，手扮演着重要角色。身体上的接触也是频繁的。新生幼崽天生就会抓紧母亲，而母亲的抚摸也是幼崽接收到的第一批社会信息。年长的个体会彼此拥抱、抚摸或梳理毛发。梳理毛发可能是友谊的表现，也可能是交配的前奏或社会等级的象征——越高的地位就会吸引越多同类来进行社交活动。梳理毛发似乎还能缓解紧张的气氛，有时竞争的雄性会互相梳理毛发而不是打架。梳理毛发也有实用的功能，它能去掉死皮、泥沙和寄生虫，可能还有助于清理伤口。

人类并不是唯一用手势传递社交信息的灵长类。黑猩猩可能会向上张开手掌来乞求食物，或者用手拍拍不开心的朋友的后背，来安慰对方。

手部的灵活性可以有多种表现方式，这是灵长类演化遗产中的重要部分，也是灵长类适应性的突出特征。

手与动作

抓握 a
悬挂和摆动 b
承重 c
攀附 d
进食 e
探索 f
挖掘 g
洗红薯 h
使用工具 i
梳理毛发 j
打手势 k

3-13
行为潜能：直立姿态与两足运动

人类以其直立姿态和两足运动方式区别于其他灵长类，尽管这常常被认为是人类独有的，但事实上，人类的运动方式与猴类和猿类在姿势以及运动的适应性上构成了一个连续体。从比较的角度，我们会发现，非人类的灵长类也能用两条腿站立和行走，因此，关键在于搞清它们在何种情况下会做出这样的动作。

为坐立的狗和摆出典型进食姿势的猴填色。

坐下时，灵长类通常采取直立姿势，这种姿势使得上肢更易于采摘、预备（食物）、进食、社交以及探索周围环境（见3-12）。进行这些活动时，猴类和猿类的躯干垂直，头和上身在宽阔骨盆的上方保持平衡（见4-25）。相反，狗的坐姿需要前肢和前爪的支撑，其头部通常位于狭窄骨盆的前方，而不是正上方。

为东张西望的赤猴和伸手够食物的狒狒，以及拿着食物的日本猕猴填色。

从某种角度来说，灵长类用手进食、摆弄物体是促成两足行为的"第一步"。尽管猴类在树上用四肢行走、奔跑和跳跃，但在地面上，它们常常直立起来东张西望。在直立姿势下，身体相对于地面抬得更高，因此看得更远。生活在非洲稀树草原林地中的赤猴将视线越过高高的草丛以定位食物、捕食者和其他猴类（c）。狒狒也和绿猴、黑猩猩一样，用两条腿站立，以触及灌木或树上的食物（d）。猴类可以用两条腿奔跑，如图中的日本猕猴一样，当它们手中拿着食物而无法支撑躯体运动时，就会采取这种姿势（e）。猴类的直立姿势和用两足行走的能力，一定程度上是以其更宽的骨盆、更灵活的髋关节以及惯于使用灵活而有控制力的前肢为基础的。

类人猿演化出的悬挂行为可以看做是促成两足运动的"第二步"。悬挂时，猿类身体垂直吊在树枝下（见4-26）。它们宽阔的胸廓、短小的背部、活动能力退化的腰部、消失的尾巴以及又长又灵活的前肢都是使其朝直立姿势发展的适应性特征。

一边阅读文字，一边为图中的名称及对应的猿类活动填色。

长臂猿生活在森林里，且很少到地面上去，它们在树木间摆动、跳跃。当它们沿着树枝的表面移动时，它们用两足行走，把手臂举过头顶或向两侧展开，就像走钢丝的演员那样（f）。长臂猿的手臂是如此之长，它们的肩关节和腕关节是如此之灵活，以至其前肢不能承担负重。

两足姿势和行为对与食物相关的活动大有裨益。例如，刚果河流域万巴地区的黑猩猩会采集并携带甘蔗，整个过程中新生幼崽都牢牢地抓紧母亲（e[1]）！几内亚博苏地区的黑猩猩用杵状的棍子在棕榈树上捣出果浆时能两足站立（g）。塔伊森林和象牙海岸的黑猩猩会携带"石锤"来敲开坚果，带着石锤时，它们有8%的时间采取两足姿势。

猿类经常用两足站立或奔跑，并做出展示行为（h）。坦桑尼亚贡贝溪的黑猩猩会通过挥舞手臂来威胁它们的狒狒竞争者。比狒狒更高的黑猩猩站起身来挥舞手臂或踢狒狒时，在体形和臂展幅度上都更具优势。狒狒试图撕咬，但猿类的长胳膊令其尖利的牙齿鞭长莫及。万巴的黑猩猩拖曳着树枝两足奔跑时，会在群体前做出炫耀行为。大猩猩在玩耍时会用手捶胸来获得关注，或用于宣布统治地位和震慑陌生者，以及吓退捕食者。

黑猩猩和大猩猩能够相当精确地投掷，只是它们有限的躯干旋转能力影响了肩-手运动，从而限制了投掷的准确度。棒球运动员打出快球或滑冰运动员准备跳跃的动作都要进行明显的躯干旋转，黑猩猩采取的投掷方法与之形成了鲜明对比。

这些例子展现了两足运动方式对猴类和猿类更有利的活动和情境。这些信息为推测人为何演变为两足运动方式提供了基础。当原始人类在非洲的稀树草原镶嵌区开采资源时，能看到远方的食物、敌人和朋友是一个优势。要伸手获取灌木或树上的食物，站起来能够增加它们的觅食范围。直立展示行为和投掷物品能够很有效地威胁陌生个体或捕食者。两足行走可以解放胳膊和双手以携带各种东西，如食物和工具等，这样每天也就能走更远的距离。

所有这些"步骤"可能促进了原始人类运动方式的发展，让偶尔为之的姿势或短距离的移动方式演变为稳定的、习惯性的步态（见5-2）。人类的两足运动方式不太可能是由任一单独的行为演化出来的。

直立姿态与两足运动

坐 ✿
狗 a
猴 b
张望 c
伸手 d
携带 e,e¹
行走 f
使用工具 g
展示 h

3-14
社会行为的变化与哺乳动物的脑

在有胎盘类哺乳动物的演化中，新出现的前脑结构使得三种行为成为可能：哺育与照顾幼崽；用声音交流维持母婴联系；同窝幼崽的玩耍行为。如精神病学家保罗·麦克莱恩（Paul MacLean）解释的那样，这些创新构成了哺乳类以及后来的灵长类在社会行为上的一场革命。新生幼崽在生命早期与其母亲和同窝幼崽之间建立的情感联系，为成年个体间的互动和交流奠定了基础。边缘系统是引导和激励社会行为的情绪反应的生理基础。

一边阅读文字，一边为新生幼崽的各种行为填色。

吸吮是哺乳类的重要创新。哺乳类新生幼崽的吸吮、吞咽、呼吸、嗅闻和发声等动作集中在鼻、口和喉部这一小片区域。根据生物学家凯瑟琳·K. 史密斯（Kathleen K. Smith）的观点，这套复杂的功能由一组新的神经和肌肉负责，对面部肌肉（尤其是颊肌）运动的控制以及在口中形成真空环境，使得吮吸动作成为可能。哺乳类的硬腭将呼吸和吞咽的通道隔开。幼崽从喉部发出声音，可显示它的位置和情绪状态。哺乳类的新生幼崽通常刚出生就能发声，保罗·麦克莱恩将这种叫声称为"隔离／分离呼唤"，这是哺乳类叫声中最基础且原始的一种。哺乳类的耳骨出现得很晚，说明它们的听觉机制比爬行类祖先的更完备、精密（见1-5 和 3-19）。新生幼崽的嗅觉有助于其识别母亲。在学习解读面部表情方面，它们通过凝视母亲的眼睛来进行视觉交流。此外，触摸母亲的身体能为新生幼崽提供安全感。

一边阅读文字，一边为成年雌性（有胎盘类）哺乳动物对应的行为填色。

鸟类的双亲都参与对后代的抚育。相反，哺乳类则由雌性为幼崽提供全部营养，一开始通过胎盘为胎儿供给（有胎盘类哺乳动物正是因此而得名），分娩后，则通过乳腺产生的乳汁喂养幼崽。母亲会抚摸、舔舐、梳理它们的幼崽，这些有助于幼崽的存活和健康（见 3-27）。哺乳类更高级的感知能力可保证母亲始终能够通过嗅觉、视觉和听觉上的求救信号保持与幼崽的联系，并发声予以回应。

行动能力（见 3-7）使雌性哺乳动物能够在怀孕和哺乳期间有效地觅食和躲避天敌（作为哺乳动物特征的较高恒定体温的维

持有助于保持运动能力）。雌性哺乳类的骨骼生长通常在繁殖前完成，因此能量能够从生长发育转移到怀孕和哺乳。身体组织内储存的脂肪和骨骼中的钙用于哺乳（见 3-26），其中钙储存被动用并通过胎盘转移给胎儿，促进其骨骼和牙齿的形成。在出生后，钙通过乳汁传递给新生幼崽，以促进它们骨骼和牙齿的生长。

为边缘系统的结构填色。

哺乳类行为创新的神经基础位于边缘系统内，爬行类没有这样的前脑结构。前脑或大脑在哺乳类演化的早期阶段逐渐增大（见 1-4）。边缘系统有时又被称为"原脑"或"嗅脑"，因为它包含原始哺乳类的主要脑系统之一——嗅球和嗅神经束。

边缘系统是一组与除了新皮质以外的几乎所有前脑部分都有联系的生理结构，它包裹着脑干，形成一道边界，将皮层、中脑区域与控制内部身体系统的区域连接起来，故称"边缘系统"。这个环状系统由多个部分组成，包括影响着进食、生殖行为及恐惧、愤怒等情绪反应的杏仁体，用于学习和记忆的海马回，以及下丘脑。下丘脑的大小和压扁的葡萄差不多，从总体上控制由垂体（图中未绘出）分泌的影响泌乳、排卵、舔舐和吸吮等活动的调节激素。角状的扣带回皮层和海马旁回则构成了影响动物愤怒和恐惧反应的边缘皮层部分。

边缘系统在直觉、动机和情绪的表达上起着复杂且重要的作用。同时，边缘系统还影响着感知方式（如嗅觉和视觉）与感受的联系以及记忆的形成。麦克莱恩的研究揭示出母爱行为、玩耍和发声的神经基础。例如，如果仓鼠的边缘皮层未发育，幼崽就不会玩耍，成年雌性也不会表现出恰当的筑窝和抚养行为。没有边缘皮层，松鼠猴就无法发出"分离呼唤"。对于人类来说，很多天生的和原始的行为都由大脑皮层调控。

从爬行类到哺乳类的演化过程中，大脑在解剖结构和功能上的变化与感官重组（嗅觉、听觉、触觉）有关，与情绪化的大脑所导致的一整套新社会行为（如抚养、分离呼唤、玩耍）等有关。成年个体与幼崽联系上的增加，为幼崽建立情感纽带以及学习和练习必需的社交技巧提供了充足时间。这些技巧构成了我们在灵长类社会行为中发现的多样性、复杂性和适应显著性的基础（见 3-23）。

社会行为的变化
与哺乳动物的脑

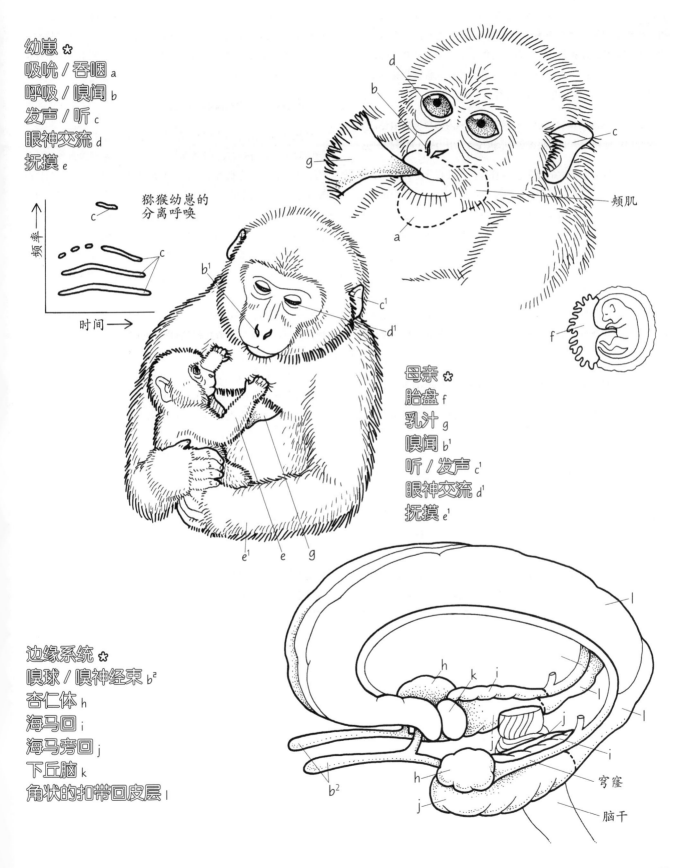

幼崽 ✿
吸吮 / 吞咽 a
呼吸 / 嗅闻 b
发声 / 听 c
眼神交流 d
抚摸 e

猕猴幼崽的
分离呼唤

频率 →

时间 →

颊肌

母亲 ✿
胎盘 f
乳汁 g
嗅闻 b¹
听 / 发声 c¹
眼神交流 d¹
抚摸 e¹

边缘系统 ✿
嗅球 / 嗅神经束 b²
杏仁体 h
海马回 i
海马旁回 j
下丘脑 k
角状的扣带回皮层 l

穹窿

脑干

3-15
嗅觉：鼻子与气味交流

早期的哺乳动物是夜行动物，靠嗅觉定位幼崽、发现食物、躲避天敌以及组织社会性行为。狐猴和其他原猴类保留了哺乳类祖先敏锐的嗅觉，靠它来感知和交流。包括人类在内的类人猿对嗅觉的依赖都比原猴类少。因此，这两个谱系用来感知气味的生理结构也大不相同。本图版绘制了原猴类和类人猿接收化学信号的鼻区，以及脑部处理这些信号的神经中枢。

为图版顶部的鼻尖填色。为狐猴鼻中隔内的犁鼻器填色。为前视图中狐猴和人类的鼻腔和鼻中隔填色。请用浅色为鼻腔填色。

狐猴、婴猴和懒猴的鼻尖包围着鼻孔，具有分泌黏液的大量腺体。这种"湿鼻头"是很多哺乳动物的特征。鼻尖与犁鼻器通过上腭的一对很小的通道相连。犁鼻器遗传自爬行类祖先，位于鼻中隔内。这个隔膜将鼻腔分为两半，并使原猴类的两颗中间的上门齿分开。这些特征将原猴类与简鼻猴类的眼镜猴和类人猿区分开来（见 3-1）。

当空气中的化学物质进入狐猴潮湿的鼻子时，它们会溶解在黏液中，并在犁鼻器中被分析。在犁鼻器中，特化的感觉组织中的嗅觉感受器会对溶解的分子做出反应，向脑部的嗅球发出电信号。

在狐猴和人类的头部侧视图中，为筛板和嗅觉结构填色。

狐猴的鼻子比眼眶更突出。而人类的眼眶、鼻窦（面骨中的空腔）和鼻腔都在同一平面内。

在鼻腔中，鼻甲上覆盖着分泌黏液的组织（上皮细胞）。这些细小的涡形骨片增加了上覆组织的表面积，上覆组织可以增加通过鼻腔的空气的湿度和温度。在鼻甲靠后的位置，嗅觉感受器会根据分子的大小和形状对溶解的化学物质进行分析。每个嗅觉感受器都只与某种特定形态的分子发生反应。当这种分子与嗅觉感受器接触时，化学信息就会被翻译为电信号，由穿过头骨中孔洞（筛板）的嗅觉神经元传递到大脑。接下来，嗅球会处理气味信息，并通过嗅神经束继续传递到大脑其他部位，进行后续分析。

在鼻腔大小、鼻甲数量、嗅觉上皮细胞规模、嗅觉感受器数量以及嗅球的相对大小方面，原猴类都优于人类和其他类人猿。尤其是狐猴的多孔筛板，要比人类和类人猿的大得多。这些解剖结构的差异与湿鼻尖的消失都意味着，嗅觉对于类人猿灵长类来说变得不那么重要。对于化石颅骨来说，筛板的大小是用来评估已灭绝灵长类嗅觉功能的一种方法。

为狐猴间的嗅觉交流示例填色。

环尾狐猴在胸部、小臂和肛生殖区长有特化的气味腺（扩大的脂肪腺）。当与树枝或树干摩擦时，这些腺体会释放有气味的分泌物。雌性在树干上做标记时，会释放出特化的气味，表明自己的交配意愿。雄性就会立刻注意到这些信号，因为它们每年只有在一个月左右的繁殖季节才有机会繁殖后代（见 4-7）。雄性狐猴还会将小臂腺体上发出的气味抹到尾巴上，以便在发生正面冲突时散发气味警告对方，这叫做"气味战争"！不同群体间交流时，雄性会在树枝上留下气味，来划定它们在森林里的势力范围，警告其他群体不得擅闯。

很多原猴类和部分猴类会定期在自己的手和脚上小便，然后四处散播气味，用化学方式标记自己的行踪。通过嗅闻其他个体标记过的地点，这些灵长类动物可以获得群体成员和邻居的位置信息，以及它们生殖身份及状态。这种化学信号非常微妙，以至于闻者可以鉴别并很好地了解留下气味的特定个体。

旧世界猴类和猿类虽然没有特化的气味腺，但也用化学信息作为交流手段。例如，在受到威胁时，雄性大猩猩会从腋腺发出强烈的气味。雌性猴类和猿类在排卵期会从阴道分泌易挥发的有机物——信息素。这些化学信号能传递出该雌性此时意欲交配的信息，无论它是否展现出颜色鲜艳的膨大生殖器。人类女性可能也会发出信息素，它可能会在无意识的层面被感受到，还可能会使同一个社会群体中的女性经期趋于同步。

尽管类人猿的嗅觉没有原猴类的敏锐，但嗅觉在它们的感知和交流中仍然非常重要。由于嗅觉神经网络是边缘系统的一部分，而边缘系统正是产生情绪的部位，所以强烈的记忆和感觉经常伴随着特定的气味。

鼻子与气味交流

鼻尖 a
犁鼻器 b
鼻腔 c
鼻中隔 d
筛板 e
嗅觉感受器 / 嗅神经 f
嗅球 / 嗅神经束 f¹

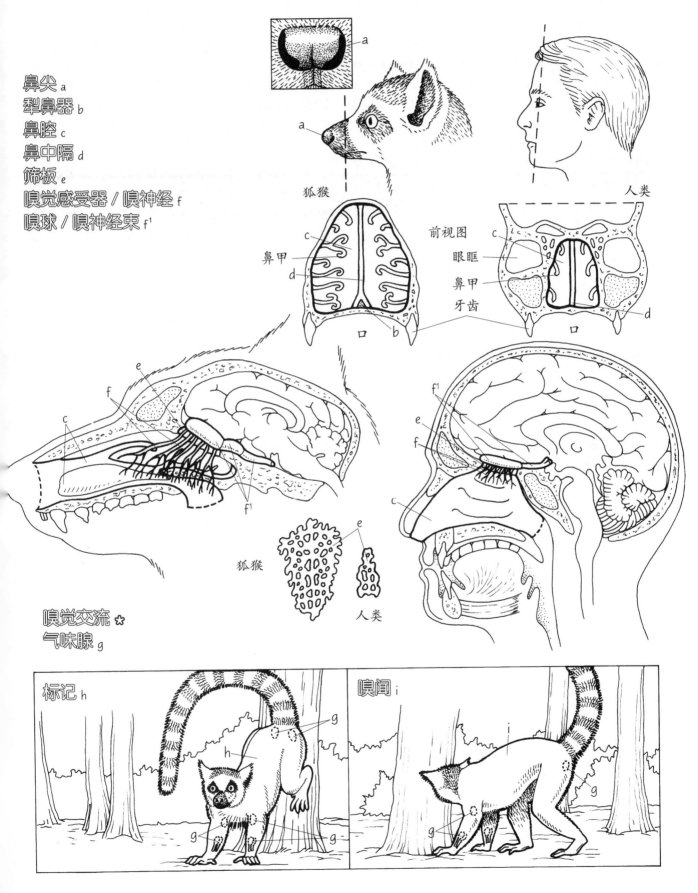

狐猴

人类

前视图

鼻甲
眼眶
鼻甲
牙齿

口
口

狐猴

人类

嗅觉交流 ✱
气味腺 g

标记 h

嗅闻 i

3-16
眼睛与视觉：视野与深度知觉

视觉在五种感觉（视觉、嗅觉、听觉、味觉和触觉）中特化程度最高，也最复杂。灵长类的生活方式要依靠用于在雨林中穿梭（见 3-8 和 4-1）、操纵物品以及手眼配合（见 3-12）的优秀视觉。在本节中，我们将讨论它们的立体视觉，又称双眼视觉。这种视觉方式是灵长类在运动中抓住多叶的树枝，以及定位、抓取、翻查和预备食物等能力的基础。

尽管猫科动物和各种猛禽类早已演化产生了立体视觉，但大多数脊椎动物都是用位于脑袋上两侧相反位置的双眼，从所有方向探寻这个世界（甚至包括身后），有着侧面眼睛的物种的每只眼睛覆盖着不同的视野，能够察觉最微小的运动。这种视觉对发现捕食者非常有利，但不适用于深度知觉。

本节我们比较非灵长类哺乳动物（以兔子为代表）、原猴类（以狐猴为代表）和人猿总科（以人类为代表）的视野。两种解剖特征影响着这些物种的视觉方式：骨窝和其中的眼球的方向，以及光学和视觉系统中的神经网络。

先用浅色为兔子右眼、左眼的视野及其重合区域填色。再为代表兔子左右眼眶方向的箭头填色。用同样的方式为狐猴和人类填色。注意，眼眶的方向导致了这三个物种左右眼视野重合区角度的不同。

在原始哺乳动物中，眼眶位于头的两侧。这类哺乳动物的视野重合区（又称双眼视野）是最小的，比如兔子的重合角度只有 30°。灵长类的眼眶移到面部前侧，所以狐猴的视野重合角度约为 90°，而人类的约为 120°。原猴类的眼眶周围有一根棒状骨，称为眶后棒，而类人猿的眼眶则完全由骨骼围绕（见 4-9）。在灵长类和其他哺乳类化石中，眼眶骨的方向和包围方式提供了有关它们视觉能力的线索（见 4-10）。

双眼各自从周围物体收集到的视觉信息略有差异，而重合区的信息会由脑部的视觉中枢自动分析，以产生三维图像。这个过程生成的立体视觉使动物具有深度知觉，可以判断物体和观察者之间的距离。

立体视觉所需的第二个解剖学基础是神经纤维"重组"。视网膜位于眼球后侧，具有感光细胞，能感知通过角膜进入眼睛的光线（见 3-17）。视神经携带视觉信息从视网膜进入视觉皮层（见 3-21）。视野中的每个区域都有单独的神经通道。

为右下角的视野和它们的重合区域分别填色（a、b 和 a+b）。再为人类视野最左侧的部分填色（c）。在视网膜上，找到处理该视野区域信息的那部分视神经（c），跟着该神经穿过视交叉进入视觉皮层。用同样的方式为每个视野区域填色（d、e、f、g）。为各区域选用反差明显的颜色。

对于兔子这种非双眼视觉的动物，来自视网膜的视神经在视交叉处完全呈叉字形交叉。因此，左眼和左侧视野获得的所有信息都由右脑处理，反之亦然。灵长类视网膜内侧的一半看到的是最外侧的视野（c 和 g）。它们的视觉纤维交叉到脑部相对的一侧，每个视网膜的外侧（d 和 f）看到的是对侧的视野，而且外侧的视觉纤维不会交叉。所以，每只眼睛的右侧会把信息送到大脑皮层的右半球，而每只眼睛的左侧会把信息送到左半球。视神经束在离开视交叉后会进入外侧膝状体，然后部分纤维进入到上丘，即哺乳动物用于在空间中定位物体的视叶残余。大部分视神经束在离开外侧膝状体后会成为视放射，一直进入大脑后侧枕叶中的视觉皮层。

最后，让我们比较一下视野和视觉皮层的颜色分布，注意观察感觉皮层为何是视野的有序"地图"。神经元将电信号从视觉皮层发送到其他一些脑区，将即时输入的视觉信息与其他感觉输入、记忆、激励和运动模式进行整合。

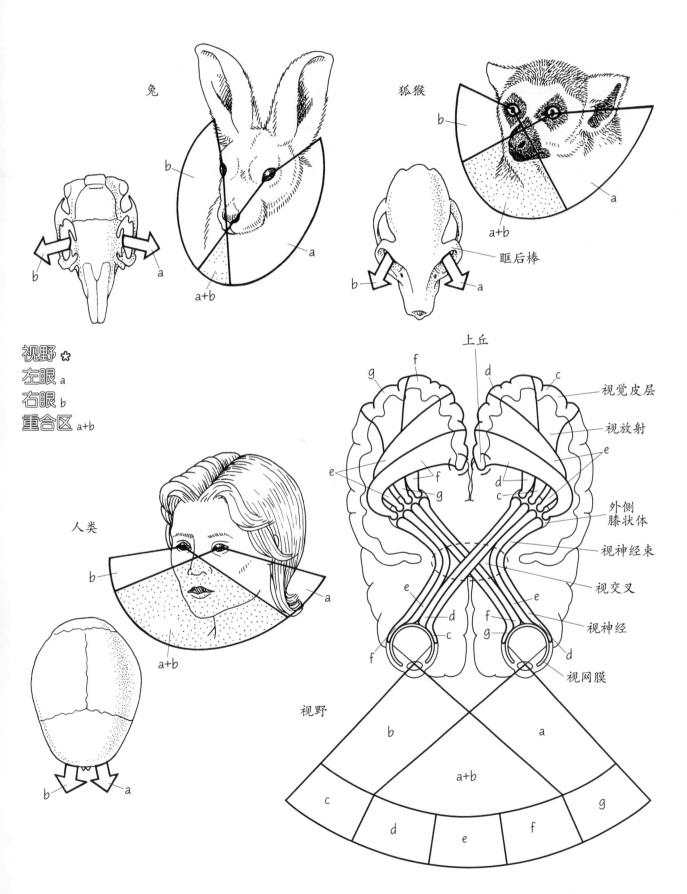

兔

狐猴

眶后棒

视野 ✿
左眼 a
右眼 b
重合区 a+b

人类

上丘

视觉皮层

视放射

外侧
膝状体

视神经束

视交叉

视神经

视网膜

视野

3-17
眼睛与视觉：白天与彩色的世界

除了立体视觉之外，灵长类还具有辨别环境中色彩的能力。本节中，我们将讨论感光性、视敏度和彩色视觉等概念。人类、猿类和旧世界猴类都具有高度发达的彩色视觉。

首先，为图版上方的眼部构造填色。

眼球是活动的，可以通过一系列眼部肌肉来转动。环境中物体反射的光（图中以一只猿类来表示）首先进入角膜，即眼白表面（巩膜）向外突起的一层。角膜将光线向视网膜后侧弯曲，然后穿过虹膜的开口——瞳孔。虹膜是一个肌肉结构，它通过改变瞳孔的大小来控制进入眼睛的光线的多少——在光线强烈时瞳孔缩小，而光线黯淡时瞳孔放大。虹膜通过让色素吸收光线来保护视网膜。正是这些色素使不同的人具有不同的眼球颜色。

光线在进入眼睛后形成交叉，所以会在视网膜感光细胞上投射出一个缩小的倒置图像。当光线照在一个感光细胞上时，就会在光感受器的色素中引发化学反应。接下来，光感受器会通过视神经向脑部的视觉皮层发送电信号。

为图版中部的视网膜及感光神经接收器（光感受器）填色，包括圆柱状的视杆细胞和更偏球根状的视锥细胞。用浅蓝或浅绿色来表示视杆细胞，用浅黄或浅橙色来代表视锥细胞。

灵长类的视网膜和其他哺乳类的一样，都具有两种基本的光感受器：视杆细胞和视锥细胞。在数量上，视杆细胞远超视锥细胞。例如，每个人类视网膜包含 1.25 亿个视杆细胞，而视锥细胞的数量不足 700 万。视杆细胞离视网膜中心较远，负责周边视觉。对于婴猴这样的夜行灵长类来说，视杆细胞是占绝对主导的。

昼行灵长类的视锥细胞数量比夜行的更多。它们对于视敏度和彩色视觉至关重要。视锥细胞主导了视网膜特化的中心区域，又称中心凹。中心凹是视网膜上的一个小凹穴，包括 3 万个密集排列的视锥细胞（没有视杆细胞）。中心凹就像一个中央分析器，能够放大物体影像，以很高的分辨率识别物体的形状和颜色。原猴类没有中心凹，而是具有一个反光色素层，这是视网膜上的一层反光膜，用来增强夜晚的视力。

如果要识别出诸如面庞或印刷品文字等图形，我们就必须移动眼睛和头部，让该图像落在中心凹里。天生缺失视锥细胞的人是全色盲。如果视锥细胞先天贫乏而无法填满中心凹的话，那么该个体的视敏度则大约为正常个体的 1/10。

为婴猴及其所能看到的可见光范围填色，其眼睛以视杆细胞为主。然后为白眉猴及其所能看到的可见光范围填色，这是一种具有彩色视觉的昼行灵长类。接下来，为色谱填色，从波长最短的（紫光）填至最长的（红光）以完成整个图版。底部的条带代表电磁波谱中可见光的位置。

婴猴的视力在蓝色和蓝绿色波段上最好，不过它的可视范围要更宽一些。白眉猴的最佳视力在更高的红、橙和黄色波段。视觉指的是动物感知电磁波谱某部分中能量的能力。可见光之所以得名，就是因为我们可以看到它。光只是整个电磁波谱的一小部分。整个波谱包括从波长最短的伽马射线一直到波长最长的无线电波。我们感知到的颜色是由物体反射和吸收的光的波长所决定的。如果物体反射所有的光，那么我们看到的就是白色的；如果它吸收所有的光，我们看到的就是黑色的。

视杆细胞能够感知明暗、形状和动作。它们对波长较短的光最为敏感。视杆细胞对昏暗光线的敏感度要比激活视锥细胞高100 倍，但它们无法感知颜色。我们的夜间视力涉及视杆细胞，因为图像呈现出的是不同色度的灰色。相反，激活视锥细胞比激活视杆细胞需要更多的光线。

视杆细胞只含有一种感光色素，它被称为视紫红质，由波长为 500 纳米左右的蓝绿光激活时功能最佳。然而，视锥细胞的最优敏感度波长有很多种，分别对应紫色、绿色和红黄色。视锥细胞对波谱的黄绿波段（波长大约为 555 纳米）最为敏感。它们对于可见光的光化学反应是我们能够感知世界颜色的基础。

其他的动物也能够分辨颜色。例如，蜥蜴用于标记领地的物质可以被其他蜥蜴在紫外线波段上感知到。昆虫（如蜜蜂）可以感知花朵的黄色中心。昼行鸟类的视网膜基本上由视锥细胞构成，可以分辨黄色和红色波段的颜色。

灵长类的彩色视觉和视敏度使它们可以精细地分辨食物和寻找树上的通道，看到潜在的天敌、附近的同种邻居以及社会群体的其他成员。

白天与彩色的世界

眼部肌肉 a
晶状体 b
视网膜 c
视神经 d

光 ✿
昏暗 e¹
明亮 f¹

视杆细胞 e

视锥细胞 f

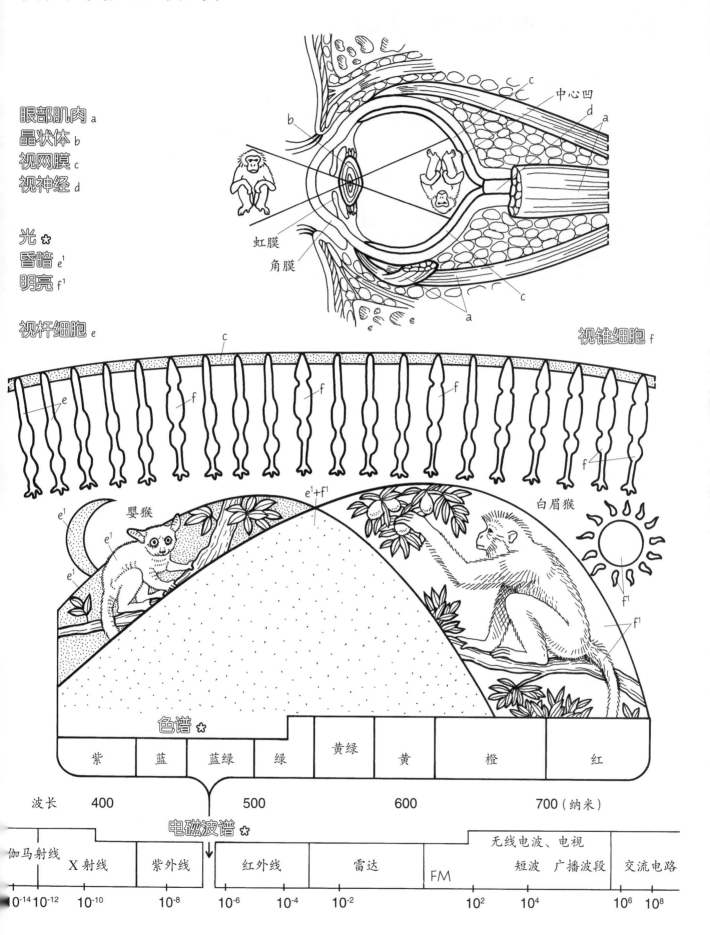

中心凹
虹膜
角膜

c
d
a
a
c

c
e
f
f
f
f
f

e¹
婴猴
e¹
e¹
e¹+f¹
白眉猴
f¹
f¹

色谱 ✿

紫	蓝	蓝绿	绿	黄绿	黄	橙	红

波长　400　　　　500　　　　600　　　　700（纳米）

电磁波谱 ✿

伽马射线	X射线	紫外线	红外线	雷达		无线电波、电视		交流电路
					FM	短波　广播波段		

10⁻¹⁴ 10⁻¹² 　10⁻¹⁰　　 10⁻⁸ 　 10⁻⁶　 10⁻⁴ 　 10⁻² 　　 10² 　 10⁴ 　 10⁶ 10⁸

3-18
视觉交流：面部表情与姿态

灵长类依靠高度发达的视觉来寻觅绿色森林中颜色鲜艳的果实（见 3-6），穿越枝干纠缠的通道（见 3-3），发现天敌和与其分享巢区的邻近群体（见 3-4）。在高度社会化的灵长类群体中（见 3-23），个体之间通过视觉来交流。

视觉信号可以传达年龄、性别、繁殖状态和社会等级等诸多信息。举例来说，灵长类新生幼崽特殊的毛发颜色让其他群体成员意识到它们脆弱且需要依赖的状态。雌性艳粉色的阴部肿大将其生殖状态广而告之（见 3-25）。雄性山魈和绿猴淡紫色或蓝绿色的肛生殖区意味着它们的性成熟，且在群体中的地位很高。

在近距离的社会互动中，个体之间面对面交流。面部斑纹和肌肉有助于面部表情的产生。哺乳动物的面部肌肉和头皮起源于爬行类祖先的颈部肌肉。这些“新的”面部肌肉被固定在皮肤和面部骨骼之间。在头皮上，哺乳动物新演化出用于夜间听力的可活动的外耳（见 3-19）。灵长类的面部肌肉与其他哺乳类的有明显不同，以至它们在日常互动中可用面部表情传达复杂而微妙的含义。

面部表情起到了在个体间和群体中表达情绪、心情和意图的重要功能。人类学家保罗·埃克曼（Paul Ekman）断言，人类面部表情精确地反映了传递给他人的情绪状态，这是所有文化的普遍现象。对于所有灵长类来说，这种面对面交流从出生时就已经开始；灵长类新生幼崽和母亲保持近距离接触，并经常凝视母亲的脸（见 3-14）。个体会学习如何通过适当的视觉提示来表达自己的需求。同样，它们也学会了“解读”群体中的其他个体并预测其行为，从而相应地调整自己的行为，即它们通过视觉信号和非声音行为可以“清楚地”与其他个体交流！

图版顶部黑猩猩的面部肌肉展示了形成面部表情的结构。为面部表情填色，用反差明显的颜色来分别代表面部的各部分。

面部的不同部位可以单独改变各自的位置，从而组合出更多的细微表情。灵长类的嘴和眼睛是面部表情中最重要的组成部分。它们的眉毛可以上下移动，向内聚拢或向外分开。对于大部分灵长类来说，睁大眼睛或瞪是一种威胁的表情，而目光下移或回避则代表屈从。高度灵活的嘴唇可以向外突出，噘在一起，或无论下颌开闭，都缩在牙齿之上。

面部表情通常与叫声相结合（见 3-22），叫声吸引对方注意面部信号并对其信息加以强化。在两个个体分别外出觅食一整天后再次团聚时，黑猩猩的“滑稽脸”表达了兴奋和喜爱。“玩耍脸”在幼年个体激烈打斗玩耍时，或者新生幼崽被挠痒痒时最常被观察到。“瞪眼”很容易辨认，因为我们在生气时就会这样做，黑猩猩也是如此。“无声露齿”意为服从，它在年轻的黑猩猩脸上出现时，表达的是自己没有对抗的意图，并不打算挑战年长个体的社会权威。蜷缩的身体姿势可能伴随着这一表情出现，以强调该年轻黑猩猩较低的地位。

黑猩猩的面部表情与人类的相似性，是由于我们具有几乎一模一样的面部肌肉系统。有些表情甚至在两个物种中具有相同的功能，例如，一般认为，“玩耍脸”演化成了人类的笑容，“无声露齿”则与人类的微笑类似。不过，就人类而言，微笑与愉悦的联系并不是普遍的，因为在很多文化中，微笑也可能是恐惧和不安的信号。

先为雄性狒狒的表情“展示犬齿”填色。再用淡蓝色来代表狒狒的眼睑。然后再为底部的几个手势填色。

雄性狒狒会使用一个极端的面部表情，这被称为“展示犬齿”，它们通过暴露出牙齿来威吓潜在的入侵者。在其他情况下，展示犬齿是在告诉群体成员，该雄性在必要时能够捍卫其社会地位，不要挡路，快走开，要不就做出屈从的反应。注意，它的下眼睑（这里的颜色也很重要）也是视觉信息的一部分。

姿态通常涉及面部，尤其是眼睛的注视方向，以及其他的身体部位。当珍·古道尔首次报告她在贡贝观察到的黑猩猩姿态时，全世界都惊讶于它们竟如此“似人”。当黑猩猩乞求一口食物时，它们身体前倾，伸出手臂，朝食物拥有者的下巴下方摊开手掌，同时有意识地盯着想要的食物和食物拥有者。黑猩猩还会通过伸手环抱住对方、轻轻地拍打对方使其安心，以表达安慰。

灵长类动物学家乔安妮·坦纳（Joanne Tanner）记录过一个非凡的面部表情和姿态的组合：一只年轻的雌性大猩猩在一只雄性银背大猩猩面前用手挡住自己的“玩耍脸”，以隐藏自己想要玩耍的意图（见 3-22）。

查尔斯·达尔文注意到，人类的姿态、面部表情与心智能力一样，都具有适应性，并经过了自然选择的演化。尽管人类拥有语言，但我们也通过面部表情、手势和身体姿态面对面交流。很多时候，这些动作常常是同时进行的。解读视觉信号以及预估他人的感受与下一步动作的能力，拓宽了灵长类以及人类交流模式的应用范围，加深了表达内涵，从而增强了灵长类对于社会生活的适应能力。

面部表情与姿态

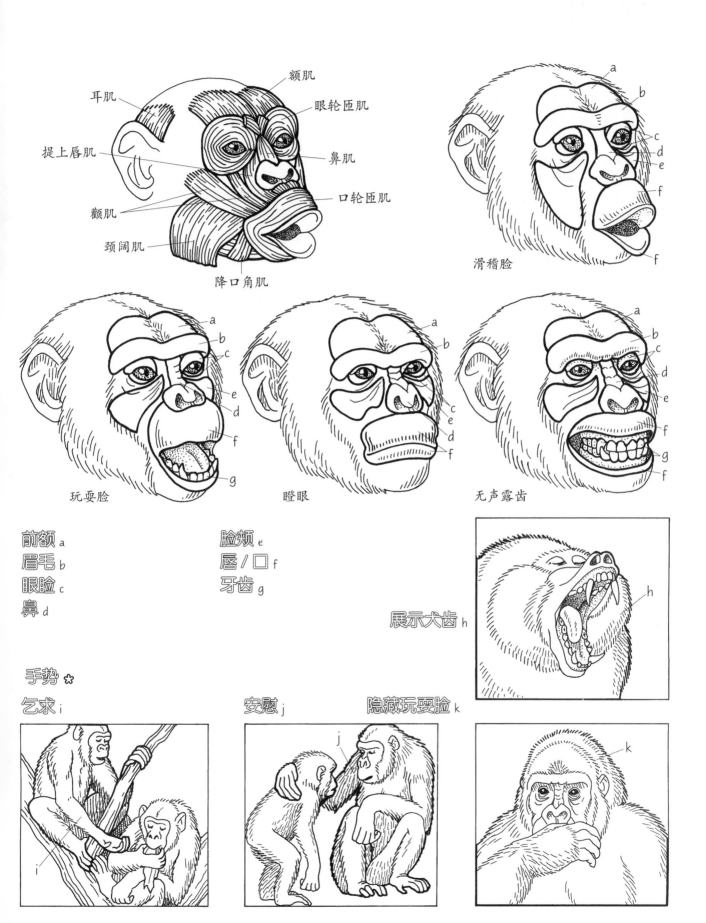

额肌
耳肌
眼轮匝肌
提上唇肌
鼻肌
颧肌
口轮匝肌
颈阔肌
降口角肌

滑稽脸

玩耍脸

瞪眼

无声露齿

前额 a
眉毛 b
眼睑 c
鼻 d

脸颊 e
唇/口 f
牙齿 g

展示犬齿 h

手势 ✿

乞求 i

安慰 j

隐藏玩耍脸 k

3-19
听觉：耳朵与听力

声音是重要的外界信息。不同灵长类的听觉敏锐度和能够感知的频率范围各不相同。本节中，我们将介绍耳部的结构和功能，以及人类和婴猴能够听到的声音范围。

首先，为外耳、耳道和鼓膜填色。

人类耳朵的基本结构与其哺乳类祖先的一致（见1-5）。婴猴与很多哺乳动物一样，耳朵会像雷达接收器一样转动，将声波引入耳道，传向鼓膜，让声音的收集达到最优化。

接下来为中耳的骨骼填色。

中耳包括三块听小骨（见1-5），即砧骨、锤骨和镫骨。在填色时，你可以把穿过耳道的声波想象成一连串密度或高或低的气袋。每秒抵达耳部的压力波数量就是频率。低频的声波听起来音调低沉，而高频的则非常尖锐。鼓膜横贯中耳的入口，当压力波抵达时，鼓膜就会像鼓皮一样震动，因此而得名。这会让中耳的三块听小骨发生连锁运动，锤骨击打砧骨，然后砧骨再击打镫骨。

为内耳和耳蜗管的所有结构填色。

耳蜗是一个蜗形管，具有三个空腔，对于声音感知至关重要。耳蜗管下面为厚厚的基底膜，膜上为具有细小毛状突起的柯蒂氏器。

镫骨将压力波通过灵活的前庭窗传递到耳蜗。声波会顺着前庭阶进入蜗顶，然后顺着鼓室管进入灵活的圆窗。声波的能量就从这里排出内耳。声波在基底膜上震动，刺激柯蒂氏器上的耳蜗毛细胞。毛细胞会把神经冲动传入脑部。不同的耳蜗毛细胞会对不同的声音频率产生反应，并在脑部反映为不同的音调。

听觉神经纤维将声音信息传递到颞叶的听觉皮层（见3-21），并在到达之前完全交叉。

内耳是我们的鱼类祖先遗传下来的，包括前庭和半规管，它们是充满液体的腔室，对运动非常敏感，因而对保持身体平衡至关重要。平衡和声音一样，依赖于一种特殊感受器的刺激，我们称之为毛细胞。它们会对声波或运动做出反应。半规管中的液体会向大脑报告头部的运动（哪怕非常轻微）。当然，平衡感并不只依赖于这些管道，同时也依赖于输入的视觉信息和身体其他感受器，尤其是位于关节附近的那些感受器接收到的信息。这些信息由小脑和大脑皮层处理，使身体能根据头部的运动变化而调节姿态。

先用反差明显的深色为声波频率填色。再用浅色为婴猴和人类的听觉范围填色。

高频声音会刺激耳蜗底部的神经纤维，而低频声音则刺激蜗顶。动物能够感知的频率范围取决于其耳蜗的长度。哺乳动物的耳蜗较长，能够听到比爬行类更高频率的声音。人类柯蒂氏器的毛细胞比其他哺乳动物的更多，这反映出辨别声音对于理解口头语言的重要性。

原猴类能够听到超声波范围的声音频率，最高可达6万赫兹（每秒周期变化次数），远远超过猴类、猿类和人类能够感知的2万～2.5万赫兹。婴猴对频率为8,000赫兹的声音最为敏感，而人类最为敏感的是2,000～4,000赫兹之间的声音，这正是人类说话时的声音频率范围。

蝙蝠擅长分辨12万赫兹以上的高频声音。小型哺乳动物（如蝙蝠）的两耳距离较近，所以听见高频声音的能力比头部较大、两耳距离较远的物种更强。相反，大象可以听到低频的隆隆声，从1万赫兹一直低至17赫兹，这已属于次声波范围，是人类听力所不及的。较大的动物能够听见低频声音，并能够更好地探测更远处传来的短暂声响。

我们每天都会受到大量重叠的声音的轰炸，它们的强度、频率和节奏都不相同。我们分辨这些声音的能力卓越异常，不仅能够听清不同声音的意思，还能定位多个声源，甚至同时聆听多个对话。听觉的范围会随着年龄增大而减小，长期持续的巨大声响会永久地损坏听觉，并加速由正常衰老所导致的听力丧失。

耳朵与听力

外耳 a
耳道 b
鼓膜 c
中耳 ✿
锤骨 d
砧骨 e
镫骨 f
内耳 ✿
前庭 g
半规管 h
耳蜗 i
听觉神经 j
卵圆窗 k
圆窗 l
耳蜗管 ✿
前庭阶 m
鼓室管 n
耳蜗 o
基底膜 p
柯蒂氏器 q
声波频率 ✿
高频 r
中频 s
低频 t

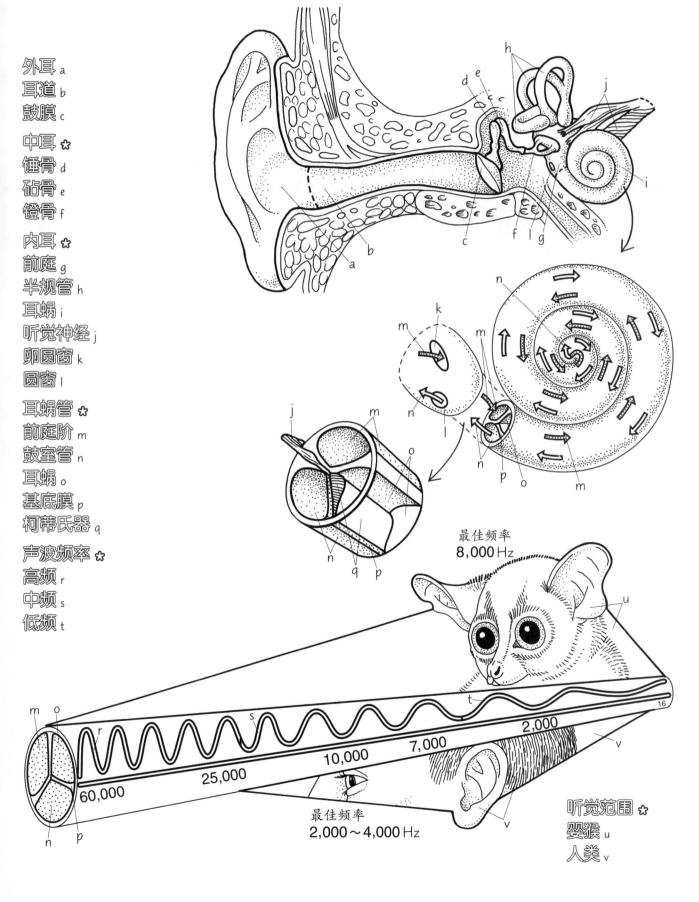

最佳频率
8,000 Hz

最佳频率
2,000～4,000 Hz

听觉范围 ✿
婴猴 u
人类 v

3-20
声音交流：灵长类的叫声

叫声在灵长类的交流中具有非常突出的作用。灵长类个体通常会发出迥然不同的叫声。一个种群内不同年龄和性别的个体也可以通过叫声来区分。在近亲物种中，例如在长臂猿属（见4-31）和长尾猴属（见4-21）内，叫声可以用来区分不同的物种。在面对面接触时，叫声通常伴随着面部表情（见3-18），起到强调信息的作用。

一个物种叫声的频率和类型取决于它们居住的环境。例如，在相对开阔的栖息地中，狒狒和赤猴在地面上觅食、休息和玩耍，主要依靠视觉进行交流。这些物种在互动时倾向于无声交流，比较不引人注目。相反，居住在密林中的灵长类由于视野受限，不得不依靠高声地叫喊来与彼此以及附近的群体保持联系。

本节将主要介绍两种猴类的具体叫声：森林中白睑猴的响亮叫声，每只雄性都具有独特的声音；稀树草原上绿猴的警报呼叫。

一边阅读文字，一边为"哮鸣吞咽"叫声的成分填色。为充气的气囊填色。

刚果河北岸雨林中的雄性灰颊白睑猴具有一种特殊的"哮鸣吞咽"叫声。灵长类动物学家彼得·瓦泽（Peter Waser）对其进行了研究。他提取出叫声的声波图，描述了这种叫声模式的特征，并记录了不同个体的叫声的微妙差别。

这种叫声从一声较低的"哮鸣"声开始，接着是四到五秒的停顿，然后以响亮的"吞咽"声结束。注意，声音中节奏和时长的不同使我们可以分辨出不同个体的叫声。当听到"哮鸣吞咽"叫声时，白睑猴就能够分辨发出声音的雄性是来自群体内部，还是附近的其他群体。

只有雄性会发出"哮鸣吞咽"叫声。完全成熟的声音版本要到它们性成熟后才能发出。这种声音从喉咙和下颌下侧的颈部气囊发出。当气囊充气时，就会引起这种1,000～2,000赫兹（见3-19）的低频叫声的共振。

很多其他灵长类物种也以独特的洪亮叫声而闻名，这种声音能够穿透热带森林的植被，到达很远的地方。例如，新热带区中吼猴的共鸣吼叫、蜘蛛猴的嘶鸣、亚洲叶猴的哮鸣，还有长臂猿的"二重唱"。生活在森林中的灵长类还会采用其他声音来警告或吸引彼此，例如大猩猩的捶胸声和黑猩猩击打树干的声音。

为绿猴的报警呼叫填色。

叫声对于报告危险也很重要。灵长类动物学家托马斯·斯特鲁萨克（Thomas Struhsaker）发现，对于三类不同的天敌，绿猴会发出三种迥异的报警呼叫。

研究人员可以像猴类一样根据声音特征分辨出每种呼叫。短促而富有声调的"喳喳"声代表豹子来了，音调很高的"格格"声意味着附近有蟒蛇，而低沉、不连续的咕噜声则是警告鹰的出现。绿猴对每种信号的反应不同，并会根据特定信号而更改逃跑的路线。要避开豹子，它们会迅速蹿到树林里的小树枝上；要定位蟒蛇，它们会埋下头查看；要躲避潜在的空中天敌时，它们会扎进密集的树枝网络，或者躲到灌木丛中。

为确定这些叫声究竟是否指示了不同的天敌，而不仅仅是在表达不同程度的恐惧，斯特鲁萨克及其几位同事进行了实验，其中包括罗伯特·塞法特（Robert Seyfarth）、多萝西·切尼（Dorothy Cheney）和彼得·马勒（Peter Marler）。研究人员人为地改变了叫声的音量和时长，然后播放给绿猴群体听。绿猴的反应始终针对的是特定报警信号。

为搞清楚绿猴新生幼崽如何学会发出报警呼叫，研究人员将提前录好的幼崽叫声播放给其他绿猴听。起初，成年绿猴几乎不会注意幼崽的叫声，这些叫声是不加选择地向各种对象发出的。随着新生幼崽学会更加准确地发出叫声，它们的声音便会逐渐引发其他个体适当的反应。几乎在同一时间，年幼的个体也就学会了针对每种特定叫声做出适当行为。

切尼和塞法特还发现，绿猴能够理解社会关系。它们给看不到自己幼崽的雌性播放幼崽不安的叫声，母亲就会表现出激动的情绪，并向声音的方向张望。其他绿猴则会看向这只惊慌的新生幼崽的母亲。

大量研究记录下了灵长类各种不同的叫声，例如兰卡猕猴的叫声代表发现了大量食物，卷尾猴间的颤音会组织群体的移动，而日本猕猴母亲和幼崽间的咕咕声则传达了安慰的意思。

声音为群体成员提供了大量有关外界和社交环境的信息。听觉是灵长类交流系统的部件之一，该系统还包括嗅觉、触觉和视觉模式，它们通常以组合的方式出现。人类交流的一个重要前提就是开发精确发声的能力，其形式表现为语言，也就是说话。

灵长类的叫声

灰颊白睑猴 ✿

"哮鸣吞咽"声 ✿
雄性A a
雄性B b
雄性C c
充气的气囊 d

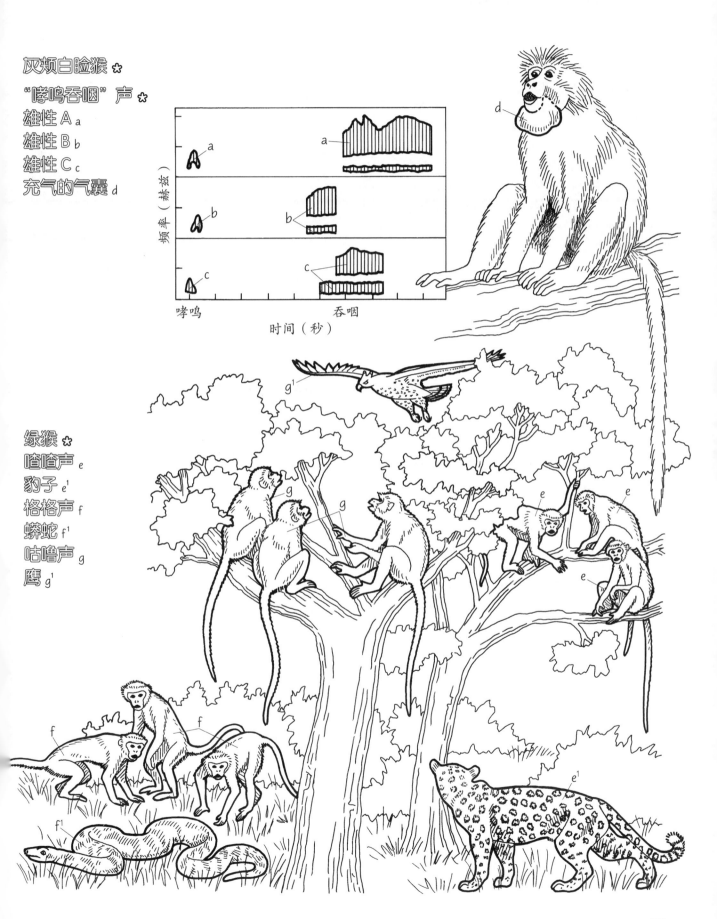

绿猴 ✿
喳喳声 e
豹子 e¹
格格声 f
蟒蛇 f¹
咕噜声 g
鹰 g¹

3-21
脑部地图：大脑皮层

灵长类的脑保留着其他脊椎动物和哺乳类共有的组织结构，但前脑明显增大（见 1-4 和 3-14）。灵长类，特别是人类所拥有的较大的大脑和新皮质，对应着各种特殊的感觉和灵巧的手部活动能力，以及复杂社会行为的发展完善。大脑整合输入的感官信息，然后组织动作输出，以保证必要且有针对性的动作的有效完成。

人类的脑有超过 120 亿个神经元，但总重量还不到 1.4 千克。脑部通过脊髓对诸如心率等多种身体机能进行监测与调控，并协调自主运动。大部分其他哺乳动物的大脑仅占其脑部的 1/3，而人类的大脑占整个脑部体积的一半，它负责复杂的思维、记忆、情绪和语言等功能。

大脑包括两个半球，右半球和左半球由胼胝体连接。胼胝体这条神经束在有胎盘类哺乳动物身上演化了 1 亿多年。人类的胼胝体具有超过 200 万条的神经纤维，促成了两个半球间的信息交换。大脑的外表面由约 2~6 毫米厚的灰质皮层构成，灰质由神经元细胞体构成。灰质覆盖着由神经元长突起构成的白质。大脑皮层折叠为特定的形式，这些脑回有效地增加了大脑的表面积并增强了大脑的能力，同时又不需要增加脑腔容积。深深的脑裂或脑沟将大脑皮层上不同的区域或脑叶分隔开来。

先用浅色为大脑左半球的脑叶填色。再为小脑填色。

大脑皮层的脑叶总体上与覆盖在其上的头骨相对应。例如，大脑额叶（a）大部分位于额骨之下。从前到后，我们看到，额叶的中央前回与顶叶（b）的中央后回被中央沟分隔开来。枕叶（c）位于脑部后侧。大脑外侧裂将额叶和顶叶（上部）与颞叶（d，下部）分隔开来。这些边界经常在脑腔内侧留下印记。在原始人类脑部化石中，这些化石化的印记或内腔模型揭示了血液循环模式（见 5-21）以及和语言相关的脑部边界（见 3-22）。

后脑由脑桥、延髓和小脑构成，包括重要的感觉和运动中继中心，这些中继中心与脑部其他区域以及脊髓相连。和其他哺乳动物一样（见 1-4），人类的中脑也非常小。

为大脑皮层的各个功能区填色，它们与各个脑叶仅仅存在大体上的对应关系。为（h）和（i）填上反差明显的颜色。

通过神经束传递到大脑皮层的感官信息会在皮层的不同区域被处理：听觉信息在颞区的初级听觉皮层（f），视觉信息在枕叶区的视觉皮层（g），初级体感皮层（h）位于中央后回区，其附近的联合区负责接收并处理来自眼睛和耳朵的刺激信息，以及来自皮肤及肌肉骨骼的触觉、温度和压力信息。位于中央前回区及其联合区的运动皮层（i）负责控制并处理不同身体部位的自主肌肉运动。

联合区占据大脑皮层的很大面积，这些区域负责分析并解读初级感官区域接收到的神经信息，并对来过去经验的储存知识加以整合。运动前皮层（j）促进熟练的运动，前额皮层（k）参与思考和计划，与视觉皮层相关联的区域负责处理并储存视觉信息，新皮质的几个区域与言语的产生和理解有关（见 3-22）。这一记忆和提取经验的能力，使得类人灵长类发明出新的解决问题的方法，并对应着人类的"思考"能力。

为人类身体的各部分及其在运动和感觉新皮质上大致对应的神经处理区域填色。（l）到（s）分别代表身体和脑部的各区域。

注意身体各部位在这两个新皮质中所对应区域的排列是上下颠倒的。例如，脚是由感觉带和运动带的顶部所代表，而身体最顶端的部位却由新皮质较下部的区域所代表。皮层代表区的大小并不与相应身体部位的大小一致。例如，头、口和舌头占据了比它们所显示的相对大小大得多的区域，这是因为在进食、说话和通过面部表情来交流时脑部处理的信息流更大。同样，灵长类脑部分配给手部尤其是拇指的区域很大，用于提高高度发达的手部灵活性（见 3-12）。

人类的感觉皮层和运动皮层协同工作，以便我们对自己触摸到、听到或看到的事物有所觉察，并对其做出反应。感觉通过神经束被传递到大脑皮层进行处理，并进入意识中。例如，当人捡起一个物体时，手和眼先感知到这个物体，这刺激了感觉和视觉皮层中的感觉神经元，它们将信息传递到运动皮层，运动神经细胞将指示传递至手部的主动肌肉，于是捡起了物体。当胳膊和手在视觉的引导下完成动作时，小脑的神经信号会协调并矫正动作。小脑控制着身体平衡和其对空间位置的感知，从而协助完成流畅、精确的动作。

大脑皮层

3—21
脑部地图：大脑皮层

大脑"脑图" ✿

大脑 ✿

脑叶 ✿
额叶 a
顶叶 b
枕叶 c
颞叶 d

小脑 e

功能区 ✿

皮层 ✿
听觉皮层 f
视觉皮层 g
体感皮层 h
运动皮层 i
运动前皮层 j
前额皮层 k

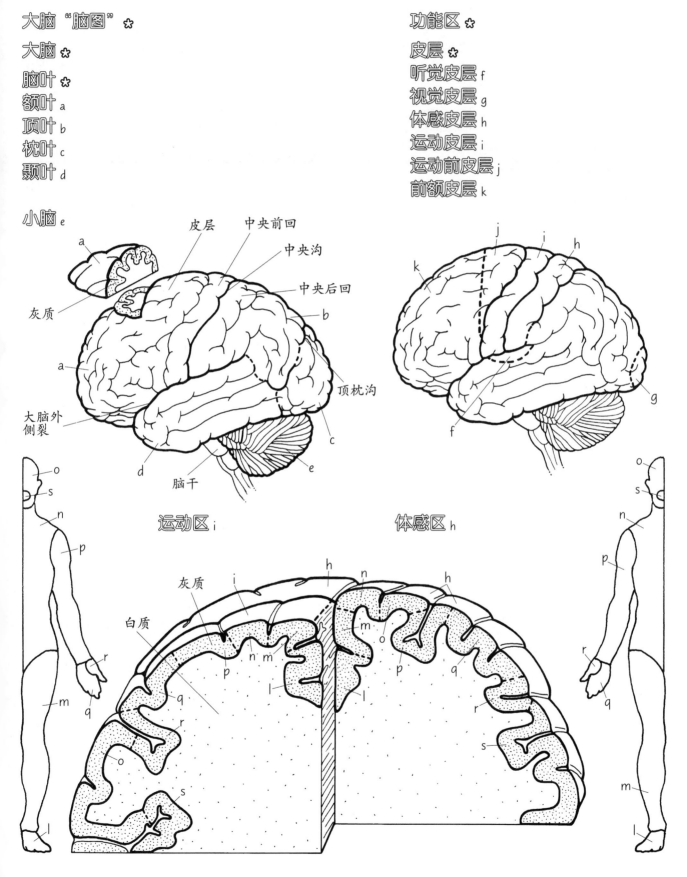

皮层
中央前回
中央沟
中央后回
灰质
大脑外侧裂
脑干

顶枕沟

运动区 i
体感区 h
灰质
白质

3-22
交流、语言与脑

猴类、猿类和人类的交流是多模式的，依靠着涉及多种感官，包括嗅觉、听觉、视觉和身体感觉（触觉）的信息输出与输入。信息通常是冗余的，也就是说，它们会通过不同形式来表达同样的内容。举例来说，灵长类发笑时会做出"玩耍脸"，尖叫时会做出惊恐的扭曲表情，而梳理毛发时则可能会发出轻柔的"咕咕"声。灵长类和人类的交流尽管有着很多相似之处，但也在两个内在相关的方面存在差异，即发声和面部表情对意志力（自主控制）的依赖程度，以及脑部的"控制中心"。人类的面部和声音可以由新皮质进行自主控制，而猴类和猿类的则不行。

为猴类的边缘系统填色。

控制猴类及猿类面部表情和发声的皮层区域与边缘系统中的脑中枢相连。这些脑中枢控制着情绪的表达，但并不像人类新皮质中的语言中枢那样能够自主控制。边缘系统的扣带回皮层会影响眶额叶皮层，以调节非人灵长类的面部表情和部分叫声。松鼠猴几乎全部的叫声都由边缘系统的这部分刺激所引发。如果这些区域受损，叫声就会出现明显的缺陷。

对于人类和其他哺乳动物来说，边缘系统的某些部分调控着身体各部位的进程，例如调节激素水平、心率和呼吸频率等。边缘系统有时也被称为"情绪"脑，因为它可能具有针对注意力、动机、情绪和激励的功能。拥有完整的边缘系统还是做出多种社会行为的必要条件，包括交友、侵犯和服从，当然还包括幼患的吸吮、依附和争宠等行为，这些都是生命在最初几周存活下来的必要活动（见3-14）。对边缘系统的刺激可能会产生愤怒、警觉、恐惧、狂喜或惊讶等情绪，而边缘结构受损不仅会导致面部表情缺陷，还有可能造成性行为、地盘防御、母性保护和社会交流方面的缺陷。

为语言相关的新皮质区域填色。

人类的边缘系统控制着非自主发声。借助讲话和语言进行的"自主"发声生成于新皮质。这些新皮质区域通常是单侧性的，即它们只位于两个大脑半球的其中之一，而且在左半球的情况比在右半球常见（见5-30）。刺激这些区域会干扰词汇、短语和句子的流畅性。

人类脑部的左侧视图展现了新皮质联络区中的布罗卡氏区和韦尼克氏区。它们只存在于由语言主导的半球中，非人灵长类不具备明显的对应结构。布罗卡氏区位于脑部左侧，而非右侧，它会影响言语表达时用到的面部、舌部、腭部和喉部的肌肉。当这个区域受损时，如中风患者，其言语表达会变得缓慢且吃力。在脑部左侧，韦尼克氏区包括了言语理解回路。当该区域受损时，言语表达可能依然流利，但内容错乱且缺乏逻辑。

请为通过PET扫描记录下的与语言有关的脑部活动填色。

当前，脑部活动可以用新的成像技术，比如正电子发射计算机断层扫描（简称PET）进行可视化。作为脑部功能的能量来源之一，葡萄糖在经放射性元素标记后被注射到血管中。当受试对象完成一项任务时，扫描仪会记录下正在消耗葡萄糖的脑部细胞的位置。PET扫描结果显示，一方面，脑部的额区在思考词语和生成言语时具有很高的活动性，而聆听词语时会运用听觉皮层及附近左颞叶的韦尼克氏区。另一方面，说出词语则要依靠初级运动皮层、布罗卡氏区及左额叶的联络皮层。脑部左侧的视觉皮层在看见词语时会被激活，比如在阅读时。理解和产生言语的能力取决于人脑分析听觉信息的方式。

人们认为，猴类和猿类的声音交流是"自我导向"的，因为它们的叫声会传达出情绪，如痛苦、喜爱和恐惧，而并不指代环境中的具体事物。然而，非人灵长类对于"情绪"和"指物"两种交流的严格区分在目前的研究数据基础上似乎难以自圆其说。诸如绿猴遭遇天敌时的报警信号（见3-20）之类的叫声就似乎传递着特定的含义，具有指代意义，也受动物的自主控制。尽管面部表情可以表达情绪，并且可能是自发且非自主的，但像年轻的大猩猩遮挡住自己的"玩耍脸"那样，手部的自主控制使它可以向雄性首领隐藏自己玩耍的动机（见3-18）。猿类或许无法控制自己的情绪，但它们可以在一定程度上将其隐藏起来！

相反，人类的语言则被认为是"事物导向"的，并且具有象征性，但人类的语言也并非与情绪状态分离。口语会通过声调和音质来传递很多信息（由右半球处理），并伴随着面部表情和身体姿态。词语本身传达的仅仅是部分信息。与其他灵长类交流不同的是，人类语言会依靠抽象概念来进行社会交流、构建社会体系、积累传统知识，以及认识自己。

交流、语言与脑

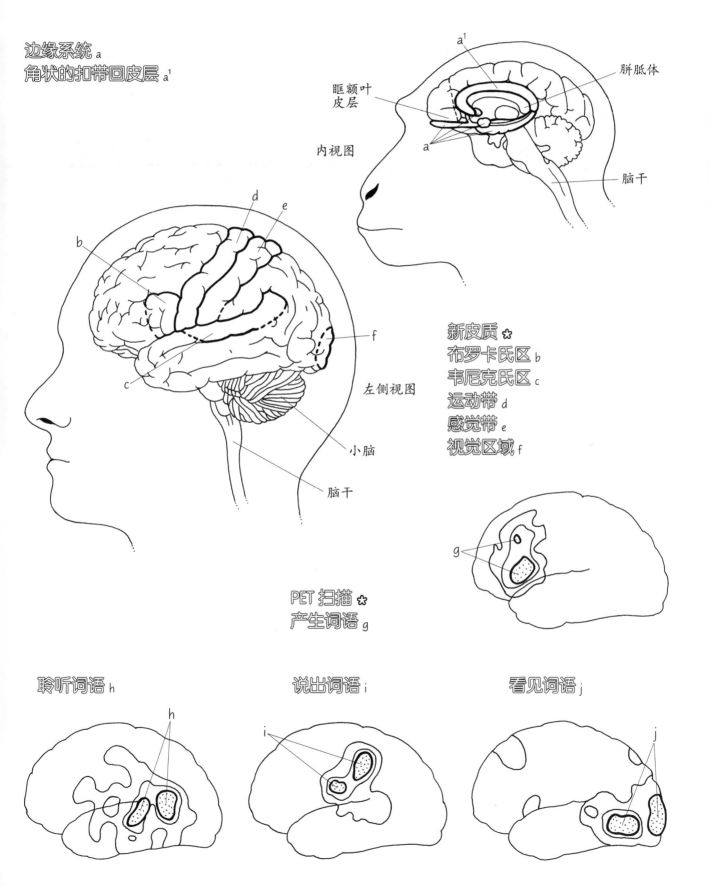

边缘系统 a
角状的扣带回皮层 a¹

眶额叶
皮层

a¹

胼胝体

内视图

a

脑干

b

d   e

f

左侧视图

c

小脑

脑干

新皮质 ✿
布罗卡氏区 b
韦尼克氏区 c
运动带 d
感觉带 e
视觉区域 f

g

PET 扫描 ✿
产生词语 g

聆听词语 h

h

说出词语 i

i

看见词语 j

j

125

3-23
灵长类的社交生活：社会群体与社交联系

灵长类终其一生都与同种的其他成员保持很紧密的联系。社会群体是动态的，成员会随着个体出生、离开、加入新群体、死亡而不断变化。群体成员数量在一段时间内可能会保持相对稳定，一个群体还可能在一段时间内占据同一个巢区（见3-4）。很多哺乳动物中的成年雌性和雄性在一年中的多数时间都分开居住，仅在繁殖季节聚到一起。相反，灵长类的社会群体则一般由两种性别以及多个年龄层的个体构成，在任何一个时间点，都可能包括多个世代。灵长类在群体规模、雌雄比例以及成员间的基因联系远近程度上都不尽相同。社交联系最初衍生自母婴的依恋关系（见3-14和3-27）。每个个体会学习识别彼此，并表现出适当的举止，而社会关系则为建立完整的群体奠定了基础。本节讨论的几个物种就为我们很好地阐释了群体构成及其动态变化的多样性。

为图版顶部的大狐猴群体填色。接着为较低树枝上的伶猴填色。大狐猴和伶猴代表了仅有一只成年雌性、一只成年雄性和若干幼崽的群体。

马达加斯加的大狐猴和南美洲的伶猴生活在由2~5个个体构成的小型群体中。这种群体规模也见于很多其他狐猴、眼镜猴（见4-8）和长臂猿（见4-31）中。这些物种的两性在体形和体重上差异较小（见3-30），生活在热带森林里的它们一般占据着特定领地（见3-4）。大狐猴和伶猴的成年雌性及雄性会通过"二重唱"来建立联系，这是它们保卫领地的一种方式。尽管大狐猴、伶猴、眼镜猴和长臂猿在群体规模和构成上非常相似，但它们社交联系的紧密程度大相径庭。例如，大狐猴、眼镜猴和长臂猿的雄性与幼崽几乎没有互动，而伶猴则相反，其成年雄性会怀抱并保护幼崽，与其建立起紧密的联系（见4-14）。

为图版左侧的赤猴群体填色。注意，群体中有多只雌性和幼崽，却只有一只和它们共同生活的雄性。接着也为全雄性的群体填色。

赤猴的两性差异非常明显。它们生活在以雌性为中心的群体中，包括10~30个成员不等，甚至更多。在非繁殖季节，一个群体中只有一只成年雄性。成年和少年期的雌性及幼崽是群体的核心。少年期的雄性在三岁时离开出生的群体后，会加入一个全雄性群体。在肯尼亚中部为期三个月的繁殖季节中，很多雌性会同时进入发情期（见3-25）。这时，其他雄性会挑战并取代该"原住民"雄性的地位，短暂地加入群体来进行交配，或在群体边缘与雌性交配。"原住民"雄性被取代的现象时有发生。

成年雌性和雄性的关系是短期的，而且雄性还很少与赤猴幼崽互动。成年雄性一生的大部分时间都与其他雄性生活在一起，中间穿插着与雌性和幼崽共同生活或独自生活的阶段。群体规模和组成根据雄性数量随季节或区域的变化而变化。这样的变化也发生在其他灵长类动物的种群中，如长尾叶猴（见4-23）和部分非洲长尾猴属（见4-21）。

为生活在有多只雌性、雄性和幼崽的群体中的日本猕猴填色，它们又被称为"雪猴"。图中的这些雪猴聚集在温泉中，已学会享受大自然的这种恩赐。

猕猴与狒狒、绿猴和白眉猴等种类一样，生活在由20~50个个体组成的群体中，成员甚至可能更多。这些群体包括多个成年雌性、新生幼崽、成年和少年期的雄性。成年雄性比成年雌性的体形要大得多。在猕猴群体内，母亲、子女和同母异父的同胞间会形成强大的情感纽带，并维持一生。在较大的群体中，这些被称为"母系"的家庭单元会形成亚群体，这些亚群体彼此保持较近的距离，频繁互相梳理，形成联盟，并具有类似的社会等级。幼崽在出生时的等级取决于母亲的等级，因此雌性后代的一生便相对稳定，而雄性则必须建立自己相对于其他雄性和整个群体的等级位置。雄性会离开自己出生的群体，并用一生在后续加入的邻近群体中建立起自己的地位。

无论具体的群体有什么样的构成，社交生活都具有很多优势，例如拥有更多的眼睛和耳朵来探测天敌，有机会合作觅食或保卫最佳的进食地点，轻易赢得交配对象，享有可庇护雌性及其新生幼崽的安全领土，共享能够照顾幼崽的"保姆"，以及拥有少年期的玩耍伙伴等。社交联系可以提供一种"社会黏合剂"，而有效的交流系统能够调节个体间的关系并加强纽带，同时减少冲突。

在结束本节之前，请回顾一下每个物种社会群体中雄性、雌性和幼崽的数量及分布情况。"一夫一妻制"或"多配偶制"这样的标签具有很强的误导性，因为它们只关注了群体生活的一种功能（交配）和一种社交联系（雌性和雄性的关系）。像"单雄"群体这样的分类法则只强调一个特定年龄及性别的阶层，而排除了其他的可能。实际上，很难为灵长类物种的社会结构打上绝对的标签或对其进行明确的分类。社交联系强度、群体规模及当地种群构成在种内和种间都具有很大差异。然而，这样的差异为灵长类的生存、交配和抚育幼崽等行为都带来了很强的灵活性和适应性，以应对各种各样的环境条件。

社会群体与社交联系

幼崽 a
少年期个体 b
成年雌性 c
成年雄性 d

3-24
灵长类的哺乳动物特征：生命阶段与生命史

哺乳动物有着区分明确的生命阶段，主要事件标志着从一个阶段到下一个阶段的转型：出生结束了怀孕期并开启了幼崽期；断奶终止了幼崽依赖期并开启了少年期的独立生活；性成熟则开启了繁殖期和成年生活。与其他哺乳动物相比，灵长类尤其是猿类和人类的各生命阶段更长。灵长类的脑相对较大，在出生后要发育更长的时间。脑的相对体积和物种谱系（见3-1）对生命阶段长度的影响比体形这一因素的影响更大。为突出灵长类之间的差异以及与非灵长类的对比，我们将一种小型非灵长类（家猫，约3千克）与四种小型灵长类进行对比，它们是环尾狐猴（3千克）、卷尾猴（3千克）、绿猴（3~5千克）和白掌长臂猿（5~6千克）。

为所有物种的怀孕期（以周为单位）填色。

免受外界环境影响的胎儿通过胎盘从母亲那里吸收营养。有胎盘类哺乳动物在子宫内的发育时间比有袋类更长，因而前者出生时的发育程度更高（见1-9）。尽管猫的体重与狐猴相近，但其怀孕期（6周）只是狐猴（18.5周）的1/3。卷尾猴的怀孕期长约23周，绿猴为27周，而长臂猿更长一些，为30周。灵长类比其他哺乳动物更长的怀孕期，与它们出生时脑部相对更大有关。

为每个物种的幼崽期（以月为单位）填色。

幼猫成窝出生，并且都被养在窝内。幼猫的眼睛是闭着的，依靠嗅觉、听觉和触觉寻找母亲的乳头。它们也依靠这些感官来感知同窝幼崽的存在。大多数灵长类一次只生育一只幼崽。出生时，灵长类幼崽具有发育良好的视觉、嗅觉、触觉和听觉，以及在幼崽期迅速发育的巨大脑部（见3-27）。幼崽会用手、脚主动地抓住母亲的毛发（见3-10），依靠母亲来移动，以及获得营养、温暖和保护。

幼猫在出生后一个半月时断奶，狐猴则是在4个月左右，卷尾猴为12个月，绿猴为10个月，而长臂猿则需要3倍于绿猴的时间，约为30个月。随着幼崽慢慢学会独立行走和进食，灵长类的完全断奶通常需要一段长达数周甚至数月的过渡期。

为少年期（以月和年为单位）填色。斜线阴影部分代表从少年到成年的过渡期。

幼猫在2个月时进入少年期，此时它们生长迅速，热衷于玩耍和练习捕猎技巧。在灵长类中，狐猴的少年期至少持续20个月，卷尾猴持续36个月以上，绿猴持续36个月，而长臂猿至少

持续48个月。少年期的灵长类的体形大小和体重有所增加；它们玩耍并练习运动技巧，同时建立社交网络（见3-28）。少年期个体继续享受由母亲、兄姐和其他成年个体提供的保护、社会互动以及情绪抚慰。在少年期尾声，雄性绿猴会离开自己出生的群体。长臂猿具有一个明确的亚成年期，其间它们会寻找配偶并建立自己的领地。

为成年繁殖期和寿命跨度（以月和年为单位）填色。

猫和许多其他哺乳动物向繁殖期的过渡非常迅速，但灵长类的过渡期很缓慢（如图中斜线阴影所示）。狐猴的过渡期约为6个月，卷尾猴和绿猴为1年，而长臂猿约为2年。注意，图版中长臂猿的过渡期是按年计算的，而非按月。

雌性哺乳动物在首次发情期达到性成熟（见3-25），比雄性性成熟的时间点更容易确定。雄性在达到成年体形之前就能够产生有活性的精子，但由于还未性成熟和尚未建立起社会地位，几乎没有机会交配。雌性在首次生产幼崽后便进入成年期。雌猫在约1岁时达到性成熟，并生育它的第一窝幼崽。雌性狐猴在3岁左右首次生产，卷尾猴在5岁时，而绿猴在4岁时，长臂猿则一直到将近9岁才首次生育后代。大多数雌性哺乳动物一生中都在繁殖后代，人类的繁殖模式是显著的例外。人类寿命远远超出了女性拥有繁殖能力的年纪，人类女性在40多岁时即丧失了繁殖能力。

寿命跨度测量的是从出生到死亡的时间。寿命跨度很难确定，因为可使用的数据不多，而且个体寿命的差异范围很大。家猫的寿命通常不会超过12岁，尽管它们也可能活到20多岁。环尾狐猴的寿命可以超过20岁，卷尾猴在圈养条件下可以活到40多岁，野生绿猴也能活到20多岁，长臂猿的寿命能超过30岁，在圈养条件下可以达到40岁。由于灵长类存活的时间较长，它们的社会群体可能由多个世代的个体构成，其中的年轻成员可以从年长成员那里学习到大量经验。

为了生存和繁殖，每个个体都要面临不同的挑战。从演化角度来看，自然选择在生命的各个阶段都在发挥作用，并非局限于交配和生育这两个时间点上。自然选择涵盖了个体的存活、成熟、寻找配偶、繁殖和确保后代存活等多个方面。每个个体都会以不同的方式经历生活事件，这为灵长类群体提供了复杂的集体知识储备。人类的各个生命阶段比其他灵长类的更长。人类的童年是少年期之前的一个独立的新阶段（见6-3）。

生命阶段与生命史

怀孕期 a
幼崽期 b
少年期 c
成年繁殖期 d
寿命跨度 e

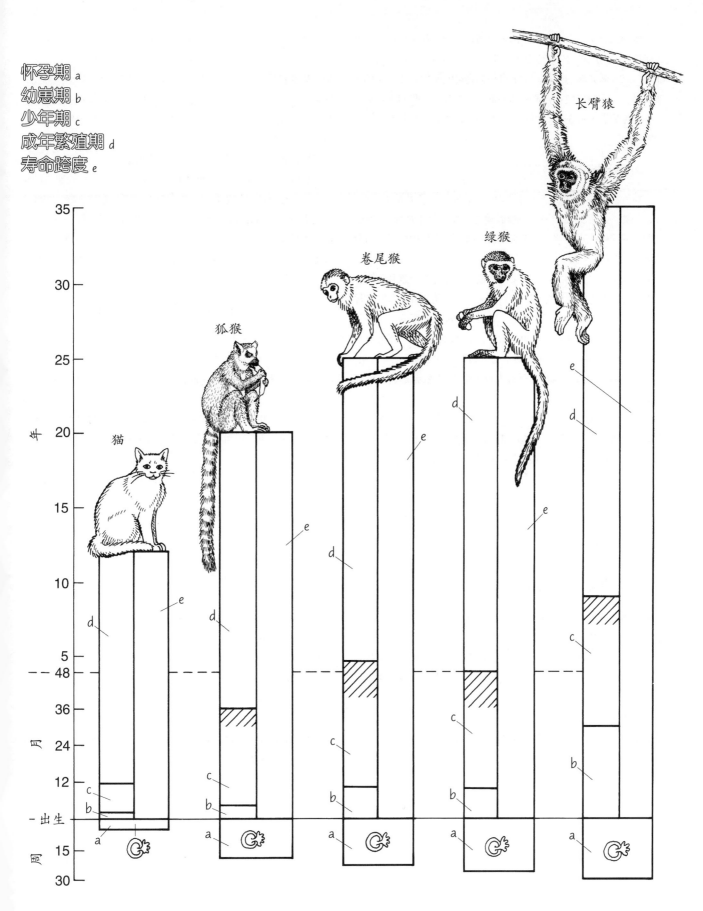

3-25
灵长类生命史：雌性生殖周期

雌性灵长类生命中很大一部分时间都处于某种生殖阶段。诞育能够存活到成年的后代涉及多个步骤，包括排卵、受孕、怀孕、哺乳，以及断奶后的抚养。每个事件都会影响雌性个体一生的生殖成果，并随之影响社会群体和种群。在本节中，我们用猕猴来代表狭鼻猿类（见 3-1），以阐释灵长类雌性每月、每年和一生的生殖周期。

为月经周期的组成部分填色。

雌性猕猴在大约三岁半时开始排卵，除了怀孕及哺乳期间，每月排卵一次。其他非灵长类哺乳动物雌性每年才排卵一两次。排卵周期受雌激素和孕激素控制，而这两者又由脑中的垂体所释放的激素控制。

在每个月经周期内都有一个卵泡成熟，并将雌激素释放到血液中。排卵发生在月经周期的第 14 天左右。卵泡将卵子释放到输卵管中，卵子可能会在那里受精。破裂的卵泡会发育为一个分泌孕激素的器官。在这种激素的刺激下，子宫内会形成一层充满血管并提供营养的物质，为着床做准备。如果成熟的卵子没有受精，那么释放的孕激素会减少，子宫内膜到第 28 天就会随着月经而脱落。

猕猴和其他哺乳动物的排卵会伴随发情现象，在身体和行为上会出现明显变化。臀部、尾尖和大腿处的特化生殖皮肤会扩大、变红。发情期的雌性会增加梳理毛发和觅食行为，并变得更具攻击性，会主动寻求与雄性发生性行为。阴道中的化学变化会发出气味信号，将雌性的生殖状态告知群体成员。发情期会持续七天左右，以保证在最可能受孕的时候能成功进行交配。发情周期以月为单位，到雌性怀孕时中止，一直到新生幼崽接近断奶时，才会重新开始。

为以年为周期的部分填色。

雌性猕猴全年都保持着与成年雄性的联系（见 3-23）。在发情周期，一只雌性会与群体中的一只或多只雄性进行交配。雌性可能会与多只雄性发生短暂的交配，也可能与一只雄性发生持续数小时甚至一天的交配。雌性在交配问题上具有选择权。它们会对某些雄性有偏爱，而且不一定选择社会等级最高的那些。不同物种的生殖行为差异明显。例如，长臂猿在建立最初情感联系后就很少交配。另一个极端是，倭黑猩猩经常发生性行为，甚至并不局限于发情期。

雌性猕猴一般会在三个发情周期内成功受孕。有些猕猴的生殖行为具有季节性。例如，日本温带地区的日本猕猴会在秋天交配，雌性在受孕后进入为期 6 个月的怀孕期。大多数生产都在春季进行，大约 75% 都发生在 3 月和 4 月。此时环境相对温暖，食物更加多样且容易获取。到了冬季，已经长大一些的新生幼崽更容易在寒冷的冰雪中存活下来。有些灵长类的出生会集中在某个高峰期，而不像日本猕猴那样具有一个出生季。

在怀孕期，雌性的体重会增加。相比处在月经周期内的雌性，它们还可能增加进食量，同时减少社交。在哺乳期，雌性会产生少量的低脂乳汁，以便能频繁地给幼崽喂奶。雌性还会一直携带着幼崽，直到它断奶独立为止。由于产生乳汁、携带幼崽、行走、觅食以及维持自身存活需耗费大量能量，雌性的体重在这个时期会降低。

为雌性猕猴一生的生殖规律填色，完成整个图版。

随着幼崽接近断奶，雌性会恢复生殖周期，很可能再次怀孕。群体内部不同雌性两次生育的间隔期（怀孕期加上哺乳期）的长短不尽相同，不同群体或种群的雌性也是不同的。在食物充足且气候温和时，雌性能获取丰富的营养，保持身体健康，可以每隔一两年便生产一次。如果尚在哺乳期的新生幼崽夭折，雌性会恢复生殖周期，很可能再次怀孕。在这种情况下，生育间隔期便会缩短。

对可辨识的雌性个体进行长期观察能够帮助科学家在其一生中提取出有助于成功生殖的变量。灵长类动物学家琳达·费迪甘（Linda Fedigan）和其同事们研究了在美国得克萨斯州食物充足条件下的日本猕猴，通过追踪 48 只雌性的一生，他们记录了其存活到 5 岁的后代数量。那些雌性拥有的后代数量从 0～14 只不等！较多的存活后代数量可能与长寿有关，因为这样就有更多机会怀孕。另一个因素就是生殖的节奏。出生间隔太短会增加幼崽死亡率，而间隔过长又会丧失交配并再次怀孕的机会。

长期研究还阐明了性行为在维持社交联系方面的作用。成年雌性在性行为上花费的时间相对较少。这个结论反驳了索利·朱克曼（Solly Zuckerman）在 20 世纪 30 年代提出的假说。朱克曼认为，性行为像一种黏合剂，使雄性和雌性聚集在一起。我们现在知道，这种"社会黏合剂"并不是性，而是在雌性最初为后代付出时间和能量基础之上建立的情感纽带。这种纽带会转化为群体中各个可辨识的成员之间维持一生的联系。

雌性生殖周期

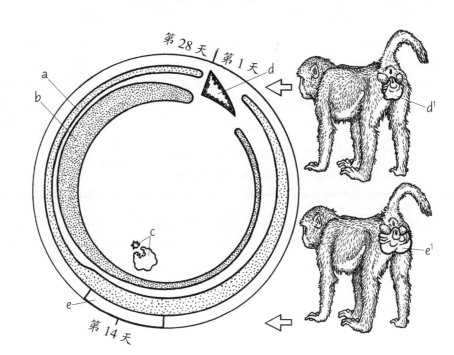

月周期（28 天）✿
雌激素 a
孕激素 b
排卵 c
月经期 d
生殖皮肤 d¹
发情期 e
生殖皮肤 e¹

年周期（12 个月）✿
交配季 f
出生季 g

生命周期（25 年）✿
幼崽期／少年期 h
性成熟 i
怀孕 j
哺乳 k

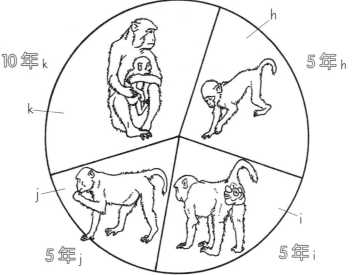

3-26
灵长类生命史：雌性生殖差异

琳达·费迪甘和同事们对雌性猕猴进行了长期研究，分析了与它们一生中所有存活后代数量相关的因素。其他研究也试图找到特定的变量及其对生殖成果的影响。本节将关注两项研究，其中一项研究的是体脂对于圈养的雌猴受孕和哺乳的影响，另一项则关注的是野生种群中雌性获取食物的情况。

从受孕阶段的生殖成果开始，先为雌性和它们不同的体脂百分比填色。然后为哺乳成果填色，并为雌性和它们不同的体脂百分比填色。

随着成年雌性经历生殖周期的不同阶段，它们的体重或增加或减少。雌性在怀孕末期最重，而在哺乳末期最轻——那时用于产生乳汁和携带幼崽的能量消耗最多。为了更详细地研究这种体重波动，人类学家罗宾·麦克法兰记录下了圈养的雌性南方豚尾猕猴身体构成的变化。这些雌性猕猴生活在有成年雄性的社会群体中。每隔15个月，麦克法兰就会为76只成年雌性逐一称重并测量体脂。她还记录下这些猕猴的生殖条件以及存活到六个月的后代数量。

在该研究中，76只雌性中有14只没有受孕。没有受孕的猕猴体脂量（9%）比成功受孕的（13%）明显更低。对于那些成功怀孕并诞下可存活后代的雌性来说，脂肪量也与哺乳成功与否具有相关性。无法哺乳的雌性在受孕前仅有10.2%的体脂，而那些成功哺乳的雌性体脂则达13.8%。每个个体都能轻易获取食物，所以它们不需要为食物竞争，但体脂量仍然存在差异，而且这种差异对于受孕和哺乳都会产生影响。

相反，一项对于草原狒狒的研究关注的则是食物获取难易度与觅食活动对雌性体重和体脂的影响。

先用反差明显的颜色为"胡克群"和"旅店群"的雌性狒狒填色。再为觅食时间和日间行动距离的差异填色。

灵长类动物学家珍妮·奥尔特曼和斯图尔特·奥尔特曼夫妇、菲利普·穆鲁西（Philip Muruthi）及其同事们研究了成年雌性草原狒狒。这些狒狒来自肯尼亚安波塞利国家公园中同一个种群内的两个社会群体。"胡克群"在自己巢区附近寻觅食物（见3-4），而"旅店群"则生活在一个"旅店"附近，以人类的残羹剩饭为食。

"胡克群"的雌性每天花在觅食上的时间是"旅店群"雌性的两倍（45%和22.5%）。然而，这两组雌性摄入的热量却很相近："胡克群"平均摄入3,450千焦能量和21克蛋白质，而"旅店群"则摄入3,830千焦能量和31克蛋白质。千焦是一种热量计量单位。两者每天行动距离的差异明显。那些主动觅食的雌性每天要走8~10千米，而从垃圾箱中找食物的雌性的活动距离还不到4千米。

为体重和体脂填色。

野外觅食的雌性的平均体重为11千克，而以"垃圾"为食的雌性则为16千克。在身体构成上，前者仅有2%的体脂，而后者的体脂为23%！体重和脂肪会影响生殖。"旅店群"的雌性体重较大、体脂较高，能够在四岁半时就首次怀孕，而"胡克群"的雌性要到五岁半。"旅店群"的新生幼崽生长迅速，断奶也更早，其雌性可以更早地恢复生殖周期，更快地再次怀孕，从而缩短生育间隔。

这些补充研究阐释了在个体和群体层面影响生殖的变量。一方面，在麦克法兰关于雌性南方豚尾猕猴的研究中，一只雌性的相对体脂量与怀孕、哺乳及新生幼崽的存活率都有相关性。那些雌性南方豚尾猕猴生活在相似的环境中，具有相似的活动水平。研究人员在雌性个体中观察到的差异与个体身体条件上的差异有紧密联系，这可能反映了基因构成上的差别，而不是环境造成的直接影响。

另一方面，安波塞利国家公园的研究则展现出两个群体在食物摄取和活动方面的区别。体重和体脂与在行动和觅食中花费的精力呈负相关。"旅店群"的雌性更容易获取食物且每天的行动量更少，导致了体重和体脂的升高。可利用的食物的数量和质量以及活动水平会一并影响雌性的身体条件，继而影响生殖。

个体差异的存在是自然选择发挥作用的前提。在第一个例子中，虽然不同雌性具有相似的食物来源，但仍存在体脂差异，进而影响生殖。而在另一个例子中，来自同一野生种群但生活在两个社会群体中的雌性具有不同的生殖条件。差异是演化变异的基本条件之一，在前一个例子中是个体的遗传差异，而在后一个例子中则是与群体成员和巢区范围相关的机会因素。

雌性生殖差异

生殖成果 ✿
未怀孕／脂肪较少 a
怀孕／脂肪较多 a^1

9％a

13％a^1

体脂百分比

未哺乳／脂肪较少 b
哺乳／脂肪较多 b^1

10.2％b

13.8％b^1

体脂百分比

群体差异 ✿
胡克群 c
旅店群 d
觅食时间 c^1, d^1
日间行动距离 c^2, d^2
体重 c^3, d^3
体脂 c^4, d^4

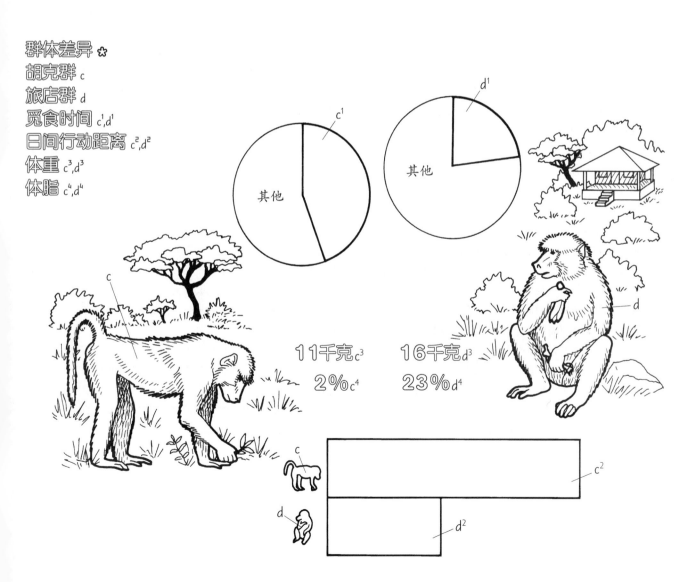

其他

其他

11千克c^3

16千克d^3

2％c^4

23％d^4

3-27
灵长类生命史：新生幼崽及其存活

幼崽期是灵长类一生中的关键阶段，标志着在子宫中受保护的胎儿期的结束和在外独立生活的开始。出生时，灵长类新生幼崽是完全不独立的；它们必须被喂养才能存活和生长；而且它们必须受到保护，以免受极端气候、捕食者、其他群体成员以及社交和自然环境中各种危险的伤害。幼崽期是一段充满危险的时期，诸多因素尤其是母亲的贡献有助于幼崽获得其生命的良好开端。新生幼崽的"工作"就是发育体格和发展社交。本节将从幼崽的视角来考察灵长类的"生活安排"和存活。

先为猴类新生幼崽和断奶幼崽体格生长的各个部分（脑、体重、齿系）填色。再为幼崽及其社会群体填色。

灵长类的脑在出生后的最初数月到几年内迅速成长。出生时，幼崽的脑与其体重的百分比大约为成年个体的 10 倍（见 3-10）。猴类的脑在出生时的体积为成年后体积的 65%（猿类约为 45%，人类约为 25%）。断奶时，猴类的脑的大小达到了成年后的 95%。

出生时较大的脑使得幼崽具有良好的嗅觉、听觉和视觉来探测外部环境。它强有力的手脚紧抓母亲的毛发。它必须与母亲保持紧密接触，以跟随其移动，并频繁地吸吮促脑继续发育的乳汁。由于脑在出生后快速发育，可以推断，灵长类新生幼崽的行为不是"先天"的，而是通过经验塑造的，后者甚至会改变脑的内部特征。这种相对延长的神经发育对大多数哺乳动物的新生幼崽来说是致命的，因为它们在出生后不久就独立生活了。灵长类的社会群体为其脆弱的幼崽提供了一个相对安全的避风港，给予了它们学习和发展的时间。

骨骼和身体的生长随体重的增加而增加。刚出生时，狭鼻猿类新生幼崽的体重约为母亲体重的 5%。随着骨骼逐渐硬化，骨架变得强壮（见 6-5），肌肉组织有所增加，并且随着幼崽冒险离开母亲、自己探索的行动能力的发展，它们后肢的相对重量也会增加（见 3-10）。灵长类动物学家菲利斯·李（Phyllis Lee）估算，到断奶时，灵长类幼崽的体重会达到出生时的四倍，旧世界猴类幼崽断奶时可达到成年体重的 20%。

幼崽在出生时不具备萌出的牙齿。在胎儿阶段，牙胚在颌骨上形成，出生后乳齿开始长出（见 6-4）。接近断奶时长出最早的恒牙——三颗白齿中的第一颗，占总牙齿量的 12%。随着幼崽逐渐了解哪些是可食用的食物，成长中的幼崽开始食用其他东西作为对乳汁的补充。

从出生时起，幼崽就已经是社会群体中的一员，而不仅仅是孤立的母 / 婴对的一部分（见 3-23）。幼崽的社交生活始于母亲，贯穿彼此的身体接触和情感联系，幼崽被母亲携带和抱持，逐渐熟悉母亲的社交网络。与兄弟姐妹的互动是这一网络的重要组成部分。

享受免费饮食和"搭便车"的新生幼崽并不是完全被动的。恰恰相反，随着其成熟，幼崽在维持与母亲的关系，寻找它的位置，参与它的活动等方面发挥着日益积极的作用。新生幼崽与母亲及其他个体通过声音和表情交流，互相回应。通过将动作与母亲相协调和观察它的互动模式，新生幼崽学习了各种社交技巧，并借此融入群体中。

为与食物质量相关的新生幼崽存活率填色。

在这段脆弱的生命时期，新生幼崽的存活并不能得到保证。许多原因都可能导致幼崽无法存活，例如先天体质较弱、感染、意外事故、致命伤或被捕食等。长期的对比研究结果凸显了母亲获取食物的难易程度和食物的质量对于幼崽存活的影响（见 3-26）。灵长类动物学家渡边邦夫（Kunio Watanabe）和同事们总结了对日本幸岛上的日本猕猴 34 年来的观测数据。在接受大量人工食物补充喂养期间（1952—1972 年），大约 80% 的新生幼崽都存活了下来。在严格限制或仅仅偶尔接受补充食物期间（1972—1986 年），猕猴不得不寻觅可获得的野生食物，只有 55% 的幼崽在生命的第一年存活了下来。

环境也会影响母亲的健康和生命安全，并因此影响它抚养其幼崽的能力，进而影响幼崽的存活（见 4-7）。菲利斯·李和同事们在肯尼亚安波塞利国家公园记录了生活在食物的质量和丰富程度各不相同的巢区中的三个非洲绿猴群体中的幼崽的存活情况。在巢区中食物质量最高、数量最多的群体中，60% 的新生幼崽存活超过一年。在巢区食物分散且质量较差的另外两个群体中，只有 40% 的幼崽存活下来。如果食物贫乏，母亲无法获得哺乳所需的能量，则幼崽生长缓慢或是死去。相反，当食物充足时，母亲能够摄取足够的哺乳所需的能量，将有助于幼崽脑部发育和身体生长，有利于其存活。

随着新生幼崽在生理层面上开始独立，它们体形增大，长出成年的毛色和恒齿，身体协调能力提升，肌肉也逐渐发育。随着其脑部的成熟，幼崽学会认出其他群体成员，并表现出相应的行为。这一灵长类独特的发育成长模式为它们在复杂的自然环境和社会系统中生活奠定了基础。

新生幼崽及其存活

新生幼崽 ✿
脑部大小 a
体重 b
齿系 c

断奶幼崽 ✿
脑部大小 a¹
体重 b¹
齿系 c¹

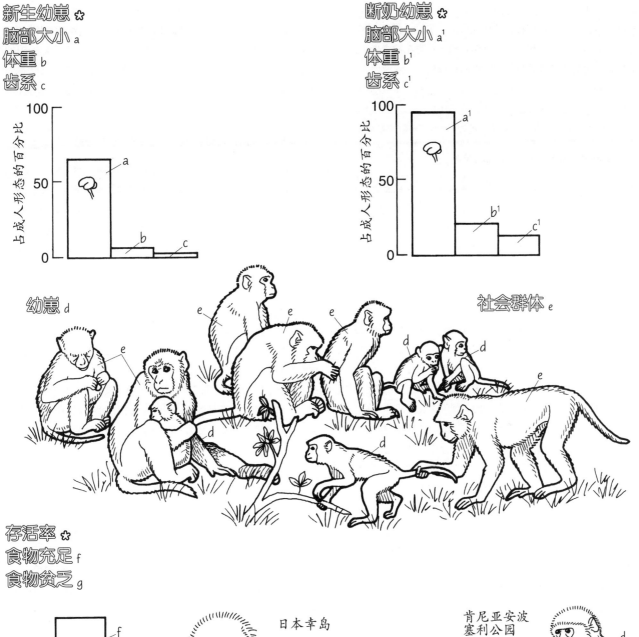

幼崽 d

社会群体 e

存活率 ✿
食物充足 f
食物贫乏 g

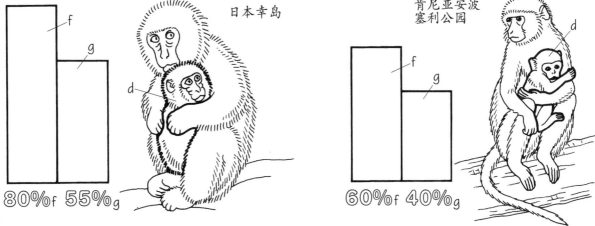

日本幸岛

80%f 55%g

肯尼亚安波
塞利公园

60%f 40%g

3-28
灵长类生命史：少年期与过渡期

少年期灵长类个体正式告别了幼崽期和以母亲及兄弟姐妹为中心的社交生活。它们越来越多地将自己的生活向外指向同龄个体和其他群体成员。尽管社会群体提供了一定保护，但少年期的生活依然有着相当大的风险。这些年轻的灵长类在捕食者面前非常脆弱，也可能受到其他群体成员的骚扰或伤害。除此之外，它们还面临独立生存的压力。在这个阶段，少年期个体从幼小、不成熟的个体成长过渡为接近性成熟和成年体形的个体。少年期的"工作"是学习其物种的"灵长类方式"，并为未来奠定基础。

为少年期个体体格生长的各部分填色。

断奶是一个跨越数周或数月的逐渐的过程。它标志着幼崽期的结束以及独立觅食和行动的开始。体格发育的重点此时从脑部转移到躯体上。少年期体重约达到了成年的80%，骨骼基本闭合生长（见6-5），体重增量的大部分来自肌肉组织（见3-10）。少年期个体的恒臼齿会一直生长到第三臼齿长出，即长出成年牙齿数量的85%。对于成年个体具有明显性别二态性的物种，雌性和雄性的少年期个体开始在体形上出现差异。

少年期个体的存活依靠通过学习找到适当的食物并避开有毒物质。野外生物学家斯图尔特·奥尔特曼记录了肯尼亚安波塞利公园中年轻狒狒们如何寻找、制备并咽下数十种食物，其中很多食物仅在很少的地点和有限的时间内出现。它们通过试错认识某些食物，但更多的饮食知识来自近距离观察进食的成年个体，并在成年个体咀嚼时在其嘴边嗅闻。根据对其他哺乳动物的实验结果判断，灵长类新生幼崽可能在母亲的乳汁中，甚至是在出生前通过胎盘获得营养物质时，就对某些食物的味道敏感了！因此，吃什么和不吃什么的知识是以不同的方式代代相传的。

为社交玩耍填色。

玩耍活动始于幼崽期，频率和强度在少年期有所增加，到青春期减少。少年期生活以玩耍为中心，玩耍活动提供了一个良性环境，让它们在其中学习并练习照顾、性行为、攻击性行为以及社会交流等。

玩耍还是一种身体训练。跳跃、奔跑、追逐、攀爬、摔跤、摆弄和携带物品锻炼了肌肉和骨骼，促进了生长和发育，还能增强视觉与协调性、提高反应速度以及其他运动技巧。玩耍有助于培养随机应变，也刺激了与创新行为有关的脑部活动和体格发育。

无论是独处还是社交，玩耍都是有益的。单独玩耍时，个体可以练习各种运动技巧，例如使用工具或者自行探索这个世界。群体嬉戏可以练习沟通交流和迅速对其他个体的举动做出回应。"玩耍脸"和手势（见3-18）可以同步信号发出者和接收者的行为。在彼此较量身体力量和反应速度时，同一群体的少年期个体彼此熟络起来，并结识附近群体的成员。

为表现降雨和食物丰富度对玩耍频率影响的曲线图填色。

玩耍的频率和强度是一个衡量总体健康状态的指标，它受到环境质量的影响。例如，菲利斯·李发现，肯尼亚安波塞利公园中绿猴的玩耍行为在雨季和旱季并不相同。在旱季，食物较分散，少年期个体要花更多时间和精力来觅食，接触其他玩伴的机会也更少。在营养不足或社群压力下，玩耍行为减少，成长也可能变得迟缓。在雨季，食物质量改善，觅食时间减少，玩耍频率随之升高。

为离开其出生的群体的少年期个体填色。

在许多灵长类物种中，接近青春期和成年期的少年期个体将视野投向其出生群体之外。它们出走并加入另一个社会群体，这些群体可能仅"一墙之隔"，也可能相距比较遥远。基于不同的物种，扩散的成员可能是雄性，可能是雌性，也可能两者都有。移动到另一个群体中需要活力和与新伙伴打成一片的社交技巧。随着少年期个体接近性成熟，雌性和雄性的生活方式开始出现差异，因为两性所追求的繁殖日程安排并不一致。少年期个体是群体中新老两代之间的桥梁，通过离开其又成为群体之间的纽带。

关注少年期个体生活的状况，有助于我们了解其后续发展。通过追踪肯尼亚安波塞利公园中少年期的狒狒个体，斯图尔特·奥尔特曼发现，摄入包括高水平能量和蛋白质的平衡饮食的少年期雌性个体存活得更久，并且在成年后的繁殖也更成功。

幼崽期和成年期之间持续较长的少年期（见3-24）让灵长类获得了习得性技巧和经验记忆。这一延长的不成熟时期和巨大的脑部强化了身体上和社交中的可塑性，提高了在此后生活中解决问题的灵活性。通过社交探索，下一代的少年期个体间形成了纽带，并建立起能够保证群体具有长期凝聚力的终身社交网络。

灵长类生命史：少年期与过渡

身体变化 ✿
断奶幼崽 a
少年期个体 b

成年发育百分比 ✿
脑部大小 a^1,b^1
身体大小 a^2,b^2
牙齿 a^3,b^3

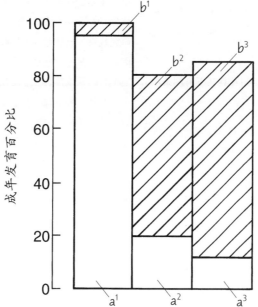

降雨、食物丰富度 c
玩耍频率 d
　高 d^1　　　低 d^2

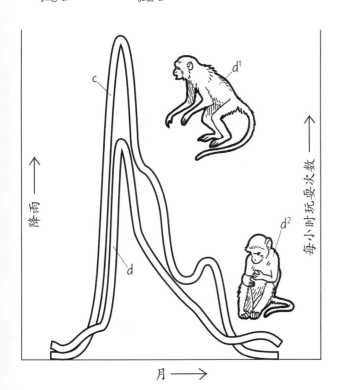

社交玩耍 e

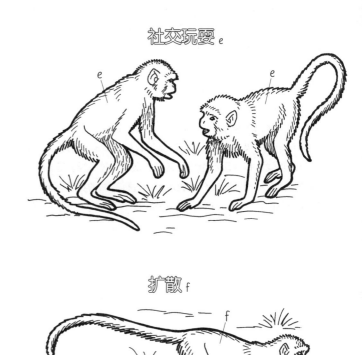

扩散 f

137

3-29
灵长类生命史：雄性及其社交生活

在灵长类的社交生活舞台上，成年雄性扮演着多重角色（见3-23）。它们充当配偶、母亲和新生幼崽的保护者、群体的守卫者，以及群体巢区边界的巡逻员。它们甚至学会了在一只意欲交配的雌性面前相互容忍，这在哺乳动物中是非常罕见的和解状态。在不同的灵长类物种之间，甚至在同一个物种内，雄性的行为都有相当大的区别。本节将阐述在雄性草原狒狒中发现的一些社交行为上的差异。

一边阅读文字，一边为图版中的每种行为及其在下方图条中的位置填色。

雄性的行为很多样，从养育和保护，到冲突和暴力。它们守护并照顾幼崽，然而可能也会攻击其他雄性，有时甚至攻击雌性或新生幼崽，在极少数的情况下，可能对对方造成严重伤害。

雄性狒狒对生产期间的雌性十分关注，以确保它们获得足够食物和水，它们还会保护新生幼崽，以及与其玩耍。成年雄性和雌性常常发展出友谊，雄性会与朋友坐下来，为对方梳理毛发，并与其子女玩耍。雄性对幼崽的容忍度很高，即使它们烦人地在自己身上爬来爬去也不在乎。地位高的雄性可能充当和事佬的角色，把打架的双方分开。

不过，狒狒的社交生活中并非只有友谊。成年雄性能够展现出凶狠和危险的一面：相互竞争的雄性可能打斗并造成严重伤害。雄性有时会殴打成年雌性或杀死新生幼崽。雄性的体重是雌性的两倍，长有利刃般的犬齿（见3-30）。冲突常常通过面部表情、身体姿态或暴露犬齿等交流得以避免。但是当这些讯号无效时，威胁性的对峙和肢体冲撞便随之而来。

灵长类雄性行为的种间差异十分巨大。雄性伶猴通常是幼小者殷勤的保姆（见4-14），雄性赤猴可能在全雄性群体中轻松地生活在一起（见3-23），但有时又彼此回避。有些物种的雄性互相梳理毛发，作为缓和个体间紧张关系的一种手段。它们为了争夺统治地位或与雌性交配的权利可能进行激烈的竞争，但它们也可能形成同盟，合作狩猎，并通过抚摸、手势或叫声来控制其攻击性。

为加入狒狒群体的雄性填色。

在许多物种中，年龄稍大的少年期个体或青春期个体以及年轻的雄性会离开出生群体，加入其他群体。它们以此避免和家族里的年长雄性竞争，还能在附近的群体中找到没有血缘关系的性伙伴。根据灵长类动物学家雪莉·斯特鲁姆（Shirley Strum）的研究观察，成功地融入新群体主要依靠的是雄性个体的社交技巧。例如，一只雄性移居者通常要先与一只雌性交上朋友，才能顺利地被它的家族接纳，继而被整个群体接受。

某些物种的雌性也会更换群体，一般一生只更换一次，在其拥有第一个后代之前。没有雌性那种繁殖时在能量上的限制，雄性在行动以及寻求冒险和新的社会关系方面更加自由。

关于雄性的繁殖成果一直以来有很多争论。什么因素决定一个雄性一生产生多少后代？首先，它必须能够产生具有活性的精子，然后接近雌性，并且完成交配。雌性知道自己的子女是哪些，但除人类以外的雄性灵长类都无法得知哪个新生幼崽是自己的孩子，并且它们也没有"父亲"和"亲生"子女的概念。

在DNA测试问世之前（见2-12），灵长类动物学家也没有确定父亲身份的可靠方法。现在已经证明，许多前DNA时代的观点都是错误的，例如，当时人们普遍认为，等级最高的雄性是大多数后代的父亲，而雌性很少或从不与群外个体交配。通过DNA测试，如今我们发现，等级低的雄性也会产生后代，而雌性与群外个体交配的案例可能是很普遍的，尽管这很少被野外工作者观察到。与理论恰恰相反的是，曾被认为是能够保证雄性成功繁殖出众多后代的因素，比如雄性的社会等级、战斗能力、交配频率、杀婴行为、与雌性的友谊等，都不再是不证自明的。

长期研究确实得出了两个对雄性一生繁殖成果有积极影响的因素：雌性的选择和雄性本身的寿命。雌性的偏好是雄性繁殖成果的重要决定因素。例如，雌性狐猴（见4-7）更喜欢与群体内的雄性交配，而雌性猕猴则偏爱刚刚加入群体的"新家伙"。雄性长寿一般反映其健康状况良好，以及有更多的交配和产生后代的机会。和雌性相比，雄性的行为风险更高，指不定哪天就消失或死亡了。在有些群体中，这些情况提高了成年雌性相对于雄性的数量比例。

由于灵长类雄性和雌性在社交行为上的广泛差异，不太可能将雄性一生的繁殖成果归因于任何单一因素或任何简单的理论解释。

雄性及其社交生活

养育 a

友谊 b

容忍 c

侵略 d

伤害 e

新雄性 f

3-30
性别差异：雌雄分殊

成年雌性和雄性在生殖解剖特征上有所区别，在许多物种中，雄性体形更大，有着更长的犬齿。然而，在另一些物种中，并不那么容易区分两性个体。在某些物种中，雌性与雄性能以一种不常见且细微的方式相区分。本节将举例说明三种不同的性别差异模式：性别二色性、性别二声性和性成熟差异。

为黑狐猴的体重和犬齿填色。请务必用文中描述的颜色为雌性和雄性填色。

和大多数原猴类一样，马达加斯加的雌雄狐猴在体形和牙齿大小上的差异很小。雌雄黑狐猴的体重一样，上犬齿的大小和形状相似。黑狐猴显著的性别差异表现在毛发颜色和图案上，这就是性别二色性的例子。雄性黑狐猴从脸、头、背部到腹部和尾巴都是漆黑的；与之不同的是，雌性黑狐猴具有棕色的背部和尾巴以及白色的腹部和灰色的头，且耳边和颌周围长有白色的长毛。雌雄黑狐猴的自然花纹差异是如此之大，以至于看上去就像是两个物种！

黑狐猴以果实为食，生活在马达加斯加西北部，每个群体平均有 7 ~ 10 个个体。雌性统领雄性，这在狐猴中是很常见的模式（见4-7）。通过它们独特的自然花纹可以很容易地区分雌性和雄性。

为白掌长臂猿及其特征填色。

某些长臂猿物种具有性别二色性，但不包含白掌长臂猿，所以很难靠这一点区分白掌长臂猿的雄性和没有幼崽以及处于青春期的雌性。成年白掌长臂猿的体重相近，两性都有高度发达的犬齿，各自的生殖解剖特征并不明显。长臂猿生活在会守卫自己领地的小型家庭群体中（见3-4 和 4-31）。两性共同占有统治地位，两者都对偶然遭遇的附近群体中的同性成年个体表现出攻击性和低容忍度，常因此导致领地争端。所以，雄性的面部常常可能会带有伤口。人类学家约翰·弗里施（John Frisch）发现，41%的雄性白掌长臂猿都有犬齿损伤或缺失，20%的雌性也有此类情况。

在每个长臂猿物种内部，叫声将成年雌性与雄性区分开来。长臂猿配偶会合作"二重唱"，两性各自的演唱略有差异。雌性的"高声呼喊"是长臂猿歌声中最容易辨识的部分，且明显区别于雄性的声音。长臂猿的叫声是其演化适应的关键部分，并承担了多种功能，包括作为区分不同物种的方式，寻找、确定并维护领地边界，吸引配偶，增强群体内两性之间的纽带，以及辨别附近群体中发声者的性别等。

东非狒狒中雌性和雄性的部分特征展示了性成熟差异。为这些特征填色。

草原狒狒的两性差异异常明显。雄性的体重几乎是雌性的两倍，还具有长达 7 厘米的刀片般的犬齿。巨大的齿根需要骨骼和肌肉的支持，导致雄性狒狒具有粗壮的头部和突出的口鼻部，使其外貌像狗一样。雌性的头部较小，口鼻部较短，身体也更纤细，在发情期会展现出艳红色的阴部肿大（见 3-25）。

两性个体在体形和犬齿大小上的显著差异来自不同的成长和发育模式。雌性在四岁半左右开始出现阴部肿大，六岁时达到性成熟，在六岁半左右产下第一个后代。此时，它们已长到成年体形，犬齿完全长出，骨骼生长也近乎完成。随着第一只幼崽的出生，雌性狒狒在所有层面上——性、生理和社交——同时达到了成熟。

雄性的生长发育模式非常不同。一只雄性可能在大约五岁时产生有活性的精子，这时，它的体形仅有成年雄性的一半大，所以很难找到交配机会。它继续生长发育几年，增加体重，长出更大的犬齿。它开始对所有成年雌性具有压倒性优势，并逐渐过渡到成年状态。生理在十岁左右终于达到成熟，并且它已具备了和其他成熟雄性竞争的条件，可以借反对其他成熟雄性来测试自己的力量和形成同盟，以及被雌性接受参与交配。与雌性不同，雄性在性和生理上成熟之后，需要很久才能在社交层面上达到成熟。

和狒狒一样，大猩猩、红毛猩猩、赤猴也具有突出的性别二态性。基于性成熟差异，这些物种的雄性的体形都会长得更大。在同龄雌性已达到其成年体形后，成年雄性仍会继续成长。

灵长类当然可以轻易地辨别自己种内的雌性和雄性，但对人类来说，就不一定那么简单了。灵长类动物学家常常需要像侦探那样，注意到不那么明显的线索，以区分雌性和雄性。若是由于雌雄黑狐猴显著不同的自然花纹就称它们是两个物种，或将一只未成熟的雄性狒狒误当成完全成熟的雌性，或因耳力太拙，听不出长臂猿"二重唱"中雌性和雄性各自的声部，那就太尴尬了。

雌雄分殊

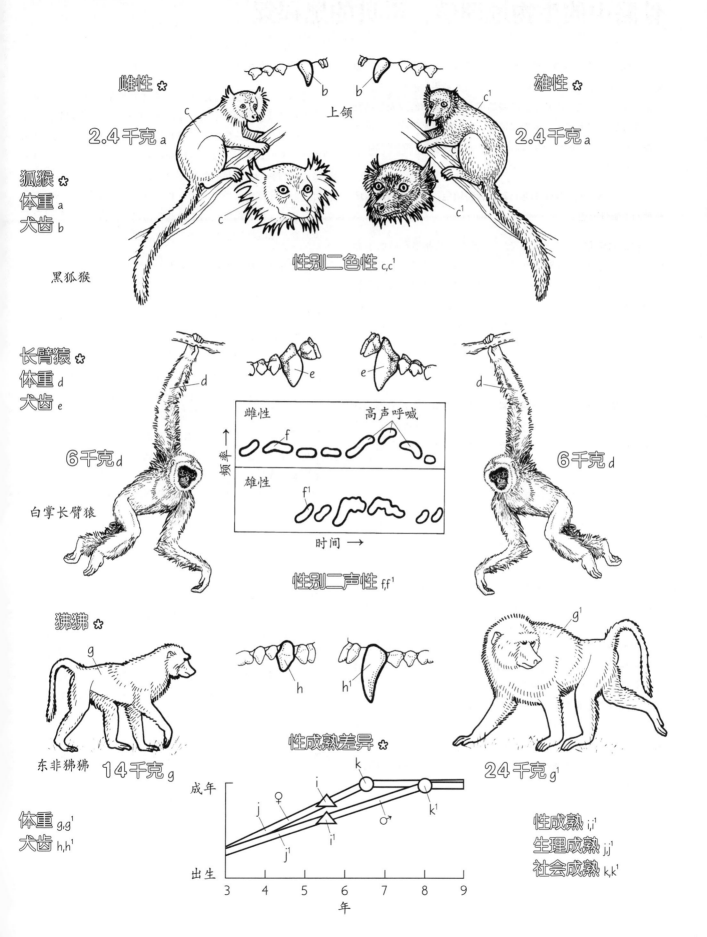

雌性 ✱

雄性 ✱

2.4千克 a

2.4千克 a

上颌

b

b

c

c^1

c

c^1

狐猴 ✱
体重 a
犬齿 b

黑狐猴

性别二色性 c,c^1

长臂猿 ✱
体重 d
犬齿 e

6千克 d

6千克 d

白掌长臂猿

d

d

e

e

c

雌性

高声呼喊

f

频率 →

雄性

f^1

时间 →

性别二声性 f,f^1

狒狒 ✱

g

g^1

h

h^1

东非狒狒

14千克 g

24千克 g^1

性成熟差异 ✱

体重 g,g^1
犬齿 h,h^1

成年

k

i

j

♀

i^1

k^1

♂

j^1

出生

3   4   5   6   7   8   9
年

性成熟 i,i^1
生理成熟 j,j^1
社会成熟 k,k^1

141

3-31
骨骼中的生物地理学：贡贝的黑猩猩

1960年，珍·古道尔开始在坦桑尼亚的贡贝国家公园观察黑猩猩。古道尔和其同事们的研究持续了四十多年，揭示了黑猩猩的家庭生活、社交网络和生活经验的细节。认识到研究完整动物的重要性后，古道尔尽可能地保留下了它们的骨骼。这些骨骼无一不讲述了个体生命独一无二的故事，为黑猩猩种群的研究添加了一个基于生物学的维度。

先为弗洛家庭群像中的弗洛和弗林特填色，再为弗洛的肖像和她的下颌骨填色。

古道尔研究的第一个黑猩猩家庭是女家长弗洛及她的子女们：较年长的两个儿子法本和费根，青春期的女儿菲菲，儿子弗林特和女儿弗拉梅。弗洛是一只社会等级很高的雌性，度过了长寿的一生，一直活到了45岁左右。随着弗洛慢慢变老，她变得越来越虚弱和消瘦，行走和攀爬出现困难，由于牙齿磨损，她在获取和处理食物方面也出现了问题。弗洛的骨骼记录了一个强健的个体在其一生中大部分时间内的故事。她的骨骼较大，随着年龄增长，某些矿物质流失，但关节没有退化；在她去世前几年，牙齿有明显的脱落和磨损；早年的骨折在愈合后似乎并没有影响她后来的生长和对后代的成功养育。在弗洛去世前，她的女儿菲菲也当上母亲，诞育了8只后代。菲菲的女儿范妮和弗洛茜也生育了后代，这说明弗洛的繁衍很成功。

为弗林特和他的下颌骨填色。

弗林特是弗洛的第四个已知后代，弗洛生育他时年龄已在35～40岁之间。幼崽期的弗林特发育表现正常，但到少年期后，生理发育和社交成长都很迟缓。他留在弗洛身边，没有和其他雄性一起冒险离开群体。其觅食方式和行动规律受到年迈母亲的能力的限制，这可能损害了他的营养状况。大约八岁半时，弗林特在其母亲去世三周后也跟着去世了；他对母亲的去世伤心欲绝，从未离开她的尸体。他的骨骼揭示了一个充满成长问题的故事。他的脑体积和牙齿大小在正常范围内，但骨骼长度较短，说明体格生长低于平均值。拥挤的下门齿显示其骨骼和牙齿生长的不同步。弗林特的骨骼为他的生命和死亡的故事添加了更多信息，从骨骼可以看出：年迈母亲的乳汁供应没有为幼崽的正常骨骼生长和矿化提供足够的营养。在断奶后，他觅食的区域可能不够宽广，因而无法获得均衡的饮食。弗林特的发育问题和情感打击共同导致了他的死亡。

为幼崽盖尔填色。

盖尔是一对双胞胎的其中一个个体，他艰难地存活了10个月。盖尔的母亲梅丽莎也是古道尔观察的一只社会等级较高的雌性。在盖尔出生时，梅丽莎正患有呼吸疾病，可能是肺炎。自身健康状况欠佳，加上两个幼崽带来的不寻常的负担，降低了她获取足够食物和产生充足乳汁的能力。盖尔死于呼吸疾病，营养不良可能加重了病情。盖尔的颅骨和牙齿表明，他的脑部成长和牙齿发育正常，但其四肢骨的生长和矿化程度都很低，说明脑部和牙齿发育是以牺牲骨骼生长为代价的（见3-27）。

为吉尔卡和她的右臂骨骼填色。

吉尔卡的一生很短暂，饱受疾病和孤独之苦，但在幼崽期和少年期，吉尔卡显然是健康的。七岁时，她感染了脊髓灰质炎，导致右侧肢体部分瘫痪；她的母亲也在此时去世。她还患上了真菌感染，导致面部扭曲。吉尔卡的社会等级很低，除了哥哥埃弗雷德外，几乎没有社交伙伴。一对等级较高的雌性帕西翁和波姆母女攻击了吉尔卡，她显然是死于受伤引起的系统感染，时年19岁。她的骨骼记录了她上肢骨的不对称，这是脊髓灰质炎引起的生长障碍；手骨上的骨髓炎大概是攻击者的撕咬引起的。尽管吉尔卡生育了3个孩子，但没有一个活到一岁以上，部分原因是她行动困难，无法提供足够的食物。健康问题、缺乏社交、社会等级较低、情绪低落等情况综合导致了她的早逝和繁衍失败。

为雨果和他的右跟骨及距骨填色。

雨果很长寿，作为精力充沛的高等级雄性活到了40岁左右，并展现出非凡的领导能力。他很容易表现出威严可怕的一面，但也很容易表现出使同伴安心的一面。古道尔在早期研究中观察当时处在巅峰时期的雨果，他有些跛足，身旁有一只发情期的雌性陪伴；这些情况说明雨果很可能是在与一只雄性竞争对手打架或追逐时从树上掉下来或跳下来而受伤的。几个月后，他的步态便恢复了正常。随着逐渐变老，他的牙齿脱落，身体变得虚弱。最终，雨果由于年老体衰，加上可能在雨季感染了肺炎而去世。它的骨骼记录揭示了一个体形超过平均值的健壮个体在经历八次骨折后依然存活的故事。右脚一处痊愈的压缩性骨折反映了跟骨和距骨的明显重塑。这个伤很可能就发生于古道尔的观察期间。雨果很可能有后代留下。

骨骼信息与生活中的行为观察为个体生命增加了质感。我们可以更清楚地认识到，种群平均值描述了对于真实个体的抽象，而这些个体没有一个是属于平均值的。

贡贝的黑猩猩

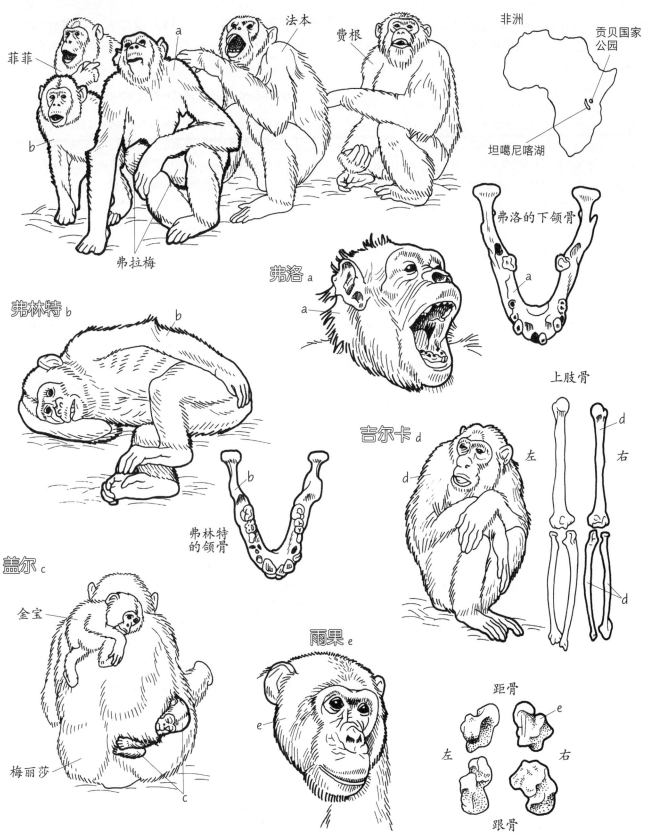

弗洛的家庭群像 ★

菲菲

法本

费根

a

b

弗拉梅

非洲

贡贝国家公园

坦噶尼喀湖

弗洛的下颌骨

a

弗洛 a

a

a

弗林特 b

b

b

b

弗林特的颌骨

吉尔卡 d

左

右

d

d

c

d

d

上肢骨

盖尔 c

金宝

梅丽莎

c

雨果 e

e

e

距骨

左

右

e

跟骨

143

3-32
灵长类的智力：解决问题

灵长类解决问题的能力是在回应环境和社交挑战的演化过程中形成的。在研究人类演化时，人类学家经常将智力与跟客观对象有关的行为联系在一起。存在一种过度重视非社交问题——如使用和制造工具——的解决能力的倾向，而对与社交互动有关问题的解决能力采取忽视。然而，人类智力是为了同时克服社交和非社交挑战而演化出来的。

社交生活要求个体能够"读懂"其他动物的行为，评估与群体成员有关的状况，预测其他个体的反应，并给予有效回应。灵长类表现出较高的认知水平和相互交流复杂信息的能力（见3-22）。猴类和猿类能够用复杂的方式在社交层面对彼此进行操控，说明它们具有"读懂"其他个体的心思，或者说"换位思考"的能力。不过，猴类和猿类在解决非社交问题和解读社交语境方面展现出了不尽相同的潜力。

为在雄性首领背后"隐藏证据"的雌性阿拉伯狒狒填色。

在阿拉伯狒狒中，一只成年雄性通常有多只雌性作为交配对象，它会看守它们不让其他雄性抢走。在演化心理学家理查德·伯恩（Richard Byrne）和安德鲁·怀滕（Andrew Whiten）汇编的一项有关欺骗的研究中，灵长类动物学家汉斯·库默尔（Hans Kummer）报告了一个事件：一只成年雌性坐了20分钟，看似在以坐姿觅食，实际上慢慢挪出了首领雄性的视野。它的头和上半身能够被首领雄性看到，但手上的动作隐藏了起来——其实它在石头背后为藏在石头后面的另一只雄性梳理毛发！这说明，这只雌性知道，如果首领雄性看到这一切，一定会制止这一互动。对人类观察者来说，一只猴子对另一只猴子的社会操纵行为证明了"社会智力"的存在；亦即，一只猴子了解另一只猴子在关注着什么。

为黑猩猩如何感知和处理社交问题的情境填色。

在阿姆斯特丹的阿纳姆动物园中，灵长类动物学家弗兰斯·德·瓦尔（Frans de Waal）记录了他观察到的一群黑猩猩身上发生的一个事件。在一棵橡树下，两只黑猩猩母亲（雌性A和雌性B）分别坐在沉睡中的高等级雌性（雌性C）两侧，它们的儿女正在一起玩耍。在这个过程中，年幼黑猩猩变得具有攻击性。这一局面让两位母亲（A和B）骤然紧张起来，因为它们都想保护自己的幼崽，但是谁都不愿与对方直接正面起冲突。

问题的解决最终依靠其中一位母亲引入了第三方，即正在睡觉的高等级雌性C。雌性A一直戳雌性C的肋骨，直到它醒来，然后雌性A指向正在打架的幼崽们。雌性C立刻评估了情况，观察幼崽的争斗，似乎突然意识到自己应该充当仲裁员的角色。它站起来，挥了挥胳膊，发出叫声，两只幼崽便很快停止争斗。然后，它又回去继续午睡了。

为狒狒和黑猩猩在白蚁巢处的行为填色。

黑猩猩和其他猿类会利用环境线索来解决问题，而猴类不谙此道。基于在坦桑尼亚贡贝国家公园的观察，灵长类动物学家盖佐·泰莱基（Geza Teleki）对比了狒狒和黑猩猩食用白蚁的方式。两个物种都视白蚁为美味并且非常爱吃白蚁。在雨季开始时，白蚁会从巢穴中大量涌出，并飞走以建立新的白蚁巢穴。这时，狒狒会抓住食用这种生物的机会。当狒狒观察到长翅膀的白蚁飞出，便在打开的洞口用手抓住它们，然后大快朵颐。

相反，黑猩猩会在长翅膀的白蚁出现之前，在洞口仍处于封闭的时候，就食用白蚁。它们将附近的草茎制作成探棍，用手指掸去白蚁巢表面的覆盖物，找到并打开洞口，将探棍插入洞穴，然后小心翼翼地取出并食用附着在上面的白蚁。黑猩猩知道白蚁藏在巢里生活，也知道该如何取出它们。

尽管狒狒就生活在黑猩猩周围，也能看到它们使用工具，但人们从来没有观察到狒狒用工具食用白蚁。黑猩猩、大猩猩和红毛猩猩具有猴类所不具备的通过建立心智上的联系来解决非社交问题的能力。

使用工具让黑猩猩更容易获取食物。在几内亚的博苏地区，当主要食物缺乏时，黑猩猩会用工具取得随处可得的棕榈果和果肉，以获取足够的营养。日本灵长类动物学家山越源（Gen Yamakoshi）发现，黑猩猩会用石头敲开油棕榈果以获取果核，还会用叶片作为杵来捣烂果肉（见3-13）。在某些月份里，使用工具占了黑猩猩觅食时间的32%。

即使是在技能方面，社交层面的能力也同样不可或缺。通过社交互动和观察其他个体，年幼黑猩猩学习并练习这些技巧（见3-33）。在灵长类的问题解决能力和行为应变能力方面，生物因素和社会因素交织在一起。这些因素包括相对较大且复杂的脑部，可供长时间学习的延长的发育期，丰富多样的经验以及能够持续一生的良好记忆力。将抽象思维和娴熟运用工具的能力涵盖在内的人类智力，就是从灵长类的这些问题解决能力中发展而来的。

解决问题

社会操控 ✤
雌性 a
视角 a¹
首领雄性 b
视角 b¹
非首领雄性／证据 c

社交问题解决能力 ✤
雌性 A d
后代 A d¹
想法 d²

雌性 B e
后代 B e¹

首领雌性 f
想法 f¹

非社交问题解决能力 ✤
狒狒 g
抓取 g¹
长翅膀的白蚁 g²

黑猩猩 h
工具／探棍 h¹
白蚁 h²

3-33
灵长类的智力：使用工具与学习技巧

1965 年，珍·古道尔首次在学术期刊上报告了黑猩猩自发使用工具的发现，证明了猿类和人类之间在行为上的差异比我们原先以为的更小。自然摄影师雨果·凡·拉维克（Hugo van Lawick）拍摄的影片作为"活生生的证据"，让科学界对古道尔报告的真实性再无疑问。黑猩猩在筑巢、梳理毛发（用树枝作为梳子，用树叶作为毛巾）、玩耍以及恐吓震慑对方时都会用到各种物料。综合多个研究地点的成果，本节将举例说明黑猩猩用来提升觅食能力的工具使用技巧。

一边阅读文字，一边为相应的技巧和工具填色。

黑猩猩用草茎、树枝、藤蔓和树皮条深入蚁丘或蚁巢来探测白蚁和蚂蚁。在坦桑尼亚的贡贝国家公园中，黑猩猩会"钓"出白蚁（如图所示）。在坦桑尼亚的马哈勒山脉地区（见 3-34），黑猩猩会用长长的棍子来"蘸"蚂蚁吃。黑猩猩通常会用手挖开狩猎蚁的巢，然后将细长的棍子伸进去，而不安的蚂蚁会迅速爬到棍子上。就在蚂蚁爬到它的手上时，黑猩猩会用另一只手把这些咬人的东西扫入掌中，再塞进嘴里，并且迅速咀嚼以减少蚂蚁的啃咬！黑猩猩偶尔也会先插入一根粗长的棍子，伸到蚁巢或蚁丘的更深处，然后再插入第二个工具。在一项任务中使用超过一种工具，表现了对于"工具组合"的掌握，凸显了这些猿类的创新能力和问题解决能力。

黑猩猩会咀嚼树叶，并把它们当作海绵从树窝中吸水，咀嚼后的树叶更吸水，这种方法比直接用手指蘸水更高效。在食用猎物时，黑猩猩会用一团皱皱的叶子来吸取其脑组织，或用树叶来扫取蚂蚁。黑猩猩会拿树枝和石头充当锤子和砧子来敲开坚硬的物体，比如有硬壳的坚果或水果；黑猩猩还会用大树枝当作杵，捣出棕榈树的树浆（见 3-13）。

成年雌性黑猩猩使用工具最为娴熟，使用频率也比雄性更高。年轻的黑猩猩需要四到五年时间才能熟练掌握"钓"白蚁的技术。黑猩猩通过观察和练习，并利用母亲打开的白蚁通道入口和留在蚁丘旁边的工具来学习这门技术。盖佐·泰莱基观察到黑猩猩似乎无效的工具使用行为，并研究它们如何学会"钓"白蚁的各个步骤：首先，在外表没有任何明显线索的蚁丘上找到白蚁通道入口；其次，选择一件合适的工具来进行探测，不能太硬或是太软，而是硬度刚好；最后，反复练习直至熟练掌握所有动作，最终吃到美味的白蚁。动作熟练的黑猩猩利基充当了泰莱基的观察对象。

为泰莱基试图复制的黑猩猩的重复"钓"白蚁行为填色。

贡贝的黑猩猩在雨季开始后的头两个月中"钓"白蚁的效率最高，因为此时正当长翅膀的白蚁开启"蜜月"飞行——离开蚁丘去建立新的栖息地。白蚁是夜行动物，蚁丘如遭受任何破坏，它们都会在夜间修补好，所以黑猩猩每天都要重新定位蚁丘的洞口。

黑猩猩能够轻松、迅速且准确地找到工具。短暂的扫视后，黑猩猩熟练地扯下两三根草茎，丢掉不合适的，然后通过拔掉叶子或啃咬将合适的修整到适宜的长度（8~16 厘米）与柔韧度。它们可能在有清晰规划的情况下，携带可用的工具，经过一个小时跋涉，来到蚁丘跟前。通过数月对猿类的观察和模仿，泰莱基在选择合适的工具方面成功达到了一只三岁幼年黑猩猩的大致水平。

在白蚁丘跟前，黑猩猩迅速检查蚁丘表面，然后果断出手，刮开表面的土壤层，使洞口暴露。在试图学习这项技巧时，泰莱基详细地检查了蚁丘上的每一条裂缝，还是没能想出黑猩猩究竟是如何找到隐藏的洞口的。最终，他用折叠刀刮开蚁丘表面才找到洞口！经过大量的观察后，泰莱基得出结论，黑猩猩能够记住自己定期查看的 10~25 个蚁丘上超过 100 个洞口的准确位置。

在找到洞口与合适的工具后，黑猩猩会小心地将探棍插入弯弯曲曲的通道中，然后轻轻拍打工具。震动会吸引白蚁来啃咬。黑猩猩用流畅而优雅的动作慢慢地转动手腕，将白蚁取出。动作太快或太笨拙，白蚁都会在经过通道时掉落。黑猩猩会用小臂稳住工具，将其取出，然后用嘴唇将白蚁轻轻摘下。泰莱基没能达到完成这些步骤所需的标准，他光插入工具就花了几个小时，等待了一段时间，将工具拉出，结果连一只白蚁都没有！

在古道尔的研究成果发表以前，人类学家低估了猿类的技巧，自然也对早期人类开始使用工具的时间点做出了错误的判断。黑猩猩的工具，比如"钓"白蚁用的草茎，是非常容易腐坏的，即使保存下来，也不会被认定为工具。用来敲开坚果的粗糙石锤和石砧在史前记录中也很难被认定为工具。考古记录中发现的石器最早出现在 250 万~200 万年前（见 5-24），但在这之前，非常早期的原始人类很可能已经使用了和猿类工具材质类似的工具。

使用工具与学习技巧

技巧 ✿
探测 a
挖掘 b
吸水 c
捣烂 d

工具 ✿
草茎 a¹
棍子 b¹
树叶 "海绵" c¹
石头 d¹

"钓" 白蚁 ✿
选择工具 e
找到洞口 f
使用探棍 g

3-34
种群差异：行为、传统与传递

在古道尔开始研究坦桑尼亚贡贝国家公园的野生黑猩猩之后，很多地区都建立起黑猩猩的研究点，例如日本灵长类动物学家西田利贞（Toshisada Nishida）于坦桑尼亚马哈勒地区，英国灵长类动物学家弗农·雷诺兹（Vernon Reynolds）于乌干达布东戈森林以及日本灵长类动物学家杉山幸丸（Yukimaru Sugiyama）于几内亚博苏地区建立了研究点。这些及其他正在进行的研究发现，每个黑猩猩种群在行为模式组合及频率上都与其他种群不同。跨越黑猩猩一生的长期观察（见 3-31）让研究人员得以发现这些差别是如何产生的，又是如何持续和传播的。

一边阅读文字，一边为六个黑猩猩研究点及各自种群的代表行为填色。

这些长期研究加起来，相当于超过 150 年的观察！安德鲁·怀滕和他研究黑猩猩的同事们对这些数据进行了整合，记录下 39 种不同的行为模式，并详细列举出各种行为变量，包括使用工具、梳理毛发和求偶等。用杵捣碎的行为只出现在博苏地区。黑猩猩都会用树叶来梳理毛发，但只有布东戈森林的黑猩猩会用树叶扫下身上的昆虫，然后近距离观察它们。

杠杆在贡贝是很常见的工具，在象牙海岸的塔伊森林能偶尔见到，但从未在其他研究点出现过。在乌干达的基巴莱地区，黑猩猩会用树叶擦拭伤口处的血液，这个行为在其他任何地点都没有出现过。"钓"蚂蚁在马哈勒地区很常见，但在别处没有，而只有塔伊森林的黑猩猩会试探蜜蜂。并不是每一种被观察到的行为都会变成传统。就像基因突变一样，并不是每种创新都能在种群中固定下来。有些在一代之后就消失了，而其他的则能够延续数代。

为敲坚果的行为通过观察和引导在代际的传递填色。

年长的个体积攒了大量经验和记忆，年轻的个体则要通过交流互动和观察来学习。动物行为学家克里斯托弗·伯施和海德维奇·伯施夫妇（Christophe and Hedwige Boesch）对塔伊森林中黑猩猩使用工具的情况进行了长达十多年的研究。黑猩猩会用木头和石头作为锤和砧敲开多种外壳十分坚硬的坚果。通过测算黑猩猩敲开一个坚果所需的击打次数，伯施夫妇发现它们需要十年才能掌握这项技术。按一分钟内能够处理的坚果数量计，成年雌性的技术水平最高。

黑猩猩的成长需要很长时间。与母亲的紧密联系有助于它们

通过观察和练习来掌握工具的使用方法。在学习过程中，幼年黑猩猩会先近距离观察母亲，随后母亲会把坚果留在平台上，并将工具放在旁边。克里斯托弗·伯施称这种行为为引导。伯施还记录下一个主动演示的案例。其中，黑猩猩母亲认真地为 5 岁的女儿演示如何握住和放置锤子，以高效地敲开坚果。

为食用考拉果的行为通过个体迁移在群体间的传递填色。

雌性黑猩猩会拜访或永久迁移到邻近的群体中，而雄性则不会。博苏地区的黑猩猩敲的是油棕榈果，而不是考拉果。在 10 千米外，它们在宁巴峰的邻居则会敲考拉果。在一系列野外实验中，灵长类动物学家松泽哲郎（Tetsuro Matsuzawa）给 18 只博苏的黑猩猩提供了它们并不熟悉的考拉果。起初，这些黑猩猩都选择无视这些坚果，除了一只成年雌性，它名叫"洋"（Yo），估计大约 30 岁。洋立刻将考拉果放在石砧上，将其敲碎，然后吃掉果仁。两只 6 岁的幼崽（雌、雄各一只）很快便学会了敲开考拉果的方法。松泽假设，洋是从宁巴峰的群体迁移到博苏的，它在那里学会并记住了这个传统。群体中只有两只幼年成员模仿了该年长雌性的行为，但没有成年个体参与。

对同一种群年复一年的观察为我们清晰地揭示出它们的社会传统。当某个个体的创新行为被其他个体模仿后，这进一步就可能通过示范作用传递给幼崽。随着时间的推移，每个种群逐渐变得略微不同。习得的行为经过时间和空间上的传播后，便形成了传统。灵长类具有较大的脑和良好的记忆以及解决问题的能力。它们的寿命较长，生活在由不同性别和不同年龄个体构成的社会群体中。同一个群体甚至同一个家庭中都可能出现三代同堂的情况。据动物学家约翰·艾森伯格（John Eisenberg）称，这些条件对于促进行为在社会层面的传递（而非基因传递）非常重要。

黑猩猩的行为传统必须通过直接示范的方式使一个个体在其寿命期限内习得。人类就是这样学习的，但是我们也可以不借助直接观察来获得信息。在生命早期就会自发地学习象征性交流方式的人类具有让这成为可能的特化大脑中枢（见 3-22），而黑猩猩则没这能力。通过开发抽象的概念思维和象征性交流，人类不再受到事件时效性的限制。在人类拥有了关于过去和未来的文化信息后，这些信息又对生存和繁殖产生了巨大的潜在作用。尽管社会传统是人类学家口中"文化"的必要前提，但传统本身并不会构成文化。

行为、传统与传递

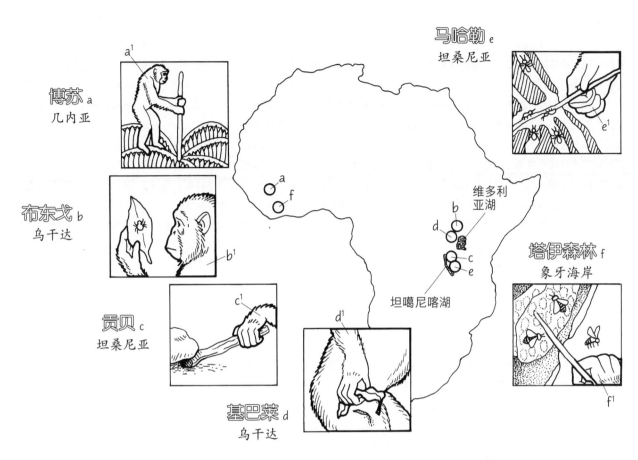

博苏 a
几内亚

布东戈 b
乌干达

贡贝 c
坦桑尼亚

基巴莱 d
乌干达

马哈勒 e
坦桑尼亚

维多利亚湖

坦噶尼喀湖

塔伊森林 f
象牙海岸

传递 ✿
通过个体迁移 ✿
洋 i
考拉果 i¹
宁巴峰 i²
博苏的棕榈果 j
少年期个体 j¹

通过世代 ✿
观察 g
引导 h

3-35
符号与抽象：糖果游戏

人类已将象征符号纳入几乎所有的行为层面中，例如解决问题，还有思考过去的事件、现在的困境和未来的可能等。但是，我们是唯一能够进行象征性思考的灵长类吗？象征符号又为使用者带来了哪些优势呢？

心理学家萨莉·博伊森（Sally Boysen）设计出一系列精巧的实验，实验结果表明黑猩猩能够被教会使用象征符号，从而短暂地超越自身预设的生物学基础。糖果游戏是一个简单的测试，一名玩家需要在两组糖果之间做出最好的选择。四岁的人类儿童每次都能赢得游戏。然而，只要是面对令之垂涎三尺的食物，必须做出选择的黑猩猩竟然会离奇地全部失败。不过，通过操纵象征符号，就连黑猩猩都能明白，有时候少才是多。

为说明"干扰效应"的情境填色。

两只黑猩猩在玩糖果游戏。博伊森先给其中一只（就叫这只萨拉吧）展示两盘数量不等的糖果。无论萨拉选哪盘，博伊森都会把那盘给它的朋友谢巴，而萨拉则得到自己没选的那盘。因此，符合逻辑的选择是，如果你想要更多的糖果，就应指向较少的那盘。成年人类在一两次实验后，很快就能学会这一招，但黑猩猩似乎总学不会。即使是在数百次实验后，它们还是会指向较多的那盘糖果，最终只能拿到较少的。它们并不是不明白会发生什么，只是无法控制自己。它们生物学基础的"预设模式"就是要全力以赴。黑猩猩的脸上会出现痛苦的表情，仿佛在说"啊，不要啊！我怎么又选了这个！"，而且还会沮丧地拍击实验器材。

博伊森把这个现象称为"干扰效应"，因为它们总是有种想要得到更多糖果的冲动，而这种冲动会干扰黑猩猩做出正确的选择。在这里，象征性思维就有用武之地了。

为"符号效应"填色。

博伊森教几只黑猩猩认塑料片上的数字。它们能够理解并选择正确的数字来代表水果或糖果的数量。为了得到这些好东西，黑猩猩甚至能够用塑料数字做基本的加法。

随后，博伊森让这些识数的黑猩猩玩糖果游戏，但给它们看的是塑料数字，例如"2"和"6"，而不是糖果数量。如果萨拉选择"6"，那么谢巴就能得到6颗糖果，而萨拉只能得到2颗。由于用的是塑料数字而不是真的糖果，萨拉很快就学会选择较小的数字，然后让自己得到较多的糖果。博伊森将这个现象称为"符号效应"。为了观察这些新获得的知识能否持续发挥作用，博伊森又再次展开原来的糖果游戏——用真的糖果。"干扰效应"再一次发挥作用，这些懂数学的黑猩猩再次做出那些看似愚蠢的选择。

剑桥大学的心理学家詹姆斯·罗素（James Russell）在一项研究中发现，很小的人类小孩和黑猩猩的行为很相似。他给了小孩两个可供选择的容器，能看到其中一个里面装有巧克力，另一个里面则什么都没有。三岁以下的正常儿童每次都会选择巧克力，但巧克力总是归其搭档所有，而自己什么也得不到。和黑猩猩一样，他们从来不会吸取经验，即选择较少的以获得更多的。四岁的正常儿童却能快速摸透游戏规则，从而选择空的容器。

在三到四岁之间，儿童的脑部逐渐成熟，就像完成了从猿类的干扰效应过渡到人类的符号效应一样。显然，这种人类和猿类的区别不能简而论之，但糖果游戏确实给出了一些引人深思的线索。人类的脑容量是黑猩猩的三倍，而这个扩大的脑中可能存在着某种回路，使我们能更轻松地学习其他行为方式，并逃脱即时诱惑的魔爪，进而做出更聪明的长期行为选择。人脑的生物学基础让我们可以自发学习语言，以及能够进行象征性和抽象性思考。这都是黑猩猩没有的。

糖果游戏揭示了黑猩猩的聪明才智，同时也找到人类和猿类在心理机制上的关键差别。当糖果被数字取代后，黑猩猩能够改变"预设"的反应方式并纠正适得其反的行为。然而，当面对真实的"诱惑"时，它们就无法拒绝了，便又会回归想要获取最多糖果的原始冲动了。

"符号效应"阐释了象征符号在人类演化和日常生活中产生过且仍在继续产生的强大作用。在过去500万年间的某个时候，人脑演化出了抽象思考和使用符号的能力。这种能力对早期人类的生存和繁衍产生过重要影响。尽管黑猩猩和人类在解剖学和行为方面都有很多相似之处，但两者的区别仍具有十分深远的意义。黑猩猩和人类在糖果游戏中的表现揭示了两者脑功能的重要差异，以及象征符号在人类生活的方方面面起到的核心作用。

糖果游戏

干扰效应 ✿
萨莉 a
萨拉 b
谢巴 c
糖果 d

符号效应 ✿
数字 e

第四章 灵长类的多样性与适应性

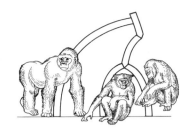

达尔文的生命之树理论描述了各种生命形式之间的关系，人类只是很多树枝中的一根小枝。基因、化石记录、比较解剖学和行为学的研究已证实了这种联系，以及它们在演化历史中的连续性。随着时光流逝，环境变迁，物种会彼此分离演化，就像不断生长的树上的枝杈那样。哺乳动物中的灵长类是一个非常多样的类目。我们就是灵长类的一员，因此对其格外感兴趣。我们可以将这近 300 个物种看做一个交响乐团，每个物种都在演奏灵长类主旋律的一首变奏曲，从而共同构成了宏大的交响诗篇。在这一章中，我们将探索这一主题下的各种变奏曲，它们由原猴类、眼镜猴、新世界猴类与旧世界猴类，以及我们的近亲——猿类共同奏响。

生物学家伊夫琳·哈钦森（Evelyn Hutchinson）提出另一种比喻，灵长类就像哺乳动物演员，在生态剧场中扮演着自己的角色，而背景则是藤本植物和多层高耸的森林，以及散布的果实、花朵、嫩叶、种子、昆虫和树汁等宝藏。灵长类演化为热带动物，生活在雨林中，在树木的各个层次间穿梭，有时也出现在地上，以地上的植物为食。它们最早出现的时间恰好与被子植物的扩张和成功演化相重合。新的植物为灵长类提供食物来源，而灵长类则为植物传播种子。两者彼此依靠，形成相互依存的关系（见 4-1）。

北美洲和欧亚大陆上古新世的远古灵长类化石与后来的灵长类在齿系和耳部的解剖特征上很相似，但缺乏定义后来物种形态的整套特征。和树鼩一样，这些早期灵长类可能生活在森林中低矮的灌木层里，其齿系说明植物是其饮食的一部分（见 4-2）。始新世的灵长类具有能够抓握的手和脚，很可能已经进入了树木的上层，并最终来到树冠层和森林的顶点。这些早期的始新世灵长类可以被鉴定为原猴类。有些可能还与现存原猴类和眼镜猴有亲缘关系，而来自亚洲和非洲北部的化石碎片可能是类人猿留下的证据（见 4-3）。

现存原猴类和眼镜猴的谱系树是根据分子、解剖、化石和行为等方面的证据构建的。物种的多样性代表其有很宽的适应范围。这些动物很多都在夜间活动，体形娇小（见 4-4）。几种小型夜行原猴类生活在非洲西部的森林中。基于运动、饮食和躲避天敌的不同方式，三种婴猴和两种树熊猴各自占据着不同的生态位。婴猴爆发力极强的跳跃与树熊猴缓慢轻声的爬行形成了鲜明对比（见 4-5）。

当陆块比较接近时，原猴类从非洲渡海来到了马达加斯加。达尔文雀来到加拉帕戈斯群岛后从一个共同祖先分化为 13 个物种（见 1-17），狐猴同样也在没有昼行灵长类（如猴类）与之竞争的情况下演化为约 45 个物种。有 15 种已灭绝的狐猴曾生活在地面上，当人类在 1,500 多年前来到岛上后，它们就因行动缓慢成了人类狩猎的目标。现存的指猴和以竹类为食的狐猴以及能够传播花粉的领狐猴，都是这些岛屿上灵长类的代表（见 4-6）。昼行的环尾狐猴生活在庞大的社会群体中，在社会组织和行为上与猴类相似。它们表现出微弱的性别二态性，雌性统领雄性。成年雌性在进食方面会优先于雄性，以保证它们为繁殖摄取足够的食物。这也是其繁殖模式的一部分（见 4-7）。

眼镜猴与原猴类、部分类人猿具有某些相同的解剖特征。它们跳跃的特殊能力很好地表现出行动方式是如何帮助其生存和繁殖的（见 4-8）。类人猿反映了昼行灵长类的适应性辐射现象，它们以果实为食，还具有彩色视力。它们在解剖结构和行为表达上都与原猴类不同（见 4-9）。类人猿化石在埃及的法尤姆保存得最为完好（见 4-10）。尽管类人猿在 5,000 万年前便从原猴类中分离出来，在古新世也有少量出现，但一直到渐新世才留下较完备的化石记录，至此它们才能在形态学上被鉴定为类人猿。

在南美洲，新世界猴类突然出现在玻利维亚和智利的化石记录中，而之前并没有发现原猴类祖先的化石证据。分子学及古生物学证据都显示，阔鼻猴起源于非洲，随后扩散到大西洋对岸（见 4-11）。在过去的 2,000 万~1,000 万年间，阔鼻猴的多样性达到相当丰富的程度，含大约 5 个亚科，它们在食用的果实和社交行为方面有很大差别（见 4-12）。最小也最多样的群体是柽柳猴和狨猴（都属于狨猴科），它们具有爪子状的指甲，能够依附在树干上，以树汁和昆虫为食。它们会共同照顾幼崽，而一个群体中通常只有一只雌性生育后代（见 4-13）。成年雄性伶猴专门负责照顾体形相对较大且生长迅速的新生幼崽，而哺乳期的雌性则专心觅食，以产生足够的乳汁（见 4-14）。

其他新世界猴类的体形较大，其中的阔鼻猴奏出的"主旋律"产生了有趣的变奏。僧面猴（僧面猴亚科）的牙齿具有特殊的适应性，以坚硬外壳下的柔软种子为食，因此又被称为"种子捕食者"（见 4-15）。松鼠猴和卷尾猴（卷尾猴科）以其好奇心、无休止的运动、攻击性觅食行为和四肢操作技巧而举世闻名，它们积极寻找的各式猎物包括昆虫、蛙类和小型哺乳动物（见 4-16）。体形最大的猴类动物（蜘蛛猴亚科）具有擅于抓握的尾巴。吼猴和蜘蛛猴运用上肢的方式及其活动水平有显著区别。生活闲散的吼猴会通过吼声与其他群体交流。以树叶为食的它们比以果实为食且精力更充沛的蜘蛛猴吃得要差一些（见 4-17）。

新世界猴类与旧世界猴类在头颅及牙齿的解剖特征以及尾巴和栖息地范围方面都存在差异（见 4-18）。新热带区的猴类在更严格的意义上是食用果实的热带树栖动物，而旧世界猴类成功地立足于温带地区，既出现在高高的树冠上，也在地面上活动。旧世界猴类遍布非洲和亚洲（见 4-19）。旧世界猴类两个主要的亚科有不同的觅食方式，猕猴亚科具有保存食物供之后享用的颊囊，而疣猴亚科具有特化的胃，能够消化大量的低质量食物，例如树叶和未成熟的果实（见 4-20）。

在非洲赤道附近，各式长尾猴（约 25 种）尽管面部和体态特征迥异，但在饮食和运动方式上却有很多相似之处。多个物种占据同一片森林的现象并不罕见，它们靠略微不同的饮食结构来区分彼此（见 4-21）。非洲的各种叶猴（疣猴亚科）生活在同一片地区，但它们出没于不同的森林层，食用截然不同的树叶、种子和果实的组合（见 4-22），并以此来划分森林中的栖息地。在亚洲，印度的长尾叶猴是一个单独的物种，其体形、栖息地、社交群体和交流互动方式都非常多变。这个物种的生态差异还没有被详细研究过，这在一定程度上是过度强调雄性的杀婴行为所致。这种行为的重要性应该被放在更广泛的生态学、行为学研究中去考量，这些研究须顾及所有年龄层和雌雄两种性别（见 4-23）。猕猴的例子进一步阐释了部分灵长类极端的适应性。它们已经辐射为 15 个物种，广泛地分布在亚洲。其中 4 个物种成功地生活在人类栖息地周围，因而被准确地称为"杂草种"（见 4-24）。

旧世界猴类、猿类和人类具有一个共同的狭鼻猿祖先，以及多个相似的生物学特征。不过，这三个类群在运动和饮食适应性上具有明显的区别。躯干比例和肩关节的位置揭示了猴类、猿类和人类的区别。人类具有猿类祖先的特征，这在躯干上清晰可见（见 4-25）。猴类和猿类的差异在进食姿态、四肢骨的解剖结构和关节的运动方式上更加明显。由于肩关节活动范围增大，猿类能够稳定地将手臂伸向下侧或上侧的树枝。猴类和猿类的牙齿也有区别。旧世界猴类为双脊齿型（臼齿具有脊突），而猿类则具有低矮的丘齿尖（见 4-26）。

猴类和猿类在中新世早期就可以通过齿系来区分。狭鼻猿类在 2,000 万～1,500 万年前就开始出现于非洲化石记录中，当时只包含几个物种。到中新世结束，上新世开始，它们的数量显著增加，地理分布也更广（见 4-27）。猿类的化石记录则几乎相反。在中新世中期，猿类在欧洲、非洲和亚洲繁荣兴盛，但到中新世末期数量急剧减少。中新世的猿类化石只揭示出关于人类祖先的少量信息（见 4-28）。中新世的原康修尔猿化石很好地诠释了科学发现及解释是如何在几十年间一点点呈现出来的，其中偶然事件也会产生影响（见 4-29）。

与种类多样的猴类相比，现存的猿类物种较少，但其体形和社会组织的差异很大（见 4-30）。长臂猿体形较小，共有 11 个物种[1]，其饮食习惯、体形大小和社会群体构成都很相似。不过，当两个物种生活在同一个环境中时，它们在饮食及活动方面的不同就会暴露出每个物种适应方式的细节（见 4-31）。红毛它们生活在苏门答腊岛和加里曼丹岛的热带森林中，它们的主要食物——果实——在这里的产量会剧烈波动。当果实充足时，它们会储存脂肪，以帮助自己度过果实稀缺的阶段。这种在波动环境中生存的能力导致了其特殊的繁殖模式，即跨度很宽的出生间隔和两个

雄性繁殖种类。如果红毛猩猩能够在栖息地被破坏后幸存下来，我们或许能够揭开这些奇妙的灵长类身上的谜团（见 4-32）。

非洲的猿类是我们最近的亲缘物种，它们表现出三种性别二态性模式。同一物种的雌性和雄性可以在身体和牙齿大小上存在不同程度的差异。我们在试图根据化石骨骼或牙齿碎片确定物种或性别时，必须要牢记这一点（见 4-33）。关于大猩猩的研究不断地为我们认识这些卓越的生物带来新的洞见。海拔高度是决定它们饮食结构和每日活动范围的重要因素之一。就像它们的近亲黑猩猩一样，大猩猩在能够得到果实时更喜欢以之为食，但当果实贫乏时，它们就会转向数量更多的草本植物和树叶（见 4-34）。

黑猩猩属共有两个种，倭黑猩猩和黑猩猩。这两种动物尽管具有很多相同的解剖学及行为特征，但在群体内以及群体间的社会关系上有显著区别。雌性倭黑猩猩彼此关系紧密，而黑猩猩则是雄性之间的联系比较密切。这两个物种的两足行走方式也进一步呈现出它们社交生活的差异（见 4-35）。

灵长类动物学家关于这两个物种的俗名曾经很难达成共识。黑猩猩曾被叫做"普通黑猩猩"，但是他们对"普通"这个词又不太满意，因为黑猩猩已经是濒危物种了，一点都不普通。该物种的拉丁文名称为"Pan paniscus"，源于它们纤细的头骨和较小的牙齿（paniscus 就是"小黑猩猩"的意思），因此它们应该叫"侏儒黑猩猩"（pygmy chimpanzee）。不过，由于这两个物种的体形大小有重合的部分（见 4-33），所以用"侏儒"也不恰当。而经常被用的"bonobo"则更具误导性，因为这个术语模糊了这两种黑猩猩在解剖特征上的相似点和共同的演化史。最后，本文采用的解决办法是由灵长类动物学家阿德里安·科特兰德（Adrian Kortlandt）提出的：黑猩猩（chimpanzee）是通用的，把这两个物种都包括了。因而，当指代它们时，一个是"Pan troglodytes"或"粗壮型黑猩猩"，另一个则是"Pan paniscus"或"纤弱型黑猩猩"。[2] 这些术语准确地反映了它们在解剖特征上的差异，并如实保留了它们之间亲近的遗传关系。

黑猩猩和人类约在 500 万年前具有共同的祖先，两者具有很多相同的生理特征。黑猩猩是我们最近的现存物种亲属，其基因组中所含的全套 DNA 与我们的仅相差 1.5%。然而，这样微小的基因差别却让人类的脑容量成为黑猩猩的 3 倍，人类的身体也在自然选择的作用下被改造为两足行走（见 4-36）。我们和自己的灵长类历史存在关联，但我们与它们已经在很多重要方面分道扬镳，各自过上了非常不同的生活。

---

[1] 据后文长臂猿的章节，目前应有 14 个物种。——译者注

[2] bonobo 的中文意思为倭黑猩猩，这里所说的误导性是指 bonobo 与 chimpanzee 两个单词看上去没有关系，容易让人误会倭黑猩猩与黑猩猩也没有关联。实际上，从（中文）字面上看，倭黑猩猩和黑猩猩有明显的关联，因此中译文采用倭黑猩猩与黑猩猩来分别代指 Pan paniscus 与 Pan troglodytes 是合理的。——编者注

4-1
雨林、植物与灵长类动物

不管是已灭绝的还是现存的，灵长类的多样性可以归因于它们对森林生活的适应（见 3-3）。人类学家罗伯特·萨斯曼（Robert Sussman）认为，灵长类的起源和辐射很可能与被子植物（开花植物）的扩散相对应。他提出，灵长类和热带雨林共同演化，彼此成就。

随着被子植物开始取代白垩纪的针叶林，它们构成了昆虫、鸟类和哺乳动物新的食物来源。灵长类具有敏捷的运动系统（见 3-7）和善于抓握的手脚（见 3-11），因而能在树间穿梭，在树枝末端食用季节性的花朵、果实、嫩叶和嫩芽。当它们逐渐依赖这些新的食物来源，灵长类便成为扩散植物种子的功臣。

先为图版顶部被子植物的各个部分填色。然后一边阅读文字，一边为复合型森林中的植物部位、昆虫以及以它们为食的灵长类填色。

开花植物会经历多个生命阶段，并长有灵长类喜欢吃的结构物质，比如花朵、花蜜、果实、种子、花苞和叶芽、树叶、木质茎、树汁和树胶。植物的各部位能够提供多种营养来源，包括蛋白质、几种碳水化合物、脂质、维生素、矿物质、微量元素和水。

在雨林中，树叶一年到头都很丰富，能够提供维生素和多种矿物质，如钙、磷和镁。举例来说，冕狐猴（a¹）食用嫩叶，其中包含大量蛋白质、水和结构性碳水化合物，即构成细胞壁的纤维素。成熟的树叶包含更多的蛋白质，老的植物还具有更厚且延展性较差的细胞壁。很多灵长类无法消化成熟的树叶，但疣猴（b¹）具有特化的胃，能够帮助分解并消化它们（见 4-20）。

总体上，木质树皮的营养价值很低。在树皮之下，则是富含蛋白质的韧皮部和内形成层。形成层是生长新细胞的部位，此处细胞的细胞壁很薄。大猩猩（c¹）在吃这种食物时会先把不能吃的木质外皮剥掉。

树汁由水、矿物质和果糖（一种碳水化合物）组成。树胶是一类特化细胞的产物，由植物在受伤或感染时产生。它是非常宝贵的碳水化合物来源，也包含部分蛋白质、纤维和矿物质。树汁是灵长类饮食结构中的重要部分之一，而且食用树汁也是狨猴擅长的技巧之一（d¹，见 4-13）。

倭狐猴（e¹）喜欢以花朵为食。花朵的水分含量很高，而且花蜜中富含糖。红毛猩猩（f¹）很喜爱成熟的含有多汁果肉的果实，这是其摄取果糖、柠檬酸和水的丰富来源。不过，果实的蛋白质、脂质和结构性碳水化合物的含量很低。无花果的钙含量很高，似乎是其他果实稀少时的替代品。

种子富含脂质和淀粉，有些还提供蛋白质或维生素，但水、矿物质和糖的含量很低。很多种子具有保护性的外壳，使其能顺利通过动物肠道而不被消化。其他种子具有苦味化合物，让动物在吞掉果肉前会将其吐出来。有些动物，例如僧面猴（g¹），就很擅于食用种子（见 4-15）。草本植物可以提供水和蛋白质，一丛丛地生长在森林地面的光线缝隙中。它们是山魈（h¹）和大猩猩的食物。

昆虫的生命周期和植物紧密相连，而昆虫也是灵长类的食物，尤其对于松鼠猴（i¹）来说。昆虫能提供高质量的蛋白质、脂质、体液和矿物质。昆虫的外骨骼能提供碳水化合物，而且动物身体通常含有很多植物所缺乏的重要微量元素。

由于被子植物有众多不同的部位可被食用，而且其物种数量丰富，灵长类的饮食才足够多样，以至于近亲物种能够共享同一片栖息地，但食用不同的食物组合或同类植物的不同部分。

为森林地面上刚刚萌发的幼苗填色。

早期被子植物的种子很小，由非特化的昆虫授粉，通过风传播。当更大的树木演化出来并构成上层树冠和顶级植被后，被子植物就可以在单个种子上投入更多的能量，因而产出更大的种子。然而，较大的种子更难传播，需要由体形更大的动物来散播。森林中的灵长类就能很高效地完成这项工作。

灵长类能够用各种姿势和动作轻松地穿梭于树木间，落在树枝的末端上。在彩色视力的辅助下，果实鲜艳的红色、橙色和黄色会吸引它们的目光。动物会挑选并采摘一个果实，在它们吃掉果肉部分后，种子一般就会掉落下来或被吐出来，也可能被吞入肚中。如果被吞掉，种子会在数小时到几天的时间内通过灵长类的肠道排出。到被排出时，种子很可能已经离母株有一段距离了。如果种子没有被消化过程摧毁，也没有被地面的昆虫或食种动物吃掉，那么它就有可能萌发。灵长类还会把没吃的食物撞落或扔到地面上，进一步帮助种子传播。这个行为使其他动物也能吃到果实并散播种子。

对结果树木的野外研究发现，大量种子都是由灵长类散播的。生态学家科林·查普曼（Colin Chapman）发现，在哥斯达黎加北部的一片森林中，卷尾猴、吼猴和蜘蛛猴这三个物种每天都能在每平方千米内散布 5,000 粒大种子！实验表明，有些种子在经灵长类肠道排出后的萌发效果更好。今天，以果实为食的大型灵长类是传播种子的主力军。这个角色可能出现在古新世，它对维持植物的健康和多样性以及热带森林再生来说至关重要。

雨林、植物与灵长类动物

被子植物部位 / 灵长类 ✿
叶芽 / 嫩叶 a,a¹
成熟的树叶 b,b¹
木质茎 c,c¹
树汁 / 树胶 d,d¹
花朵 / 花蜜 e,e¹
多肉果实 f,f¹
种子 g,g¹
草本植物 h,h¹

昆虫 i
幼苗 j

4-2
古新世的原始灵长类

当大型爬行动物在白垩纪——中生代的最后一个纪——末期灭绝时（见 1-21），原始的被子植物终于不再遭受巨型植食性动物的啃食和踩踏，而且开始占据更多的陆地。以昆虫为食的小型夜行哺乳类祖先分化出了很多新的有胎盘类哺乳动物。分子数据表明，到白垩纪末期（8,000 万～7,000 万年前），灵长类已经从原始有胎盘类哺乳动物中分化出来，而且很可能源自食虫类中的一支。这些灵长类祖先开始以高能量的植物部位为食，而这些食物则来自刚刚演化出的花朵和种皮。尽管古新世是哺乳类演化中的一个实验阶段，但现代大多数的类目可能都起源于这个时代。

新生代（见 1-22）中最早的似灵长类哺乳动物化石来源于更猴形类。古新世的这些灵长类十分"古老"，因为它们构成的谱系与后来的始新世灵长类不同。没有任何一个古新世灵长类物种具有后来能定义真正灵长类的全部骨骼特征。尽管更猴形类没有眶后棒（见 3-16），但其耳部结构还是显示出与后来灵长类的亲缘关系（见 4-3）。此外，比起任何其他类目的哺乳动物，更猴形类的臼齿也与后来的灵长类更为相似。在这些早期灵长类的演化试验中，运动敏捷性、牙齿的特化和体形的多样性都表明它们与后来的灵长类有密切联系。

先为古新世的时间跨度填上灰色。为右下角更猴形类谱系树上的副镜猴科填色。然后，为具有代表性的普尔加托里猴化石，以及表示它在地图上位置的箭头填色。一边阅读每种化石的介绍，一边继续用这种方式填色。再为更猴的四肢骨也填色。阴影部分代表发现的实际化石，而其余部分则是科学家重建的。

北美洲和欧亚大陆的化石点已出土了若干早期似灵长类化石。在古新世，北方大陆具有温暖的热带气候。那时，现代大陆紧密相连，几乎形成了一整块大陆，与南方的大陆"岛屿"（比如非洲和南美洲）相分离。这或许能够解释古新世灵长类的"全北区"分布特征（遍布整个北半球）。

化石证据主要包含了牙齿和部分颅骨的遗骸。牙釉质是哺乳动物身体上最坚硬的组织。因此，早期灵长类的化石记录主要由牙齿组成。这里，我们将突出介绍古新世哺乳类的 5 个科，其中包括更猴形类中的大量物种，它们分布广泛，种类多样。这 5 个科分别为副镜猴科、苦齿猴科、窃果猴科、萨克森猴科和更猴科。在体形方面，这些小型哺乳动物的大小介于倭狐猴和家猫之间。

普尔加托里猴属于副镜猴科，以美国蒙大拿州的普尔加托里山命名的它们是目前已发现的最古老的似灵长类化石。化石点位于现在的落基山脉地带。古新世时，落基山脉还没有达到目前

的高度，属于亚热带气候。普尔加托里猴化石的鉴定只依赖图中展示的几颗牙齿和下颌碎片。有限的证据已表明，普尔加托里猴在饮食习惯上与灵长类相似。哺乳动物从食用具有坚硬外骨骼的昆虫逐渐演化为食用果实或树叶。在这个过程中，它们的臼齿慢慢变低，尖锐的齿尖变得扁平，以提供更大的用以研磨和挤压的面积（见 3-6）。普尔加托里猴的臼齿表明，这些变化当时正在发生。

古地猴与普尔加托里猴同属一科，其化石也发现于落基山脉地区。与生活在 7,000 万～6,500 万年前的普尔加托里猴相比，古地猴要略"新"一些，约出现在 6,000 万年前。其遗骸中有已知最早的似灵长类头骨化石。古地猴的面部较长，位于较小的颅骨的正前方，就和其他的早期哺乳动物一样。然而，它的臼齿尖比普尔加托里猴的还要低，说明它也食用果实和其他植物。

苦齿猴来自北美洲西部，起初人们认为它是一种蝙蝠，因为其第一颗臼齿靠舌头的一侧具有一个凹槽。然而，整体的牙齿和颌部结构都说明苦齿猴是一种似灵长类，其祖先是副镜猴。

窃果猴类在这里用窃果猴属代表。它们的最后一颗前臼齿很特殊，具有很高的刃状脊。这种特殊的前臼齿与部分现存有袋类很像，它们能用这些脊切开牛油果类果实坚硬的纤维质外壳。

萨克森猴科只有萨克森猴一种，于德国萨克森的一个古新世晚期化石点被发现。它们具有更猴类的门齿，但刃状的前臼齿与窃果猴类的很像。

更猴的头盖骨和骨架发现于北美洲和欧洲西部，目前已经鉴定出至少 15 个种，因而成为最多样且最为人熟知的早期灵长类化石。似啮齿动物的巨大门齿从前方突出，下侧的犬齿和前臼齿消失，形成一个很大的缝隙（齿隙），而上犬齿的大小也因退化而变小了。

根据这些古新世化石中保存下来的特征，我们可以看到古新世似灵长类哺乳动物表现出了演化的"镶嵌性"。那些曾用来区分灵长类和其他哺乳动物的特征在任意一块化石中都不曾全部出现。然而，在各个现代哺乳动物类的演化过程中，这种镶嵌性在所有早期阶段都很典型。部分古生物学家认为，更猴形类不应属于灵长类。但是，我们也可以合理地把古新世的似灵长类看做灵长类演化过程中的试验产物。这些动物特化的饮食习惯范围很宽，从食虫到食果实，再到杂食性饮食，这说明曾有过一个植物产物迅速多样化的阶段。我们能够确定的是，到了始新世，正是从这些古新世的"新成员"中，涌现出了真正的灵长类。

古新世的原始灵长类

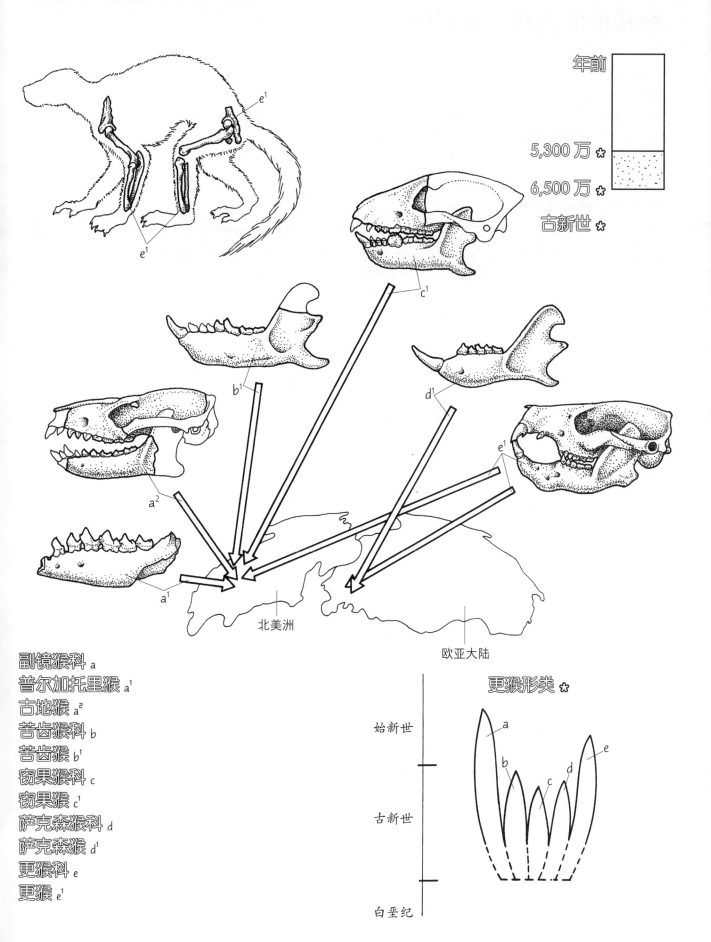

年前

5,300 万 ✿
6,500 万 ✿
古新世 ✿

北美洲

欧亚大陆

更猴形类 ✿

始新世

古新世

白垩纪

副镜猴科 a
普尔加托里猴 a¹
古地猴 a²
苦齿猴科 b
苦齿猴 b¹
窃果猴科 c
窃果猴 c¹
萨克森猴科 d
萨克森猴 d¹
更猴科 e
更猴 e¹

4-3
始新世的灵长类多样性

到古新世末期和始新世初期，大多数远古灵长类已经消失，出现了两类主要的"真正灵长类"：始镜猴类和兔猴类。开花植物变得更加多样，种子增大，遮天蔽日的森林树冠层也已出现了，类似于现代的热带雨林。食果蝙蝠、鸟类、昆虫和灵长类就依赖各种各样的被子植物的种子、果实和花朵为生。

为始新世的时间跨度填上灰色。然后，为能够用以区分始镜猴类与兔猴类的听觉区域填色。

始新世的化石记录下了灵长类大量出现的历史，它们曾广泛地分布在亚热带环境中。始新世的灵长类包括兔猴类和始镜猴类，它们的体形小的像老鼠，大的像猫。它们的很多身体特征都与现代狐猴和眼镜猴的相似。兔猴类与现代狐猴具有类似的耳部结构，听觉区域仅由一个骨质环构成，即外鼓骨。而始镜猴类的外鼓骨会形成一个独特的骨质耳管。现存的眼镜猴和狭鼻猿类也有这个结构。与兔猴类相比，始镜猴类的脸部相对较短，而眼眶和脑部较大。

始新世的灵长类十分适应森林高层的生活，其中有些物种可能会在低层的灌木和落叶堆中觅食和行动，就像现代的眼镜猴一样。具有抓握能力的手和脚提升了它们获取树枝末端果实、花朵和昆虫的能力。四肢骨化石暗示，这些灵长类具备跳跃技能。扩增的脑腔意味着它们的视力更好，可能还有深度感知能力和一定程度上的彩色视觉。与古新世的灵长类相比，它们还能更好地控制手部运动。

先为兔猴类的每位成员和表示其在地图上位置的箭头填色，然后为始镜猴类填色。

北美洲和欧洲的化石点中的兔猴类和始镜猴类已为人熟知。尽管兔猴类看似起源于北美洲，但它们也在欧洲之后形成的矿床中大量存在。北美洲的兔猴类以落基山脉的化石点中的剑齿猴和假熊猴为代表，其年代比欧洲的兔猴类略久远一些。完整的剑齿猴头骨具有灵长类特征，如眶后棒和扩增的脑腔。古新世的灵长类就没有这些特征。假熊猴比剑齿猴略大，而且吻部更长。假熊猴骨骼与现存的狐猴的很相似，这说明这些动物能够在树上灵活地移动。手指和脚趾末端的骨骼也表明，它们具有灵长类的指甲而非爪子（见3-11）。低冠的臼齿还反映出它们以果实为食的习性。

兔猴是在欧洲发现的首个灵长类化石，乔治·居维叶（Georges Cuvier）在1821年描述过它。现今有大量的兔猴化石遗迹。和其他大多数始新世灵长类一样，相对于扩增的脑腔来说，兔猴的脸部较大。颊齿具有很尖的脊，和现存狐猴的很像。下犬齿为铲状，而不是尖状，可能具备刮的功能。然而，几乎所有的现存狐猴和懒猴都具有由尖尖的下门齿和犬齿构成的"齿梳"，而始新世的化石中则没有这个结构（见4-9）。原懒猴仅有一枚标本，来自法国的始新世晚期化石点。它的面部相对较短，而眼眶很大。这个特征意味着它可能和很多现代原猴类一样，是夜行动物（见3-17）。

梯吐猴是始镜猴科最古老的成员之一，也是其中保留下完整头骨的寥寥数种动物之一。它们的头骨仅有3厘米长。对于始新世的灵长类来说，梯吐猴具有独特的齿系。它们的门齿较大，臼齿很小，和之后那些食用果实的动物很像，如黑猩猩、部分南美洲猴类，以及体形较小的倭狐猴等。在北美洲，始镜猴科约有12个属，鼠猴就是其中之一。

在欧洲西部，尼古鲁猴属于一个仅根据头骨和四肢骨推断出的始镜猴群类。尼古鲁猴的胫骨和腓骨融合在一起，这是后肢适应跳跃的特征，和眼镜猴类似（见4-8）。部分研究人员认为，尼古鲁猴是眼镜猴的祖先。

为可能是类人猿的化石填色。

基于牙齿特点，一部分化石碎片被鉴定为源自原始的类人猿。亚洲的几处化石点已出土了颌骨和牙齿碎片。缅甸的双猿和邦唐猿都具有宽阔低冠的臼齿和深深的下颌，这说明它们是某种类人猿灵长类，不过确切的种系发生关系仍存在争议。中国南部出土了始新世中期的曙猿化石，其牙齿同时具有始镜猴和类人猿的特征。

分子数据不仅支持了类人猿于始新世从原猴类中分化出来的观点，而且还显示眼镜猴（简鼻类）是在4,500万年前的始新世中期从类人猿中分化出去的（见3-1）。因此，类人猿在始新世出现并不意外。然而，化石证据仍局限于很少的牙齿碎片，尽管它们在形态学上能够支持其类人猿的地位，但仍然无法充分证明这一点。

到始新世末期，北美洲的灵长类与几种幸存下来的远古灵长类一起消失，啮齿类取而代之。始新世灵长类的牙齿、头骨和颅后遗骸都表明，它们已经完全适应以各种植物和在被子植物枝干末端的昆虫为食，就像现代的狐猴和眼镜猴那样。与蝙蝠和鸟类一样，灵长类与植物之间存在紧密的关联（见4-1）。植物提供食物，灵长类则是主要的种子传播者。始镜猴类可能是眼镜猴的祖先，还可能演化出了渐新世的似猴类灵长动物（见4-10）。

始新世的灵长类多样性

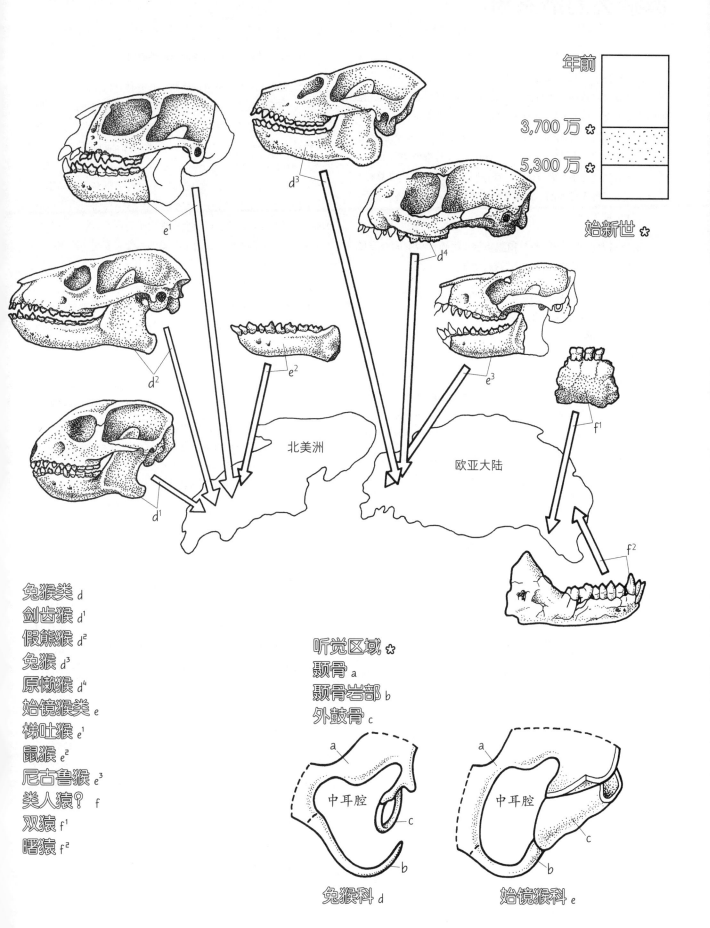

年前

3,700 万 ✳

5,300 万 ✳

始新世 ✳

e^1

d^3

d^4

d^2

e^2

e^3

f^1

北美洲

欧亚大陆

d^1

f^2

兔猴类 d
剑齿猴 d^1
假熊猴 d^2
兔猴 d^3
原懒猴 d^4
始镜猴类 e
梯吐猴 e^1
鼠猴 e^2
尼古鲁猴 e^3
类人猿? f
双猿 f^1
曙猿 f^2

听觉区域 ✳
颞骨 a
颞骨岩部 b
外鼓骨 c

a

中耳腔

c

b

兔猴科 d

a

中耳腔

c

b

始镜猴科 e

4-4
原猴类的谱系树

始新世灵长类的现存后代包括两个主要的分支（超科）：由懒猴、树熊猴和婴猴组成的懒猴类，以及由马达加斯加的灵长类组成的狐猴类。这两个类目都是杂食性动物，以果实、树胶、昆虫和树叶为食（见 4-5）。它们的共同特征，如高度发达的嗅觉和潮湿的鼻头，以及气味腺（见 3-15）和视网膜中的反光色素层（见 3-17），说明它们源自同一个夜行祖先。夜行物种倾向于单独觅食，或者生活在小家庭群体中。现存原猴类的体重从 40 克到 8 千克不等。雌性和雄性的体形和牙齿大小相似，只有很轻微的性别二态性（见 3-30）。

先分别为树鼩（树鼩科）和眼镜猴（眼镜猴科）的分支填色。再为月亮符号填色，它们指代夜行物种。

树鼩和眼镜猴并不是原猴类，但这里为了比较也将它们囊括进来（见 3-1）。树鼩的运动方式（见 3-7）和齿系与早期哺乳动物及灵长类很相似。在 20 世纪 80 年代前，人们一直基于脑部视觉皮层的相似点而将其划分为灵长类。然而，更新的分子信息则表明，树鼩是一支古老的谱系，与灵长类截然不同。对树鼩繁殖行为的研究更近一步突出了这两个谱系的某些区别。

眼镜猴是夜行动物，擅长跳跃，以昆虫和小型脊椎动物为食，生活在小家庭群体中（见 4-8）。眼镜猴的这些特征与原猴类的很相似。然而，诸如耳道的分子数据和解剖学证据（见 4-3）将眼镜猴与类人猿联系在一起，简鼻猴类就包括这两者。眼镜猴有 5 个种，生活在各种森林中，从初级和次级热带森林、山地森林到东南亚岛屿上的海岸红树林都有。

先为懒猴类在原猴类谱系上的分化填上灰色。再为懒猴类内部的分支填色。

懒猴类包括两个夜行动物类群，两者大约在 5,000 万年前开始分化。其中一个类群为婴猴科，包括婴猴（丛猴），另一个类群为懒猴科，包括懒猴和树熊猴。这两个科都是夜行杂食动物，它们的颅骨和牙齿形态也很相似，但其运动适应性特征不同（见 4-5）。婴猴科仅发现于撒哈拉以南的非洲，包括至少 15 个物种。婴猴擅长跳跃，具有灵活的大耳朵，能够听见昆虫等猎物的声音。懒猴科则是缓慢的爬行者，包括印度和斯里兰卡的蜂猴（图版中未绘出，见 3-6）、非洲的树熊猴以及东南亚的懒猴，总共约 6 个种。

一边阅读文字，一边为各种狐猴类填色。

狐猴是马达加斯加独有的生物，在其他任何地方都没有发现过。尽管"狐猴"这个名字确切说来仅代表狐猴科的成员，但它已被宽泛地用来称呼生活在马达加斯加的大多数灵长类。大约一半的狐猴都是在夜间活动的，另一半则在日间活动。5 个科中大约 30 种现存狐猴的体形各异，从 40 克的倭狐猴到 8 千克的大狐猴不等。大约 15 种已灭绝的狐猴中包含了很多大型动物，有些甚至超过 50 千克，例如生活在地面上与狒狒相似的巨型狐猴和悬挂在树上的古原狐猴以及大猩猩大小的古大狐猴——其行动姿态可能与大地懒类似。来自灵长类动物学家安妮·约德（Anne Yoder）的分子信息显示，各种狐猴都是从大约 5,500 万年前来到马达加斯加的一个共同祖先演化而来（见 4-6）。

指猴科由一个现存种和一个两倍于其体形的灭绝种构成。它们在大约 5,000 万年前和其他狐猴谱系分开演化。指猴没有前臼齿和犬齿，但具有高度发达的门齿、松软的大耳朵和细长又灵活的中指（见 4-6）。

狐猴类中剩下的 4 个科在约 4,000 万年前分开演化。大狐猴科包括 3 个属，其中共有 5 个种。大狐猴是最大的现存狐猴，生活在具有领地意识的家庭群体中，以每天清晨宣布领地边界及位置的怪异而难忘的叫声著称。昼行的冕狐猴的英文俗名"sifaka"来自其报警呼叫的声音。最小的大狐猴是夜行的毛狐猴（图版中未绘出）。所有的大狐猴都具有很长的双腿，能够在垂直支撑物之间完成华丽的大跳，最远跨度可达 10 米。在地面上，冕狐猴靠双腿进行直立跳跃。

鼬狐猴的体重不足 1 千克，身影遍布马达加斯加，具有 7 个不同的亚种或种。它们的食物主要为树叶（超过 90%），这对于体形如此之小的哺乳类来说比较少见。这些动物通过避免活动来尽量减少能量输出和适应低质量的饮食，尤其是在生存压力最大且温度较低的季节。鼬狐猴擅长抱在垂直的树干上睡觉，是夜行动物，相对来说倾向于独立活动，能通过响亮的尖叫声与同类交流。

夜行的鼠狐猴科包括了鼠狐猴和倭狐猴在内的约 8 个种。侏儒鼠狐猴（40 克）是最小的现存灵长类。鼠狐猴在雨季充分摄取充足的果实，然后将脂肪储存在尾部。在长达六个月的旱季中，它们会躲在中空的树干中睡觉。

狐猴科包括约 10 个种，广泛分布于全岛。大多数物种都是昼行树栖动物，部分在地面上活动。领狐猴是其中最古老的分支，也是最重的一种（约 4 千克，见 4-6）。驯狐猴（共 3 种，见 4-6）专以竹子为食，似乎与环尾狐猴的遗传关系最近，是领地意识最强的一种狐猴（见 4-7）。其他狐猴物种（图版中均未绘出）还包括褐狐猴、黑狐猴、红腹狐猴、獴狐猴和冠狐猴。其中多个物种的两种性别还表现出皮毛颜色差异，即性别二色性（见 3-30）。

原猴类的谱系树

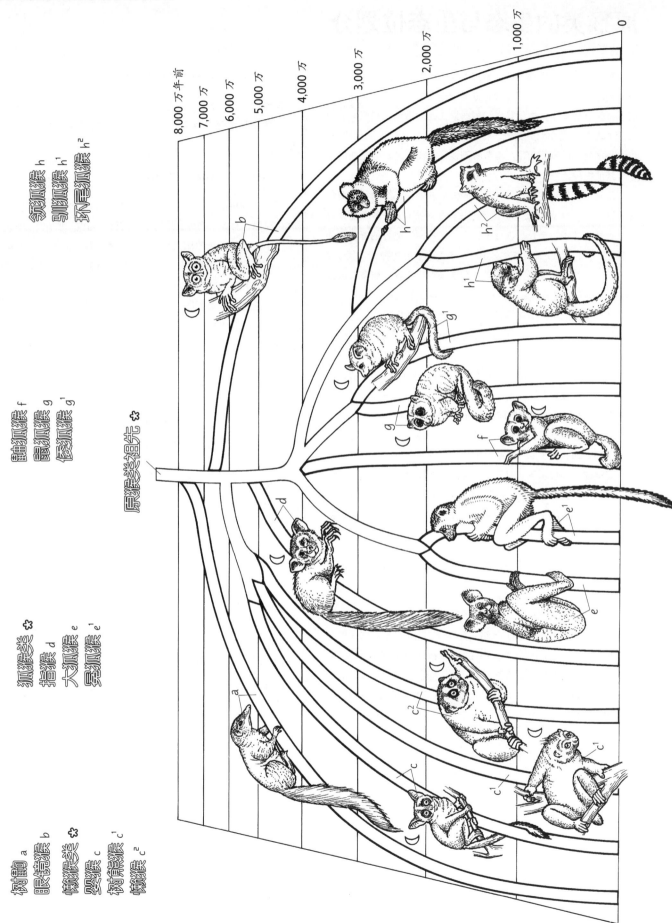

狐猴 h
指狐猴 h¹
环尾狐猴 h²

鼬狐猴 f
鼠狐猴 g
倭狐猴 g¹

狐猴类 ❀
指猴 d
大狐猴 e
冕狐猴 e¹

原猴类祖先 ❀

树鼩 a
眼镜猴 b
懒猴类 ❀
婴猴 c
树懒猴 c¹
懒猴 c²

4-5
原猴类的生态与生态位划分

在西非的部分雨林地区，多达 5 种原猴类可能生活在同一片森林的同一种树上。它们并没有直接争抢资源，而是各自成功地实现了生存和繁殖。由于婴猴和树熊猴在夜间活动，它们不会与白天活动的鸟类和猴类竞争，尽管后两者也生活在这片森林中，也以很多相同的食物为生。本节将阐述这些夜行灵长类是如何避免与其他物种竞争的。

雨林由多层植被构成，具有不同大小的攀缘支撑物和各类食物（见 3-3）。法国灵长类动物学家皮埃尔·查理斯-多米尼克对加蓬森林中的夜行灵长类进行了研究。这片栖息地容纳着 120 种哺乳动物，包括 17 种灵长类。其中，5 个原猴类物种分别属于 2 个主要的夜行原猴类群，即懒猴类和婴猴类，前者在加蓬共包含 2 种树熊猴（树熊猴和金熊猴），而后者包含 3 个物种。

截然不同的运动适应性影响着这两个类群捕捉猎物、选择食物和躲避天敌的方式。爬行缓慢的懒猴类会用三只手脚抓住树枝，直接而稳当。这种从容的行动方式要依靠小心翼翼的隐秘行动，才能帮助它们捕食昆虫和躲避天敌。婴猴是爆发力很强的跳跃者，还擅于沿着树枝奔跑。它们长长的后肢肌肉发达，为跳跃提供支点和力量，而短小又轻盈的前肢则可以降低身体的重心。

懒猴通过嗅觉寻找猎物，一般会选用其他食虫动物不喜欢的昆虫，即行动缓慢、令人恶心、浑身长刺的毛毛虫以及蚂蚁和蜈蚣。婴猴能听到快速飞行时发出高频声音的昆虫，如直翅类（蟋蟀、蚱蜢）、鳞翅类（蝴蝶、蛾）和鞘翅类（甲虫）。婴猴用一种典型的动作来捕捉虫子：用脚紧紧地抓住枝干，然后迅速向前跃进，双手张开抓取飞行的昆虫，一击即中。

用反差明显的颜色为原猴类及其体重填色。注意，此处并非严格按比例绘制。

倭丛猴属于婴猴科，是这 5 种原猴类中最小的一种，而树熊猴体形最大，体重为前者的 18 倍。金熊猴、尖爪丛猴和阿氏婴猴这三种的体形要更相似一些，但注意它们的身体比例具有差别。婴猴类具有长长的尾巴、后肢和脚，而树熊猴的尾巴较短，前肢与后肢基本等长。婴猴的长耳朵十分灵活，像雷达接收器一样，能够探测猎物（见 3-19）。

为每种动物在森林中穿梭的路径填色。

树熊猴、倭丛猴和尖爪丛猴生活在高 5～40 米之间的树冠层，远远高于森林地面。金熊猴和阿氏婴猴则局限在林下灌木层中，离地面较近。

为每种原猴类的饮食构成填色。

每个物种可能形成的饮食习惯要受它所在森林层的影响。在森林树冠层，有 3 个物种食用树胶（树皮下黏稠的树汁）、果实和昆虫，不过每种食物的比例有所不同。体形最大的树熊猴主要食用果实来获取碳水化合物，而娇小的倭丛猴则主要吃昆虫。食用大量树胶的尖爪丛猴的针状"尖爪"，其实是长有中脊的指甲，这个特点使这种原猴类能够在光滑的表面上移动，以寻找并汲取树胶，而不会滑下或跌落。它们的"尖爪"与怪柳猴和狨猴的相似，后两者也用手来获取树胶，并会采用直立的姿势（见 4-13）。

在林下灌木丛中，金熊猴主要以昆虫为食，阿氏婴猴则食用大量果实。这两个物种都不吃树胶，树胶也只出现在森林的高层。

这两科原猴类躲避天敌的方式也不同，体现出两者截然不同的运动方式。婴猴会通过飞跃和弹跳迅速逃离天敌，而树熊猴及其他懒猴则是无声地缓慢移动或者干脆静止，以免吸引诸如椰子狸等树栖肉食动物的注意。懒猴的隐藏策略只在树木生长茂密且小型动物能够在阴影中成功掩饰自己的区域中才有效。快速行动的婴猴可能会利用更加开阔的森林区域，因为它们能迅速跳离潜在的威胁。

作为低调、谨慎、不引人注目的策略的一部分，懒猴更多地依靠嗅觉和气味标记来进行交流，而不是靠叫声。婴猴也会使用气味标记，但它们比懒猴更吵闹，社交也更多，因为在危险来临时，它们有更快的逃跑策略。

本节的例子展示出雨林中运动支撑物、植物产物、食物来源和生命形式的多样性。这 5 种占据同一片森林的原猴类靠生活在不同的"楼层"和采用截然不同的饮食结构与捕食方式来维持生存。在森林中，每个物种都具有自己的生态位，并要完成自己的"工作"。

原猴类的生态与生态位划分

懒猴类 ✱
树熊猴 a
金熊猴 b

婴猴类 ✱
倭丛猴 c
尖爪丛猴 d
阿氏婴猴 e

饮食 ✱
树胶 f
果实 g
昆虫 h

加蓬

1,100克 a

60克 c

300克 d

25% f
65% g
10% h

10% f
15% g
75% h

75% f
5% g
20% h

200克 b

260克 e

15% g
85% h

75% g
25% h

4-6
岛屿隔离与狐猴生态

马达加斯加是在超过 1 亿年前与非洲大陆分离的（见 1-18），可谓进化论者进行研究的天堂。全岛长 1,700 千米，最宽处达 575 千米，距莫桑比克海峡对岸的非洲大陆 390 千米。长条状的中部高原上的最高峰超过 2,000 米。岛上的降雨是季节性的，西部、南部和最北部漫长的旱季和雨季交替循环。莫桑比克海峡可能为非洲大陆的物种在 6,000 万年前占据该岛提供了通道。

岛上的植物包括多种本土棕榈树和 1,000 种兰花以及 7 种猴面包树，而整个非洲大陆仅有 1 种猴面包树！岛上鸟类不多，均以花蜜或果实为食，没有啄木鸟。哺乳类包括 3 种果蝠和 7 种与獴类有亲缘关系的肉食类。惊人的适应性辐射传播让 30 种马岛猬科的食虫类填补上了别处由鼹鼠、鼩鼱和刺猬占据的生态位。有一种马岛猬一窝能生产 20～30 只幼崽！狐猴在过去和现在都在哺乳类中占统领地位，45 个狐猴物种中有 15 种仅留下了骨骼和牙齿遗迹。近期灭绝的狐猴被称为亚化石，是由于人类在 1,500 多年前占据该岛后才消失的。今天的很多物种也面临灭绝。本节中，我们将介绍 3 种这些奇妙动物的不寻常的适应性。

为马达加斯加岛和指猴填色。

人们曾认为指猴已经灭绝，但法国灵长类动物学家和狐猴研究的先驱者，让-雅克·彼得（Jean-Jacques Petter）和安妮·卢梭-彼得（Anne Rousseaux-Petter）在 1957 年再次发现了它们。指猴具有形状奇特的头部和明显的大而软的耳朵。前突的门齿会持续生长（具有长长的齿根），就像啮齿类的牙齿一样。指猴没有犬齿和前臼齿，臼齿也非常小。它与众不同的树枝状中指十分灵活，并具有尖尖的爪子。指猴体重约为 3 千克，具有毛茸茸的长尾巴，是最大的夜行狐猴。

指猴灵活的耳朵能够探测到小昆虫在树隙间最轻微的运动。它长长的门齿能够啃穿枯木，剥下像椰子那样坚硬的植物外壳，或者咬穿蛋壳之类的东西。它的中指能灵活地探入裂隙中又取出昆虫幼虫，或像勺子一样，将蛋黄和椰奶这样的液体迅速地拨入口中。动作之快，我们甚至无法看清，而且一滴都不会洒。

起初，人们认为指猴专门寻觅昆虫为食。灵长类动物学家埃莉诺·斯特林（Eleanor Sterling）在野外对指猴进行长达两年的跟踪，发现它们除昆虫外，还食用坚果肉、花蜜、树汁和树胶。它们的身体特化，适宜捕食几种数量丰富但很难获取的动植物产物。

为每种驯狐猴的体重、饮食和食物种类数量填色。

和亚洲的大熊猫类似，有 3 种狐猴都喜欢以竹子为食，并能够用某种方法应付竹子中可致人死亡的氰化物！这 3 个物种共同生活在拉努马法纳国家公园中。灵长类动物学家谈家伦（Chia Tan）了解到这几种动物间的区别。体形较小的灰色驯狐猴重约 0.9 千克，食物组成最为多样。它的食物中有 72% 为大麻竹，佐以 24 种草、树叶和果实。它的巢区范围最小（0.15 平方千米），但在东海岸的地理分布区域最广。最近发现的金竹狐猴比较罕见，重约 1.5 千克，其食物中有 78% 是大麻竹的叶基、髓和笋，再加上 21 种草、树叶和果实。它的巢区范围有 0.26 平方千米。大竹狐猴体重最重，约为 2.4 千克，其巢区也最大（0.62 平方千米），且具有最为单一的饮食结构——95% 为大麻竹，此外仅吃 7 种植物。大竹狐猴会食用成熟和未成熟的叶子，以及竹子的髓。这些狐猴如何防御或消化可致人死亡的大剂量氰化物，目前仍然是个谜。

为领狐猴和旅人蕉填色。

美丽的领狐猴与本地的旅人蕉具有特殊的演化关系。旅人蕉因其储水能力而得名。这一属是旅人蕉科植物中很早的一个分支，在南美洲有借助蝙蝠授粉的近亲，而在非洲的亲缘植物则通过太阳鸟授粉。它巨大的花朵能够持续数月产生花蜜，并包含大量花粉，而且不容易被破坏。在马达加斯加，领狐猴仅生活在未被侵扰的初级森林中，为旅人蕉的授粉起到了重要作用。

身体较大且不会飞行的哺乳动物很少把花蜜当作重要的食物来源，而充当授粉者就更少见了，因为大型的不会飞的动物通常会损坏甚至摧毁花朵。尽管领狐猴重约 4 千克，但它们在一年的某些时间段中会高度依赖食用花蜜。狐猴能够享受花蜜，却不伤害花朵，而且在这过程中其皮毛会携带花粉并在花间传递。

人类学家罗伯特·萨斯曼和植物学家彼得·雷文（Peter Raven）提出假设，在鸟类和蝙蝠演化出来之前，不会飞行的哺乳类就承担着给有花植物授粉的工作，促进了植物的演化。领狐猴和旅人蕉显然保留了这种在别处已经基本消失的原始授粉模式。领狐猴与旅人蕉的关系代表着马达加斯加的众多奇观之一，而很多演化谜题仍然有待解决。这个罕见的生态系统正面临着极大的危险，亟须我们的保护。

岛屿隔离与狐猴生态

马达加斯加 a
指猴 b
耳朵 c
门齿 d
中指 e

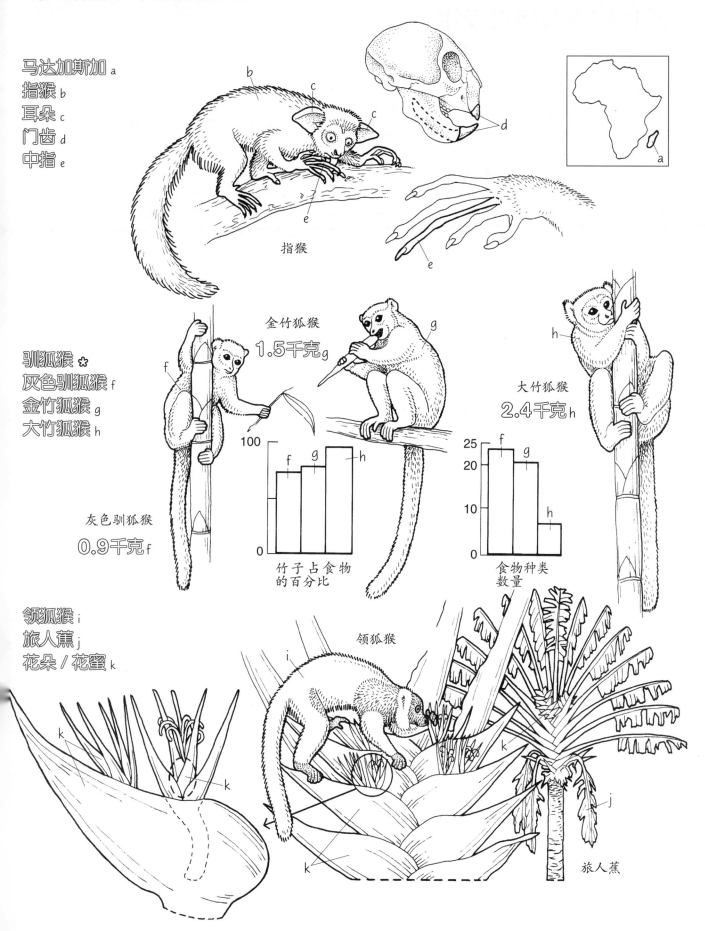

指猴

金竹狐猴
1.5千克 g

驯狐猴 ✱
灰色驯狐猴 f
金竹狐猴 g
大竹狐猴 h

大竹狐猴
2.4千克 h

灰色驯狐猴
0.9千克 f

竹子占食物
的百分比

食物种类
数量

领狐猴 i
旅人蕉 j
花朵/花蜜 k

领狐猴

旅人蕉

4-7
雌性统治与能量规律

1966年，灵长类动物学家艾莉森·乔利在发表有关野生环尾狐猴的研究时强调，雌性其实占据着统领地位。这项发现相当出人意料。当时，我们对灵长类社会行为的认识都来自对几种地栖旧世界猴类和猿类的研究，在那些物种中，相对雌性和幼崽，雄性享有优先地位。然而，我们对原猴类的社会行为所知甚少，关于繁殖成果的理论也几乎全部都来自雄性视角。因此，"灵长类模式"一直被认为是由雄性主导的。自乔利开创性的研究之后，后续更多关于狐猴的研究都证实，很多狐猴物种都是由成年雌性主导的。

本节将讨论环尾狐猴的雌性统治结构及其更广泛的演化和生态背景。雌性统治不应像牙齿数量和脑容量那样，被看做是一种可能有或可能无的特征或性质。我们应该在季节性环境中考虑行为的交集和物种的生物学特征，才能更好地认识这一现象。

为行动中的社会群体成员填色。

环尾狐猴会利用森林的各个层次，但大部分行动和部分觅食行为都发生在地面上。它们的饮食习惯很多变，能食用各种食物，尤其是果实，而且在相对较大的巢区内觅食。环尾狐猴生活在社会群体中，其中有相等数量的雌性和雄性，平均包含10~15个成员，偶尔可超过20个——这对狐猴来说是很大的群体了。它们在森林中移动时，会把尾巴高高翘起，以方便随时找到彼此。

雌性构成了群体的稳定核心，而雄性会加入进来或离开前往其他群体。共同生活对两个性别都有好处（见3-25）。对雄性来说，社会群体能提供一个已知的巢区、熟悉的食物供给以及针对天敌的保护。从繁殖角度来说，相对于外部的雄性，雌性更可能与群体内的雄性交配。雄性的存在可以确保雌性在非常有限的繁殖期中不错过受孕的机会。

为表现雌性统治的两种情境填色。

统治地位可解决个体间很多社交冲突。群体内的互动具有很强的竞争性，但雄性总是会给成年雌性让位。在狐猴群体中，成年雌性从雄性那里夺走想要的食物时，雄性不反抗就直接放弃，这就是一种统治地位的表现。成年雌性还会把雄性从觅食点或水源处赶跑。雌性对雄性有很强的选择权，它们可以接受雄性的靠近，可以发出叫声来表达交配意愿，也可以接近自己喜欢的雄性。成年雌性和雄性有相似的体形和毛色，所以雄性在雌性面前没有体形优势。

先为正在晒日光浴的狐猴填色。用浅色为狐猴繁殖的各个阶段填色。再为降雨量和各类食物的季节性波动填色。

环尾狐猴生活在马达加斯加西南部布满灌丛荆棘的沙漠和干燥的长廊林中。在干燥的冬季，温度每天都会上下波动，可能低至14℃。狐猴白天活动，其新陈代谢速率要比类人猿的低。它们会根据每天的气温波动来调节自己的行为：早上晒日光浴，尽量利用太阳的热量，然后晚上挤作一团，以保存热量。在旱季，狐猴只着重于几种重要的食物来源，以适应季节变化。

灵长类动物学家米歇尔·索特（Michelle Sauther）和同事们记录下了贝扎·马哈法里保护区中的繁殖事件所受到的季节限制。雌性每年的受孕、生产和哺乳期都刚好是食物最充足的时间。交配季节是五月，而处于发情周期中的每只雌性只有24小时的受孕窗口期。如果错过机会，它就要再等40天才到下一个周期，或者要等到第二年。经过18周的怀孕期后，幼崽会在旱季结束时降生，这样早期哺乳就能与降水量增加和果实产量的第一个高峰重合。幼崽会迅速生长，在四个月大时断奶，刚好赶上果实和嫩叶产量的第二个高峰。接下来，如果雌性在六月的第二个发情期受孕，即比交配季节晚了40天，那么它的幼崽就会在食物匮乏期断奶，存活的概率便会降低。

因此，觅食便成为繁殖期雌性的主要任务。它们较低的新陈代谢率和未独立的新生幼崽的迅速生长提升了雌性摄入充足能量的需求，以便为断奶后幼崽的生存做好准备。尽管如此，幼崽的死亡率仍然很高。新生幼崽的生存会受母亲健康程度的影响（见3-27），而断奶时健康的幼崽更有可能存活到少年期（见3-28）。

考虑到生理学、行为生态学和环境背景，索特提出一个有说服力的观点，即雌性的统治系统能够确保繁殖期的雌性在繁殖过程中最关键的时期具有优先觅食权，尤其是怀孕后期和哺乳期的雌性。家庭中的雄性会在雌性附近觅食，而雌性统治能够减少雄性与之在觅食上的潜在竞争。

由雌性统治的狐猴社会系统的演化要受到其生态学和生物学的限制，例如新陈代谢率较低；幼崽生长迅速，哺乳期雌性大量的能量输出；每年短暂的交配出生季，而且还必须恰逢食物丰富的时候，才能使新生幼崽存活率最大化；等等。因此，雌性优先觅食是它们繁殖模式的关键部分之一。

雌性统治与能量规律

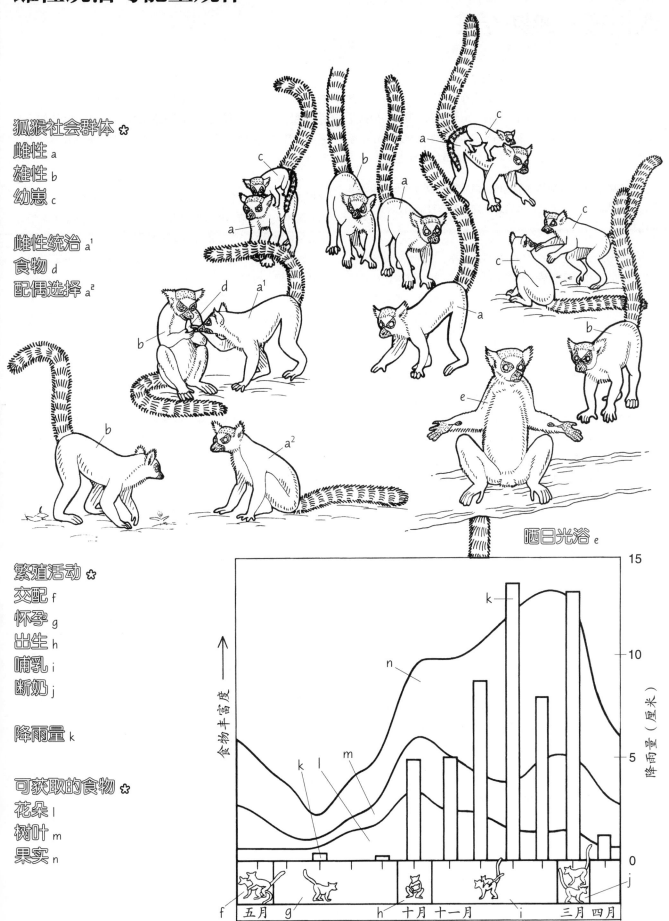

狐猴社会群体 ✿
雌性 a
雄性 b
幼崽 c

雌性统治 a¹
食物 d
配偶选择 a²

繁殖活动 ✿
交配 f
怀孕 g
出生 h
哺乳 i
断奶 j

降雨量 k

可获取的食物 ✿
花朵 l
树叶 m
果实 n

晒日光浴 e

4-8
眼镜猴：跳跃专家

眼镜猴又称跗猴，得名于其长长的足骨。它们具有独特的行动方式，其生命史也体现出独特的适应性。尽管它们具有与原猴类及类人猿都相同的形态和行为特征，但它们有一段很长的独立演化历史（见 3-1 和 4-4）。通过与婴猴（一种擅长跳跃的小型原猴类）进行对比，我们可以很清楚地看出眼镜猴的特化过程。

先为地图上眼镜猴的分布填色。然后为左边眼镜猴的眼睛填色，再为眼眶和牙齿填色，最后为婴猴的对应特征填色，以进行对比。

眼镜猴生活在苏门答腊岛、加里曼丹岛、苏拉威西岛和菲律宾群岛的雨林中。它们硕大的眼睛向前旋转，被包在突出的骨质眼眶中。这个特征接近类人猿，也导致研究人员在早期对两者的关系产生了争论（见 4-9）。解剖学家特德·格兰德发现，眼镜猴的每只眼睛都和它们的脑部一样重！两只眼睛的重量就相当于脑部的两倍，这表明它们具有极其敏锐的视觉。眼镜猴能够像猫头鹰一样追踪物体，其头部可以在各个方向上转动 180º，而不用转动眼眶中的眼球。每只眼睛都有一个中心凹，但缺乏反光膜，即视网膜中能够反射光线的一层（见 3-19）。昼行类人猿也具有中心凹，这个结构加强了视锥细胞的视敏度，并表明它们的祖先为昼行动物。灵长类动物学家沙伦·古尔斯基（Sharon Gursky）在她对苏拉威西岛眼镜猴的野外研究中发现，在满月的夜晚，眼镜猴会变得更加活跃，而不像典型的夜行动物那样，会随着光线增强而减少活动。

干燥、狭窄而扁平的鼻子和鼻区将眼镜猴与鼻尖潮湿且吻部突出的原猴类区分开来（见 3-1 和 3-15）。它的牙齿数量和形状都与婴猴、其他原猴类及类人猿不同（见 3-6）。两颗下门齿很小，下犬齿中等大小；上犬齿很小，上门齿很大。臼齿的大小相同，上面具有尖尖的角，能用来撕扯和切割食物。相反，在婴猴的齿梳上，下犬齿和其他门齿形态相似。眼镜猴的食物包括昆虫和小型脊椎动物，如爬行类、鸟类和蝙蝠，而婴猴的食物更加多样，两者对比鲜明（见 4-5）。

先为前肢骨和后肢骨填色，它们是眼镜猴特化跳跃能力的基础。作为对比，然后为婴猴的胫骨和腓骨填色，它们的跳跃能力略差；再为 5,000 万年前尼古鲁猴的胫腓骨填色，它们可能是眼镜猴的远古亲属。

眼镜猴的跳跃可达 3 米远。它们还能以很快的速度移动，伏击猎物，然后用手将其捕获。除了在森林灌木丛中觅食，它们还可以在地面上跳跃，偶尔用四足行动。

短小的躯干上长有毛发较少的尾巴，其长度是身体的两倍，在跳跃时帮助保持平衡和把握方向。其前肢很短，肱骨大约是股骨长度的一半。宽宽的手是前肢最长的部位。这样的大小使手很有力量且非常灵活，是眼镜猴捕捉猎物或落地时抓住树枝所必需的。

修长的后肢各部分等长，分为股骨、胫腓骨和足部。胫骨和腓骨部分融合成一个独特的结构，能最大限度地屈伸，并限制远端胫腓骨关节的活动以及踝关节的旋转。5,000 万年前始镜猴科中的尼古鲁猴的胫腓骨化石碎片与眼镜猴融合的胫腓骨很像（见 4-3），这表明这种特化可能出现在远古。婴猴的后肢没有特化，而腓骨也没有退化。

足部占整个后肢长度的 1/3。长长的跗骨（跟骨和舟骨）使大脚趾能够保持张开的姿势，从而具备抓握的能力。加长的骨骼是特殊的灵长类特征。在地面上蹦跳的哺乳动物（如兔子）不需要大脚趾的灵活性，所以其跗骨会变长。

古尔斯基的野外研究揭示出眼镜猴的运动方式是如何成为其整个生命史的重要部分的。眼镜猴的怀孕期为 6 个月。对于体重不足 150 克的物种来说，这个时间非常长。重约 3 千克的猴类也具有长度相近的怀孕期（见 3-25）。对于任何物种来讲，在怀孕末期，雌性的身体重心都会发生大幅度改变，它的行动敏捷度也会因此受到影响。与非繁殖期或哺乳期的雌性相比，它会更多地依靠四足爬行。怀孕的雌性还会缩短自己的行动距离和夜间活动路径，并缩小巢区范围。

眼镜猴幼崽在出生时的体重为母亲的 25%。（对人类而言，这个比例意味着生产出的婴儿将达 13.6 千克！）在所有每胎生一崽的灵长类物种中，这些幼崽与母亲的体重比是最高的。然而，尽管这会给怀孕的雌性造成很多困难，但较大的新生幼崽会发育得更加完善。生物学家迈尔斯·罗伯茨（Miles Roberts）注意到，从新生幼崽的角度来看，胎儿的缓慢生长对于出生后的存活有益。出生时较大的脑部使新生幼崽能够在生命早期就掌握行动和觅食的技巧，在出生 80 天左右就迅速地实现独立（见 3-25）。

和某些原猴类（如婴猴和懒猴）一样，雌性眼镜猴会将哺乳期的幼崽放置在某处，这样雌性就可以没有负担地外出觅食。雌性在怀孕期面临的能量挑战也比在哺乳期时更加突出。

眼镜猴很好地阐释了关于环境适应性的三条启示。首先，运动方式整合了生命的各个方面，包括生活方式发生变化的怀孕期和新生幼崽的早期发育期。其次，解剖结构的布局为何如此完美仍是一个谜。最后，在生命周期的每个阶段中，动物都需要被迫做出特定的妥协。

眼镜猴：跳跃专家

分布 a

眼睛 / 眼眶 b,b[1]
牙齿数量 c,c[1]
门齿 / 犬齿 d,d[1]

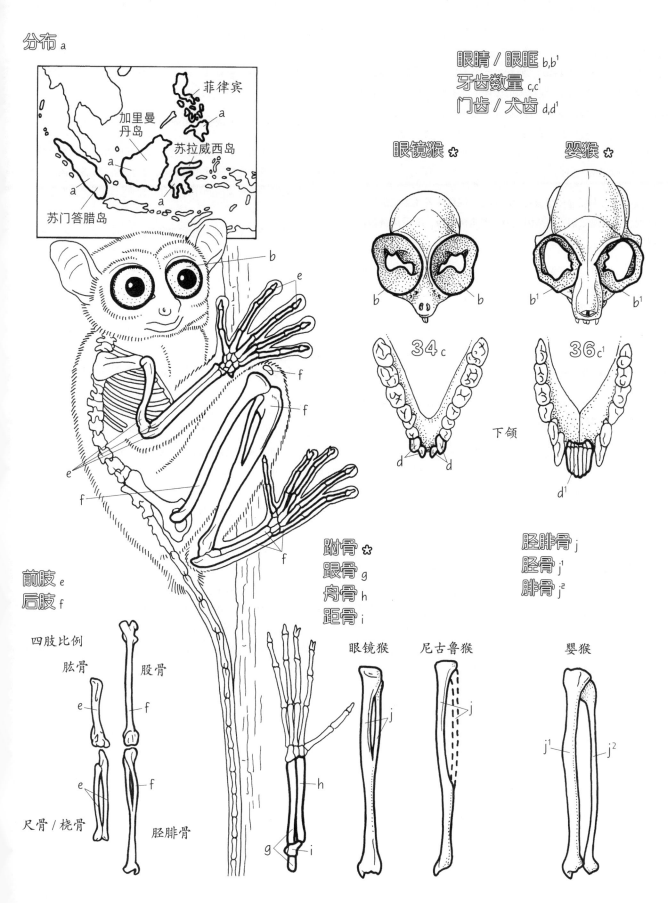

菲律宾
加里曼丹岛
苏拉威西岛
苏门答腊岛

眼镜猴 ✱
婴猴 ✱

34 c
36 c[1]

下颌

前肢 e
后肢 f

跗骨 ✱
跟骨 g
舟骨 h
距骨 i

胫腓骨 j
胫骨 j[1]
腓骨 j[2]

四肢比例

肱骨
股骨

尺骨 / 桡骨
胫腓骨

眼镜猴
尼古鲁猴
婴猴

4-9
特殊感官与齿系

我们已发现了多种始新世的原猴类化石，但只发现了类人猿的牙齿化石碎片（见 4-3）。到了渐新世早期，埃及出土了体形较大的类人猿化石（见 4-10）。原猴类和类人猿这两个分支各自代表着过去 5,000 万年的适应性辐射传播（见 3-1）。类人猿可能走向以果实为食的昼行生活，而与原猴类的演化谱系分道扬镳。本节中，我们用一种旧世界猴类——非洲绿猴——来代表类人猿，而用环尾狐猴来代表原猴类。这两者的对比将展现出与类人猿生活方式有关的解剖特征。

先用浅色为狐猴和绿猴的面部填色。注意两者在眼睛位置上的区别。再为视觉相关的结构填色，即眼窝方向、眶后闭合和视觉皮层。

类人猿的眼窝方向朝前，而且其周围骨骼完全闭合（眶后闭合）。类人猿具有高度发达的立体彩色视觉，其增大的视觉皮层用以处理视觉信息（见 3-17）。原猴类的眼窝朝向两侧，由一根骨质的棒（眶后棒）包围而成。原猴类具有一定程度的立体视觉。大多数原猴类为夜行动物，只有部分马达加斯加的狐猴在日间活动，具有一定程度的彩色视觉。

为与嗅觉相关的结构填色，即吻部和嗅球。注意观察原猴类与类人猿在吻部长度上的区别。

类人猿已经没有了原猴类潮湿的鼻尖，嗅球变小，吻部也缩短了。原猴类有更大的嗅球和吻部，以及更大的筛板。原猴类在很大程度上要依靠嗅觉来进行交流（见 3-17）。

为下颌和牙齿填色。注意牙齿的数量和形状以及下颌的形状。

上下颌的牙齿和支撑骨骼以及咀嚼肌共同构成了进食系统（见 1-6）。类人猿具有用以撕咬的较大门齿，而原猴类的门齿和犬齿构成了下颌上的齿梳（见 3-6）。类人猿的犬齿突出，方形的前臼齿和臼齿能高效地进行研磨，以便将食物处理后再吞咽下去。

类人猿的下颌形状很适合高效的咀嚼。它的两侧在骨联合处融合在一起，这和原猴类没有融合的下颌不同。类人猿又深又宽的下颌具有垂直支，为齿根提供了坚实的基础。宽宽的下颌支上

附有咬肌及其他咀嚼肌（见 1-6）。类人猿闭合的眼窝骨为颞肌提供了附着表面，而咀嚼时产生的力量则会沿着侧面的骨骼边缘被吸收，从而不会传递至鼻区。闭合的眼窝还能为眼睛提供更好的保护。

为新皮质填色，完成整个图版。

类人猿的脑相对于身体的比例更大，其中有复杂的视觉皮层和感觉运动区域，但是嗅球相对较小。扩大的脑部感觉运动区域使类人猿能够完成精细的操作，并且比原猴类能更独立地控制各个手指。

类人猿的怀孕期、幼崽期和少年期都更长（见 3-24）。雌性类人猿一次通常只产一只幼崽，在哺乳期会一直将幼崽带在身上。更大的脑部需要更多时间来生长，也就使幼崽期的学习时间增多了（见 3-27）。因此，类人猿会在幼崽身上投入更多的时间和能量。很多原猴类一胎都会生产多只幼崽，有时还会将后代留在巢中。其他一胎只产一崽的原猴类母亲会在觅食时把幼崽暂时放置在树枝上。

类人猿是四足行走的，没有原猴类垂直跳跃的特化功能——跳跃的运动方式对于短距离来说效率很高，但不太适合长距离行动。雄性类人猿的体形一般更大，其犬齿也比雌性的大，而原猴类在这些特征上几乎没有性别差异（见 3-30 和 4-33）。

从已有的证据来推断，最早的类人猿很可能随着雨林的扩张而大量地采集果实资源（见 4-1）。彩色视觉是对白天活动的适应，能帮助它们在绿色的森林中定位并识别颜色鲜艳的果实。灵活的双手能有效地握住并采摘果实。四足行走的运动方式让它们能够在树木间的通道上进行长距离穿梭，以寻找果实。由于果实供给会受季节周期的影响而变化，类人猿必须拥有更大的巢区才能找到果实。果实能提供更高的能量来源，从而支持更大的体形。不过，身体越大就越显眼，也就越容易被天敌发现。所以，较大的社会群体或许在觅食时能提供更好的保护。

要了解类人猿的起源，我们就要求助于化石记录。这里，我们仅有骨骼和牙齿来判断一块化石是否属于类人猿。保存得最好的早期类人猿化石记录来自埃及（见 4-10）。

特殊感官与齿系

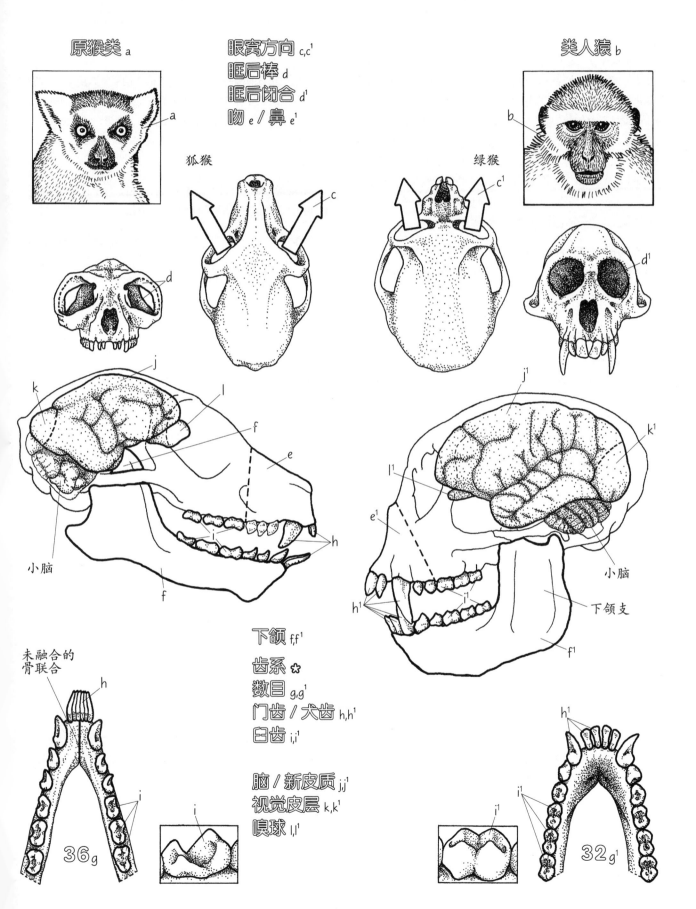

原猴类 a

眼眶方向 c,c¹
眶后棒 d
眶后闭合 d¹
吻 e / 鼻 e¹

类人猿 b

狐猴

绿猴

小脑

小脑

f

下颌支

未融合的
骨联合

h

下颌 f,f¹

齿系 ✱
数目 g,g¹
门齿 / 犬齿 h,h¹
臼齿 i,i¹

脑 / 新皮质 j,j¹
视觉皮层 k,k¹
嗅球 l,l¹

36g

32g¹

4-10
埃及法尤姆的类人猿

我们对早期类人猿演化的认识主要来自埃及北部的一个地区，那里保存着大量灵长类化石。在亚洲发现的始新世化石碎片可能来自类人猿（见4-3），但在北美洲和欧洲完全没有发现类人猿化石。相反，埃及法尤姆地区的化石点已出土了大量且多样的渐新世早期哺乳类及灵长类化石，它们起源于3,600万年前渐新世和始新世的转折点。1906年，美国自然历史博物馆的一次探险考察首次发现了法尤姆的化石。20世纪50年代，挖掘工作重新开展起来。在过去的几十年间，在古生物学家埃尔温·西蒙斯（Elwyn Simons）、约翰·弗利格尔（John Fleagle）和其同事们的不懈努力下，又有数十件化石被发掘出来。

先为渐新世的时间跨度填上灰色。然后为地图填色，上面标有法尤姆洼地的位置。再为罗埃尔夸特拉尼山组地层旁边的长条填色。

法尤姆洼地是非洲东北部的一大片荒地，位于开罗西南方向100千米左右的撒哈拉沙漠东缘，地处尼罗河三角洲南侧。从始新世末期到渐新世早期，当化石开始累积时，非洲与欧亚大陆已被温暖且较浅的特提斯海隔开（见4-27）。红海当时还没有形成，所以非洲和阿拉伯半岛还连在一起，没有隔海相望。

法尤姆地区的罗埃尔夸特拉尼山组对古生物学家来说尤为重要，因为那里有高度密集分布的灵长类化石，还有大量脊椎动物和植物遗迹，这些都是非常珍贵的生态学资料。化石还原了特提斯海周围远古时的环境图景。鳄类与涉禽类化石意味着这里曾是温暖、潮湿的栖息地。树叶、藤蔓、红树类植物的根和果实则进一步地反映出这里的热带森林环境。另外，属于十几个类目的若干非洲哺乳动物代表了一个丰富的热带动物群。这些物种包括了一部分现存动物，如蹄兔类、长鼻类、海牛类、鼩类、食虫类、有袋类和翼手类等。

用反差强烈的颜色为维丹埃尔法拉斯玄武岩盖和采石场填色。

罗埃尔夸特拉尼山组包含了一系列采石场（如图中所示），那里产出了大量灵长类化石。其中，有些被鉴定为原猴类，有些为类人猿，还有一些无法明确地被划分到任何类别中。古生物学家约翰·卡佩尔曼（John Kappelman）和同事们用古地磁学定年法估算出该山组各地层的年龄（见5-4）。最老的地层位于采石场L-41，据估计源自约3,600万年前，而采石场M、I中最年轻地层则形成于3,300万年前。采石场E、G、V的地层年龄居前两者之间。维丹埃尔法拉斯玄武岩盖在最顶层，形成于约2,700

万～2,500万年前。

该地点的类人猿化石分为三个科：副猿科、渐新猿科和原上猿科。这些化石的哪些特征与原猴类的不同呢？原猴类下颌的两半和颅骨上的额骨没有融合，眼窝后侧也没有闭合（见4-9）。相反，类人猿和法尤姆的化石都具有融合的下颌骨，眼窝正对前方，而且完全由骨骼围绕。类人猿的门齿更宽，臼齿更趋于方形，齿尖较低。

先为类人猿三个科下的各个化石填色。每个科用同一种色调。再为代表出土它们的采石场的箭头填色。

本节中，副猿科由三个属代表，即夸特拉尼猿、亚辟猴和副猿。在三个类人猿科中，副猿科与原猴类、新世界猴类最为相像，因为它们都具有第三颗前臼齿。亚辟猴的四肢骨表明，它们可能为跳跃而做出了适应。在很多方面上，副猿与新世界猴类都非常相似。

另外两科与狭鼻猿类（旧世界猴类和猿类）十分相似，它们都只具有两颗前臼齿，其中部分属种的犬齿具有性别差异。这里代表渐新猿科的属种为渐新猿和体重不足1千克的下猿。原上猿科包括原上猿和埃及猿。埃及猿的颅内模（颅腔内部的模型）显示出一种介于原猴类和新世界猴类的中间构造模式，其四肢和髋骨则表明它是灵活的四足行走动物。

该化石点有两个地层中的类人猿化石最为丰富，即位于该山组底部的年代最久远的采石场L-41和相对较新的采石场M、I。采石场L-41中有大量骨骼，蹄兔类是其中最常见的哺乳动物标本，此外还有啮齿类、食虫类和肉食类。早期采石场中多样的类人猿标本意味着，类人猿起源于法尤姆化石记录形成之前。在这个早期采石场中，还发现了几种原猴类化石。

夸特拉尼猿在三个地层中都有出现，它们分别是采石场L-41、采石场E，以及采石场M、I。采石场G、V有最早的原上猿代表和副猿科的亚辟猴。采石场M、I有来自两个科的多个物种，包括副猿科和原上猿科的埃及猿和原上猿。

法尤姆的部分灵长类被认为是"齿猿"，因为它们的臼齿具有低矮的圆尖，与吃果实的猿类相像，而不像长有更尖臼齿的旧世界猴类（见4-26）。然而，研究人员发现，这种圆尖也与吃果实的新世界猴类的臼齿的特征类似。这暗示法尤姆的灵长类虽然以果实为食，但不一定是猿类。将法尤姆灵长类的化石证据拼凑起来可看出，新世界猴类已经分支出来，而原上猿科是原始的狭鼻猿类，与猿类和旧世界猴类的共同祖先关系很近。

法尤姆的类人猿

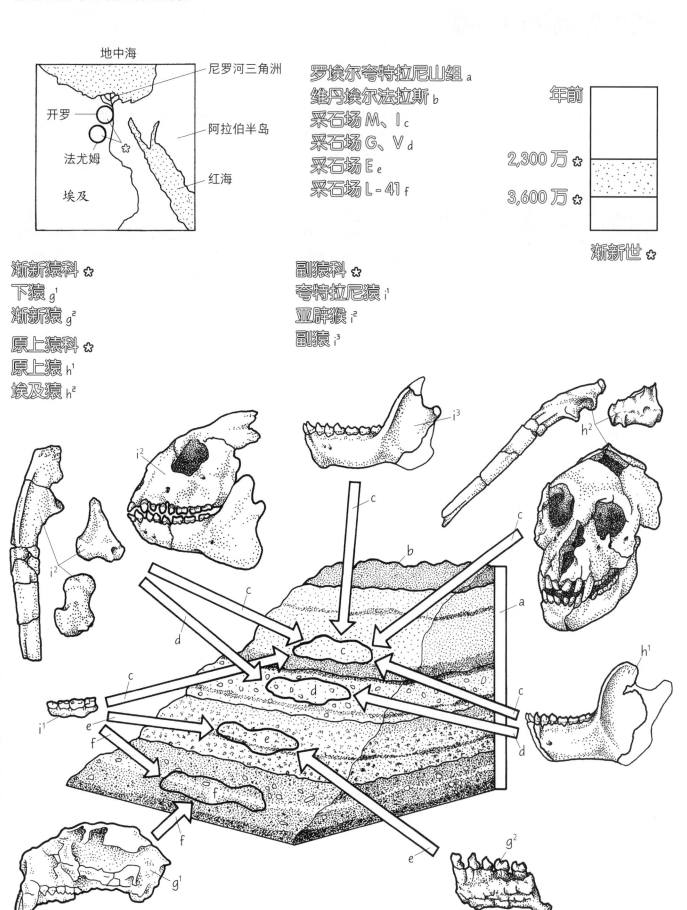

地中海

尼罗河三角洲

开罗

阿拉伯半岛

法尤姆

红海

埃及

罗埃尔夸特拉尼山组 a
维丹埃尔法拉斯 b
采石场 M、I c
采石场 G、V d
采石场 E e
采石场 L-41 f

年前

2,300万 ✱

3,600万 ✱

渐新世 ✱

渐新猿科 ✱
下猿 g¹
渐新猿 g²

原上猿科 ✱
原上猿 h¹
埃及猿 h²

副猿科 ✱
夸特拉尼猿 i¹
亚腭猴 i²
副猿 i³

4-11
新世界猴类的起源

阔鼻猴类的起源问题已困扰古生物学家们数十年。北美洲的化石记录仅包含始新世的原猴类、兔猴类和始镜猴类（见4-3），而没有鉴定出类人猿。南美洲的渐新世和中新世的化石记录则刚好相反，只有类人猿。非洲的化石记录中既有原猴类，也有类人猿（见4-10）。那么，猴类是何时用何种方式抵达南美洲的呢？

大约在1970年前，古生物学家就提出了平行演化的概念。他们的逻辑是这样的：北美洲始新世的始镜猴类向南扩散，演化为南美洲的猴类，而它们在欧亚大陆的始镜猴亲属也平行地演化为旧世界猴类，地点很可能就在非洲。由于非洲的猴类似乎不可能跨越大西洋这样的水屏障，古生物学家们普遍认为，南美洲的猴类起源于北美洲，问题只是它们祖先的化石证据还未被发现。

两条非化石证据提供的线索解开了这个谜题。分子证据表明，所有的猴类在谱系分化之前都具有一个共同祖先（见3-1）。这个证据与法尤姆的化石记录一致，即证明3,600年前有两种类人猿。

来自板块构造学的证据（见1-18）帮助我们澄清了南美洲、非洲和北美洲的地质史。在灵长类演化时，南美洲还是一座漂浮的岛屿。整个美洲大陆一直到350万年前才由巴拿马地峡相连，而这个时间点太晚，所以巴拿马地峡无法作为原猴类祖先迁徙的一条路径。无论新世界猴类起源于非洲还是北美洲，其最初的祖先都必须要跨越一片水域。

在图版顶部，先为渐新世早期的非洲、南美洲和大西洋填色。再用不同色调的蓝色为现代大西洋、大陆架和大西洋中脊填色。

非洲和南美洲曾经连在一起（见1-18）。随着大西洋中部深谷——大西洋中脊——喷发出地幔中的熔融物质，洋底便不断扩张，并将这两块大陆彼此推离。渐新世时，南美洲离北美洲和非洲都很遥远，距离相隔2,000~3,000千米。海平面处于史上最低的水平。部分大西洋中脊上的山峰比洋底高出3,200米。由于海平面降低，这些曾经在洋底的山峰暴露在水面之上，成了岛屿。当时的盛行风和洋流的方向均是从非洲指向南美洲。

"漂流假说"认为，原猴类到猴类的演化过程只发生过一次，就在非洲。之后，是原始的猴类（副猿）漂洋过海来到南美洲，而不是原猴类。要重建这一过程，我们可以认为，一小群猴类充当了奠基种群，就像加拉帕戈斯群岛上的大陆雀类一样。非洲的猴类祖先被困在一棵巨大的热带雨林树木上，这棵树在某场暴风雨中被连根拔起，随着上涨湍急的河水漂流入海。猴类祖先抱着漂浮的树，靠附着的树枝、植被及土壤过活。它们很可能在不同岛屿之间迁徙前进，最终在南美洲安家。啮齿类化石证据的发现使类人猿扩散自非洲的理论更为可信，因为它们都出现在同一时间段。啮齿类的现存近亲——豪猪——也生活在非洲。而其他在南美洲安家的物种也一定是在数百万间通过同样的方式抵达那里的。

从老到新为各地具有代表性的化石、地理位置及出现年代的刻度位置填色。

与法尤姆的化石相比，南美洲的灵长类化石比较破碎，保存状况也较差。南美洲最早的化石来自2,700万~2,400万年前，比最早的法尤姆化石晚了约1,000万年（见4-10）。布拉尼沙猴和绍络伊祖猴来自玻利维亚安第斯山脉的同一个化石点（图版中未绘出），它们的下颌碎片中有3颗前臼齿以及不是特别紧密的骨联合部位，这与现代阔鼻猴及法尤姆副猿的特征类似（见4-10）。

根据牙齿大小和形状以及颅骨解剖结构，来自阿根廷南部和智利中新世早期和中期的化石显然属于新世界猴类，但它们中许多都不是任何现代猴类的祖先。在一个来自智利中部的安第斯山脉（大约2,000万年前）的几乎完整的智利猴颅骨上，其巨大的上前臼齿与松鼠猴的类似。

阿根廷的化石点（1,900万~1,500万年前）已出土了多个化石。窝孔猴及图版中没有出现的长面猴的颅骨的保存几乎完整，其眶后闭合与耳部都具有新世界猴类的典型特征。短小的面部、3颗前臼齿和3颗白齿与现代的伶猴及夜猴十分相似。侏儒猴（图版中未绘出）具有较大的闭合眼眶。尽管它们的体形与卷尾猴差不多，但其特征与任何现存猴类都不像。人类学家理查德·凯（Richard Kay）和同事们认为，生活在1,500万年前的原僧面猴很像一种僧面猴科的早期成员。包含两个种的索里亚猴（图版中未绘出）化石保存完好，它很可能是一种原始的僧面猴。

哥伦比亚的拉本塔是一处化石种类丰富的中新世中期化石点（1,400万~1,200万年前），那里已产出了至少10种猴类化石，其牙齿和面部形态特征都比早期的化石更接近现存物种。新松鼠猴看起来与现存的松鼠猴有很近的亲缘关系。古卷尾猴（图版中未绘出）与僧面猴类似。斯特顿猴（图版中未绘出）是拉本塔地区最大的猴类，可能与吼猴和绒毛蛛猴有亲缘关系。更新世的始猿是巴西年代最近的化石，由一枚颅骨和一具几乎完整的骨骼组成。尽管它与蜘蛛猴和绒毛猴相似，但它们很可能并无亲缘关系。来自加勒比地区的牙买加猴则说明，猴类在更新世就已经设法来到这些岛屿上了。

南美洲多样的灵长类化石在形态上已被认定属于类人猿。有些可能还是现代猴类的祖先，而其他的则可能是旁支。

漂流假说

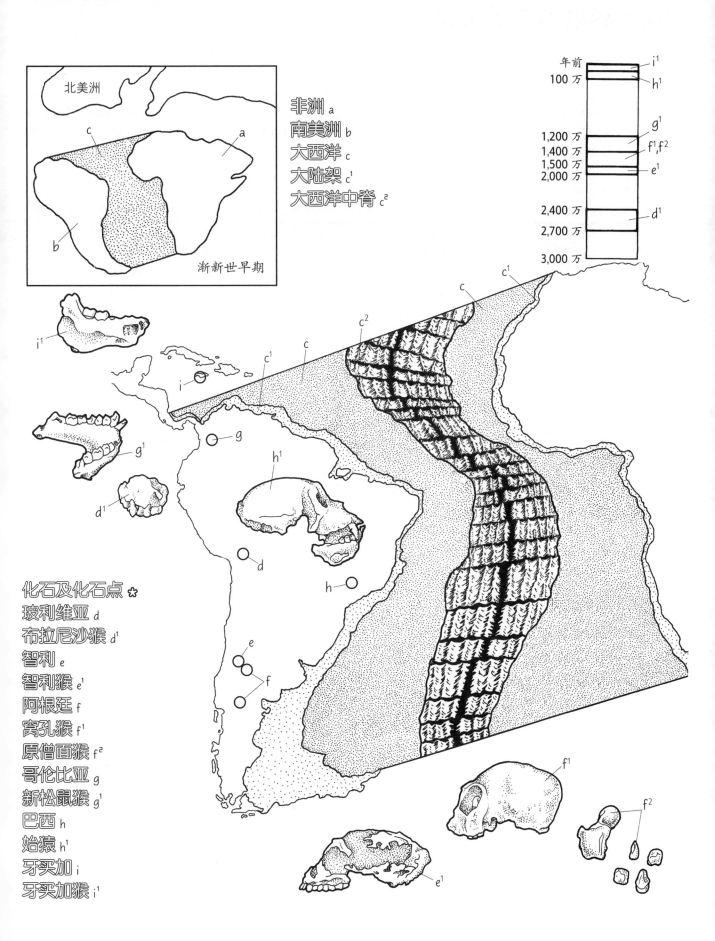

北美洲

渐新世早期

非洲 a
南美洲 b
大西洋 c
大陆架 c¹
大西洋中脊 c²

年前
100 万
1,200 万
1,400 万
1,500 万
2,000 万
2,400 万
2,700 万
3,000 万

化石及化石点 ✱
玻利维亚 d
布拉尼沙猴 d¹
智利 e
智利猴 e¹
阿根廷 f
宽孔猴 f¹
原僧面猴 f²
哥伦比亚 g
新松鼠猴 g¹
巴西 h
始猿 h¹
牙买加 i
牙买加猴 i¹

4-12
新世界猴类的谱系树

现存阔鼻猴的祖先在不到 3,000 万年前抵达了南美洲（见 4-11），逐渐分化为 50 多个物种，体重小到 100 克，大到 14 千克。尽管它们的体形有很大差异，但绝大多数都以果实为主要的食物来源，只有几种例外。除了果实，这些灵长类还会以树胶、树汁、种子、树叶、无脊椎动物和脊椎动物为食。因此，这些猴类便逐渐占据了中南美洲整个热带地区各式各样的生态位。

新世界猴类的社会组织十分多样，有紧密联系的家庭群体，也有多只个体组成的松散联盟——大家分散行动，以便更高效地觅食。猴类会受到大型猛禽和蛇的威胁，所以它们具有多种形式的防御系统，包括隐蔽和发出报警信号，以及生活在大型甚至跨物种的群体中。分子生物学、解剖学、行为学以及生态学方面的信息都表明，现存的阔鼻猴由 5 个谱系或科组成，即狨猴科、夜猴科、僧面猴科、卷尾猴科和蜘蛛猴科。这些猴类都来自 2,000 万年前的一个共同祖先。

为狨猴谱系（a）及其分支填色。

狨猴类，包括柽柳猴和狨猴，从大约 1,000 万年前的共同祖先逐渐分化为 5 个属下的超过 25 个种。它们是最小的猴类（体重为 100～700 克，平均约 400 克），比其他阔鼻猴类少 1 颗白齿。树胶和树汁是它们重要的食物来源（见 4-13），对于狨猴尤其如此。爪子似的指甲使其能竖直身体，抓住森林灌木层中较大的树枝和树干。在那里，狨猴凿出树洞、舔食树汁，并觅食昆虫。狨猴类还会组成小型的社会群体（含 8～10 只），包含多只成年雄性和雌性。其中，只有 1 只雌性负责生育，它一次产下两崽后，所有的群体成员都会共同照顾新生幼崽（见 4-13）。这些社会群体的成员数量会不断变化，因此并不是严格意义上的"家庭"或夜猴和伶猴那样的夫妻制（见 4-14）。节尾猴也属于狨猴类，不过它保留了第三颗白齿，而且每胎仅产一崽，这些可能都代表了其谱系祖先遗传下来的特点。

为夜猴谱系和夜猴填色，后者因其大眼睛和夜行习性而得名。图版中的月亮代表夜猴的夜行习性，为其填色。

夜猴是仅有的一种在夜间活动的现存类人猿。这一谱系似乎与任何其他阔鼻猴谱系都没有密切联系。夜猴包括至少 2 个种和多个亚种，地理分布较广，从中美洲一直到南部的玻利维亚、巴拉圭和巴西都有。它重约 1 千克，雌雄体形差异较小。夜猴的夜行习性与其他阔鼻猴类明显不同，这让它们得以躲避日间的捕食者，也避免与大型猴类争夺果实、树叶和昆虫。夜猴完全没有反光膜（见 3-19[①]），这说明它与类人猿和眼镜猴类（简鼻猴类）具有演化联系，而与原猴类关系较远。它的视力在 450～500 纳米的波段范围最为敏感（见 3-18），这在根据对比度来辨别月光下的物体时具有优势。夜猴生活在由 2～6 个个体组成的家庭群体中，各成员间均有血缘关系，雄性也会参与照顾幼崽。

为卷尾猴谱系以及松鼠猴和卷尾猴分支填色。

松鼠猴和卷尾猴都来自中新世的一个共同祖先，在新热带区广泛分布。松鼠猴被划分为 4 个种，它们都生活在中美洲和南美洲，重约 1 千克。卷尾猴重约 3 千克，在中美洲和南美洲地区也均有分布，包括 4 个种。这些猴类的食物主要是果实和动物。在寻找昆虫和脊椎动物猎物时，松鼠猴和卷尾猴经常集体觅食，并表现出极大的好奇心和优秀的动手能力（见 4-16）。它们的社会群体中包含雌性和雄性，但规模和组成结构不尽相同。

为伶猴和其他僧面猴科的成员填色。

伶猴是阔鼻猴中与众不同的一支，也是僧面猴类的早期分支之一。它至少包含 3 个物种和多个亚种。伶猴重约 1 千克，生活在有 2～6 个成员的家庭群体中。伶猴经常以未成熟的果实为生，也食用种子、昆虫和树叶，并喜欢在灌木层活动。和夜猴一样，雄性伶猴也在照顾幼崽时起到了很重要的作用（见 4-14）。

僧面猴科包括僧面猴和秃猴，共有 3 个属（约 8 个种），体重在 1.5～4 千克之间，可生活在淡水沼泽林和非沼泽林中。它们的食物中有很大比例是硬度不一的种子。它们的社会群体规模不等，有小家庭群体，也有多达 25 个成员的大型群体（见 4-15）。

蜘蛛猴科包括 4 个属下的至少 12 个种，它们都具有善于抓握的尾巴。为蜘蛛猴科谱系填色，完成整个图版。

蜘蛛猴科是体重最大的阔鼻猴类（约 4～14 千克），包括吼猴、绒毛猴、蜘蛛猴和绒毛蛛猴。吼猴是最古老的分支，至少包括 6 个种。与卷尾猴一起，它们是地理分布最广的新热带区猴类。相反，绒毛蛛猴仅剩 1 种，它们生活在巴西大西洋沿岸仅存的碎片化森林中。蜘蛛猴科具有善于抓握的尾巴，而且尾巴上长有增加摩擦力的皮肤、汗腺和感觉神经，在大脑运动皮层中还有很大的突起（见 4-17），这在猴类中绝无仅有。它们以成熟的果实为食，也食用新鲜的树叶。它们的社会群体规模和组成结构不一，但通常由多只成年雌性和雄性构成。

① 此处仍应为 3-17，疑为原书错误。——译者注

新世界猴类的谱系树

蜘蛛猴科 e
阔猴 e¹
蜘蛛猴 e²
绒毛蛛猴 e³

僧面猴科 d
秃猴 d¹
僧面猴 d²
丛尾猴 d³

夜猴科 b
夜猴 b¹

卷尾猴科 c
松鼠猴 c¹
卷尾猴 c²

狨猴科 a
节尾猴 a¹
狨猴 a²
普通狨 a³
狮面狨 a⁴
棕须柽柳猴 a⁵

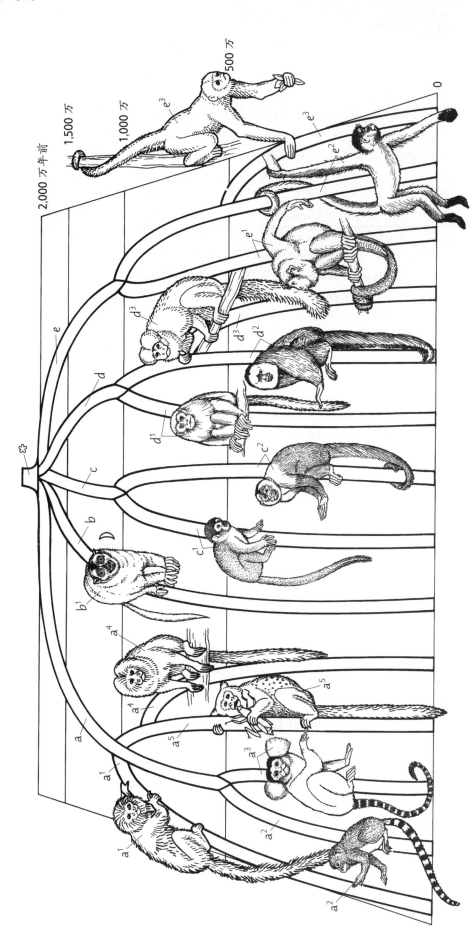

2,000 万年前　1,500 万　1,000 万　500 万　0

4-13
狨猴科

柽柳猴和狨猴具有多种不同寻常的特征，这让该谱系的辐射演化非常成功。过去野外研究的信息不充分时，人们对这些灵长类动物有很多误解。它们娇小的体形和爪子状的指甲以及标记气味的行为都被认为是原始特征，就像松鼠一样，而它们的小型社会群体被错误地认为是一夫一妻制的家庭。灵长类动物学家保罗·加伯（Paul Garber）对柽柳猴和树松鼠的运动方式进行比较后，人们的这些看法才开始改变。与松鼠不同，这些猴类利用轻巧柔软的支撑物，在树冠间完成高难度的飞跃。利用抓握能力，它们还可以在交错的树叶间觅食，并垂直地攀附在树干上。灵长类动物学家沃伦·金泽（Warren Kinzey）的研究又进一步提升了我们对狨猴类的认识。他发现，在寻觅树脂和昆虫时，这些爪子状的指甲可以使它们保持身体垂直的姿势。野外研究还更正了有关它们的社会组成和繁殖方式等多个方面的内容。例如，狨猴类一胎生两崽十分常见，其社会群体也不是一夫一妻制，而且所有的群体成员都会参与照顾新生幼崽。

本图版表现出这些新热带区的小个子猴类的多个独有特征。每个属都代表一种细微的变异，但它们都具有娇小的体形（100～700克），都在森林灌木层觅食时保持垂直的姿态，具有相同的饮食结构，都有标记气味的习性，诞育双胞胎，并且集体养育新生幼崽。

先为狨猴科爪子状的指甲填色。再为普通狨寻觅树脂的姿势和其齿系，及其在树干上凿出的树洞填色。

除了拇指具有扁平的指甲，狨猴科的手和脚都长有侧向弯曲的指甲，虽然像爪子一样，但在解剖结构上仍然是指甲（见3-11）。这些爪子状的指甲使动物能够深入树皮内，以及在觅食时保持身体垂直的姿势。在狨猴科中，狨属（共有约11个种[①]）的食性最为特化，只吃树胶和树脂，即树木分泌液。对于重约100克的倭狨来说，树木分泌液占它们食物的60%。突出的门齿和釉质层较厚的犬齿，以及引人注目的下颌支撑着高度发达的咬肌，这使狨猴可以咬穿树皮和木髓。它们还会在树上凿出树洞，使树脂更好地流出。

为棕须柽柳猴及其寻觅昆虫和标记气味的姿势填色。

棕须柽柳猴是15种柽柳猴之一。柽柳猴的食性比较广泛，包括昆虫、树胶、花蜜以及多种果实。它们具有尖利的爪状指甲，可以栖息在树干上捕食昆虫。虽然柽柳猴并不凿树洞，但它们会啃吸藤蔓中的树脂，也会舔食其他猴类凿开的树洞中流出的树脂。

嗅觉交流在新热带区猴类中发挥着非常重要的作用。狨猴科动物会通过多种腺体的分泌物或尿液来标记领地，并传递生殖状态的信息。狨猴并不具有领地意识，但会直接用尿液来标记觅食的洞口，显然是为了表达对资源的所有权。柽柳猴具有领地意识，会保卫自己的领地边界不被相邻的群体侵占。当不同的群体相遇后，猴类通常会用胸腺在树枝上进行气味标记，而雌性则可能会用气味来标记树胶的位置。柽柳猴还会通过各种各样的叫声来交流。在领地交界处，它们会用吼声"交战"，发出各种高频率的声音，比如"喊喊喳喳""哼哼唧唧"或是"吱吱"的尖叫，而这些很可能代表着某种对话。

柽柳猴生活在不多于18个成员的群体中，最多有4只成年雌性和4只成年雄性。有时，不同的柽柳猴物种会混在一起，构成更大的种际混合群体。增加的成员似乎能够更好地监测天敌，并且不会增加竞争，因为不同物种的食物组成不同。

为狮面狨的社会群体填色，以展示狨猴科集体照顾幼崽的行为。

这些长有尖爪的猴类的社会行为在灵长类中绝无仅有。群体成员通常包括多只成年雄性和雌性，以及更年轻的亚成年和少年期个体。它们普遍地都会诞下双胞胎，而所有群体成员都会一同参与照顾幼崽。狮面狨在经历4个月的怀孕期后，新生的双胞胎幼崽加起来竟占雌性体重的20%！雄性和年轻的群体成员也都非常愿意怀抱幼崽，并在之后的2～3周内贴身照顾，让哺乳期的雌性可以自由觅食。群体成员，尤其是雄性，在幼崽9周大的时候就开始与之分享昆虫食物，一直到幼崽在一岁左右进入少年期为止。成年个体会把食物放在手上喂给幼崽，或者发出叫声，召唤它们来抓取。

该社会群体中只有1只进行繁殖的雌性，它会与所有的成年雄性交配。这个等级较高的繁殖雌性能通过强硬行为及强烈的信息素来抑制其他雌性的繁殖活动，所以在某个时间点极少有超过1只雌性同时进行繁殖的情况。在分娩后10天内，雌性狮面狨就会进入短暂的发情期，可能会在哺乳的同时又一次怀孕，这使其成为生育间隔最短的类人猿。这样的繁殖模式与猴类的缓慢繁殖，如每两年才生育一次的蜘蛛猴和僧面猴，形成了鲜明对比。

不过，我们还有很多问题没有解决。例如，在什么样的环境条件下，自然选择的压力才导致狨猴科出现这样的适应性呢？这些让人着迷的灵长类动物还有很多关于其行为和演化的问题等待着人们去解答，就像灵长类动物学中的很多谜团一样。

[①] 此处不太准确，狨属（*Callithrix*）没有11个种。——译者注

柽柳猴与狨猴

爪子状的指甲 a
以树胶为食 b
齿系 b¹
凿洞／树脂 b²
以昆虫为食 c
昆虫 c¹
气味标记 d

棕须柽柳猴

普通狨

集体照顾幼崽 ✱

背负 g
共享食物 h

双胞胎 e
哺乳期的雌性 f

狮面狨

179

4-14
伶猴的共同抚养行为

对于大多数灵长类和哺乳动物来说，照顾新生幼崽完全是母亲的工作。雌性的生殖过程要经历较长的怀孕期，然后喂养、保护并贴身照顾幼崽，直到幼崽能够独立行动（见3-10、3-25）。雌性之后还会继续照顾少年期的后代，甚至与成年子女一生都保持联系。

一般来说，雄性很少与新生幼崽保持紧密联系，不过通常都能容忍它们的存在，并会保护幼崽及少年期个体，甚至与之嬉戏（见3-29）。在极少数的情况下，雄性会伤害或杀死幼崽。只有几种灵长类雄性会大量地参与幼崽抚养。在柽柳猴和狨猴的集体中，雄性和其他群体成员也会参与照顾幼崽（见4-13）。而照顾伶猴及夜猴幼崽的除了母亲，其他所有照顾者都是雄性。我们的信息来自灵长类动物学家帕特里夏·赖特（Patricia Wright）的研究，她的研究点秘鲁玛努国家公园是亚马孙地区一片潮湿的热带森林，其中居住着13种猴类。暗色伶猴就是一个很好的案例，其雄性会深入参与照顾幼崽的工作，因而担得起"共同抚养"的标签。

用对比鲜明的颜色为伶猴的家庭成员填色。

伶猴生活在较小的家庭群体中，由1只成年雌性和1只成年雄性以及1～3只依次出生的后代组成。成年配偶之间会形成强烈的情感纽带，紧贴彼此休息时通常会把尾巴缠绕在一起。成年个体的体重不足1千克，两性在体重和犬齿大小上也几乎没有差异。

伶猴以果实、种子、昆虫、树叶和花朵为食，只在很小的巢区内觅食（0.04～0.12平方千米）。它们会在黎明时发出响亮的吼声来保卫自己的领地，这些吼声在雨林寂静的空气里可以传到数千米之外，以宣告它们的存在。当相邻的群体相遇时，一个群体会将另一个群体赶跑。

新生幼崽在母亲经历5个月（155天）的怀孕期后降生。它们出生时的体重相对较重，约为成年个体体重的10%。其他灵长类的新生幼崽皮毛颜色都与父母区别显著，而伶猴则不同，与父母相差无几。它们在出生4个月左右可以独立行走，在8个月左右断奶。在2～2.5岁间，少年期个体会离开群体，去寻找配偶（见3-28）。伶猴在3岁时进入繁殖期，雌性每年生育一次。成年雄性会与雌性共同抚养新生幼崽，通过细心呵护，以帮助确保其存活下来。

为雌性照顾幼崽的活动以及新生幼崽在它背上的时间百分比填色。

对这些体形娇小的雌性来说，每年的受孕、怀孕、哺乳、照顾体形较大的新生幼崽和不断成长的幼崽都需要消耗很多能量。雄性的帮忙能为它们减轻很多负担。所以，共同照顾新生伶猴的

"成本"被平摊到了体形很小的父母双方身上。

对于雌性来说，5个月的怀孕期，加上8个月的哺乳期，同时还要背负并照顾一只幼崽，是很难应对的，这还会降低新生幼崽的存活率。一只哺乳期的雌性比不产乳汁的雌性要多消耗50%的能量。因此，哺乳期的伶猴需要增加觅食的频率，还要改变饮食结构。

雌性会带着族群爬到树上觅食。在那里，它能优先选择昆虫和最好的果实。它要花更多的时间觅食，捕捉的昆虫数量是成年雄性的3倍，是少年期个体的2倍。昆虫能提供丰富的脂肪、蛋白质和能量，这些都是生产乳汁所必需的（见4-1）。

雌性与新生幼崽的大多数接触发生在提供食物时。从幼崽出生到8个月断奶之前，母亲与幼崽的接触会限制在每天15分钟左右：哺乳4～5次，平均每次3分钟。母亲只有6%的时间会怀抱着幼崽，它会独自为其清洗，并梳理毛发。这也是其中一项雄性不参与的工作。

为图中雄性、亚成年和少年期个体的活动以及饼图填色。

另外，雄性会从幼崽出生起就随身背负幼崽（92%的时间），帮助配偶减轻负担，直到幼崽长到4个月大，能在一定程度上独立为止。这是相当可观的付出，因为在3个月大时，幼崽就已达到雄性体重的40%！雄性还会和后代玩耍（72%的玩耍活动），保护其免遭危险，并在幼崽出生第一年内每天与其分享果实和昆虫。家庭中的少年期个体也会偶尔怀抱它们更幼小的同胞，或者与之嬉戏。

雄性的参与减少了雌性的工作量，工作量自然就转移到雄性身上。背负着精力旺盛、生长迅速、日渐增重的新生幼崽，雄性通常是最后到达觅食场所的，树上最好的果实和昆虫都已经被吃光了。它必须要更努力地搜寻更长的时间，才能找到剩下的食物。由于天敌是重大的威胁，它和身上的新生幼崽也会面临更大的风险。

这种父母抚养的机制让多方都受益，包括幼崽、少年期个体、成年雌性和成年雄性，这也体现了小体形的类人猿在面临繁殖活动的高能量需求时的一种解决办法。共同抚养幼崽的雄性最可能是幼崽的父亲。然而，我们也在DNA研究中发现，即便是对于配对的鸟类来说，也有大约30%的后代不是由"养父"亲生的。雄性灵长类认不出自己的后代，也不明白血缘关系，父亲的身份只能通过鉴定DNA指纹的方法来评估（见2-12）。对于伶猴来说，雄性对于后代的投入并不一定来自"父性本能"，而是由与配偶及所喂养的幼崽之间的紧密联系而激发的。

伶猴

家庭群体 ✿
雄性 a
雌性 b
亚成年 c

少年期个体 d
幼崽 e

雄性照顾 ✿
背负 a¹
玩耍 a²

雌性照顾 ✿
喂食／产生乳汁 b¹
哺乳／梳理毛发 b²
背负 b³

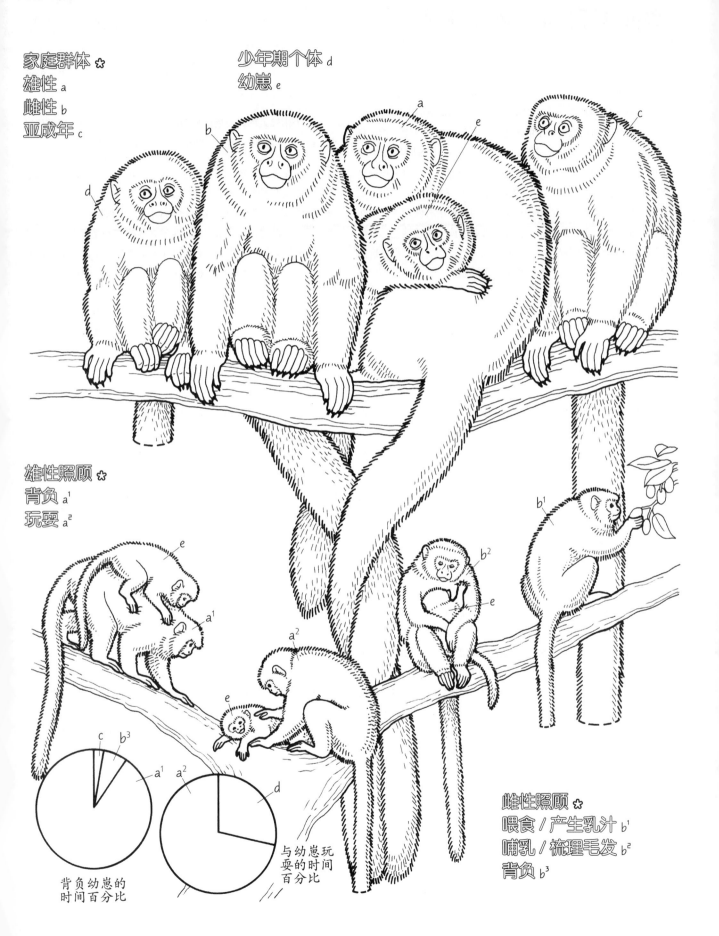

背负幼崽的
时间百分比

与幼崽玩
耍的时间
百分比

4-15
僧面猴科与"种子天敌"

果实是所有大型新世界猴类的主要食物来源。通常，猴类都会食用果实的肉质部分，之后要么扔掉或吐出种子，要么吞下种子并让种子随便排出，一般都会使种子离其母树很远。因此，大多数灵长类动物都是种子的传播者。在新世界猴类中，僧面猴科却在食用果实这方面表现出了有趣的变异性。它们不再局限于柔软多汁的果肉部分，而是能咬穿种子坚硬的外壳，得到更软且极具营养的种子内部。所以，它们又被称为"种子天敌"。这种觅食习惯和饮食结构在灵长类中很少见，因为种子有物理（被包在种皮中）和化学两重保护，而种皮一般有毒或无法被消化。植物试图保护种子，同时猴类努力将种子从保护性外壳中取出，这两者的相互作用，便造就了僧面猴科的适应现象。

为种子发育不同阶段的种皮填色。

种子是植物繁育后代的媒介。在被子植物中，幼年期的种子被充满营养的保护性外壳包裹着。正在发育的种子外面是多层的果皮：外果皮（俗称的果皮）、中果皮（果肉，经改良后增厚以供人类食用）以及内果皮（种壳）。在我们食用水果时，通常食用的是果肉的部分，即中果皮。在果肉长成之前，种子还要经历很多个阶段，才能达到传播的条件。嫩种期的种子已经长到成年大小，但仍然不够成熟：中果皮还没有发育完全，种壳也没有变硬变脆。随着果实成熟，其外壳的硬度也在逐渐增加。

先为丛尾猴和蜘蛛猴的齿系填色。再为犬齿在种子上发挥的作用效果填色。

过去，人们只知道僧面猴的齿系与其他灵长类不同，直到灵长类动物学家沃伦·金泽和玛丽莲·诺康克（Marilyn Norconk）在自然栖息地观察了这些猴类及其食物的硬度。僧面猴具有扁平但外凸的门齿，白齿相对较小，齿冠较低，齿尖圆滑而不尖利。犬齿则非常突出，像大獠牙一样，而且雌性和雄性的大小相同！这样的齿系使其可以食用种子，甚至是被硬果皮或种壳保护严密的种子。所以，它们一年到头的大部分时间都以种子为食。这些猴类獠牙状的犬齿能够像开罐器一样撬开果皮，然后再用手和扁平的门齿将种子刮出。

相反，蜘蛛猴一般会直接吞下果实和种子，很少事先对其进行处理。它们的门齿不是扁平的，犬齿也无法打开保护完好的果实。蜘蛛猴食用的果实通常比较柔软，大多颜色鲜艳，里面的种子也已做好被散播到各处的准备。

先为沼泽森林以及僧面猴科的三个属填色，它们分别为丛尾猴、僧面猴和秃猴。再为以果实为食的蜘蛛猴填色。

对猴类进行比较，能很好地展示出它们各自环境适应性的细节。僧面猴科的猴类有两种体形：较小的僧面猴（1.5～2千克，如白面僧面猴），以及较大的丛尾猴（3千克）和秃猴（3.5千克）。丛尾猴和秃猴的亲缘关系很近，生活在新热带区北部的不同森林里：丛尾猴生活在陆地菲尔梅森林中，而秃猴则生活在沼泽森林中。当旱季潮水落去后，秃猴就会来到陆地上，寻觅萌发的种子。

"白面"一词其实只形容了这种僧面猴的雄性。雄性浑身漆黑，具有白色的面部和黑色的鼻子，而雌性则为灰棕色，鼻子旁侧有若干白色条纹。这两者也是体现"性别二色性"的典型案例（见3-30）。白面僧面猴成对生活或组成小家庭群体。它们在高高的树冠层活动，行动极其迅速且悄无声息。种子占它们食物的60%，此外还包括树叶、动物和花朵。

丛尾猴和体形较小的白面僧面猴及蜘蛛猴共同生活在法属圭亚那、苏里南和圭亚那。灵长类动物学家玛丽莲·诺康克将丛尾猴和蜘蛛猴的觅食及行动方式进行过对比。这两个物种的巢区都超过2.5平方千米，但对比鲜明的分布模式反映出它们食性的差别。15～30个成员组成的紧密丛尾猴群体会在树木最高层迅速移动，仿佛在一条高速公路上列队穿梭。在进入觅食区域后，它们会分解为较小的觅食单元，就像在立交桥上选取不同方向的分支行进一样。这种方法可使其作为一个群体在不同的资源间迅速移动，同时减少个体间的竞争。相反，蜘蛛猴的行动群体更松散。它们也会改变在白天觅食的小组的规模，但不像丛尾猴那样有规律。

经过长时间的演化，僧面猴和秃猴已经摸清某些植物保护种子的秘诀。因此，如果大量种子在被散播之前就被吃掉，留给僧面猴的只有幼年期的种子的话，就会对树木产生很大损害。很多种子的化学保护可能就是为了防止同一棵树上过多的种子被吞食。对很多灵长类来说，这种从多个来源分别获取适量食物的"大杂烩"觅食方式（见4-20）不仅保护了猴类，也能保护为其提供食物的树木。

僧面猴科

种子发育 ✿

果皮 ✿
外果皮 a
中果皮／果肉 b
内果皮 c
种子 d

齿系 ✿
门齿 g,g¹
犬齿 h,h¹
前臼齿 i,i¹
臼齿 j,j¹

犬齿作用 h²

种子天敌 ✿
丛尾猴 e
僧面猴 e¹
秃猴 e²

食果实者 ✿
蜘蛛猴 f

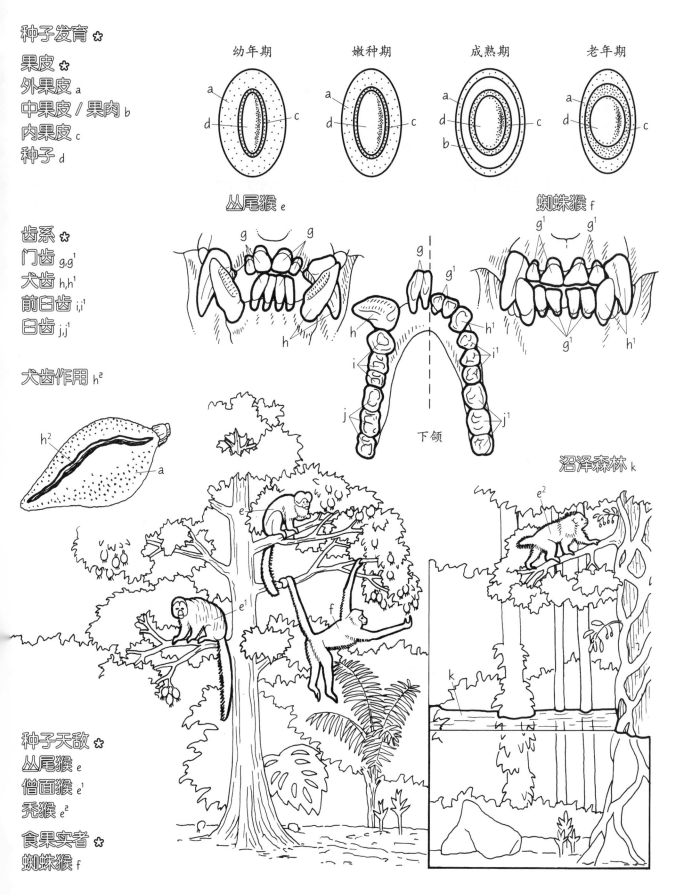

幼年期　　　嫩种期　　　成熟期　　　老年期

丛尾猴 e　　　　　　　蜘蛛猴 f

下颌

沼泽森林 k

4-16
卷尾猴科：动物捕食者

在阔鼻猴中，卷尾猴科动物是最优秀的探险家和机会主义者。松鼠猴和卷尾猴的大致外形和行为都相似：在森林中上蹿下跳，几乎永远在寻找食物。尽管大多数新世界猴类都会食用昆虫，但一般仍以果实和种子为主。卷尾猴科成员食物来源中的很大一部分是无脊椎动物和脊椎动物，因此可被称为动物捕食者。它们具有强烈的好奇心，精力旺盛，而且双手灵活，因而可以找到并获取这些丰富的食物资源。它们的食物组成多样，但获取食物的途径比较单一。其实，令卷尾猴科担得起"捕食者"这一名号的，并不仅是因为食物的来源，也因为它们旺盛的好奇心和毫不留情的捕食技巧。

从图版中部开始，先为松鼠猴和卷尾猴的食物组成填色，然后为它们的手部填色。再以蜘蛛猴的手作为对照，为其填上灰色。

果实是松鼠猴和卷尾猴食物的重要组成部分。然而，它们至少一半的时间都在寻找和食用动物蛋白质。它们的猎物范围很广，从昆虫到各种脊椎动物都有，例如鸟类、蛇和小型哺乳动物。当果实稀少时，它们的饮食结构就会改变，比如松鼠猴会花大量时间（80%～100%）来寻觅昆虫，变为食虫动物，而卷尾猴则会转向更难获取或加工的食物，例如棕榈果。

卷尾猴科缺乏某些其他阔鼻猴类特化的身体条件，例如僧面猴科可用来食用种子的强壮牙齿以及蜘蛛猴科能抓到树枝末端果实及树叶并善于抓握的尾巴（见 4-15、4-17）。卷尾猴科的体形均为小到中型，松鼠猴重不足 1 千克，卷尾猴则在 2～3.5 千克之间。松鼠猴的牙齿较小，只能食用较柔软的果实。更粗壮的卷尾猴的臼齿较大，牙釉质更厚，因此具有更强的咬合力，手部力量也更大。它们的尾部很发达，能够在坐下和爬行时稳固身体，不过它仍然缺乏蜘蛛猴的力量和特化的皮肤以及运动控制能力。

松鼠猴和卷尾猴具有突出的手部灵活性和准确度。它们的手上长有长长的手指和特征显著的拇指（见 3-11），很适合做戳、翘、抓、拨和铲等动作。解剖学家特德·格兰德认为，这些抓取移动食物的技巧会带来自然选择压力，让其侧重演化手指的灵活度，而放弃演化善于抓握的尾部和悬挂式的身体。在树枝摆动时，蜘蛛猴类（如蜘蛛猴）摘取的果实和树叶并不会"逃跑"，所以它们不甚灵活的双手也足够了（见 4-17）。

为正在捕食猎物的松鼠猴填色。

胆大且好奇的松鼠猴几乎总处在移动中：寻找目标，窥视树木缝隙，跟踪并抓捕猎物。它们的目标主要是蝗虫、蟑螂、甲虫和蜘蛛，这些猎物可能行动缓慢、静止不动或小心地隐藏着。它

们要靠倾听"沙沙"的响声，展开树叶或者掰断树枝来发现藏在表面之下的猎物。灵长类动物学家休·波因斯基（Sue Boinski）将松鼠猴群体比作一场旋风，这些动物会在一大片地区分散开，将昆虫从藏身之处赶出来，然后迅速扑上去，将这些仓皇逃窜的美味佳肴收入口中。它们不会花太多时间研究环境，而是快速搜寻一番，在某一棵树上短暂停留，然后转移到下一棵上。

为卷尾猴觅食的情境填色。

与松鼠猴相反，卷尾猴是勤劳、细致的觅食者，可能会在一个地点上花费 20 分钟之久。不过，卷尾猴和松鼠猴一样，也从黎明之前开始一直不停地活跃到接近日落。它们勤劳地搜寻食物，非常机灵地运用高超的技巧发现并获取猎物。据灵长类动物学家伊泽昂生（Kosei Izawa）观察，卷尾猴捕食蛙类的行为就很好地展示出了这种能力。在番石榴树的树洞里，生活着 2～3 种树蟾科的蛙类及大型螳虫。这些树洞内部表面具有 4 平方厘米大小的裂隙。卷尾猴会定期检查这些裂隙，不断敲击表面，聆听里面的动静，并向内窥视。如果有蛙类存在，它们就会把开口扩大，啃咬裂隙的边缘，再将树皮剥开撕掉。有时，卷尾猴会用尾巴和一只脚将自己支撑起来，用另一只脚将松动的树皮弄弯并握住，然后再用手部力量将其从蛙类的藏身处扯掉。随着裂隙变大，卷尾猴就可以将手伸入其中，抓住里面的蛙类。当蛙类被抓住杀死后，卷尾猴会将之在树上摩擦，把其皮肤上黏黏的分泌物蹭掉。它们会先食用蛙腿。在伊泽观察到的 25 次捕猎中，80% 的蛙类都是由雌性捕捉的。

除了蛙类，卷尾猴还会捕食鸟类、鸟蛋、蜥蜴、松鼠、蝙蝠和长鼻浣熊，甚至还被观察到过捕食伶猴的例子。它们也会采集毛毛虫、沫蝉和蛴螬。在日常搜寻猎物时，它们会掀掉枯树皮，翻动木头，折断树枝，扯开中空的藤蔓，并仔细搜查掉落的枯叶。卷尾猴还食用种子或硬壳下的果实汁液。要打开这些外壳，它们会把果实向树枝或石头上猛砸，然后再咬开。

卷尾猴经常被拿来和黑猩猩比较。很多实验室研究的关注点都在它们解决问题的能力和手部操作技巧上。它们搜寻并获取较难取得的食物的能力，以及它们使用工具和共享食物的倾向（至少在圈养条件下），也都支持卷尾猴和黑猩猩曾趋同演化的观点：当面临热带环境中的生活挑战时，它们演化出了十分相似的适应方式。这些聪明的新世界猴类展示出的新生能力（在黑猩猩身上更为精进），被认为是很多特征的前身，而这些特征都曾被认为是人类独有的。

卷尾猴科

松鼠猴觅食 ✿
搜寻 a
窥视 b
跟踪 c

捕捉 d

食用 e

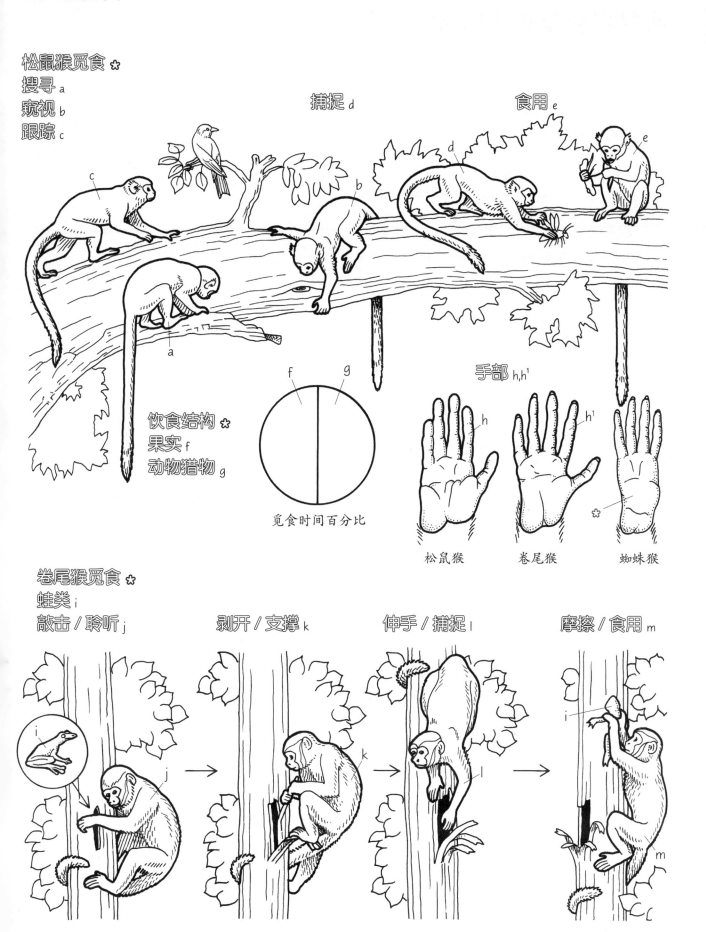

饮食结构 ✿
果实 f
动物猎物 g

觅食时间百分比

手部 h,h[1]

松鼠猴　　　卷尾猴　　　蜘蛛猴

卷尾猴觅食 ✿
蛙类 i
敲击／聆听 j

剥开／支撑 k

伸手／捕捉 l

摩擦／食用 m

4-17
蜘蛛猴科及其善抓握的尾部

蜘蛛猴科是新热带区最大的猴类，以肌肉发达的长尾巴而著称，那仿佛是它们的第五条腿，帮助它们悬挂在树枝下觅食。吼猴靠四足行走，以树叶为主要食物。蜘蛛猴、绒毛猴和绒毛蜘蛛猴的体形更大，也更为灵巧，但物种数量比吼猴少，生活区域也更为局限。

在哺乳动物中，有6个类目都独立演化出了善于抓握的尾巴，蜘蛛猴科就是其中之一。这些类目包括灵长类、有袋类、贫齿类、啮齿类、肉食类和鳞甲类，代表了约16个属。其中，5个类目都发现于南美洲。动物行为学家露易丝·埃蒙斯（Louise Emmons）和植物学家艾伦·金特里（Alan Gentry）认为，这种不平衡现象是由热带森林结构的显著差别造成的。在南美洲的森林中，藤本植物的种类比非洲森林要少，不过比亚洲森林多一些。在成熟的南美洲森林中，还有大型的棕榈树。棕榈树具有很特殊的特征，比如它有一个适应性机制以避免藤蔓的入侵，因此非常难爬。于是，新热带区大量的棕榈树和中等数量的藤蔓就为善于抓握的尾巴提供了选择优势，这对于体重超过3千克的动物来说最为有利。较小的动物不会压弯树枝，而且力量对于体重的比率较高，故而能在树间跳跃。

先为吼猴悬挂的身躯和蜘蛛猴的架桥姿势填色。再为与善于抓握的尾巴的有关解剖结构填色。

善于抓握的尾巴使蜘蛛猴科成员能够悬挂在树枝下，而不需要前肢或后肢的辅助。尾巴还可以用来在森林的缝隙间"架桥"，供幼崽和较小的动物通过。无法独立活动的新生幼崽会用它们的尾巴紧紧抓住母亲。蜘蛛猴科在摘取果实和树叶时会保持非常稳固的姿态，这种模式趋同于长臂猿用一条手臂悬挂在树枝下（见4-26）。蜘蛛猴、绒毛猴和绒毛蜘蛛猴都具有灵活的肩关节，能够在悬挂时协调前肢和尾部。相反，吼猴肩关节的灵活性就比较小。

善于抓握的尾巴是重组结构的一部分，涉及其他组织和器官系统。尾部下侧（腹侧）皮肤裸露，上有皮嵴，和我们手指上的螺纹一样。尾部还长有感觉器官和汗腺，以帮助更好地抓握（见3-11）。蜘蛛猴类的尾部占其体形的6%，而其他灵长类的尾重还不足1%。尾部在脑部的感觉运动皮层中也有很突出的代表区域。每条后肢占体重的8%，只比尾部重一点。在地面上生活的猕猴，其后肢占体重的24%。与之相比，蜘蛛猴类仅占其体重16%的后肢表明它们的推进功能有所减退。

先为手部填色。饼图展示出蜘蛛猴和吼猴的饮食结构及进食姿势，为饼图填色。

蜘蛛猴和吼猴代表了两种觅食方式。蜘蛛猴主要采集果实、种子和花朵，但也食用树叶。吼猴可能更喜欢果实，但似乎已经适应以树叶为食，会选择鞣酸和纤维含量较低的嫩叶，而不是成熟的树叶。蜘蛛猴和吼猴不吃活动的动物猎物，而果实和树叶并不需要太多的操作加工。因此，为了捕捉和加工食物而要让手部活动更精细的自然选择压力就大大减轻了。由于选择压力更小，蜘蛛猴的拇指完全退化了。吼猴第二指和第三指之间奇怪的缝隙能够增加手指抓握的宽度，但也降低了拇指和其他手指向相反方向伸展的幅度。

尽管树叶构成了吼猴食物来源的一半，但它们并没有疣猴那样专门用于消化树叶的囊状胃（见4-22）。如果果实匮乏时，能够靠树叶为生使吼猴的食性比其他蜘蛛猴科或其他新热带区猴类更为灵活。吼猴在中美洲和南美洲的地理分布范围广泛，仅次于卷尾猴，从墨西哥到阿根廷均有。

两者的进食姿势也不尽相同。灵长类动物学家戴维·伯格森（David Bergeson）观察到，蜘蛛猴会用尾部将身体悬挂在树枝下，有时用脚支撑，有时则不用，而这种悬挂姿势占其几乎一半的时间。相反，四足行走的吼猴只有1/5的时间悬挂着，而超过一半的时间都采用坐姿。

为吼猴的四足姿势及其发声器官的解剖结构填色。

吼猴和古老的蜘蛛猴科成员都采用四足行走，并已经演化出善于抓握的尾巴，用来进食和跨越树间的缝隙。吼猴保留了四足行走的方式，并演化出精巧的发声器官，以用于对外宣称领地。增大的舌骨和相连的甲状软骨使其上下附着的扩增肌肉（舌骨上肌和舌骨下肌）更加稳定。所以，这个器官妨碍了肩部，使其活动性降低。由于其他的蜘蛛猴科成员都没有吼叫机制，也没有增大的舌骨，所以它们能够扩大上半身的活动范围，从而提高上肢悬挂的能力，让其在树枝下的活动也更加敏捷。这些技能都是吼猴不具备的。

吼猴生活在相对紧密且稳定的群体中，并会占据一个领地。每天早晨，它们的吼声会跨越数千米的森林，报告每个族群的位置，从而减少族群间的接触和冲突。当雄性吼猴发生争斗时，身体上的伤害可能会十分严重。丰富的树叶资源使吼猴群体在觅食时不太倾向于分裂。相反，蜘蛛猴会在寻觅果实时分解为更小的群体。相比起蜘蛛猴来说，吼猴的精力要差很多，而食物质量较低很可能是造成这种现象的原因之一。

蜘蛛猴科

身体悬挂 a
架桥 b

尾部 c
皮肤表面 c¹
感觉运动皮层 c²

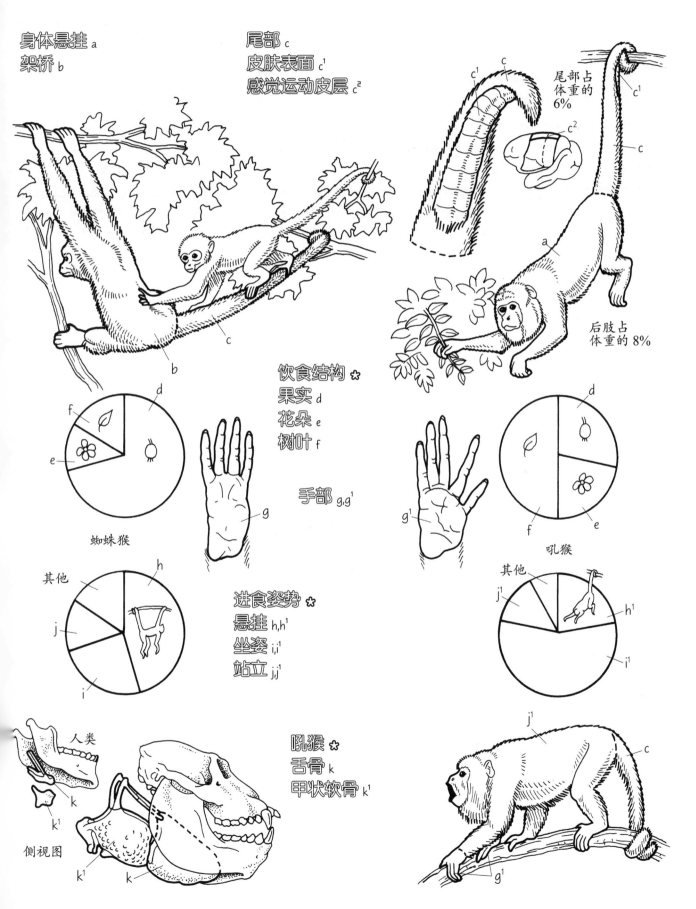

尾部占
体重的
6%

后肢占
体重的 8%

饮食结构 ✱
果实 d
花朵 e
树叶 f

手部 g,g¹

蜘蛛猴

吼猴

其他

进食姿势 ✱
悬挂 h,h¹
坐姿 i,i¹
站立 j,j¹

人类

侧视图

吼猴 ✱
舌骨 k
甲状软骨 k¹

4-18
新世界与旧世界的猴类

猴类在南美洲、亚洲和非洲的热带区域旺盛繁殖（见3-2）。无论它们生活在新世界的新热带区，还是旧世界的古热带区，由于它们具有相似的外形，所以都被统称为猴类（见2-13）。但只要仔细观察，我们就会看到它们独特且鲜明的差异。

先用反差明显的浅色分别为蜘蛛猴和叶猴填色。鼻子是区别阔鼻猴和狭鼻猿类的主要特征，为其填色。再为两只动物除尾部以外的身体以及它们的体重范围填色。

新世界阔鼻猴类的鼻孔相隔较远，向两侧打开。狭鼻猿类的鼻孔则距离较近，而且开口向下。旧世界猴类、猿类和人类都具有这样的鼻部特征，因此被统称为"狭鼻猿"（见3-1）。

两类猴整体的体形、四肢、手部和脚部都很相似（见2-13）。它们的体形大小范围有所重合，但平均来看，阔鼻猴的体形略小一些，变化范围也更广。最轻的新世界猴类是倭狨，仅有100克，最重的是绒毛蜘猴，重达14千克。最轻的旧世界猴类是体重约1千克的侏长尾猴，而最重的山魈则为35千克。灵长类动物学家阿道夫·舒尔茨（Adolph Schultz）用另一种方式描述了这种区别：绒毛蜘猴是倭狨体重的100倍，而山魈仅为侏长尾猴体重的35倍。体形的不同意味着它们具有不同的生态位。在新热带区，小型动物的生态位被柽柳猴和狨猴占据（见4-13），而在古热带区，同样的生态位则由非猴类的其他灵长类填补，即夜行的原猴类（见4-5）。古热带区的狭鼻猿类，如狒狒和山魈，占领了地面大型动物的生态位。而同样的生态位在新热带区则由灵长类之外的动物占据，例如野猪和貘。

为前臼齿和耳部填色。

前臼齿数量和耳部特征也能用来区分这两种现存猴类。新世界猴类具有3颗前臼齿，而不是2颗，并且都相对较大，与原猴类及法尤姆的类人猿类似（见4-10）。它们的最后一颗臼齿相对较小或根本没有。臼齿的齿尖较低，且相对圆滑。旧世界猴类只有2颗前臼齿，下颌的前臼齿为扇形，专门用来打磨上犬齿，因而被称为"珩磨"机制，是狭鼻猿所特有的。旧世界猴类的齿尖锋利且相连，为双脊齿型（见4-26）。在阔鼻猴中，只有一根环状骨从鼓膜连接到外耳，而没有耳管，这与法尤姆的灵长类也十分相似。与其他狭鼻猿、眼镜猴和始镜猴（见4-3）一样，旧世界猴类从鼓膜到外耳间具有突出的骨质耳管，在颅骨外就可以看到。

为两种猴类的尾部，以及旧世界猴类的臀胼胝填色。

猴类的姿态和运动方式有很多种，包括四足奔跑、弹跳、飞跃和悬挂。所有的新世界猴类，除了秃猴，都具有高度发达的长尾巴。蜘蛛猴类的尾部尤其强壮，能够支持整个身体的重量（见4-17）。

旧世界猴类的尾部差异极大，有的退化了，如短尾猴，也有的十分突出，如叶猴。当它们在树间跳跃和奔跑时，尾部会起到平衡的作用，但与新世界猴类不同的是，旧世界猴类的尾部不用来悬挂整个身体。在尾部区域，旧世界猴类髋部的坐骨上长有厚厚的硬皮（见4-25）。这些厚垫被称为臀胼胝，当动物坐在树上进食、休息或睡觉时能起到支撑作用。

这两个类群的手部细节特征具有很大差异。例如，大多数阔鼻猴的拇指与其他手指并排，与第二指相对，形成剪刀状的抓握方式。然而，蜘蛛猴的拇指却完全消失了（见4-17）。柽柳猴和狨猴只有拇指长有普通的指甲，而其他手指都具有爪子状的指甲，能帮助动物垂直地抱在巨大的树干上（见4-13）。长有颊囊的旧世界猴类的拇指经过旋转，变得更为相对，更像我们人类的手指，这让其手部灵活性和操作物品的能力得到极大的提高。然而，疣猴的拇指却已退化或消失。

用浅色为猴类的栖息地填色，完成整个图版。

阔鼻猴类的活动范围相对局限于树上的栖息地，极大地依赖果实，食用的树叶量与狭鼻猿相比较少。经常在地面活动的阔鼻猴类很少，不过生活在树冠层下部的物种有时会到地面上觅食。在新热带区的部分区域中，森林地面有超过半年都被洪水淹没着，所以阔鼻猴只得生活在树上。

旧世界猴类可以接受很多类型的栖息地，包括非洲和亚洲的雨林，热带稀树草原边缘或开阔的热带稀树草原，尼泊尔、中国和日本的温带高山地区，埃塞俄比亚的半干旱地区以及纳米比亚的沙漠。很多物种在白天的部分甚至大部分时间都在地面上行动、觅食和社交。而到晚上，它们就会到树木或崖壁上寻求安全的地点。有些旧世界猴类具有特化的消化道，能够处理质量较差的食物（见4-20）。这种饮食适应性是任何阔鼻猴类都没有的。

这两类猴的社交、繁殖和新生幼崽照顾系统也不尽相同。雄性照顾幼崽和雌性生双胞胎的现象在阔鼻猴中很常见，但在旧世界猴类中很少见，甚至完全没有（见4-14）。旧世界猴类的社会群体由1只雄性和多只雌性构成，而新热带区仅有寥寥几种猴类具有类似的群体。旧世界猴类的雌性会在发情期表现出阴部肿大（见3-25），而新世界猴类的则不会。新世界猴类长有气味腺，很显然比旧世界猴类更依赖气味来标记领地。

不仅是鼻子的差别

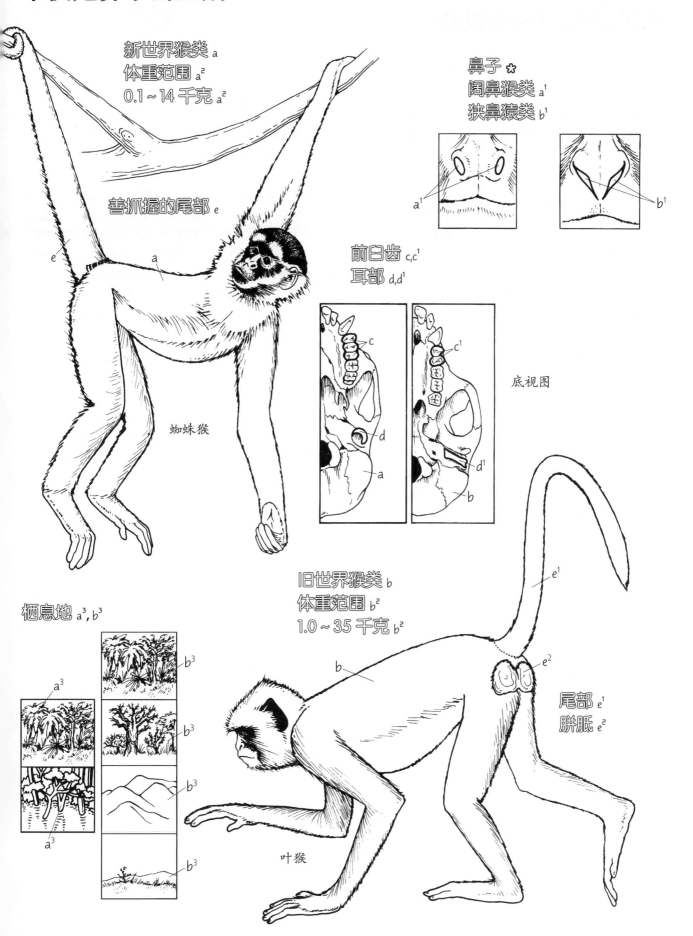

新世界猴类 a
体重范围 a²
0.1~14 千克 a²

善抓握的尾部 e

蜘蛛猴

鼻子 *
阔鼻猴类 a¹
狭鼻猿类 b¹

前臼齿 c,c¹
耳部 d,d¹

底视图

栖息地 a³,b³

旧世界猴类 b
体重范围 b²
1.0~35 千克 b²

尾部 e¹
胼胝 e²

叶猴

4-19
旧世界猴类的谱系树

旧世界猴类（狭鼻猴）是演化成功的案例。它们在非洲、南亚、中国、日本、东南亚岛屿等地广泛分布，占据着各种各样的栖息地。它们在多种生态环境中都旺盛繁殖，例如在热带雨林、高山地区、热带稀树草原，甚至诸如雪山或炎热干旱的半荒漠地带等极端环境。旧世界猴类全部为四足行动的，既在地面和树木上奔跑和行走，也在树木的缝隙中跳跃。

狭鼻猿类的齿系与阔鼻猴类和猿类明显不同，其臼齿齿尖连在一起，形成脊（双脊齿型，见 4-26）。它们的体重从 1 千克到超过 35 千克不等，雄性通常比雌性更重，犬齿也更长。有些物种每年都繁殖，这就为其占据新区域带来了显著的优势和机会。它们的社会群体一般包括多只成年雌性和不同生命阶段的幼崽，常常还有多只成年雄性。不过，不同群体的规模有显著差异。

旧世界猴类（猴科）在 2,500 万～2,000 万年前从猿类分化出来（见 4-30），其中的两个亚科在 1,400 万～1,200 万年前发生分化。一支（疣猴亚科）演化为疣猴，其特化的生理解剖结构专门用来消化树叶；另一支更为杂食的猕猴亚科则发育出了颊囊，尽量以果实为食（见 4-20）。猴类在非洲中新世早期的化石记录中便已出现，到上新世时已广泛扩散到欧洲、亚洲和非洲（见 4-27）。

为叶猴（又称为疣猴）填色。

该类猴的名称来自希腊语 "kolobos"，意为有缺口的、残废的，这是因为它们的拇指退化十分严重。在非洲，赤道附近的叶猴又被称为疣猴（a⁵），该名源自其属名 "guereza"。那里共有 3 个疣猴类群，分别为红疣猴、黑白疣猴和橄榄绿疣猴，其中含有大约 10 种，体重在 4～10 千克之间（见 4-22）。

亚洲的疣猴比非洲的更为多样。印度次大陆上共生活着 4 种叶猴。其中一种就是长尾叶猴（a¹），它们从北部的尼泊尔山区一直向南分布到斯里兰卡。长尾叶猴又被称为圣猴，它是亚洲疣猴类中分布在最东侧的一类（见 4-23）。在东南亚和东亚，叶猴更为多样，共有 17 种之多，大多数分布在东南亚的岛屿上。郁乌叶猴生活在泰国和马来半岛上。

剩下的奇鼻猴类大约有 8 种，包括白臀叶猴（图版中未绘出）、长鼻猴以及一直向北分布到中国山区的金丝猴（见 1-16）。长鼻猴仅在加里曼丹岛的沼泽地区发现过，它们以偏红色的毛发和长而突出的鼻子为特征。金丝猴也十分与众不同，能够生活在寒冷和温带气候中。

为长尾猴一族填色。

长尾猴仅生活在非洲，包括大约 25 个种。它们占据非洲赤道地区中的各类栖息地，包括沼泽、低地、河流、长廊林、森林边缘及稀树草原镶嵌地带。其中大部分物种体形较小（4～7 千克），颜色鲜艳，面部特征突出，因此非常显眼（见 4-21）。它们经常共同生活，一片森林中可能有高达 6 个物种，不过 3～4 种的情况更为常见。它们的食物主要为果实和昆虫，而不同物种有所区别。红尾长尾猴栖息在树上，就像其他长尾猴一样。在所有的长尾猴物种中，绿猴①在撒哈拉以南的非洲分布最为广泛，适应性极强，拥有大约 5 个亚种（见 3-5）。赤猴体形最大，也是该类生物中性别差异最明显的一种。它们生活在非洲赤道附近的林地和稀树草原边缘。它们奔跑迅速，因此也被称为猴类中的灵缇。

为演化出山魈、白眉猴、狒狒和猕猴的分支填色。

这些猴类都具有 42 条染色体，除了大多数猕猴，其他均为非洲猴类。山魈栖息在西非的低地雨林中，在地面上生活。它们是猴类中最重的种类，雄性可达 35 千克，是雌性体重的两倍。山魈长有彩色的脸部和下半身，这在茂密的森林中是非常高效的信号。白眉猴类包括两个属及多个种：白眉猴与鬼狒和山魈的亲缘关系更近，在地面上和灌木丛中行动和觅食；白脸猴（见 3-6、3-20）则为树栖，很少到地面上来，它与狒狒的关系更近。狒狒也包括两类：一类是狮尾狒，它们虽然曾经在印度生活过（见 4-27），但现在只生活在埃塞俄比亚的高原上（见 3-5）；另一类是草原上的狒狒，包括西非的几内亚狒狒和非洲南部的豚尾狒狒，还有草原狒狒及东非狒狒。阿拉伯狒狒被认为是一个独立的物种，但它们在埃塞俄比亚与东非狒狒一起形成了一个杂交地带。

猕猴与猴类中的狒狒的亲缘关系最近，包括大约 15 个种。猕猴主要生活在亚洲，不过它包含一个从更新世存活下来的物种——地中海猕猴，它们原本生活在摩洛哥的阿特拉斯山脉和直布罗陀地区（见 3-2）。它们分布的地理范围一直延伸到日本的山区，有些物种甚至成功入驻了城镇。猕猴的体重差异较大，小到 3 千克的食蟹猕猴，大到 15 千克的雄性豚尾猕猴。猕猴一般与疣猴类共享一片区域，但较少与其他猕猴共存（见 4-24）。

---

① 原书错误，绿猴并非长尾猴属，而是单独成属。——译者注

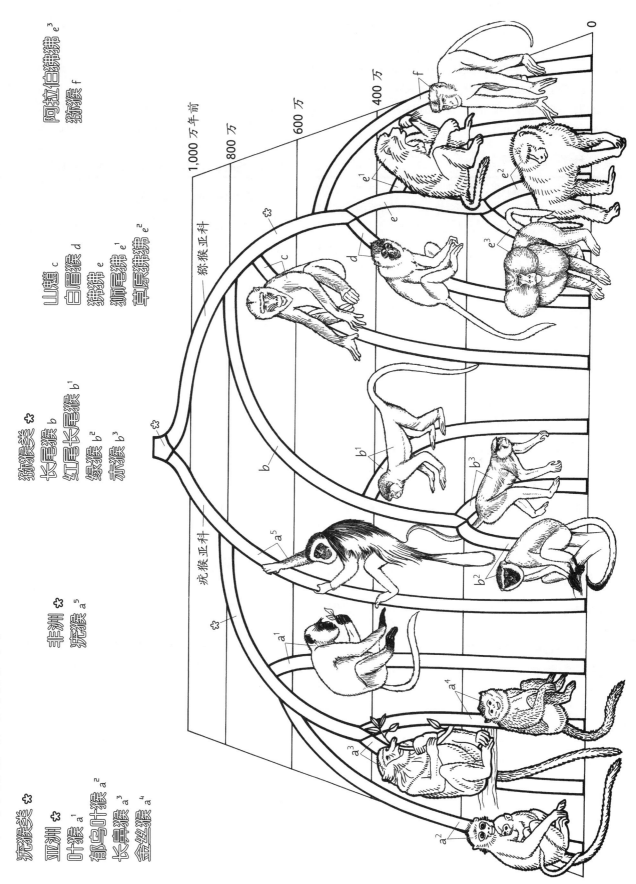

旧世界猴类的谱系树

疣猴类 ✿

亚洲 ✿
叶猴 a¹
郁乌叶猴 a²
长鼻猴 a³
金丝猴 a⁴

非洲 ✿
疣猴 a⁵

猕猴类 ✿
长尾猴 b
红尾长尾猴 b¹
绿猴 b²
赤猴 b³

山魈 c
白眉猴 d
狒狒 e
狮尾狒 e¹
草原狒狒 e²
阿拉伯狒狒 e³
猕猴 f

疣猴亚科 ——

猕猴亚科 ——

4-20
旧世界的猴类

旧世界猴类表现出两种几乎完全相反的适应性饮食习惯。在一个亚科中，猕猴食用各种果实、种子、坚果、花朵、嫩芽、树叶、草和动物猎物；在另一个亚科中，疣猴则主要靠更难消化的低能量食物为生，比如树叶和其他叶片、地衣以及未成熟的果实。食物类型、觅食习惯、社交活动和身体结构共同造就了它们的各项功能，两个亚科各不相同。

为各种猴类的解剖特征填色。

疣猴长有扩增的囊状胃，和牛及其他反刍类动物相似，还有很大的消化道，用来储存大量叶子食物。有不同腔室的胃使动物可以进行"前肠发酵"。细菌生活在这些"化学反应器"中，分解植物细胞壁的纤维素，反过来产生出富含能量的脂肪酸，之后被猴类的消化道吸收。因此，树叶的纤维就能经过肠道生物群转化为能量，为疣猴所用。这些微生物还能中和植物毒素。树叶纤维需要比果实和种子更长的时间来消化。疣猴无法耐受成熟果实中的单糖，所以它们即便食用果实，也总会选择青涩或未成熟的。

猕猴脸上的颊囊由颊肌形成。这些浅表的面部肌肉向口内侧延伸，变成一个"囊袋"。在觅食时，猕猴会将果实、种子或树叶塞到这些囊袋中。这种采集食物的方法使动物得以短暂地储存食物，让它们可以"边吃边跑"。当猴类找到舒适且安全的地点时，就会将食物吐出，然后悠闲地咀嚼和消化。

这两种猴类具有相似的颌骨和牙齿。但如果仔细观察，你就会发现它们的形态和功能都有所区别。疣猴的门齿较小，但臼齿上长有清晰、高耸且尖利的齿尖（见 4-22）。高度发育的咬肌和齿尖能够有效地切断并磨碎树叶细胞的细胞壁。疣猴下颌上的咬肌附着处还长有突出的棱角。相反，猕猴的门齿较大，能够咬穿果实（见 3-6）；臼齿的齿尖更为圆滑，用来碾磨食物。

为树上和地面上的疣猴填色。

解剖学家特德·格兰德在斯里兰卡进行野外工作时，分别拍摄到一只疣猴（长尾叶猴）和一只猕猴（兰卡猕猴）的觅食行为，从而得以对比两种不同的进食方式。

当长尾叶猴进入觅食的树林后，它们会分散到树枝末端，即树叶集中生长的地方。随后，它们会与最近的邻居保持 1.2 ~ 1.8 米的距离。一般来说，它们会朝向背对树木中心的方向，以避免在进食时社交。树与树的三维结构会影响其能够容纳觅食动物的数量和空间分布。

长尾叶猴平均会花 5 ~ 20 分钟坐在一个地方进食，有时会长达 40 ~ 50 分钟。每一口树叶都一定要细细咀嚼再咽下，然后再开始下一口。树叶中含有蛋白质，但这些蛋白质分子体积较大，且热值很低，所以必须要大量食用。人类学家苏珊·里普利（Suzanne Ripley）估计，它们每天要花 3 ~ 6 小时来进食。

为觅食路径和地面上的猕猴填色。

不同猕猴采集食物的方法完全不同。它们会爬到树上，搜索食物，然后观察其他群体成员的社会地位和相对位置。当猕猴食用果实时，它会将食物一块块地塞到不断扩大的颊囊中。这个过程会系统地继续下去，搜完一根树枝接着搜另一根，直到遍及这棵树的每一隅，或者直到颊囊被塞满。接下来，猕猴会找到一个庇荫处，或许和其他个体一起，将颊囊清空后，再一块块地慢慢咀嚼和吞咽。这种觅食模式将食物采集和食物处理及消化分离开来，让猕猴可以边吃边社交。如果在随时可能有危险的地面上觅食，颊囊非常有用，让它们可以带着自己的食物迅速撤退。

纵观一整年的生活周期，这两类狭鼻猿灵长类在食物选择上的差别就更加明显了。在旱季的斯里兰卡的波隆纳鲁沃，兰卡猕猴会移动到大型巢区的不同区域寻找果实和其他食物以及水源。相反，长尾叶猴则会逐渐限制自己的食物选择，可能仅食用干燥的树叶；发酵作用能使它们获得足够的营养和水，以度过旱季。

为图版顶部的小插图填色，以完成整个图版。

灵长类动物学家苏珊·里普利将这两种进食方式称为"宴会"和"自助餐"。疣猴在一个地点（"餐桌上"）长时间进食，往胃里塞满低热值的树叶。它们忙得顾不上互相交流，就像在宴会餐桌上一样，你只能与左边和右边的人说话。每一份食物的分量都比较小，被严格控制着。猕猴和其他猕猴类的成员一样，会频繁移动，尝试吃森林提供的各种食物。然后，它们带着"盛满的盘子"来到安全的地点，和朋友们一同享用。

"宴会" 与 "自助餐" 式进食

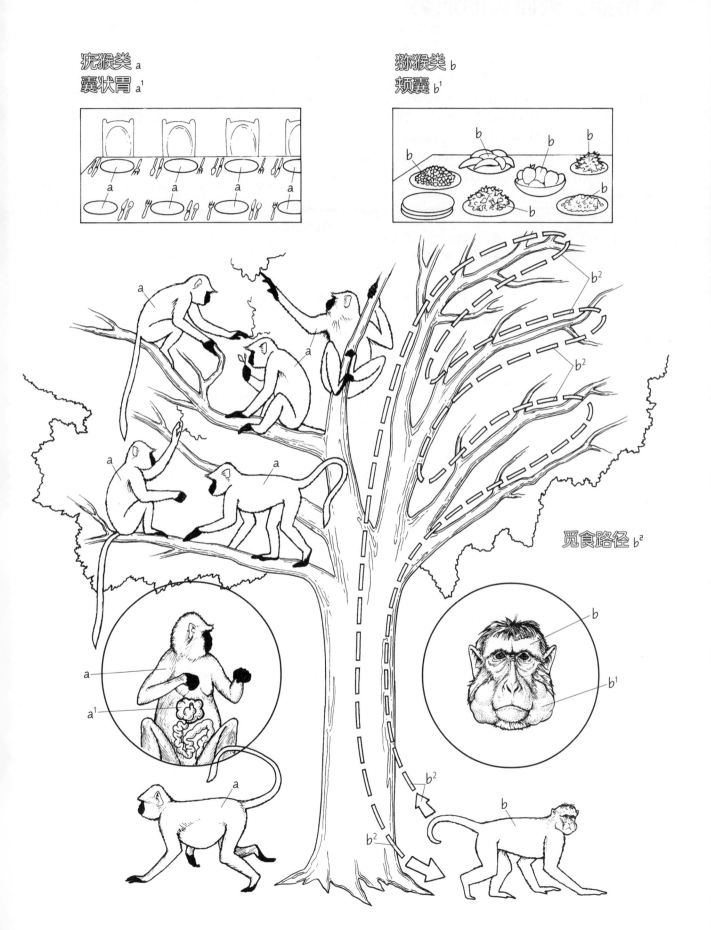

疣猴类 a
囊状胃 a¹

猕猴类 b
颊囊 b¹

觅食路径 b²

4-21
长尾猴：戴面具的猴类

长尾猴生活在非洲的赤道地区，共有25种以上，均属于长尾猴属。在身材比例和运动结构上，各种长尾猴都非常相似。阿道夫·舒尔茨曾经叹道，它们除了皮毛，长得全都一样！长尾猴身体上的毛发通常为一种难以形容的绿灰色，被称为"野鼠色"，并有一种斑驳的感觉，因为每根毛发都分成了不同颜色的各段。此外，每个物种还具有各自独特且常常引人注目的面部标志。博物学家和艺术家乔纳森·金登（Jonathan Kingdon）因而将长尾猴描述为"面具猴"。

长尾猴的辐射演化可能年代较近。它们面部外观十分多样，可能是由于200万~100万年前更新世时的物种形成导致的。当时气候波动，森林面积缩小，种群被分隔开来，从而为物种形成提供可能（见1-16）。后来森林扩张，种群再次生活在一起，但此时已成为不同的物种。金登认为，长尾猴的演化一直跟随着非洲中部不断变更的河道，就像它们的近亲——狒狒和白眉猴——那样，既能在地面也能在树上生活。河流环境更容易支持少量小型定居猴类的生活，而难以承载大量大型流动性猴类。

从短肢猴、侏长尾猴和赤猴开始填色。先为每种猴周围的画框填色（用浅色），然后为它们在地图上的大致分布范围及其体重和染色体数量填色。按文中的描述，再为它们的面部填色。

从外貌和体形上看，短肢猴、侏长尾猴和赤猴看来与其他长尾猴有显著区别，原本被放在不同的属中。后来的分子数据表明，它们属于早期的旁支谱系，应归在长尾猴属下。[1]长尾猴的多样性也表现在染色体数量的较大差异上：短肢猴仅有48条，而冠毛长尾猴（图版中未绘出）竟有72条之多。

短肢猴曾经属于短肢猴属，仅在刚果盆地中发现过。它是长尾猴中最古老的谱系，具有48条染色体，与有42条染色体的猕猴-狒狒类群关系最近。短肢猴可以在沼泽中游动，但主要在树上生活。它们的面部为深色，周围有灰色的野鼠色毛发，下巴为白色，是该类群中面部图案最不规则的一种。

侏长尾猴曾经属于侏长尾猴属，也是该谱系中的早期分支。它的两耳突出，面部呈棕褐色，具有棕色-野鼠色前额和黄色的脸颊，下巴底下还有一个白色的"领结"。它是最小的长尾猴，也是最小的旧世界猴类。在社会习性方面，侏长尾猴与猕猴-狒狒类群相似，也具有阴部肿大和明确的发情期，会形成由多只成年雄性和雌性构成的群体。侏长尾猴沿着非洲大陆西岸分布，从喀麦隆一直到安哥拉北部，和髭长尾猴生活在同一区域。

赤猴曾经属于赤猴属，是最大的长尾猴，其体形和犬齿大小具有显著的性别差异，但雌雄身体的颜色图案差不多。赤猴在地面上的活动时间最长，具有长长的四肢，巢区范围很大。它们能够远距离行走，还能快速奔跑。赤猴遍布非洲的赤道地区。它们的眼睛周围长有黑色的"面具"，具有白色的鼻子、吻部、胡须以及红色的脸颊。额头中间的毛发为红色，两侧逐渐变窄的部分为砂红色。

继续为其他的猴类填色，包括画框、体重和染色体数量，以及在地图上的分布位置。如果分布区重合，请同时填上两种颜色，或用线条表示。

戴安娜长尾猴的分布区域最靠西。它长有优雅的黑色面容，前额上有一条细细的浅黄色毛发，其中点缀着野鼠色。脸部周围是显眼的浅黄色毛发，从太阳穴到下巴形成一个连续的条带，最下面还衬有白色的胡须。

与之形成对比的髭长尾猴可能是长得最有趣的一种——醒目的蓝色"眼罩"和鼻子，脸颊上有黄色的络腮胡，V形的白色小胡子，灰棕-野鼠色的前额以及一点点灰色的胡子。脸上生动的蓝黄色块就像红绿灯那样，在求偶或安抚时左右摆动，将对方的注意力吸引到自己的头部。髭长尾猴生活在非洲西岸，与侏长尾猴和白臀长尾猴的分布区有部分重合。

白臀长尾猴分布很广，东到肯尼亚，西到喀麦隆。它们的前额分很多层。第一层为眼部周围的黑色三角形"眼罩"，接下来是眉毛上醒目的橘红色毛发，最上面一层是额头上漆黑的拱形条带，其中点缀着黑色-野鼠色的毛发。脸颊与颌部长有棕色-野鼠色的毛发，与白色的胡子、鼻子和髭须形成鲜明对比。该物种具有显著的性别二色性，以小家庭群体为单位和树栖方式生活。

枭面长尾猴的分布比较局限，它们只在刚果出现过。其整个面部都具有相对均一的灰色-野鼠色毛发，只有额头上横跨着一道褐色条带，位于眉毛正上方。两眼之间还有一条醒目的白色条带，向下延伸到上嘴唇顶部。

法国野外生物学家安妮·戈蒂埃-永（Anne Gautier-Hion）和雅克·戈蒂埃（Jacques Gautier）证实，生活在同一地区的长尾猴物种的食物组成有很多重合的部分，只有细微的差异，以及部分物种非常喜欢生活在跨物种的群体中。迥异的面部标志和叫声使不同种的长尾猴具有特定的视觉和听觉交流手段，而这有助于不同物种生殖行为的分离。我们对长尾猴的演化历史、生态环境和社会行为尚未完全了解，还有更多知识亟待开发。

---

[1] 这一点并没有被广泛承认，属名也未做正式更改。——译者注

戴面具的猴类

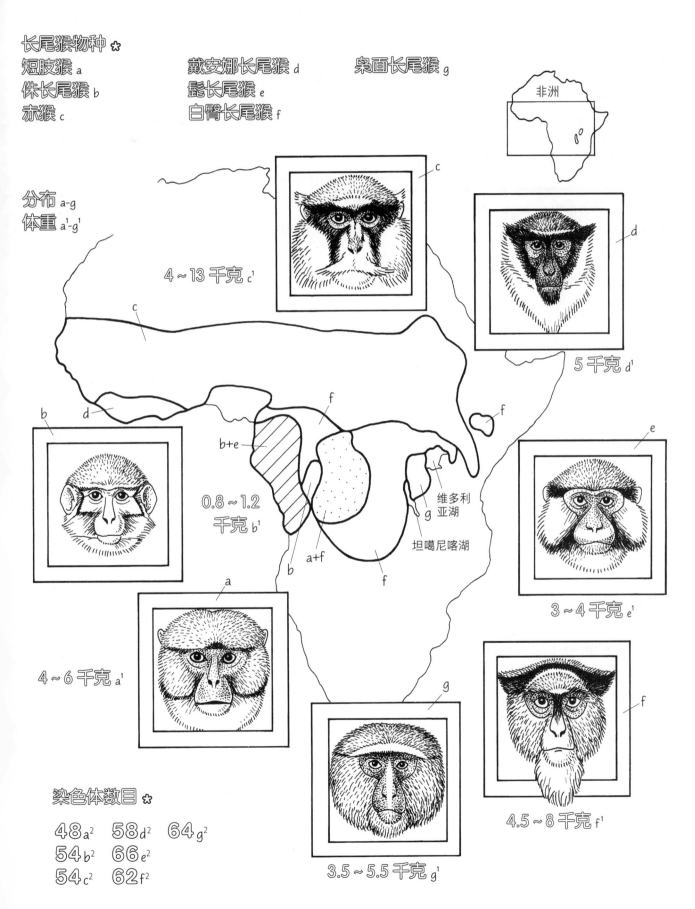

长尾猴物种 ✿
短肢猴 a   戴安娜长尾猴 d   枭面长尾猴 g
侏长尾猴 b   髭长尾猴 e
赤猴 c   白臀长尾猴 f

分布 a-g
体重 a¹-g¹

非洲

4~13 千克 c¹

5 千克 d¹

0.8~1.2
千克 b¹

维多利
亚湖

坦噶尼喀湖

3~4 千克 e¹

4~6 千克 a¹

4.5~8 千克 f¹

染色体数目 ✿

48_{a^2} 58_{d^2} 64_{g^2}
54_{b^2} 66_{e^2}
54_{c^2} 62_{f^2}

3.5~5.5 千克 g¹

4-22
非洲疣猴

和其他疣猴一样，非洲的疣猴也主要以树叶和种子为食，果实和花朵的食用量比猕猴类的长尾猴和狒狒-猕猴要少很多。疣猴和红疣猴在非洲东部和西部的很多地区都共同生活。橄榄绿疣猴只生活在西非，分布范围从塞拉利昂延伸到尼日利亚。这三种疣猴在塞拉利昂的东南部均有分布，重合区主要为郁闭林冠次生林、河流林与非河流林。灵长类动物学家格林·戴维斯（Glyn Davies）和同事们对三种疣猴的觅食情况进行了研究，并比较了其饮食适应性。

先为图版中部的黑白疣猴填色。再为其体重和中间的饮食结构饼图填色。

黑白疣猴是三者中体重最重的一种，性别二态性也最为显著，其中包括 5 个物种，分布范围从埃塞俄比亚和肯尼亚延伸到冈比亚和塞拉利昂。它们的毛发各有区别。东部的东黑白疣猴具有长长的白色"披肩"和纯白色的尾巴。西部的物种身上则黑色毛发更多，白色的较少。黑白疣猴最常在森林的中间层活动，距离地面大约 18 米。它们超过一半的食物是成熟及鲜嫩的树叶（57%），1/3 是种子（33%），而只有 6% 为果实和花朵。整体看来，它们食物的 90% 都是树叶和种子。

疣猴类的拇指有所退化，因而缺乏精准的抓握能力。灵长类动物学家约翰·奥茨（John Oates）描述了它们对这一缺陷的弥补方式。黑白疣猴能用一只手撕下大中型树叶，或用双手将树枝拉到口边，大快朵颐树枝顶端美味多汁的树叶。它们能用手摘取并抓握中型的果实，但对于较小的食物，如嫩芽或小型果实，它们通常会直接咬下然后整个吞下去。在觅食金合欢的嫩芽时，由于枝上有刺，疣猴会小心缓慢地将嫩芽从刺间摘出。它们有限的操作能力与猕猴类高度灵活的手部形成鲜明对比，后者会吃各种各样的食物，包括昆虫和猎取到的脊椎动物。狭鼻猿类之间的差异与卷尾猴和蜘蛛猴在手部操作能力上的演化适应具有异曲同工之妙。

为右上角的红疣猴及其体重和饮食结构填色。

红疣猴得名于它们的红色毛发。不过，它们在从肯尼亚到塞拉利昂的地区共有 4 个种及多个亚种，彼此间的颜色各有区别。红疣猴的体形与黑白疣猴相近，在森林较高层中生活。它们的食物中超过 50% 都是成熟或鲜嫩的树叶，25% 为种子，其食用的果

实和花朵也比其他两类疣猴更多（共占 22%）。与饮食较单一的黑白疣猴相比，红疣猴的食物更为多样，包含更多的植物种类。这两类疣猴在乌干达的基巴莱共同生活。托马斯·斯特鲁萨克和约翰·奥茨各自对两者的行为和生态环境进行过对比。红疣猴的巢区更大（0.35 平方千米相对于 0.15 平方千米），日间行动距离也更长（650 米相对于 535 米），它们还会花大约 2 倍于黑白疣猴的时间来觅食（44% 相对于 20%）和行动（9% 相对于 5.4%），而休息的时间则少很多（35% 相对于 57%）。这些觅食、行动和休息时间的不同与两者的饮食差异不无关系。

为橄榄绿疣猴及其体重和饮食结构填色。

橄榄绿疣猴是最小的非洲疣猴，属下只有一个物种，性别二态性不明显。它们的皮毛为橄榄般的灰棕色，胸部和腹部颜色较浅。橄榄绿疣猴活动隐秘，喜欢在森林低层觅食，一般距地面低于 15 米，偶尔还会到地面上来。它们很喜欢与戴安娜长尾猴在一起，因为后者在顶部的树冠层觅食时，能够高效地监测空中的天敌，橄榄绿疣猴会根据戴安娜长尾猴的警报信号做出反应。橄榄绿疣猴与另外两类疣猴共同生活在塞拉利昂，但其食物组成与其他两类显著不同。它们一半以上的食物都是嫩叶，而成熟树叶、种子、果实及花朵分别占 11%、14% 和 11%。雌性橄榄绿疣猴会将新生幼崽衔在口中活动，是唯一已知的有这种不寻常行为的狭鼻猿类。

三类疣猴的社会群体规模及组成都略有不同。黑白疣猴的群体平均有 12 个个体，红疣猴群体略大，约为 20 个个体，而橄榄绿疣猴群体约为 8 个。

为左下侧疣猴亚科（叶猴）和猕猴亚科的齿系，以及两者在右下侧图表上的位置填色，完成整个图版。

所有旧世界猴类的白齿均为双脊齿型，具有能够剪切和砍剁的齿冠。然而，这两个亚科的齿系略有区别（见图版右下侧）。人类学家理查德·凯和威廉·海兰德对两者的牙齿大小及形态进行了分析。相对于猕猴类，疣猴白齿的切割刃更长也更锋利，齿尖更高，还有更大的破碎槽，用来处理树叶。

非洲疣猴的生态位分隔与亚洲疣猴重合的分布区十分相似。例如，在斯里兰卡，长尾叶猴比紫脸叶猴食用的果实更多，食物也更为多样。

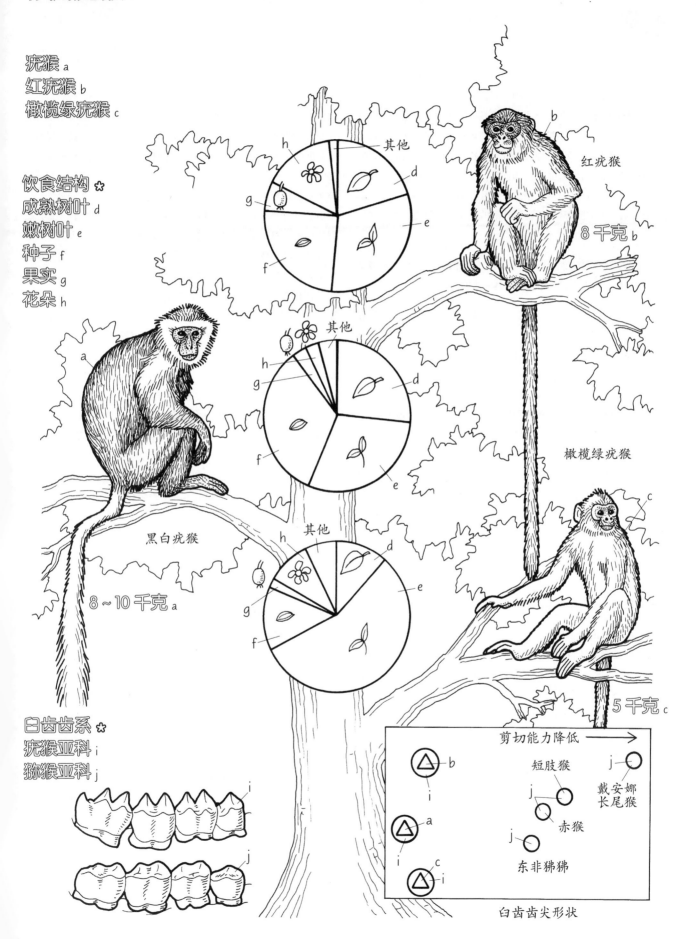

非洲疣猴

疣猴 a
红疣猴 b
橄榄绿疣猴 c

饮食结构 *
成熟树叶 d
嫩树叶 e
种子 f
果实 g
花朵 h

红疣猴

8 千克 b

橄榄绿疣猴

其他

黑白疣猴

8~10 千克 a

其他

5 千克 c

白齿齿系 *
疣猴亚科 i
猕猴亚科 j

剪切能力降低 →

短肢猴

j

戴安娜
长尾猴

赤猴

东非狒狒

白齿齿尖形状

4-23
圣猴

长尾叶猴也被称为圣猴，从多方面来说都很特殊：它是疣猴亚科中地面活动时间最长的一种；兴盛于多种栖息地；与人类有源远流长的联系，在印度神话中具有显著的地位；它是人类研究的第一种疣猴；它曾是雄性杀婴行为演化意义的讨论焦点。长尾叶猴有 15 个亚种，分布广泛，从巴基斯坦、尼泊尔、孟加拉国，经过印度次大陆，到斯里兰卡。尽管人们已经观察到超过 20 个种群，但连续或长期的研究却很少，而且大多数研究的重点都是其社会行为，而非生态环境。长尾叶猴的适应能力很强，本节将讨论它们的若干变种。

先为四个研究地点和栖息地填色：朱比西[①]、卡纳、波隆纳鲁沃和阿布。再为两只长尾叶猴及其体重填色。

在喜马拉雅山脚海拔 3,000 米的地方，朱比西长尾叶猴生存的环境气温变化极大，还偶尔下雪。它们体重很重（20 千克），具有厚厚的皮毛。卡纳位于印度中部高地，在潮湿或干燥的落叶林和草甸中。斯里兰卡的波隆纳鲁沃坐落于极度干旱的低地落叶林中，那里的长尾叶猴体形最小（10 千克）。焦特布尔的长尾叶猴生活在半沙漠地带，而阿布的则生活在城镇及其边缘地带。

长尾叶猴的栖息地十分多样，从鲜有人烟的森林地区（朱比西、卡纳、欧恰和波隆纳鲁沃）到寺庙、城镇和村庄附近的小树林（焦特布尔、阿布和达尔瓦德）——那里的居民会为它们献上食物。长尾叶猴种群生活在温度、降水和食物产量会随季节极端变化的环境中。由于能够消化成熟的树叶，还能很长时间不饮水，它们能在果实和嫩叶匮乏的时候存活下去。它们的社会交流比猕猴要少得多（见 4-20）。

为朱比西、卡纳、波隆纳鲁沃和阿布地区的混合群体的平均规模以及其中雄性的数量填色。

长尾叶猴的群体规模不一，从区区几个到近百个个体不等，共有 3 种社会群体模式：一雄多雌加幼崽（单雄性群体）、多雄多雌加幼崽（多雄性群体），以及全雄性群体或单个雄性。和其他旧世界猴类一样，雄性长尾叶猴会离开自己出生的群体，然后加入一个全雄性或混合群体。混合群体中雄性的更换率也不尽相同，雄性可能在致命争斗后迅速更换，也可能是在几乎没有争斗的情况下逐渐更替。

喜马拉雅的朱比西地区代表了各种分布地点类型的一种极端情况。它们的社会群体平均包括 12 个个体（在 7~19 只之间），有 2 只雄性，巢区很大（7.6 平方千米），并很少与邻近群体重合。群体中和群体间的雄性交流很少。在交配季节，一只雄性会暂时地将其他雄性驱逐出去。人们还曾在该地区观察到单独或成对的雄性。多雄性群体中的雄性更换速度缓慢，不会出现致命的争斗。

在中部高地的卡纳地区，群体平均有 20 个个体，它们大多数包含 1 只雄性和 10 只雌性以及它们的后代。那里也有全雄性群体。它们的巢区一般为 0.75 平方千米，且其中有 45%~50% 的面积都与相邻的群体共享。社会群体之间每天都有交流和互动。雄性会彼此叫喊、争斗或追逐。动物学家保罗·牛顿（Paul Newton）对 350 只长尾叶猴进行过长达 3 年的观察，并在之后的 10 年中持续监测。他曾观察到一次一个单雄性的混合群体被吞并的事件。一个由 16 个个体组成的全雄性群体进攻它们，争斗持续了整整 4 天，群体中的 6 只新生幼崽中有 3 只毙命。之后，进攻者中的一只雄性成功入驻，成为混合群中唯一的雄性。另外 3 只新生幼崽也踪影全无，而新雄性随后在群体中生活了近 10 年之久。

在最南边的种群中，波隆纳鲁沃的群体平均有 20~30 个个体，其中有 2~3 只雄性。每个群体的巢区为 7.75 平方千米，与一个或多个相邻群体有大面积重合。和喜马拉雅地区的长尾叶猴不同，它们没有明确的繁殖季节，而雄性也不会离开它们的群体。相邻群体的雄性会互相示威，进攻对方的领地，大声吼叫或恐吓驱逐。群体中等级较低的雄性通常会充当先锋上阵。

在阿布、焦特布尔和达尔瓦德地区，单雄性群体最为常见。群体中雄性的更替很频繁，而且通常都伴随着争斗和新生幼崽的死亡。

对这些群体的反复无常和致命攻击行为的观察，成了构建其适应性重要意义的理论基础。人类学家萨拉·赫迪（Sarah Hrdy）根据她在阿布地区的研究，将新生幼崽的死亡与雄性为获得交配机会而故意采取的"策略"联系起来。她认为，雄性会通过杀死哺乳期的幼崽，来让雌性进入发情期，从而与自己交配，并产下其后代。这是性选择的一个例子。在另一种解释中，人类学家萨德·巴特利特（Thad Bartlett）和他的同事们将幼崽的死亡解释为雄性高度攻击性所带来的一个偶然结果。

然而，如果放宽视野，就可以把长尾叶猴与其他猴类放在一起来比较。动物学家特尔玛·罗厄尔对不同雄性狭鼻猿的社交互动和沟通进行了分析和对比。和长尾猴及其他疣猴类一样，长尾叶猴生活在不稳定的社会群体中。雄性之间或与雌性的交流都很少。罗厄尔发现，相比之下，生活在永久性社会群体中的雄性狒狒与猕猴会各自形成联盟，共同养育后代，并与雌性交好。它们之间也会争吵或打斗，但能够达成和解，从而尽量避免群体的破裂，以及带给彼此和其他成员的伤害。长尾叶猴似乎是一个对生态环境的适应能力很强的物种，但缺乏复杂的交流能力，无法调解社会关系或化解严重的争斗。目前对长尾叶猴的研究过于看重"杀婴假说"，对于了解其整体的生态环境和各个年龄及性别阶层的群体行为十分不利。还有很多问题亟待研究。

---

① 朱比西是喜马拉雅山上的一个村落。——编者注

长尾叶猴

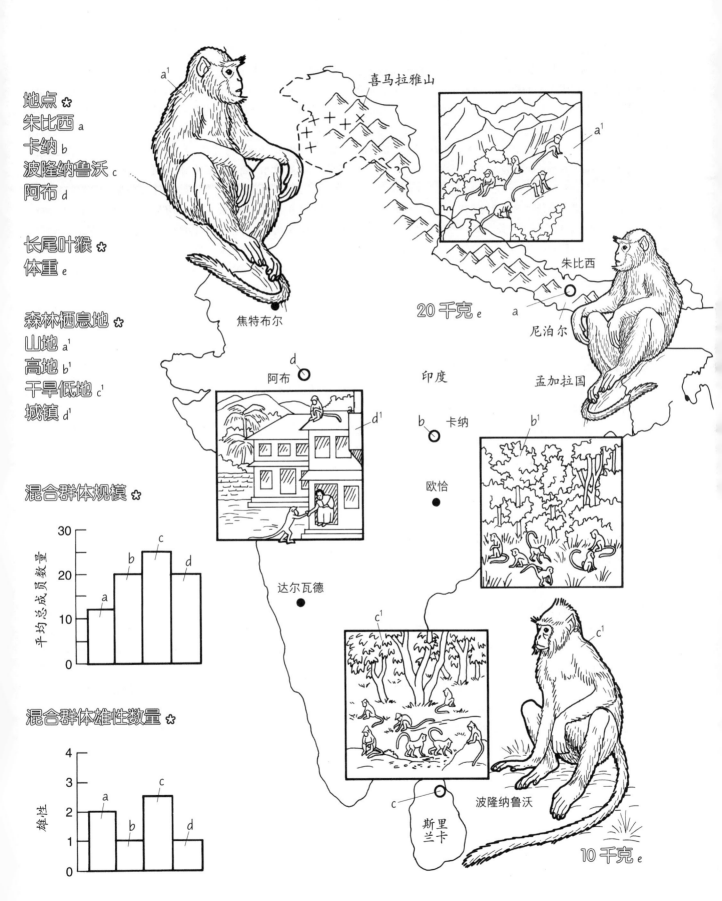

地点 ✿
朱比西 a
卡纳 b
波隆纳鲁沃 c
阿布 d

长尾叶猴 ✿
体重 e

森林栖息地 ✿
山地 a^1
高地 b^1
干旱低地 c^1
城镇 d^1

喜马拉雅山

a^1

朱比西

20 千克 e

尼泊尔

孟加拉国

印度

阿布

d^1

b 卡纳

b^1

欧恰

达尔瓦德

混合群体规模 ✿

平均总成员数量

30

20

10

0

a
b
c
d

混合群体雄性数量 ✿

雄性

4

3

2

1

0

a
b
c
d

焦特布尔

c^1

波隆纳鲁沃

斯里兰卡

c

10 千克 e

4-24
猕猴：“杂草种”与“非杂草种”

在野外、半野外和圈养条件下对猕猴的观察记录非常详尽。相关的长期研究在世界各地都有，包括日本本土的猕猴，美国得克萨斯州和俄勒冈州的日本猕猴的迁移群体，以及被放归到波多黎各圣地亚哥岛上的印度普通猕猴（恒河猴）。目前已有大量关于它们生命史、新生幼崽存活率、亲缘关系和繁殖模式的宝贵资料（见3-25、3-27和3-29）。恒河猴被用作医学研究中脊髓灰质炎疫苗的动物测试对象已长达数十年，血液中的Rh因子就是以恒河猴的名字Rhesus Monkey命名的。

尽管已有大量的观察记录和研究资料，但科学家们对猕猴的地理扩张过程和演化关系依然不是特别清楚。目前，根据不同的分类方案，猕猴共有15~19个物种。在15个现存物种中，有4种定居在人类聚集区附近，能利用人类资源生存，被称为“杂草种”。它们的地理分布广泛，从阿富汗西部、巴基斯坦、印度和斯里兰卡一直延伸到日本、中国东部、中国台湾和东南亚，包括苏门答腊岛、爪哇岛、加里曼丹岛、苏拉威西岛和菲律宾一带。很可能是在更新世的孤立分化和气候波动之后，猕猴种群大规模移动，导致了今日猕猴的地理分布格局。

各类猕猴的齿系、颅骨及颅后骨骼（硬组织部分）等特征非常相似，但在体形和软组织上（例如尾部形态）略有差别。在行为上，不同的猕猴差异显著。人类学家尼娜·雅布隆斯基认为，相似的形态学特征说明，猕猴的辐射演化是在晚近的100万~200万年前发生的。分子生物学关系同样支持这一观点，其中，大多数谱系在约200万年前分离，而亲缘关系更近的物种则分化得更晚。本节中，我们将介绍猕猴属复杂的演化关系和地理分布情况。

先为地中海猕猴及其在演化树上的谱系填色。一边阅读文字，一边逐一为每只猕猴填色。图版中绘出了15个物种中的10种。除了普通猕猴和食蟹猕猴，其他猕猴的地理分布没有专门标出。

地中海猕猴发现于摩洛哥和阿尔及利亚，它们可能是化石种消亡后留下的孑遗种群，其祖先曾经广泛分布于地中海沿岸。狮尾猕猴仅生活在印度西南部一片很小的区域内。冠毛猕猴也在这里出现，但它们在印度戈达瓦里河以南的地区分布更广。它们的近亲兰卡猕猴生活在斯里兰卡。成功演化的普通猕猴又称恒河猴，分布广泛，西到阿富汗，东到中国，南至泰国、缅甸和中南半岛，如图中的虚线边框所示（d）。与普通猕猴有亲缘关系的熊猴生活在印度北部、尼泊尔和越南的森林中，我们对其所知甚少。红面

短尾猴及其近亲藏酋猴生活在印度的阿萨姆邦，向东分布至中国的四川省（历史上有部分曾属于西藏自治区），向南扩散至马来半岛和中南半岛，但它们并不生活在今天的西藏自治区。

与普通猕猴的广泛分布相类似，食蟹猕猴的分布区域也很广泛，从东南亚本土的南部到帝汶岛和菲律宾都有，如图上的点状边框所示（f）。日本猕猴又称雪猴，分布区域最靠北，而它们在温暖环境中的亲戚台湾猕猴则是中国台湾的特有种。豚尾猕猴[①]的分布从印度东北部一直延伸到马来半岛和中南半岛，还遍布东南亚的加里曼丹岛、苏门答腊岛和明打威群岛。豚尾猕猴与苏拉威西岛上的黑冠猕猴、通金猕猴和灰肢猕猴亲缘关系最近。注意，有7种猕猴生活在分布范围的边缘地带，它们分别是地中海猕猴、日本猕猴、中国台湾猕猴、豚尾猕猴、黑冠猕猴、通金猕猴和灰肢猕猴。剩下的8种（冠毛猕猴、兰卡猕猴、普通猕猴、熊猴、红面短尾猴、藏酋猴、食蟹猕猴和狮尾猕猴）集中在南亚的中部。该区域被灵长类动物学家杰克·富登（Jack Fooden）称为分布的“中心地带”。

用深色圆圈框出4个“杂草种”（j），并完成整个图版。

有的猕猴种群完全不能忍受在人类附近生活，有的则毫无顾忌。后者在食物来源上非常随意，因而优势巨大，繁殖兴盛，适应性极强，不受生态位划分的限制。灵长类动物学家艾莉森·理查德（Alison Richard）和同事们按照生态适应性将猕猴分为“杂草种”和“非杂草种”。尽管“杂草”一词有负面的含义，但它能准确地描绘出猕猴和人类文化的关系。杂草类植物在人类占领的地方繁荣生长，并沿着人类聚集区传播。“非杂草种”猕猴在森林中的种群密度最高，与人类较少或没有接触。“杂草种”猕猴，包括兰卡猕猴、冠毛猕猴、普通猕猴和食蟹猕猴，生活在城镇和村庄附近，依靠人类生活，甚至与人类竞争资源。它们的分布区均不重合，一片栖息地中只会出现一个物种，与共享一片森林的长尾猴和疣猴不同（见4-21、4-22）。猕猴分布区重合的现象仅限于“杂草种”加“非杂草种”的情况，例如印度东南部的冠毛猕猴和狮尾猕猴、泰国的食蟹猕猴和豚尾猕猴或红面短尾猴，以及中国西南部的普通猕猴和红面短尾猴。猕猴和长尾猴一样，为研究演化过程（如遗传漂变、突变和自然选择的作用等）提供了极佳的案例。要更加全面地了解这些迷人的猴类，我们还需要更多的解剖学、生态学及分子生物学的信息。

---

① 现在豚尾猕猴已分为南北两个独立的种，此处应仅指南方豚尾猕猴，但本书作者将两者的分布区合并讨论。——译者注

獼猴

地中海獼猴 a
狮尾獼猴 b
冠毛獼猴 c
兰卡獼猴 c¹
普通獼猴 d
熊猴 d¹
红面短尾猴 e
藏酋猴 e¹
食蟹獼猴 f
日本獼猴 g
中国台湾獼猴 g¹
豚尾獼猴 h
黑冠獼猴 i
通金獼猴 i¹
灰肢獼猴 i²

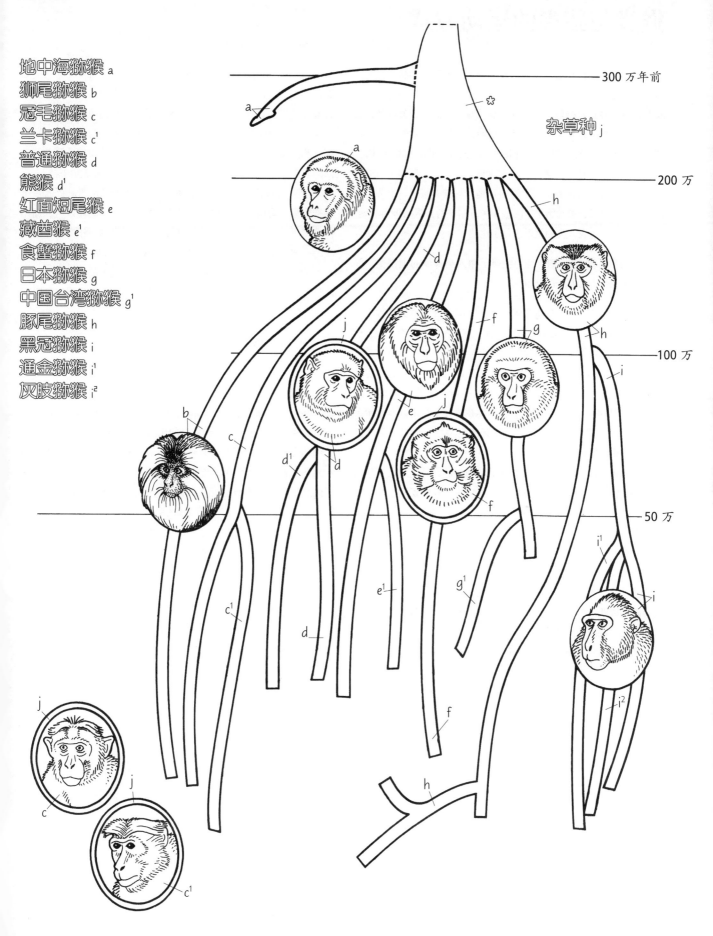

杂草种 j

4-25
猴类与猿类的运动方式

躯干是身体的中心，猴类、猿类和人类的躯干形状、比例不同，在功能上也有很大区别。猿类和人类（人猿总科动物）胸部较宽，锁骨修长且强健，肩膀向外展至身体两侧，骨盆较宽，没有尾巴，腰部非常扁平。这些特征说明，人猿总科动物曾有在树枝下悬挂、做高难度动作的演化历史。这种躯干模式有很多变种。比如，长臂猿靠臂力摆荡的运动方式与黑猩猩、大猩猩、猩猩和人类幼儿就有显著区别，猴类的四足爬行与猿类迥异。本节内容以解剖学家及灵长类动物学家阿道夫·舒尔茨的分析结果为基础，对猕猴、黑猩猩及人类的躯干进行了比较。

为猕猴（猴类）、黑猩猩（猿类）和人类身体的顶视图、前视图及侧视图中的躯干部分填色。

脊柱（见 3-7）贯穿整个躯干，从颈部一直延伸到尾椎（猿类）或尾部（猴类）。胸椎支撑着肋骨。猕猴的胸腔侧面收紧，而前后较宽，左右较窄。黑猩猩和人类的胸腔则更宽，而前后较窄。胸腔的形状会影响肩胛带、肩胛骨、锁骨和肩关节的位置。猕猴的肩胛骨位于胸腔的两侧（在宽度上几乎与狗一样），沿着锁骨的方向，使肩关节朝向下前方。当猴类在树枝上行走以及使用手臂和手掌时，肩关节发挥作用，比狗的肩关节灵活性更强（见 3-9），比猿类的稍弱。

黑猩猩的肩胛骨平铺在胸腔背后。强健的锁骨让肩关节朝向上方和外侧。这些关节位置使猿类能够向下悬挂和摆动。这种悬挂式运动需要比猴类更大的关节活动范围（见 4-26）。人类的肩关节与猿类的类似。公交车、地铁上悬挂的吊环和栏杆就是为了适配我们与猿类相似的肩部而设计的。此外，人类在吊环和双杠上的体操技巧体现出肩部 360° 的旋转功能。猕猴修长的腰部是四足哺乳动物的典型特征，而胸腔和骨盆间的距离较大，提高了它们奔跑和跳跃时的灵活性（见 3-8）。黑猩猩的腰部较短，最后一对肋骨几乎触碰到扩口的长骨盆的顶部。

人类的骨盆更狭窄一些，但足以允许躯干在两足行走时完成扭转动作（见 5-14）。人类的躯干从水平方向逐渐转变为直立姿态，人类的脊柱成了支撑自身体重的核心。人类的腰椎最厚，骶骨最宽，因为每往下的一节脊椎都比上一节承担更多重量，以此类推。骨盆由骶骨和两块髋骨构成，使上部躯干与后肢相连。黑猩猩和人类宽阔的胸腔对应地让骨盆也更宽，并固定住腹部与背部的肌肉。这些肌肉群让躯干保持完整，并为内脏提供支持。

猕猴的骨盆具有突出的尾椎，与黑猩猩和人类退化的短小尾椎骨形成鲜明对比。猴类在树枝上奔跑或在树间跳跃时，用尾部保持平衡。旧世界猴类骨盆中的坐骨是扁平的，长有加厚的皮肤——被称为臀胼胝，适合在树上保持坐姿和睡觉（见 4-18）。人类的骨盆又短又宽，呈碗形。髂骨固定住较大的髋骨肌肉，在两足运动时使上身稳定在下肢上方（见 5-14）。通过比较黑猩猩和人类的髂骨，我们能更好地理解人类演化的过程。

为背部肌肉及其在全身肌肉中的质量比例填色，完成整个图版。

背部肌肉起至脑后的颈部，沿着胸背部向下，直到髂骨的顶部，并连接到骶骨之上。背部肌肉沿脊柱的厚度变化反映出其功能。在背部肌肉占全身肌肉质量的比例上，猕猴比人猿总科更高，它们的大部分肌肉集中在腰部。黑猩猩超过一半的背部肌肉集中在肩部和颈部。因为黑猩猩主要依靠灵活的前肢来悬挂身体，在树间悬吊攀缘，用四足指节着地的方式行走。人类背部肌肉的相对重量与黑猩猩的类似，但腰部的肌肉最多。腰部肌肉在坐、立和行的过程中对上身起到支撑作用，辅助旋转。

三种灵长类动物的背部功能有显著差异。猴类的屈伸动作有助于四足奔跑和跳跃。黑猩猩（和大猩猩）较宽的骨盆和较短且不灵活的腰部，与较宽的胸部、间距较大的肩关节相适配。人类的背部在站立和行走时垂直地支撑躯干。躯干会在左右髋关节上先向一侧旋转，再转向另一侧。这种运动方式使人在两足行走时保持稳定高效。

躯干比例

胸腔 a
锁骨 b　　　　脊柱 d　　　　骶骨 f
肩胛骨 c　　　髋骨 e　　　　尾骨 / 尾椎 g

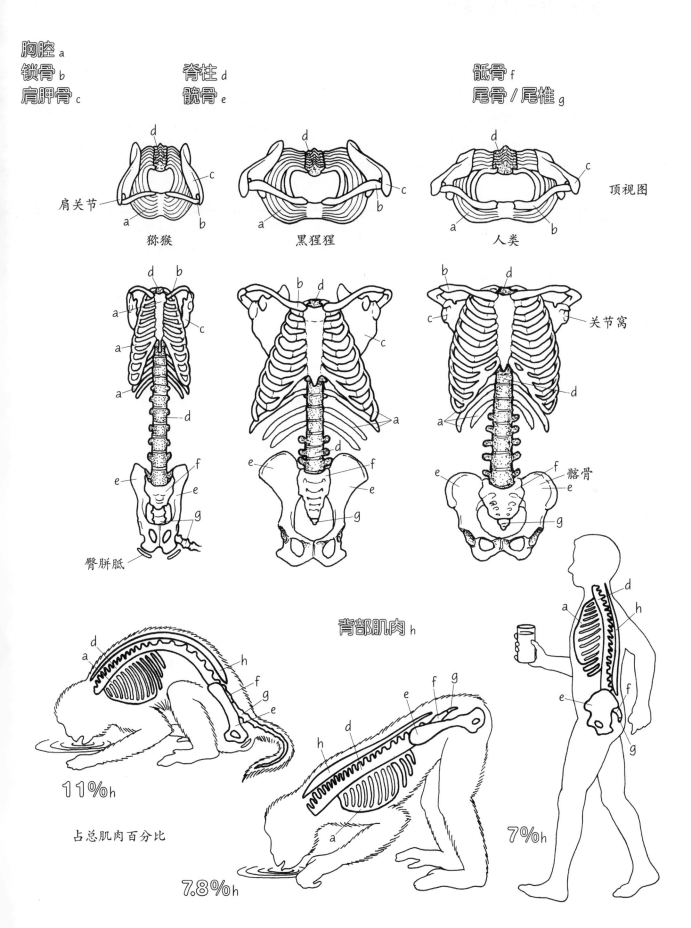

肩关节

猕猴　　　　黑猩猩　　　　人类　　　　顶视图

关节窝

髂骨

臀胖胝

背部肌肉 h

11% h

占总肌肉百分比

7.8% h

7% h

4-26
猴类与猿类的觅食范围

旧世界猴类和猿类的身体姿态、运动行为、肌肉骨骼结构和齿系都有很大区别。它们的饮食结构相似，但喜好和获取这些食物的方法大相径庭。有营养的"好东西"都集中在树枝末端。本节将进一步阐释影响猴类和猿类觅食方式的四肢结构及功能。

先为长臂猿和猕猴填色，注意观察它们的姿态。在肩关节的限制下，猴类和猿类的觅食范围也有所差异。再用浅色为各自的范围填色。

通常，植物枝头的果实、花朵和嫩叶是许多动物（包括多种灵长类、啮齿类、贫齿类，甚至某些也食用果实的肉食动物，如蜜熊）钟爱的食物。不同物种有各自获取食物的独特技巧。昆虫、鸟类和蝙蝠可以飞到树枝上悬停。松鼠和其他小型物种能够沿着树枝来回蹦跳，它们的体重不足以压弯树枝。然而，当动物的体重超过 2 千克或 3 千克时，树枝就难以支撑此类动物，甚至会发生严重弯曲，或是断裂。

解剖学家特德·格兰德比较了体重相差不多的长臂猿和猕猴的进食姿势和觅食风格。猿类悬挂在树枝下，又不至于让树枝变形，食物就摆在面前，它们用空闲的手臂和手便能摘取到。各种新世界猴类具有善抓握的尾巴，它们采用尾巴悬挂身体的方式来觅食，这样就能很好地利用下弯的树枝，腾出手来获取食物（见4-17）。树枝上的觅食者，如猕猴，会尽量地接近树枝末端，在压弯树枝之前采集到果实或嫩叶，然后迅速退到稳定的枝干上。

为长臂猿（左）和猕猴（右）的前肢骨分别填色。注意观察前肢相对于躯干的长度。

猴类和猿类的躯干有多种区别：肩关节的朝向、锁骨的大小、肩胛骨在胸腔上的位置（见 4-25）等。猿类的腰部较窄，没有尾部；猴类的腰部更长，肌肉相对更发达，适合在树枝和地面上四足奔跑和跳跃（见 3-8）。

身材比例和四肢关节的差异导致两者觅食范围迥异。长臂猿修长的前肢和双手，尤其是手指，在悬挂时能够触及较远的范围。它们的肩、肘和腕关节十分灵活，活动空间更大。猴类的前肢更短，关节活动性较差。

为两者的肱骨顶视图、分离的肘关节、尺骨侧视图以及腕关节填色。

猿类的肩部朝外，这是胸部变宽、锁骨增长的结果。猴类的肩关节较窄，面向前方，像狗一样。猴类的肩部可以进行前后运动，而猿类的肩部能够完成上下左右前后 360º 的转动，因为长臂猿的肱骨是优美的半球形，肩胛骨上的关节窝刚好与之吻合。

肘关节由 3 块骨头构成（图版中为分离状态），在屈伸运动中，尺骨与肱骨在肘关节处相连，而桡骨在切迹上绕着尺骨旋转。猴类尺骨的鹰嘴突会使上肢无法完全伸展。而猿类和人类的鹰嘴突已退化，所以肘关节可以完全伸开。猿类的肘部更灵活，可以将手掌向上（又称旋后，即端汤的姿势）旋转 180º 为手掌向下（旋前），而猴类只能旋转 90º 左右。

猴类腕关节的稳定性对于四足行走至关重要。桡骨和尺骨与最近的一排腕骨相连。猿类的尺骨从该连接处缩回，又插入一块软骨。这被称为内收外展，或尺桡偏。它让猿类侧向活动的范围更大（如箭头所示），尽管这种机制的稳定性稍差，但当猿类悬挂在树上，用手紧紧抓住树枝时，身体依然可以随意活动。

猿类具有灵活的肩、肘和腕关节，肘关节能够完全伸展并旋转，再加上前肢和双手修长，使它们在觅食时能保持稳定，在树间行动时操控性更强。不同猿类在这方面表现出差异。长臂猿和合趾猿用臂力摆荡，像闪电一样穿梭于树间。体形更大的猿类则利用灵活的四肢关节，用多个支撑点分配身体重量，在觅食和攀缘时尽量保持稳定，不让树枝断裂。

为猴类和猿类的上臼齿填色。

仅通过牙齿，就能区分猿类和旧世界猴类。猿类的臼齿齿冠较低（丘齿型），齿尖较为圆滑。猴类白齿很高（高冠齿型），4个齿尖连在一起，形成双脊齿型（见 4-22）。

不幸的是，由于牙齿比四肢骨更容易保存，以化石记录来鉴定早期猴类和猿类，结果一直存在偏差。演化适应是以镶嵌模式进行的，而非简单、匀速、持续地改变。因此，除非找到和早期牙齿有联系的四肢骨，否则我们还无法推断出运动方式和牙齿演化之间的早期关系（见 4-28）。

运动觅食结构

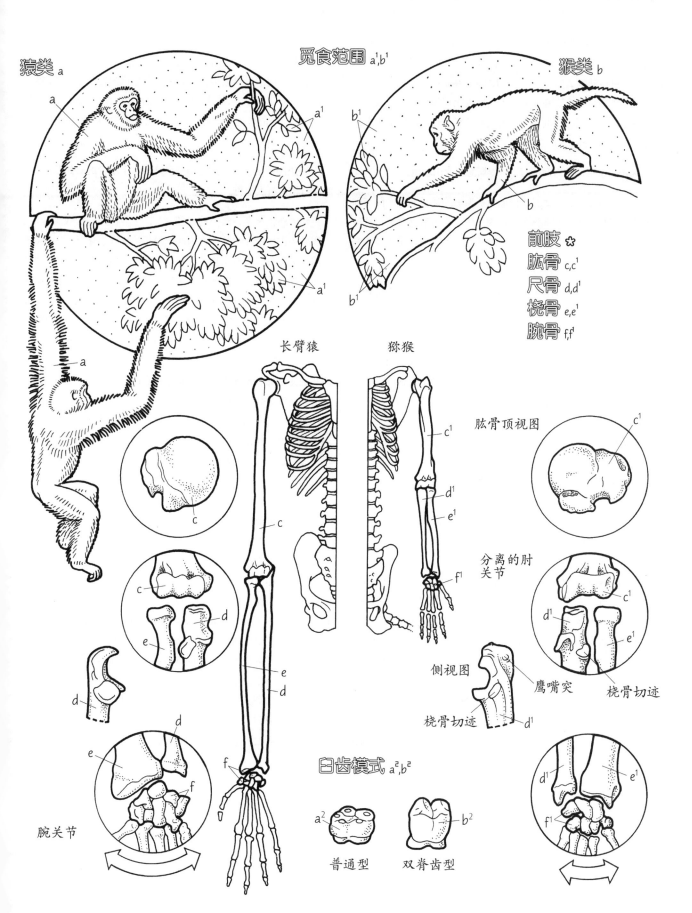

猿类 a

觅食范围 a¹,b¹

猴类 b

a^1

b^1

a^1

b^1

a

c

前肢 ✱
肱骨 c,c¹
尺骨 d,d¹
桡骨 e,e¹
腕骨 f,f¹

长臂猿

猕猴

肱骨顶视图

c^1

c^1

d^1

e^1

c

c

d

e

f^1

分离的肘关节

c^1

d^1

e^1

e

d

侧视图

鹰嘴突

桡骨切迹

d

f

桡骨切迹

d^1

腕关节

臼齿模式 a²,b²

d^1

e^1

f^1

a^2

b^2

普通型

双脊齿型

4-27
中新世与上新世的猴类

旧世界猴类和猿类在渐新世末期（大约 2,500 万年前）从共同的狭鼻猿类祖先分化出来。已知的最古老的旧世界猴类化石来自非洲，可追溯到 2,000 万年前至 1,700 万年前的中新世早期。从那时起到中新世结束，在非洲留下的猴类化石很少，在欧洲和亚洲则完全没有。到中新世—上新世时期，猴类却已经广泛分布于欧洲、亚洲和非洲。

为中新世早期的时间范围、特提斯海与火山填色。

在中新世早期，温暖且较浅的特提斯海连通了非洲大陆与欧亚大陆，阿拉伯半岛与非洲大陆连为一体。火山活动频繁，地球运动改变了非洲的地貌。非洲板块的运动和抬升形成了大裂谷和红海（见 1-18、4-28）。

先为中新世早期的化石点和猴类化石填上颜色。再为疣猴和猕猴的头骨填上灰色，以与化石种维多利亚猿进行对比。

非洲北部化石点出土的多个物种都属于一种名为原长臂猿的早期猴类。埃及的穆盖拉和利比亚的泽坦山两处的化石可以追溯到 1,900 万年前，而肯尼亚布卢克的略晚，仅追溯到 1,700 万年前。这些化石的齿系与渐新世人猿的有显著不同（见 4-10），它们的臼齿显示出现代旧世界猴类特有的双脊齿型特征（见 4-22、4-26）。和现代旧世界猴类不同的是，原长臂猿还保留有臼齿的第五个齿尖。

大多数保留下来的中新世早期猴类化石都来自东非的维多利亚湖地区。最知名的要数肯尼亚马博科岛的维多利亚猿，它们生活在 1,500 万年前。在 20 世纪 30 年代，马博科岛开始了最早的挖掘工作。从 1982 年至今，人们已经发现了另外 1,000 多块化石，包括四肢骨和一具几乎完整的头骨。

维多利亚猿的颅面结构与现存的疣猴类和猕猴类都不相同，前者颅顶较低，脑容量（54 毫升）比渐新世的埃及猿（30 毫升）大，比现存的狭鼻猿类要小。骨盆上的坐骨结节表明，它们也有旧世界猴类的特征——臀胼胝（见 4-18）。四肢骨则反映出维多利亚猿能够在地面和树上高效运动。通过齿系发现，它们拥有发达的双脊齿型臼齿和突出的上犬齿。马博科岛的犬齿及四肢骨化石样品大小不一，但外形特征相似。人类学家布伦达·贝尼菲特（Brenda Benefit）和蒙特·麦克罗辛（Monte McCrossin）认为，这些化石代表的物种的性别二态性明显，它属于独特的维多利亚猿亚科，中新世早期猴类，似乎是一种偶然出现的狭鼻猿类，可

能是所有现代猴类的祖先，但不太可能是两个现代亚科中任意一个的直接祖先。据分子数据估算，大约在 1,400 万年前至 1,200 万年前，现代旧世界猴类在中新世中期分化为疣猴亚科和猕猴亚科，化石证据也佐证了估算时间。中新世中晚期（1,000 万年前至 800 万年前）的肯尼亚化石记录鉴定为疣猴类的微猴（图版中未绘出）。

一边阅读文字，一边为中新世晚期和上新世的时间范围、猴类化石和化石点填色。

到中新世末期，猴类的地理分布已十分广泛。疣猴亚科先于猕猴亚科占据欧亚大陆。作为欧洲最早的疣猴类化石，中猴在中欧的多个化石点均有出现。中猴与现存叶猴体形大小相似，齿系和四肢骨与其他疣猴类相近。长猴体形更大，出现在更晚的欧亚化石点中（约 400 万至 200 万年前），可能与亚洲叶猴有亲缘关系。巴基斯坦西瓦特克利克山中新世晚期沉积物中的化石很可能属于叶猴属。仰鼻猴（图版中未绘出）出现在中国的更新世化石点中（见 1-16）。在非洲，中新世晚期的疣猴类化石还包括一枚发现于埃及的几乎完整的利比亚猴头骨。肯尼亚和南非则发掘出曾在地面生活的大型疣猴类：似猕猴属及副疣猴属（图版中未绘出）。

猕猴属的化石记录广泛分布于欧洲和非洲北部的中新世和上新世地层中，并在后来的更新世出现在中国和东南亚的沉积物中。地中海猕猴可能是这次早期辐射演化的孑遗（见 4-24）。在非洲，猕猴和长尾猴化石很少，狒狒的却很多。副狒属出现在非洲东部及南部的化石点中，那里靠近于现存狒狒——白眉猴群类的祖先。目前，人们已经发现了多种已灭绝狒狒的化石，包括来自附近斯瓦特克朗洞穴的巨型恐狒（见 5-7）。尽管现代的狮尾狒只生活在埃塞俄比亚的高地上，但有多个今天已灭绝的物种曾经生活在从非洲到印度的区域。

旧世界猴类起源于非洲，在中新世晚期和上新世早期成功地占据了欧洲和亚洲，并在上新世和更新世继续分化。在较晚近的时期，它们绝迹于现代欧洲。大型甚至巨型的疣猴、猕猴物种在大约 100 万年前灭绝。亚洲的疣猴类以及近期辐射演化的长尾猴等（见 4-21）群体的演化细节目前尚未完全摸清。与猿类相比，猴类的演化进程差别显著。在中新世早期时，猴类物种很少，猿类则很多。而到了中新世和上新世，猴类迅速扩张并开始多样化，猿类却从化石记录中几乎完全消失了。

猴类化石

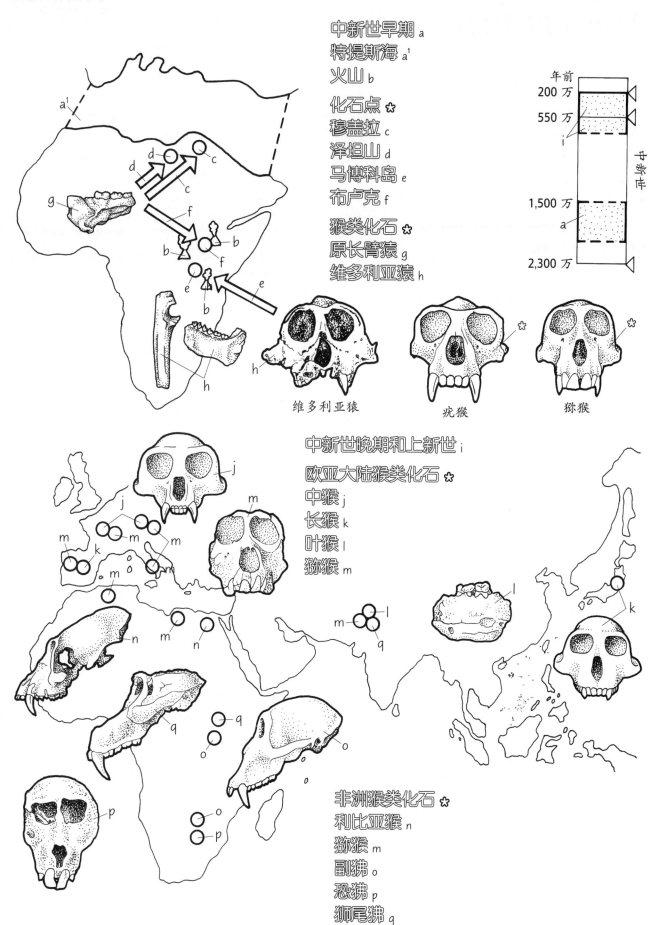

中新世早期 a
特提斯海 a¹
火山 b

化石点 ✱
穆盖拉 c
泽坦山 d
马博科岛 e
布卢克 f

猴类化石 ✱
原长臂猿 g
维多利亚猿 h

年前
200 万
550 万
i
1,500 万
a
2,300 万

中新世

维多利亚猿　　疣猴　　猕猴

中新世晚期和上新世 i

欧亚大陆猴类化石 ✱
中猴 j
长猴 k
叶猴 l
猕猴 m

非洲猴类化石 ✱
利比亚猴 n
猕猴 m
副狒 o
恐狒 p
狮尾狒 q

4-28
中新世的猿类化石

最早的猿类化石出现在中新世的化石点，至今有大约1,700万~2,000万年的历史。从齿系上来看，这些早期猿类和猴类有明显的区别，具有多个属和种。中新世早期猿类的多样性远超早期猴类。到中新世中期，这些猿类的分布已跨出非洲，拓展到欧洲和亚洲，其中有几个物种更是大肆扩张。几乎没有中新世的猿类化石，这与猴类的扩张时期刚好重合。和中新世及上新世的猴类化石不同，中新世的猿类化石与任何现存猿类都没有直接联系。

为时间表、特提斯海、中新世早期的猿类化石，以及它们在地图上的对应地点填色。

中新世早期，非洲与欧洲、亚洲被特提斯海分隔开。大裂谷、红海和阿拉伯半岛还未形成。活火山为化石的保存创造了条件，并留下了可用钾氩法来测年的材料（见5-4）。在这一时期，非洲东部死火山附近的地点出土了猿类化石，包括乌干达的莫罗托、肯尼亚的松戈尔和鲁辛加岛。这些猿类被称为"齿猿"，其齿系与现代猿类很像，但四肢骨的尺寸和形状像猿和猴的结合体。"齿猿"体形不一，有小型的树猿和原康修尔猿，也有更大的肯尼亚的非洲猿及其亲属沙特阿拉伯的日猿以及乌干达的莫罗托猿。人们已经在多个地点发现了多种原康修尔猿，包括科鲁、莫罗托、松戈尔和维多利亚湖中的鲁辛加岛（见4-29）。

为大裂谷和中新世中期的猿类填色。

在1,700万年前至1,600万年前，大陆的抬升和断裂使非洲板块向北移动，形成了大裂谷。新形成的红海将阿拉伯半岛与非洲大陆其余部分隔开。非洲与欧亚大陆碰撞后，中间的海水被困住，形成了地中海。特提斯海的衰退打开了陆地走廊，并建立起连接桥梁，为动物在非洲和欧亚大陆之间流动、散播和交换提供了通道。到中新世中期，猿类留下的化石数量已十分庞大，广泛分布于非洲内外。

在非洲，类似于肯尼亚古猿的化石猿类在1,500万年前至1,200万年前十分丰富。肯尼亚古猿的齿系与原康修尔猿很相似，但它仅有的四肢骨化石与现存类人猿不相同。奥塔维古猿得名于纳米比亚中部的小镇，有1,200万年历史的化石点就在小镇附近。尚且不能确定该古猿与其他中新世猿类的关系。

1855年，欧洲森林古猿的下颌发现于法国，比达尔文的《物种起源》出版时间还早。1863年，托马斯·亨利·赫胥黎（Thomas Henry Huxley）发现，森林古猿是猿类和人类演化的中间环节，它从西班牙到匈牙利均有分布，生活在1,300万年前至800万年前。发现的四肢骨不多，几乎不与颅骨和齿系化石一起

出现。只有在西班牙发现的一具不完整的骨骼化石（1,000万年前至900万年前）中，保存有前肢、后肢和部分头骨。古生物学家萨尔瓦多·莫亚-索拉（Salvador Moyà-Solà）和迈克·科勒（Meike Köhler）认为，森林古猿的四肢是为了悬挂身体的动作而产生了演化适应，就像西瓦古猿那样。但因为判断森林古猿运动方式的关键关节面缺失，人类学家戴维·皮尔比姆（David Pilbeam）认为，现存证据不足以确定它们与现代猿类的关系。

还有两种其他的欧洲化石（图版中未绘出）来自同一时期：法国和捷克斯洛伐克的上猿，以及意大利的山猿。颅骨、齿系以及颅后骨骼化石都表明，上猿与任何中新世猿类或猴类的谱系都没有明显的关联。尽管山猿的四肢骨与猿类相似，但它的面部和牙齿结构很特殊，它与其他中新世猿类、现存猿类的关系尚不确定。

希腊北部出土的来自同一时期（1,000万年前至800万年前）的颅骨化石被鉴定为欧兰猿属。它的颅骨十分独特，与现存猿类差别很大，在缺少四肢骨化石的情况下，很难确定其与其他猿类的关系。土耳其中部出土的1,000万年前至900万年前的不完整头骨和面部被鉴定为安卡拉古猿，它与森林古猿、欧兰猿表现出一定的亲缘关系。

出土于巴基斯坦西瓦利克山的西瓦古猿和来自土耳其及匈牙利的土耳其古猿生活在1,300万年前至900万年前。尽管人们一度认为西瓦古猿是猩猩的祖先，但它的颅骨（同时具有猴类和猿类混合的元素）和牙齿遗迹并不像现代的猿类。

中国的禄丰古猿生活在900万年前至800万年前，颅骨与牙齿特征与现代猿类不同，与猩猩相似。由于缺少四肢骨，我们很难建立起它与现存猩猩的关联。

人科在中新世的辐射波及范围很广，其中的大量物种和谱系散播在非洲、欧洲和亚洲。皮尔比姆指出，只有极少的物种与演化出人科的非洲猿类支系在起源和辐射方面有直接关联。要关联两者，需要发现恰当时间段内（800万年前至600万年前）能够用来鉴定的四肢骨（见4-26），但此类关键证据尚未找到。生物学家卡罗-贝丝·斯图尔特（Caro-Beth Stewart）和人类学家托德·迪索特尔（Todd Disotell）采用了另一种研究方法，提出现代非洲猿类的祖先从亚洲演化出来，在那之后的1,000万年后重新迁徙到非洲。这个假说可以解释所有猿类共有的树栖和悬挂行为，以及非洲猿类为了适应地面生活采用的指节着地的行走方式。但就目前来说，中新世猿类的演化过程与现存灵长类的关系还是一个待解开的谜团。

猿类化石

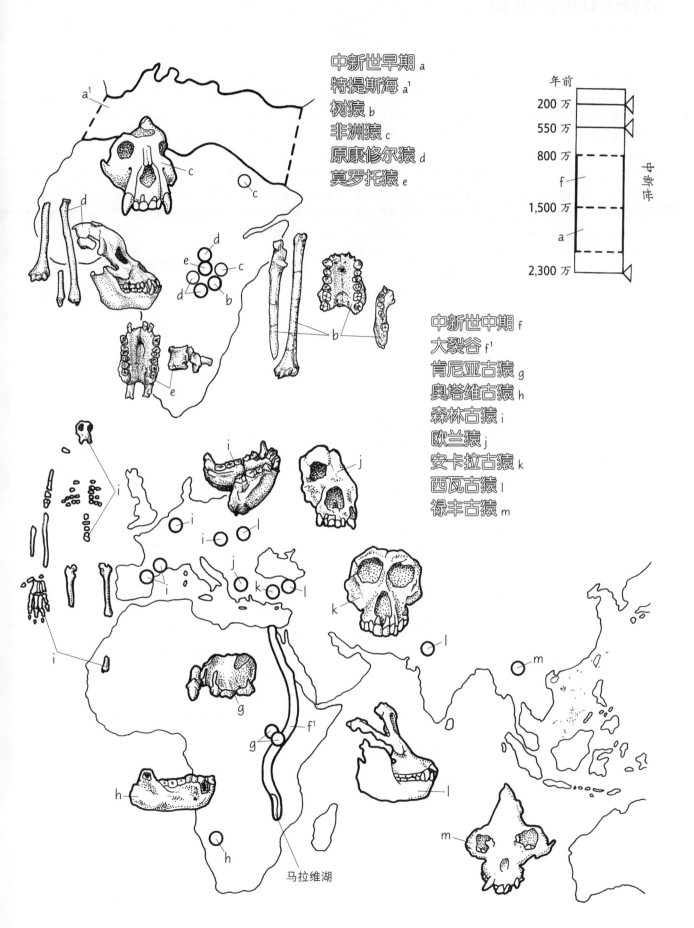

中新世早期 a
特提斯海 a¹
树猿 b
非洲猿 c
原康修尔猿 d
莫罗托猿 e

年前
200 万
550 万
800 万
f
1,500 万
a
2,300 万

中新世

中新世中期 f
大裂谷 f¹
肯尼亚古猿 g
奥塔维古猿 h
森林古猿 i
欧兰猿 j
安卡拉古猿 k
西瓦古猿 l
禄丰古猿 m

马拉维湖

4-29
拼接原康修尔猿

在中新世早期灵长类化石中，1,800万年前的原康修尔猿是我们目前理解最透彻的，科学家们花了近60年的时间才将其化石拼接完整。

这场科学大发现始于1927年。移居到肯尼亚西部的科鲁的 H. L. 戈登（H. L. Gordon）在一个石灰岩矿中发现了一些化石，并把它们交给了伦敦大英博物馆的古生物学家 A. 廷德尔·霍普伍德（A. Tindall Hopwood）。其中一块化石是人科某属种的左上颌骨，它促使霍普伍德在1931年踏上了前往肯尼亚的探险之旅。在那里，霍普伍德发现了更多的人科化石，他认为，这枚颌骨来自一个新的属，它是黑猩猩的祖先。当时，曼彻斯特动物园中有一只名叫"康修尔"（Consul）的黑猩猩，它会在杂技舞台上骑自行车和吸烟斗，博人一笑。在它的启发下，霍普伍德将他的化石命名为非洲原康修尔猿。原康修尔猿的故事随着玛丽·利基（Mary Leakey）1948年的发现继续展开。她在维多利亚湖的鲁辛加岛上的"R 106"号化石点发现了一个几乎完整、略微变形的原康修尔猿头骨（KNM-RU 7290）。随后，她又发现了更多化石，它们属于一个体形略大的物种——尼安萨原康修尔猿。玛丽·利基的原康修尔猿头骨是至今保存最完整的早期猿类头骨之一。

为岩块填上绿色（a）。一边阅读文中介绍的每次新发现，一边为相应的鲁辛加岛化石点和原康修尔猿骨骼填色。骨骼的中空部分代表后期重建的部分。

1951年，原康修尔猿的故事还在继续。地质学家汤姆·惠特沃思（Tom Whitworth）正在鲁辛加岛寻找化石。他发现了一块绿色的岩石（"R 114"号化石点），从表面可见里面嵌有化石（b）。岩石呈圆形，中间很深，与周围不含化石的沉积物完全不同。惠特沃思将其取下，送到位于肯尼亚内罗毕的国家博物馆进一步研究。这些化石中包含了原康修尔猿个体的头骨、一只前肢、双手和一只脚的碎片（b）。这些独特的绿色岩管的起源依然是个谜。

1980年，内罗毕国家博物馆的古生物学家艾伦·沃克（Alan Walker）对绿色岩石中的部分骨骼（c）进行了重新检验。他发现这些化石来自惠特沃思多年前发现的那只个体。在好奇心的驱使下，沃克和古生物学家马丁·皮克福德（Martin Pickford）于1984年回到鲁辛加岛上惠特沃思的化石点。他们在那里又发现了之前缺失的上颌骨、半块锁骨、一颗犬齿，以及来自同一个体的足骨（d）的化石。这些碎片拼起来组成的原康修尔猿骨架，是有史以来最完整的中新世大型人科化石。

人们将原康修尔猿的遗骸与猴类、猿类进行了对比，以进一步了解它的运动方式。原康修尔猿不像现代类人猿，它的前肢和

后肢长度相近，更像现代猴类；腕关节与旧世界猴类更像，踝骨修长，与猴类相似；大脚趾很强健，更像猿类。1951年，解剖学家约翰·内皮尔（John Napier）和彼得·戴维斯（Peter Davis）对前肢骨进行分析后，认为原康修尔猿是跳跃活动的四足动物，就像今天亚洲的叶猴。艾伦·沃克和马克·蒂福德（Mark Teaford）对更加完整的标本进行研究后，得出相反的结论：原康修尔猿是一种行动缓慢的树栖物种，可能不擅长跳跃、臂力摆荡、指节着地行走或地面生活。经沃克、皮克福德和人类学家迪安·福尔克估算，原康修尔猿的脑容量大约为167毫升，脑-身体比较相似体形的现代猴类更大。

为绿色岩石之谜的原景重现画面填色。用绿色为（f）填色。

对鲁辛加岛上绿色岩管化石点周围的进一步挖掘和埋藏学分析最终揭开了它的起源之谜（见5-12）。1,800万年前，此地曾有一条小溪，旁边立着一棵大树。随着溪水上涨，流水中悬浮的泥沙将部分树木淹没。大树死亡，成为一个空穴。随后，巨蜥、蟒蛇、蝙蝠和小型哺乳动物在这个空间中留下了自己和猎物的骸骨。其中一只食肉动物很可能吃了原康修尔猿，因为部分化石骨骼上留有牙齿印记。随着时间流逝，沉积物慢慢填满了空腔，最终固结成绿色的岩石管。在化石化的过程中，树皮变为方解石。古树干周围的沉积物不包含任何化石。这块绿色岩石的形成年代已用钾氩测年法进行了测定（见5-4），也可以根据岩石中保存的其他化石物种间接估算出来。

当研究工作开展得如火如荼时，鲁辛加岛上又发掘出一个新的化石点，离惠特沃思的原化石点不远。新地点出土了数千块骨骼化石碎片，包括多只不同年龄的原康修尔猿个体的碎片。

目前，关于原康修尔猿化石包含的物种数量还没有定论。有些古生物学家认为至少有3个物种：戈登在科鲁发现的原始标本物种和玛丽·利基在1948年发现的标本代表的小体形物种，以及被玛丽·利基称为"尼安萨"的一种体形较大的物种。其他学者的结论则是，鲁辛加岛上较小的个体其实是大型尼安萨原康修尔猿的雌性个体。对两者体重的估算结果显示，较大的标本个体重约37千克，较小的仅有9.6千克，即雌性的体重只有雄性的1/4，这比任何现存陆地哺乳动物的性别二态性都要极端。

和其他的中新世人科物种一样，原康修尔猿同时具有猴类和猿类的镶嵌特征。这样的组合无法确定它与任何现存旧世界猴类[①]或类人猿物种的关系。尽管我们已经用原康修尔猿几乎全部的身体部位拼出了其骨骼的完整图景，但还有很多关于分类和适应演化的问题尚未解答。

① 原文为猕猴。——译者注

原康修尔猿

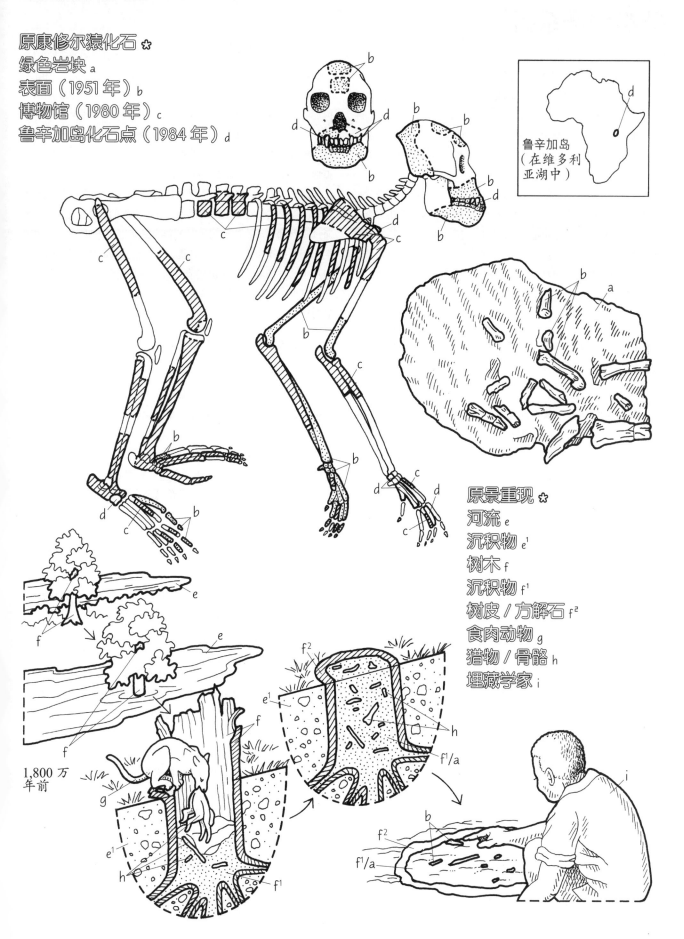

原康修尔猿化石 ✿
绿色岩块 a
表面（1951年）b
博物馆（1980年）c
鲁辛加岛化石点（1984年）d

鲁辛加岛
（在维多利
亚湖中）

原景重现 ✿
河流 e
沉积物 e¹
树木 f
沉积物 f¹
树皮／方解石 f²
食肉动物 g
猎物／骨骼 h
埋藏学家 i

1,800 万
年前

211

4-30
猿类的谱系树

现代猿类的起源算是一个谜。猿类化石广泛分布，最早于1,800万年前出现在非洲，后来扩散到了欧洲和亚洲。约800万年前的猿类化石非常稀少，且与现代猿类没有关联（见4-28）。今天的猿类只生活在非洲和东南亚的热带地区（见5-2）。所有的猿类物种都偏爱以果实为食，只是因季节和地理位置的不同有所差异。

猿类的体形上下限很大，小有长臂猿，大有巨型雄性银背黑猩猩。灵活的四肢使猿类在拥有较大的体形同时，能用多个支撑物来分摊体重，保持高超的攀爬技巧。猿类的生命史特点与同属狭鼻猿类的猴类不同：猿类的妊娠期和成长期更长，首次繁殖更晚，生育间隔更长（见3-24）。没有任何猿类（甚至包括小型的长臂猿）会每年或每两年就生育一次，这样的生育间隔在狭鼻猿类的猴类中很典型。

先为旧世界猴类的谱系填色，它们在2,500万年前至2,000万年前从人猿谱系中分化出来。再为人猿谱系中的长臂猿分支以及通向长臂猿的各个分支填色。

猿在科学术语的意义上，包含了长臂猿科和人科，后者又称猩猩科。分子数据表明，长臂猿科（长臂猿和合趾猿）在1,400万年前至1,200万年前与其他猿类分离，尚未有更古老的化石被鉴定为长臂猿科的成员。在过去的500万年中，长臂猿科分化为11个种，根据染色体数目可划分为4个具有不同属名的谱系，其中包括3种黑冠长臂猿（52条染色体）、1种白眉长臂猿（38条染色体）、6种白掌长臂猿（44条染色体）和1种合趾猿（50条染色体）[1]。大多数物种还可以根据它们对唱吼叫的声音来分辨（见3-30）。

长臂猿体形不一，包括较轻的黑冠长臂猿（4~5千克）和较重的合趾猿（12千克），两性体形和犬齿大小相差不大（见3-30）。白掌长臂猿属内6个物种的分布区大多不重合。少部分物种分布在同一片区域，如白掌长臂猿和戴帽长臂猿，白掌长臂猿和合趾猿（见4-31）以及黑掌长臂猿和合趾猿。长臂猿遍布中南半岛和东南亚岛屿，在更新世时生活在中国中部。大多数物种被海洋或河流分隔，地理屏障加快了物种形成。长臂猿有时被称为"小猿"，这是与体形更大的红毛猩猩、黑猩猩和大猩猩相对比而言。

为红毛猩猩谱系填上颜色，注意观察它们与非洲猿类共有的祖先。

红毛猩猩在大约1,000万年前与非洲猿类分离。今天，红毛猩猩只生活在加里曼丹岛和苏门答腊岛西北部日渐缩小的雨林中。它们在更新世的分布范围一直延伸到北面的中国。两个岛屿上的种群在大约150万年前分化，成为独立物种。红毛猩猩在森林的树冠层活动并寻找果实（见4-32）。足够喂养许多只红毛猩猩的大片果林很少见，所以红毛猩猩们极少长时间地待在一起觅食。成年雄性红毛猩猩的体形是雌性的两倍多，它们独立生活。红毛猩猩母亲和子女会共同在一起生活6年左右，生育间隔约为8年。在苏门答腊岛上，红毛猩猩会制作和使用工具，捕食社会性昆虫，获取硬壳果实。在这里的种群中，红毛猩猩的社会性更强，它们通过观察和学习，让使用工具的传统延续下去（见3-34）。相比在地面上行动和觅食的非洲猿类，对红毛猩猩的研究更困难。它们只生活在雨林中，在快速消失的森林和偷猎者面前十分脆弱。若没有母亲的引导，红毛猩猩孤儿很难学习在森林里生存所需的复杂技巧。

为猿类谱系下的大猩猩分支填色。

和亚洲的猿类不同，非洲的猿类（黑猩猩和大猩猩）在地面上行动、觅食，甚至睡觉。大猩猩在700万年前至600万年前从后来演化为黑猩猩及人类的谱系中分化出来。在那之前，这些非洲猿类具有一个共同的祖先。

分子生物学研究目前涉及2个大猩猩物种。生活在乌干达、卢旺达和刚果的山地大猩猩最为濒危，针对它们的研究最为深入。东部低地大猩猩是一个亚种。西部低地大猩猩生活在刚果、中非共和国和加蓬，还有一个较小的种群生活在尼日利亚。大猩猩的性别二态性非常明显（见4-33），但雌性和雄性都可以长成很大的体形。在果实充足时，大猩猩以吃果实为生，也食用树叶和昆虫。它们能够忍受寒冷和潮湿的环境，会在沼泽中觅食，也会爬到树上觅食、睡觉（见4-34）。社会群体中包括成年雌性和不同年龄的幼崽，以及黑背的雄性，有时还会有多只银背的雄性。

为黑猩猩和人类的分支填色。

黑猩猩和人类在600万年前至500万年前从共同祖先那里分道扬镳之后，两种黑猩猩又在250万年前至200万年前分化。倭黑猩猩（纤弱型）只生活在刚果河中部的大型河谷盆地中，沿着南部的支流扩散。黑猩猩（粗壮型）的分布更广泛，包含3个亚种，最靠西部的种群有可能是一个独立的物种。它们的地理分布范围从坦噶尼喀湖东岸一直延伸到非洲西部的塞内加尔和冈比亚。两个物种在多方面相似，但部分解剖细节和行为模式有所差异（见4-33、4-35）。黑猩猩是我们最近的现存亲属。通过研究它们，我们可以找到人类身体结构和行为模式起源的线索。

---

[1] 首先，目前共有4种黑冠长臂猿、2~3种白眉长臂猿、7种长臂猿。其次，原文写白眉长臂猿的属名为 *Bunopithecus*，是指 *Bunopithecus Hoolock* 这个种，现在2种白眉长臂猿都已单独建属 *Hoolock*，而 *Bunopithecus* 仅存一个化石种。——译者注

猿类的谱系树

旧世界猴类 a

亚洲猿类 ✿
长臂猿 b
黑冠长臂猿 b¹
白掌长臂猿 b²
合趾猿 b³
红毛猩猩 c

非洲猿类 ✿
大猩猩 d¹
黑猩猩 ✿
倭黑猩猩 d³
黑猩猩 d³

人科 ✿
人类 e

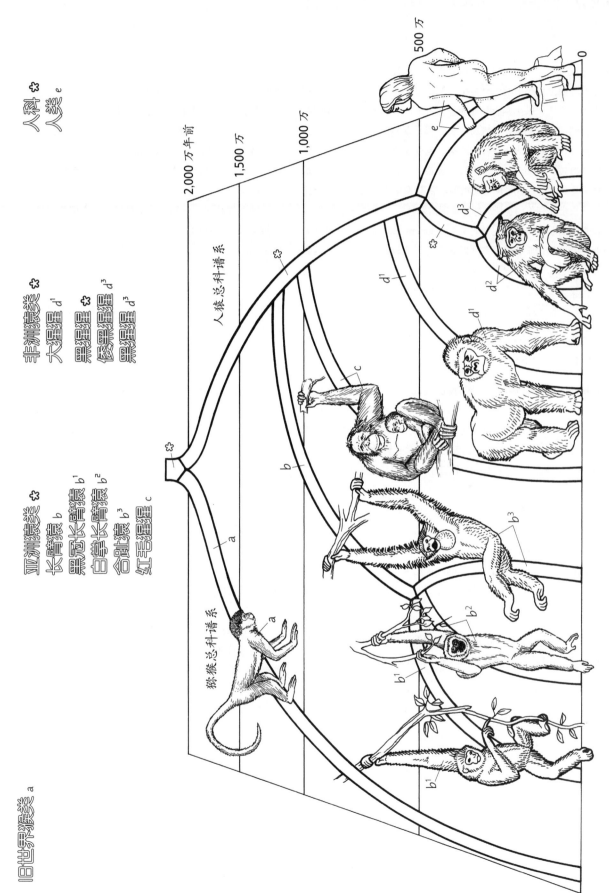

4-31
亚洲猿类：长臂猿与合趾猿

现存的 11 种长臂猿与合趾猿在很多方面非常相似[①]：喜食果实、悬挂运动、领地意识、吼声对唱、小型社会群体，以及两性在体形和牙齿大小上的差异很小，等等（见 3-4、3-30）。长臂猿适应树栖生活，极少到森林地面上来，由于森林栖息地在不断减少，它们的生存环境受到威胁。长臂猿是森林中的飞行家，它们用手臂迅速摆荡的方式穿梭和运动，也可在树上两足行走——用脚抓住树枝，伸展开长长的手臂以保持平衡，就像走钢丝的演员一样（见 3-13）。不同长臂猿物种经常互换地理位置，大型合趾猿在马来半岛和苏门答腊岛部分地区的森林中与白掌长臂猿共生。灵长类动物学家杰里米·拉克斯（Jeremy Raemaekers）对马来西亚吉隆坡的白掌长臂猿和合趾猿进行了比较研究，以寻找两者在行为生态学方面的异同。拉马克斯的每组研究对象群体由一对成年夫妻、一只亚成年雄性和一只新生幼崽组成。他还揭示了两个外形相似且亲缘关系很近的物种是如何避免彼此竞争的。

先为长臂猿、合趾猿及它们的体重填色。再为两者饮食结构中不同食物的比例填色。

比较进食和觅食方式是区分同一地区不同物种的方法之一（见 3-4、4-5）。尽管所有的长臂猿物种都喜欢将果实作为主要食物来源，但白掌长臂猿花在寻觅成熟果实上的时间是合趾猿的两倍（28% 对比 14%）。拉马克斯发现，白掌长臂猿和合趾猿采集主食——无花果——的时间几乎相等（22%），在昆虫（13% 对比 15%）和花朵（7% 对比 6%）上花的时间也差不多。然而，合趾猿用更多的时间食用树叶（43%），而白掌长臂猿的则要少些（29%）。白掌长臂猿会选择最鲜嫩的小叶，每分钟食用的量更少。

尽管两个物种的外形相似，但体形较大的合趾猿在从树叶中获取营养方面有一点优势。它们的白齿更大，具有齿冠，有助于更高效地将树叶咀嚼为小块咽下。它们的后肠更长，能更彻底地消化更多纤维。

先为长臂猿的日常活动和每个物种的时间划分阶段填色。从合趾猿开始，再为每个物种的巢区大小和日间行动距离填色。

除了饮食结构，活动模式也能区分同域物种。一个物种如何安排自己的时间，表明了它的能量分配方式。白掌长臂猿每天的

活动时间为 8.6 小时，合趾猿则为 10.3 小时。

两个物种觅食所花时间的差异最为明显。白掌长臂猿有 42% 的时间用于觅食，而合趾猿要花 50% 的时间——这与它饮食结构中树叶占更高比例有关，这些食物需要更多时间来采摘、摄入和消化（见 4-20）。树叶无处不在，寻觅不需耗费多少时间，但质量相对较低。相比之下，长臂猿食用的果实需要更长时间来寻找，但质量更高。合趾猿休息的时间更长，占 28%，而白掌长臂猿只占 25.5%。

两个物种 60%~75% 的运动都靠臂力摆荡来完成。白掌长臂猿更加敏捷，移动迅速。它们每天有 32.5% 的时间在四处移动。合趾猿的移动要缓慢得多，它们体形更大，移动消耗的能量也更多，每天只有 22% 的时间在活动。

在同等比例的能量消耗下，日间行动距离越远，覆盖的巢区面积越大。体形更小的白掌长臂猿的日间行动距离更远（1,500 米），每天经过的食物点更多，平均每 2.5 天就能遍历一次巢区（0.57 平方千米）的每个角落。因此，白掌长臂猿更倾向于去寻觅和采集分布更广的果树和藤蔓植物。

而合趾猿的日间行动距离更近（850 米），平均需要 6 天才能遍历一次巢区（0.47 平方千米）。

两个物种的社交互动都不频繁，最引人注目且最具活力的社交行为是雄性和雌性配偶的"合唱"。合趾猿群体白天靠得很拢，它们一起移动，采取相似的路线，一同觅食和休息，极少相隔 30 米以上。相反，白掌长臂猿的移动和觅食战线很长，会彼此分散开。

每个物种采集的食物，以及每天花在觅食、移动和休息上的时间决定了它的生态位。白掌长臂猿大量移动，寻找小型、分散但富含营养的果实。合趾猿体形更大，更好静，每天移动较少，花更长的时间进食大量的新鲜树叶。与成熟果实相比，树叶所含能量较低，需要更长的时间来消化，但在环境中更充裕。

比较共享一片栖息地的近亲物种（如长臂猿和合趾猿）有助于我们了解如何具体区别两者及其在生态位上如何避免直接的资源竞争。如本节所示，物种的体形、饮食结构、觅食方式，以及在不同活动（如移动、觅食和休息）上花费的时间都是定义一个物种的重要因素。

[①] 现在长臂猿和合趾猿至少共 14 种。——译者注

长臂猿与合趾猿

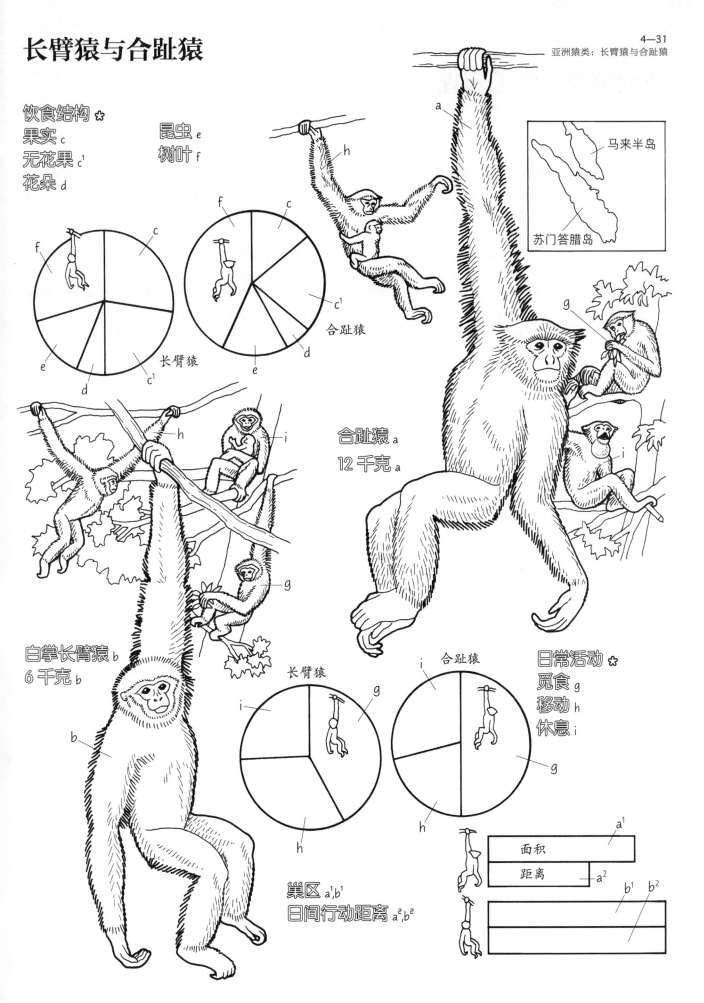

饮食结构 ✱
果实 c　　　昆虫 e
无花果 c^1　树叶 f
花朵 d

合趾猿

长臂猿

合趾猿
12 千克 a

马来半岛

苏门答腊岛

白掌长臂猿 b
6 千克 b

长臂猿

合趾猿

日常活动 ✱
觅食 g
移动 h
休息 i

巢区 a^1,b^1
日间行动距离 a^2,b^2

面积
距离

4-32
亚洲猿类：红毛猩猩

"orangutan"（红毛猩猩）一词源自印度尼西亚语，意为"森林里的人"。红毛猩猩非常适应加里曼丹岛和苏门答腊岛上热带森林里的生活。它们有修长的手臂和短小的腿部，以及能够抓握的大脚，浑身披满长而醒目的红毛，脸部也像人脸一样。

灵长类动物学家比鲁特·加尔迪卡斯（Birute Galdikas）等人的野外研究结果发现，红毛猩猩在森林的树冠层觅食果实，能敏捷地跨越树上的通道。为了避免因有限的时令水果而产生竞争，它们放弃了群体活动和频繁的社交。红毛猩猩极少在地面上活动，即使偶尔为之，动作也非常不协调，这与在地面活动而且社会性更强的非洲猿类明显不同。20世纪90年代的研究带来了关于这些高度濒危且特殊的猿类演化适应的新的洞见。

先为图中在树间架桥的红毛猩猩填色。用浅色为其后肢的各节填色。再为红毛猩猩和黑猩猩的股骨分别填色。

红毛猩猩是现存最重的树栖哺乳动物（30～90千克），但它们在森林里很灵活。红毛猩猩的股骨是一个完美的球形，不受到圆韧带的限制。它们的四肢活动和伸展范围比黑猩猩的更大，膝关节和踝关节能进行大幅度旋转，修长的胳膊和粗壮的双手可以牢牢抓住树枝。红毛猩猩的足部占短小后肢长度的1/3，有强大的抓握能力。在觅食和移动过程中，红毛猩猩可以将体重平摊在两到三个支撑物上，防止支撑的树枝断裂而导致跌落。为跨越树冠间的空隙，它们的身体像钟摆一样产生动量并拉近树枝间的距离，这一不同寻常的运动方式被称为"攀缘"。灵长类动物学家苏珊·舍瓦利耶-什科尔尼克夫（Suzanne Chevalier-Skolnikoff）认为，红毛猩猩的运动技巧反映出其高度发达的认知和动手能力。

较大的体形有得亦有失。树栖活动需要很多能量，这带来了更多挑战：如何在不影响活动的前提下储存更多的脂肪呢？圈养环境下的红毛猩猩常常饱受肥胖和糖尿病的折磨，它们似乎天生就有超重的倾向。这是圈养产生的效果，还是它们演化适应的重要组成部分呢？采用新方法的野外研究有助于我们回答这个问题。

为饮食结构、热量摄入和出现的酮类填色。

亚洲的热带森林温暖且潮湿，每一季的温度和降雨量变化很小，但果实的年产量波动较大，大约每隔4～7年会出现一次"大量结实事件"，即大部分树木都在同一时间结出果实。灵长类动物学家谢尔里·诺特（Cheryl Knott）为期一年的研究详细记录下了红毛猩猩的食物，计算出每个个体在不同季节的热量摄入。她在

红毛猩猩身下铺了很大的塑料席，收集其尿液，然后测量尿液中的激素和酮类含量——这只是野外工作的诸多挑战之一！

当果实充足时，红毛猩猩会拼命进食。在一月，食物100%全是果实。诺特通过计算发现，成年雄性红毛猩猩每日热量摄入量约为35.2千焦，雌性为31千焦，相当于每天增重约0.66千克！而且平时单独生活的红毛猩猩会聚集起来，共同觅食，构成更庞大的群体。雌激素的水平升高，交配随之发生。

到五月，食物摄入中的果实下降到21%，树皮增至37%。雄性热量摄入骤降到16千焦，而雌性降至7.5千焦。当果实短缺时，红毛猩猩体内的脂肪分解时会释放出能量，酮类作为分解的副产物出现在尿液中。从十月到次年三月，尿液中完全不含酮类，而四月到九月则有。在五月，尿液中出现酮类的雌性比雄性多，因为带着新生和少年期幼崽的哺乳期雌性在食物来源受限时压力最大，另外怀孕期雌性受体重降低的影响次之。

先为三只红毛猩猩及其体重填色。再为第二性征填色。

雄性红毛猩猩的繁殖和生命史比较特殊。所有的雄性从7岁开始产生有活性的精子（第一性征），外表与亚成年个体相似。之后，雄性有两个生长方向：一部分保持亚成年个体的外貌，另一部分发育出第二性征——体重增加，脸颊上长出脂肪质的"颊垫"，头顶上长出脂肪冠，咽喉发育，又长又厚的毛发出现，伴随有强烈的体味等。人类学家安·马吉纳卡尔达（Ann Maggioncalda）和同事们认为，这两种雄性表现型意味着生殖能力和第二性征的发育是分开进行的，两者的发育时间点可以相隔很远。长有颊垫的雄性比没有颊垫的雄性地位高，对雌性的吸引力更大，同时，它们的攻击性更强，死亡率更高，并需要更多能量来维持生命和运动方式。诺特报告称，长有颊垫的雄性，其最好的状态可以保持三年左右。没有颊垫的雄性一直保持较小的体形，寿命更长，但在交配时不得不强迫雌性，同时还要避开暴脾气的大型雄性。

排卵、怀孕、哺乳的周期循环和漫长的生育间隔意味着，雌性为了繁殖同样需要付出很高的代价（见3-26、3-27）。红毛猩猩适应了食物资源量的剧烈波动，通过增加和减少体重，得以缓解食物不足的压力。交配、受孕，以及雄性的性发育的节点与"大量结实事件"恰好重叠。红毛猩猩局限于赖以为生的热带森林栖息地，在面对栖息地被破坏时十分脆弱，它们也是最濒危的灵长类之一。

红毛猩猩

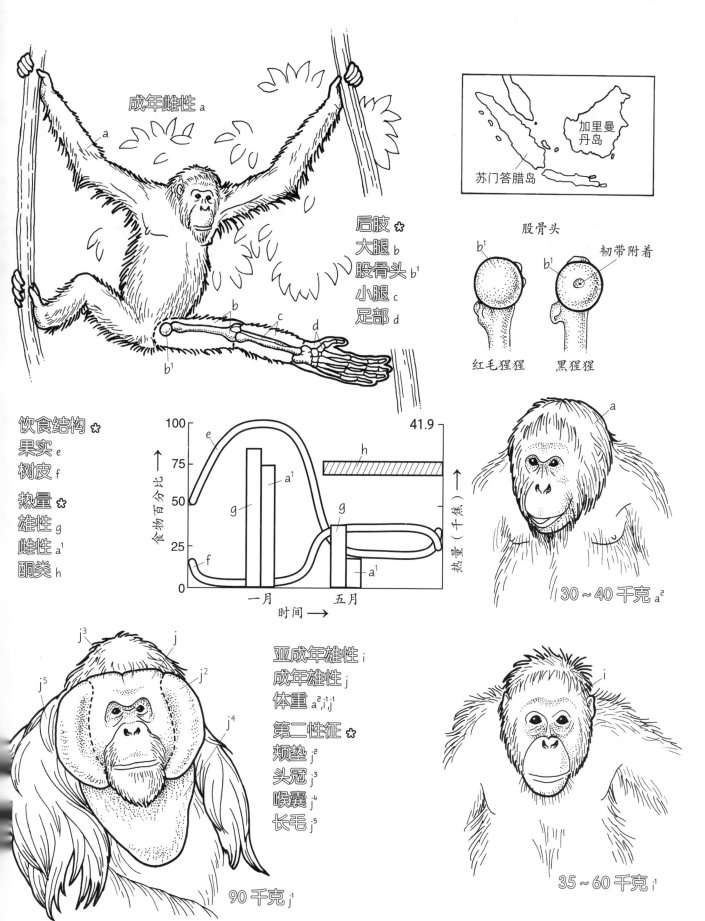

成年雌性 a

a

后肢 ✿
大腿 b
股骨头 b¹
小腿 c
足部 d

b
c
d
b¹

加里曼丹岛

苏门答腊岛

股骨头

b¹
b¹
韧带附着

红毛猩猩   黑猩猩

饮食结构 ✿
果实 e
树皮 f

热量 ✿
雄性 g
雌性 a¹
酮类 h

100
75
50
25
0

食物百分比 →

e
a¹
g
f
g
a¹

一月   五月
时间 →

41.9

h

热量（千焦）→

a

30～40 千克 a²

亚成年雄性 i
成年雄性 j
体重 a²、i¹、j¹

第二性征 ✿
颊垫 j²
头冠 j³
喉囊 j⁴
长毛 j⁵

j³
j
j²
j⁵
j⁴

90 千克 j¹

i

35～60 千克 i¹

217

4-33
性别二态性的模式

有很多方法可以分辨灵长类的雌雄两性。野外灵长类动物学家根据它们的体形、肌肉发育程度、毛发颜色和标记、叫声、雌性的阴部肿大和雄性突出或有色的生殖器来进行确认。研究人员还能通过对比四肢骨长度、脑容量和犬齿大小来区分雄性和雌性。本节中，我们将比较 3 种非洲猿类的雌性和雄性，它们分别代表了 3 种不同的外显性别差异。之所以研究非洲猿类，那是因为它们与人类有紧密的遗传关系，它们还经常被拿来与人科化石进行对比。

为倭黑猩猩（纤弱型）的平均体形、脑容量和犬齿填色。

仅靠四肢骨的长度和牙齿的差异无法判断性别，但结合体重则可以。成年倭黑猩猩（纤弱型）雌性平均重 33 千克，最轻的仅 27 千克；雄性平均重 45 千克，最重的雄性可超过 60 千克。两性的脑容量为 350 毫升（通过颅骨大小估算），犬齿都不大，这意味着雄性之间和群体间侵略性较低，雌雄之间保持着较高程度的友好行为（见 4-35）。雌雄个体长骨长度有所重叠，无法以此区分性别。根据牙齿的差异也不容易区分性别，但根据极端的体重则可以区分。

为黑猩猩（粗壮型）的特征填色。

尽管雌性和雄性身体部位的大多参数都有所重合，但参数的极值不重合，比如体重、脑容量和四肢骨长度等。雌性黑猩猩的平均体重为 40 千克，来自贡贝的小型雌性最轻；雄性平均体重为 48 千克，最大的超过 60 千克。雌、雄黑猩猩的平均脑容量有显著区别，雌性为 385 毫升，雄性为 400 毫升。雌性的肱骨和股骨比雄性的略短。两性的犬齿大小差异最明显，雄性黑猩猩的大犬齿可能与它们比倭黑猩猩更强的侵略性有关。

为低地大猩猩的特征填色。

低地大猩猩两性的体重、脑容量、四肢骨长度和犬齿大小通常有明显差别。成年雌性的体重约为雄性的一半。完全成熟的雄性背上长有白毛，又被称为"银背"大猩猩。雄性的头部更健壮，在颅骨顶部和后面长有突出的冠。两性的脑容量大小范围几乎没有重合，四肢骨的长度也不同——雌性大约是雄性的 85%（平均数）。两性四肢骨的长度一致时，雄性的骨干和关节更健壮。两性臼齿的大小基本一致，无极端性别差异。臼齿形成于生命早期，在雄性长成年体形之前便已完全长出。雄性长到成年的体重和犬齿大小需要几年的时间，比雌性更长，这种模式被称为性成熟差异（见 3-30）。低地大猩猩内部很少打架，而在面对群体外的雄性和天敌，保护群体免受外来威胁时，雄性十分具有攻击性，用犬齿互相撕咬导致流血的情况屡见不鲜。

根据之前章节的内容，我们可以从三个物种形态学上的差异推演出它们的社会行为吗？例如，将犬齿大小（而非体形）的性别差异与社会互动和攻击性联系到一起。这三个物种在社会关系和互动上的强度不同，较大的犬齿与较强的攻击性紧密相关。然而，是否产生攻击行为以及攻击何种目标无法只靠犬齿大小来推断和预测。

人们常常试图将灵长类的性别二态性与其社会形态关联起来。目前，在现存物种中还未发现能支持这种关联性的可靠证据，在推测灭绝物种时，这种关联的影响也十分有限。体重的性别二态性与社会形态或社会互动都没有任何简单的相关性。黑猩猩和倭黑猩猩的雄性都比雌性要重得多，两者的雌性体重都较轻，但它们的行为大相径庭（见 4-35），这可能与繁殖有关（见 3-25、3-26）。如果雌、雄大猩猩的体形都很大，在饮食适应性和抵御天敌上可能具有优势，对雌性来说，大体形让繁殖的限制更少。

在试图分辨化石物种的性别时，古生物学家只能使用已有的资料判定。化石大多数为骨骼和牙齿，还通常是碎片，占动物身体 85% 的软组织却无法保存下来（见 5-3）。区别两个物种就已非常困难了，更别说辨识性别了。

现在，让我们回顾一下本节内容。体形不同只是雌雄二态性的一个方面。动物的外形和社会行为之间并没有简单的关联性，根据骨骼碎片或整块骨骼来分辨已灭绝物种的性别可能并不可靠，甚至会有误导性。

非洲猿类

雌性 ✿

体形 a, a¹
脑容量 b, b¹
犬齿 c, c¹

雄性 ✿

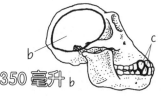

350 毫升 b

350 毫升 b¹

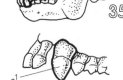

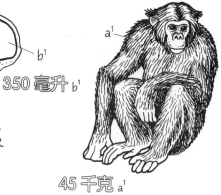

33 千克 a

倭黑猩猩（纤弱型）✿

45 千克 a¹

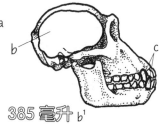

385 毫升 b¹

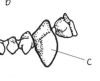

400 毫升 b¹

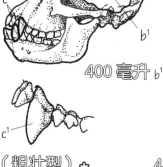

40 千克 a

黑猩猩（粗壮型）✿

48 千克 a¹

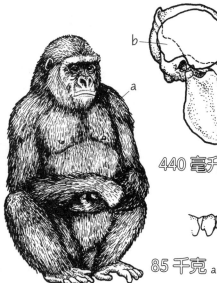

440 毫升 b

550 毫升 b¹

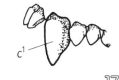

85 千克 a

低地大猩猩 ✿

175 千克 a¹

4-34
大猩猩：温和的巨人

早在19世纪中期西方探险家发现大猩猩时，科学家、电影制片人和普罗大众就已经对它兴致勃勃。大猩猩是"大猿"中最大的一类。长期以来，人们对大猩猩的错误印象还停留在巨型金刚抓着菲伊·雷（Fay Wray）攀爬帝国大厦的景象。19世纪，解剖学家托马斯·亨利·赫胥黎基于大猩猩与人类在解剖特征上的相似之处，首次提出两者有很近的亲缘关系。1960年，动物学家乔治·沙勒（George Schaller）对维龙加火山的山地大猩猩进行了开拓性的野外研究，在这之后，人们对于"杀人猿"的错误观念才慢慢消除。

十多年来，黛安·福塞（Dian Fossey）在卢旺达卡里索凯对山地大猩猩进行的长期研究，增加了人们对野生大猩猩的认识。灵长类动物学家据此认为，可能所有的大猩猩都一个样：能量水平较低，以食用树叶为生，生活在联系紧密且稳定的大型群体中，日间行动距离较短。但后来的野外研究显示，低地大猩猩的行为更复杂，其行动模式、饮食习惯、群体规模和结构方面的差异也较大。

为山地大猩猩及其在山上生活的海拔高度和食用的植物物种数量以及食物组成，还有日间行动距离填色。

维龙加火山的山地大猩猩最健壮，能忍受高海拔地区寒冷和潮湿的环境。它们的食物包含41种植物，树叶（25%）以及木髓与树皮（38%）占食物的一半以上。果实的摄入比例不足12%，因为高海拔地区果实很少。草本植物富含蛋白质，且鞣酸（使食物更难消化的化学物质）含量较低，长有刺、棘或蓟作为物理保护。大猩猩擅长采集并处理植物的可食用部分，它们将棘刺去除，把保护层剥下，露出髓部。山地大猩猩的日间行动距离很短，生活在相对稳定的群体中，群体平均由9个个体组成，数量最少的有2只，最多的有34只。大约1/3的群体具有2只能繁殖的银背雄性。山地大猩猩不仅是人类研究得最多、最为深入的种群，也是最特殊的。它们和数量更多的低地大猩猩非常不同。

为东部低地大猩猩及其生活的海拔高度、食用的植物物种数量、食物组成和日间行动距离填色。

日本灵长类动物学家山极寿一（Juichi Yamagiwa）和其同事们对刚果民主共和国（过去称为扎伊尔）东北部卡胡兹-别加国家公园中的东部低地大猩猩进行过多年研究。这个种群生活在海拔500~2,400米的森林中，食物包含126种植物，其中以树叶（40%）、木髓与树皮（35%）、果实（20%）为主。它们的日间

行动距离变化较大，取决于是否外出寻找果实。平均群体规模为11~16只。

为西部低地大猩猩及其生活的海拔高度、食用的植物物种数量、食物组成和日间行动距离填色。

西部低地大猩猩的分布范围最广，遍及刚果、中非共和国、喀麦隆、加蓬、赤道几内亚和尼日利亚。它们是基因多样性最高的大猩猩种群。东西部低地种群之间差异之大，不亚于两种不同的黑猩猩。西部低地大猩猩比较胆小，在研究中驯化起来比东部种群要困难得多。在过去的20年中，在世界各地进行野外研究的富有奉献精神的科研工作者，如加蓬洛佩地区的灵长类动物学家卡罗琳·蒂坦（Caroline Tutin）及其同事和中非共和国拜霍库地区的灵长类动物学家梅丽莎·勒米（Melissa Remis）及其同事等，他们的研究填补了有关这些茂密森林中的居民的大量知识空白。

在洛佩地区，大猩猩的食物中有165种植物，包括附生植物、蕨类、草、地衣和蘑菇，还有各类植物部位，如花朵、叶片、根系和腐木等。树叶和果实可能带有化学保护，所以大猩猩必须选择性地避开含有大量鞣酸的食物。树叶（25%）、木髓和树皮（16%）合计占大猩猩食物总量的40%左右，基本上果实占一半左右——它们更偏爱爬到树上寻觅果实。在拜霍库地区，每到雨季，当果实资源丰富时，大猩猩的日间行动距离可达到山地大猩猩的5倍。这一时期它们75%的食物都是果实，社会群体会变得分散，以便各自觅食。勒米把大猩猩描述为"季节性食果动物"。在旱季，果实减少，甚至完全消失，大猩猩转而食用分布较均匀的树叶和草本植物。它们的日间行动距离缩短，群体变得更加紧密。

低地大猩猩与黑猩猩在多个研究地点共同出没。蒂坦和其同事们在洛佩进行长期研究时，发现两种猿类的食物结构在很大程度上有重合。当果实充足时，黑猩猩和大猩猩食用相同的食物；当果实稀少时，大猩猩转而食用草本植物，而黑猩猩则继续在巢区范围内外寻觅无花果作为储备粮。

要了解大猩猩的生态，不得不提及一个现实问题：所有大猩猩种群都濒临灭绝。目前，在卢旺达、乌干达和刚果民主共和国仅剩几百只山地大猩猩，它们极度濒危。由于这些地区常有激烈冲突和战争，东部低地大猩猩的数量正在急剧下降。西部低地大猩猩则与其他森林灵长动物一样，正在遭到人类猎杀。如果大猩猩灭亡，森林也会岌岌可危，因为森林的完整性正是依靠大猩猩等动物散播种子的行为才得以延续的（见4-1）。

大猩猩

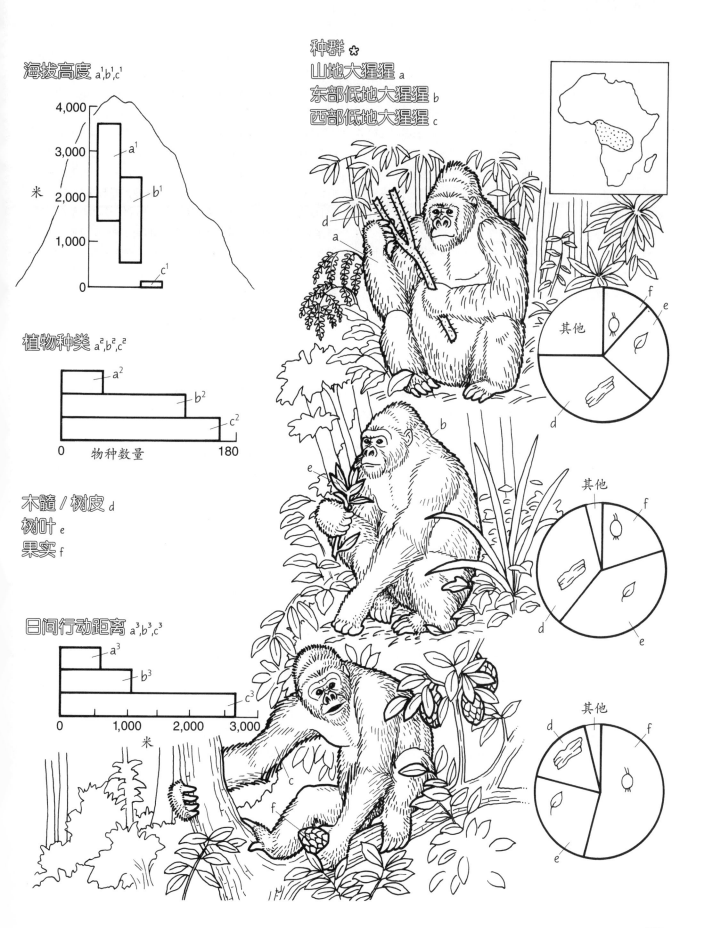

海拔高度 a^1, b^1, c^1

4,000

3,000

米 2,000

1,000

a^1

b^1

c^1

种群 ✿
山地大猩猩 a
东部低地大猩猩 b
西部低地大猩猩 c

植物种类 a^2, b^2, c^2

a^2

b^2

c^2

0 物种数量 180

木髓／树皮 d
树叶 e
果实 f

日间行动距离 a^3, b^3, c^3

a^3

b^3

c^3

0 1,000 2,000 3,000
米

其他

221

4-35
不同的社交生活

黑猩猩让我们着迷，因为观看它们的身体结构和行为模式，就仿佛在哈哈镜中看我们自己一般。黑猩猩的拉丁语学名（Pan troglodytes）中的"Pan"来自希腊神话中淘气的森林之神——潘神。黑猩猩作为一个物种在19世纪便为西方学者所知，而倭黑猩猩一直到1933年哈罗德·库利奇（Harold Coolidge）详细描述了它的特征后才被确认。在20世纪70年代早期，灵长类动物学家加纳隆至（Takayoshi Kano）和其同事们在刚果盆地的万巴地区进行野外研究得出的观察数据，以及其他学者在洛马科的研究结果证明，倭黑猩猩具有许多令人意想不到的特征，改变了我们对黑猩猩属的看法。

从黑猩猩属和人类的演化联系来看，倭黑猩猩在许多方面与早期原始人类——比如标本号为"AL-288"的化石"露西"——的相似程度比粗壮的黑猩猩更高。倭黑猩猩犬齿较小、胸部细长、前肢短小、后肢较长（见5-17），比黑猩猩更喜欢用两足站立和行走。对"露西"化石骨骼进行分析可知，她也曾两足行走。在汇聚了多条证据线索后，我和三名同事在1978年提出，在所有现存灵长类中，倭黑猩猩与猿类及人类的共同祖先最为类似，研究它们有助于生成四足猿过渡到双足原始人类的模型。在该假说提出时，我们对倭黑猩猩的野外行为还所知甚少，后来的新发现帮助我们进一步对人类的起源做出猜测（见5-13）。

黑猩猩的社会组织是所有猿类中最灵活多变的。黑猩猩属的两个物种有一定相似性，它们都生活在由大约50只雌性和雄性混合构成的群体中。这些个体共享同一片巢区，基于不同的社交情况和生态环境，分成更小的亚群体，时聚时散。雌性在少年期离开并到其他群体中定居，雄性则会留在出生的群体中。母亲和后代形成强有力的纽带，成年个体们会采取各种复杂的模式来互动。

然而，两个物种在群体互动和成年个体社会关系的具体形式上完全不同。当不同群体的倭黑猩猩个体接触时，它们可能会彼此问好、互相梳理毛发、嬉戏，甚至交配，紧张感和敌意都相对较轻。相反，黑猩猩则会建立边界，雄性在领地标记处不断巡逻，对其他族群个体（尤其是雌性）表现出敌意甚至发起攻击。

为倭黑猩猩群体中的雌性和雄性填色。

在成年个体间的社会关系上，倭黑猩猩比黑猩猩更亲和宽容。雌雄之间会形成强有力的纽带，经常为对方梳理毛发并共享食物。临时群体中的雌、雄个体会一同行动，频繁发生性行为，即便雌性没有进入发情期时也是如此。倭黑猩猩有3种与交配有

关的叫声，交配时彼此会保持眼神交流，黑猩猩则不会。雌性倭黑猩猩间的联系也十分紧密。当雌性少年期个体进入新的群体时，它会与一只年长的雌性结交，后者会帮助它融入群体，它将在那里度过一生。

梳理毛发和共享食物的行为在成年雌性倭黑猩猩中很常见。雌性会吃肉，因此会外出捕猎。灵长类动物学家芭芭拉·弗鲁斯（Barbara Fruth）和在洛马科地区从事研究的同事们发现，在7次捕食小羚羊的事件中，雌性占有了猎物残骸并与其他雌性分享，它们偶尔也与雄性分享，两者频率相差15倍。上述现象在黑猩猩群体中几乎不存在。雄性倭黑猩猩彼此间的联系比与雌性间的少很多，它们也没有类似于黑猩猩群体中首领的角色。雄性倭黑猩猩与母亲终其一生都保持着紧密联系，而雄性黑猩猩则在少年期就开始彼此结交和抱团。

为黑猩猩群体中的雌性和雄性填色。

在黑猩猩群体内，雄性之间的联系最紧密，在雄性首领的团结下，它们保卫边界、捕猎，同时也形成了联盟来支持或废黜首领雄性。据观察，雄性捕猎的次数比雌性多，它们会与彼此和雌性分享猎物。最为成年雄性梳理毛发的是其他成年雄性。这种梳理行为能够缓和竞争者之间的紧张气氛，并有助于在敌对的接触后让彼此和解与进行安抚。在雌性发情期间，雌性和雄性梳理彼此毛发的行为最为频繁，而只有在雌性发情时才会发生性行为。成年雌性间的交流较少，它们会忽略新来的雌性，也不会与其他成年雌性分享食物。

黑猩猩偶尔会两足行走，因而它们为研究原始人类两足运动方式的发展提供了线索。灵长类动物学家森明雄（Akio Mori）对两个黑猩猩物种都进行过研究，并比较了它们的行为。两足行走在倭黑猩猩各个年龄层中都很常见，当一个个体接近另一个并准备开始交流互动时，两足姿势通常都意味着要开始一系列复杂行为，例如梳理毛发或乞求食物。相反，雄性黑猩猩的两足行为最常在实力展示时或奔跑中出现，且肩部和身上的毛发通常也随之明显地竖立起来。

不同种的黑猩猩在社会关系的表现形式和社交纽带的模式上展示出明显的差异。倭黑猩猩的交流互动为我们推测早期原始人类的行为提供了更多线索，使我们的研究对象不再局限于雄性侵略性十足而雌性关系淡漠的黑猩猩。

黑猩猩属

雌性 a
雄性 b

倭黑猩猩 c

非洲

黑猩猩 d

4-36
黑猩猩与人类

没有谁会把黑猩猩错认成人类，尽管两者是现存关系最近的亲属——两者的 DNA 有 98.5% 相同，在生长发育、生理结构特征、动手和交流能力等诸多方面有很多共同点。然而，两者的外貌（表现型）差异巨大。1863 年，托马斯·亨利·赫胥黎在《人类在自然界的位置》中提出，基于解剖学证据，人类与非洲的猿类最相似。达尔文也对该假说做出过详细阐述。100 多年后，分子生物学的证据证明了这一点（见 2-7）。根据分子钟估算，人类与黑猩猩在历史长河中的关系非常紧密，这两个谱系直到大约 500 万年前才分开演化，该时间点与目前的化石证据一致（见第五章）。黑猩猩的大量行为，尤其是解决问题、交流和使用工具的行为，对人类来说再熟悉不过了。我们在黑猩猩的动作和表情中能看到自己古老祖先的模样。黑猩猩属的两个种与人类的亲缘程度相当。在本节中，我们将用倭黑猩猩（纤弱型）来做比较。

为黑猩猩和人类的体重范围填色。

黑猩猩的体重波动范围较大，最轻的雌性重约 25 千克，最重的雄性超过 60 千克。人类的体重波动范围更大，比如博茨瓦纳靠狩猎采集生活的昆桑人女性可能仅重 40 千克，而最重的可远远超过 90 千克。

为脑容量和犬齿填色。

黑猩猩和人类在颅骨和犬齿的大小上有差异。人类的头部为穹窿形，可以容纳 1,000 ~ 2,000 毫升的脑体积，平均为 1,400 毫升。黑猩猩的脑体积仅为人类的 1/3，平均为 350 ~ 400 毫升。人类较大的脑部是在演化历史后期才增大的，而不是在早期阶段就有的（见 5-1、5-21）。

人类的犬齿较小，与门齿大小差不多，男女个体差别不大。黑猩猩的犬齿比人类的更大更尖，而且前臼齿更低也更大，能够容纳并打磨较大的上犬齿。雄性黑猩猩的犬齿通常比雌性的更大。

为图版底部四足行走的黑猩猩和两足行走的人类填色。

黑猩猩和人类的身体比例很不同。尽管黑猩猩很善于在树上攀爬、觅食和睡觉，但它们却要经过地面才能从一棵树移动到另一棵树上，这一点与红毛猩猩不同。据野外灵长类动物学家黛安娜·多兰（Diane Doran）观察，黑猩猩有 85% 的时间都是指节着地，四足行走。所以，黑猩猩可以被认为是在地面生活的动物。黑猩猩与人类在肌肉、骨骼以及身体重量分布上的区别可能是由不同的运动方式造成的。人类身体经过重构，已经习惯了直立姿态和两足行动。循环系统（包括心脏功能）、骨盆底的完整性，以及承压的腰部和下肢关节都已适应重力的作用。

为两个物种的上肢、双手和大拇指分别填色。

黑猩猩和人类的上肢骨，即肱骨、尺骨和桡骨，在整体长度、大小和形状上都很相似。然而，如果考虑相对于全身的重量，黑猩猩的上肢几乎比人类的重一倍。双手的长度和相对重量以及指骨的弯曲度也存在差异（见 5-23）。黑猩猩的手骨很强健，指骨修长且弯曲。它们的双手在移动（如悬挂、攀爬）中非常有用，还能在四足指节着地行走时支撑身体重量。除此之外，黑猩猩的双手还能完成相对精细的动作（见 3-33）。人类的双手没有在移动时承重的功能，所以它们更轻也更灵活，并具有肌肉发达的大拇指。

为躯干填色，包括锁骨、胸腔和骨盆。

躯干的整体大小和形状基本相似。黑猩猩的肩胛骨、锁骨和肩关节朝上，而人类的肩关节则向外。黑猩猩的骨盆长而窄，与人类宽宽的碗形骨盆形成对比。因此，人类的腰部比黑猩猩的更长。

为下肢、足部和大脚趾填色。

黑猩猩的下肢相对躯干更短小，上肢和下肢的长度基本相等。相反，人类的下肢比上肢长很多，占体重的 32%。人类的大脚趾与其他脚趾同向并排，而黑猩猩的则反向分开。赫胥黎指出，非洲猿类与人类在骨骼、肌肉、牙齿、脑部和胚胎上的高度相似意味着两者具有共同的祖先。他认为，两者运动方式、犬齿和脑容量的区别是分化后的不同生活方式所导致的。他和后来的达尔文都认为，人类的解剖特征在习惯两足行走和使用工具后发生过显著的变化。在赫胥黎和达尔文撰写著作时，早期原始人类化石还没有出土，因而也无法验证这些假说。现在，我们已有大量化石证据证明，最早的原始人类确实可以被形容为两足行走的黑猩猩（见 5-17）。

比较解剖学

体重 a
脑容量 b
犬齿 c
上肢 d
手 d¹
大拇指 d²

躯干 e
锁骨 e¹
胸腔 e²
骨盆 e³

下肢 f
脚 f¹
大脚趾 f²

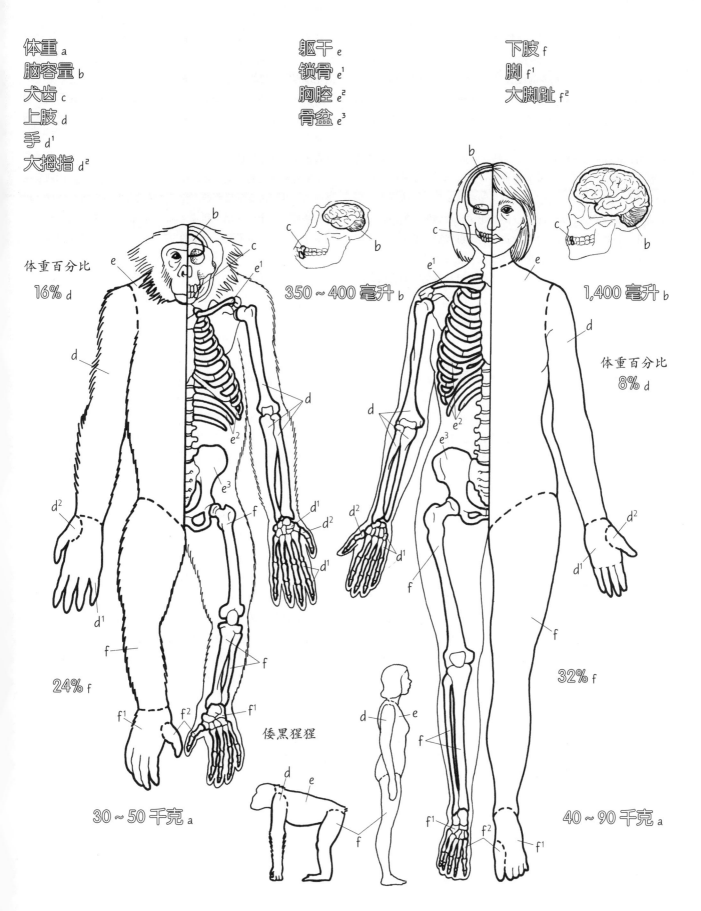

体重百分比
16% d

350 ~ 400 毫升 b

1,400 毫升 b

体重百分比
8% d

24% f

倭黑猩猩

32% f

30 ~ 50 千克 a

40 ~ 90 千克 a

第五章　人类演化

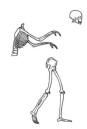

在达尔文 1859 年的著作《物种起源》中，他为关于人类演化的科学研究奠定了基础。他的朋友托马斯·亨利·赫胥黎在 1863 年的《人类在自然界的位置》一书中接过了接力棒。1871 年，达尔文再次上场，出版了《人类的由来》一书。然而，直到 1950 年，当跨学科的学者们跨过狭隘的学科界限并开拓出更大的疆域后，人类演化科学才进入了现代纪元。费奥多西·多布然斯基（Theodosius Dobzhansky）将遗传学的进展与人类变异及其适应性加以整合；种群生物学家恩斯特·迈尔将物种变异的原则应用到原始人化石的分类中；而古哺乳动物学家乔治·盖洛德·辛普森（George Gaylord Simpson）则指出了比较解剖学的局限以及查验化石证据对于建立人类演化进程的不可或缺。这个"现代综合研究方法"出现的关键，是 1950 年一场由多布然斯基和年轻的舍伍德·沃什伯恩组织的名为"人类的起源和演化"的会议，该会议突出强调了有关种群、变异和适应性的新主题。

沃什伯恩就像一根导管，将现代演化思维引入人类学中。正如其他跨学科的学者一样，沃什伯恩看到的是各种议题和问题，而不是学科界线。在对未来的展望中，他宣称："如果要建立全新的体质人类学，我们必须与社会学家、遗传学家、解剖学家和古生物学家合作。我们需要新的观念、新的方法和新的研究人员。今天我们所做的一切，明天都会做得更加出色。"

针对传统人类学中人为设置的障碍，沃什伯恩强调用实验来测验假说。他对下颌的研究揭示出软组织对骨骼形状的影响，以及形态和功能之间的联系。他指出了由我们像猿一样的胸部和人科的两足行走方式，以及近期获得的巨大脑容量所保留下来的镶嵌式的演化历史（见 5-1）。沃什伯恩认为，适应非洲热带稀树草原的两足行走模式是人科辐射扩散的基础（见 5-2）。通过两足行走，早期的原始人可以行走很长的距离以开发新的热带草原资源，并避免和森林中的居民竞争。

化石为人类演化过程中的事件的序列和持续时间提供了直接证据。然而，如果没有若干学科的证据支持，化石信息无法被破译。化石埋藏学关注动物从死亡到被发现之间的化石化过程（见 5-3）。气候、动物捕猎行为以及动物生前和死后的环境，都会影响骨骼保存的质量，而这些相关信息在某种程度上都可以通过化石记录获得。

年代地质学的新测年技术彻底改变了人类演化的图景。放射性钾衰变为氩气的现象，被用于测定从几千年到数十亿年前火山物质的年龄。古地磁学的方法提供了一个世界范围内的磁反转时间表，在没有火山历史的地层中，它可以像条形码一样被读取。这一类得出地层绝对年龄的物理技术，提供了一个将发现的化石定位的时间框架，降低了地质学家和古生物学家仅仅依靠"动物群年代测定法"（生物地层学）所带来的不确定性。

古人类学的图景一直在变化。有时候这看上去就像是，非洲的挖掘点每一次的新发现，都要求我们对之前的观点做出根本的

修正（见 5-5）。这不是一门实验室学科，而是一门需要极大的耐心，一点一点积累证据——诸如新的化石——以验证我们对人类演化过程的重建的学科。

奥杜威峡谷就是这类证据的宝库。20 世纪 60 年代早期，玛丽·利基和路易·利基（Mary and Louis Leakey）在这里的发现标志着人类演化研究现代纪元的开始，也证实了人类起源于非洲。化石记录了两个原始人物种，其中一个脑部较小的祖先要早于另一个脑容量较大的祖先（见 5-6）。钾氩测年法的首次应用就在该地点，其结果立刻将原始人化石的估算年代往前推了一倍。玛丽和路易的儿子理查德·利基（Richard Leakey）在 20 世纪 60 年代末期进一步获得了更多惊人的发现——位于肯尼亚库彼福勒的 200 多万年前的原始人化石（见 5-7）。

在图尔卡纳湖盆地西侧的挖掘中，出土了"黑色头骨"，即粗壮的南方古猿最古老的头骨，还有著名的"图尔卡纳男孩"，一具几乎完整的骨架，这是该化石宝库中最为珍稀的发现，让我们一窥一名早期人属成员的青年时期。理查德的妻子梅亚维（Meave）延续了"利基家族的运气"，发现了至今为止最古老的原始人化石——400 万年前的湖畔南方古猿（见 5-8）。

自 20 世纪 70 年代以来，来自阿瓦什河谷的惊人新发现继续为演化作坊提供原料：其中包括来自阿拉米斯的最早的猿类或原始人的化石，来自哈达尔的早期原始人化石，来自中阿瓦什的巨大的博多头骨，以及来自南方的保存得最完整的南方古猿头骨"孔索"（见 5-9）。在 1978 年，被划分为阿法南方古猿这一新种的 AL-288 号标本（"露西"）和其他化石曾被认为是生活在距今 300 万年前的最早的原始人祖先，但现在该种的年代已被来自卡纳波依的标本和湖畔南方古猿所超越。科学总是具有时效性的，在寻找化石的竞赛中，一切荣誉都可能转瞬即逝。

当一个石灰岩洞中的一次爆破所炸出的外形似猿类的汤恩头骨令雷蒙德·达特（Raymond Dart）震惊不已时，这场竞赛的非洲篇章就此于 1924 年在南非展开。达特在伦敦接受教育，并且深受达尔文的非洲是人类起源地的观点的影响。他辨识出汤恩幼儿是一种早期的原始人，但认同较大脑容量的亚洲祖先的欧洲"专家们"并不同意。直到 1936 年，罗伯特·布鲁姆（Robert Broom）开始在斯泰克方丹洞穴发现更多的原始人化石后，达特的发现才受到重视。斯泰克方丹洞穴陆续涌现了一系列重要的发现，包括更多的原始人化石和石器，并且近期还出土了可能是最完整的早期原始人化石（见 5-10）。一个毗邻斯泰克方丹洞穴的石灰岩洞穴——斯瓦特克朗洞穴，同样庇护并保存了多个原始人的化石以及他们的石器和骨器（见 5-11）。在这里从事化石埋藏学勘探工作的 C. K. 布雷恩（C. K. Brain）证明，洞穴中所堆积的骨骼的大部分——包括一些原始人骨骼——的猎食者是猎豹，而不是原始人（见 5-12）。

我们早期祖先的行为和猿类有怎样的差别呢？从分子生物

学、比较解剖学和比较行为学、化石记录及生态学等多条证据链来推论，我们早期的祖先当时正在适应热带草原上的生活，他们不是常规意义上的猎手和食肉动物，而是遵循机会主义的杂食动物，依靠使用工具的技巧来采集食物（见 5-13）。根据下肢解剖学中两足行走模式的直接证据，我们知道原始人的行走方式与猿类不同，前者是靠两条腿而非四条腿（见 5-14）。这样的变化反映在化石记录中，例如卡纳波依的胫骨（见 5-15）、足迹化石和足骨化石（见 5-16），以及"露西"的体长与其四肢的比例（见 5-17）。原始人类物种已经完成了两足行走的转变，但他们的骨骼特征仍与我们有显著的区别。

他们的颅骨、面部和牙齿也截然不同（见 5-18、5-19）。南方古猿的脑容量比猿类的更大，还具有象征着强大咀嚼和研磨能力的大牙齿与肌肉发达的颌部。南方古猿分为"纤弱型"和"粗壮型"，后者特化程度更高，且存在时间更长，一直存活到距今 120 万年前（见 5-20）。尽管两足行走模式在 400 万年前就已经确立，但一直到 200 万年前，大脑变大才开始发生（见 5-21）。

正如沃什伯恩预见的那样，新的技术为化石记录研究带来了新的洞见。CT 扫描能为我们揭示出骨骼内部的隐藏特征。封闭在牙齿内部的是牙釉质每天的生长，它记录着个体的准确年龄（见 5-22）。有了新技术，古老的化石就能以新的方式向科学家吐露自己的秘密。

与其他灵长类不同的是，我们不再用双手在运动中支撑体重或在树间摆荡。因此，我们的手相对较小，指骨更直。300 万 ~200 万年前的手骨化石揭示了这一从运动到操作的手部特化的转变。早期的原始人手骨保留了某种类似猿类的弯曲度，但有足够多的现代特征，这意味着一段很长的使用工具的演化历程（见 5-23）。早期人类祖先留下的改进后的石器为原始人类具有不断增强的操作技巧提供了进一步的证据。

大约在 250 万年前，以颌骨和牙齿的碎片，以及他们最早的石器为证，人属出现在演化舞台上（见 5-24）。更大的大脑、颅后及两足更多的变化成为他们的特征。不到 100 万年后，直立人便迁移到了东南亚热带地区和欧亚大陆的中纬度地区。这个物种为什么演化得如此成功呢？我们还不知道，但可能的因素包括：更大的体形和用于改善运动能力的更长的双腿；能够进行更复杂的社交和认知行为的更大的大脑；标志着具备更熟练技巧的更好的工具和对火的掌控；更高效的觅食手段以及因更精细的食物处理方式而扩大的食物范围。

到了更新世中期（8 万 ~20 万年前），人属已经遍布非洲、欧洲和亚洲，但这个属共有多少个种一直是一个争论不休的课题。

直立人是无所不在的吗（见 5-25）？由于化石数量稀少，其形态学特征混乱，以及测年不准，人类演化的这一时期一度被称为"更新世含混"。在竞争的各假说中没有形成可供选择的整体框架。现在，对现存人类群体的 DNA 比较结果显示，智人大约在 15 万年前起源于非洲，而来自两块尼安德特人化石的 DNA 则将尼安德特人谱系与智人谱系的分化时间定在了 60 万年前。非洲和欧洲的更新世早期化石现在被归属于海德堡人——据推测他是尼安德特人谱系和智人谱系的共同祖先。

尼安德特人是谁？这个问题让古人类学家绞尽脑汁一个多世纪之久（见 5-26）。尼安德特人曾经遍布欧亚大陆，以其强壮短粗的身体很好地适应了寒冷的环境，其颅骨和骨盆形状都与智人截然不同，他们在欧洲一直存活到 27,000 年前。这个时间点比智人占据世界其他地区要晚上很多。曾经流行的理论认为尼安德特人是智人的祖先或者曾与智人杂交，但这已经被尼安德特人的 DNA 证据所排除。DNA 证明，他们一直是一个单独的物种，与我们人类的差异度是我们内部彼此之间差异的 4 倍，也没有两者杂交的分子证据。[①]

此前，古人类学家一直对 400 万年前至 100 万年前的人类演化的更早期阶段十分着迷，对智人起源的关注较少。曾有一个普遍的观念认为，人类以克罗马尼翁人为代表，在 4 万年前出现在欧洲。到 20 世纪 80 年代，出现了两种相互竞争的观点。"多地起源假说"坚持认为，现代人类在过去 50 万年中在世界多个地区同时平行演化。相反，"近期取代假说"则提出，智人在单一地点——很可能是在撒哈拉以南的非洲——演化，之后扩散至全世界并取代了世界其他地区更早存在的人科物种。

对现存种群的分子研究结果已经证实了我们现代人晚近的非洲起源，并排除了多地起源论。这一新的框架，连同新的化石和新的测年技术（热释光法），解释了智人 10 万年前在黎凡特地区——离开非洲的通道——的出现（见 5-28），以及这一物种此后向南亚、澳洲、欧洲和美洲的扩散（见 5-29）。大约在 4 万年前，人类所到之处涌现了大量艺术品和手工艺品，并且越来越多，一直延续至今。

神经学研究表明，现代人大脑的两个脑半球已被特化，事实上我们在一个脑袋中有两个大脑，左侧的偏重语言和逻辑，而右侧的偏重艺术和综合（见 5-30）。或许，本书的结构就是这两种非凡的人脑特征的镜像反射，一侧是艺术家，另一侧是线性的思考者，两部分都为我们对于人类自身演化不断增长的认识做出了同等重要的贡献。

---

① 这一点在 2010 年被完全推翻，除了在非洲，大多数现代人都有少量的尼安德特人基因。——译者注

5-1
舍伍德·沃什伯恩与新的体质人类学

舍伍德·沃什伯恩改变了我们研究人类演化的方法。他通过实验来检验观点，并且将灵长类研究与现代哺乳动物生物学相结合。在他于20世纪40年代展开相关研究之前，体质人类学的核心方法是对解剖结构的描述和对独立的特征——例如头部形状、骨骼长度和身高等——的测量。对于研究某个特征的功能或演化史，这种方法的意义不大。

沃什伯恩拒绝这些静态的和不从适应角度入手的方法，并发展出了一种分析形态变化的新方法。他提出，因为人类的谱系已经经过演化，其特征必定有助于其生存，并因此必然服从自然选择。化石碎片代表曾经活过并且幸存的个体。他认为，测量必须具有生物学意义。独立的特征必须被整合进功能性的整体中，这样该特征的适应性意义方可显现出来。

20世纪40年代，沃什伯恩的研究结果表明，活体的骨骼与我们在解剖学实验室中看到的刚性结构相差甚远。据他揭示，骨骼是由附着在其上的肌肉和其他组织的机械力所塑造的。沃什伯恩重点关注下颌，它既是生命不可或缺的进食器官的基础，同时也是作为化石最常被保存下来的身体部分。

为说明三个功能的人类颌骨上的各部位填色。

肌肉动作塑造了颌部形态。举例来说，如果颞肌力量很弱或完全缺失，冠突就不会发育。附着在下颌角外侧的咬肌和内侧的翼肌的施力，塑造了颌骨上的脊，并影响了下颌角的形状。齿冠和齿根的大小和形状取决于其支撑骨骼。下颌骨的主体反映了来自颌部动作的压力。这种分析超越了对颌部和牙齿形状及大小的传统测量方法。沃什伯恩基于他对活体骨骼上的各种作用力的认识，为理解化石带来了全新的方向。

为雌性、未成年雄性和成年雄性狒狒的颌骨各部位填色。注意观察成年雌性与雄性的颌骨比例和面部的区别。

在成长发育过程中，下颌的大小和形状会发生变化。成年雄性和雌性狒狒的下颌不同，因为雄性有较大的犬齿，以及粗壮的支撑骨骼和肌肉。成年雌性和未成年雄性的下颌比较相似，因为年轻雄性的犬齿还未全部长出。随着雄性犬齿继续发育，其下颌的形态变得明显不同（见3-30）。

采用这一方法，沃什伯恩提出，在人类演化的过程中，影响生长发育的少量基因的变化，可能导致身体外形的巨大差异。他认为，要得到早期的南方古猿和后来的原始人之间的区别，只需要少数基因的改变。20世纪80年代，新的分子数据支持了他的推论。分子遗传学比较结果证明，人类和黑猩猩只有1.5%的差异，而非洲、欧洲和亚洲的不同人类种群间的差异还不到0.1%（见5-27）。

人类下颌的形态是多个原因共同导致的：1）牙齿以及嵌在骨骼中的牙根的长出和功能；2）下颌角上的咬肌和翼肌的动作；3）颞肌及其与冠突的连接。沃什伯恩后来又将下颌的解剖结构与狒狒的雌性社会动态关系以及雄性的侵略性联系起来，从而将对于下颌功能的认识扩展到了群体社会行为的层面。

根据演化的次序，人类骨架可分为三个功能复合体，为它们对应的结构填色。

沃什伯恩把功能区的概念应用到全身。他指出，在原始人近期的演化历史中，有三个区域在一定程度上是独立演化的。也就是说，人的身体以一种镶嵌模式演化。

作为对猿类祖先的反映，人类的手臂和胸部代表了作为猿类臂跃行动——一种在树枝下悬挂和摆动的生活方式——的基础的骨骼-肌肉-关节机制。这一解剖复合体包括活动的肩关节、修长的双臂和较短的腰部（见4-26）。人类、大型猿类与长臂猿都有这些特征。

两足行走是原始人的决定性特征。沃什伯恩描绘了与两足行走功能有关的解剖特征。南方古猿身上出现的短小扁平的髂骨以及臀肌附着点的改变，证实了它们的两足行走模式（见5-15）。双手从运动功能中解放出来后，早期原始人开始系统地制造和使用工具（见5-23）。作为身体运动时的唯一支撑，足部的形状也随之发生了变化（见5-16）。

较大的大脑和牙齿大小的缩减在人类演化进程中出现得较晚。我们的大颅骨和小脸，配合较小的牙齿，是在最近的20万年中细化的。人类独一无二的大脑与复杂的工具使用传统、语言、象征及抽象思考，以及艺术和仪式等是分不开的（见5-29）。

基于达尔文主义的角度，沃什伯恩强调，是两足行走，而不是较大的大脑，首先定义了原始人类的生活。他超越了基于对骨骼与牙齿的独立测量和分类的人类学传统，教会了人类学家从演化过程和自然选择的角度来思考问题。

新的体质人类学

5—1
舍伍德·沃什伯恩与新的体质人类学

下颌的各个区域 ✿
冠突 a
下颌角 a¹
齿系 b/ 犬齿 b¹
下颌髁状突 / 下颌体 c

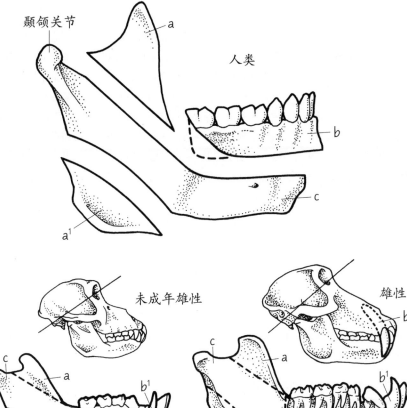

人体区域 ✿

胸部 / 肩部 d

手 e

骨盆 / 下肢 e

头部 / 颅骨 f

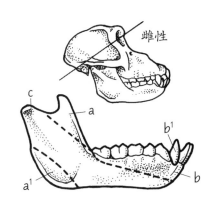

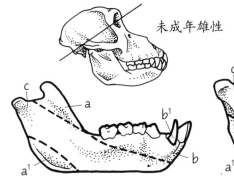

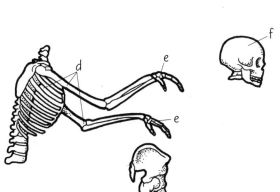

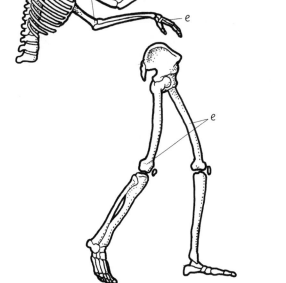

5-2
人类起源：生态剧院与稀树草原镶嵌地带

一个很流行的人类起源设想认为，气候变冷，森林消失，树栖的猿类被迫来到地面上，并进入开阔的草地。在那里，这些猿类学会了直立行走。这样的设想纳入了环境和演化之间的联系，但不足以解释它们之间的关系。在生物演化过程中，个体生存和繁殖的潜力决定着物种的长期变化。环境提供了一个被生物学家伊夫琳·哈钦森称为"生态剧院"的舞台，供物种作为演员在其上扮演着它们的演化角色。原始人类演员的决定性特征就是两足行走。这样的运动方式不是突然出现的，而更可能是在这部剧的两幕间浮现出来的。在第一幕中，它们来到地面上，用指节行走，就像今天的黑猩猩和大猩猩一样。在第二幕中，它们进入非洲稀树草原镶嵌地带，彻底习惯了两足行走。

先为非洲北部和南部好望角处的地中海式气候生态区填色。再为荒漠和半荒漠地带填色。

地中海式气候区域有着温和的气候和季节性降雨，长有茂密的植被和灌木。相反，北部的撒哈拉沙漠和西南部的纳米布沙漠每年的降雨量不足 30 厘米。猴类而不是猿类栖息在非洲的干旱地带。这些猴类生活在地面上，靠四足行走。因此，地面栖息和草原定居都不足以解释两足行走的起源。

为非洲的稀树草原镶嵌地带填色。

类人动物的演化发生在全球板块运动期间。东非大裂谷的形成分割了曾经连续的森林，并促成了稀树草原镶嵌地带的出现（见 4-28）。在 1,000 万年前至 500 万年前，非洲东部茂密的热带森林开始碎片化，到了 500 万年前，在非洲东部和南部，稀树草原镶嵌地带已然成形。很多哺乳动物物种，包括巨型狒狒，随之扩散到这一新环境中（见 4-27）。稀树草原并不仅仅是大面积的开阔草原。正如"镶嵌"二字所暗示的那样，稀树草原在生态上是混合的，其植被是一个由高大的草丛、灌木和分布在不连续的植被或草丛中的各种树木组成的片状网络。稀树草原镶嵌地带位于南北回归线之间。降雨量（每年 100～150 厘米）而不是气温控制着漫长的旱季。那里的植物通常能够耐受干旱，它们的根和块茎在地下储存养料。瓜类植物所结的果实有坚硬的外壳以免脱水。

为在稀树草原镶嵌地带发现的原始人类化石和化石点填色。

化石点的位置表明，稀树草原镶嵌地带是原始人类最早出场的剧院。猿类的栖息地局限于森林和林地，而早期原始人类的化石点却广泛分布在东非大裂谷、非洲南部的高地大草原以及非洲中北部的稀树草原区域。原始人类化石点通常出现在古时的湖泊或河流岸边附近，这里是他们的水源，也是危险之地。水流运动带来的沉积物掩埋了他们死后的遗体。洞穴为他们遮风挡雨，也保存下了原始人类的骨骼（见 5-10、5-11）。每种环境对于其居民来说都有特定的优势和劣势。稀树草原镶嵌地带为机会主义的杂食性灵长类，如原始人类和猴类提供了大量植物食物和潜在的动物猎物。然而，周期性的干旱以及随之而来的食物短缺也带来了很大的困难。空旷的环境更使得灵长类成了大型猫科动物及其他捕食者眼中的美餐（见 5-12）。

为现存非洲猿类在赤道森林和林地中的分布填色。

我们最近的亲戚黑猩猩和大猩猩生活在赤道地区的森林和林地中。它们在树上进食、休息并建立睡巢。它们也在地面上觅食和休息，而且只在地面上移动。与稀树草原镶嵌地带巨大的二维几何空间形成对比，它们在一个三维空间中觅食，在树和地面之间上上下下。大猩猩每天覆盖的活动距离一般不超过 1 千米，尽管在受到季节性果实的诱惑时，它们一天也会跑上 2.5 千米（见 4-34）。黑猩猩基本上每天移动 2～3 千米，偶尔会超过 5 千米。

原始人类祖先在稀树草原镶嵌地带上寻觅分散的食物资源，很可能具有更大的巢区，每天行动的距离也比现代猿类更远，平均可能达到了 6～7 千米。干旱开阔栖息地中的黑猩猩的巢区比森林中的黑猩猩更大。草原上的狒狒也有比森林中的狒狒更大的巢区，并且每天移动的距离也更远。

鉴于黑猩猩和人类之间的许多遗传相似性，在第一幕中，人类和猿类的共同祖先很可能是一种后肢占主导地位的指节着地的四足行走动物。在第二幕中，原始人类开始依靠需要长距离行走才能获取的食物。黑猩猩和大猩猩的肩关节不适合承担重量，而原始人类必须穿越更广大的区域，这进一步对该解剖部位带来了更大的压力。解放肩部是两足行走的一个特别的好处。

因此，大约 500 万年前的生态和演化事件为原始人类的起源提供了舞台：作为地质过程结果的气候变化和稀树草原镶嵌地带的扩张。中非地区的一只非洲类人动物已经具备在地面上行走的能力，但它现在必须每天行走更远的距离。到了 400 万年前，原始人类已经习惯了两足行走，并且在此之后的人类史前史的剩余时间里，他们的这一流动觅食的生活方式一直以各种不同的变形持续存在。

稀树草原镶嵌地带

地中海灌木区 a
荒漠和半荒漠 b
稀树草原镶嵌地带 c
早期原始人类 c¹
赤道森林 d
倭黑猩猩 d¹
黑猩猩 d²
大猩猩 d³
林地 e
黑猩猩 d²

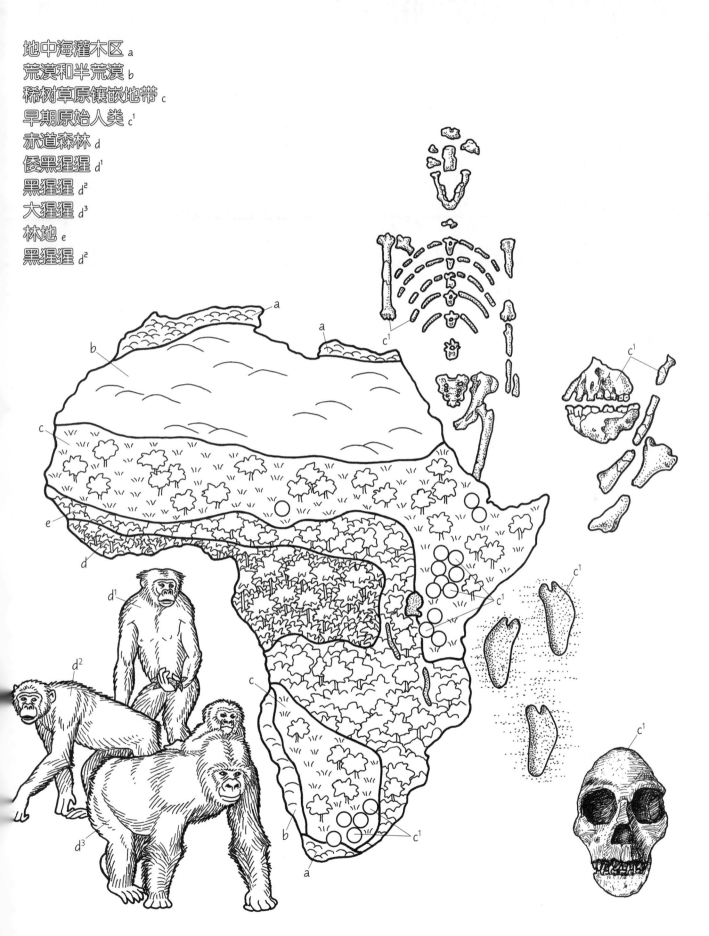

5-3
化石的诞生：从死亡到被发现

化石诞生——从一个生物体的死亡到它最终在地质矿床中被发现——的故事揭示了化石记录不完整的本质。在生物体死后，一个哺乳动物大约85%的躯体，亦即其软组织部分（肌肉、皮肤、大脑和内脏），要么被吃掉，要么腐烂了，因此几乎从未保存下来。剩下的15%是动物的骨骼和牙齿，这部分有机会成为化石记录的一部分，不过，这些"硬"组织也不能保证能保存下来。牙齿是哺乳动物身上最坚硬的物质，也最常留存下来。尽管它们提供了宝贵的分类学和有关食物的信息，但牙齿只构成了哺乳动物身体的1%。因此，个体、种群和物种在外形、遗传和行为上的变异范围，无法通过牙齿来加以评估。

本节中，我们将以一头大象为例，展示其化石化的过程。

先用浅色为现存象群填色，再为右侧死去的大象填色。

变成化石的大象是一个社会群体和当地种群中的单独个体。通过其石化的骨骼和牙齿，可以推论其运动方式和饮食结构，但种群内的差异无法通过一个单独的个体加以重建。有助于了解大象生存和繁殖状况的动态社会关系完全无法保存下来，而必须要根据它们现存的后代进行推论。

地点是保存的关键。当动物死在湖泊或河流附近时，它的尸骸可能很快就被波动的湖平面（湖泊沉积）和风（冲击矿床）所带来的泥沙沉积所掩埋。如果条件适当，它的骨架可能被保护起来，且其骨骼的大部分会变为化石。例如，在坦桑尼亚的奥杜威峡谷和西班牙的托拉尔瓦，就有几乎完整的大象骨骼作为化石保存了下来。

为被肉食动物和溪流作用移动的骨骼填色。

在泥沙掩埋遗骸前，食腐动物如鬣狗和秃鹰经常吃掉上面的肉，拆散骨骼，将剩下的遗骸四处抛撒，或把它们带到别处。大小、形状和密度不同的骨骼部位，以不同的速度被食腐动物拖走或被水流作用冲走。在靠近水源的地方，有些部位，尤其是致密的牙齿，会沉入水底，并被紧邻死亡现场的沉积物所掩埋。其他骨骼，例如颅骨和脊椎骨，可能浮在水面上，或向下游移动一段很长的距离。这些骨骼因此会散布在一个很大的区域内，一具骨架极少被完整地保存下来。

为被踩踏的大象遗骸填色。

当骨骼露在地面上时，其他动物的正常活动，比如图中这群斑马的移动，会进一步扰动它们。在这种情况下，动物踩踏和磨损这些骨骼，使其遭到进一步破坏并分离开来。

为风化和埋藏作用下的骨骼填色。

在肉食动物或食腐动物饱餐之后，在骨骼被打碎、分散和踩踏之后，在它们最终被埋藏前，它们可能继续位于地面上，暴露在自然环境中，经历风化作用。阳光、雨水和风进一步使得这些骨骼破碎、扭曲并重塑，导致其进一步分解并丧失形态上的细节。

为经历化石化过程的骨骼填色。

一旦被彻底埋藏，骨骼中的大部分蛋白质会被水和土壤中的矿物质所取代。这个过程使一块骨头转变为了一块化石，同时保留了它的外形。在极少的例子中，蛋白质会被保存下来，而DNA被保存的情况就更罕见了。今天，通过特殊的技术可以从化石中提取出蛋白质和DNA，并和现存物种相比较（见2-15、5-25）。

为侵蚀和挖掘填色。

在化石所在的沉积层被侵蚀作用和地表运动（如断裂）剥蚀后，它们就常常被人发现。采集化石的古生物学家出现在现场的时机是非常重要的。玛丽·利基当年碰巧在奥杜威峡谷发现了鲍氏东非人；利基一家随后在该地点展开了大规模的挖掘（见5-6）。"露西"的发现者之一唐纳德·约翰松（Donald Johanson）曾这样评论这枚化石：若早五年，这些标本还被埋藏着，无法被发现；若晚五年，它们会分解掉，并失去科学研究的价值。就像其他惊人的化石发现一样（见5-8），天时、地利、人和通常共同决定着它们的保存状况以及能否被发现。

为在实验室中分析的骨骼填色。

一旦被发现，骨骼化石便还有更多的故事要讲（见4-29、5-12）。通过埋藏学技术，科学家对出土的骨骼进行分析，以寻找与死亡和保存相关的条件线索。埋藏学研究的目标之一就是确定这些骨骼的变动是不是早期的原始人类造成的。在我们虚构的大象案例中，人类学家会检查骨骼上是否有牙齿痕迹（意味着肉食行为）、磨损（意味着踩踏作用）、切痕（意味着原始人类的石器使用）。个体的生物年龄以及骨架被保存的部分也能帮助解决很多问题，例如，这只动物是被原始人类猎杀或宰杀的吗？还是死于其他的原因？虽然在本节的例子中我们选用的是一头大象，但同样的过程也可以应用在原始人类化石上，就他们化石化的"历史"提出同样的问题。

从死亡到被发现

象群 a

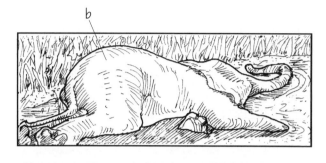

死亡和分解 b

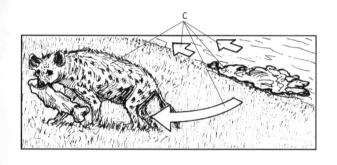

移动 c

踩踏 d

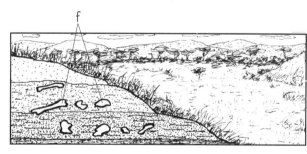

风化和埋藏 e

化石化 f

侵蚀和挖掘 g

实验室分析 h

5-4
测量时间：放射性钟与古地磁测年法

岩石和化石的地质记录中保存着过去发生的事情，但并没有保存事件发生的时间点。更深的沉积物一般来说比它上面的地层更古老，但沉积速率不尽相同，地质层的深度和厚度不是可靠的年代指标。尽管如此，在几十年前，地质学家和古生物学家仍只能这样粗略地估计时间。就像分子钟引起了生物演化研究的革命一样，放射性钟及古地磁测年法也彻底改变了地球科学。

1896年，当亨利·贝克勒尔（Henri Becquerel）冲洗一些刚巧和一块铀矿石放在同一抽屉里的底片时，放射性被发现了。冲洗出来的图像被某种神秘的辐射蒙上了一层雾。不稳定的铀原子放射出的粒子让底片曝了光。从氢到铀的每种元素都具有多个不同的存在形式，它们被称为同位素。同位素的重量不同，在化学反应中的表现却彼此类似。大多数常见的同位素都很稳定，不会随时间而变化。但某些元素比如铀的同位素具有放射性：随着它们的衰变，它们会放射出粒子，并以恒定的速率转变为另一种同位素，这一过程所用的时间被称为半衰期。衰变的速率不受温度、酸度、湿度和其他可能影响岩石与化石的条件的影响。

碳-14（^{14}C）是第一种用于测定考古地点中的有机材料——如木炭或木头——的年代的放射性钟。碳一共有3种同位素，包括稳定的碳-12和碳-13，以及具有放射性并会以5,730年的半衰期衰变为氮-14的碳-14。太阳辐射不断地冲击大气层上部，将部分氮-14转化为碳-14，这些碳-14被氧化为二氧化碳并进入植物的新陈代谢中。

当一棵树木死后，就不再从空气中吸收碳-14。5,730年之后，保存下来的木头中只剩一半的碳-14，而碳-12和碳-13的量不变。再过5,730年（一共11,460年），原来的碳-14只剩下一半的一半，也就是1/4。木化石中碳-14与碳-12的比值与它的实际年代有很强的相关性。然而，这种方法对于测定早于5万年前形成的化石并不适用，因为剩余的碳-14太少，无法精确测量。人类的起源追溯到了大约500万年前，因此我们需要一种比碳-14更慢的放射性钟，来测定更早的年代。

为顶部表示钾-40的半衰期及其衰变为姊妹同位素钙-40和氩-40的示意图表填上颜色。左侧纵轴是表示元素损耗速率的对数标尺。

钾-40的半衰期很长，达12.5亿年，可以用来测定早至38亿年前的事件，如最初的岩石的形成；也可以用于测定只有几千年历史的熔岩流。钾是一种很普通的元素，在地球上几乎随处可见：它出现在岩浆和所有的生物组织中。每一万个钾原子中只有一个放射性的钾-40。钾-40衰变为两种姊妹副产品：它11%的原子衰变为氩-40，而另外89%则衰变为钙-40。钙-40在岩石和土壤中广泛分布，由于存在被污染的可能，用它测年并不准确。

为熔融的熔岩、凝灰岩以及承载着化石和人造器皿的沉积物中的钾-40和氩-40填色。注意，更老的沉积物中氩相对于钾的比值更高。

当熔岩熔化时，氩气会散逸到大气中，几乎一丝不剩。然而，在熔岩凝固后，由钾-40衰变而来的氩原子便困在了其中，氩-40/钾-40的比值组成的"时钟"就此开始计时。被困住的氩-40在固态的熔岩中累积，其比例也随时间逐渐升高。对科学研究来说幸运的是，东非大裂谷在很长一段时间内一直有频繁的火山活动，因此很多原始人类的化石点都可以通过测量化石层上下的熔岩层中氩-40/钾-40的比值来进行测年（见5-7）。

最近，一种名为氩/氩测年法的新手段超越了过去的钾/氩测年法。将熔岩样本放入核反应器中进行辐照，部分稳定的钾-39同位素会转化为氩-39。从样本中可以得到氩-40/氩-39的比值，其测年结果比钾-40/氩-40得出的年代更为精确。

为交替的磁极模式填色。

由于产生地球磁场的铁质地核的运动，在地球历史中，南北磁极曾经有过多次的倒转，中间的间隔期长短不一。当富含铁的熔岩冷却或者铁粒子沉积在河底和洋底后，铁粒子就会像微型指南针一样，沿北-南或南-北方向排列。当时的磁场方向和强度就永远地"封存"在岩石中，并且能够通过磁强计加以测量。岩石中正向和反向的磁力交替出现的不规则模式，就像一个可以识别地球历史特定时间段的条形码。正向是由现在的北方方向定义的，反向则是朝南。最近的正向期被称为布容正向期，而距今大约100万~240万年、漫长且大多数时间是反向的时期被称为松山反向期。

这种不规则的模式是古地磁测年法的基础。要成为有效的时钟，这种模式必须通过放射性钟进行校准。很多岩层的古地磁测年法（正向或反向）与钾/氩测年法的结果相符。哈拉米洛事件是一段紧接着反向期的正向期，测定年代为90万年前。奥杜威事件得名于奥杜威峡谷中测定年代为190万年前的岩层。其他化石点中类似的相符结果形成了一份可以用来确定化石年龄的全球时间表，即使是在没有火山活动，即没有钾/氩测年法结果的地点亦然。不过，在采用这种方法的地方，必须找到足够多的这一模式，即"条形码"，才能在古地磁年表中确定该化石点的年代。

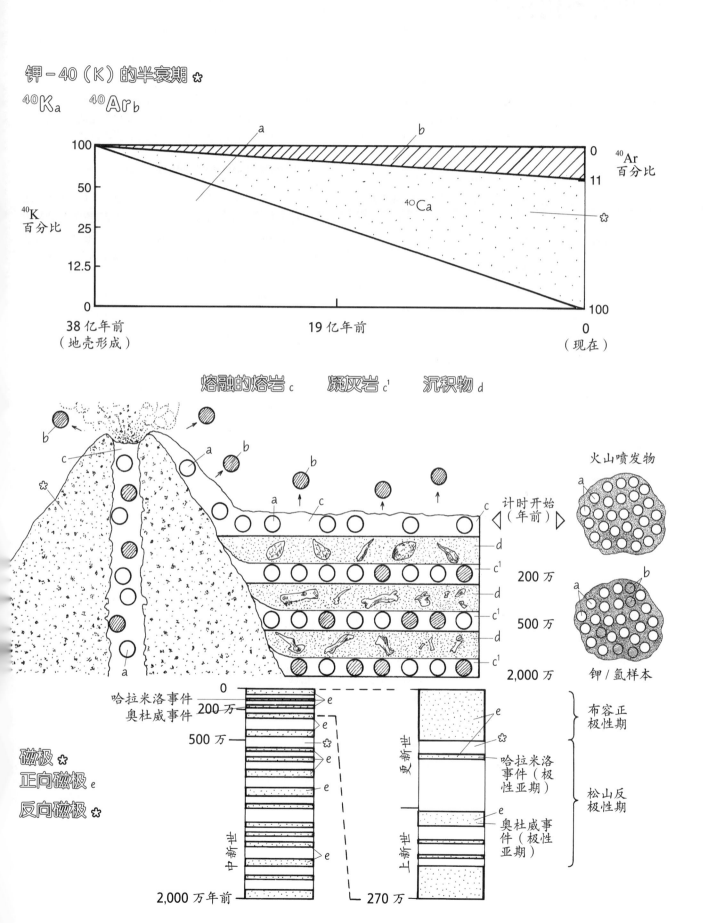

放射性钟与古地磁测年法

钾－40（K）的半衰期 ✱

$^{40}K_a$ 　　$^{40}Ar_b$

a
b
100 　　　　　　　　　　　　　　　　　　　　0　^{40}Ar 百分比
50　　　　　　　　　　　　　　　　　　11
^{40}K 百分比
^{40}Ca
25
✱
12.5
0　　　　　　　　　　　　　　　　　　100

38 亿年前　　　　　　　19 亿年前　　　　　　0
（地壳形成）　　　　　　　　　　　　　　（现在）

熔融的熔岩 c　　凝灰岩 c^1　　沉积物 d

b
c
a　b
b
b
b
✱　　a　c　　　　　　　c　计时开始（年前）
d
c^1　200 万
d
c^1　500 万
d
a　　　　　　　　　　　c^1　2,000 万

火山喷发物
a

a　b
钾/氩样本

哈拉米洛事件　0
奥杜威事件　200 万　e
e
500 万　　　✱
e
e
磁极 ✱
正向磁极 e
反向磁极 ✱
e

e

2,000 万年前　　270 万

布容正极性期
e
✱
哈拉米洛事件（极性亚期）
松山反极性期
e
奥杜威事件（极性亚期）

更新世
上新世
中新世

235

5-5
原始人类化石点

1925年，在位于约翰内斯堡的金山大学工作的澳大利亚年轻神经解剖学家雷蒙德·达特将一颗儿童头骨化石鉴定为来自人类的祖先。他十分确信，正如达尔文在近50年前所提出的那样，这块化石证实了非洲是人类的起源地。在20世纪60年代玛丽·利基和路易·利基夫妇在奥杜威峡谷发掘出化石后，达特最初的观点得到了支持。以精细的挖掘工作和国际化跨学科的合作为标志的古人类学新纪元就此开启。很多研究团队现在正在非洲进行挖掘，几乎所有新的化石发现都得到了大量的媒体报道。本图版概述了一些出土过早期原始人类化石和南方古猿化石、骨骼、石器，以及众多人属成员化石的关键区域。

先为非洲南部的三个主要化石点（d）、（e）和（f）及中非东部的化石点（g）的时间范围填色。再为和它们相关的原始人类和工具填色。用对比强烈的颜色为（a）和（b）填色。

洞穴化石点，诸如斯泰克方丹、斯瓦特科兰斯、马卡潘斯盖、德利莫兰（图版中未绘出）和其他的南非化石点，出土了大量的原始人化石和石器。这些地点没有明显的沉积物分层，也没有火山沉积物，这为20世纪30年代和40年代获得的最初发现带来了测年上的困难。不过，后来的挖掘工作找到了明显的沉积层，而对相关动物群进行的分析，确立了介于约330万年前和约100万年前之间的洞穴沉积物的相对年龄。这些化石点包含了属于南方古猿属的化石和属于人属的原始人类化石，还有一些石器（见5-10、5-11）。马拉维的乌拉胡化石点大约有240万年的历史，并出土过一枚早期人属的下颌化石。

为坦桑尼亚的奥杜威峡谷和莱托里化石点填色。

利基一家在奥杜威峡谷发掘的化石，连同大量的动物骨骼和石器，跨越了近200万年的时间，其中包括了属于南方古猿属和人属的物种（见5-6）。莱托里沉积物在一定程度上反映了奥杜威沉积物的模式。莱托里位于奥杜威以南约50千米，已出土了成年及少年个体的下颌以及大量相互无关的牙齿，还有著名的370万年前的南方古猿足迹（见5-16）。德国古生物学家们于20世纪30年代率先在此展开探索，并挖出了一块不完整的颌骨。但直到玛丽·利基在1978年发现了足迹化石之后，该地点才变得闻名于世。

为位于埃塞俄比亚图尔卡纳湖北部的奥莫河化石点填色。

奥莫河沿岸——图尔卡纳湖流域盆地的一部分——的发掘始于20世纪60年代早期，由一个包括法国、美国和肯尼亚的研究人员的国际团队进行。奥莫地区的顺古拉湖相沉积提供了有着杰出的钾氩测年数据的年代久远的地层序列信息，沉积物的年代为

350万年前至100万年前。高质量的地层和动物群记录使得将东非各化石点的年代信息相互联系起来成为可能（见5-7）。更老的奥莫河沉积主要产出的是记录了南方古猿和人属的相互无关的原始人牙齿和若干颌骨，以及石器。测年约为12万年前的更晚近的基比什湖相沉积则出土了智人存在的证据（见5-27）。

为肯尼亚图尔卡纳湖周围的化石点填色。

图尔卡纳盆地是奥莫河水系的延伸，包括了大量原始人类化石点。通过理查德·利基夫妇及其同事，以及肯尼亚国家博物馆的努力，若干地点都出土了化石。利基一家于20世纪70年代在库彼福勒，80年代在西图尔卡纳，90年代在阿里亚湾、卡纳波依和特克韦尔进行了发掘。这些地点都出土了南方古猿和人属存在的证据。来自纳楚圭湖相沉积的西图尔卡纳化石点出土了最古老的粗壮型南方古猿头骨，以及一具几乎完整的人属骨架。在卡纳波依，我们获得了400万年前原始人存在的确凿证据。在库彼福勒和西图尔卡纳的若干地点还出土了石器（见5-7、5-8）。

为埃塞俄比亚阿法尔三角洲若干化石点的时间范围填色。这也是早期原始人类最靠东北的化石点。

自从20世纪70年代早期以来，阿瓦什河沿岸的多个地区都出土了原始人和脊椎动物的化石，它们都来自通常被称为阿瓦什群的沉积层，时间跨度在400万年前至50万年前之间。哈达尔的化石点因AL-288号，也就是外号"露西"的南方古猿骨架而闻名于世（见5-17），而中阿瓦什的化石点出土了一系列约250万年前的南方古猿及人属化石，还有很多石器（见5-9）。

乍得的化石点位于非洲中北部，为其填色。

1959年，法国古生物学家依夫·科庞（Yves Coppens）和同事们报道了在乍得科罗托罗地区附近发现的早期人科化石碎片。20世纪90年代，法国古生物学家M.布吕内（M. Brunet）和同事们在乍得的加扎勒河流域发掘了一块南方古猿的下颌。根据相关动物化石对其加以评估，该下颌来自约300万年前。该处目前还没有发现过石器。这个地点扩大了早期南方古猿已知的地理分布范围。

总体上，这些化石点保存了超过400多万年的人科化石记录。还有一些地点出土了零碎且尚未被明确鉴定的化石，它们可能属于更早的原始人，只是记录太不完整，无法确定其归属（这些地点包括巴林戈湖的塔巴林和肯尼亚图尔卡纳盆地的洛塔甘，以及埃塞俄比亚的阿拉米斯）。很重要的一点是，我们要牢记在这个日新月异的领域中，没有人能预测明天会有怎样的化石被发现。

化石点分布

化石 ✿
南方古猿 a
人属 b
工具 c

化石点 ✿
斯泰克方丹 d
斯瓦特科兰斯 e
马卡潘斯盖 f
马拉维 g

奥杜威峡谷 h
莱托里 h¹
奥莫河盆地 i
基比什 i¹
图尔卡纳湖 j
库彼福勒 j¹
纳雅桑尼 j²
卡纳波依 j³
阿法尔三角洲 / 阿瓦什 k
乍得 l

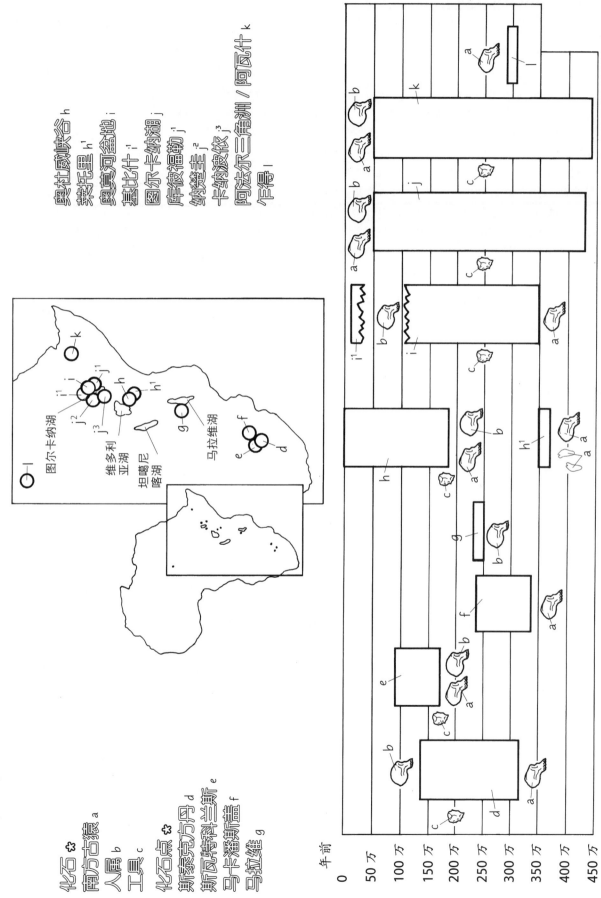

5-6
坦桑尼亚的奥杜威峡谷

路易·利基夫妇发现的原始人化石对于我们对人类演化的认识具有深远的影响。路易·利基在肯尼亚出生长大,于1931年同地质学家汉斯·雷克(Hans Reck)首次来到奥杜威峡谷。在之后的30年里,利基一家对峡谷进行了全面的探索。1959年,他们发现了一块人科化石,取名为"鲍氏东非人",这吸引了全世界的目光。现在,该化石已改名为"鲍氏傍人"。[1]图版右上角的剑麻遍布该地区,该峡谷就得名于此:"奥杜威"(Olduvai)的意思"野生剑麻之地",它来自马赛族的语言。"Ol"意为地方,"dupai"指的是野生剑麻。奥杜威峡谷是从北边旦河谷延伸到南部莫桑比克的全长超过6,400千米的大裂谷的一部分。奥杜威峡谷约40千米长,90多米深,有一个主谷和若干侧谷,由河流的冲刷作用在塞伦盖蒂平原上切割出来,就像美国的科罗拉多河切割出大峡谷一样。

为左上角的奥杜威岩层填色。为右侧岩层名称填色。注意峡谷有四个主要的岩层,还有三个以具体的地名命名的较新的岩层。在主谷和侧谷中的多个地点,都发现了原始人化石。

含有淤泥、黏土、沙子和凝灰岩的岩层反映了这个古河湖系统的沉积物堆积过程。在过去的几百万年里,该地区发生过范围广阔的地质作用,包括岩层断裂、火山活动、气候变化和地壳运动等。

为右侧的钾/氩法测年结果填色。

史前火山活动喷出的熔岩使我们可以用钾/氩测年法对奥杜威凝灰岩的年代进行测定(见5-4)。这也是首个用此法进行测年的原始人类化石点。地质学家杰克·埃文登(Jack Evernden)和加尼斯·柯蒂斯(Garniss Curtis)测定的最底部岩层存在了约200万年,这是当时认为的人类祖先年龄的两倍。后续的其他测年方法,例如裂变径迹和氩/氩测年,也证实了这些测算结果。

为第一层中确认为南方古猿的化石填色。"OH"指的是地点奥杜威(O)lduvai和原始人类(H)ominid,数字则是标本的编号。

在一个六月的下午,路易待在营地中,玛丽·利基则在探察峡谷两侧新近暴露出来的化石岩层。季节性降雨冲走沉积物,露出下面保存的骨骼和牙齿,给古生物学家带来了很大的帮助。玛丽发现了亮闪闪的白色牙釉质,结果它竟然属于一个有着上部牙齿、颅骨和面部的几乎完整的原始人头骨,OH 5号标本被称为"鲍氏东非人"(zinjanthropus boisei)。"zinj"源于一个古老的波斯词语,意为"东非","anthropus"在希腊语中是"人"的意思,而查尔斯·鲍伊斯(Charles Boise)为利基家的研究提供了经济支持。[2]在准备标

本的科学描述时,认识到它与被称为粗壮南猿的南非原始人的相似性,解剖学家菲利普·托拜厄斯(Phillip Tobias)将"鲍氏东非人"改名为鲍氏南方古猿。OH 5号标本粗壮的面部和较小的颅腔(约500毫升)与当时所知的其他原始人都不像。它巨大的牙齿为其赢得了"胡桃钳子人"的称号,而利基夫妇则亲切地称它为"亲爱的男孩"。骨骼碎片OH 20号标本也属于这一物种。[3]

为第一层、第二层、第四层、马赛克层和恩杜图层的人属化石填色。

在鲍氏东非人的发现地点展开了一系列发掘工作。两年内,利基夫妇发现了大量与OH 5号显著不同的化石,但它们却源自同一个地质年代。这些新发现的牙齿较小,颅骨较大,而四肢骨却比较短小。所有这些构成了一个新物种——能人,几乎完整的足骨(见5-16)、部分颅骨、胫骨和腓骨、手骨及部分牙齿(OH 35、OH 8、OH 7号)都属于它。此外,一个重建的颅骨(OH 24号)也属于它。在第二层发现的颅骨碎片OH 13号(675毫升)也属于能人。不完整的颅骨OH 9号(1,000毫升)位于第二层顶部,在它之上的化石都属于直立人。股骨和髋骨碎片(OH 28号)表明,它们来自较大的身体。1987年,玛丽·利基从奥杜威发掘项目的领导岗位退休,唐纳德·约翰松发现了一件由颅骨、牙齿碎片、上肢骨和部分股骨组成的新标本(OH 62号)。他将其归属于能人。

为工具填色,完成整个图版。

奥杜威是第一个在未经扰动的地层中同时发现石器与动物骨骼的原始人类化石点。玛丽·利基对该地点进行了系统性的挖掘,并为野外技术设定了新的标准。在第一层中发现的人造器物包括简单的砍砸器、石核和小石片,这些成了随后奥杜威文化的基础(见5-10)。第二层出土的两面器,如手斧和刮削器显示出了精湛的工艺,这些工具两侧的石料物质被人为地去除,形成了锋利的刀刃和清晰的尖端——它们是定义阿舍利工具文化的基本特征(见5-23)。

在1913—1987年之间,奥杜威共出土了62件原始人标本,其中15件发现于1959—1963年之间。20多个地点出土了多种石器和灭绝动物骨骼。奥杜威峡谷的特别之处在于,其化石岩层跨越了很长的时间范围,并能用新技术来进行精确测年。化石记录了两个生活在200万年前至150万年前的不同人科物种的共存状态。利基一家在奥杜威的研究开启了人类演化研究的新时代,还意外地建立起一个人科化石"猎人"家族王朝,现在已传到其第三代。

---

① 鲍氏东非人曾被归为南方古猿属,现已更改,名为鲍氏傍人。——译者注
② "Boise"应译为博伊斯,但为解释"鲍氏"之由来,故此。——译者注
③ 粗壮南猿后来单独成立傍人属,改称粗壮傍人。鲍氏南方古猿后也归入傍人属,改成鲍氏傍人。——译者注

奥杜威峡谷

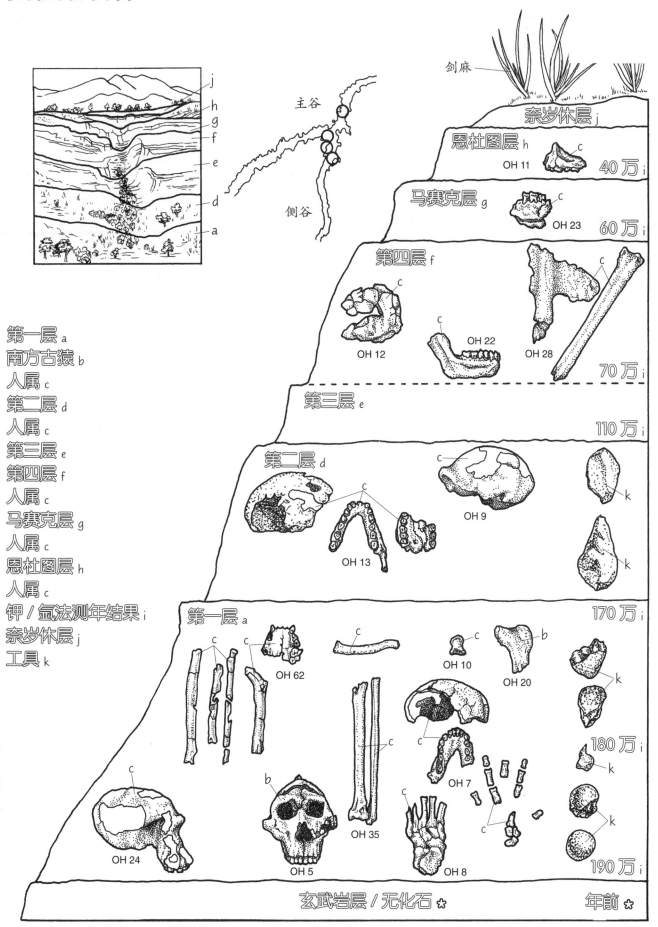

剑麻

第一层 a
南方古猿 b
人属 c
第二层 d
人属 c
第三层 e
第四层 f
人属 c
马赛克层 g
人属 c
恩杜图层 h
人属 c
钾／氩法测年结果 i
奈岁休层 j
工具 k

奈岁休层 j

恩杜图层 h · OH 11 · c · 40 万 i

马赛克层 g · OH 23 · c · 60 万 i

第四层 f · OH 12 · c · OH 22 · c · OH 28 · c · 70 万 i

第三层 e · 110 万 i

第二层 d · OH 13 · c · OH 9 · c · k · k · 170 万 i

第一层 a · OH 62 · c · c · OH 10 · c · OH 20 · b · k · c · OH 7 · c · k · 180 万 i · OH 24 · c · b · OH 35 · OH 5 · OH 8 · c · k · 190 万 i

玄武岩层／无化石 ✿　　　年前 ✿

5-7
肯尼亚的图尔卡纳湖

作为一名年轻人，路易和玛丽的儿子理查德·利基于20世纪60年代与一个国际科学家团队在埃塞俄比亚的奥莫河谷展开了挖掘工作。在那里，他在超过12万年历史的基比什湖相沉积中获得了令人惊叹的早期智人化石发现（见5-5、5-27）。当时，人们并没有意识到这些化石的重要性，利基则继续搜寻更古老的人类祖先。当他驾驶飞机飞过图尔卡纳湖的东北岸时，他注意到了那里的沉积层，这里后来被证实属于上-更新世。

接下来的1968年，他组织了一次到图尔卡纳湖（旧称为鲁道夫湖）的考察。这个库彼福勒研究项目团队包括多方人员，有卡莫亚·基梅乌（Kamoya Kimeu）带领的肯尼亚国家博物馆的员工，还有一个由考古学家格林·艾萨克（Glynn Isaac）、古生物学家凯·贝伦斯梅尔（Kay Behrensmeyer）——著名的KBS凝灰岩就是以他的名字命名的——以及地质学家卡尔·冯德拉（Carl Vondra）和解剖学家伯纳德·伍德（Bernard Wood）组成的国际化跨学科的小组。

库彼福勒位于图尔卡纳湖的东侧，是包括奥莫河及其位于埃塞俄比亚的三角洲在内的图尔卡纳盆地的一部分（见5-8）。库彼福勒（这次考察的大本营）是当地的达桑内科语（Dassenetch）对湖边这片区域的称呼，其面积约为1,500平方千米，沉积层深度接近600米，其中有很大的面积暴露在地表。

在图版顶部，先为上-更新世和现在的图尔卡纳湖填色。再为沉积物、火山和熔岩以及古老的化石沉积和现在的化石点填色。

当上-更新世的原始人类和其他动物在湖边死去后，他们的身体可能迅速被沉积物掩埋，从而免于风化作用和被破坏而获得保存（见5-3），并在此后变为化石。在构造运动导致的板块抬升和断裂后，沉积物被侵蚀，暴露出其中保存的化石和石器。这些距离现在的湖岸约13千米的化石点遍布在800平方千米的区域内。

为右上角图表和图版中的火山凝灰岩层填色。

通过钾/氩测年法对来自间发性火山喷发的火山灰层进行了测定。那里有四个主要的经过测年的熔岩层，从老至新分别为：约320万~340万年历史的图卢博尔凝灰岩，约160万~190万年历史的KBS凝灰岩，约140万~150万年历史的奥科泰凝灰岩，还有最新的约120万~130万年历史的查里和卡拉里凝灰岩。基于来自这些火山物质的地质年代数据，间接确定了其中的化石的年龄。

在20世纪70年代早期，研究人员对于KBS凝灰岩的年龄充满争议，并因此对在它下面找到的化石标本的年龄也争论不休。较为古老的KBS凝灰岩的历史约为240万年，而根据库彼福勒沉积以及埃塞俄比亚及坦桑尼亚其他测年准确的地点的哺乳动物化石所做出的估计则较为晚近，约为180万年（见5-5），两者之间

存在着冲突。地质学家弗兰克·布朗（Frank Brown）和图勒·切尔林（Thure Cerling）解开了结果不一致的原因。他们发现，尽管KBS凝灰岩只有这一个名称，但是它其实代表了多次火山喷发所形成的凝灰岩。凝灰岩的多次形成能够解释这一令人困惑的年代多样性。布朗和切尔林采用一种新的方法来解决年代不一致的问题。火山灰年代学（Tephrachronology，tephra在希腊语中是灰的意思）是一种将不同的火山喷发事件区分开来的方法。每次火山喷发期间所喷出的物质都具有一种独特的化学"指纹"，并且都可以分别进行测年。该方法将这种凝灰岩的年代定于约190万年前，因此它现在就可能与库彼福勒多个化石点中的凝灰岩年代一致了。火山凝灰岩还可以与其他化石点相联系，从而可绘制一个全面的该区域的沉积层年代表（见5-5）。

为每一层中的原始人化石和石器填色。

在1968年至1979年间，共发现了超过230件原始人化石，大多数原始人遗骸来自190万至150万年前之间。每件化石都有一个编号，如KNM-ER 1470，编号前缀KNM指的是收藏化石的地方肯尼亚国家博物馆（Kenya National Museum），ER则代表东鲁道夫（East Rudolf）。很多遗骸都是破碎的，但本图版绘有几块保存完好的颅骨化石，它们代表了两个或多个物种。

1972年，伯纳德·恩盖尼奥（Bernard Ngeneo）找到的ER 1470号头骨是在KBS凝灰岩层之下发现的。该头骨的脑容量经估算约为780毫升，属于人属物种。它的地质年龄是一个关键问题。经测年，其年代久远表明，一个可能属于使用工具的"人"属，且大脑很大的原始人类生活在超过190万年前，这比当时所知的原始人类生存时间还要早上数十万年。人们还发现了大量下肢骨，如ER 1481号股骨、胫骨，以及髋骨（ER 3228号），它们与南方古猿的特征并不相同。ER 1470号标本的物种命名一直有所争议。其他材料，例如ER 3733号头骨（850毫升）和ER 3883号头骨（804毫升）很可能属于直立人。

大多数原始人都被划为鲍氏傍人（如ER 406号和ER 732号），与奥杜威峡谷（OH 5号）和西图尔卡纳（WT 17000号）的粗壮型南方古猿很相似，都有着约450毫升的脑容量（见5-20）。ER 1813号头骨（510毫升）属于人属，但其物种命名仍存有疑问。四肢骨特征可以表明两足行走模式，但除非找到与之对应的头骨或牙齿遗迹，否则仍无法命名物种。

这些发现证实了粗壮型南方古猿与人属成员的共存现象。相关标本被归属于若干物种，包括能人、鲁道夫人和直立人。这些化石的差异说明，人属在经历适应性辐射后演化为多个物种（见5-24）。库彼福勒的研究工作还向我们展示了新方法如何有助于解决争议。

图尔卡纳湖东侧的库彼福勒

图尔卡纳湖 a
湖相沉积 b
上－更新世沉积物 c
现代化石点 c¹
火山／熔岩 d
查里和卡拉里凝灰岩 e
奥科泰凝灰岩 f
KBS 凝灰岩 g
图卢博尔凝灰岩 h
人属 i
南方古猿 j
工具 k

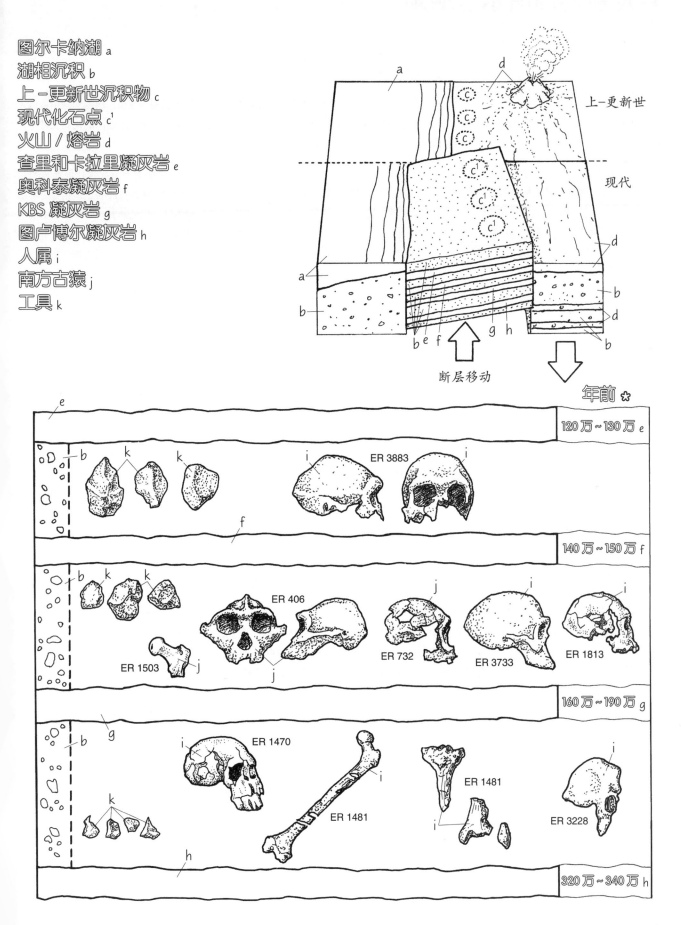

5-8
肯尼亚的西图尔卡纳湖

20世纪80年代早期，理查德·利基和他的团队开始探索图尔卡纳盆地的西侧，而到了80年代晚期，梅亚维·利基开始在西南方向的沉积中寻找甚至为更古老的原始人类。

为现在的图尔卡纳湖和500万至400万年前之间的湖岸线填色。注意，那些化石点应该位于古代的湖泊边缘。

图尔卡纳湖是东非大裂谷系统的一部分，后者也包括了奥杜威峡谷和阿法尔三角洲（见5-5）。图尔卡纳盆地位于大裂谷的中心地带，主要在肯尼亚境内，但向北延伸到了埃塞俄比亚和苏丹境内。奥莫河发源于埃塞俄比亚高地，是图尔卡纳湖的主要水源。在过去的400万年前至200万年间，这个湖泊和河流系统中堆积了大量沉积物。该地区有数不清的断层和火山，地壳运动导致地表被侵蚀，暴露出沉积中的化石宝藏，而火山熔岩则为钾/氩测年法提供了条件。湖平面的多次上升和下降被记录在沉积层中。在这些沉积层中，大量动物化石得以保存，其中也包括原始人类。

从西图尔卡纳的化石点开始填色，然后为纳楚圭湖相沉积填色。先为在该处发现的"黑色头骨"（KNM-WT 17000号）填色，然后为奥莫河的顺古拉湖相沉积及其中的颌骨填色，再为年代表上的时间填色。

1986年，利基和他的同事们发现了一颗头骨，并为它取了个"黑色头骨"的绰号，这是因为富含锰的矿物质使化石具有很深的颜色。除了部分牙齿缺失，这颗头骨几乎是完整的。它的面部高低不平，矢状嵴非常突出，颅腔很小（容量410毫升）。WT 17000号标本生活在250万年前，是已知最古老的粗壮型南方古猿。在20世纪60年代，奥莫河谷（顺古拉湖相沉积）的发掘中曾出土了一块非常粗壮但风化程度很高的下颌骨（OMO 125号），它也有约250万年的历史。尽管一块是头骨而另一块是下颌骨，但是这两块化石相似的年代和粗壮程度表明，它们属于粗壮型南方古猿，且很可能属于同一个物种——埃塞俄比亚南猿。[①]来自埃塞俄比亚哈达尔地区300万年前的化石被称为阿法南方古猿，有一种观点认为，它可能包含两个种，其一可能是粗壮型南方古猿的先祖。而这些250万年前的粗壮型南方古猿支持了这个观点（见5-21）。

为纳楚圭湖相沉积中的"图尔卡纳男孩"KNM-WT 15000号标本及其在年代表上的时间填色。

在连续三个野外作业季中（1984—1986年），利基、艾伦·沃克和作业班长卡莫亚·基梅乌在烈日下坚持工作，挖掘出了一具由散落在现场的碎片组成的珍贵标本，这副几乎完整的幼年骨架大概属于一位男性，年龄估计在11～15岁之间。地质学家弗兰克·布朗和同事们对沉积物和标本的放射性测年为160万年前。骨架的幼年状态和完整性为理解早期原始人类的生长和发育提供了难得的洞见。

为图尔卡纳湖东侧的库彼福勒湖相沉积、南侧的阿里亚湾和卡纳波依化石点填色。再为卡纳波依和阿里亚湾的化石及其年代填色。

当梅亚维·利基决定在图尔卡纳盆地寻找古代原始人类化石的时候，还没有比来自莱托里的370万年前的足迹化石更早的原始人证据。于是，她选择对卡纳波依已知约400万年历史的沉积物加以探测。在20世纪60年代，古生物学家布赖恩·帕特森（Bryan Patterson）已经在那里发现过一块肱骨远端（KNM-KP 271号）。这个碎片所揭示的信息非常少。仅靠孤立的四肢骨不足以确定物种归属，尤其是无法仅通过肱骨，因为原始人类和黑猩猩的这块骨头十分相似（见4-36）。此外，上肢骨无法为两足行走提供证据。因此，这块肱骨化石在被描述之后就被束之高阁，以等待更多的化石发现来做进一步鉴定。

梅亚维·利基的团队来到卡纳波依工作后，没多久就发现了一块上颌骨和一块胫骨的大部分（KP 29285号）。后来，他们又发现了第二块保存了大部分牙齿的上颌骨，以及一块完整的下颌骨（KP 29281号和KP 29283号）和一颗头骨的耳部。当挖掘工作扩展到湖东侧阿里亚湾形成于400万年前的沉积时，他们又发现了一块桡骨。在年代为350万年前的特克韦尔化石点则出土了一块腕骨（图版中未绘出）。这些化石与哈达尔年代更晚的阿法南方古猿化石有很大区别（见5-5、5-9）。因此，梅亚维·利基和艾伦·沃克把这些新发现但更古老的化石命名为湖畔南方古猿。迄今为止，它们都是经过可靠鉴定的最古老的原始人。

为洛塔甘化石点以及在那里出土的下颌碎片及其年龄填色，完成整个图版。

巴林戈湖的塔巴林，肯尼亚的洛塔甘以及埃塞俄比亚的阿拉米斯出土的更古老的化石碎片如今过于破碎，无法进行分类，只能等待更多的证据出现。洛塔甘的颌骨碎片测年在700万年前至500万年之间。梅亚维·利基在该地搜寻了5年；她积累了大量犀牛、猪、长颈鹿、羚羊、马和包括剑齿虎在内的多种肉食动物的化石。但她没有找到原始人类化石。在那之后，她决定去挖掘有着400万~500万年历史的较晚的化石点。请记住，分子数据表明，原始人与猿类的分化大约发生在600万年前至500万年前。也许在700万~500万年前的这段时期，本来就没有留下多少原始人化石可供挖掘。但在对原始人类的研究中，一切搜索都无法预见结果。在下一块石头底下或下一铲土中，或许就藏着古生物学的宝藏！

---

① 埃塞俄比亚南猿已被划入傍人属，改为埃塞俄比亚傍人。——译者注

西图尔卡纳湖

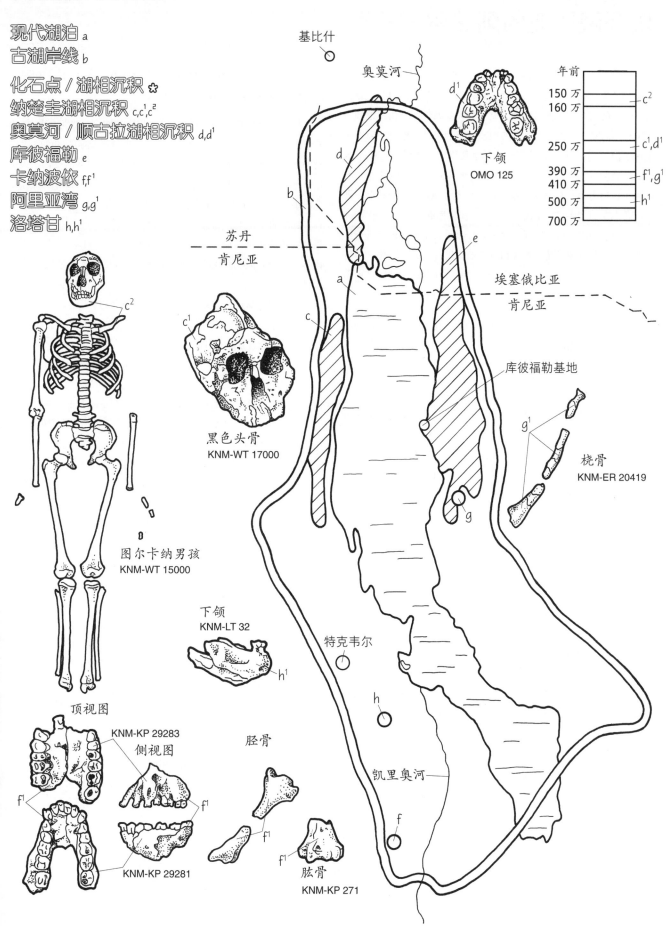

现代湖泊 a
古湖岸线 b

化石点／湖相沉积 ✳
纳楚圭湖相沉积 c,c¹,c²
奥莫河／顺古拉湖相沉积 d,d¹
库彼福勒 e
卡纳波侬 f,f¹
阿里亚湾 g,g¹
洛塔甘 h,h¹

基比什

奥莫河

下颌
OMO 125

年前
150 万
160 万
250 万
390 万
410 万
500 万
700 万

c²
c¹,d¹
f¹,g¹
h¹

苏丹
肯尼亚

埃塞俄比亚
肯尼亚

库彼福勒基地

桡骨
KNM-ER 20419

黑色头骨
KNM-WT 17000

图尔卡纳男孩
KNM-WT 15000

下颌
KNM-LT 32

特克韦尔

凯里奥河

顶视图

KNM-KP 29283
侧视图

胫骨

KNM-KP 29281

肱骨
KNM-KP 271

5-9
埃塞俄比亚的阿法尔三角洲

阿法尔三角洲地区也称达纳基尔，它由东非大裂谷、红海裂谷和亚丁湾裂谷切割而成。这里现在是一片荒漠，但在上新世时，今天的阿瓦什河流过的地方充斥着大量湖泊。沿河草地顺着阿瓦什河谷蔓延。尽管意大利的地质学家们早已探索过了阿法尔地区，但直到 1970 年，法国地质学家莫里斯·塔伊布（Maurice Taieb）才在下阿瓦什地区的哈达尔发现了主要的脊椎动物化石沉积；1974 年，唐纳德·约翰松在此发现了 AL-288 号骨骼，即"露西"。在 20 世纪 70 年代中晚期，地质学家乔恩·卡尔布（Jon Kalb）和他的团队对中阿瓦什地区含有原始人化石的地点进行详尽的测绘，并发现了博多头骨和阿拉米斯化石点——蒂姆·怀特（Tim White）随后在该处发现了化石。在这一区域的大量上-更新世化石点中，发现了超过 300 块原始人化石和成千上万件石器。

为阿瓦什河以及下阿瓦什地区的哈达尔化石点填色。再为阿法尔化石点的哈达尔化石填色。

哈达尔是若干阿法尔化石点中较高产的一处。它的土壤沉积相对均一且横向堆叠。这些沉积层位于钾/氩测年法很容易测年的多期火山凝灰岩之间（见 5-4），而它们几乎全部都来自上新世。沉积共分三部分，包括：测年为 340 万年前的西迪哈科马部分，它与图卢博尔属于同一火山灰层（见 5-7）；测年为 320 万年前的代登多拉部分；测年为 300 万年前的卡达哈达尔部分。

作为著名的哈达尔宝藏，AL-288 号标本"露西"保存了整个骨架的 40%，其四肢骨足够完整，使得研究人员能够对早期原始人类的体形和身材比例有所了解（见 5-17）。AL-288 号的绰号"露西"源自披头士乐队一首广为流传的歌曲《露西在缀满钻石的天空中》（Lucy in the Sky with Diamonds）。AL-288 号后来被归类为阿法南方古猿，其测年结果为 318 万年前，很可能生活在周围有各种开阔地带的湖岸环境中。

测年为 320 万年前的 AL-333 号化石点的发掘工作出土了分属于约 15 个个体的原始人遗骸。图中描绘的 AL-333-105 号头骨是基于多个个体的拼接还原。1992 年，解剖学家约尔·拉克（Yoel Rak）在卡达哈达尔部分中发现一颗被归类为阿法南方古猿的相对完整的头骨（AL-444-2 号），其测年为 300 万年前。它的眉骨和脸颊表现出了多个粗壮型特征：口鼻突出，具有单个尖头的第一前臼齿和突出的犬齿以及 500 毫升左右的脑容量。

阿法尔地区的化石猎人阿里·优素夫（Ali Yesuf）和莫曼·阿拉汗都（Maumin Alahandu）在卡达哈达尔部分中发现了早期人属的证据——一块不完整的上颌骨 AL-666-1 号，测年为 233 万年前。从它与周围草原动物群的关系来看，这名早期的人属成员生活在较干燥的稀树草原环境中。AL-666-1 号标本与非常早期的奥杜威文化中的刮削器及砍砸器有关。

先为中阿瓦什地区的化石点，以及博多、马卡、鲍利和阿拉米斯的化石填色。再为孔索的头骨填色。

格伦·康罗伊（Glenn Conroy）描述的博多头骨测年为约 60 万年前，具有较大的颅腔和十分粗壮的眉骨以及厚厚的颅骨。它与布罗肯希尔头骨很像，并可能属于海德堡人（见 5-24）。1990 年，这里出土了一块位于肘部的上肢碎片，其形状与现代人很像，但略小。此外，还发现了来自阿舍利文化和奥杜威晚期的石器。

1981 年，蒂姆·怀特在马卡化石点发现了一块包括很长的股骨颈的亚成年个体股骨上段 MAK-VP-1/1 号（VP 代表古脊椎动物学）。1990 年的地表新发现包括测年为 340 万年前的颅骨和颅后骨骼遗骸。其中一块下颌骨（MAK-VP-1/12 号）根据 109 块碎片重新拼合而成，其骨骼很厚，有着很大的犬齿、臼齿和一颗双尖牙的第三臼齿。当时的古代气候与哈达尔的代登多拉部分相似，属于混合着开阔地和林地的生态环境。

阿拉米斯化石点出土了多个 440 万年前经过肉食动物破坏的化石碎片。牙齿碎片显示，与阿法南方古猿相比，其犬齿更大，而臼齿较小。一颗乳白齿（ARA-VP-1/12 号）在总体大小和狭长形状上与倭黑猩猩最为相似，而犬齿与臼齿的比例也和倭黑猩猩相符。相关的动物群（如疣猴）和植物遗存化石表明，当时为林地生态环境。这些标本可能是晚近的猿类化石。尽管它们已被归类为"始祖地猿"，但我们还需要更多详细的资料，在这之前，它们在人类演化史中的位置仍是一个悬而未决的问题。

鲍利化石出土于 1997 年，包括颅骨和上颌骨化石（BOU-VP-12/130 号）、多根长骨的骨干，以及一根脚趾骨，其大小、长度和弯曲度都与阿法南方古猿的遗骸差不多。1996 年，人们在地表又发现了一根股骨骨干（BOU-12/1 号）。在该地还发现了很多零散分布的颅骨和颅后骨骼碎片，它们的测年都在 250 万年前。其中一颗不完整的头骨有着较小的颅腔（容量 450 毫升左右）、粗壮的骨骼、突出的颌骨和部分矢状嵴。它们的臼齿很大，比号称"胡桃钳子人"的 OH 5 号标本（见 5-6、5-20）还要大。鲍利化石被其发现者古人类学家贝尔哈内·阿斯富（Berhane Asfaw）及其同事们命名为一个新种——惊奇南方古猿，被认为是早期人属的候选祖先之一。鲍利化石也可能属于南方古猿。

在图卡纳盆地东北方向 200 千米左右的孔索加杜拉出土了一颗测年为 140 万年前的粗壮型南方古猿的完整头骨（KGA-10-525 号）。日本古人类学家诹访元（Gen Suwa）和同事们将其归为鲍氏傍人。它与奥杜威峡谷的 OH 5 号有很多相似之处：巨大的白齿、较大的颅腔以及不甚突出的矢状嵴。阿法尔三角洲历经抬升和侵蚀后，暴露出非洲保存最好的原始人类地理环境。未来的工作很可能会发现将为人类演化研究带来新的洞见的新化石。

阿法尔三角洲

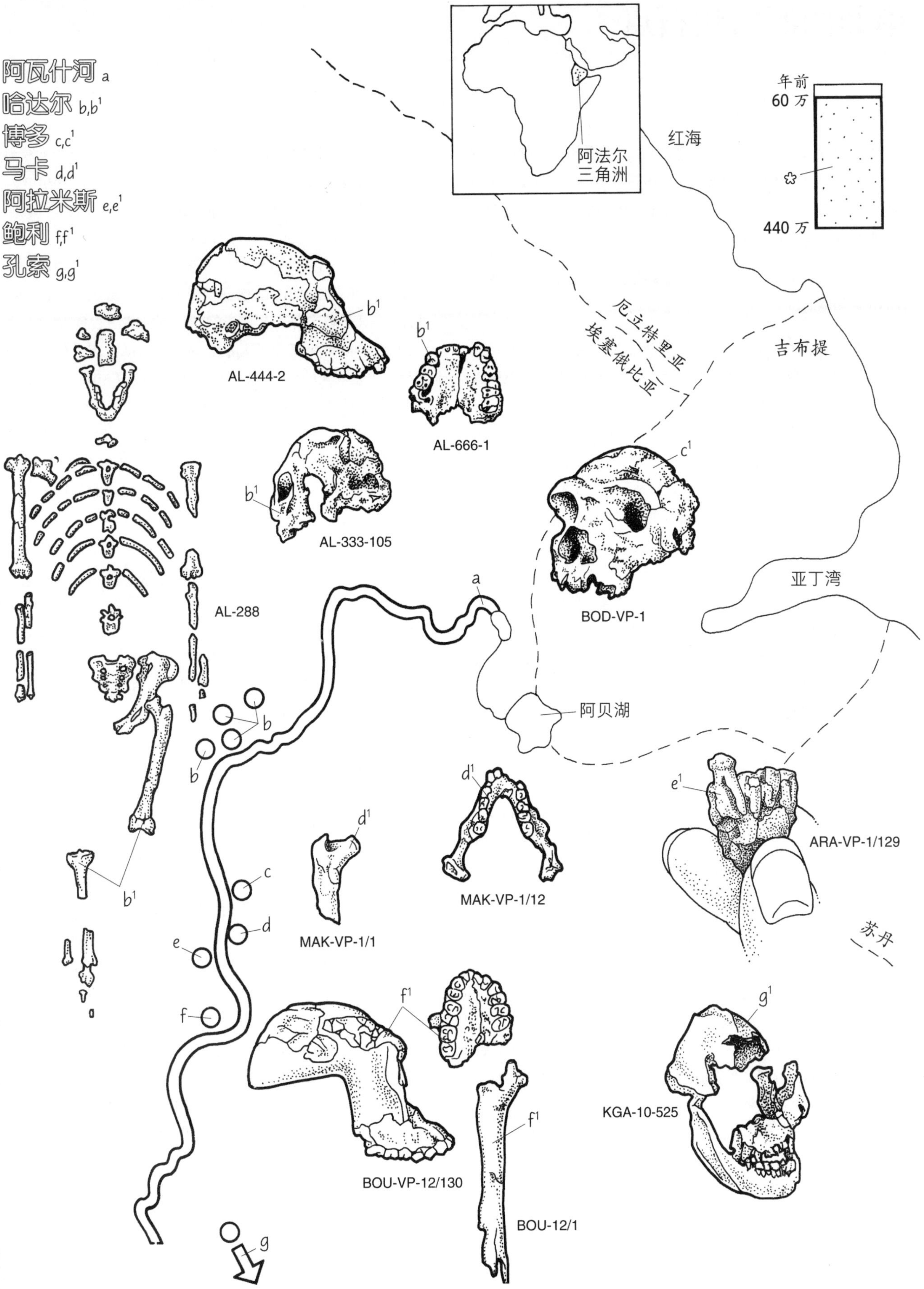

阿瓦什河 a
哈达尔 b,b¹
博多 c,c¹
马卡 d,d¹
阿拉米斯 e,e¹
鲍利 f,f¹
孔索 g,g¹

红海

阿法尔
三角洲

年前
60 万

440 万

厄立特里亚
埃塞俄比亚

吉布提

AL-444-2

AL-666-1

b¹

AL-333-105

c¹

BOD-VP-1

亚丁湾

AL-288

a

阿贝湖

d¹

e¹

ARA-VP-1/129

b

b

b¹

c

MAK-VP-1/12

MAK-VP-1/1

d

e

苏丹

f

f¹

f¹

BOU-VP-12/130

BOU-12/1

KGA-10-525

g¹

g

5-10
南非的洞穴化石点

当雷蒙德·达特捧着这枚来自汤恩的不同寻常的头骨时,他意识到了它在人类演化史中的重要意义(见 5-5)。这颗未成年的头骨与猴类化石具有显著区别。它看上去像是猿类,但已知的猿类从来没有生活在如此靠南的位置。达特认为,汤恩幼儿是我们的猿类祖先与通往现代人的谱系之间的一个"缺失环节"。这个观点在此后数十年内并没有受到认可。

为汤恩幼儿和三岁黑猩猩的齿系填色。注意面部特征以及头骨的正面和侧面。

汤恩幼儿保存下来的部分有:面部、颅内模、完整的齿系、相连的下颌。它所处的牙齿发育阶段和正在萌出的第一颗恒臼齿(M1)让达特推测,这颗头骨的年龄相当于六岁的人类儿童。汤恩幼儿最惊人的特征是犬齿很小,这与幼年黑猩猩形成鲜明对比,后者的犬齿和门齿较大,而臼齿相对较小。现在我们知道,大臼齿是南方古猿的特征(见 5-20)。达特估计,其更高的前额内有一个比黑猩猩更大的大脑,而保存下的颅内模证实了这一点。目前据估计,汤恩幼儿的年龄在 3~3.5 岁之间,成年后将拥有约 440 毫升的脑容量。

科学界对于达特的缺失环节一说表示怀疑。更早的爪哇岛化石,以及其后在中国发现的化石证据让很多人相信,亚洲才是人类谱系的故乡。达特充满争议的观点,只有通过发现汤恩头骨所属物种的成年个体后才能得到证实。罗伯特·布鲁姆是一名苏格兰医生兼化石猎人,他相信达特是正确的。1936 年,他开始探索位于德兰士瓦省的斯泰克方丹(意思是"涌泉")洞穴化石点,希望以此证实达特的观点。

使用对比强烈的浅色为贯穿斯泰克方丹洞穴沉积剖面中的第 1 段到第 6 段填上颜色。为标注出的年代及第 4、第 5 段以及最晚近的第 2 段中发现的化石和石器填色。

斯泰克方丹洞穴处于白云质石灰岩中,完全靠水蚀刻而成。累积的碎屑和骨骼黏结形成了被称为角砾岩的石块。当人们在此地开采石灰岩时,就已经发现了含有骨骼的角砾岩,但布鲁姆是第一个前来寻找原始人化石的人。

地质学家蒂姆·帕特里奇(Tim Partridge)和同事们确立了洞穴内沉积的相对地层序列,并识别出第 1 段到第 6 段。布鲁姆的早期发现来自第 4 段,现在的测年为 280 万前至 260 万年前之间。一枚缺乏齿系的完整头骨(Sts 5 号)有着与猿类不同的面部和颅顶,以及相当于现代人的 1/3 的 485 毫升脑容量。其他标本的大脑甚至更小(Sts 60 号与 Sts 71 号均为 428 毫升)。颅骨和牙齿(Sts 36 号和 Sts 71 号)的形态显示白齿较大且磨损严重,犬

齿和门齿较小,面部高低不平。一具含有几乎完好的骨盆(Sts 14号)和其他四肢骨(Sts 34 号)的不完整骨架则提供了这些原始人类靠两足行走的清晰证据,从而再一次将他们与人类而非猿类联系在一起。第 4 段中没有发现任何石器。当布鲁姆在 1950 年发表他的发现后,科学界终于开始重视起来。约翰·罗宾逊(John Robinson)在 20 世纪 50 年代和布鲁姆一同工作,他们一共发现了 100 件标本。后来,由解剖学家菲利普·托拜厄斯组织、阿伦·休斯(Alun Hughes)主管的发掘工作又发现了 550 件标本。这些标本大多数都来自第 4 段,被归属于非洲南方古猿。

20 世纪 90 年代涌现了大量激动人心的新发现,包括一个非洲南方古猿较大的脑容量为 515 毫升的颅骨(StW 505 号)和一个不完整的骨架(Sts 431 号),据古人类学家亨利·麦克亨利(Henry McHenry)和李·伯杰(Lee Berger)的研究,该骨架的上肢比现代人长,而下肢较现代人短。来自阿法尔(AL-288 号,见 5-9、5-17)和奥杜威(OH 62 号)的不完整骨架的四肢比例也表明了一个介于猿类到人类之间的过渡阶段。

约 200 万前至 150 万年前之间年代较晚近的第 5 段出土了一个非南方古猿类的不完整头骨(StW 53 号),它属于能人,此外还出土了各种各样的动物骨骼。羚羊化石显示这一时间段的气候比较干燥。自 60 年代开始,人们已在这个无与伦比的宝库中发现了数千件石器。90 年代,古人类学家罗恩·克拉克(Ron Clarke)把这里的发现增加到 9,000 多件。考古学家凯瑟琳·库曼(Kathleen Kuman)从中区分出了多个石器文化,包括奥杜威文化(偏锋砍砸器、石核和刮削器)以及拥有两面器和手斧的早期阿舍利文化。另外,还有几件可能是作为挖掘工具的骨器。

罗恩·克拉克是一名真正的古生物学侦探,他在年代为距今约 330 万年的西尔博伯格石窟最底层亦即第 2 段中获得了惊人的发现。这个故事开始于 1994 年,克拉克和托拜厄斯在描述之前挖掘出的含有化石的角砾岩时,在其中发现了 4 块足骨(StW 573 号)。进一步探查后,他们发现了更多的足骨和腿骨,这让克拉克开始相信,这具骨架的剩余部分一定还在漆黑的洞穴内的某处。就像黑夜里在一堆稻草中寻找一根细针一样,他手持探照灯和助手们开始搜索这具化石骨架。然而奇迹发生了,他们竟然将足骨与洞穴深处岩石表面暴露出的胫骨对应了起来。这具骨架(StW 573 号)是迄今发现的最完整的早期个体化石。头骨、躯干、四肢骨和手骨都有紧密联系,并且毫无疑问是来自同一个体。图版中角砾岩的放大图中就包含了手骨,其中 5 块掌骨还有腕骨都完好保存下来。此外还有破碎的尺骨和桡骨。从混凝土般的岩石中将化石取出是一项令人望而生畏的工作,但一旦完成,就将为人类演化的这一早期阶段的研究开启另一个重要的篇章。

汤恩和斯泰克方丹

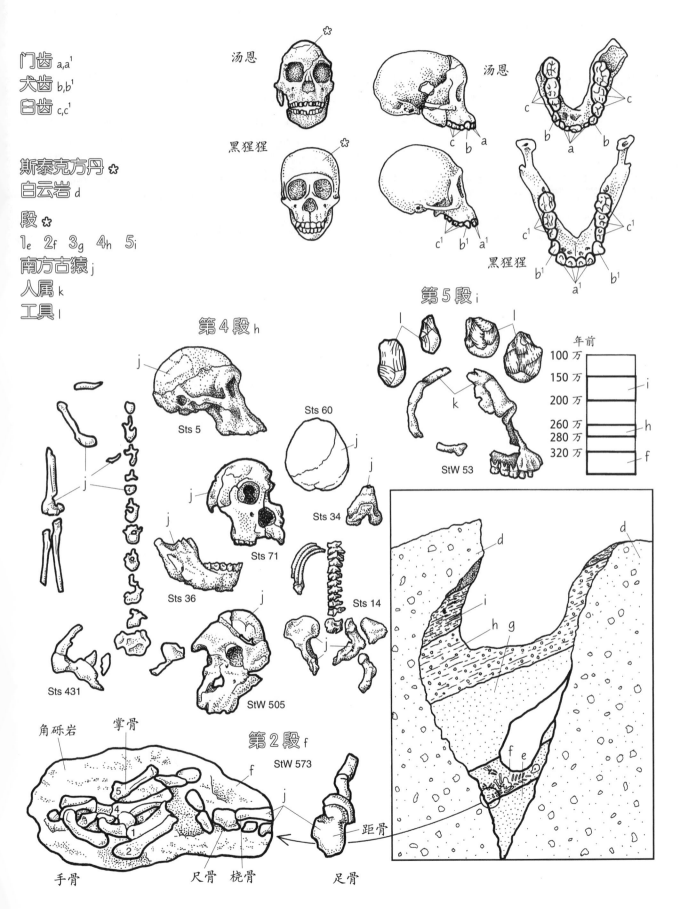

门齿 a,a¹
犬齿 b,b¹
臼齿 c,c¹

斯泰克方丹 ✴
白云岩 d

段 ✴
1e 2f 3g 4h 5i
南方古猿 j
人属 k
工具 l

汤恩

黑猩猩

汤恩

黑猩猩

第4段 h

第5段 i

Sts 5

Sts 60

Sts 34

StW 53

Sts 71

Sts 36

Sts 14

Sts 431

StW 505

年前
100万
150万
200万
260万
280万
320万

i
h
g
f

角砾岩 掌骨

第2段 f

StW 573

距骨

手骨 尺骨 桡骨 足骨

5-11
南非的斯瓦特克朗洞穴

很深且多层的斯瓦特克朗洞穴于 1948 年和 1949 年由罗伯特·布鲁姆和约翰·罗宾逊进行了第一次挖掘。在估算的 80 万年历史的沉积期间，通往地下洞穴的路径因侵蚀而多次开放和关闭（见 5-12）。不规则的填充物、沉积物充斥的各种入口通道，加上侵蚀作用和采矿活动，共同造成了斯瓦特克朗洞穴复杂的地质状况。这个洞穴并不是一个生活场所，而是一个空洞的地下区域。

自 1951 年开始，古生物学家和埋藏学家 C. K. 布雷恩与其他人就在斯瓦特克朗洞穴展开工作，力图揭开洞穴的地质学和年代史秘密，并在洞壁和洞底挖掘出了丰富的化石遗存。他们识别出三个不同的沉积时期，分别称之为第 1、第 2、第 3 段（更晚近的第 4 段和第 5 段在图版中未绘出）。

用反差强烈的颜色为洞穴的地质特征填色。

整个洞穴由白云岩或致密的石灰岩构成。泉水中的矿物质沉积形成的钙华构成了该洞穴各段沉积的边界。每一段都代表一个不同的沉积阶段。化石和石器都内嵌在洞内的角砾岩中，而角砾岩犹如天然混凝土般的性质导致化石挖掘非常困难，并要耗费很长时间（见 5-10）。

掉进洞穴的地表碎屑包括动物的遗骸和其他物质（见 5-12）。斯瓦特克朗洞穴庇护和保存了来自至少 132 个个体、共计大约 333 件标本的早期原始人类骨骼。其中，来自至少 117 个个体的 275 件碎片属于粗壮型南方古猿，这比其他任何化石点出土的粗壮型南方古猿标本都要多。在这里还发现了超过 875 件石器，包括砾石砍砸器、石核和刮削器，还有 68 件骨器——大部分来自第 3 段。此外还发现了狒狒、肉食动物、马、猪、牛、羚羊和大型啮齿类的化石。

先为从最古老的第 1 段中出土的化石和工具填色，再为其时间范围填色。

从这段沉积中，一共出土了来自 100 个粗壮型南方古猿个体和 4 个人属个体的化石碎片，人属个体在本图版中由 SK 847 号代表。SK 48 号具有标志性的粗壮矢状嵴、高颧骨和大臼齿（见 5-20）。SK 23 号是不完整的头骨和下颌骨，它保留了面部下侧前突的特征和粗壮的颧骨，下颌肌肉的附着面也较宽，这意味着骨头的主人强有力的咀嚼肌。颅内模（SK 1585 号）的容量估计约为 476 毫升，其具有枕窦和边缘窦的明显印记（见 5-21）。SKW 5 号（W 代表南非金山大学，它是后期挖掘项目的赞助方）是一名亚成年个体的下颌，其恒臼齿还未完全长出。即便是在未成年阶段，它也已具有明显的粗壮型特征。

髋骨（SK 50 号）和四肢骨显示出两足行走的特征。髋骨有一定的变形，但具有宽宽的"喙状"髂骨和相对较小的髋关节窝。股骨近端（SK 82 号）上的股骨头较小，股骨颈很长，还有粗壮的骨干，这与其他人科股骨（OH 20 号）很相似。

第 1 段还包含石器和骨器。SKX 8692 号标本的下端有一个打击点，这说明这件燧石片工具（约 10 厘米长，5.5 厘米宽）是从更大的石核上敲打下来的。骨器和角器上也出现了挖掘和摩擦后留下的微小证据，例如 SK 5011 号，这是一件保存良好的牛科（大羚羊）角芯，其尖端被磨得十分光滑。

为第 2 段的化石、器物和时间范围填色。

第 2 段出土了大量化石，尤其是来自至少 17 个不同个体的粗壮型南方古猿的化石。两个明显不属于南方古猿的个体被归属于直立人（SK 15 号），他们的臼齿较小，下颌也没有那么粗壮。南方古猿下颌碎片（SKX 4446 号）反映了一个未成年个体的粗壮形态，其恒臼齿还未完全长出。更多其他的骨骼和石器则是各种各样的觅食工具。

为第 3 段的化石、器物和时间范围填色。

第 3 段的所有原始人遗骸都属于粗壮型南方古猿，其中一例是一颗右侧上犬齿（SKX 25296 号）。其齿冠高度及长度都有所减少，证明了其与人科的密切关系，而与黑猩猩或狒狒的牙齿明显不同（见 4-33、5-1），并表明它与较大的臼齿和前臼齿一样经历了适应研磨的演化。工具包括骨器和石英岩制作的砍砸器（SKX 26168 号），以及一件不寻常的马颌骨（SKX 29388 号），它有所破裂，但十分光滑。对磨损方式的研究表明，它曾被用于挖掘，很可能在原始人类牢牢握住其齿圈时。

这一段具有一个不同寻常的特征，即出现了超过 250 件烧焦的骨骼遗骸。布雷恩将这些骨骼解读为利用天然火（例如闪电）来作为营火的证据。这些洞穴内晚近开发的区域可能为原始人类使用这种营火提供了临时场所。

粗壮型南方古猿从 180 万前至 100 万年前占据着斯瓦特克朗洞穴。这一化石点的证据表明，两个人科物种——粗壮型南方古猿和至少一种人属成员（可能是直立人）——在时间和空间上有过重合。骨骼和石器的丰富数量和多样性强烈地支持了粗壮型南方古猿是工具的制造者和使用者的观点。它们拥有的帮助其从环境中获取食物的多种出色工具以及适应食用含有沙砾的粗糙植物的解剖特征，说明了早期原始人类觅食适应性上的一种变化。

斯瓦特克朗洞穴

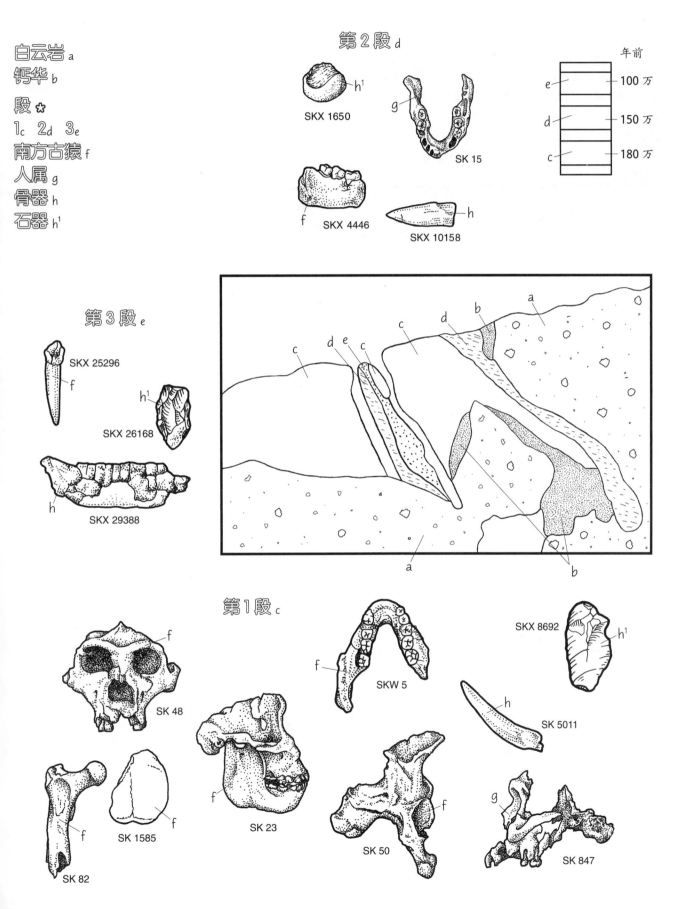

白云岩 a

钙华 b

段 ✿

1 c 2 d 3 e

南方古猿 f

人属 g

骨器 h

石器 h¹

第 2 段 d

SKX 1650

SK 15

SKX 4446

SKX 10158

年前

e — 100 万

d — 150 万

c — 180 万

第 3 段 e

SKX 25296

SKX 26168

SKX 29388

第 1 段 c

SKX 8692

SKW 5

SK 5011

SK 48

SK 1585

SK 23

SK 50

SK 847

SK 82

5-12
南非洞穴中的骨骼

对于南非马卡潘斯盖洞穴中发现的原始人类化石和动物骨骼化石，雷蒙德·达特有一个貌似合理的解释。他认为，动物骨骼是早期原始人类进食的剩余，而羚羊的颌骨、角和四肢骨则是原始人类的武器。因此，达特得出结论，骨器的使用构成了一种文化。他给这种文化起了一个十分拗口的名字——骨齿角器文化。罗伯特·阿德里（Robert Ardrey）的《非洲的起源》普及了达特的观点，亦即：早期人类男性是一种从事捕猎，为配偶和后代提供肉食的"杀手猿"。

20世纪60年代，C. K. 布雷恩猜测，南非洞穴中的骨骼可能并非出自早期原始人类的活动。相反，他怀疑肉食动物可能才是这些骨骼堆积的罪魁祸首。通过考察这两个问题，布雷恩着手检验自己的猜想：这些骨骼是如何进入洞穴的？又是谁造成了这一切？

为现代斯瓦特克朗洞穴填色，图版中表现了附近的一棵树和洞穴的填充物。在洞穴潮湿且受到庇护的开口处，幼小的树木容易扎下根来。

采用埋藏学的方法，布雷恩对斯瓦特克朗洞穴的化石遗存进行了分析，并描述了其中的物种及其骨骼，以及骨骼上的破裂、磨损和印记。羚羊和蹄兔的骨骼很丰富，但也有食虫动物、啮齿类动物、狒狒、猎豹和鬣狗。蹄兔只有头骨被保存下来了，并且其底部是破裂的。羚羊的骨骼主要包括颌骨、角芯、四肢骨和大骨骼的碎片。小型啮齿类动物和食虫动物的骨骼则以团状的形式出现。

为猎豹和它的猎物羚羊的插图填色。

接下来，布雷恩观察了现代的猎豹和其他肉食动物如何杀死它们的猎物，以及它们进食之后哪些骨骼部位会被剩下。猎豹的典型猎物包括小型羚羊、狒狒和蹄兔。猎豹会吃掉猎物的软组织、肋骨、脊椎和手脚，剩下颌骨和较大的骨骼。蹄兔除了脑袋，整个都会被吃掉。猎豹通常将猎物拖到树上，供未来几天食用，并防止食物被更强大的狮子和鬣狗偷走。猫头鹰吐出的小球可能就是成团的小动物骨骼。有些骨骼上还探测到了豪猪啃食留下的痕迹。

为了排除人类活动参与其间的可能，布雷恩对来自石器时代晚期人类居住的洞穴中的数千块骨骼碎片进行了分析。他发现，超过一半的骨骼碎片都不足5厘米长。人类食物遗存的小块骨骼与肉食动物剩下的大上许多的碎片形成了鲜明的反差。

为100万年前斯瓦特克朗洞穴中骨骼堆积过程的还原场景填色。

把这些线索组合在一起，布雷恩勾勒出100万年前可能发生过的情景。他推论，猎豹把洞穴开口附近的树木作为食用猎物的安全地点，进食之后剩下的骨骼会掉入洞里或落在洞口附近，然后和其他碎屑一道被冲入洞中。

为原始人类头骨和豹类颌骨填色。

指向猎豹的"确凿证据"是1950年于斯瓦特克朗洞穴发现的一个南方古猿幼儿头骨。这颗头骨上有两个标准的圆孔，而孔口掉出的骨片仍留在原地，说明这个幼儿的伤口根本来不及愈合。在洞穴中发现的一块猎豹颌骨化石与这两个圆孔完全匹配。

布雷恩随后又收集到另一个证据。在博物馆收藏的现代猎豹颌骨样本上，他对下颌两个犬齿间的距离进行了测量。结果犬齿间距刚好落在幼儿头骨上两个洞之间距离的区间范围内。所以，在这场更新世的杀戮中，猎豹极可能是导致这名原始人类幼儿死亡的罪魁祸首。

所有的证据链都与布雷恩的假说相吻合，肉食动物的活动，尤其是猎豹的活动，才是洞穴中骨骼堆积的主要原因。与达特的原始人是猎人的假说相反，布雷恩得出结论，猎豹才是杀手，而原始人类只是其盘中餐！

为鹰和它的猎物（汤恩原始人类）填色。

在另一项埋藏学分析中，李·伯杰和罗恩·克拉克假设，大型掠食鹰类是汤恩幼儿发现地特殊的化石组合的始作俑者。和布雷恩一样，他们的结论基于多项观察结果：包括汤恩地区的动物化石保存状况及其身体大小以及现代林雕的行为及其在猎物骨骼上留下的痕迹。

与大型动物骨骼化石占50%的斯瓦特克朗不同，汤恩85%的骨骼都来自小型或中型动物——野兔、鼹鼠、小型鸟类，还有完整的狒狒头骨等。此外，与其他南非化石点不同，这里只发现了一名原始人类，而且还是名幼儿。和其他的汤恩猎物一样，汤恩幼儿的下颌仍然与头骨相连。这名汤恩原始人类的骨骼上没有肉食动物的齿痕，而是有一个V形的印记。现代非洲的鹰类会在骨骼上留下标志性的V形印记，那是在将中小型动物抓到树上的巢穴时留下的。而当它们进餐结束后，猎物的下颌仍与头骨相连。

食肉动物对早期原始人类来说显然是个威胁，尤其对于更加脆弱的幼儿来说。早期原始人类的社会行为可能出于尽量减少被捕食的威胁，但我们仍有很多证物来证明过去的捕食事件所造成的伤亡。

天敌与猎物

斯瓦特克朗洞穴化石点 ✿
树木 a
洞穴 b
洞穴填充物 / 化石 c
骨骼 c¹
猎豹 / 下颌 d

猎物 ✿
羚羊 e
原始人类 e¹

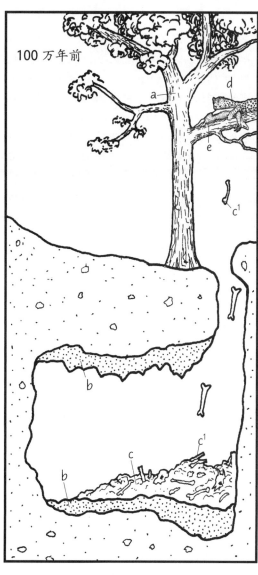

现代

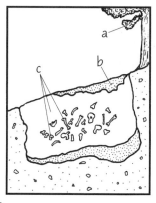

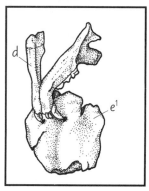

汤恩洞穴化石点 ✿
鹰 f
汤恩原始人类 e²

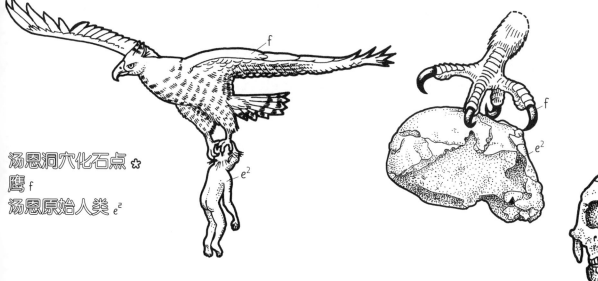

251

5-13
早期原始人类的行为

行为上的什么变化可以解释早期原始人类走上的独特道路？雷蒙德·达特认为，原始人类的新方向是狩猎和食肉。他的观点是，相比其他"和平"的素食猿类，人类是"杀手猿"，这一观点曾经声名远播。关于狩猎（男性狩猎者）和食尸的各种题目仍继续吸引着众多人类学家的注意。这样的叙事也扩展到性行为和以配偶及其子女为中心的社会关系上——雄性给雌性提供食物（用食物换取性行为），而雌性则被描述为依靠雄性的食物和保护才能生存下去的依附者。当我们猜测过去时——这是不可避免的，我们必须利用所有的证据，并将两种性别和所有年龄层的情况都考虑在内。

为每条证据链填色，包括分子数据及黑猩猩、人类和原始人类化石的比较解剖学、比较行为学特征，以及稀树草原镶嵌地带的生态环境。

分子研究确立了演化历史。黑猩猩属是人类最亲近的现存亲属，两者在大约 500 万年前分化。比较解剖学和比较行为学研究强调了一个根本性的差异：黑猩猩四足行走，爬到树上觅食和睡觉，但每天会在地面移动 3 千米左右；为了在高低不平的地形中长距离行走，人类的身体经过自然选择而发生了重构，觅食人群每天行走的平均距离为 12 千米左右。

原始人类的化石记录与分子学和比较解剖学的证据相符。骨盆和腿骨化石、身体比例和足迹都表明他们靠两足行走。其骨骼化石与现代人并不完全一致，但很可能在功能上是等同的，并且与四足行走的黑猩猩有显著区别。牙齿化石也很独特：原始人类具有比黑猩猩和现代人都要大上许多的大大的臼齿和前臼齿，但犬齿比现代人小。原始人类的脑部比现代人小，但比黑猩猩的大。

手骨化石显示出他们在使用工具方面有更强的潜力。在人类演化的这一早期阶段，并没有工具被保存下来，但我们可以推断它们的存在。尽管最早到 250 万年前至 200 万年前的石器在考古学上才是可以被识别的，但这些石器的工艺水平显示，在此之前已经有很长的工具制造历史。此外，野外和圈养的黑猩猩都能制作和使用工具。早期原始人类至少有这样的创造能力：使用主要是有机的、无法保存的材料，以及未经改造的石头作为工具。

最早的原始人类化石发现于非洲稀树草原镶嵌地带拥有 400 万年历史的若干化石点，稀树草原镶嵌地带是由于岩层断裂和抬升运动而形成的生态区。曾经连绵不断的低地雨林变成了季节性干旱的栖息地。狒狒十分适应这样的环境，能在其中采集 250 种植物，并以昆虫和多种动物猎物为食。与狒狒和黑猩猩一样，早期原始人类也是机会主义的杂食性动物，但与狒狒不同的是，在迁入这片新的适应地带时，他们已惯于使用工具。黑猩猩和大猩猩的祖先则在森林和林地中昌盛发展。草原上的危险也被记录在原始人类骨骼的化石上。埋藏学分析结果表明，他们的骨骼曾被肉食动物啃食，这说明他们是豹类和肉食性鸟类的捕猎对象之一。

如果草原上的原始人类不狩猎和食肉的话，那他们当时在做什么呢？两足行走的原始人类能够在林地边缘或稀树草原镶嵌地带中跨越很广的活动范围，采集很多动植物作为食物。较大的磨牙说明他们的食物比较坚硬粗糙，很可能是植物。一开始，原始人类肯定和黑猩猩一样使用工具，这让他们能够获取新的食物种类，如长有硬壳的坚果和皮厚的果实，或者地下的根和块茎。工具的使用必须依靠习得的传统——由母亲传给后代，并且很可能靠雌性代代相传。对工具的依赖越来越强，可能是导致童年时期出现的一个因素——这是一个长期学习技能的时期。

当我们考虑社会行为比如共享食物、交配模式和照顾幼儿时，我们不能再通过化石证据来推测运动方式或通过齿系来了解饮食结构，也不能再通过手骨来揭示使用的工具或通过环境推测食物来源和危险。社会行为不会成为化石，因此我们依靠的是与其他灵长类的行为的比较。例如，雌性和雄性黑猩猩都捕捉动物以获取肉类。成年雌性黑猩猩与自己的后代、没有血缘关系的雌性和新生幼崽分享植物和动物类食物，甚至偶尔也与雄性分享肉类。雄性分享食物的行为则比雌性要少得多。因此，早期原始人类间的食物分享是一种从雄性到雌性的单向交易的结论，并没有什么根据。

大多数对早期原始人类的描述都提到了配偶关系或由雄性为雌性和幼儿提供食物的核心家庭，但实际上，灵长类和哺乳动物极少生活在配偶关系的家庭群体中。此外，对于猴类和猿类的研究显示，雌性会对雄性加以选择，而雄性交配的成功率很大程度上取决于雌性的选择。这些灵长类的倾向为何会在早期原始人类身上突然改变，完全没有合理的解释。

集中在雄性捕猎、捡拾尸体和肉食之上的流行观点过于狭隘，不足以解释人类的起源和行为。基于已有的重要证据和雌性扮演的角色，更合理的结论是，早期原始人类靠两足长距离行走，持续地依赖使用工具来采集、携带并分享在广阔的草原上获取的动物和植物食物。精巧的长矛和带把手的捕猎工具在人类演化中出现得相当晚，约在 30 万年前。是采集多种动物和植物食物的行为创新，而不是捕猎，使得我们的祖先进入了一个与他们的猿类先祖不同的技术和观念领域。

各种证据

黑猩猩 a
人类 b
原始人类 c
分子数据 d
比较解剖学 e
比较行为学 f
稀树草原镶嵌地带 g

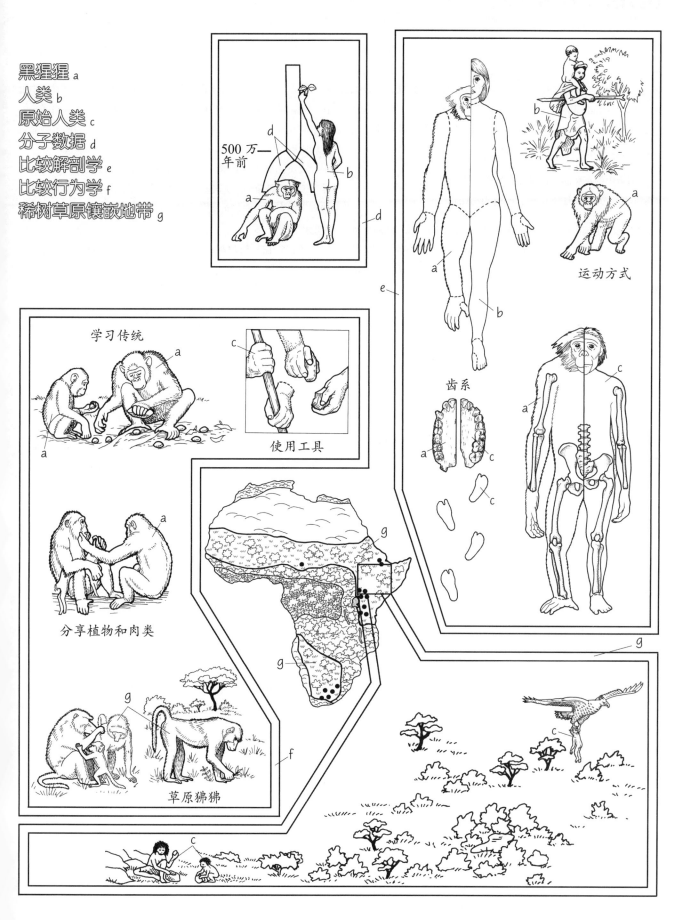

500万—年前

学习传统

使用工具

分享植物和肉类

草原狒狒

运动方式

齿系

5-14
两足结构与运动方式

只有人科灵长类有着靠两条腿长距离行走的能力。黑猩猩的运动解剖学特征是为了以四足指节着地的姿势在地面上移动而设计的，它们的运动方式还包括攀爬、悬挂、伸臂、跳跃，以及偶尔两腿站立和行走（见3-13）。相比人类，黑猩猩的手臂更长，但双腿较短和较不发达（见4-36）。两者的差异很好地突出了与人类习惯于两足行走有关的身体结构。

图版中的左腿展示的是人类步态的站立期。先为其整个步伐周期填色，然后再为展示摆动期的右腿填色。

站立期或承重期开始时，脚跟撞击地面（1），重心随之移动到这只支撑的脚上（2），同时躯干向中线旋转。髋关节、膝关节和踝关节变得完全伸展（3、4、5），以便支撑一只脚承受的全部体重。摆动期（右腿）开始于脚趾离地时（1、2），脚趾为身体提供推动力和向前的动量。髋关节、膝关节和肘关节开始弯曲（3、4）。躯干向支撑的左脚旋转，后者在右腿向前摆动时帮助稳定上身。双臂朝不承重的那只腿的相反方向摆动，以便抵消身体的旋转（5、6）。当摆动脚离地（3、4、5、6），同时另一只脚支撑全部的身体重量时，平衡性最为不稳定。

在黑猩猩和人类的插图中，为代表重心的圆圈填色，这是身体站立时的平衡点。先为腰部填色，再为小插图中的髋骨、骶骨和股骨填色。

由于双腿较重而上肢较轻，人类的重心位于身体下半部，靠近髋关节。这样的体重分配让人类在两足站立和行走时有着比黑猩猩更好的稳定性。伸展的髋关节和膝关节有助于人类在耗费少能量的情况下让躯干保持垂直。

人类的脊柱呈S形曲线。粗壮的楔形椎间盘构成腰部的弯曲；它们支撑骨盆和下肢之上的躯干，并起到缓冲作用。腰部的灵活性对于躯干的旋转至关重要。注意，人类的骶骨和髋骨较宽，而黑猩猩的则较窄。人类的股骨和膝关节能向内倾斜，并因此使双脚位于身体之下。黑猩猩的股骨和膝关节不能向内倾斜（见5-15）。

用反差明显的浅色为黑猩猩和人类的臀大肌、臀中肌及臀小肌填色。

肌肉的大小和形状是运动机制的一个关键部分。在人类的两足模式中，牵动一个关节（而不是两个）的肌肉很大。臀大肌使人类的臀部呈非常明显的圆形，占人体肌肉总重的6%，这反映了其重要功能：它拉直并支撑髋关节，且在行走的大部分时间中都在发挥作用。黑猩猩这块肌肉的形状和位置都与人类不相同——它附着在股骨的远端，靠近膝关节。肌肉下侧较重的部分则靠近腿后肌群。

人类的臀中肌和臀小肌覆盖在髂骨表面，跨过整个髋关节，并附着在股骨顶部（大转子）。在站立期间，这些肌肉旋转，并保持躯干的平衡。它们可以使身体前移，同时避免身体倒向未受支撑的摆动肢。

黑猩猩在树枝顶端或地面上行走时，它们的臀肌旋转髋关节，后者将脚拉到中线上。因此，这种四足姿态中的躯干和髂骨都位于髋关节的前部，而非其顶部，并且肌肉处于旋转的位置。然而，当黑猩猩用两足站立时，这些肌肉位于髋关节上侧，因此黑猩猩用两足行走时只能横着走。髋关节的旋转性在直立姿势中消失了，这说明原始人类的骨盆经过重构，才获得了这种重要的旋转功能（见5-15）。

先为大腿前侧的股四头肌填色。然后为大腿后侧的腿后肌群填上灰色。再为小腿上的腓肠肌和比目鱼肌填色。

人类股四头肌的重量超过腿后肌群的两倍，它延展并拉直膝关节。当脚跟撞击地面时，股四头肌起到了"刹车"的作用，并因此辅助平衡。腿后肌群在人类奔跑时发挥的作用比在行走时更大。典型的四足动物如灵缇（见3-9）的腿后肌群要大得多，是其股四头肌的两倍以上，这是因为这些肌肉需要推动动物前进。黑猩猩的股四头肌和腿后肌群的重量几乎相等。

在人类行走时，腓肠肌收缩，并提供将脚趾推离地面的动量，从而启动摆动期的动量。腓肠肌内嵌有长长的肌腱，叫做阿喀琉斯腱——这得名于一位希腊的神，他的母亲将他浸入神奇的保护液中，但她手握的脚跟处留下了一个弱点。黑猩猩的腓肠肌与小腿等长，由肌肉纤维而不是肌腱连接。

从类似黑猩猩的四足行走祖先演化为两足行走的现代人，肌肉系统的变化也导致骨骼发生了很容易观察到的变化：例如股骨向内侧弯曲、胫骨外踝增大，以及大脚趾更加粗壮等。这些骨骼特征也有助于评估化石原始人的双足适应能力。

黑猩猩与人类

步伐周期 ✿
站立期 a
摆动期 b

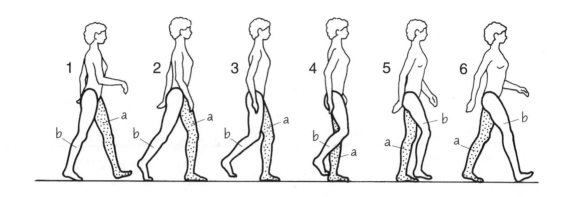

髋骨 e
骶骨 f
股骨 g

重心 c
腰部 d,d¹

下肢肌肉 ✿
臀大肌 h
臀中肌和臀小肌 i
股四头肌 j
腿后肌群 k ✿
小腿 l

骨盆顶视图
人类

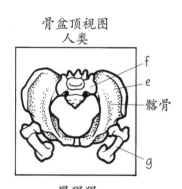

黑猩猩

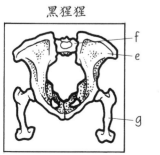

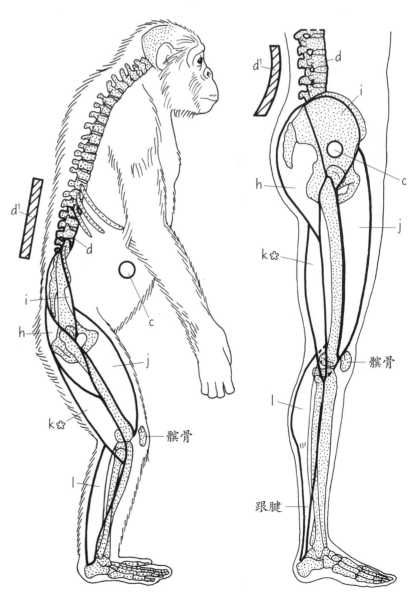

5-15
原始人类的运动方式：骨盆与下肢

两足行走的习惯将人科家族的早期成员（南方古猿）与非洲猿类区分开来（见 5-1）。在宣布汤恩幼儿是人类祖先时，雷蒙德·达特就大胆地提出它以两足行走。这个猜测有碰运气的成分，因为头骨特征和枕骨大孔的位置并不能提供关于运动方式的可靠信息。20 世纪 40 年代，当人们在南非发现首批南方古猿骨盆和大腿骨后，达特宣称的两足模式被证明是正确的。这些证据包括在马卡潘斯盖出土的两块少年期个体的髂骨，以及在斯泰克方丹发现的几乎完整的骨盆（见 5-10）。自那以后，非洲南部和东部的多个地点都发现了四肢骨和骨盆。1974 年，唐纳德·约翰松在哈达尔发现了一个膝关节，而在 1975 年，他又发现了作为一具破碎骨架的一部分的一个几乎完整的骨盆（见 5-17）。

典型的两足运动方式依靠两条腿推动向前或制动减速、稳定和旋转直立的躯干，以及在行走过程中保持一只脚承重时的平衡（见 5-14）。非洲的猿类和人类有类似的肌肉和骨骼，但两者的大小、形状和方向不同。骨盆、四肢骨和关节的化石为解释早期原始人类的运动适应性提供了线索。本图版中展示的南方古猿化石具有一些可与黑猩猩和现代人相比较的与两足模式有关的结构。

先为黑猩猩、南方古猿和人类的髂骨、髋臼和骶骨填色。再为黑猩猩和人类的臀部肌肉填色。

两足行走的一个特征就是有短小扁平的髂骨，它意味着有更大的面积可供臀肌附着（见 5-14）。南方古猿的髂骨比猿类要短，而且略微弯曲。这个形状意味着，臀小肌和臀中肌能够在两足行走时旋转并支撑身体。

在黑猩猩的两足姿势中，臀中肌和臀小肌位于髋关节之上，因此在两足行走时无法有效地稳定和旋转髋关节以上的身体。相反，人类的髂骨弯曲，前部位于髋关节前侧，这个位置使臀肌位于旋转平面上。在这方面，南方古猿与人类而非猿类更加相似。南方古猿的骶骨使骨盆宽度增加，也与现代人更加相似。

现代人的股骨头比较粗壮，而髋臼较深，这说明这个关节的稳定性有所增强，能够承受更大的重量。南方古猿的髋臼比较浅，股骨头也较小，这更像黑猩猩，而且它的股骨颈也比较长。

为股骨、胫骨以及膝关节的关节面和重心线填色。

人类的股骨从髋部到膝关节向内偏斜，下肢能够靠近身体中线。重心落在膝关节的外侧，而外髁比内髁的表面积更大。胫骨表面略微下凹，像是一个浅浅的盘子，在膝关节处的连接相对紧密。相反，黑猩猩的股骨与髋部相连，然后沿直线向下到达膝关节处。股骨没有任何弯曲，重心线在膝关节内，落在内髁上，与之相对应的是一个较大的内髁。胫骨表面略微上凸，就像一座小山丘，使黑猩猩的膝关节可以完成比人类更大限度的旋转。

南方古猿的股骨形态也很独特，这说明其髋关节和膝关节的功能与另两者略有差异。它们的股骨干比之黑猩猩更为偏斜，这说明其膝盖和双脚完全位于身体下侧。股骨的外髁表明，它们的重心线与现代人更为相近。来自卡纳波依的胫骨（见 5-8）的关节表面明显下凹，这说明这个标本具有旋转幅度较小的相对稳定的膝关节，它与人类相似，而与黑猩猩不同。

现代人的下肢承受身体的全部重量，并执行所有的运动功能。因此，其髋关节、膝关节和踝关节相比黑猩猩都更大，而灵活性较差。南方古猿的关节仍然较小，在一定程度上，这是由其体形较小造成的。关节较小还有可能是因为早期原始人类独有的与后来的原始人类多少有所差别的两足运动方式。

原始人类的运动及其对两足的依赖，在非洲的猿类中早已有先例。刚出现的原始人类迁移到了猿类祖先居住的森林和林地之外的稀树草原镶嵌地带（见 5-2）。猴类和猿类也会采取直立姿态和两足运动方式（见 3-13），以便四处观望、伸手够东西、负重和展示力量，原始人类无疑会发现这些行为十分有用。此外，两足运动模式还证明了，相比采用指节着地行走模式的非洲猿类祖先的短距离巡游，长距离巡游是一种更为高效的谋生方式。尽管南方古猿相比现代人双腿较短，髋部较宽，髂骨旋转幅度更小，而坐骨更长，但它们仍是某种类型的两足行走生物。这种新型运动方式延伸了指节着地在地面上行走的适应性，使得早期原始人类有能力比他们在森林中的祖先行走更远的距离去觅食。

骨盆与下肢

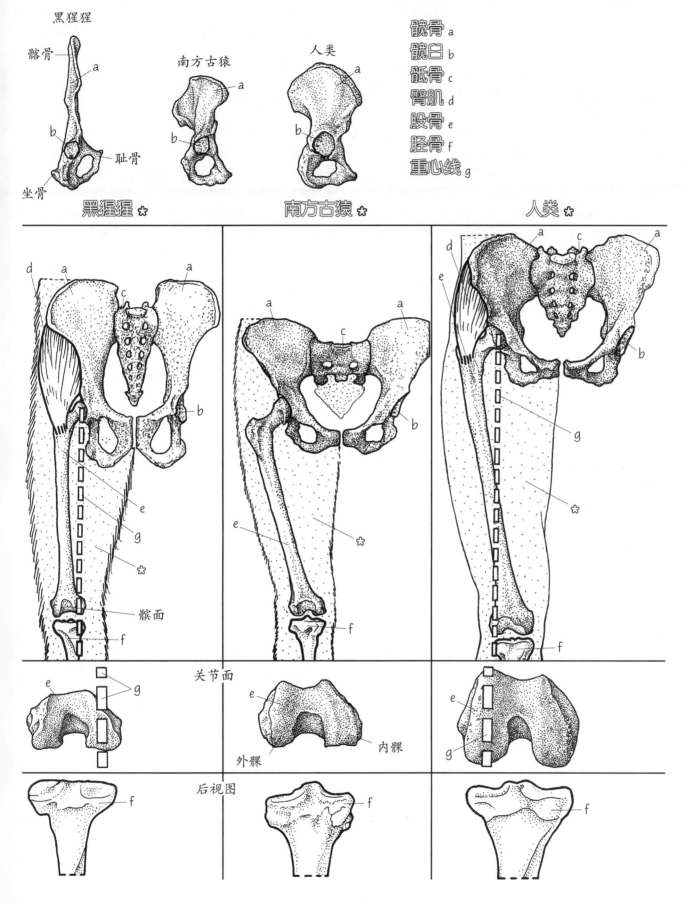

黑猩猩

髂骨 ———— a

b

坐骨 ———— 耻骨

南方古猿 ———— a

b

人类 ———— a

b

髋骨 a
髋臼 b
骶骨 c
臀肌 d
股骨 e
胫骨 f
重心线 g

黑猩猩 ✳

南方古猿 ✳

人类 ✳

关节面

髌面

外髁 ———— 内髁

后视图

5-16
原始人类的运动方式：足迹与足骨

很久很久以前的一天，在刚被一场雨水浇得十分松软的地面上，三只生活在今天坦桑尼亚的早期南方古猿从平原上走过，留下了几行脚印。一座爆发的火山向当地撒下了大量火山灰。又一场小雨落下，雨水与火山灰混合，使之变硬，将脚印保存了下来。幸运的是，玛丽·利基于1978年在莱托里进行发掘工作时，发现了这些370万年前的足迹。这些原始人类和猴类、瞪羚及珍珠鸡的足迹一同记录着远古世界中的来来往往。

在斯泰克方丹、斯瓦特克朗、奥杜威峡谷和哈达尔，都曾发现过足骨化石。一块胫骨、一块腓骨和12根足骨来自同一个个体，还有一块来自奥杜威峡谷第一层（见5-6）的大脚趾远端趾骨。黑猩猩和人类的足迹、足骨和踝骨化石的比较结果，很清晰地显示出两者各自的特征。

为足迹和黑猩猩、人类左脚脚底，以及各自足骨周围的轮廓区域填色。

在行走时，黑猩猩脚跟部分先落地。这些足迹来自一只没有足弓的又宽又扁的脚，而且大脚趾与其他指头是分开的；承重的双手留下很小的指节印迹。人类的足迹保存下了并拢且粗壮的大脚趾的形状、足纵弓和清晰的脚跟轮廓。莱托里的足迹轮廓没有那么清晰，因为他们走过的地面非常软。他们的印记记录下了很深的脚跟位置、并拢的大脚趾、足纵弓和清晰的侧边。

先为人类和黑猩猩足部的顶视图及侧视图中的骨骼填色。注意看跗骨、跖骨和趾骨的相对长度。再为黑猩猩幼崽和人类婴儿的双脚填色。

与黑猩猩相比，人类的跗骨更为粗壮，尤其是距骨和跟骨；跖骨更长、更直，而趾骨较短。跗骨和跖骨还构成了人类长长的足弓。踝关节定位在屈伸方向上并降低了旋转（外翻-内翻）程度。在两足行走时，大脚趾和脚跟位于一条线上。踝关节伸展，"甩动"大脚趾。这个动作给予身体向前的动量。黑猩猩足部的距骨、跟骨、第一跖骨和趾骨都不粗壮，而且还有分开且可反向张开的大脚趾，与其他灵长类动物一样（见3-12）。距骨更靠内侧，跖骨略微弯曲，表明黑猩猩踝关节的旋转程度比人类更高。黑猩猩的足部具有抓握能力，当它们在地面上四足行走时——这是它们主要的活动方式——可起承重作用。

这两个物种足部的比例不同。人类的跗骨占足部长度的一半，而趾骨很短。黑猩猩的跗骨、跖骨和趾骨则各占整个足长的1/3。

为早期人类的足骨填色。

奥杜威出土的足骨适合在两足行走时承重，具有相对粗壮的大脚趾和短小的趾骨，且跗骨几乎占了整个足部长度的一半，和人类相似。刚被发现时，奥杜威的足骨被复原为有一只并拢的大脚趾的结构。后来，解剖学家欧文·刘易斯（Owen Lewis）分析了这一复原图，并将足部化石与现代猿类进行对比，他给出了不同的结论：大脚趾与其他指头是分离的，且很可能可以在一定程度上反方向张开。后续的研究已证实刘易斯的观点。斯泰克方丹出土的更多330万年前的足骨化石（见5-10）也显示，早期原始人类的大脚趾并非完全并拢。奥杜威的距骨和胫骨还表明，与之对应的踝关节能够完成比现代人幅度更大的旋转。

化石足骨的功能及其对运动方式的潜在意义一直是争论的焦点。部分人类学家坚持认为，早期原始人类是两足行走的，堪比现代人类。其他人则争论说，因为其趾骨有些许弯曲，而且大脚趾是分离的，所以早期原始人类的运动方式中有很大一部分是攀爬。后一种解释存在几个问题。首先，足骨只涉及绝大部分的身体结构功能整体的一个单元（见4-36、5-1）。腿骨、骨盆和四肢的比例都支持南方古猿两足行走的结论，尽管它们与猿类、现代人在形态上有很大区别。此外，猿类的攀爬能力是靠肌肉发达的手臂和肩部完成的，而不是靠可反方向张开的脚趾。现代人不能像猿类那样爬树，那是因为我们的上肢力量大幅度减弱，双腿又长又重，而且重心偏低（见5-14）。南方古猿只是在不久之前才从其猿类祖先分化出来的，本就不应预期这个时期的化石具有和现代人完全一致的解剖特征。

人类学家彼得·施密德（Peter Schmid）通过实验给出另一条线索。他对莱托里原始足迹的研究结果证实其源于两足模式，但他对足迹侧边清晰可见的深印十分好奇。为了解决这个问题，他研究了人类儿童的步态，他们的足部大小与化石足迹差不多。儿童在测力板上走过后，测力板记录下了足部的承重模式。这些足迹具有和化石一样的侧边深沟。施密德观察到，当儿童在行走时，他们不会出现成年人那样的躯干旋转节奏和协调的手臂摆动。这种缺乏旋转的现象在儿童怀抱重物且干扰到手臂和躯干的运动时尤其显著。施密德的工作再次强调了研究相对于整体的局部以及进行实验的重要性。

足迹与足骨

距骨 a
跟骨 a¹
其他跗骨 a²

距骨 b
趾骨 c

黑猩猩 d

早期原始人类 e

人类 f

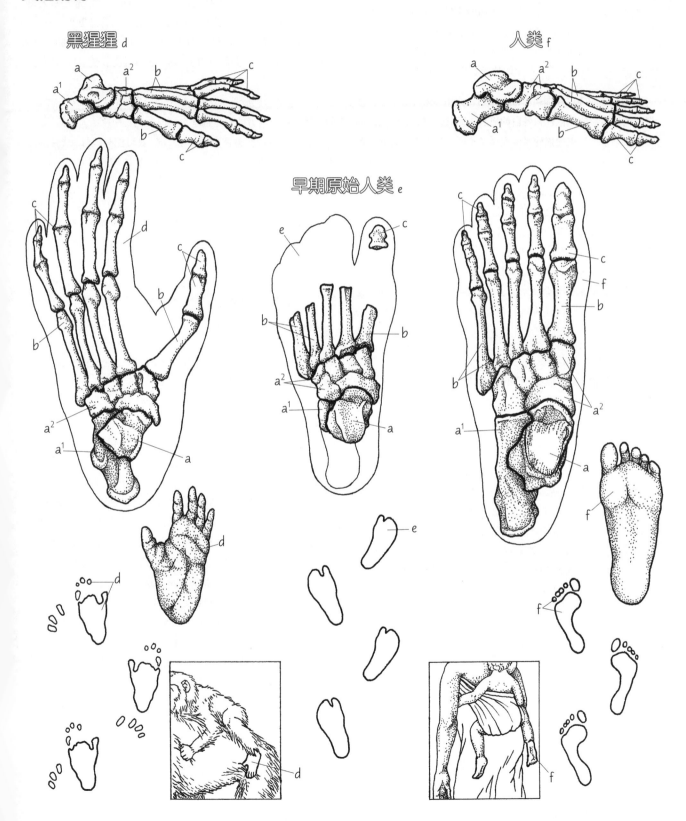

5-17
原始人类的运动方式：露西能告诉我们什么？

著名的不完整骨架"露西"（AL-288 号）出自大约 320 万年前的沉积层中，其物种被归于阿法南方古猿。当这具骨架于 1975 年在哈达尔发现时，许多人类学家都难想象，一种非洲猿类如何能够如当时新近出现的分子数据所表明的那样，在 500 万年的时间框架内演化成为原始人类。AL-288 号骨架与倭黑猩猩的比较结果为人们展现出 300 万年前"似黑猩猩"的原始人类拥有怎样的大小和形态，同时呈现了关于两足行走模式的确切无误的证据。

先用浅色为倭黑猩猩和南方古猿的名称和身体外形填色。注意观察两者体形的相似性和各自的形态，尤其是四肢。现代人的阴影为原始人类和黑猩猩的高度提供了参照。接下来，再为齿系和脑容量填色。

AL-288 号标本最突出之处是其保存几乎完整的四肢骨，因此它们的整体长度以及上肢和下肢的比例可以被确定。AL-288 号的下肢长度与倭黑猩猩类似，但上肢较短。AL-288 号的身体比例很独特，介于现代人和黑猩猩之间。

南方古猿的颌骨及其牙齿与黑猩猩和人类都不相像。它的犬齿很小，而靠后的牙齿很大，并具有高度发达的研磨面（见 5-20）。南方古猿的脑容量很小，只有现代人的 1/3。黑猩猩的脑容量范围与这些早期化石有些许重合，尽管平均而论，化石的脑容量更大（见 5-18）。

为上肢骨和下肢骨以及它们的长度填色。

倭黑猩猩的肱骨、尺骨和桡骨比"露西"要长得多。AL-288 号的上肢较短，骨骼修长，很可能肌肉也不发达。两种黑猩猩的上肢都占整个体重的约 16%，而据我估计，化石中上肢的占比要更低，很可能不超过身体的 10%~12%。两者的下肢尽管长度相似，但原始人类化石下肢的方向不同。南方古猿的股骨干向着内侧的中线倾斜（内收），这是一个和原始人类的两足行走习惯有关的特征（见 5-15）。我的解剖学研究结果显示，雌性倭黑猩猩的下肢占身体重量的 24%（人类超过了 32%，见 4-36）。AL-288 号的下肢很可能介于两者之间，而其肱骨相对于股骨比值为 84%，介于黑猩猩（98%）和人类（75%）之间。

为髋骨（g）、骶骨（h）和脊椎（i）填色，为足部和身高体重数值填色。

AL-288 号的骨盆支持它是两足行走的——它是原始人类，而不是一种大猿。其髂骨和骶骨既短又宽，使骨盆更为张开，这与倭黑猩猩细长的髂骨和骶骨明显不同。原始人类较短的骨盆和较长的腰部增强了脊椎下段的屈伸和旋转能力，使得两足动物稳定其上身的动作成为可能。

AL-288 号的股骨（280 毫米）和股骨头的大小都在倭黑猩猩的范围之内，两者的身高也基本相同。化石中原始人类的体重只能靠估算，不过从整体来看，AL-288 号可能与雌性倭黑猩猩最为相近，大约重 30~32 千克。AL-288 号破碎的胫骨大约长 240 毫米，也在黑猩猩的范围内。

我们能确认"露西"真的是雌性吗？根据骨盆化石的形状和较小的骨骼，发现者认定这是具雌性骨架。然而，骨盆参数可以用来确定现代人的性别，但对于黑猩猩不适用（见 6-8）。在对多个人科的骨盆进行的研究中，人类学家洛丽·黑格（Lori Hager）发现，现代人骨盆中髂骨和耻骨的特征能用以区分性别，但南方古猿的骨盆没有这些特征。南方古猿新生幼崽的头部比现代人婴儿小得多，所以其雌性与雄性的骨盆差别不像我们那么大。目前，只出土了少数原始人类的骨盆化石碎片，它们来自分布很广的多个化石点。基于这些有限的数据，我们还无法确定南方古猿在骨盆上具有性别差异的特征。

如果我们有该物种雌雄两性的大量骨架样本，单独从体形来推断 AL-288 号是雌性或许比较合理，然而，我们没有这样的样本，并且对于其他早期原始人类，我们也没有这样的样本。"露西"的性别只是一个比较合理的猜测结果，只有 50% 的可能是正确的。

AL-288 号"露西"骨架为我们理解与两足行走相关的复杂问题带来了诸多帮助，并有助于将从猿到人的过渡阶段视觉化。这具化石骨架显示，在其从一个很像倭黑猩猩的祖先演化而来的过程中，骨盆和四肢的骨骼可能是变化最小的。更短和更不发达的上肢减少了它们用于攀爬的力量，这意味着它们的重心更低，必须由下肢支撑的躯干重量也更轻，在两足行走时的身体姿态会更稳定。六块腰椎的出现意味着灵活的躯干及其在行走时旋转的可能性。短小的后肢意味着它们的步幅有限，而较小的髋关节和四肢关节则表明，这些部位还会发生变化以达到更佳的承重效果，这可能就发生在人属出现之时。

露西能告诉我们什么?

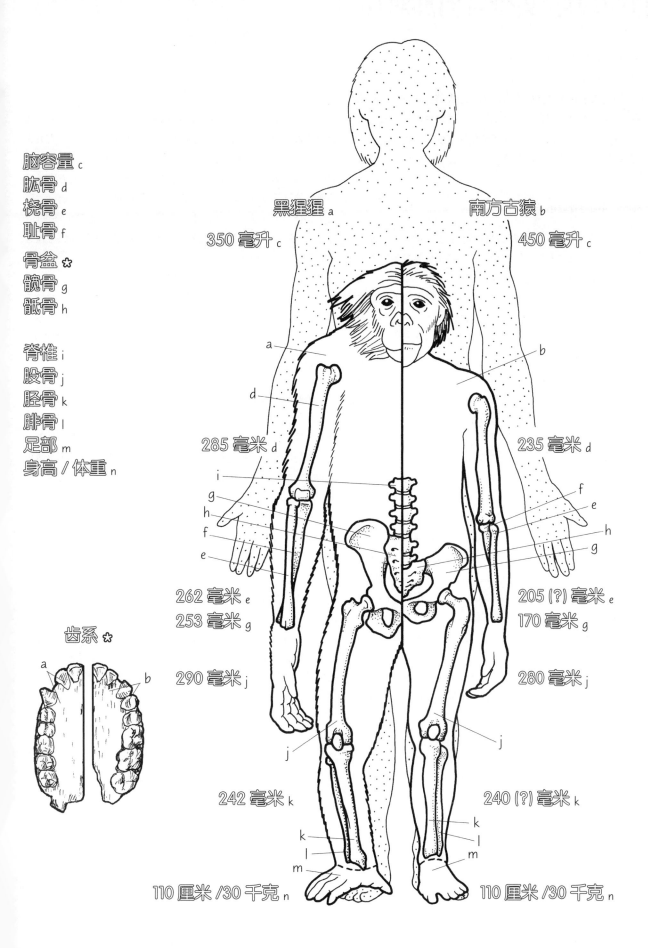

脑容量 c
肱骨 d
桡骨 e
耻骨 f
骨盆 ✱
髋骨 g
骶骨 h

脊椎 i
股骨 j
胫骨 k
腓骨 l
足部 m
身高 / 体重 n

齿系 ✱

黑猩猩 a
350 毫升 c

南方古猿 b
450 毫升 c

285 毫米 d
235 毫米 d

262 毫米 e
253 毫米 g

205 (?) 毫米 e
170 毫米 g

290 毫米 j
280 毫米 j

242 毫米 k
240 (?) 毫米 k

110 厘米 /30 千克 n
110 厘米 /30 千克 n

5-18
南方古猿：头骨与面部对比

最常见的原始人化石是零散的牙齿和部分的下颌、头骨，而很少有骨盆和四肢骨。牙齿和头骨的特征对于鉴定物种非常重要，而且它们还提供了有关功能的线索。头骨是大脑、感官和咀嚼系统的所在。在下面两个图版的第一个当中，我们将识别头骨上与这些系统有关的主要骨性标志，并在黑猩猩、南方古猿和智人当中比较这些特征。此处我们用斯泰克方丹出土的一枚标本来代表南方古猿。

为脑容量和眉骨填色。

脑容量是脑体积的一个粗略量度。传统上，脑容量通过向颅腔内填满芥菜籽或弹丸来间接测量，或通过直接测量保留了脑颅内部痕迹的颅内模的体积进行估算。最新的无创技术（如电脑断层扫描）实现了更精确的测量（见 5-22），黑猩猩的平均脑容量在 350～400 毫升之间，南方古猿的在 400～500 毫升之间，而现代人的则在 1,200～1,600 毫升之间。根据各自的体形大小，早期原始人类和黑猩猩的脑容量大小有所重合。平均来看，这些早期原始人类的脑容量很可能比黑猩猩的更大，但比最初得出的值要小。

将人类的圆顶前额和相对较小的面部区域与黑猩猩的前额和面部进行比较，再将其与南方古猿更为扁平的额部和更为凸出的眉骨进行比较。

接下来，为颞区和犬齿填色。

颞区反映出两个重要的特征：脑部大小和肌肉量。咀嚼肌施加的力量会在骨骼上留下印记（见 5-1）。黑猩猩的颞肌覆盖了大部分颅骨，并固定在下颌的冠突上。肌肉会在骨骼上留下明显的线条，这被称为颞线，在图版中用点线表示。有些黑猩猩的肌肉是如此发达，以至于会在颅骨顶部相接，并形成一个很小的矢状嵴（见 5-20）。图中人类的颞区仅是模糊地绘出，其大小与黑猩猩的差不多。由于人类的颅骨很大，它看起来比较小，在顶视图上几乎看不到。

黑猩猩颞肌的重量是现代人的四倍之多，这主要是由于黑猩猩的犬齿更大。尽管南方古猿的犬齿较小，但根据化石上的颞线

估计，作为研磨器官的一部分，它们的颞肌可能也十分发达。

为颧弓填色。

颧弓由前侧的颧骨和后侧的颞骨构成。主要的咀嚼肌——咬肌沿着颧弓附着在头骨上，并向下延伸，与下颌角相连。南方古猿很厚的颧弓比黑猩猩更为向前突出。附着在颧弓和下颌角上的肌肉所形成的印记表明，南方古猿具有很强的咬肌。南方古猿的咬肌连接点移动到靠后的臼齿正上方，使后面的牙齿在研磨坚硬的小物体时有更强的力量。由于食物经过很多准备和烹饪工序，现代人没有强大的咀嚼肌和较大的牙齿，而相对纤细的颧弓在很大的颅腔上显得很小。

在侧视图和顶视图中，注意黑猩猩面部明显的凸颌，亦即，其头骨正面十分突出。现代人的面部只是被"塞进"了颅腔的下面。南方古猿的面部也比较突出，但比黑猩猩的突出程度要小很多，而且凸颌位于鼻之下，而不是像黑猩猩那样位于鼻部之上。

用浅色为颈后区填色。

颈后区是背部肌肉（如斜方肌）和颈部肌肉（如与颈椎相连的头夹肌）附着的地方。人类的颈后区有一块很大且相对光滑的表面，具有轻微的项线，并且完全不与颞线相会，除非是肌肉非常发达的男性。几种生物的颈椎都很小。黑猩猩的项线或颈嵴更为突出，在颞线和项线相接的位置有明显的突起，而长长的颈椎十分发达。

南方古猿的身体结构与另外两个物种都不相同。它的头骨更圆，项线没有黑猩猩那么突出，而且目前没有任何关于其颈椎的资料。当犬齿被用于啃咬，或被用于由肩部和上身躯干施加的力量所引发的运动时，颈后区的肌肉能为其提供保持和抓牢的力量。人类的颈后区远远没有黑猩猩那么发达，而南方古猿的颈后区比人类发达。

古代祖先的头骨化石中保存了对已灭绝的原始人类头骨功能的记录，其在很多方面都介于黑猩猩和现代人之间。颅部的变化，如颅腔扩大和牙齿退化等，比对两足行走的适应出现得更晚（见 5-1）。

头骨与面部对比

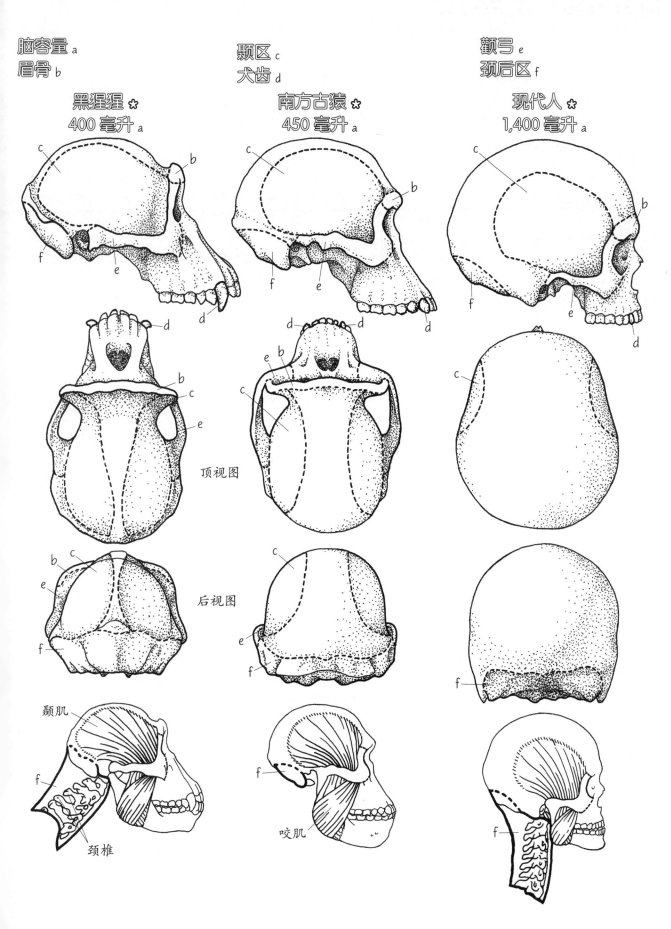

脑容量 a
眉骨 b

颞区 c
犬齿 d

颧弓 e
颈后区 f

黑猩猩 ✷
400 毫升 a

南方古猿 ✷
450 毫升 a

现代人 ✷
1,400 毫升 a

顶视图

后视图

颞肌

咬肌

f

颈椎

5-19
南方古猿：齿系对比

头骨和下颌上的骨性标志反映出牙齿及其对应咀嚼肌的大小和形状。南方古猿的牙齿遗存有助于物种鉴定，而将它们与现代人、黑猩猩进行比较则有助于解释其饮食上的适应性。南方古猿的脑部、面部和牙齿特征都表明，纤维和坚硬食物是它们的主食。

为黑猩猩、南方古猿和现代人的门齿和犬齿填色。

黑猩猩和现代人的门齿比南方古猿的更为突出。以果实为食的猴类和猿类的门齿尤其发达。

黑猩猩的犬齿大小不一，有又小又尖的，也有中等尺寸的，但从整体上来说比现代人的犬齿更为突出。雄性大猿的犬齿通常比雌性的更大（见 4-33）。雄性的犬齿很可能具有社会性功能，例如用于威胁恐吓，用于与其他雄性扭打，或用于对付肉食动物。即便如此，雌性和雄性大猿都具有较宽的上犬齿，还有能够容纳较大上犬齿的形状特殊的下前臼齿。各种南方古猿的犬齿大小不一，但在整体上都退化为近似于现代人的大小。这个变化在饮食和社交方面都具有重大意义。南方古猿的小犬齿说明它们使用了非牙齿的手段——很可能是各种工具——来加工食物以及在互动时展示进攻性，或者吓退肉食动物。

黑猩猩上犬齿和第二门齿间的齿隙有一定的空间，用于交错咬合和打磨下犬齿，而南方古猿和现代人都没有这个特征。后两者的犬齿是闭合的，而不是交错扣紧。原始人类的犬齿被形容为"门齿状"，也就是说，它们的大小与门齿相似，与门齿一道在齿圈中排为一列，而不是像黑猩猩的犬齿那样突出。

为前臼齿和臼齿填色。

黑猩猩的第一下前臼齿为单尖状扇形，其形状及方向与南方古猿和现代人都不相同。南方古猿的前臼齿具有扩大的研磨面，而部分早期原始人类标本则显示出第二齿尖发育的迹象。人类的前臼齿较小，且有两个齿尖，因而被称为"双尖齿"。

与黑猩猩和人类相比，南方古猿的臼齿很大，且长有厚厚的珐琅质。厚厚的珐琅质与食用干燥、粗糙且坚硬的食物有关。相反，黑猩猩（主要以果实为食）和大猩猩（主要以树叶等植物部位为食）等猿类的珐琅质较薄，现代人也是如此。这三个物种具有同样的齿式（2.1.2.3），因为它们都属于狭鼻猿类（见 4-9）。注意它们在腭部长度和齿弓形状上的区别。黑猩猩的齿圈是平行的，而南方古猿的齿圈则成 U 形，两侧的第三臼齿（M3）朝向彼此

略微弯曲。人类的齿弓则为抛物线形，其功能可能与犬牙不再交错扣紧且退化缩小有关。

为颧弓和枕骨大孔填色。

在上一个图版中，我们从顶部和侧面观察颧弓，本图版将从底部进行观察，来评估它与腭部及颅骨的关系。从黑猩猩到早期原始人类，再到现代人，腭部似乎逐渐地被"塞进"增大的颅骨下面。枕骨大孔是脊髓进入颅内的地方，随着颅骨的后部越来越圆，枕骨大孔也在不断前挪。人类的枕骨大孔最大，这与其较大的脑部有关。

人类的枕骨大孔看起来位于正中央，是因为成年人的颅腔很大，而牙齿相对较小。黑猩猩新生幼崽的脑部也较大，当牙齿刚刚萌出，其枕骨大孔也在正中央。枕骨大孔的位置与相对于面部缩小的颅腔的扩大，以及年龄、牙齿发育有关，而非关于运动方式的指标。

为下颌支、颞肌和咬肌填上颜色。

南方古猿垂直的下颌支较高，为咬肌的附着提供了更大的表面积，也为强有力的咬合提供了更长的杠杆臂。两种人科成员的下颌角都比黑猩猩的更加垂直，反映了它们位于咬肌下侧而非在前面的更为高效的分布方式。

对于南方古猿牙齿上的磨损痕迹的分析结果表明，它们在生命早期就严重磨损了，这可能与食用需要大量研磨的粗糙而坚硬的食物有关。原始人类演化的这一阶段发生在用火烹饪食物之前。尽管南方古猿可能也会使用工具来辅助制备食物（在食用前切割或捣碎），并让其饮食结构变得更多样，但大部分研磨工作仍然需要牙齿来完成。

南方古猿的头骨特征是镶嵌式演化的产物。有些特征与现代黑猩猩非常相似，而其他的显示出明确的类人倾向。还有一些则是独特的，尤其是较大的磨牙及其相应的颅面改变。人类头骨——包括脑颅、面部、颌关节、下颌和齿系——是其演化过程的镶嵌性质的例证，也就是说，各个部位在功能上是独立的（见 5-1、6-4）。早期原始人类较大的牙齿、下颌和咀嚼肌都是对其饮食结构及非洲稀树草原生活的适应结果。后来，为了应对饮食结构和生活方式的改变，咀嚼器官变小，而脑部变大。从南方古猿到人属的整体趋势是脑壳与面部和牙齿的大小比例显著增加。

齿系对比

门齿 a   颧弓 e

犬齿 b   枕骨大孔 f   颞肌 h

前臼齿 c   上升支 g   咬肌 i

臼齿 d

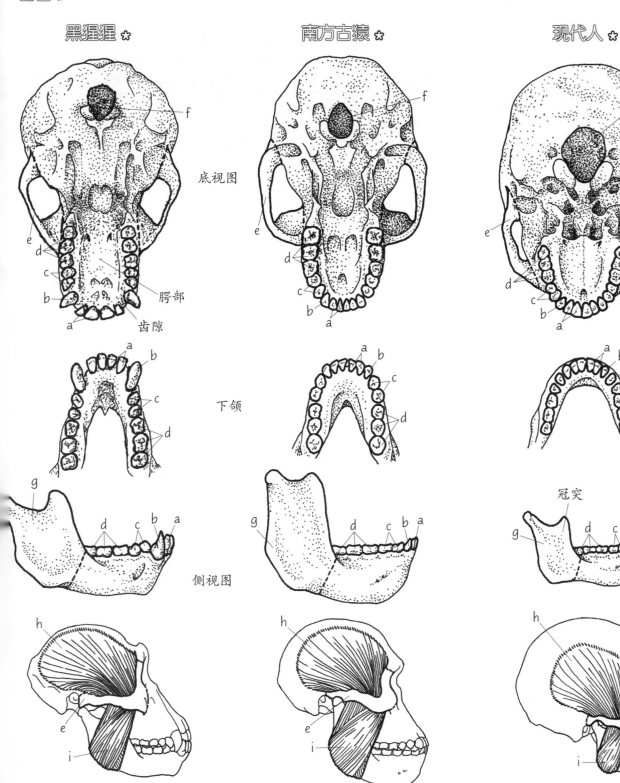

黑猩猩 ✱   南方古猿 ✱   现代人 ✱

底视图

腭部

齿隙

下颌

冠突

侧视图

5-20
南方古猿的适应性

在研究 20 世纪 50 年代于斯泰克方丹和斯瓦特克朗出土的原始人类化石时，人类学家约翰·罗宾逊识别出了两个类群："纤弱型"和"粗壮型"。纤弱型类群包括来自汤恩、斯泰克方丹和马卡潘斯盖的原始人类化石，而粗壮型类群则指的是斯瓦特克朗及附近的克罗姆德拉伊的标本。后来在奥杜威峡谷、奥莫河、库彼福勒及西图尔卡纳发现的化石都被归入粗壮型类群，尽管它们可能代表了不同的物种。早期原始人类化石都有着增大且长有厚厚的珐琅质的牙齿。其脑部较小，使用两足行走。这些决定性特征表明，这些生活在非洲东部和南部的林地和稀树草原镶嵌地带的物种经历了一种"南方古猿的演化适应"（见 5-2）。为强调两者在形态上的区别和在演化谱系上的分化，部分研究人员倾向于把两个类群划为不同的属——傍人属（Paranthropus，粗壮型）和南方古猿属（纤弱型）。此处我们用"南方古猿属"或亚科名"南猿"来代表这个群体中的所有物种。在图版中，我们展现了一个来自奥杜威峡谷的粗壮型的头骨（"鲍氏傍人"OH 5 号）和一个来自斯泰克方丹的纤弱型的头骨。

先为两类南方古猿的门齿和犬齿填色。再为前臼齿和臼齿填色。

粗壮型和纤弱型南方古猿的犬齿在功能上与门齿类似，就像现代人一样。粗壮型南方古猿的齿系十分与众不同，其前端牙齿的绝对大小比纤弱型物种略小，而且明显小于粗壮型的后侧牙齿。两类南方古猿的臼齿和前臼齿都很大，但粗壮型物种的更大。粗壮型增大的臼齿和前臼齿提供了更大的研磨面积，相比纤弱型类群，这种"研磨适应"是一种更加极端的发展。因此，在两个类群中，牙齿相对大小的模式有所区别。

先为颧弓和颞区填色。再为粗壮型南方古猿的矢状嵴填色。

颅骨和下颌的形态说明十分发达的咀嚼肌出现了。颧弓从颅骨上突出，为这一研磨机制不可或缺的巨大咬肌提供了附着所需的表面积。解剖学家约尔·拉克对南方古猿面部结构的研究表明，颧弓由面部的一个骨性支墩——一个前柱——所支撑，以承受咀嚼时的机械力。粗壮型类群的颧弓明显更靠前，从而在面部中段形成了"盘子脸"的标志性外观。

头部颞区的作用是为颞肌提供附着区。当颅骨相对较小而颞肌非常发达时，肌肉会在颅骨顶部相会，就如粗壮型南方古猿那样。其结果是，在颅顶的矢状区形成了一个骨质的尖顶，这被称

为"矢状嵴"。这个嵴增加了骨骼上肌肉附着所需的表面积，并支撑着结缔组织。纤弱型南方古猿的脑壳更光滑，没有矢状嵴，说明其颞肌相对不发达一些。

为脑容量填色。

两种南方古猿的脑部大小基本相似。人类学家迪安·福尔克和同事们计算过粗壮型南方古猿的脑容量，结果在 410 ~ 500 毫升之间，平均为 449 毫升，而纤弱型的脑容量则在 425 ~ 515 毫升之间，平均为 451 毫升。脑体积是通过测量保留了脑颅内部痕迹的颅内模进行估算的。

除了对脑体积的推算，福尔克和同事们还用颅内模复制了大脑本身的外部形态细节。该团队发现，这两种南方古猿类群的脑部形态有着显著区别！粗壮型类群的脑部在细节上与黑猩猩、大猩猩极其相似。相反，纤弱型南方古猿颅内模则显示出与现代人脑在外部形态上相当高的相似性，尤其是扩大的额区和颞区。这些激动人心的发现建立在人类学家拉尔夫·霍洛韦（Ralph Holloway）之前的工作之上，并修正了他之前的研究成果。霍洛韦假定，南方古猿的脑部尽管较小，但很可能经过了重组，以承担与原始人类生活方式相关的新功能。新的数据则指出，在纤弱型南方古猿中出现了重组，但在粗壮型南方古猿中并没有。

为两个黑猩猩物种的头骨填上灰色。

黑猩猩的颅骨、面部和牙齿特征都与南方古猿的不同（见 5-18、5-19）。两种黑猩猩之间的比较与两类南方古猿之间的比较有着有趣的异曲同工之处，证明近亲物种可能在牙齿和颅骨特征上存在差异，但颅后骨骼却很相似。两种黑猩猩在体形和脑部大小上有所重合（见 4-33）。黑猩猩（粗壮型）的犬齿和臼齿比倭黑猩猩（纤弱型）更大。某些面部参数也有所重合，但两个物种完全可以通过它们的下颌长度区分开来。相反，它们的颅后骨骼如此相似，以至于必须借助其他部位才能将它们区分开来。这个例子凸显了根据不完整且不相连的南方古猿四肢、骨盆和颅后骨骼遗存来确定物种可能存在的风险。即使是通过牙齿和颅骨化石碎片，也很难估计它们的体重、四肢比例和运动能力。

在 400 万年前至 200 万年前，早期原始人类经历了一次适应性辐射。纤弱型类群中的一个种很可能演化成了人属。粗壮型类群与人属共存过一段时间，并在大约 120 万年前灭绝。这个时间比化石记录中最早的人属晚了 100 多万年。

纤弱型与粗壮型物种

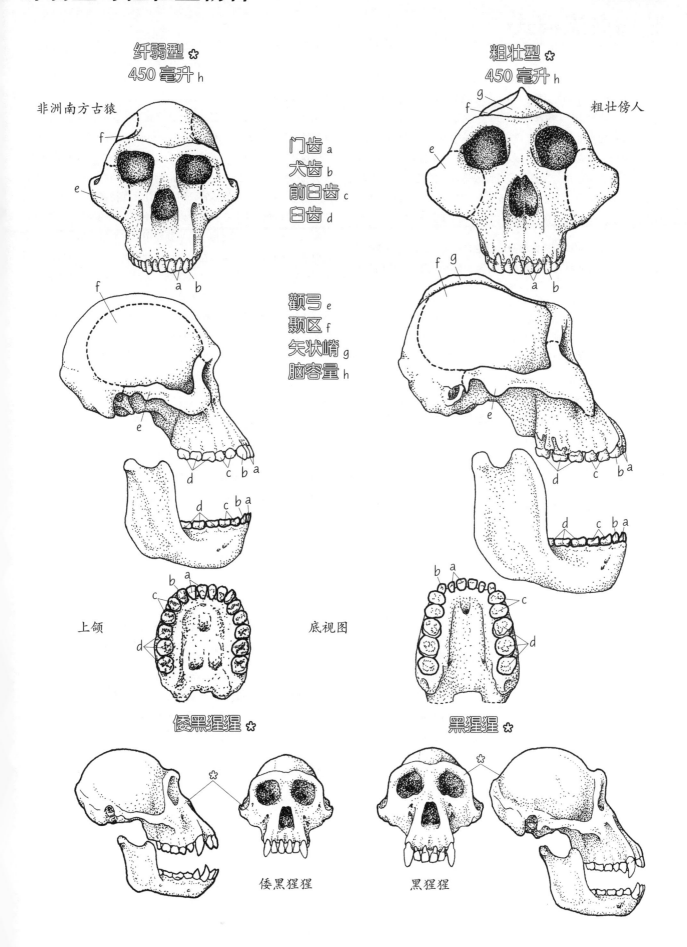

纤弱型 ✱ 450 毫升 h　　粗壮型 ✱ 450 毫升 h

非洲南方古猿　　粗壮傍人

门齿 a
犬齿 b
前臼齿 c
臼齿 d

颧弓 e
颞区 f
矢状嵴 g
脑容量 h

上颌　底视图

倭黑猩猩 ✱　黑猩猩 ✱

倭黑猩猩　黑猩猩

5-21
脑的血流模式

两足运动模式成形于大约 400 万年前人科谱系的最早期阶段，大脑扩增则出现得更晚（见 5-1）。早期原始人类的脑部比猿类的略大一些（见 5-18），脑容量显著增加的原始人的化石一直到大约 200 万年前才出现。是什么导致了原始人类的大脑这一较晚且迅速的扩增？迪安·福尔克对来自古生物学、解剖学、生理学和医学的多个证据链进行了整合，试图回答这个问题。在她看来，原始人脑部增大的一个必要条件是要有一种给这个重要的产热器官降温的手段，也就是说，一种新的脑部血液循环模式。

先为四足行走的黑猩猩和两足行走的人类填色，注意观察头部（和大脑）与心脏的位置关系。再为人类颅骨内视图中的静脉窦脉络填色。

四足动物和两足人类的大脑血流受到的重力作用是不一样的。当人类躺下时，血液像四足动物一样从头部流出，流经颈静脉孔，然后经过主要的颈内静脉。当人类两足站立时，大部分血液则会流入颈后的静脉——椎静脉丛（本图版中未绘出），这是一个由很多小静脉组成的围绕在脊柱周围的复杂网络系统。这个网络是如此精细，以至不会像某些大通道——例如横窦／乙状窦和上矢状窦——那样在颅骨内留下印记。成年人类的枕窦／边缘窦（图版中已绘出方向）已退化或缺失，在出生时它还存在，但很快便消失了。

为粗壮型南方古猿、纤弱型南方古猿和人类的静脉窦的顶视图填色。

在原始人类化石中，可以在枕骨或颅内模上找到静脉窦——前者保存下了在脑外侧形成的静脉脉络痕迹。

所有遗留下枕骨的粗壮型和哈达尔南方古猿（共 15 件标本）都显示出一道较大的深沟，即至少位于一侧的颅骨内枕窦／边缘窦（不一定两侧都有，但至少一侧有）。这道沟由个体终其一生的大股血流所塑造。这股血流要么流入颈静脉，要么进入颈静脉丛。大型的枕窦／边缘窦表明，两足粗壮型南方古猿的血液通道是一根主血管。

相反，南非的纤弱型南方古猿（来自汤恩的除外）和莱托里的南方古猿（6 件标本），以及被归为人属的化石物种都和现代人一样：具有横窦／乙状窦，并且在椎静脉丛周围还有一片静脉网络。枕窦／边缘窦则通常是缺失的。

福尔克很想知道，这些不同的脑血管模式是否具有功能上的意义，以便解释为何某种模式延续了下来，而另一种却没有。福尔克突然灵光一闪地想到，有一次在修理汽车时，修车工曾向她解释说，只有散热器大到足以正常散热时，引擎才能有效运行。

这让福尔克想到，两种不同的血流模式或许反映了早期原始人类的两种脑部降温系统。活跃的脑部和身体会产生大量代谢热量。脑部是一个很热的器官，但必须让其保持在相当严格的温度范围内，才能使其正常工作，以及避免永久性的损伤。尽管颅内静脉丛网络系统在人类身上的主要作用是将血液从脑部排出，但其他研究人员已经证明，在人类体温过高时，颅内静脉也发挥降温的作用。它的工作原理是这样的：头部和前额出汗，起到降低颅骨外层温度的作用；在剧烈运动时，颅内静脉中的血液实际上是倒流的，让刚刚冷却的血液进入脑部最中心处——这是一台天然的散热器。有着这样的静脉网络，稀树草原上的原始人类就有了一种为更大的大脑降温的手段，使"引擎"得以增大，并有助于原始人类灵活地迁入新的栖息地和在各种各样的气候环境中保持活跃。

为福尔克的仙人掌填色。

福尔克在两种南方古猿化石中观察到的脑窦模式的差异还有其他的含义，并引导她得出了两个关于原始人类演化的结论：一方面，粗壮型南方古猿，包括哈达尔的南方古猿，都被特化为具有发达的枕窦／边缘窦，亦即，一种代表着它与猿类或人类分化开来的模式，因此它不可能是人属的祖先；另一方面，纤弱型南方古猿，包括莱托里原始人，则可能是人属的祖先。尽管这些观点不是定论，但它们有很大的参考价值，任何对于人科种系发生的分析都应当加以考虑。

为展现不同原始人类脑容量和时间之间关系的图表填色，注意观察猿类脑容量与原始人类脑容量的相对关系。

粗壮型南方古猿的脑容量一直到近 150 万年前都维持在 450 毫升的水平。同一时期，人属化石的大脑已经超过 500 毫升，并达到了近 900 毫升。福尔克的"散热器理论"假说为演化次序提供了一个解释：两足行走模式率先出现，然后大脑开始增大，最终变为猿类的四倍大（见 5-21）。

脑的演化

重力 a
脑 a[1]
心脏 a[2]

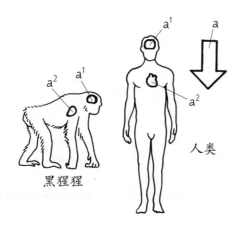

黑猩猩

人类

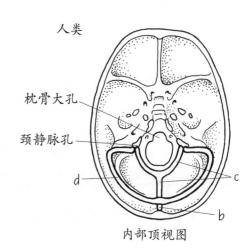

人类

枕骨大孔

颈静脉孔

内部顶视图

静脉窦 ✿
上矢状窦 b
枕窦／边缘窦 c

横窦／乙状窦 d

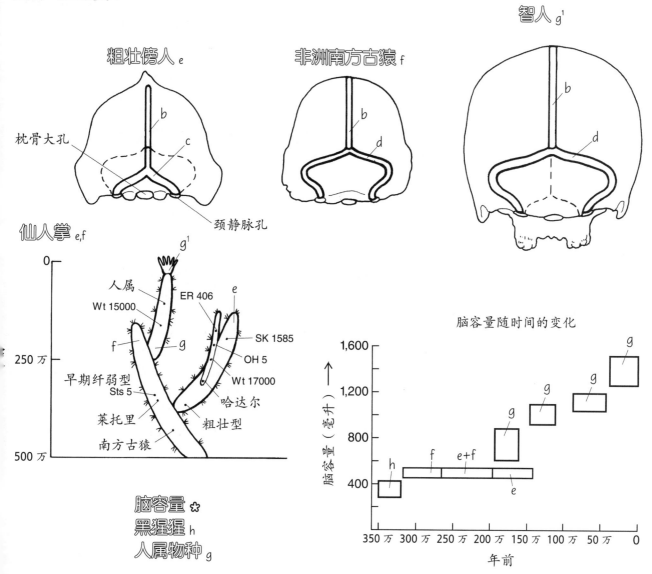

粗壮傍人 e

枕骨大孔

颈静脉孔

非洲南方古猿 f

智人 g[1]

仙人掌 e,f

人属
Wt 15000
ER 406
f
g
早期纤弱型
Sts 5
莱托里
南方古猿

g[1]
e
SK 1585
OH 5
Wt 17000
哈达尔
粗壮型

脑容量 ✿
黑猩猩 h
人属物种 g

脑容量随时间的变化

脑容量（毫升）→

1,600
1,200
800
400

h
f
e+f
e
g
g
g
g
g

350万 300万 250万 200万 150万 100万 50万 0

年前

5-22
走进显微世界

我们已经看到新技术的应用如何促进了对人类演化的研究，例如放射性测年法和针对化石中的古分子的检测法。现在，我们将介绍两种从医学影像学和口腔学领域借鉴到人类学当中的技术手段。

生成三维X光影像的计算机断层（CT）扫描被广泛应用于临床医学中对于多种疾病的诊断。在使用时，X光源和一排检测器围绕患者旋转，以便X光从多个不同的角度穿透患者。检测器收集到的数据经过电脑处理，呈现出患者的组织密度图：最致密的骨骼显示为白色；密度最小的肺显示为近乎黑色；肌肉、神经和脂肪则显示为不同色调的灰色。这些图像可以在胶片上观察，也可以在电脑屏幕上观看，它们可以是二维的切面，也可以是三维的人体透视图。

将CT扫描应用到化石上最大的优势是无创，它不会破坏化石，又能将很多传统方法不易测量出的形态特征加以视觉化和定量化，如表面积、厚度和体积。人类学家格伦·康罗伊及其团队扫描了多个不完整的头骨，如Sts 71号和Sts 505号（见5-10），并且取得了精确的脑容量数据，从而证实且进一步更新了之前的估算数据。

在CT扫描被用于化石研究的早期阶段，康罗伊重新检视了汤恩幼儿的头骨，他发现，其齿冠及齿根的形成——于骨骼内完成，若非使用CT扫描是看不到的——在该化石中比在现代人中更为迅速。在对于牙齿更精确的研究中，珐琅质内逐渐但非常快速地形成的印记可以使用显微镜加以检视。

为第一臼齿的结构填色。每张放大图依次展现出牙齿结构内的更多细节，按顺序为这些图填色。

牙齿中蕴含了大量的信息。正在形成的牙齿与骨骼、大脑和整个身体的生长紧密相关，是衡量人类生长和发育程度的可靠准绳。牙齿还拥有身体中最坚硬的结构，因而也是留存下来的化石记录中最常见的成分。解剖学家艾伦·博伊德（Alan Boyde）把牙齿称为"天生的化石"。一旦形成，牙齿永远都不会像骨骼那样重组，其内部结构也不会因化石化而发生改变，而是能被永久保存下来。牙齿每天都会形成新的牙釉质和牙本质，而第一恒臼齿在出生前两周就已经开始发育。

珐琅质中的两套周期性生长线能让人类学家确定个体死亡时的年龄。第一套是长期生长线，叫做芮氏线（以1836年首次发现它的德国解剖学家而命名），大约每7天形成一根。牙齿表面可见的生长线叫做釉面横纹。将这些生长线的数量乘以7（天），就可以估算牙齿的年龄。如果牙齿化石已经破裂，通过长期生长线可以得到更精确的计数，因为它们并不是全都暴露在表面上的。

在偏光望远镜更大的放大倍数下，同一牙齿结构的更多细节得以被揭示，标志着成釉细胞每日分泌量的珐琅质的短期生长线显现出来。在两根长期生长线之间，可以数出7根短期生长线，由此可以确定一个个体的精确年龄。甚至可以辨认出新生线，规则排列的线中的某一异常的线就代表着个体出生的那天。

解剖学家克里斯托弗·迪安（Christopher Dean）和同事们对南方古猿的牙齿进行了研究，并推断这些早期原始人类有着更像黑猩猩而非现代人类的牙齿快速生长模式。他们还对在直布罗陀魔鬼塔发现的年轻尼安德特人的第一恒臼齿进行了分析。

为尼安德特人幼儿和5岁的现代人幼儿已长出和还未长出的牙齿填色。再为保存下来的头骨碎片及其镜像的缺失部位填色。

魔鬼塔幼儿头骨发现于1926年，包括融合的额骨、左顶骨、右颞骨、右上颌和部分下颌。部分研究过这些碎片的学者认为，它们来自两个不同的个体，因为颞骨显示的年龄（约3岁）比牙齿发育显示的年龄更小。迪安对牙釉质生长线进行研究后将年龄定为3岁，并且发现尼安德特人幼儿的牙齿成熟得比现代人更快。这颗发育速度比预期更快的尼安德特人牙齿相当于5岁的现代人的牙齿。他们由此推论，这些颅骨碎片很可能全部来自一名3岁的儿童。

采用CT扫描技术，人类学家能够通过不同的密度来区分化石骨骼与基质填充物，以及颅内腔和其他腔体。正在形成的齿冠和齿根也变得可见。人类学家克里斯托弗·佐利柯弗（Christophe Zollikofer）和他在慕尼黑的团队给魔鬼塔头骨进行了CT重建。首先，是对已有的材料进行扫描，然后是创建镜像模型，以填补对侧缺失的部分，最后在电脑屏幕上将所有的组件拼接起来，并在额骨和左顶骨之间以及上下颌之间建立连接点。重建的头骨几乎是完整的，脑容量估计为1,400毫升。研究人员利用立体光刻技术——使用激光和树脂——将电脑图像转化为塑料模型。最终，人们可以在模型上展开进一步的分析。

这些技术——一个来自牙齿形成研究，另一个来自医学影像学——为了解已灭绝人类亲属的生长发育带来了新的突破。

新技术

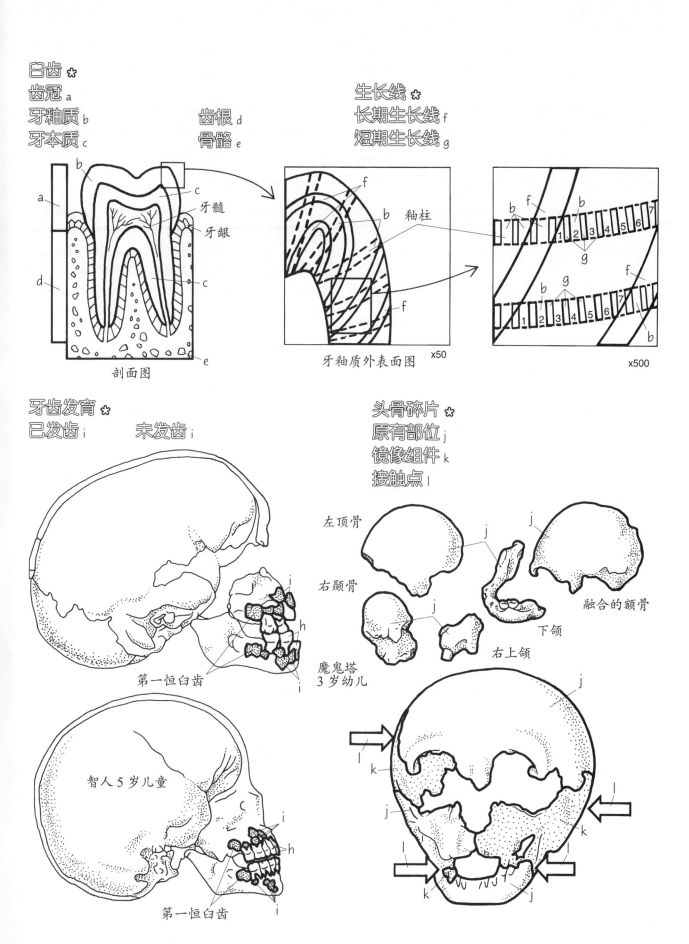

臼齿 ✿
齿冠 a
牙釉质 b
牙本质 c

齿根 d
骨骼 e

生长线 ✿
长期生长线 f
短期生长线 g

牙髓
牙龈

剖面图

釉柱

牙釉质外表面图   x50

x500

牙齿发育 ✿
已发齿 i   未发齿 i

第一恒臼齿

魔鬼塔
3 岁幼儿

智人 5 岁儿童

第一恒臼齿

头骨碎片 ✿
原有部位 j
镜像组件 k
接触点 l

左顶骨

右颞骨

融合的额骨

下颌

右上颌

5-23
手与工具

人手是原始人类生活方式的关键组成部分，它为制造和使用工具的技巧的提高开启了新的可能，而灵活的双手并不是人科独有的。卷尾猴用双手进食及操纵物体（见4-16），红毛猩猩、大猩猩和黑猩猩又进一步发展了这些技能（见4-1、3-33）。

为黑猩猩、现代人和早期原始人类的名称填色。再为图版顶部的黑猩猩和现代人的双手填色。为双脚填上灰色。

按比例绘制时，黑猩猩的手和脚的整体大小和长度是近似相等的，这反映了在指节着地的行走过程中手的承重作用。人类的手没有直接的运动功能，所以比脚要短些。

为黑猩猩、现代人和早期原始人类的腕骨和掌骨填色。然后为侧视图中手上的指骨填色。再为三个物种的拇指末节指骨、屈肌腱和大多角骨分别填色。注意手指和拇指占整只手大小的比例。

每只手的内部结构揭示出三个物种在手部大小和比例上的差异。黑猩猩的手掌比较窄，腕骨紧紧挤成一团，掌骨细长，指骨长且向内收。侧视图显示了指骨的弯曲和由强壮的韧带所形成的突出的骨嵴——韧带让屈肌腱不会"弹出"或打结。黑猩猩的拇指相对较短。长长的拇指的屈肌腱很细（或缺失），附着在末节指骨上。现代人的手掌宽厚且灵活，指尖能轻松地触碰彼此。腕骨又直又细，指骨较短，光滑且不弯曲。拇指相对较长，肌肉发达。拇指屈肌腱很宽，附着在拇指末节指骨的底部，使得拇指的外形较黑猩猩的更为粗壮。

多个早期原始人类化石点都出土了手骨化石，包括奥杜威、哈达尔、斯瓦特克朗、斯泰克方丹和特克韦尔。本节展示的手部是基于奥杜威峡谷的幼年个体手部化石（OH 7 号）组合复原而成的，据猜测它属于能人，很可能与 OH 8 号足部化石属于同一个体。作为一个群体，原始人类的手骨很独特，但与现代人和黑猩猩都具有一些相同的特征。

当解剖学家约翰·内皮尔在描述 OH 7 号的手骨时，他注意到该标本有着弯曲的指骨，骨嵴突出，而且末节指骨相对发达。后来，人类学家兰德尔·萨斯曼（Randall Susman）和诺马尔·克里尔（Normal Creel）对其大多角骨——一块与拇指掌骨相连的腕骨——进行了分析。其扩大的关节面表面积表明拇指的旋转能力增强，从而提高了拇指在与其他手指相反的方向上的灵活性。拇指较宽的末节指骨还暗示它具有粗壮的屈肌腱，可能还有独特的拇长屈肌腱。人类学家玛丽·马尔兹克（Mary Marzke）在研究哈达尔手骨时推断，是头状骨（中间的腕骨）使他们的手掌比黑猩猩的更为灵活。

早期原始人类较大的拇指似乎反映出他们的力量、反方向程度和灵活性都有所增强。然而，他们仍保留与黑猩猩类似的指骨嵴，这可以被解释为我们的祖先仍通过指节着地行走，尽管一些人更愿意采纳原始人类仍在爬树的解释。由于缺乏更完整的信息，单以形态而论，这两种观点都是符合的。

为底部的手和工具填色。

黑猩猩的手是一个折中方案。它们必须相对不那么灵活，以便在指节着地行走时支撑体重，但又要比较灵活，以便使用工具。和其他大猿一样，它们很擅长操纵物品。黑猩猩还会使用各式各样的工具，例如采集白蚁的木棍，以及砸开坚果的某种石锤等（见3-33）。人类的双手能够强有力且精准地抓握，但更重要的是，唯独有精细操作和协调的能力。图版中展现的是人弹奏拨弦乐器时的动作。

250 万年前至 200 万年前的多个化石点均出土了石器（见5-24）。这些人造石器如此古老，制作和使用工具的传统几乎肯定可以追溯到一个比这早得多的时期，在这个时期，原始人类使用的是未经改造的石头以及无法在化石记录中保存下来的由木头和树叶制作的有机工具。石器第一次被识别为人造器物是在 1790 年，识别者英国人约翰·弗里尔（John Frere）正是玛丽·利基的曾曾曾祖父。他发现了与已灭绝动物骨骼有关的手斧"由尚未使用金属的人类制造并使用"。这些工具两侧的石片被去除了，因而被称为两面器，包括手斧和薄刃斧。关于两面器最早的描述来自法国的圣阿舍利（因此被称为阿舍利文化）。它们在欧洲很常见，但最早出现在 160 万年前的非洲和欧亚大陆，与直立人有关。更简单的石器——包括砍砸器、刮削器和石核等——组成了奥杜威文化，乃已知最早的石器文化（见5-24）。

我们怎么区分原始人类制作的石器和自然形成的石头呢？首先，用一块石头砍砸另一块来形成一副利刃的加工过程，会在石片被剥离的位置留下特征鲜明的记号；其次，在显微镜下，石器的边缘会显示出磨损的痕迹，提供关于其用途的线索；最后，用作石器的原材料通常来自一定距离外的地方，这意味着原始人类曾将它们搬运至此。

将岩石改造为预先设想的形状是一项技术突破。拥有这样的工具开启了新的觅食可能——例如，凿开长骨来获取骨髓或者用于挖掘，以及削尖或改造木质工具。在 250 万年前至 200 万年前之间的工具出现之前，南方古猿的脑部就比黑猩猩的要大，这表明它们的运动技能和解决问题的能力有所提升。所有的证据链都表明了熟练制造、使用工具在原始人类演化中的重要性。

手与工具

腕骨 *d*
大多角骨 *d*¹
掌骨 *e*

指骨 *f*
拇指骨 *g*
屈肌腱 *g*¹

工具 *h*

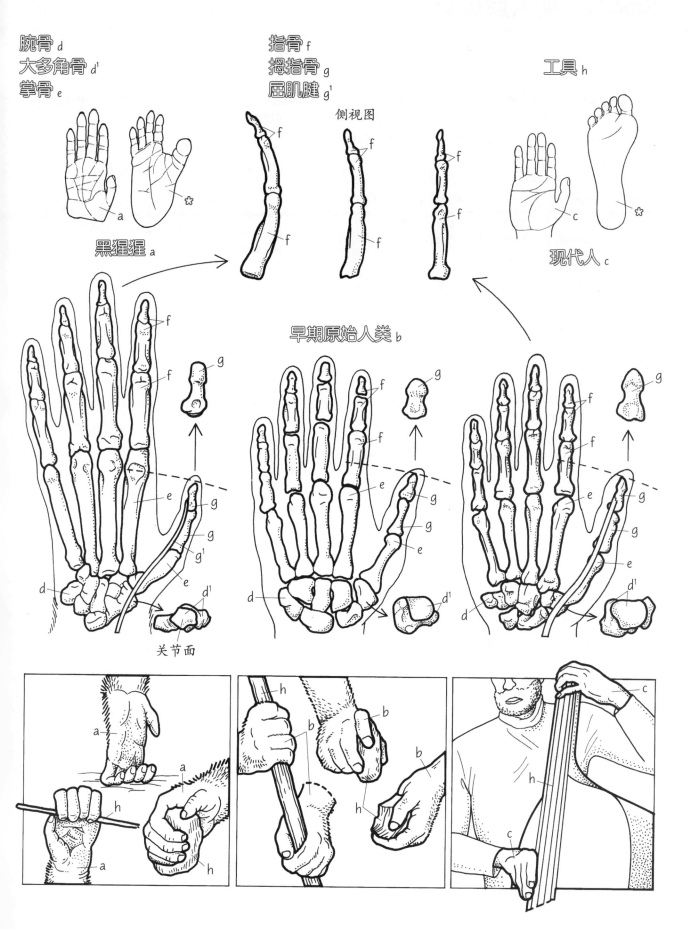

侧视图

黑猩猩 *a*

早期原始人类 *b*

现代人 *c*

关节面

5-24
非洲的早期人属成员

人属的起源是人类演化过程中最不为人了解认识的问题之一，存在大量未解之谜：哪一种更早的原始人类是人属的祖先？人属到底包括多少个种？哪个种最先离开非洲？让原始人类扩散到非洲家园之外的究竟是生物原因还是技术原因？南方古猿广泛分布于非洲，时间跨度从 400 万年前一直持续到最后一批幸存者生活的 120 万年前。在 250 万年前至 200 万年前之间，与南方古猿显著不同的原始人类出现了，同时出现的还有最早的石器。这些人造工具记录下了原始人类的存在，并且标志着考古记录的起点。本图版中，我们将介绍非洲早期人属和石器的证据，以及记录下了原始人类走出非洲的第一拨关键化石和化石点；在这之后，原始人类还曾做出几拨迁出非洲的壮举。

先为出土早期人属和石器的化石点，以及时间表上 250 万年前至 200 万年前的范围填色。再为之后的 200 万年前至 150 万年前的非洲化石填色。

人属成员与南方古猿在几处关键特征上有所不同：有着扩大的颅顶和更大的大脑，面部更小更直，下颌缩小，齿弓圆滑，齿冠较小，颊齿形状变窄，第三臼齿也有所退化，颅后骨骼与现代人很相似。最早的人属化石数量较少。哈达尔的上颌（AL-666 号）已明确测年为 230 万年前，该上颌具有圆滑的齿弓和又小又窄的颊齿，与之一起出土的还有一些石器。图尔卡纳湖库彼福勒的头骨（ER 1470 号）、下颌（ER 1802 号）和其他材料（图版中未绘出）都是在早于 190 万年前的 KBS 凝灰岩之下发现的，与人属有着共同特征，如面部扁平，颅腔较大（750 毫升），牙齿较小等。在马拉维奇旺德岩层中发现的下颌（UR 501 号），根据生物地层学测年，它来自约 240 万年前，与库彼福勒的 ER 1802 号下颌非常相似。多个化石点都出土了具有奥杜威文化特征的简单石器，包括埃塞俄比亚的哈达尔和戈纳，以及图尔卡纳湖。

源自 200 万年前至 150 万年前的人属样本数量有所增加，并且石器也丰富起来，很多地方都出现了人属的颅骨遗迹，包括南非的洞穴、奥杜威峡谷、库彼福勒和西图尔卡纳。OH 7 号原始人类化石启发了利基、托拜厄斯和内皮尔，令他们在 1964 年命名了一个新的物种——能人。具有完整的头骨（900 毫升）和颅后骨骼的图尔卡纳男孩（WT 15000 号）尤其珍贵。这具少年的骨架很高（160 厘米），有着比更早原始人类更大的身体，其四肢比例也接近智人。据人类学家霍利·史密斯（Holly Smith）估算，其牙齿年龄为 11 岁，骨骼年龄为 13 岁，而身高则接近 15 岁的少年。

目前，关于 250 万年前至 150 万年前的这些原始人类的分类，以及有多少个有效种，研究人员还没有达成共识。马拉维和部分库彼福勒的化石都被命名为鲁道夫人；奥杜威峡谷（OH 7 号和 OH 13 号）和部分库彼福勒的化石可能都属于能人。图尔卡纳的骨架则被归属为匠人和直立人。

先为 200 万年前至 150 万年前四个非洲以外的化石点、化石和时间范围填色。再为后来的化石点、化石和时间范围填色。最后为原始人类可能的迁徙路径填色。非洲以外的那些化石点所在的纬度都差不多。

一个多世纪以前的 1891 年，当欧仁·迪布瓦（Eugene Dubois）前往亚洲热带地区寻找缺失的线索时，他在爪哇岛上发现了一块原始人类化石。这块在特里尼尔发现的头盖骨脑容量较小（940 毫升），前额较低，并且具有粗壮的眉骨。在特里尼尔以西 60 千米处的三吉岭也发现了其他的标本，它们同样具有较小的脑容量（800~900 毫升）。这些标本都被归属为直立人。地质学家卡尔·斯威舍（Carl Swisher）和他的团队利用氩测年法，解决了关于这些化石长期未决的年代争议，其中最古老的化石点莫佐克托测年为 180 万年前。

另一项突破发现来自德马尼西，这处位于高加索地区格鲁吉亚的化石点出土了保存完好的下颌和两块头骨（脑容量分别为 650 毫升和 750 毫升），以及超过 1,000 件石器，包括砍砸器、刮削器和石核。格鲁吉亚的古生物学家利奥·加布尼亚（Leo Gabunia）和他的团队注意到，在面部及牙齿形态上，德马尼西原始人类与图尔卡纳骨架（WT 15000 号）和 ER 3733 号（来自库彼福勒）最为相似。这个化石点经古地磁法测年为 170 万年前。考古学家欧弗·巴尔-约瑟夫（Ofer Bar-Yosef）称德马尼西是欧亚大陆上已知最古老的有着奥杜威石器的化石点。

欧亚大陆热带地区的其他化石点的一些不完整的材料表明那里也有早期原始人类存在，例如巴基斯坦里瓦德地区的简单石核和刮削工具，以及中国龙骨坡的下颌碎片和石器等。

多个 150 万年前至 100 万年前的化石点也暗示人属当时已扩张到非洲以外。约旦河谷的乌贝迪亚拥有大量哺乳动物群化石和石器，堪与奥杜威峡谷第二层的动物群和阿舍利两面器媲美。古生物学家埃坦·切尔诺夫（Eitan Tchernov）将其解读为直立人存在的标志。在非洲北部阿尔及利亚的蒂格尼夫发现的 3 块下颌骨化石，与在中国周口店出土的类似，他们被归属为直立人。西班牙的奥尔塞出土的石器和经分子测试被鉴定为原始人的骨骼，据古地磁法测年为 100 多万年前。很显然，这些早期拓荒者并没有延续下来。直到奥尔塞化石所属年代的 20 多万年乃至更长时间之后，进一步的原始人类证据才在西班牙的格兰多利纳洞穴出现（见 5-25）。蓝田人（公王岭）化石大约来自 100 万年前，比周口店的化石（见 5-25）更早，脑容量也更小（800 毫升）。这样看来，直立人在亚洲生活过很长的时间，先后在爪哇岛和中国建立栖息地，并在这些区域一直生活到 5 万年前。

我们迄今已有的证据描绘出一幅早期人属成员的图景：他们是一群好奇的探险家，一拨拨地离开非洲并走进新的领地，最终在地球主要的热带和温带地区安居生活。

原始人类离开非洲

200 万年前至 150 万年前 *d*
爪哇岛 *d*¹
德马尼西 *d*²
巴基斯坦 *d*³
龙骨坡 *d*⁴

150 万年前 *d* 至 100 万年前 *e*
乌贝迪亚 *e*¹
蒂格尼夫 *e*²
奥尔塞 *e*³
蓝田 *e*⁴

可能路径 *f*

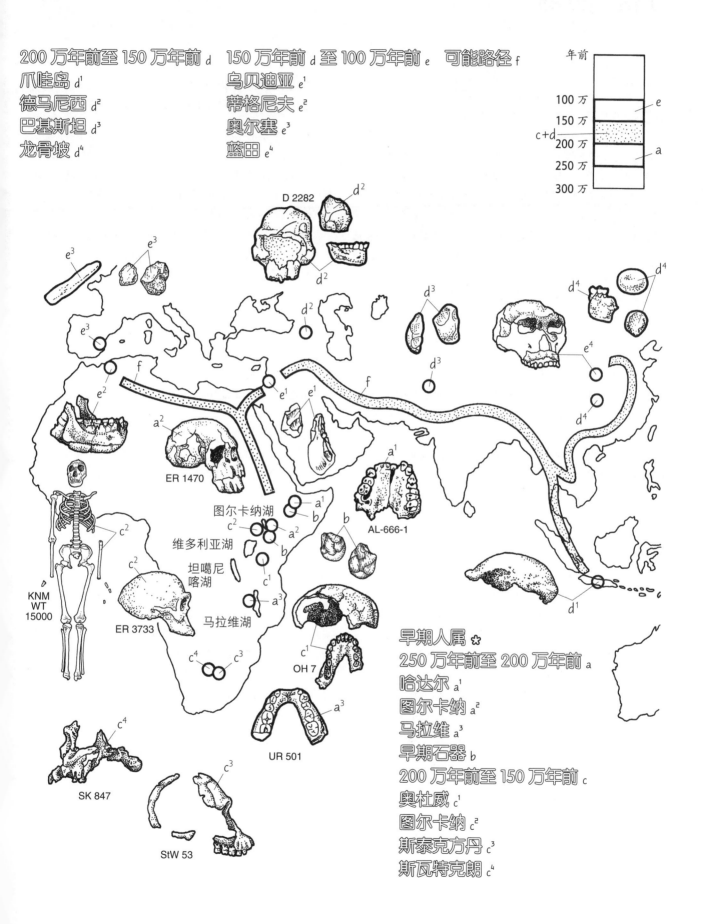

早期人属 ✱
250 万年前至 200 万年前 *a*
哈达尔 *a*¹
图尔卡纳 *a*²
马拉维 *a*³
早期石器 *b*
200 万年前至 150 万年前 *c*
奥杜威 *c*¹
图尔卡纳 *c*²
斯泰克方丹 *c*³
斯瓦特克朗 *c*⁴

5-25
扩散到欧洲

原始人类分几拨走出非洲。最早的早于 150 万年前，证据发现于东南亚（见 5-24）。在欧洲，早于 80 万年前的原始人类遗存很少，但在那之后，它们就和石器一起多了起来。80 万年前至 15 万年前的中更新世紧跟着直立人的起源，早于尼安德特人和现代智人的出现。由于直立人在旧世界的命运的不确定，这段时期又被称为"混乱的中期"。在欧洲，化石记录稀少，缺乏可靠的测年数据，也没有整体的框架，因此更加剧了这种"混乱"。

1907 年，德国海德堡附近出土了保存完好且孤立的穆尔下颌，它被认为源自大约 50 万年前。由于它很厚的下颌体和粗壮的上升支以及较大的牙齿，人们认为它非常不同于智人，并将其命名为海德堡人。这块标本也成为该种的代表类型标本。随后的发现，诸如在欧洲的施泰因海姆、斯旺斯科姆、佩特拉罗纳，以及在非洲的布罗肯希尔等地点发现的化石，都与直立人非常不同，有着更大的脑容量、更高的前额，眉骨不连续，而且面部不那么突出。这些化石都不能清晰地被归属为直立人或智人。在一段时期内，基于早期智人这个无法让人满意的名称，它们被单独分了出来。随着更多的化石被发现，以及新测年技术和对古代 DNA 的研究，这一图景有所改善。新的信息为古人类学家克里斯托弗·斯特林格（Christopher Stringer）和其他人重新将其划为该物种，海德堡人提供了基础。这个成分混杂的化石群体可能代表着中更新世定居在欧洲和非洲的原始人类，以及在欧洲演化出尼安德特人谱系和在非洲演化为现代人的物种。

为分子谱系树填色。用浅色来代表（c）。

1997 年，斯万特·佩博（Svante Pääbo）和他在慕尼黑的团队成功地从最初的费尔德霍夫洞穴的尼安德特人上肢骨中提取到了线粒体 DNA。这份化石中的线粒体 DNA 与现存人类的差异是人类各亚群之间差异的四倍。此外，支持欧洲连续区域性演化的观点认为，尼安德特人的线粒体 DNA 与欧洲人的相似性应比其与新几内亚人的相似性更大，但事实并非如此。这些结果提供了尼安德特人是一个独立于智人的物种的遗传学证据，这两个物种之间并没有明显的杂交现象，并且他们来自一个共同非洲祖先——很可能是 60 万年前的海德堡人。[1]

60 万年的时间框架是根据对现代人的线粒体 DNA 的研究计算而来的。智人起源于大约 15 万年前。尼安德特人与现代人种群间的差异是现代人种群彼此之间差异的 4 倍。4 乘以 15 万年前，便得出 60 万年前这个他们的共同祖先生活的时间，即该物种形成的估算时间。因此，分子谱系树为解读更新世中期的化石提供了一个框架。像人类学家菲利普·赖特迈尔（Phillip Rightmire）的研究那样，通过将化石从地理上进行分析，我们就可以看到重点

先为下面的成种事件填色。然后为直立人化石填色。用两种颜色来代表亚洲和非洲的海德堡人化石。再为人造工具填色。

100 万年前的非洲和亚洲的直立人化石已经很丰富了。亚洲的直立人遗迹贯穿整个中更新世，这说明他们有很长的定居史。手斧之类的石器在非洲十分丰富。而在亚洲，中国南部百色地区测年为 80 万年前的石器是东亚最古老的大型切割工具，堪与非洲的阿舍利文化媲美。

亚洲的化石引发了一系列问题。中国陕西省的大荔人不太可能是直立人，它较高的颅腔与海德堡人相似，但它与西方的族群的亲缘关系并不确定。此外，爪哇岛昂栋地区的梭罗人化石现在的测年为 5 万年前左右，这比通过其粗壮的头骨和脑容量（1,000 毫升）可能得出的年代要晚得多。梭罗人的标本可能代表着另一个物种——梭罗亚种，也可能是在欧洲尼安德特人和非洲智人所生活的时代残存的直立人。[2]

另一个长期存在的问题就是，直立人是否进入了欧洲。由奥杜威文化的工具和超过 100 万年的（可能是原始人类的）骨骼化石碎片所代表的西班牙南部奥尔塞的原始人类，可能就属于直立人。意大利切普拉诺出土的相对完整的骨骼较厚的头骨大约有 80 万年的历史，也可能属于直立人。根据古地磁测年法结果，格兰多利纳的 4 个个体来自 78 万年前。不幸的是，该化石点最完整的个体是一名儿童，这使得其物种很难被确定。这些格兰多利纳的原始人类可能代表着海德堡人的祖先，尽管他们也被命名为一个新种——先驱人。胡瑟裂谷化石点的年代更晚，这里出土的 3 个 25 万年前的成年个体的头骨和下颌上有着尼安德特人的明显特征（见 5-26）。

非洲的若干标本彼此很相似。埃塞俄比亚的博多头骨是测年结果最准确的标本，它源自 60 万年前，具有较大的脑容量（1,250 毫升），而赞比亚布罗肯希尔的头骨也是如此。博多和布罗肯希尔的标本在头骨面部的形状上十分相似，而布罗肯希尔的头骨又与佩特拉罗纳和阿拉戈的头骨非常相似。南非的萨尔达尼亚和弗洛里斯巴的头骨彼此相像，而且与奥莫 2 号标本也十分相似（见 5-27）。

这个框架基本阐述出了人属物种形成的过程。在这一分化的起始阶段，即大约 50 万年前，这两个谱系在形态上还没有明显区别。到了 15 万年前，尼安德特人和智人就可以根据形态来分辨了。随着更多的化石、分子证据以及更好的测年数据的积累，人类演化中曾经混乱的这一时期必将呈现出更多关于人类来源的精彩故事。

① 尼安德特人与智人的杂交已经被证实了。——译者注
② 现在观点认为梭罗人是直立人的一个亚种，即梭罗亚种。——译者注

海德堡人

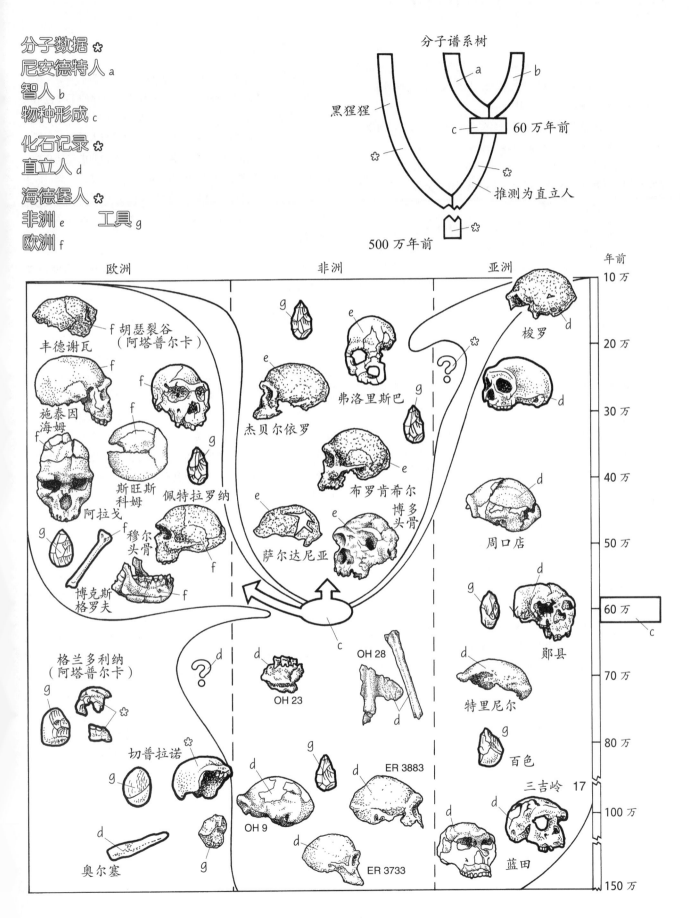

分子数据 ✿
尼安德特人 a
智人 b
物种形成 c
化石记录 ✿
直立人 d
海德堡人 ✿
非洲 e　　工具 g
欧洲 f

分子谱系树

a　b

黑猩猩

c　60 万年前

推测为直立人

500 万年前

欧洲　　　　非洲　　　　亚洲　　　年前
10 万

f 胡瑟裂谷
（阿塔普尔卡）
丰德谢瓦

g

e

g

d

梭罗

20 万

e

f

f

施泰因
海姆
f

f
斯旺斯
科姆

g

杰贝尔依罗

弗洛里斯巴

g

d

30 万

e

阿拉戈

佩特拉罗纳

布罗肯希尔

博多骨

d

40 万

g

f
穆尔头骨

e

萨尔达尼亚

e

周口店

博克斯
格罗夫

f

c

60 万

g

郧县

d

c

格兰多利纳
（阿塔普尔卡）

g

?
d

d

OH 28

d

d

特里尼尔

70 万

✿

OH 23

切普拉诺

✿

g

百色

80 万

d

g

g

d

ER 3883

d

d

三吉岭 17

d

奥尔塞

OH 9

ER 3733

g

100 万

蓝田

150 万

5-26
尼安德特人：不同的物种

1856 年，位于德国杜塞尔多夫附近的尼安德河谷的费尔德霍夫洞穴中炸出了一具奇怪的骨架。它的头盖骨和现代人的差不多大，但形状非常不同。其颅顶比较低，眉骨很大，而枕骨突出。肋骨和腿骨都比现代人的更粗壮。

最初，这具骨架被认为属于一名先天性白痴，或一名佝偻病（缺乏维生素 D 而引起的骨骼畸形）患者，又或者是一个从拿破仑军队逃出来的爬到洞里后死去的哥萨克人。后来，在比利时、克罗地亚、法国、西班牙、意大利、以色列和中亚多个地点都发现了大量尼安德特人的遗骸。

尼安德特人是一个不同的物种还是智人的祖先，人类学家们为此争论了 100 多年。1997 年，费尔德霍夫洞穴标本的线粒体 DNA 一锤定音地证明，尼安德特人是一个不同的谱系。当 I. V. 奥夫钦尼科夫（I. V. Ovchinnikov）带领的俄罗斯团队对北高加索地区梅兹迈斯卡娅洞穴中的尼安德特人——也是地理位置最靠东的尼安德特人种群——的线粒体 DNA 进行了分析后，上述结论得到了进一步的证实。梅兹迈斯卡娅洞穴的线粒体 DNA 与费尔德霍夫洞穴标本的十分相似。这些数据意味着，尼安德特人与智人是从一个约 60 万年前的共同祖先——海德堡人分化而来的两个谱系（见 5-25）。

为尼安德特人的化石样本、化石点和时间范围填色。

尼安德特人的分布东到乌兹别克斯坦，西达伊比利亚半岛，北至冰河时代的冰川边缘，南抵地中海岸边。在 25 万年前到 3 万年前，他们生活在欧亚大陆上。更早的种群，如胡瑟裂谷种群（见 5-25）比较一般化，而后来的种群（如本图版中所示）则是更为特化的"经典"尼安德特人。在仅 2.7 万年前，最后的尼安德特人生活在法国西南部、葡萄牙和西班牙。在非洲没有发现任何尼安德特人的遗骸。

1848 年，直布罗陀的福布斯采石场出土了一块女性头骨，比费尔德霍夫洞穴的发现还早 8 年，但人们当时并没有意识到其与众不同的特征。有着拉沙佩勒奥圣、费拉西和圣塞赛尔等化石点的法国多尔多涅省是尼安德特人洞穴掩体最丰富的地区之一，其中圣塞赛尔的历史最短，只有 3.6 万年。从克罗地亚的克拉皮纳到意大利的萨科帕斯托，欧洲各地都发现过尼安德特人化石，此外还有伊拉克的沙尼达尔。在乌兹别克斯坦捷希克塔什发现的 9 岁儿童遗骸是尼安德特人化石分布范围最东边的一例。

为莫斯特文化的工具填色。

很多来自露天或岩穴掩体化石点的石器被称为莫斯特文化石器（得名于法国的莫斯特洞穴）。这些中石器时期的工具包括尖锐器、利刃、刮削器，以及安在木矛柄上的矛头等。60 多种这类石器中的每一种都有其特殊的用途。尼安德特人使用火，可能还建造了居所，以抵御寒冷的气候。植物类食物的供应具有季节性，在冰川环境的漫长严冬中难以寻觅。他们捕食猛犸象、披毛犀、洞熊、野山羊和其他猎物。他们无疑会用温暖的兽皮来制作服装、毛毯并搭建居所，尽管他们的工具组合中还没有缝衣针这样的物件。

为尼安德特人和智人的名称、身体轮廓以及颅骨和四肢的解剖结构填色。

尼安德特人的前额较低，眉骨和枕骨较突出。脑容量范围与智人重合，平均值甚至超过了智人。粗壮的面部有着从颅骨上突出的较宽的鼻区。下颌长有较高的冠突，第三下臼齿后有一个磨牙后间隙。相反，现代智人的面部被"塞进"了颅腔的下面，前额很高，枕部圆滑，下巴突出。

桶状的胸部和短小的四肢是储藏热量的典型结构，就像今天的阿拉斯加原住民一样。尼安德特人十分强壮、结实，体质适合寒冷的天气。巨大的肘关节、髋关节和膝关节以及粗壮的骨骼表明他们应该有发达的肌肉。其骨盆有着比现代人更加细长的耻骨。所有的成年个体骨架都展现出某种疾病或损伤。愈合的骨骼断裂处和严重的关节炎表明他们过着很艰辛的生活，极少能活到 40 岁以上。

与生活在湖边或河边的更为早期的原始人类不同，尼安德特人生活在洞穴中，并且会埋葬死者。这两者都有利于化石的形成。不同于早期零碎的原始人化石——除了极少数珍贵的例外，如 AL-288 号"露西"（见 5-9）、图尔卡纳男孩（WT 15000 号）和斯泰克方丹骨架（StW 573 号）——有很多完整或几乎完整的尼安德特人骨架保存了下来。尼安德特人是化石记录保存得最好的原始人类物种，有着 500 具遗骸。约一半的骨架是儿童，例如直布罗陀地区魔鬼塔的 3 岁幼儿（见 5-22）和 10 个月大的阿木德人婴儿（见 5-28）以及捷希克塔什的化石。幼年个体颅骨和牙齿特征说明，尼安德特人的特征是遗传的，而不是后天获得的。与智人相比，尼安德特人的牙齿生长速率更快（见 5-22）。

尼安德特人在欧亚大陆上生活了至少 20 万年，直到被其亲缘关系最近的人类亲属——我们的祖先——取代。尽管他们留下了大量化石记录，但关于这一神秘的冰河时期物种的生活，仍然有很多问题有待解答。

尼安德特人

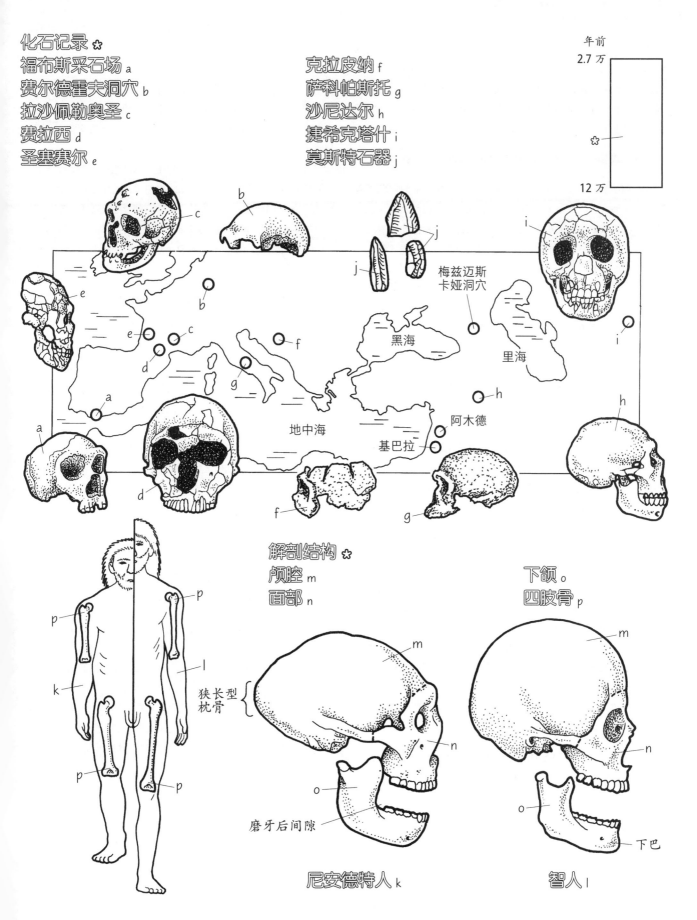

化石记录 ✹
福布斯采石场 a
费尔德霍夫洞穴 b
拉沙佩勒奥圣 c
费拉西 d
圣塞赛尔 e

克拉皮纳 f
萨科帕斯托 g
沙尼达尔 h
捷希克塔什 i
莫斯特石器 j

年前
2.7 万

✹

12 万

黑海

里海

梅兹迈斯
卡娅洞穴

地中海

阿木德

基巴拉

解剖结构 ✹
颅腔 m
面部 n

下颌 o
四肢骨 p

狭长型
枕骨

磨牙后间隙

尼安德特人 k

下巴

智人 l

279

5-27
智人的非洲起源

100 多年来，智人起源的时间和地点一直是人类学家关注的重点。现代的智人（被称为克罗马农人）以其在法国的发现地命名，于 3.5 万年前出现在欧洲。但他们是从哪里来的呢？很多人假设他们起源于亚洲西部。1987 年，新的线粒体 DNA 数据将其起源指向了 15 万年前的非洲。有多条证据链支持这一结论。

为代表非洲和欧亚大陆现代人种群关系的分子谱系树填色。

人类学家丽贝卡·卡恩（Rebecca Cann）和同事们比较了非洲人、亚洲人、高加索人、澳洲人和新几内亚人的线粒体 DNA，其发现在两个方面令人震惊。一方面，在每一个种群内部观察到的差异，以非洲种群内的最为显著，这说明非洲种群最古老，并因此是亚洲人和高加索人的祖先。另一方面，各种群间的差异非常微小——只有那些在地理上被分隔开的黑猩猩种群间的差异的 1/10，这说明我们这个物种起源的时间非常之晚。人类的种内差异只有人和黑猩猩之间线粒体 DNA 平均差异的 1/25。基于大量分子数据（见 2-8），人类谱系和黑猩猩谱系在大约 500 万年前发生分化。500 万年的 1/25 就是 20 万年。卡恩由此判断，智人在大约 20 万年前起源于非洲。

线粒体 DNA 位于细胞质中，只能由母亲们代代相传，因为精子中基本上没有细胞质（见 2-11）。由此可见，现在地球上的 60 亿[①]人都起源于生活在 20 万年前左右的一名非洲女性。这并不是说当时只有一名女性在世，更可能的是，那时应该有几千名女性在世。不过，其他人的线粒体 DNA 在代代相传中都慢慢遗失了，因为部分女性没有后代，或者只生育了男孩。

男性 Y 染色体上的 DNA 只能通过儿子相传（见 6-7）。对 Y 染色体的分析结果也证实了线粒体 DNA 的数据：人类的种内差异相比其他物种非常小，非洲种群内的差异最为明显，而估算的祖先在世时间（这次是一名非洲男性）大约为 20 万年前。更多包括细胞核 DNA、小卫星和微卫星（用于 DNA 指纹分析，见 2-12）的分子数据进一步支持了智人较晚起源于非洲的结论，现在估计约在 15 万年前。认为智人在距今 100 万年前至 50 万年前起源于多个大陆的"多地起源假说"与分子遗传证据不符。

智人的化石记录很难被解读。尽管有些智人与现代人非常相似，但整体证据仍比较薄弱，且不具有决定性。有四个化石点表明现代人在较早的时期就生活在非洲。

先为奥莫基比什和恩加洛巴（莱托里原始人类 18 号）的头骨和化石点填色。再为时间表填上灰色。

1967 年，理查德·利基和他的团队在埃塞俄比亚的奥莫河化石点的原址发现了一具不完整的原始人类骨架（奥莫 1 号，本图版中未绘出），它位于基比什河的岸边。其头骨上有一个很高的

圆顶，且下巴突出，骨架反映出其又高又轻巧的身材——这是克罗马农人的典型特征。另外一块颅顶化石（奥莫 2 号）有着超过 1,400 毫升的脑容量。目前，利用铀系测年法对来自同一地层中的贝壳的测年为距今 13 万年前。尽管利基一家曾经在非洲找到过更为古老的原始人类物种的化石，但这仍是第一个表明智人也可能起源于非洲的化石证据。

几乎完整的 LH 18 号头骨发现于上恩加洛巴岩层，基于其与奥杜威峡谷恩杜图层的下部单元的相关性，其年代估计为距今约 12 万年前。和奥莫基比什头骨一样，它的形态大体上与现代人一样，但也保留了部分原始的特征，如突出的眉骨和后缩的前额。解剖学家迈克尔·戴（Michael Day）认为 LH 18 号与奥莫 1 号智人最为相似。

为边界洞穴和克拉希斯河口的化石和化石点填色。

位于斯威士兰附近的边界洞穴出土了来自四个个体的遗骸：一块不完整的头骨和两块下颌，以及一具小婴儿遗骸。尽管这些化石已破碎，但解剖学家赫莎·德·维利尔斯（Hertha de Villiers）认为它们具有现代特征。相关的工具类似于在克拉希斯河所发现的工具，因此考古学家彼得·博蒙特（Peter Beaumont）认为其至少有 9 万年历史。

克拉希斯河口位于南非的"尖端"。根据氧同位素、铀和电子自旋共振测年法可知，在 12 万年前至 6 万年前之间不时有人在该化石点居住。此处的人类化石，包括头骨、下颌和颅后骨骼的碎片都比较破碎。就像边界洞穴中的遗骸一样，克拉希斯河的人类化石也表现出了现代特征，尤其是一块眉嵴消失的额骨碎片。其下巴和牙齿的大小也都和现代人的类似。

为克拉希斯河的炉灶、食物遗存和石器填色。这些人类遗骸来自 SASU 段和 LBS 段。

这个化石点具有 20 米厚的沉积层，其中文化层和砂层互相交错，反映了来来往往的游牧生活方式而非永久定居。考古学家希拉里·迪肯（Hilary Deacon）认为，从岩石上剥下的大量贝壳化石表明，这个地点可能是已知最古老的海鲜"餐馆"。当时的人们也捕猎大羚羊和野牛，而且偏爱以非常年幼或非常年老的个体及较小的羚羊作为猎物。他们会使用红色的赭石颜料，引入了用于制作工具的原材料，且能够生火。他们的炉灶周围有多层烧焦的植物。在该地点的多个连续文化层中，有数以千计的被使用并被丢弃的石片、石刃和石核。

这四个非洲化石点的现代人化石和考古发现曾经困惑了考古学家几十年，现在，在智人于 15 万年前起源于非洲的分子证据的启示下，它们终于得以被解读。

① 全球人口数量已于 2022 年 11 月达到 80 亿。——编者注

智人的起源

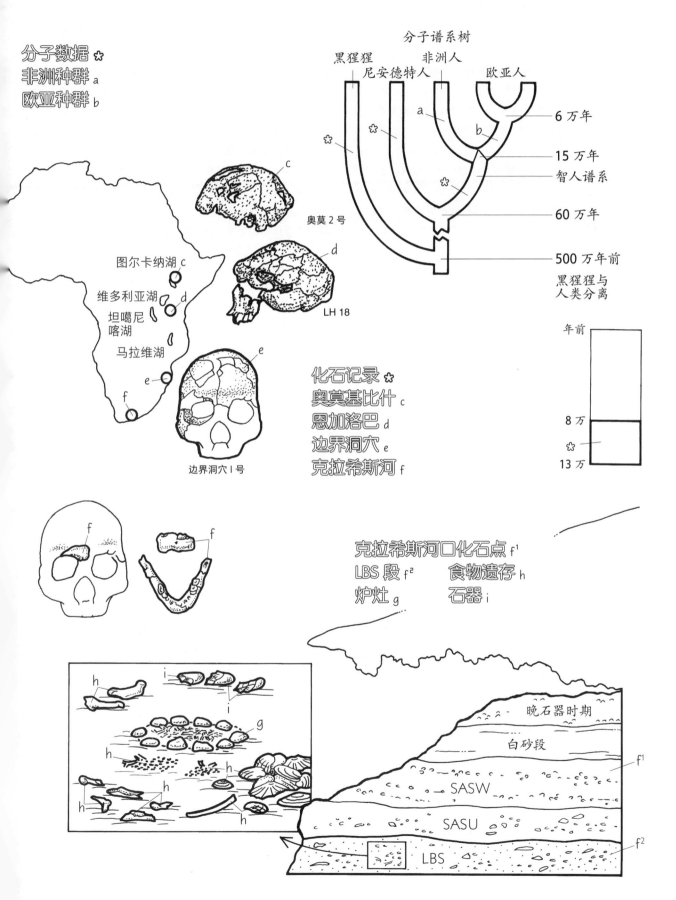

分子数据 ✿
非洲种群 a
欧亚种群 b

分子谱系树

黑猩猩　非洲人
尼安德特人　　　欧亚人

a
b

6 万年

15 万年
智人谱系

60 万年

500 万年前
黑猩猩与
人类分离

图尔卡纳湖 c

维多利亚湖 d

坦噶尼
喀湖

马拉维湖

e

f

奥莫 2 号

LH 18

边界洞穴 1 号

化石记录 ✿
奥莫基比什 c
恩加洛巴 d
边界洞穴 e
克拉希斯河 f

年前

8 万

13 万

f

f

克拉希斯河口化石点 f¹
LBS 段 f²　　　食物遗存 h
炉灶 g　　　　石器 i

h
i
i
g
h
h
h
h
h

晚石器时期

白砂段

f¹

SASW

SASU

LBS

f²

5-28
当现代人遇到尼安德特人

20 世纪 30 年代，由考古学家多萝西·加罗德（Dorothy Garrod）领导的迦密山洞穴群挖掘项目一共产出了十多具化石骨架，分属相隔仅数米的两个洞穴——斯虎尔和塔邦。大约在同一时期，一个在拿撒勒附近的卡夫扎洞穴作业的法国团队也出土了数具相当现代的骨架。这些个体看上去像是被故意地埋葬的。该处的石器代表了一种被称为勒瓦娄哇-莫斯特的文化，之所以这么称呼，是因为其中的各种石片都是用制备好的石核所制作的。当时已有的测年技术都无法得出骨骼和石器的可靠年代。该如何分析解读这些化石和工具呢？这些地点是否记录了从尼安德特人到智人的线性演化过程？智人和尼安德特人种群间发生过杂交吗？还是两个不同的物种同域地生活在约旦河谷中？这些问题在 20 世纪 90 年代开始得到解答。关于黎凡特地区两个人类物种的交会，新的挖掘和测年技术揭示了一个惊人的反转。

为斯虎尔洞穴和卡夫扎洞穴的遗迹及时间范围填色。时间范围是基于热释光测年法得出的。

斯虎尔洞穴位于以色列海法市东南一处陡峭的石灰岩崖壁上，此处一共发掘出 10 个个体的遗骸，其中包括两名婴儿。斯虎尔 5 号是一块头骨，其脑容量估计 1,500 毫升。破损的牙齿和骨骼说明其长有脓腔并患有牙龈疾病。在该地点发现的燧石工具属于勒瓦娄哇-莫斯特文化。此外还有野牛、鹿、犀牛、河马和鬣狗的骨骼。根据工具和动物群的特点，估计该化石点的年代为距今大约 3 万～4 万年之前。

早期挖掘工作加上 1965—1980 年间人类学家伯纳德·范德米尔施（Bernard Vandermeersch）在卡夫扎进行的工作，一共发现了 21 具骨架，它们显然是被故意埋葬在这个洞穴中的。卡夫扎 9 号骨架最为完整，它属于一名 20 岁左右的女性。在它弯折的双腿旁边还躺着一具小孩的骨架。此地还发现了大量勒瓦娄哇-莫斯特类型的石器，以及马、鹿、犀牛、野牛和瞪羚等动物遗骸。尽管这些骨架具有现代特征，但范德米尔施认为它们已有 5 万年以上的历史。基于人造器物的证据，考古学家欧弗·巴尔-约瑟夫认为它们的年代应该更早，大约在 10 万年前至 7 万年前。

为来自阿木德和基巴拉洞穴的遗骸及时间范围填色。

1961 年，古生物学家铃木尚（Hisashi Suzuki）带领的东京大学团队在提比利亚附近的阿木德河道（阿木德在希伯来语中的意思是柱子）洞穴中发现了 4 个个体的遗骸。阿木德 1 号是一具被严重压碎的骨架，它属于一名 25 岁左右的男性，其脑容量超过 1,700 毫升，比任何已知的化石原始人的脑容量都要大。根据当时的测年结果，相关的勒瓦娄哇-莫斯特工具和哺乳动物、鸟类及爬行类的化石来自大约 3 万年前。

解剖学家约尔·拉克十几岁的时候曾去该化石点参观过，受到了极大的激励；他于 1992 年进行了更进一步的挖掘工作。拉克的团队发现了一具 10 个月大的婴儿遗骸（阿木德 7 号）。遗骸的枕骨大孔呈椭圆形，下巴缺失，下颌有结节，这些都是典型的尼安德特人特征。这些特征出现在婴儿身上，表明它们是由遗传决定的——这是证明尼安德特人是一个独立物种，而不仅仅是智人的一个分支的强力证据。

1983 年，在基巴拉洞穴挖掘出了一具缺少头骨和下肢的骨架，但是它保留住了一块重要的骨骼：已知最完整的尼安德特人骨盆（基巴拉 2 号）。这个洞穴在很长时间内都有人居住，出土了超过 2.5 万件勒瓦娄哇石器，还有用来烤蔬菜、瞪羚肉和鹿肉的炉灶。在洞穴后部还找到了堆积的动物骨骼和石器废料。炉灶中烧过的燧石对测算洞穴的年代起到了关键作用。

为热释光测年法的过程填色。

热释光是一种新型测年方法，它证实了卡夫扎和斯虎尔等出土现代人化石的地点的年代，比出土尼安德特人的地点要早上 3 万年左右。史前历史学家海伦妮·巴利亚达斯（Helene Valladas）和同事们测量了燧石工具中累积的放射性活动效应。诸如钾、钍和铀等元素的放射性衰变，会将电子困在岩石和钙化组织的晶体结构中。当科学家加热古代岩石或牙齿样品，被困住的电子就会被释放出来并射出光线——这被称为热释光。借助热释光可以计算出样品的年代。在炉灶中被烧的燧石工具射出的光线越强，其年代就越久远。

回忆一下，钾氩测年法的时钟（见 5-4）的零点是熔岩喷出，氩气逃逸到大气中的那一刻。类似地，燧石制品的零点是其被原始人类放在炉灶里加热的那一刻。热量会将其内部已经被困住的电子释放出去。当烧过的燧石冷却后，电子又重新开始积累，与熔岩冷却后氩气被困住时如出一辙。

热释光测年结果显示，以色列基巴拉和阿木德洞穴中的尼安德特人遗骸和器物化石的年代约为 6 万年前。借助同样的测年法还可知，附近的卡夫扎和斯虎尔洞穴中外观非常现代的骨架竟然来自 9 万年前左右。尼安德特人不可能是现代人的祖先，因为智人到达此地的时间比他们还要早 3 万年。智人 9 万年前出现在以色列与"出非洲"假说刚好吻合，因为亚洲西部就位于非洲与亚洲的直接通道上。此外，出土于非洲东部和南部的在解剖学意义上具有现代人特征的化石的测年更早，有大约 12 万年的历史，而黎凡特地区以南则没有出土过尼安德特人化石。因此，多条证据链——mtDNA、化石形态和现代技术测年结果——都支持智人起源于非洲，且与尼安德特人分属不同的谱系的观点。

尼安德特人与现代人

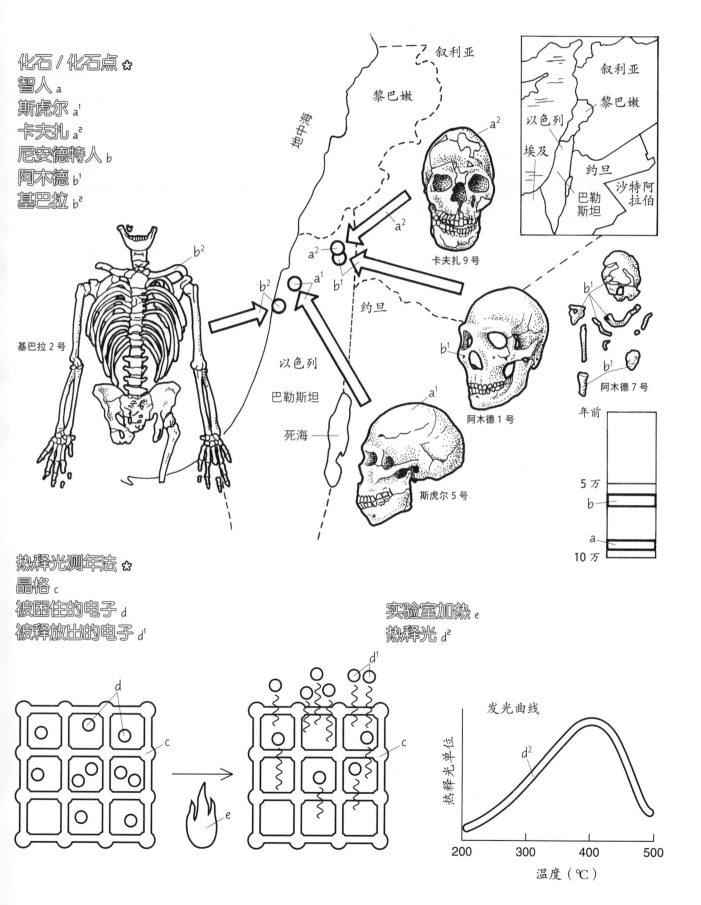

化石／化石点 ✿
智人 *a*
斯虎尔 *a*¹
卡夫扎 *a*²
尼安德特人 *b*
阿木德 *b*¹
基巴拉 *b*²

基巴拉 2 号

叙利亚
黎巴嫩
地中海
约旦
以色列
巴勒斯坦
死海

卡夫扎 9 号

阿木德 1 号
斯虎尔 5 号
阿木德 7 号

叙利亚
黎巴嫩
以色列
埃及
约旦
巴勒斯坦
沙特阿拉伯

年前
5 万
b
10 万
a

热释光测年法 ✿
晶格 *c*
被困住的电子 *d*
被释放出的电子 *d*¹

实验室加热 *e*
热释光 *d*²

发光曲线
热释光单位
温度（℃）
200 300 400 500

283

5-29
智人的扩散

现在，要将主题从我们祖先的生理特征转移到其物质文化上来。他们复杂的人造器物和艺术吸引着我们去感受和理解他们的心理和情感。我们的祖先在这些方面为何那么成功呢？我们要如何通过其创造的物品和符号来理解其成功的原因呢？

用浅色为地图上的箭头和表示扩散大概年代的时间表填色。

大约在 9 万年前，智人明显是通过近东地区离开非洲的。他们可能避开了当时在欧洲繁荣扩大的尼安德特人种群，选择了更温暖更靠南的路线，从而进入南亚和东南亚，并于 5 万～6 万年前抵达澳大利亚。部分移民扩散到亚洲中部和北部，随后在大约 1.5 万年前从西伯利亚沿白令陆桥进入北美洲和南美洲。智利蒙特贝尔德的一个化石点的年代可能早于这个时间的两倍之久，那里的居民可能是乘船沿西海岸抵达那里的。目前，关于人类在新世界的定居和扩散情况，仍存在不少争论。

数十年来，欧洲西部一直被当做现代人演化的中心，但我们现在知道，这个区域其实较晚才被占据，并不是最早的聚居区。克罗马农人留下的现代化石在结构上与很多精美的洞穴壁画和多样的艺术有关，让人不禁猜测那里可能是艺术的发源地。但从全球角度来看，艺术表达是人类普遍的特征，可能是独立于语言而存在的。

艺术创造有无数种表现形式，例如物品上和墙上的浮雕、绘画及雕刻等。它们描绘了人类、动物、抽象概念和设计图案。留存至今的艺术品只是古老艺术品的一部分，因为后者几乎一定还包含身体装饰和容易腐烂的篮子、毯子、背包和布料等。南非的克拉希斯河口洞穴和布隆伯斯洞穴中保存的红色赭石颜料，可能在约 10 万年前被用于身体装饰。南非开普敦附近的狄普克鲁夫洞穴中保存着 7 万年前被修饰过的鸵鸟蛋壳，那可能是已知最古老的被有意创作出来的艺术作品。

一边阅读文字，一边为每种艺术表达示例填色。

在非洲，很多岩石表面和洞壁上都保存着有关人类和动物的雕刻和绘画。这些雕刻和绘画没有得到很好的防护，所以很多都已被风化剥蚀，永久地消失了。有些作品源自 2 万多年前，其他很多作品的年代无法确定。这些作品中呈现了长颈鹿和跳羚等猎物，还有人类工作的场景，比如在夸祖鲁-纳塔尔的岩画中拿着挖掘棍与采集包的桑人女性和打猎归来的男性，以及吹着长管的"音乐家"等。这些画面无一不表现出创作者丰富的艺术想象力和高超的创作技巧。

澳大利亚的一些岩画和雕刻可能有超过 3.5 万年的历史，其

余很多仍无法确定其年代。阿纳姆地的袋狼虽然已经在 3,000 多年前灭绝，但仍出现在那些岩画中。此外，动物足迹——可能是鸸鹋的足迹，以及带有放射状线条的圆圈等抽象图案，也被刻画在岩石表面。

在欧洲某些洞穴深处，大量由多层色彩构成的精美图案，涉及猛犸象、犀牛、大型猫科动物、熊和欧洲野牛，都被很好地保存了下来。基于碳-14 测年结果，法国东南部肖维岩洞中的岩画可追溯到 3.2 万年前。西班牙的阿尔塔米拉洞穴和法国多尔多涅地区的拉斯科洞穴中的岩画可追溯到 1.7 万年前，生动地描绘了马、野牛和鹿的动态画面。一些骨骼上也有精美的雕刻图案。此外，一系列有着突出的生殖器官的"母神雕像"也留存了下来，其中最古老的是 2.6 万年前的"下维斯特尼采的维纳斯"。俄罗斯的猛犸象牙制品"斑点马"大约有 3 万年历史，它可能是衣服上的一个装饰品，后来随其主人一同被埋葬。蒙特贝尔德的洞穴岩画涉及巴塔哥尼亚的野生动物，上面还有人的手印——这是最古老的，也是很多化石点最常见的图案。

据考古学家亚历山大·马沙克（Alexander Marshack）称，3.2 万年前的骨骼上所刻的圆圈和弧形可能是已知最早的天文注释。个人装饰品在那时也十分普遍，多为项链的形式，由贝壳、狮子或熊的牙齿和着色的石头构成。

这种艺术创造力并不是从智人的大脑中突然爆发出来的。100 多万年以来留下的大量精美石器和骨器已经预示了这种艺术能力。不过，描绘人像和动物的绘画和雕刻突然大量出现，说明人类那时已具备更高的意识水平和技术水平。

对于脑部的研究结果表明，绘画、建造和导航等与空间有关的能力由大脑右半球的对应区域所控制，而语言和分析思维由左半球的对应区域所控制。据神经学家布鲁斯·米勒（Bruce Miller）称，绘画所涉及的关键脑区位于右后顶叶。如果这个区域受到损伤，个体就无法绘画。米勒曾见过一种被称为"额颞叶痴呆"的病症：患者在精神上退化了，具体而言就是无法说话或照顾自己。然而尽管如此，几名患者却突然间具备了惊人的艺术能力。核扫描结果显示，其右前颞区的脑细胞已死亡。米勒猜想，在正常情况下，这个区域会抑制后顶叶的艺术创作中枢，而在该区域受损后，大脑就会让艺术模块自由运转。

无论艺术创造的神经基础是什么，它都和语言一样，是非常鲜明的现代人的特征。事实上，它确实是所有人类社会都高度重视的另一种表达和交流方式。我们不知道智人祖先从何时开始能够用口头语言交换彼此的思想和点子，但我们知道，他们数千代以来都是杰出而干练的艺术家。

智人的扩散

非洲 a
亚洲西部 b
亚洲南部 c
澳大利亚 d
亚洲中部 / 北部 e
欧洲 f
北美洲 / 南美洲 g

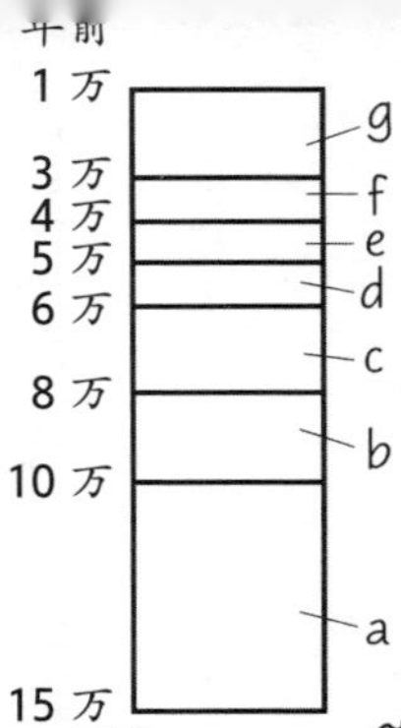
年前
1 万
3 万
4 万
5 万
6 万
8 万
10 万
15 万
g
f
e
d
c
b
a

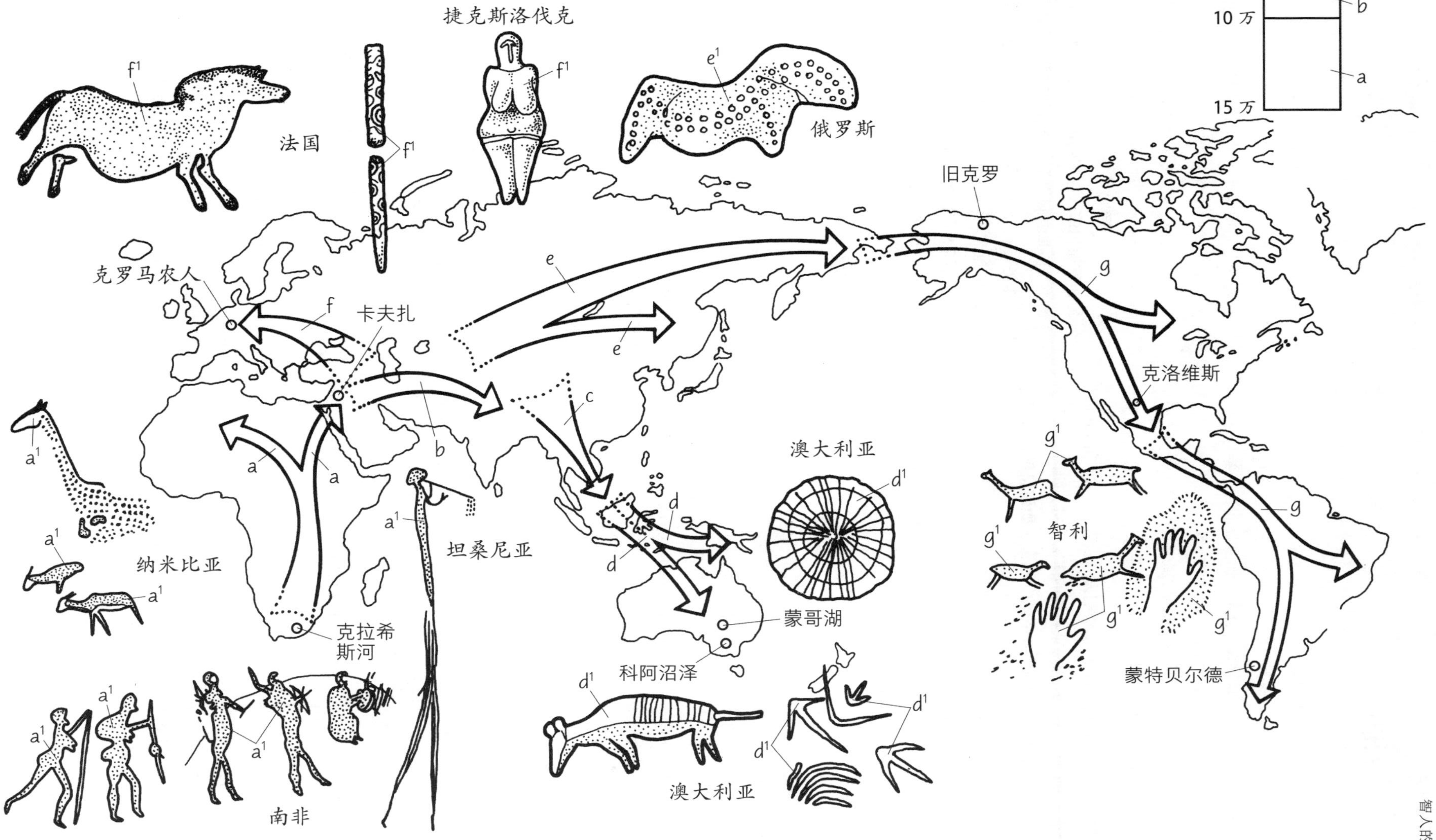
捷克斯洛伐克
f1
f1
f1
法国
e1
俄罗斯
旧克罗
克罗马农人
f
卡夫扎
e
e
g
克洛维斯
c
b
a
a
a1
a1
a1
纳米比亚
a1
坦桑尼亚
克拉希
斯河
澳大利亚
d1
d
d
蒙哥湖
科阿沼泽
d1
d1
d1
澳大利亚
g1
智利
g1
g1
g1
g
蒙特贝尔德
a1
a1
a1
南非

5-30
语言与脑

大脑皮层的两个半球看似彼此互为镜像，但实际上各有不同的特化功能。左半球有语言中枢，控制着言语能力，而右半球则负责处理面部识别或空间感知等任务。胼胝体将两个半球连接起来，来回传递各种感觉信息，这样我们才具备了综合的主观意识。在过去 40 年间，对于左右半球相割裂的患者的研究，揭示了两个半球各自的功能已演化到何种程度。

为图版上半部填色时，用反差明显的浅色为（b）和（c）填色，这一点十分重要。注意观察右侧的图像（树）如何呈现在脑后的左视觉皮层上，以及左侧的图像（松鼠）如何呈现在右视觉皮层上。

右半边身体的感觉，如视觉、触觉和听觉等，会投射到左脑中，就像图版中树的图像一样。这种交叉可以解释为何左脑的损伤通常在导致右半边身体感觉的丧失之外，还会导致语言障碍，因为语言中枢位于大脑左侧。右脑的损伤会导致左半边身体感觉的丧失，但导致的语言障碍程度较浅。左脑负责处理言语和线性逻辑思维信息，而右脑则负责处理更情绪化也更为全面的信息，也即更具艺术性的信息。

连接大脑两个半球的很粗的神经"电缆"叫做胼胝体。人类的这一"电缆"中大约有 2.5 亿根神经纤维，随时都有数十亿条信息在其中来回穿梭。黑猩猩的脑体积只有我们的 1/3，其胼胝体也要小很多，猴类的则更小。

神经外科医生有时会将胼胝体切开，以治疗患有严重癫痫的患者。这个手术通过将连接左右半球的"电缆"切断，从而让导致痉挛的神经脉冲无法从一侧传到另一侧。手术后，大脑的一侧不能感知对侧身体接收到的感觉信息。患者心理功能受到的明显影响极少，但仔细检查就能够发现，他们的思维模式发生了显著的改变。在 20 世纪 60 年代，神经学家罗杰·斯佩里（Roger Sperry）及其助手对这些大脑割裂患者进行了测试，发现两个半球有着不同的思考模式，他因此获得了诺贝尔奖。

为研究 1 中的大脑割裂患者以及他对"马"一词的反应填色。

迈克尔·加扎尼加（Michael Gazzaniga）及其同事约瑟夫·勒杜（Joseph LeDoux）对大脑割裂患者进行了心理测试。他们将"马"这一名词呈现在与患者右脑相连的左视野中，但患者否认其看到了任何事物。如果缺少完整的胼胝体，"说不出"的右脑就无法让"说得出"的左脑知道它看到了什么。患者随后被要求画出他感知到的名词。他无法用惯用的右手绘画，但可以用被

右脑控制的左手将其画出来。他画出了一匹马，但仍然否认自己看到了任何东西。

患者的上述反应揭示出，语言模块无法获取的感觉和图像信息是如何被艺术模块所获取的。在生活中，大量重要的经历，比如出生、吮吸乳汁、学习走路等，都发生在我们学会使用语言之前。所以不难理解，为何我们很难有意识地回忆起这些事件，以及为何艺术经常能够绕开逻辑分析而取得惊人的洞见。

加扎尼加相信，在脑的内部，能够独立处理感觉信息的模块不止两个，而是有很多个。只有当所有的模块都发送"报告"后，意识才能将其整合成一条连贯的叙事信息。整个过程由被加扎尼加称为"左脑翻译器"的结构完成。尽管这个翻译器会尽其所能，但它无法访问大多数对行为具有决定作用的模块，而只能访问带有言语标签的那些。由于缺乏完整的信息，翻译器会自动进行信息补充，以构建一种解释。

为研究 2 中正在将图像和大脑反应关联起来的大脑割裂患者填色。

一名大脑割裂患者的左脑中出现了一幅鸡爪的图像，同时，他的右脑中出现了一幅积雪围绕着雪人的图像。研究人员让他从一组图片中找出与这些图像有关的图片，他用右手指向一只鸡，同时用左手指向雪铲。当被问及为何会做出这样的选择时，他提到了鸡爪，但没有提到雪。研究人员问："那你为何要选铲子呢？"他思考了一分钟后答道："因为要把鸡弄脏的地方收拾干净。"

逻辑性左脑的一项工作就是解释事物，但不对这个解释正确与否负责，哪怕它像吉卜林（Kipling）编的故事那样天马行空也可以（他在故事《大象的鼻子为什么那么长？》中解释说，这是因为鳄鱼抓住并拉长了它的鼻子！）。科学和故事之间有一条微妙的界线。不过，对于语言和数字的掌握赋予了我们强大的解释能力，也让我们认识和控制周围世界的程度远远超过了远古的祖先。正如我们在 3-35 看到的，就连黑猩猩都能用符号来摆脱自身本能的部分限制。

演化而来的巨大大脑和两个半球的特化功能使我们的脑袋能同时容纳两种不同的思维。我们所谓的"现实"在胼胝体这一"电缆"中不停地来回穿梭。正如左右脑一直在"交谈"那样，科学家和艺术家也有很多要向彼此学习的地方。两个半球构成了一个完整的大脑，也呈现了一个完整的世界。要成为全面发展的个体及和谐社会的一员，我们需要让科学和艺术齐头并进。

左脑翻译器

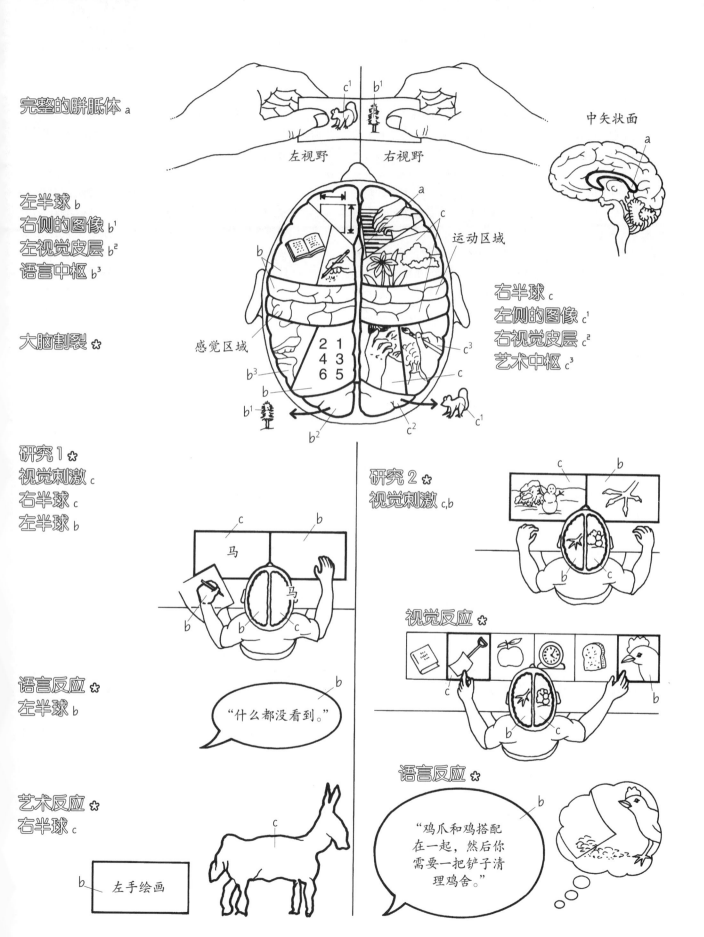

第六章　人类的适应性

我们这个物种，即智人，虽然在地球上只生活了不到 15 万年，但几乎已占据了地球的每个角落，人口增长到超过 60 亿。是什么造就了这种使人能在众多不同的环境中生存繁荣的非凡能力呢？文化在我们成功进化和塑造现代人之间的差异方面发挥了关键作用，而且也使智人以其他灵长类不曾有过的方式繁衍生息。

人类的变化和适应性在各个生命阶段中的多个层面上都有所体现，包括基因层面、个体层面和种群层面。一个个体从受精开始，必须努力度过成长期、成年期和老年期，才能成功存活下来。乔治·盖洛德·辛普森将这个"时间"元素称为人类演化研究中的第四维。女性和男性的区别也是演化方程式中的因数之一。自然选择塑造了不同的两性身体，使其具有不同的生殖功能。

人类个体从受精卵（合子）开始发育，它是有性生殖的产物，能够将基因变异从一代传递给下一代（见 6-1）。在 10 亿年前性起源之前，有机体是通过出芽或克隆来进行繁殖的，其产生的子细胞和母细胞一模一样。有了性就有了一个优点，即在一个繁殖种群内，来自双亲的基因可以不断进行交换和重组，从而提供更多的变异性，以便自然选择更好地发挥作用。人类的有性生殖与旧世界猴类、猿类的一样，会让女性以月为周期产生和释放卵子。

人类的发展轨迹是在时间框架内展开的，从细胞分裂、怀孕和经历生命的各个阶段，到父母生育子女以及一代代延续，最终历尽了上千年的适应和迁徙（见 6-2 至 6-5）。人类胚胎发育遵循着古老的基因蓝图，会长出分节的身体（见 6-2），这一点在前面介绍 Hox 基因时也提到过（见 2-14）。两个月大的胎儿的头部比躯干和细小的四肢芽更为突出。随着胎儿转变为新生儿和成年人，身体比例也会发生显著的变化，尤其是在头部大小基本不变的情况下，下肢会随着生长明显变长。要在时间这个第四维的作用下成功实现每一次改变，可是不小的挑战。

在出生后，随着外部身体比例的变化，内部系统也会发生改变，而每个系统都以各自的速率变化（见 6-3）。神经和脑生长迅速；12 ~ 14 岁儿童的淋巴组织大小是成年人的 2 倍。随着淋巴结缩小，生殖系统开始迅猛生长。骨骼、牙齿的生长和体重的增加会持续到 18 岁左右。这些系统的变化是个体从一个生命阶段过渡到下一个生命阶段的生物标志，反映出个体在各个阶段的重要生存策略和适应功能。

童年期指的是 3 ~ 7 岁。据人类学家巴里·博金（Barry Bogin）称，童年是特殊的人类适应期，这个延长的未成熟期为脑的生长、语言的习得和运动协调能力的发展提供了更长的时间。我们的第一颗恒臼齿在大约 6 岁时长出，而黑猩猩则是在 3 岁。此外，我们需要花两倍于黑猩猩的时间，脑才能生长到成年大小的 90%。我们祖先的童年期很可能对其掌握社交方法、制作并使用工具，以及学习复杂的觅食技巧至关重要。从母亲的角度来看，更长的童年期意味着更长的照顾时间。因此，能帮助照顾幼儿的社会支持系统就很关键。部分灵长类社会中也存在这种现象，如狮面狨（见 4-13）和倭黑猩猩（纤弱型，见 4-35）。群体成员会与非亲生的婴儿和幼儿分享食物，从而使母亲有时间进行下一次生殖。

从出生到老年，面部的变化反映了软组织（皮肤、肌肉和头发）和硬组织（牙齿和骨骼）的改变（见 6-4）。随着恒牙长出，儿童的咀嚼能力日渐提升，面部的肌肉和骨骼也会发生变化。和大多数灵长类不同的是，人类的女性和男性具有非常相似的齿系（见 3-30）。随着年龄增长，个体的咀嚼肌使用程度、牙齿脱落情况以及随之发生的骨吸收作用都会改变其头部及面部的形态。在分析牙齿、颌骨和头骨的化石碎片时，必须将这些复杂的过程都纳入考虑的范围。

骨骼是身体的支架，也是内部器官的保护结构，还和肌肉一同组成了运动系统（见 6-5）。和爬行动物一生不断生长的骨骼不同，哺乳动物的骨骼在生命早期迅速生长，但成年后就基本停止了。

法医人类学家可以基于不同骨骼的生长阶段来推断骨架的年龄（以年为单位）。类似的估算方法也可以用在我们的祖先身上，以推算未成年化石个体的大致年龄。基于现代人类的数学估算结果，我们得以还原已灭绝种群中个体的身高。尽管骨骼的长度停止增加，但它们会在肌肉活动、激素活性、损伤、衰老和疾病的影响下进行重构。利用骨密质和骨松质形成和生长的痕迹，我们可以在考古遗迹和化石骨骼中找到个体患有疾病的证据，以及生理活动留下的印记。从比较解剖学的角度出发，人类学家能够解读曾经影响我们远古祖先的饮食、健康和环境威胁等因素（见 6-6）。

人类的男性和女性都有 46 条染色体，分别来自其父母双方（各 23 条）。其中，有 22 对是相匹配的，在剩下的一对中，女性的由两条 X 染色体组成，男性的则由一条 X 染色体和一条 Y 染色体组成（见 6-7）。X 染色体上的遗传异常现象，例如血友病（一种出血性疾病），更容易发生在男性身上。Y 染色体则是染色体家族中的小个子，仅由 20 个基因组成，而其他染色体都有约 3,000 个基因。Y 染色体的主要功能是将胚胎的默认性别——女性，更改为男性。Y 染色体的大部分都不会重组，而是原封不动地从父亲传递给儿子，因而能够标记男性谱系，就像线粒体 DNA 标记着女性谱系那样（见 2-11）。例如，对欧洲男性 Y 染色体的分析结果显示，其中有 80% 的人都起源于大约 4 万年前一个共同的男性祖先。

女性和男性最主要的差异体现在生殖器官上，其次则体现在身体形态和组织构成上（见 6-8）。平均而言，成年女性比同一种群内的成年男性略矮，但骨盆更宽，肩膀更窄，而且体脂含量更高，尤其体现在乳房和大腿处。这些额外的脂肪可能是为了给怀抱和哺乳婴儿的母亲提供远距离行走所需的能量的适应演化结果。生活在城镇中的现代人由于具有充足的食物和相对静止的生活状态，这一演化优势反倒发展为她们的健康问题。肥胖及诸如糖尿病的各种伴生疾病正在大肆损害人类的健康，无论男女。

尽管所有女性都具有同样的基本生物学特征，但文化活动却深远地影响了采集人群、农耕人群和工业化城镇人群的生殖方式（见6-9）。在所有的文化中，女性都要承担养育子女的主要责任。在博茨瓦纳以采集为生的昆桑人中，女性平均每天要行走12千米，而且大部分时间都背负着一名儿童和11千克的食物。婴儿在3~4岁以前会一直大量吸吮乳汁，这就抑制了女性的排卵，从而延缓了她们下一次怀孕期的到来。昆桑人女性平均每人会诞育5个后代。在农耕社会中，女性哺乳的时间要少些，生育间隔也更短，一生大约诞育8~10个后代。现代都市女性的平均首次怀孕时间大幅度延后，诞育的孩子数量也较少，只有大约2~3个。

皮肤是人体最大的器官，它对祖先们在非洲草原上的生存来说至关重要。皮肤并非只有一个单独的特征，它是一个功能复合体，能在日照充足的热带环境中为脑和身体降温并提供保护（见6-10）。外汗泌腺通过蒸发作用为皮肤降温，而深色的色素则保护身体免遭紫外线伤害。紫外线还能刺激维生素D的形成，这对骨骼的正常生长至关重要。不同种群之间以及种群内个体间的皮肤颜色有所差异。诸如斯堪的纳维亚等高纬度地区的阳光较弱，所以浅色的皮肤能帮助该地区的人更好地吸收紫外线。

乳汁是新生哺乳动物的主要食物，它只有在小肠中的乳糖酶的作用下才能被消化（见6-11）。对于世界上大多数的人类种群来说，乳糖酶都会随着年龄的增长而迅速减少，所以在4岁之后，饮奶或许会导致消化不良和腹泻。欧洲北部和非洲的一些种群由于有数千年的奶牛驯养历史，所以保持着较高的乳糖酶水平，可以终生饮用牛奶。

尽管高海拔地区氧气稀薄，但仍有数百万人生活在那里（见6-12）。低氧环境会影响整个身体，尤其是肌肉和脑，还会提升婴儿的死亡率。在短期内，身体会通过加快、加深呼吸和提高心排血量的方式来适应。更长期的适应性变化包括红细胞数量增多和肺活量增大等。在高海拔地区生活过很长时间的人会比其他人更适应这样的环境，例如西藏人在生理机能上就比安第斯人适应得更好，而后者又比北美洲的刚刚在落基山脉定居几代的那些群体适应得更好。

世界上不同种群间遗传特征的传播频率也不尽相同，例如ABO血型（见6-13）。尽管有些特征可能会对个体造成其他的伤害，但自然选择通常会把能够抵御疾病的特征留下。镰状细胞是血红蛋白由于异常而转变成的畸形红细胞（见6-14）。具有正常和镰状红血蛋白的杂合子对于疟疾具有抗性，而疟疾则是热带地区最致命的杀手。纯合子会患上镰状细胞病，这种痛苦的遗传疾病会大幅减短寿命。然而，刀耕火种的农业文明为传播疟疾的蚊子提供了温床，所以镰状细胞在这些地区非常常见（见6-15）。

迁徙的种群携带着他们的基因和语言一并迁徙，而这两者都会随时间而演化（见6-16）。遗传学家L. L. 卡瓦利-斯福尔扎（L. L. Cavalli-Sforza）在现代人类各种群的遗传特征和语言谱系树中找到了可观的对应性。人类的语言并非与生俱来，而是需要每一代从头开始学习。尽管如此，和语言有关的能力却写在我们的基因组中，体现在脑的结构上。基因和语言这两种表达方式紧密交织，反映出我们的演化历史。靠着一贯的预见性，查尔斯·达尔文在《物种起源》一书中写道："如果我们构建出完美的人类谱系树，那么各个种族的谱系位置就是对现今世界上的所有语言最好的分类。"

顺应环境而发展出的文化，再加上语言和技术等属性的加持，使人类的能力超越了生物学的限制，能够继承过去世代的知识和工具。无论是现在还是未来，在不断创新的基础上，人类的这些综合能力都足以应对生态、社会和生物层面的各种挑战。我们借助非遗传性的传统文化来适应环境的能力是一个重大的演化突破，它将人类的生存和生殖水平提高到了前所未有的高度。

6-1
有性生殖

真核生物是指具有真正细胞核的有机体，化石记录显示其出现在大约 10 亿年前。真核生物进行有性生殖，将亲代双方的遗传物质组合起来以形成新的个体。相反，没有细胞核的原核生物则借助无性生殖来分裂为两个和原来一模一样的生物体。在来自亲代双方的遗传物质混合后，物种内部的遗传多样性和变异数量都提高了。在基因重组的基础上进行的有性生殖以及基因突变正是种群内变异的来源。遗传变异对于自然选择下的演化至关重要（见 1-17）。

受精是有性生殖的第一步。哺乳动物的受精发生在体内，而不像大多数脊椎动物和鱼类那样发生在体外。大多数雌性哺乳动物只在一年一度或两年一度的繁殖季节才会排卵。人类、猿类和旧世界猴类的交配没有季节性可言，但可能会以月为周期。受精过程与卵巢周期同步。在周期中，子宫内膜会增厚，为新受精的卵子着床做准备。如果受精没有发生，子宫内膜便会脱落。

从下侧的图表开始，为卵巢事件和月经周期填色。用浅色来代表（d）。

女性在出生时，其两个卵巢就携带了一生的卵子储备，这约 40 万个卵母细胞的分裂周期暂停在减数分裂的第一阶段（见 1-14）。当女性性成熟后，卵巢周期就会启动，直到绝经期为止。每个周期都会经过 3 个阶段——卵泡期、排卵期和黄体期。卵泡是发育中的卵母细胞周围的小囊。每个月，脑垂体都会分泌促卵泡激素，促使一个卵泡成熟。再过 14 天左右，成熟的卵母细胞就会冲破卵巢壁，这个过程叫做排卵。然后，排空的卵泡就会萎缩，并在脑垂体黄体生成素的作用下形成黄体。

黄体会分泌黄体酮和雌激素，这些雌激素会刺激子宫内膜生长，从而为怀孕做准备。排卵时的子宫内膜又厚又软。如果卵子受精成功，黄体就会生成更多的黄体酮，从而提升子宫内膜供养胚胎的能力。如果受精或着床失败，黄体就会退化，子宫内膜便跟着脱落，从而导致月经出血。然后，一个新的排卵周期又开始了。

在图版中部右侧的结构中，为阴道、子宫颈、子宫以及代表精子的箭头填色。

在交配过程中，精子进入阴道，通过子宫颈进入子宫，然后游向被释放到输卵管中的卵子。

为图版顶部卵巢中不断成熟的卵泡填色。为卵原细胞、卵母细胞和黄体填色。接下来，为与受精相关的一系列事件填色。首先，为右侧的结构填色，然后从卵巢和释放的卵母细胞开始填色。四幅放大的插图表现了雌雄配子融合形成合子过程中的各个步骤。一边阅读文字，一边从左到右沿着事件发生的顺序填色，直到囊胚在子宫壁上着床。

当卵母细胞从卵巢释放出来后，就会完成第一次减数分裂，并产生次级卵母细胞和第一极体（见 1-14）。次级卵母细胞也就是卵子，会经由角状开口被送进输卵管中。一般来说，会有多个精子同时接触卵子，但只有一个能够钻透卵子的外壁。精子进入卵子的过程叫做受精作用，会导致第二次减数分裂发生，并产生没有细胞质的第二极体。

卵子携带着细胞质以及线粒体 DNA（见 2-11）等。来自女性和男性的细胞原核各自含有 23 条单倍染色体。这两套单倍染色体结合形成合子，含有一套完整染色体（46 条），这就是新形成的子代的遗传物质。在 20 个小时内，合子会进行有丝分裂，变为两个细胞（卵裂球），大小各为卵子的一半。（图版中绘出的是有丝分裂中期。）

极体会分解消失。在 4 次有丝分裂后，合子变为 16 个细胞，它们聚集在一起，被称为桑椹胚。如剖面图所示，合子内部会形成一个空腔。此时的合子叫做囊胚，在它于子宫内膜上着床后，新的人类个体就开始生长了。

女性的生殖周期变化很大。运动员、舞蹈家等体脂含量很低的女性，或者因厌食症而体重大幅度降低的女性，通常生育能力较差，甚至可能会闭经，即月经周期停止。西方女性的月经初潮平均出现在 12.5 岁，一生平均生育 2～3 个孩子（见 6-9）。除去两三次 9 个月的怀孕期和不到 6 个月的哺乳期，今天的女性的一生约有 35 年都处于每月一次的卵巢周期中。基于采集生活方式的社会中的女性以及史前的女性和雌性猿类、猴类则完全不同，她们在生育阶段的大部分时间都处于怀孕和哺乳的状态。

受精作用

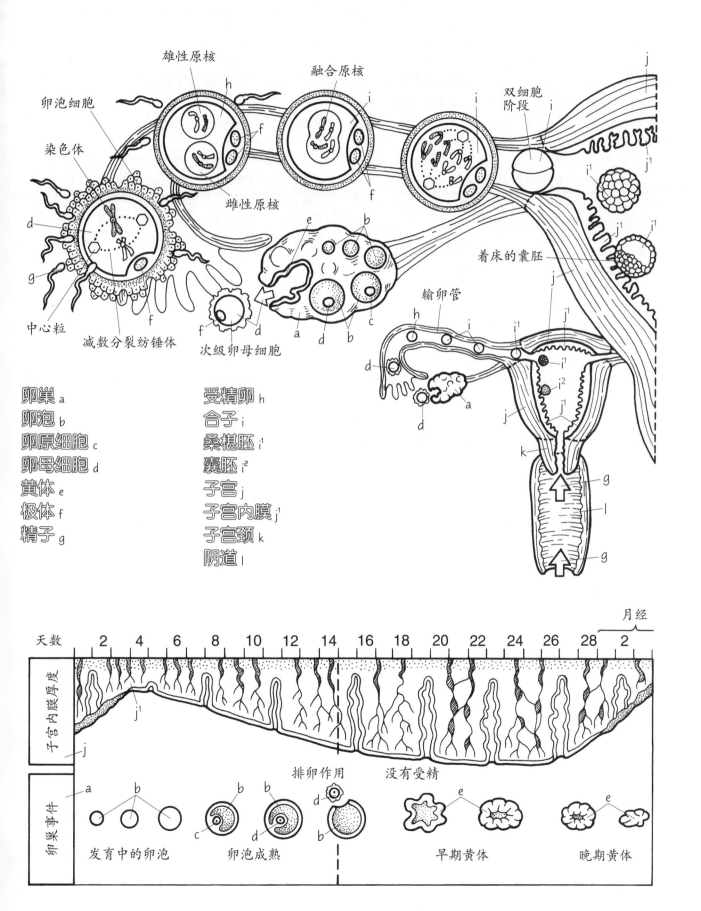

雄性原核

卵泡细胞

染色体

融合原核

双细胞阶段

雌性原核

卵巢 a
卵泡 b
卵原细胞 c
卵母细胞 d
黄体 e
极体 f
精子 g

受精卵 h
合子 i
桑椹胚 i¹
囊胚 i²
子宫 j
子宫内膜 j¹
子宫颈 k
阴道 l

中心粒
减数分裂纺锤体
次级卵母细胞

着床的囊胚
输卵管

月经

天数

子宫内膜厚度

卵巢事体

发育中的卵泡   卵泡成熟   排卵作用   没有受精   早期黄体   晚期黄体

6-2
身体分节与比例

从受精卵、早期胚胎一直到成年，人类的身体要经历极大的变化。尽管早期胚胎已表现出身体分节（见 2-14），但直到四肢和手脚初见端倪，个体才开始具有成年阶段的基本外形。在大约 30 天时，桨状的肢芽出现。到 60 天时，手指便各自分开。由于头部和颈部是胚胎的主体，上肢芽的出现比下肢芽要早一天左右。在胚胎进入第 7 周时，上肢和下肢向相反的方向旋转，这样肘部在未来就会朝后，而膝部则朝前。四肢及其朝向的形成以及从胎儿到成年的身材比例发育都展现出变化过程中的生长特征。正如我们在 1-3 中看到的那样，针对生长过程的比较研究手段为了解相关物种形态差异的演化提供了洞见。

为早期胚胎的颈节和胸节填色，它们代表着上肢发育的三个阶段。为成年人身体脊椎区域的各个皮节填色。

上肢芽在胚胎颈节下部和胸节上部之间向旁侧发育（C_3-T_1），下肢芽（图版中未绘出）则形成于腰节和荐节之间（L_2-S_2）。脊神经按照分节的条带分布（例如 C_3、L_2 等），且每一条都为对应的皮肤表面传送感觉信息。皮节指的是由一条脊神经负责的皮肤区域。随着四肢增长，相应的皮肤神经也会跟着迁移。在最初的 30 天里，皮节就会表现出原始的体节分布模式。到 35 天左右，随着上肢芽形成，原始的体节模式会消失，但序列保持不变。随着四肢增长并改变朝向，它们就不再表现为平行的模式。皮节很好地阐释了在从形态不明的胚胎变为成年人的过程中，生长过程是如何改造人类的基本身体构型的。这样的胚胎生长过程还能解释很多问题，例如心脏病患者为何会感觉上臂的内侧疼痛（因为 T2 脊神经同时支配着心脏和手臂内侧），还有为何 C7 脊椎上的关节炎和神经压迫会导致指尖发麻等。

为图版底部每个阶段人体的各个身体部位填色。图中的身高被设为恒定的，其他的则都是相对于成年阶段的身高。

到两个月大时，胎儿的四肢和指头都已形成。巨大的头容纳着快速生长的脑。在怀孕的早期阶段，神经元能以每分钟增加 25 万个的速度生长。前脑是计划、个性和语言的中枢（见 3-24），它比中脑和后脑的发育更为迅速（见 1-4）。此时，触觉高度发达，这很可能是为了让胎儿不被脐带缠绕。到胚胎发育的第 5 个月，胎儿则反映出头部相对缩小，躯干和四肢增长的比例。

出生时，新生儿头部的相对体积比成年人大，而双腿则相对短小。在婴儿出生后的前两年中，脑部生长迅速，并开始尽可能地建立学习和模仿系统，就像海绵一遇到水就会将其吸收一样。在两岁左右，脑的生长与语言的习得相关。巨大的头部的相对体积开始随着年龄增长而缩小，四肢则不断增长。将新生儿和 6 岁儿童相比便可看出明显差异。脑在 12 岁时就长到成年大小，而内部的变化仍在继续。

运动系统在出生后的发育过程中也经历了重大的转变。新生儿不成比例的头部和胸部使身体重心升高。对比胎儿、新生儿与两岁幼儿的身体比例，我们知道两岁幼儿通常能够独立行走，不过不如成年人稳定。他们会分开双脚，并展开手臂来保持平衡，从而对短小的双腿和尚未发育完全的腰部弯曲结构做出弥补。随着双腿增长，儿童的步伐幅度也会加大，在行走时也能更有节奏地旋转胸部和骨盆。运动系统在 6 岁左右进入成年模式，然后会继续发育，直到八九岁左右完全成熟。身体构成和新陈代谢在青春期末期达到成年人水平，以便让身体在运动过程中只消耗相对较少的氧气。运动系统在一生中会持续变化。在衰老的过程中，肌肉张力和骨骼灵活度的降低会限制所有关节的活动范围，所以步幅变小而双脚分得更开，以保持稳定，就像刚开始走路的孩子一样。

通过比较近亲物种的生长模式（见 1-3），比如人类及其近亲黑猩猩，我们能够看到调控四肢生长形态的基因发生了哪些细微变化。人类的手臂和腿在出生时差不多是等长的。到婴儿期结束时，人类的双腿要明显长于手臂。到了青年及成年期，手臂的长度只有腿长的 72%。黑猩猩在刚出生时手臂和腿的长度也几乎相等，但到婴儿期结束时，黑猩猩的上肢要长于下肢。到了成年期，黑猩猩的手臂比双腿长 6%。如果将手和脚也考虑进来，那么其上肢的长度就显得更加突出。生长速率上细微的遗传变化导致了两个物种间这些显著的形态差异（见 4-36）。

人类学家会在个体、种群和物种的层面上研究人类这个物种。我们了解到，个体是如何发挥功能，如何变化以及如何成功度过生命的每个阶段的。在更广阔的演化图景中，相似的遗传和发育过程让我们能够比较自身与近亲（如黑猩猩）和远亲（如昆虫）的个体发生学特征。关于生长发育的比较研究阐释了物种如何反映出共同的演化历史，以及在发育过程中不同的生长模式如何导致不同的形态和功能，甚至在近亲物种之间也是如此。

身体比例

皮节 ✿

颈节（C）
胸节（T）
腰节（L）
荐节（S）
尾节（Ca）

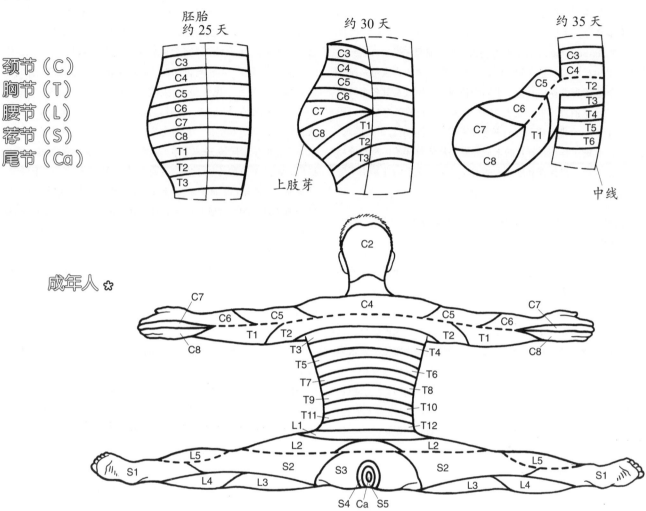

成年人 ✿

成长变化 ✿

头 a
脑 b
躯干 c
上肢 d
下肢 e

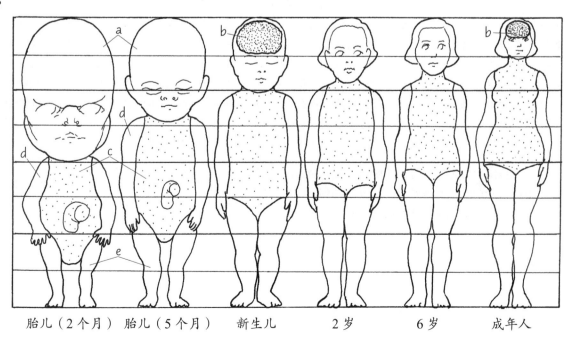

胎儿（2个月）　胎儿（5个月）　新生儿　　　2岁　　　　6岁　　　成年人

6-3
身体系统与生命阶段

从出生到成年阶段，人体的大小和形态都有所改变。内部的组织和器官也会生长，并按照不同的速率变化。解剖学家 R. E. 斯卡蒙（R. E. Scammon）在其经典的人类生长研究中最早观察到这个模式。生长模式与生命阶段的转换相对应。例如，生殖系统开始发育标志着青春期的开始。不同物种的生长模式及其各个阶段的时间长度都有所不同（见 3-24）。人类有较长的各个生命阶段和延长的未成熟期，以及发育较晚的恒齿，而且还有很大的脑。在人类演化的过程中，延长的未成熟期是从何时开始体现在原始人类身上的呢？黑猩猩和现代人的对比结果为这个问题给出了限定范围。

为从出生到成年的脑（神经组织）和免疫系统（淋巴组织）生长曲线填色。

人刚出生时，脑的体积大约为成年期的 25%。出生后的第一年，婴儿的能量大量用于脑部发育，因而此时的生长曲线十分陡峭。脑在 12 岁左右时长到成年体积。

淋巴组织包括淋巴结、扁桃体和脾脏，其负责生产抗体，以保护身体免遭感染。在出生时，婴儿自身的免疫力很低，要依靠母乳中的抗体，所以生命初期较长的哺乳期能为其提供保护。淋巴组织在婴儿期和童年早期迅速生长，先在青春期时达到顶点，再在成年期衰退。有些淋巴细胞在胸腺中成熟，被称为 T 细胞。婴儿的胸腺从颈部一直延伸到心脏上方。女孩的胸腺在 12 岁时体积最大，而男孩则在 14 岁时，之后胸腺就会迅速缩小至成年期的大小。

为生殖系统和整个身体的生长曲线填色。

在婴儿期，下丘脑分泌的激素会刺激卵巢释放雌激素，或刺激睾丸释放雄激素。在婴儿期后期，下丘脑会暂时停止对性腺的刺激，之后在青春期被重新激活，开启女性和男性身体及生殖系统的不同生长模式（见 6-8）。整个身体的生长包括牙齿（见 6-4）、骨骼（见 6-5）的生长和体重的增长（见 6-8），每一项都有自己独特的发育轨迹。据人类学家霍利·史密斯观察，当狭鼻猿类长出第一颗恒臼齿（M1）时，它的脑也长到了成年体积的 90%～95%。

先一边阅读讨论文字，一边为黑猩猩、南方古猿、直立人和智人的每个生命阶段填色。然后为代表长出第一颗恒臼齿（M1）的箭头填色。再为每个物种的成年脑体积填色。

黑猩猩的胎儿期为 8 个月，而人类的则为 9 个月。在婴儿期，黑猩猩和人类的幼崽都必须完全依靠外界帮助才能生存——要与母亲保持紧密的联系才能移动及获取食物（见 3-10、3-27）。黑猩猩幼崽在 3～4 岁之间逐渐断奶，如果在断奶前失去母亲，那么它们就无法存活下来。完全断奶后，幼崽就可以自己行动，学习如何独立觅食，但仍与母亲保持着社交联系。母亲的生育间隔期大约为 4～5 年（见 3-28）。人类幼儿需要完全的照料的时间为 3～4 年，即使在断奶之后，仍然需要依靠母亲和其他成年人来获取食物，直到 7 岁左右。人类幼儿这段延长的未成熟依赖期构成了一个新的生命阶段——童年。这个概念由人类学家巴里·博金提出。在这个阶段（从 3 岁左右到 7 岁），幼儿要学习关于身体、社交和认知的技巧，同时需要母亲以及其他人的大量照顾。所以，这个童年阶段的发展还伴随着其社交体系的形成，这有助于提高幼儿的存活率，并使靠采集生活的女性能保持 4～5 年的生育间隔期（见 6-9）。

在人类演化过程中，这个阶段可能首次出现在何时呢？它可能曾有怎样的功能？南方古猿婴儿期的时间长度很可能与黑猩猩的相似。根据齿根发育状况和牙齿生长线来估算，南方古猿 M1 的长出时间也与黑猩猩差不多，在 3～3.5 岁左右。然而，与黑猩猩不同的是，南方古猿是靠两足行走，平均脑体积也更大（见 5-21），因此很可能需要更长的时间来掌握独立行走能力，习得觅食技巧以及学会使用工具。南方古猿从婴儿到少年的过渡期，也可以被解释为刚刚形成的童年期，其幼崽虽然在学习采集食物的方法的同时，要依靠成年个体分享的食物生存，但并不会增长母亲的生育间隔期。直立人的脑体积为黑猩猩的两倍，很可能有更长的童年期，以供其脑的生长和学习社交技能，以及发展复杂的工具使用技巧。据估算，其 M1 长出的时间大约在 5～6 岁之间，比黑猩猩更晚，但比现代人早。

对于野生黑猩猩的实地观察研究发现，其在 8～11 岁之间还有一个青春期，这是少年期和成年期之间的特殊时期。在这段时间里，雄性尽管会产生有活性的精子，但却在生理和社交技能上都不够成熟，无法与成年雄性竞争（见 6-8）。雌性会表现出阴部肿大并进行交配，但在 12 岁左右首次怀孕之前会经历一段不孕期。这段延长的时间使黑猩猩能够学习并操练使用工具（如锤子和砧板）的精细技巧（见 3-33）。不过，黑猩猩并没有表现出现代人青春期中明显的骨骼急剧生长现象。南方古猿的青春期模式可能与黑猩猩类似。直立人的青春期可能始于 9 岁左右，结束于 14 岁，这为脑的生长，学习社交技巧和掌握解决问题的能力提供了时间，而这都是他们复杂的生活方式所必需的。人类在青春期会经历骨骼急剧生长和体重增加，而这也是定义青春期的标志（见 6-8）。这个阶段会一直持续到所有的身体组织都变为成年形态，也就是 18 岁左右。

身体系统

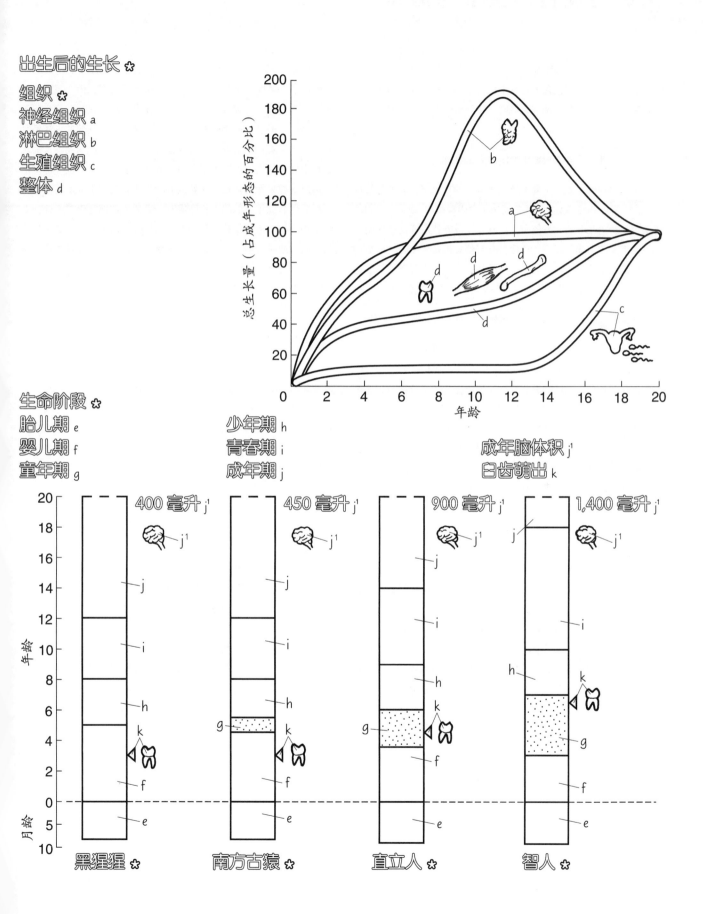

出生后的生长 ✿

组织 ✿
神经组织 a
淋巴组织 b
生殖组织 c
整体 d

纵轴：总生长量（占成年形态的百分比）
横轴：年龄

生命阶段 ✿
胎儿期 e　　少年期 h　　成年脑体积 j¹
婴儿期 f　　青春期 i　　臼齿萌出 k
童年期 g　　成年期 j

400 毫升 j¹　　450 毫升 j¹　　900 毫升 j¹　　1,400 毫升 j¹

黑猩猩 ✿　　南方古猿 ✿　　直立人 ✿　　智人 ✿

295

6-4
生长与发育：头部与齿系

头部有三个功能区。颅骨（脑颅）保护着脑这个神经系统的控制中心。面骨构成眼眶和鼻腔，还容纳着感觉系统中的视觉及嗅觉结构。颌骨中则包含了发育中的齿冠和齿根，为咀嚼肌提供了固定位点。这三个区域彼此关联，在一生中以不同的速率生长变化。

为新生儿、成年人和老年个体的头部填色。

头部包括硬组织（头骨）及上面覆盖的软组织，后者包括皮肤（含头皮）和面部毛发、面部肌肉（含咀嚼肌）、眼睛、鼻组织及嘴唇。新生儿一般头发较少，没有牙齿或能够发挥功能的咀嚼肌。成年人的面部已经完全成形，具有整套齿系，颅腔与体重的相对重量比婴儿小很多。老年个体的特征包括牙齿脱落或极度磨损，咀嚼肌不再发挥作用，从鼻尖到下巴的面部距离缩短。

为新生儿、成年人和老年个体颅部和面部的各块骨骼填色。

人类新生儿的巨大头部必须具有足够的可延展性，才能挤过狭窄的产道。新生儿头骨中的额骨、顶骨和颞骨还未融合成一块。相反，各块骨骼由皮肤和黏膜连接，形成囟门。在分娩时，这个柔软的地方使婴儿的头部可以向内折叠，从而通过母亲骨盆上的骨质产道。这时，头部主要由颅腔和眼眶构成。

当新生儿的牙齿还未长出，咀嚼肌（咬肌和颞肌）也未发育时，他需要靠强壮的颊肌来吸吮乳汁。新生儿头部的重要功能就反映在其头部形状上。牙齿和颌骨的重要性较低，相对较小，而大脑皮层中的感觉中枢（包括听觉、视觉和嗅觉）在出生时就高度发达，为感知、储存和处理外界信息做好了高效的准备。作为在未来会具有文化特质的人类，婴儿需要很大的脑和发达的神经突触网络来学习社交和语言技巧，才能存活下去。新生儿脑部生长所需的大量能量以及延缓的牙齿发育导致其完全依靠他人来获取营养，直到童年期（见 6-3）。

从婴儿期到成年期，随着软组织和硬组织的扩增，头部（颅骨和其中的脑）也生长迅速，周长会增加 20 厘米以上。个体的颅骨在缝合线处生长和相接。这些缝合线在年轻时比较明显，随着年龄增长可能逐渐消失。缝合线的走向为法医学家提供了一种估算个体死亡年龄的方法。

眼睛和鼻子位于面部中心。眼眶要受到额骨、上颌骨和鼻骨的影响。鼻腔通道是呼吸通道，也是嗅觉器官，由一系列鼻骨和上颌骨构成。上颌骨和齿骨支撑着牙齿。新生儿左右两半下颌是分开的，但会在成年后融合到一起，这是很多其他类人猿都具有的特征。咀嚼肌附着在颧弓和颞骨上。随着构成颅腔的骨骼在成长中的大脑周围扩增，正在萌出的牙齿也会刺激周围颌部骨骼的形成。如果牙齿在长出前就被摘除，那么颌骨永远也不会正常地形成。当成年人面部生长完成时，恒牙也全部长出了，这让下颌更加突出。随着年龄增长，上颌和齿骨会被再吸收。如果齿根由于疾病或年龄增长而从骨骼中脱落了，这个再吸收过程就会显著加速。再吸收作用是流入这一区域的血液大幅减少所致，之后也不会形成新的骨骼。牙齿和支撑骨骼的丧失会再次改变面部的形状。

分别为三个人生阶段中乳齿和恒齿的 X 光片填色。

在 X 光片上，我们可以看到 6 个月大的婴儿正在形成的齿芽，以及牙齿正要萌出的迹象。牙齿钙化的次序基本上比较规律，能为判断年龄提供很好的依据。在 6 个月左右，婴儿的下门齿最先长出。人类的乳齿只有两颗门齿、犬齿，以及第一和第二白齿。在 5~6 岁之间，齿弓已完全成形，所有的乳齿都已长成，并因咀嚼肌的发育而具有了很好的咬合功能（见 1-6）。此时，各个物种独特的牙齿磨损特征已经开始显现。

第一恒白齿在 6 岁左右开始长出，男孩会比女孩晚 2~4 个月。在这个年龄，脑已经完成了 90% 的生长。随后，恒门齿在 8 岁之前长出。到 12 岁时，犬齿已经发育完全，口腔每个区域的三颗白齿中的第二颗也已经长出。最后一颗白齿会在 16 岁之前长出，但齿冠和齿根要到 21 岁左右才完全发育成熟。

出牙是个体年龄的有效判断依据，对法医人类学家、古人类学家和考古学家判断未成年骨骼的年龄非常有用。牙齿的构型与肌肉及内部骨骼的相互关系能帮助我们了解近亲物种间不同的面部形态，例如两种南方古猿（见 5-20）或尼安德特人和智人（见 5-26）。

头部与齿系

囟门 d

骨骼 ✿

额骨 e　　　　　　　　颧骨 h

顶骨 f　　　　　　　　上颌骨 i

颞骨 g　　　　　　　　鼻骨 j

　　　　　　　　　　　齿骨／下颌骨 k

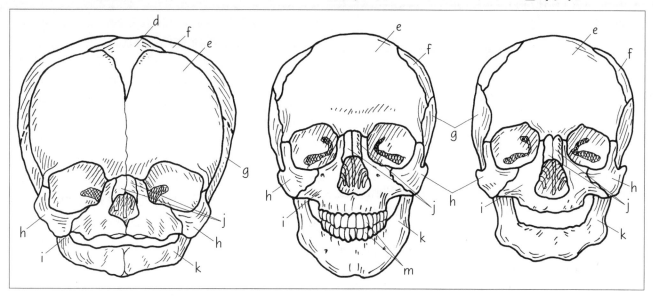

新生儿 a　　　　　　成年人 b　　　　　　老年人 c

齿系 ✿

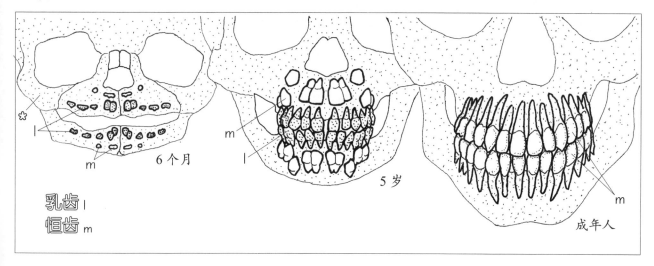

6个月　　　　　　5岁　　　　　　成年人

乳齿 l

恒齿 m

6-5
生长与发育：骨骼与骨架

骨骼是软组织的构建基础，它支持生物体在环境中活动，支撑并保护内脏器官，并帮助成年个体成功繁育后代。构成脊椎动物胚胎的"骨架系统"的并不是骨骼，而是固态的软骨质骨架前身。在胎儿期，主要的骨化中心将软骨变为硬骨（骨化）。在生长和发育过程中，主要中心和长骨关节处的次要中心继续对软骨质进行骨化。在成年期，骨骼的长度停止增加，但骨骼细胞会继续生成和再吸收，从而使骨架能根据身体的需求进行重组。

为图中长骨（肱骨）的生长填色。用反差明显的颜色来代表（h）和（i）。

骨密质是一层厚厚的钙化骨骼材料，它构成了长骨骨干的外层。骨松质位于骨干的两端，其松糕状的结构让它比较耐磨。这个性质让骨骼更加灵活，并且运动时的转矩更大。位于骨骼空腔内部深处的是骨髓，即产生红细胞的中心。营养通道沿着滋养孔进入骨骼，为骨骼生长稳定地提供所需的血液和矿物质。

不成熟的长骨主要由两个部分组成。骨干是骨骼的主体；骨骺位于长骨骨干的两端，当生长完成，骨骼长度不再增加时，它会与骨干融合。在骨架的生长过程中，骨干和骨骺之间的区域被称为生长板，这是一个软骨区，骨骺就形成于此。软骨是一种连接组织，有一定的延展性，略微具有弹性，但比较坚实。骨骼则是比软骨更坚硬的连接组织，其强度很大程度上得益于无机钙盐的沉积。儿童生长迟缓与其饮食中奶制品的含量较低有一定的关系，很可能是钙摄取不足而对骨骼生长造成的影响。

为生长板细节的放大图填色。

最靠近骨骺部位的软骨区包含增殖细胞。这些细胞在发育后会迁移到骨干的顶端，在那里吸收矿物质并变硬，再附着到骨干上。当这个区域从软骨完全变为骨骼后，骨骺和骨干就会相接，开始融合。当融合完成时，骨骼也就长到了成年的长度。不同物种骨骼各部位发生融合的时间各有差异。

爬行类的骨架会终生持续生长，而哺乳类（包括灵长类）的则会在婴儿期和生命早期迅速生长。当骨骼生长和骨骺融合完成后，骨架系统和关节就会提供强有力的结构支撑，以满足哺乳动物运动方式的严格要求（见 3-7）。

为新生儿、成年人以及两者之间各成长阶段中的肱骨填色。为新生儿和成年人的髋骨填色。

在出生时，肱骨骨干会钙化，骨骺很小，这说明近端（肩）关节已经开始骨化。到 5 岁时，远端肘关节的骨骺也已出现，并在 10 岁之前进一步骨化。肩关节在 17～20 岁之间发生融合，而肘关节则在 16 岁之前完全融合。骨骼融合会受到生殖发育过程中释放的激素影响（见 6-8）。人类女性的骨骼成熟得通常比男性早，女孩的骨骼融合比男孩平均早 1～2 年。然而，社会和生态环境质量以及遗传因素都可能加速或延缓骨骼发育。头骨和锁骨的发育也与本节中介绍的骨骼情况有所不同。

髋骨由三块骨头组成：髂骨、坐骨和耻骨，而新生儿的这三块骨头中都有一个骨化中心。爬行动物的这三块骨骼保持各自独立，也不会融合（见 3-7）。而人类到了 11～15 岁，这三块骨骼就会在髋臼处发生融合。哺乳动物的运动方式，尤其是人类的两足行走方式，都需要坚实的骨盆基底。人类的骨盆能提供非常耐用的承重结构，为下肢摆动和躯干旋转提供结构上强有力的支持（见 5-14）。在青春期后，髋骨还会继续生长，直到 19 岁才完全成熟。人类的骨盆还在分娩过程中发挥着重要的作用。生育过早的女性要面临骨盆入口过于狭窄，婴儿难以通过的风险。而且，她还要牺牲自身骨骼中的钙储备，以供在 9 个月的怀孕期和漫长的哺乳期中使用（见 6-9）。

为肱骨愈合的断裂处填色。

在骨骼融合后，尽管长度无法增加，但它会在骨骼再吸收和新骨细胞生成的动态过程中持续进行重组。你今天的肱骨其实并不是六年前的那根！骨骼具有耐久性，尽管它被称作硬组织，但在功能上其实更像"塑料"：细胞会被替换，而必要时骨骼细胞还会释放出钙质。骨骼在受损或断裂时会进行修复，这个修复的钙化位点会变成骨骼上最粗壮的部位之一。

古人类学家、法医人类学家和灵长类动物学家会利用哺乳动物骨骼在生长和重组过程中表现出的性质，来解析个体的生活状况及种群的健康和疾病问题。骨骼能帮助估算化石骨架的高度及其所在的生长阶段，比如，在图尔卡纳男孩的案例中，它的四肢骨就还未发生融合（见 5-8）。经估算，图尔卡纳男孩大约 13 岁，身高 160 厘米。另外，骨骼还可能反映过去的身体损伤或健康状况，例如贫血或骨质疏松症（见 6-6）。在贡贝地区，黑猩猩的骨骼和人类的类似，它们也为了解过去由骨折和疾病带来的影响提供了证据（见 3-31）。

骨骼与骨架

骨骼生长 ✿
软骨 a
骨松质 b
骨密质 c
髓腔 d
营养通道 e
骨化中心 f

生长板 ✿
生长细胞 g
钙化细胞 g¹
骨骺 h
骨干 i

骨架 ✿
钙化的肱骨 i¹
髋骨 i²

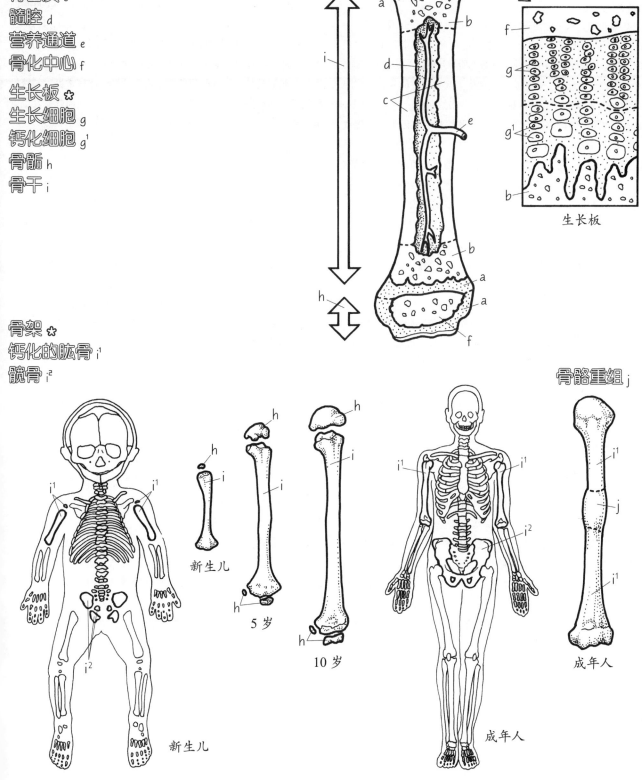

生长板

骨骼重组 j

新生儿

5 岁

10 岁

成年人

新生儿

成年人

6-6
生活事件的印记

尽管骨骼在死亡后十分坚固，但它本身却是动态的组织，会在一生中不断重组，并能保存个体活着时由活动、饮食和繁殖历史留下的印迹。

为表现出骨质增生的上眼眶填色。

在婴儿期，头部会迅速生长。颅骨具有内板和外板两层，中间的骨松质（板障）是产生红细胞的地方。生命早期可能会出现骨质增生，这是由血液中缺铁（贫血）所导致的。为了应对贫血，红细胞的产量会增加，板障也会变得膨大起来。它的生长会将眼眶或颅底处更薄的颅骨向外推。人类学家德布拉·马丁（Debra Martin）和同事们研究了美国亚利桑那州黑梅萨地区生活在崖壁上的阿纳萨齐人的骨骼。他们发现，各年龄层的大约88%的人都表现出骨质增生现象。大多数成年人的骨骼都经历过愈合后的重组。尽管这种病症不大会危及性命，但由于出生后两年内体质很脆弱，这时的贫血可能是致命的，不足两岁的婴儿甚至存活不到骨骼愈合的时候。导致贫血的原因有多种，比如饮食质量不佳、慢性腹泻、感染和寄生虫。不管是什么原因，骨质增生是种群健康水平较差或营养不良的体现。

为发育不全的门齿填色。

在正常的生长过程中，牙釉质按照规律的模式和厚度逐层沉积。牙釉质和骨骼不同，不会进行重组，一旦形成就不会改变。如果这个过程受到营养问题或疾病的干扰，牙釉质就会变薄，并在牙齿上留下永久性的条带或孔洞。这个病症叫做牙釉质发育不全，并在门齿或犬齿正面留下肉眼可见的水平条带。个体牙釉质发育不全发生的频率，以及在种群中的相对发生频率，都能反映出种群整体的健康状况和环境损害的严重程度。

为研磨和投掷活动填色。

英国人类学家泰亚·莫利森（Theya Molleson）对叙利亚阿布胡赖拉一处新石器化石点的60多具骨骼进行了分析，发现女性骨骼中存在的某些异常现象，而男性骨骼中却没有。肱骨的三角肌粗隆和桡骨切迹表现出的骨骼重组与会花费很多时间来研磨谷物的现代女性相似。当新石器时期的女性准备烘焙所用的面粉时，她们可能需要弯下身子来操作手推石磨（一种又长又扁的研磨石器），并用脚趾支撑，将整个身体的重量用于研磨的动作。驱动肩部动作（三角肌）和肘部屈伸旋转（肱二头肌）的肌肉的机械应力强劲地作用在肱骨和桡骨上，所以在连接处的骨骼上会留下印记。女性的大脚趾、脊椎和膝盖都展现出严重关节炎的症状，长出了唇状物，关节面也有磨损。

法国人类学家O.迪图尔（O. Dutour）曾对3,000～4,000年前尼日尔的一个狩猎采集种群进行过研究，一共分析了16具骨架。他观察到，一名成熟男性的右侧肱骨内侧上髁下边缘有一个骨垫，而左侧肱骨却没有。这个病灶意味着旋前圆肌、尺侧腕屈肌等表浅的屈肌活动过度，这种现象在标枪运动员中比较常见。频繁投掷长矛的动作给肌肉的附着点带来很大的压力，因而骨骼发生重组，并留下了一个特征明显的印记。

为驼背和胸椎填色。

骨骼在一生中都会持续发生变化，所以生活事件可能会被记录在骨骼中。随着个体的衰老，女性和男性的身高都会降低。老年人身高的降低在一定程度上是由于椎间软骨丧失和椎体压缩而造成的。此外，年老的女性可能会发生严重的钙及骨质流失，即骨质疏松症。脊椎从上至下变为楔形，而上部的脊椎区域就会向前弯曲，进而形成驼背。男性也会患上衰老性的骨质疏松症，但没有女性那么常见。女性的骨骼密度从一开始就比男性更低，部分是由于肌肉量较低，以及施加在骨骼上的机械应力较小而造成的。钙和骨质都会在绝经后更迅速地流失。

人类学家艾莉森·加洛韦（Alison Galloway）用研究生命史的方法估算出女性的骨骼丧失量。女性在哺乳时，她的身体为婴儿的身体系统提供基本的营养（见6-3）。母亲乳汁中的钙浓度基本保持恒定，就算她饮食中的钙含量较低也并无大碍。婴儿会从母亲的钙储备中，也就是从母亲的骨骼中索取自身所需。女性在哺乳期的激素变化（见6-9）会触发骨骼的再吸收，从而先将钙释放到母亲的血液中，再让钙随着母乳进入婴儿体内。在断奶后，月经周期恢复（见6-1），激素会促发钙储备和骨密度的重构。如果女性过早生下一个婴儿（见6-9），或者饮食中长期缺钙，那么她的钙储备就会被耗尽，从而增加其绝经后患骨质疏松症的概率。在绝经期，激素水平再一次发生变化，和哺乳期的改变相似，这时钙又会因再吸收而从骨骼中流失。随着脊椎的骨质流失，骨质疏松造成的骨折便可能发生。在史前史中，大多数女性的寿命都比较短，存活不到绝经后患上骨质疏松症的阶段。

硬组织标记

幼年 ✿
骨质增生 a
骨松质 a¹

外板

a¹

内板

正常

发育不全 b

上门齿

b b

b

下门齿

正常

成年活动 ✿
骨骼重组 c

c

c

c

肱骨

c

c 桡骨

研磨 ✿

c c

c

投掷 ✿

c

肱骨

右侧
后视图

正常

老年 ✿
驼背 d
骨质疏松的脊椎 d¹

d

d¹

d¹

正常

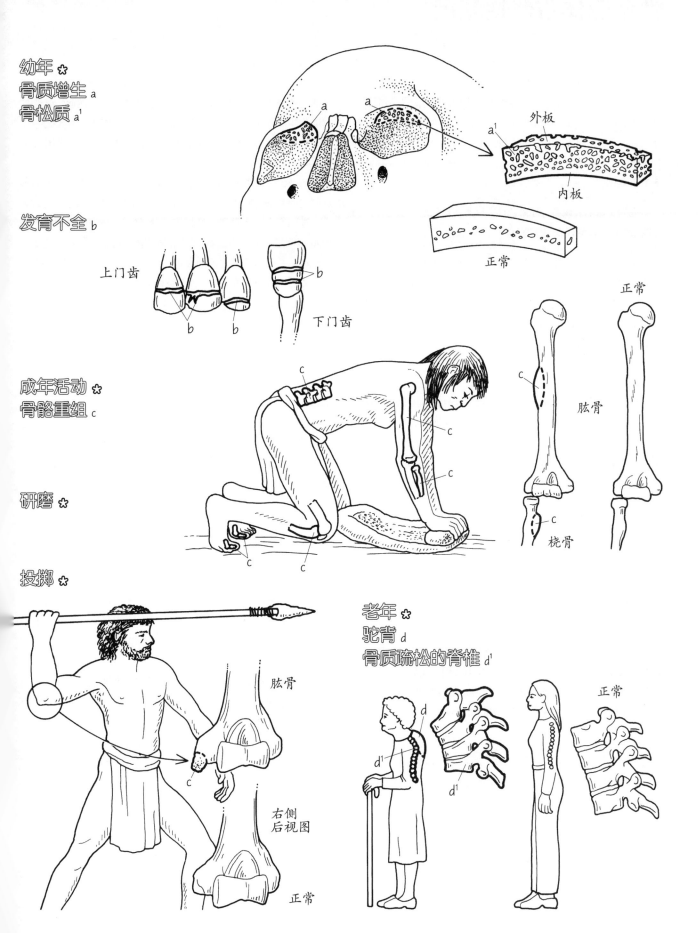

6-7
性染色体与伴性基因

和所有哺乳动物一样，女性和男性都是同一个物种的不同表现形式。尽管两性有很多共同之处，但却有一对染色体不同。男女的生物学差异正是由于这对染色体的作用而产生的。每个人类细胞中都有 46 条，即 23 对染色体。其中有 22 对都是同源的，只有一对不同源，即 X 染色体和 Y 染色体。这对染色体决定了个体的性别。女性具有两条 X 染色体，而男性则有一条 X 染色体和一条 Y 染色体。

先为父母的表现型、性染色体，以及各自的配子填色。再为女性和男性后代的代表图形填色。

和其他同源染色体对一样，性染色体也会在第一次减数分裂时被分配到不同的配子中（见 1-11、1-14）。减数分裂产生配子的过程又称配子发生。女性产生的卵子总会包含一条 X 染色体，而男性的精子则会包含一条 X 染色体或 Y 染色体。因此，父亲的配子决定着后代的性别。如果包含 X 染色体的精子与母亲的卵子结合，受精卵就会发育为女孩，而包含 Y 染色体的精子与卵子结合后则会发育为男孩。这些组合使男孩和女孩的数量基本相等。

与 Y 染色体不同，X 染色体除了有决定性别的基因，还携带着很多影响正常发育的基因。女性有两条 X 染色体，而男性只有一条。虽然女性可能在一条 X 染色体上携带异常的隐性基因，但如果另一条 X 染色体上携带的是正常基因的话，那么隐性基因就不会表达出来。相反，男性仅有的 X 染色体如果携带着异常基因，那么它就会表达出来，产生不良的影响。有些异常与 X 染色体相关，所以在男（雄）性中更为常见，因为他（它）们只有一条 X 染色体可用于表达，比如血友病——一种人类凝血障碍症，以及果蝇的白眼基因等（见 1-15）。从概率来说，女性的另外一条 X 染色体很有可能是正常的。目前，科学家已识别出超过 100 种人类男性的伴 X 染色体特征，包括血友病、杜氏肌肉营养不良症（一种骨骼肌肉的退行性疾病）和红绿色盲等。

先为 X 染色体上的血友病基因填色。注意，图中的女性具有杂合基因型，即一条染色体具有正常凝血基因，而另一条则具有血友病基因。男性有一条正常基因，所以他能够正常凝血。然后为这些个体产生的配子填色。最后为后代填色。

19 世纪时，血友病在欧洲的皇室很常见，因为频繁的近亲结婚增加了他们获得有害基因的概率。女性是携带者，但不是患病者，而大量男性皇室后代都患有致命的血友病。当女性携带者和正常男性结婚后，他们的后代可能拥有如下染色体组合：两条正常 X 染色体（正常女性）；一条正常 X 染色体和一条血友病 X 染色体（女性携带者）；正常 X 染色体和正常 Y 染色体（正常男性）；血友病 X 染色体和正常 Y 染色体（血友病男性）。因此，后代是血友病男性的平均概率为 25%。

在 46 条染色体中，Y 染色体在多个方面都很特殊。它是最小的一条，从父亲传给儿子时几乎不会发生改变。然而，其他 22 对染色体都会进行重组，交换彼此的基因，就像洗两副纸牌一样。Y 染色体能够用于标记男性谱系，就像线粒体 DNA 能够标记女性谱系一样（见 2-11）。

Y 染色体的主要功能是将生长中的胚胎分化为男性。它是通过制造睾丸来完成任务的。睾丸随后会引发一系列激素和生理反应，进而产生一个男婴。经过 30 年的努力，研究人员才终于在 1990 年确定了睾丸专属基因在 Y 染色体上的位置。在生化层面上，这个基因对睾丸生长的促进并不像打开一个开关那样简单。染色体上还有一个防止"开关"被打开的抑制基因，而睾丸专属基因能够抑制这个抑制基因，从而启动睾丸形成的过程。

染色体平均含有约 3,000 个基因，它们各自在生长、发育或功能上发挥作用。Y 染色体是其中的小个子，其含有的基因数量最少。遗传学家布鲁斯·T. 拉恩（Bruce T. Lahn）和戴维·C. 佩奇（David C. Page）用最新技术进行过全面的检索，一共仅鉴定出 20 个基因。

这些基因中有 11 个与睾丸功能及生殖有关，其中一部分还能帮助生成精子。这些基因的缺失或变异可能导致精子数量减少、无精子或睾丸癌。有关睾丸专属基因的新知识有助于识别出有不育症或睾丸肿瘤风险的男性，从而让早期诊断和治疗成为可能。对于 X 染色体上对应基因的研究，可能会帮助弄清某些常见的女性疑难不孕案例。

此外，Y 染色体上还有 9 个基因与 X 染色体上的基因对应。这种对应性说明，在几亿年前的演化历史早期，X 染色体和 Y 染色体是一模一样的，它们在现在的很多爬行类的细胞中仍是如此。这些 XX 的爬行类成为雌性和雄性的概率相等，其结果取决于蛋在孵化时的环境温度。在脊椎动物演化过程中的某个时刻，其中一条 X 染色体发生突变，获得了不依靠温度而形成睾丸的能力，最后变成了 Y 染色体。

婴儿需要至少一条 X 染色体才能存活，如果缺乏 X 染色体而仅有一条 Y 染色体便无法存活。然而，只有一条 X 染色体而没有 Y 染色体的个体却可以存活。这种基因型叫做 XO。不过，这样的个体虽然看上去是女性，但却无法发育出成熟的卵巢，因而是不孕的。她们的身高较矮，颈部较宽呈蹼状，这被称为特纳氏综合征。男性需要正常的 X 染色体基因和 Y 染色体基因才能正常发育，而正常的女性则至少需要一条 X 染色体的基因，外加另一条 X 染色体上的 Y 染色体所对应的那 9 个基因——这正是特纳氏综合征患者所缺乏的。

性染色体与伴性基因

基因型 ✿
女性 a
男性 b

性染色体 ✿
X_c
Y_d

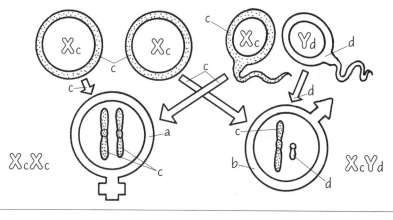

配子 ✿

配子发生

受精作用时的
基因重组

后代 ✿

X_cX_c X_cY_d

血友病的遗传 ✿

基因 ✿
正常凝血基因 A_e
血友病基因 a_f

配子 ✿

配子发生

受精作用时的
基因重组

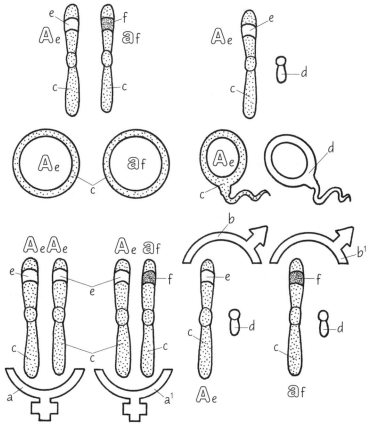

后代 ✿
正常女性 $a\,A_eA_e$
女性携带者 $a^1\,A_e\,a_f$
正常男性 $b\,A_e$
血友病男性 $b^1\,a_f$

6-8
两性的身体结构

女性和男性在身体形态和组织构成上各有差异，这是在性成熟的过程中不断累积的结果。Y 染色体存在与否决定了性别分化的结果（见 6-7）。从出生开始，女性和男性的外部生殖器就有所区别，这也是鉴别新生儿性别的基础。到了青春期，下丘脑被激活，两性的身体和生殖系统就开始差异化生长。成年后，女性的体脂比男性的更多，而肌肉较少。从比较和演化的角度来看，我们能更好地解释这些差异。

为生长发育过程中会发生变化且赋予生殖系统性别特征的区域填色。

青春期的激素变化会使身体发生明显改变，尤其是阴毛的生长。女性和男性会发育出生殖系统的首要差别，以及身体的第二性征，如女孩的胸部和男孩的嗓音变低等。

据生物学家 R. V. 肖特（R. V. Short）描述，年轻女性和男性的发育会遵照不同的生殖模式。基于家族历史、健康程度和营养状态，人们进入青春期的时间也不尽相同，但各个种群的发育顺序基本一致。年轻女性进入青春期的第一个征兆就是乳房芽和阴毛的出现，接下来是身高的增长，然后是耻骨的生长，以及骨盆在月经初潮（第一次月经出血）前变宽。前几次月经周期通常不会排卵，这段时间也被称为青春期不孕期。规律性的排卵始于 15～16 岁左右。在第一次怀孕之前，体重会持续增长，同时脂肪会在胸部、髋部和大腿处堆积。这个特征是人类女性所独有的。

相反，年轻男性在生殖器明显发育之前就开始生殖发育，并会产生有活性的精子。随后，阴茎和睾丸会增大，然后才长出阴毛；身高快速增长，肩部随着锁骨的生长而加宽；体重和肌肉量也增加。值得一提但鲜有人关注的是，青春期的男孩虽然看上去并不成熟，但其实平均说来，却比青春期女孩更早具备生殖能力。这种在生殖能力方面具有差异的性别模式与猿类和旧世界猴类的相似。

为男性和女性在比例及组织上的差异填色。

在 20 岁之前，女性和男性已经具有了各自身体形态上的特征。在同一个种群内，男性通常比女性更高且更重，不过两者的范围有显著的重合。女性的骨盆更宽，而男性的肩部更宽。女性的骨盆兼具产道的功能，尤其是骨盆内环，或称小骨盆。女性的背部和骨盆都比男性的更灵活。在怀孕过程中，产前激素会促使骶髂关节、耻骨联合和腰骶连结的韧带放松，并让骨盆开口扩张，以便分娩。对于性别的判断，骨盆是所有骨骼中最可靠的证据。

女性的骨盆开口呈圆形，而男性的则为三角形。因此，生物考古学家就可以根据骨骼遗迹来判断性别比例，从而推测影响过去人类社会的事件。

女性和男性的身体形态还体现在软组织上，两者之间的差异比骨骼还要明显。平均来看，肌肉占年轻成年女性体重的 36%，而占男性的 43%。这在一定程度上也导致男性的骨骼更加致密。年轻女性的身体大约有 25% 的脂肪，而男性只有 17%。肌肉和脂肪的比例也随着年龄及生活方式的改变而变化。例如，运动员的体脂较低，而中年人的则较高。优秀的运动员的体脂含量最低。参加奥运会游泳、潜水、田径和体操等项目的女运动员的体脂率只有 11%～16%。男性运动员的更低，不过极少会低于 8%。

软组织的分布会进一步影响身体形态。女性的大部分体脂储存在躯干、胸部、臀部和大腿。臀部和大腿的脂肪储存部位靠近髋关节附近的身体重心，所以脂肪不会干扰到身体运动。男性的脂肪储存在腹部。女性肩部、胳膊和双手上的肌肉量都比男性少，但两者臀部和大腿上的肌肉量则基本相等，以满足高效的两足运动的需要。男性的上肢具有更多的肌肉，因此肩部更宽，上肢力量也更强。骨骼和软组织共同决定了男性的肩宽和女性的骨盆宽度。

人类物种在灵长类中是独一无二的，具有相对更高的体脂，而且两性的体脂差异很大。根据英国生物学家卡罗琳·庞德（Caroline Pond）的研究结果，所有哺乳动物都会在尾部、大腿和胸部囤积脂肪，而灵长类在此基础上还会在腹部囤积脂肪。在脂肪的储存方式上，人类保留了哺乳动物和灵长类的特征，但由于身体直立、皮肤裸露，所以他们看上去与其他灵长类明显不同。

在人类演化过程中，我们的祖先要行走很长的距离去采集食物。人科的女性要携带并哺乳婴儿。婴儿在出生时具有很大的头部，这增加了分娩难度；婴儿出生后也需要长时间的照料。对后代如此巨大的付出给女性带来了相当重的能量负担，比很多猴类和猿类物种都要重。在其他灵长类中，体脂的增加与成功怀孕及哺乳存在相关性（见 3-27）。人类女性大腿上的脂肪储备可在哺乳期为其提供能量。这些可能是导致两性体脂量产生差异的原因。

在现代工业化城镇文化中，人们的食物摄入充足，而且生活方式相对静止。这就使得男性和女性都积累了过多的体脂，以至于达到了过去的游牧或农耕社会成员都鲜有的程度（见 6-9）。肥胖以及糖尿病等伴生疾病已经成为重要的健康问题。因此，尽管身体组成的生物学模式主要是由演化历史决定的，但它在个人身上的表达形式却受到饮食、活动和文化的影响。

性别差异

发育变化 ✿
女性 a
乳房芽 a^1
急剧生长 a^2
绝经期 a^3
排卵 b
体重增加 a^4
男性 c
精子形成 d
生殖器开始发育 c^1
急剧生长 c^2
成年生殖器 c^3

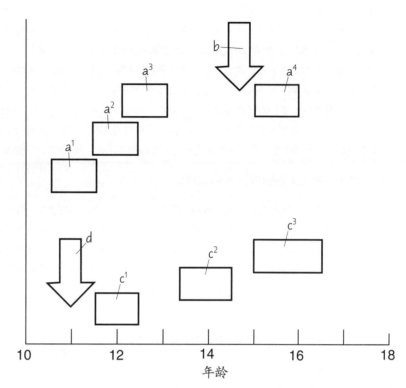

年龄

成年差异 ✿
身体比例 ✿
肩部 e
骨盆 e^1

组织构成 ✿
肌肉 f
脂肪 g

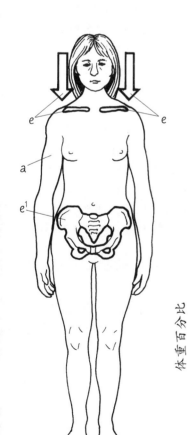

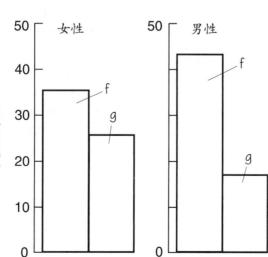

女性   男性

体重百分比

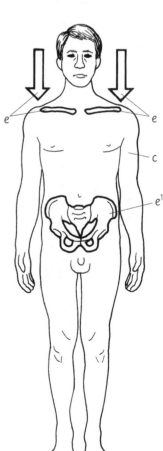

6-9
生殖与文化

所有的女性都有同样的生理基础，但各自不同的生活方式会影响其生殖模式。谋生，以及为自己和孩子获取足够的食物，还有围绕哺乳、避孕和妇女诊疗的文化实践都会发挥一定的作用。我们的女性和男性祖先过着采集者的生活，除了采集和狩猎，还要负重行走很长的距离（见 5-13）。当人们开始培育植物后，女性的行走量大幅降低。他们生活在部落中，生养更多的子女，当地的人口数量也随之增加。在本节中，我们将比较三种社会文化的生育生殖模式，包括采集文化、农耕文化和工业化城镇文化。

分别为在三种社会文化中工作的女性填色。

历史上不同时期和不同文化中的女性的活动都不相同。采集者要外出采集食物，农耕者会种植和收获食物，而城镇工业经济体中的女性则在办公室或工厂里工作。然而，在所有社会文化中，女性都承担着抚养儿女的主要责任。社会学家阿利·霍克希尔德（Arlie Hochschild）描述道，无论她们已从事了多少其他工作，照顾幼儿都是她们的"第二轮班"。

为月经初潮、结婚以及首次怀孕前的各个事件填色。

人类学家南希·豪厄尔（Nancy Howell）和理查德·李（Richard Lee）对博茨瓦纳的昆桑人进行了研究。昆桑人是四处游荡的种族，为了采集食物，他们要行走很长的距离。年轻女性的月经初潮较晚，平均在 16 岁到来。她们在这个年龄左右结婚，在经历一个青春期不孕期后，于 19 岁左右怀孕并首次生育。

在与 20 世纪早期的美国类似的没有避孕措施的农耕社会中，女性月经初潮的平均年龄为 14 岁。女性虽然在大约 20 岁结婚，但由于青春期不孕期和晚婚（社会性不孕）的作用，她们首次怀孕的时间被推迟到 22 岁。

在现代西方城镇社会中，更好的营养条件提高了人们的健康水平，并将月经初潮的平均年龄提早到 12.5 岁。青春期不孕期大约要持续 2 年。尽管可能在结婚之前或不到 20 岁时就已发生过性行为，但避孕手段的大范围普及通常会将首次怀孕时间推迟到 20 岁出头。

为每个社会中女性的怀孕期、生育间隔期、哺乳期和绝经期填色。

在昆桑人的经济体中，女性的工作是采集野生的蔬菜，这些食物占所消耗食物总量的一半。一名女性每个工作日平均要往返行走 12 千米，而且返回的时候，身上还要背负大约 11 千克的食物。此外，女性背上的特制背篓中还坐着一名 4 岁以下的幼儿。

据理查德·李估计，在长达 4 年的依赖期中，幼儿被背着移动的距离大约有 1 万千米。

婴儿在 3 ~ 4 岁之前会频繁地用力吸吮乳汁。乳头受到的刺激会抑制黄体酮的产生，从而推迟下一次怀孕期。女性的辛勤工作和长时间的哺乳使平均生育间隔增长到 4 年左右。昆桑人说，"像动物一样一个接着一个生育后代的女性会患上永久性的背痛"。幼儿一直到母亲再次怀孕才会彻底断奶。女性采集者的一生平均会生育 5 个后代，而只会经历总共 4 年的月经周期。女性在 35 岁左右生育最后一个后代，随后在 40 岁左右绝经。李评论道，较长的生育间隔使母亲可以对每个孩子都投入大量的心血，从而使他们的营养和情感需求得到满足。

在世界上的很多农耕社会中，女性在孕前、孕中和生育后要不断地在田地里和家里工作。她们的哺乳期只有大约 6 个月，所以排卵被抑制的时间很短。之后，女性会重新开始排卵周期并受孕，生育间隔为 2 年左右。不同的食物生产方式（种植和驯养动物），活动量降低，以及不需要随身背负婴儿，这些都对农耕女性提出了与采集女性不同的要求。在农耕社会和美国早期的农村中，女性生育 10 个孩子的情况并不少见。女性通常在 40 岁左右生育最后一个孩子，然后在 45 岁左右绝经。

在现代城镇社会中，避孕措施会将首次怀孕推迟到 20 岁出头，甚至更晚，同时使家庭能自由控制孩子的出生间隔。由于大多数女性都在家庭以外从事工作，哺乳通常是间断的，而且只持续 2 ~ 4 个月，这对于抑制排卵和避孕的效果不明显。现代家庭规模一般比较小，只有 2 ~ 3 个孩子。在良好的医疗条件下，孩子的存活率很高。女性在可育年龄的大多数时间中都在经历月经周期，绝经期到来得较晚，通常在 50 岁左右。

家庭生活的地点和方式，女性的健康和营养状况，以及社会、文化和宗教传统都会影响生育能力。在美国社会中，从农村到现代城镇生活的转变可以使家庭规模在一代之内就大幅缩小。人类学家帕特里夏·德雷珀（Patricia Draper）还曾观察到传统昆桑人类似的转变过程。他们的生活方式从采集改为定居，开始饲养动物并种植植物。于是，他们的生育间隔缩短，家庭规模随之增大。

站在更长远的历史角度，我们可以看到 1.5 万年前到 1 万年前从采集到农耕的缓慢过渡是如何使人口数量增加的。女性不需要远距离地背负幼儿，营养水平得到提高，而婴儿也可以更早断奶。尽管婴儿死亡率依旧很高，但生育能力的提高仍然让人口保持增长。世界上城镇工业社会中的家庭规模更小，但由于婴儿死亡率明显降低，同时人群寿命增长，所以世界人口得以继续膨胀。

人类的生殖

月经初潮 d　　　　怀孕期 / 婴儿期 g
月经周期 e　　　　哺乳期 h
结婚 f　　　　　　生育间隔期 i
性行为 f¹　　　　　避孕 j
　　　　　　　　　绝经期 k

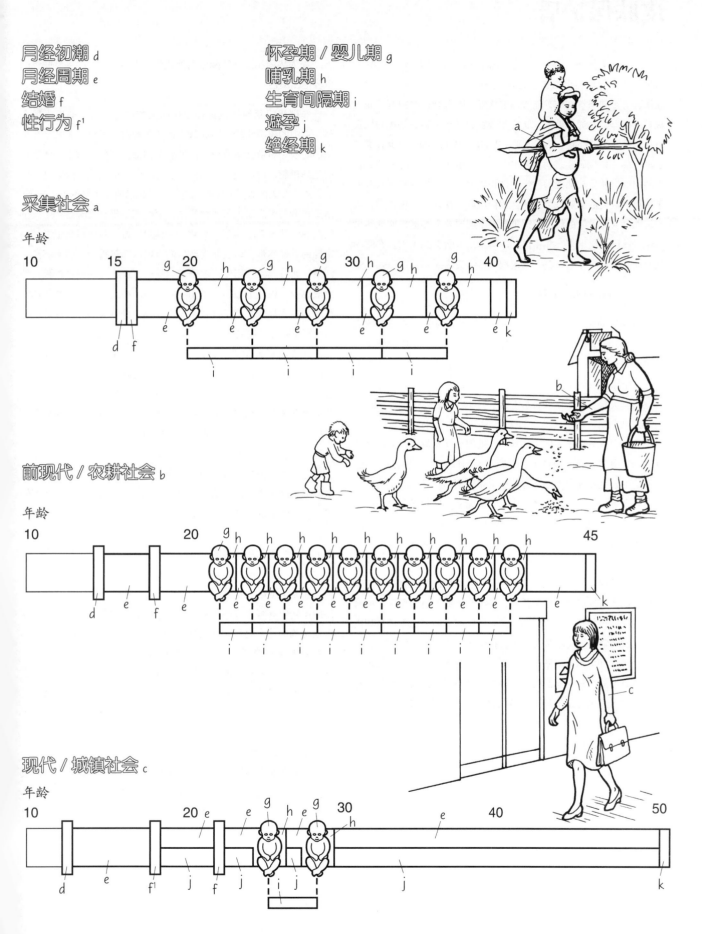

采集社会 a

前现代 / 农耕社会 b

现代 / 城镇社会 c

6-10
皮肤保护盾

皮肤是人体最大的器官。它为敏感的内部结构提供了保护，是抵御体外物理和生物袭击的盾牌。皮肤中布满了神经和血管、腺体、毛干和黑素细胞，能够调节体温，降低紫外线损害，充当触觉感受器，并通过毛发、肤色和散发的气味来影响外貌和性吸引力。生物学家威廉·蒙塔尼亚（William Montagna）对灵长类皮肤进行的开拓性研究表明，人类的皮肤在很多方面都与其他灵长类的相似。从比较功能解剖学的视角出发，以及将皮肤看做有助于生存和繁衍的适应性复合体，我们可以更深入地认识人类皮肤的特性。人类皮肤的鲜明特征可能在早期原始人类进入非洲热带草原时就已演化出来，并在智人走出非洲（见 5-24）以及在欧洲和亚洲北部定居（见 5-29）的过程中持续变化。

为人类皮肤的结构填色。

皮肤有两个主要组成部分，即外面薄薄的表皮和更深的真皮。表皮又分为两层：由又硬又扁的死细胞构成的厚厚的纤维状角质层和有活性的生发层。在胚胎发育中，表皮细胞会分化为毛囊、皮脂腺和两类汗腺——小汗腺和大汗腺。

所有灵长类的手掌和脚掌上都长有小汗腺，以保证皮肤在抓握时柔软并易于曲折（见 3-11）。与其他灵长类不同，人类、黑猩猩和大猩猩具有更多的小汗腺。人类的小汗腺最多，大约有两百万个，分布在整个身体上，但躯干上的最多。令人吃惊的是，人类的毛囊竟然和我们毛茸茸的猿类亲属们的一样多。不过，人体的毛发更细，使我们看上去仿佛赤裸无毛。皮脂腺和大汗腺与毛干有关。皮脂腺分泌的油脂能保护毛发，而大汗腺则是气味腺。

人类皮肤最突出的特征之一就是种群内和种群间肤色的不同，从深黑色、深褐色、巧克力色、深棕色，到古铜色、咖啡色、蜂蜜色、黄褐色、米黄色、象牙色、红色和粉色，应有尽有。表皮层中的黑素细胞能产生黑色素，即决定皮肤颜色的色素。所有人都具有同等数量的黑素细胞，但它们所产生的黑色素的量却由遗传控制。紫外线也能够刺激黑素细胞的活动，使其产生黑色素，所以遗传和环境因素对肤色都有影响。一般来说，皮肤中的色素会随着日照的增加和年龄的增长而累积，而且在男性中更甚。不同种群间生成黑色素的量有相当大的区别，从而导致了各种不同的肤色。

先为热源和皮肤的降温功能填色。再为展示三种主要肤色的世界地图填色。

非洲稀树草原镶嵌地带是原始人类的起源地，那里不像森林，连绵的树荫比较少，而且赤道地区的白天很热，尤其是在旱季的时候。热带稀树草原上的哺乳动物都发育出了防止身体过热的生理机制，例如气喘、出汗，或者在白天最热的时候休息的生活方式。今天的人类和原始祖先一样，也暴露在大量的太阳光下。由于在劳动中需要进行肌肉活动，他们在采集食物时会产生大量的热量（见 5-2）。通过小汗腺，个体可以排出吸收自太阳或其他来源的外部热量，以及肌肉产生的身体内部热量。它们能够产生汗液，通过蒸发作用使皮肤降温。随后，皮肤中的血管扩张，借助散热效应将热量散播到周围的空气中。在这两种适应性散热特征中，毛发都会起到干扰效果，所以减少身体大部分区域毛发的长度正是降温机制的一部分，而这个机制与小汗腺的功能有关。

在吸收了太阳光后，以及在肌肉产生热量后，保证身体和脑的凉爽对于生存至关重要。哺乳动物的脑对温度十分敏感，体温仅升高几度就会导致功能紊乱。迪安·福尔克认为，人属的脑的血流系统在一定程度上就是用来在体温过高的时候为其降温的（见 5-21）。遍布全身的活跃的小汗腺和长度缩短的毛发，可能都是这个降温系统演化出的一部分结果。

厚重的毛发能够保护其他灵长类的皮肤免受紫外线的伤害。虽然由于降温机制，原始人类失去了这层保护，但是他们却演化出含更多色素的皮肤，以抵御紫外线辐射。从比较研究的角度来看，黑猩猩和大猩猩的皮肤并没有统一的颜色：在某个个体的毛发下，皮肤颜色从浅到深不尽相同。肤色似乎对于猿类的生存没有什么影响，但对人类来说却至关重要。

在赤道地区，紫外线尤为强烈。适应热带环境的人类种群个体的皮肤中具有大量的色素。黑色素最多的种群生活在非洲，那里也是我们这个物种最早起源的地方（见 5-27）。表皮中增多的黑色素能够阻挡紫外线，并尽量降低它对组织和 DNA 的损害。紫外线也可以是有益的。它能刺激真皮合成维生素 D，这对肠道中钙的吸收以及骨骼的正常生长发育极其重要。相比高纬度种族（如斯堪的纳维亚地区）的浅色皮肤，深色的皮肤能减少穿透表皮的紫外线。在自然选择的作用下，生活在年日照量较低的地区的人类种群皮肤中的黑色素更少。

我们在非洲稀树草原上的演化起源，以及随后到达地球两极的扩散，不仅塑造了我们独特的两足运动方式，还让我们褪去猿类祖先那样的皮毛，并且在热带和北半球阳光的作用下，演化出了各种各样的肤色。

人类的皮肤

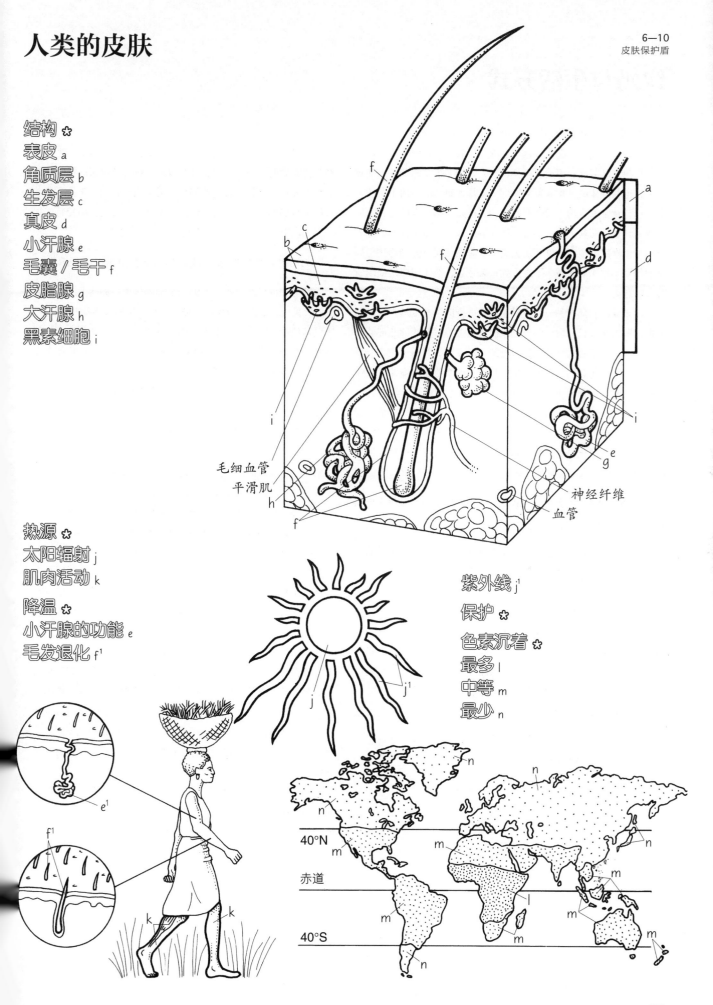

结构 ✿
表皮 a
角质层 b
生发层 c
真皮 d
小汗腺 e
毛囊／毛干 f
皮脂腺 g
大汗腺 h
黑素细胞 i

毛细血管
平滑肌
神经纤维
血管

热源 ✿
太阳辐射 j
肌肉活动 k

降温 ✿
小汗腺的功能 e
毛发退化 f¹

紫外线 j¹

保护 ✿

色素沉着 ✿
最多 l
中等 m
最少 n

40°N
赤道
40°S

6-11
饮奶与生活方式

20 世纪 50 年代早期，人类学家弗雷德里克·西穆斯（Frederick Simoons）在埃塞俄比亚的一个省进行野外工作，那里的人口包括基督徒、伊斯兰教徒、犹太人和多个非洲部落。他观察到，这些群体的饮食有很大区别，于是很想知道为何不同的人类会选择特定的食物，而避开其他的。他尤其感兴趣的是，为何有的人饮奶，而其他也驯养畜类的人群却只食肉而不饮奶。他先绘制了该地区的地图，继而扩大到整个非洲，同时分别标注出居民饮奶和不饮奶的区域。不过直到很久之后，他才明白这幅图所蕴含的意义。

由于欧洲北部的种群是最早被用来进行医学及生理学研究的种群，所以在很长一段时间里，人们认为人类都像欧洲北部的种群一样，在成年后饮奶是普遍的现象。1965 年，约翰·霍普金斯大学的医生们注意到，美国马里兰州巴尔的摩的非洲裔儿童在饮用牛奶后经常出现消化不良、排气和胀气的状况。进一步研究发现，这些儿童中有 75% 左右都无法消化乳糖——牛奶中主要的碳水化合物。西穆斯的非洲饮奶者和非饮奶者地图恰好与这些能消化乳糖和不能消化乳糖的群体相对应！原来，只有当产生乳糖酶的基因存在时，人才能耐受乳糖。

为图版顶部的乳糖消化过程填色。用对比强烈的颜色来分别代表（a）和（b）。

乳汁是哺乳动物新生幼崽的主要食物，而乳汁中最重要的碳水化合物就是乳糖，这种复合糖类由两个单糖（葡萄糖和半乳糖）相连而成（唯一已知不含乳糖的哺乳动物乳汁来自大西洋海岸边的鳍足类，即海豹和海象）。乳糖酶存在于小肠中，在胃肠消化道的上部，其功能是切断两个单糖的连接。之后，这些糖在被肠壁吸收后就可以进入血液，并被用于能量供给。对于大多数人类种群来说，肠道中的乳糖酶会随着年龄的增长而迅速减少。因此，儿童到三四岁时，就不再能消化乳糖了，之后再饮奶就会产生消化不良的不适感和腹泻，并伴随着排气。这种无法消化奶类的状况被称为"乳糖不耐受"，尽管这在人类中很普遍。

为乳糖的"消化不良"填色。

微生物是导致乳糖不耐受患者消化不良的原因。由于缺乏乳糖酶，乳糖无法被分解，也就无法被上面的小肠吸收。于是，它们会进入下面的大肠。大肠中的细菌所携带的个体原本不具有的酶会将乳糖发酵为乳酸，并产生二氧化碳和氢气，从而导致胀气

和不适。

讽刺的是，由于缺乏对乳糖不耐受普遍性的认识，美国政府经常将大量的奶粉送到粮食歉收或遭遇饥荒的国家。接收并饮用奶粉的成年人很快就发现他们根本无法消化它们。于是，这些奶粉经常被扔掉，或用于粉刷建筑。不过，事实上，奶粉其实很适合婴儿食用，而他们也是受饥荒影响最大的群体。

为地图上的不同种群和成年人乳糖耐受的遗传比例填色。

部分种群已经有数千年的奶牛饲养历史，如欧洲北部和非洲的放牧民族。他们肠道中的乳糖酶终其一生都保持着很高的水平，所以即使在三四岁后保留了饮奶的习惯，也不会消化不良。很明显，自然选择保留下了这些人的乳糖酶基因，而这个特征也作为显性性状从父母遗传给子女。如果父母双方都有乳糖不耐受，那么孩子很可能也有，但如果父母一方乳糖耐受，那么孩子就也很可能耐受。

大多数其他非洲人和几乎全部的亚洲人在童年后都具有乳糖不耐受，因此会避免饮用牛奶。然而，大多数人仍会食用发酵后的奶制品，例如酸奶和奶酪。这些食物中的乳糖在被摄入前就已被细菌或酵母转化为乳酸，因而很容易被小肠吸收。

世界各地的后续研究发现，非洲的富拉尼人、图西人以及瑞士人、瑞典人和芬兰人等种群是乳糖耐受的特殊群体，但那并不是人类的常态。成年后的乳糖耐受性为我们展现出文化（比如饲养奶牛）是如何影响人类适应性特征的，即决定哪些特征具有适应性，而哪些没有。奶牛的存在为人类的基因库施加了选择压力，它让这些将牛奶作为主要营养来源的群体终身保留了肠道中的乳糖酶。牛的驯化仅有不到 1 万年的历史，这说明自然选择的作用发挥得很快，因而才能使北欧人乳糖耐受的比例几乎达到 100%。他们还会从牛奶中获取维生素 D，而这些维生素对于健康至关重要，因为高纬度地区的日照较弱，皮肤可能无法生成足够的维生素 D（见 6-10）。此外，乳糖酶还能增加钙的吸收率，这也是健康骨骼所必需的。与北欧人相比，非洲放牧民族的乳糖耐受程度略低，这可能是因为他们对于牛奶的依赖时间较短，只有几千年而已。

其他的人类种群则延续了哺乳动物已经维持了上亿年的传统，即仅在出生后饮用一段时间的母乳，断奶之后则只食用不含乳糖的食物。

饮奶与文化

耐受种群 a
不耐受种群 b
肠壁 c
乳糖 d, d¹
乳糖酶 e
血管 f
细菌 g
二氧化碳 h
乳酸 i

耐受比例 ✱

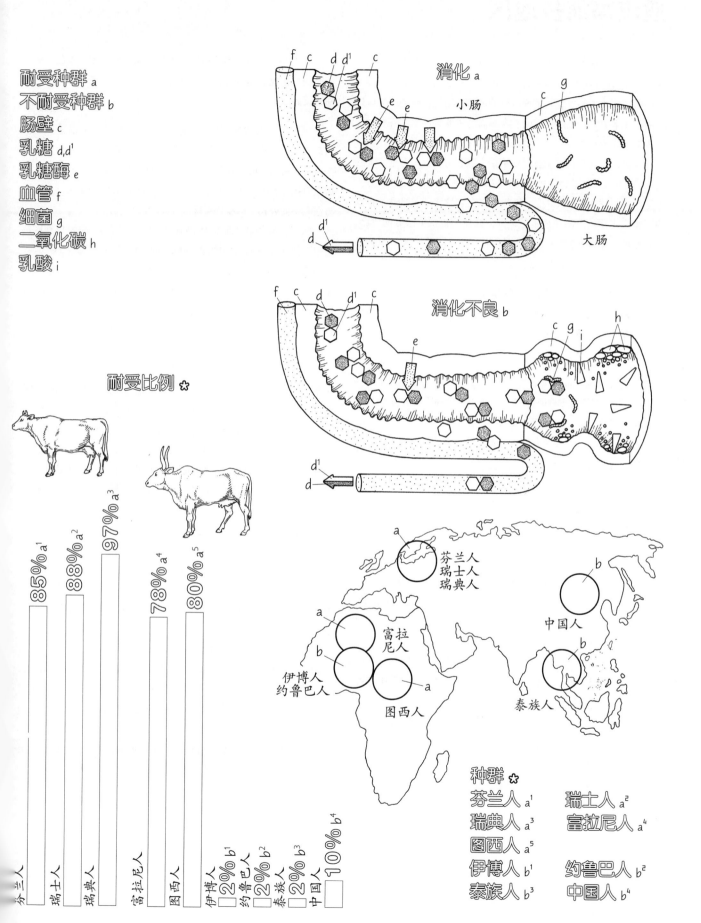

消化 a
小肠
大肠

消化不良 b

芬兰人
瑞士人
瑞典人

中国人

富拉尼人

伊博人
约鲁巴人
图西人

泰族人

85% a¹
88% a²
97% a³
78% a⁴
80% a⁵

芬兰人
瑞士人
瑞典人
富拉尼人
图西人
伊博人 2% b¹
约鲁巴人 2% b²
泰族人 2% b³
中国人 100% b⁴

种群 ✱

芬兰人 a¹	瑞士人 a²
瑞典人 a³	富拉尼人 a⁴
图西人 a⁵	
伊博人 b¹	约鲁巴人 b²
泰族人 b³	中国人 b⁴

6-12
适应高海拔地区

针对环境压力，人体的适应性反应有三类，即行为适应、生理适应和基因适应。行为适应具有最强的灵活性，比如在寒冷的天气中穿上温暖的衣服。生理适应的灵活性稍弱，而基因适应则最弱。在本节中，我们将讨论人类对高海拔低氧环境的各种适应性表现。

今天，在喜马拉雅山脉、安第斯山脉和落基山脉等地，大约有 4,000 万人口生活在海拔 2,500 米以上的地区，而有 2,500 万人口生活在海拔 3,000 米以上。这些人口在空气稀薄、氧含量很低的环境中定居的时间长度不等，因而为我们提供了很好的机会，以研究每个群体的成功生存究竟是得益于文化因素（行为）、短期习服（生理），还是长期适应（基因）。

先为高海拔地区的人口聚居区填色，然后为海拔与吸入氧气压的关系图填色。当人从海平面向珠穆朗玛峰爬升时，可用的氧气会逐渐减少。最后为红细胞填色。

高海拔环境氧气不足，而这是高海拔给人体造成压力的主要原因，这种情况又被称为缺氧。海拔 3,000 米处空气中的氧分压较低，只有海平面处的 70%。这三个高山种群展现出行为适应，包括穿附有多层兽毛的衣服来保暖，建造墙壁很厚、窗户很小的房屋来留存热量，以及驯化能够在高海拔环境中生存的动物群以获取奶、肉、毛和皮革。

在生理上，低氧环境会影响体内的每一个器官，尤其是肌肉和脑。从海平面爬升到高海拔的过程中，成年人通常会表现出气喘、头疼、乏力、胃口下降、行动能力减弱、判断力受损和恶心等症状。这些症状通常会持续几个小时到几天不等，甚至长达几个星期，这个现象被称为成年习服。在高海拔地区，身体组织得不到正常的氧气供给，因而会发生生理变化，目的是增加氧气摄入量。让身体得到更多氧气的最快方法就是增加换气，即增加空气在肺中呼进呼出的速率。第二种方法就是增加心排血量，即增加心脏将来自肺部的含氧血液泵到身体组织的速率。

进一步的适应需要数周或数月来完成，同时红细胞的数量会增加。当把一整管血液放入离心机中旋转以测量红细胞比容时，就可以观察到红细胞变多了。正常的红细胞比容约为 45% 的红细胞，在缺氧环境下会增加到 54%。这意味着，同样体积的血液可以多携带 20% 的氧气。其他的适应性表现还包括肌红蛋白浓度的增加，这是一种与血红蛋白有关的含氧蛋白（见 2-6）。增加肺部的毛细血管密度能够加速氧气在血液中的扩散，肺容量本身也会增加。

为海平面处及高海拔地区的男性人像与相关图表填色。海平面处的男性比高海拔地区的男性可达到的身高更高，但胸围大小则相反。

出生在高海拔地区的人群在生命早期阶段就可以适应周围的环境，这个过程叫做发育习服。人类学家罗伯托·弗里萨舒（Roberto Frisancho）对比了两种男性的发育结果，他们分别是生活在海拔 4,000~5,500 米之间的 11~19 岁的秘鲁纽尼奥阿人男性与在海平面处长大的秘鲁男性。

除了血浆中红细胞的比例升高（成年习服），高海拔地区的纽尼奥阿人还有增大的胸部、肺部和心脏。缺氧对胎儿的发育具有深远的影响，主要表现为新生儿体重的降低。海拔越高，平均出生体重就越小。瘦小的婴儿会成长为小个子的成年人。低氧环境中的儿童无法像其他人那样正常发育，他们胸部和肺部的生长在一定程度上是以牺牲腿部发育为代价的。因此，他们成年后就会比较矮。

新生儿体重较轻也是导致其死亡的风险因素。很多孕期的母亲都会采取行为适应策略，例如去拜访她们在低海拔地区的亲戚，并在那里生下婴儿，一直到婴儿两岁左右再回到高海拔地区。在较低的新生儿体重和较高的海拔的对应关系上，西藏人是个例外。他们的新生儿的体重基本上是正常的。此外，大多数西藏人还具有正常的红细胞数量，他们的肺动脉压也与在海平面处出生的人群相差无几。这说明，西藏人已经完成了不同于其他高山居民的基因适应。北美洲的群体在落基山脉的高海拔地区仅生活了 150 年，基因还来不及发生改变。他们目前的适应性似乎大多源于习服。自从现代人在 1.3 万~1.5 万年前进入新世界，人类在安第斯山脉的高海拔地区才生活了不到 1 万年。我们还不清楚西藏人的祖先在喜马拉雅地区已生活了多久，但智人在 5 万年前就已经到达了中国。所以，这些人群很可能已经在珠穆朗玛峰脚下生活了数万年之久。

人类学家洛娜·穆尔（Lorna Moore）总结到，高海拔地区人类群落的适应性具有三种水平：北美洲高山人代表着习服的新人；安第斯人和西藏人则具有发育性生理适应性，包括新生儿体重增加、换气量增大、肺体积扩大以及更好的运动能力等。西藏人的适应性超过了安第斯人，并且很可能是基因适应性的案例。他们在运动时具有更好的脑血流模式，新生儿体重和血红蛋白水平更趋正常，而且不容易患上很可能致命的慢性高山疾病。

适应高海拔地区

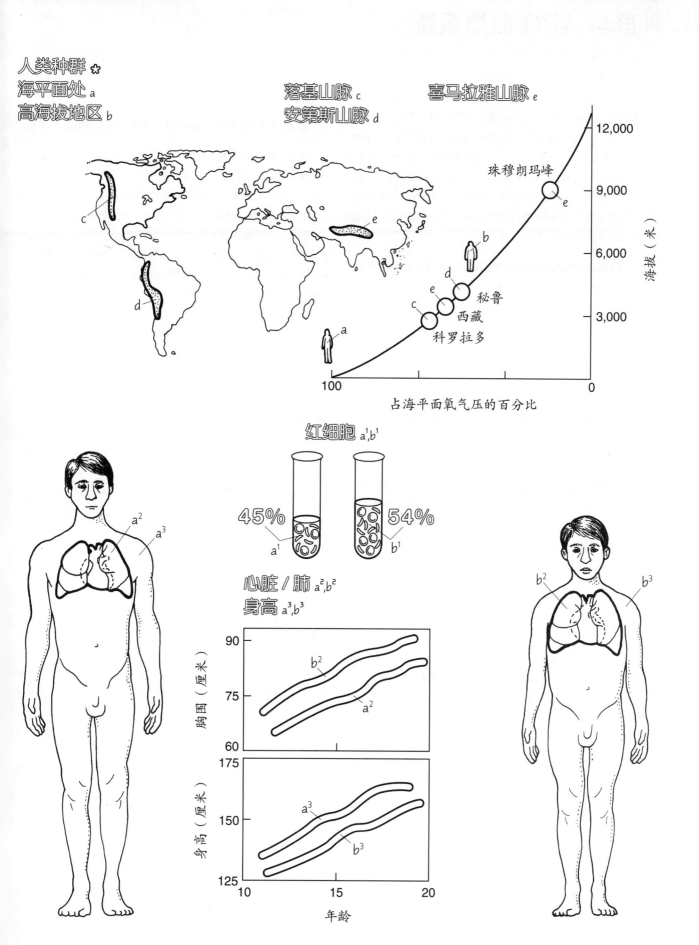

人类种群 ✿
海平面处 a
高海拔地区 b

落基山脉 c
安第斯山脉 d

喜马拉雅山脉 e

珠穆朗玛峰

占海平面氧气压的百分比

海拔（米）

红细胞 a¹,b¹

45%

54%

心脏/肺 a²,b²
身高 a³,b³

胸围（厘米）

身高（厘米）

年龄

6-13
种群与 ABO 血型系统

血型大概是人体中被研究得最透彻的遗传系统。19 世纪，当人们试图输血的时候，不同血型之间的差异首次显现。有些输血案例成功了，但有些却由于输入的血液结块，阻塞了血管，而使人丧命。在 20 世纪的头十年，病理学家卡尔·兰德施泰纳（Karl Landsteiner）识别出 ABO 血型系统，从而让输血变得相对安全。这也为他赢得了 1930 年的诺贝尔奖。在超过 20 种血型中，ABO 是最主要的系统。人类常见的血型有 A 型、B 型、O 型和 AB 型。

我们先来看看 ABO 血型的遗传基础，然后再介绍它们在世界上不同种群中的分布。

用反差明显的颜色为 4 种血型和它们的基因型填色。注意，图中有 4 列插图，每列代表一种血型。

ABO 位点上可能有 3 种主要的等位基因，分别为 A、B 和 O。父母各贡献一个等位基因——A、B、O 中的任意一个，所以可能形成的基因型为 AA、AO、BB、BO、OO 和 AB。基因型为 AA 或 AO 的个体具有 A 型血，基因型为 BB 或 BO 的具有 B 型血，OO 型的具有 O 型血，AB 型的则具有 AB 型血。通过血型可以很明显地看出，O 等位基因是隐性的，而 A 和 B 都是显性的。

先为 A 分子和 B 分子的末端糖基填色。不同的末端糖基（a¹）和（b¹）在图中具有不同的形状。注意，O 基因型末端不含任何一种糖，而 AB 型则两种都含有。然后为每个红细胞左侧的末端糖基（抗原）填色。再为输血之后红细胞右侧产生的抗体填色。

三个等位基因 A、B 和 O 的差别在于红细胞表面的糖分子结构。A 型在末端具有乙酰半乳糖胺，B 型有半乳糖，O 型没有末端糖基，而 AB 型两者都有。

这些末端糖基在输血过程中会起到抗原的作用，而身体中会产生与之对应的抗体（见 2-8）。A 型个体会产生对抗 B 型血的抗体，所以如果他们接受 B 型或 AB 型的血液，就会出现严重甚至致命的反应。如果 B 型个体接受 A 型或 AB 型输血，或者 O 型个体接受 A 型、B 型或 AB 型输血，也会发生同样的反应。AB 型不会对 A 型或 B 型产生抗体，因而可以接受两种中任意一种的输血。A 型、B 型和 AB 型个体都可以接受 O 型血，因为 O 型血没有末端糖基，所以不会引发抗体反应。因此，O 型血个体又被称为"万能供血者"。

研究人员对这些等位基因的出现频率进行了全球取样，发现 ABO 血型的种类并不是随机分布的。

为 A、B 和 O 等位基因的频率在世界上的分布填色。

在几乎所有种群中，O 都是最常见的等位基因，但有些种群则具有大量的 A 基因和 B 基因，如中国人。部分种群完全没有 B 基因，例如纳瓦霍人、贝都因人和澳大利亚土著。南美洲的沙万提印第安人只有 O 等位基因，而没有 A 基因或 B 基因。

种群间等位基因频率的差异并不是随机的，它们的分布也不能用突变率来解释。当等位基因的分布无法用突变率来解释时，通常就意味着某种自然选择的压力在发挥作用。两个很著名的演化机制可能是造就 ABO 多态性的原因，即遗传漂变（见 1-16）和自然选择（见 1-17）。

当一个小群体由于迁徙（奠基者效应）或物理隔离而与更大的群体分离后，遗传漂变就会发生。小群体不一定具有和大群体一样的等位基因分布。例如，小群体中的 B 等位基因频率可能会比大群体的低很多，而他们的后代可能会完全失去这种血型。美洲土著的祖先可能就经历过这种情况，他们通过白令海峡从东亚来到美洲。目前，除了纳瓦霍人，还有很多美洲土著种族都缺乏 B 等位基因。作为从北美洲迁徙到南美洲的小群体，沙万提印第安人可能以同样的方式失去了 A 等位基因。

如果遗传漂变是改变基因频率的唯一机制，那么 ABO 位点上很可能就只有一个等位基因能在所有种群中留存下来，然而并非如此。不同的环境会优先选择不同的等位基因，而自然选择发挥的作用是，让这些有利的等位基因维持较高的频率。

在统计学上，对特定疾病的敏感度与不同的等位基因具有相关性。具有 A 等位基因的个体比具有 B 基因和 O 基因的个体更容易患胃癌、恶性贫血和天花。O 型血的个体则更容易患消化性溃疡和黑死病。但有些研究表明，具有 O 型血的新生儿对腹泻的抵抗力更强——这在历史上曾是导致新生儿死亡的主要原因，现在仍是困扰着很多地区的新生儿的问题。接触过特定传染病的种群在经过很长时间后，那些具有抗病等位基因的个体更容易存活下来，优势基因的频率便随之升高。

在后面几节内容中，我们将介绍疟疾这种传染性疾病是如何帮助镰状细胞基因在非洲地区留存的。

ABO 血型

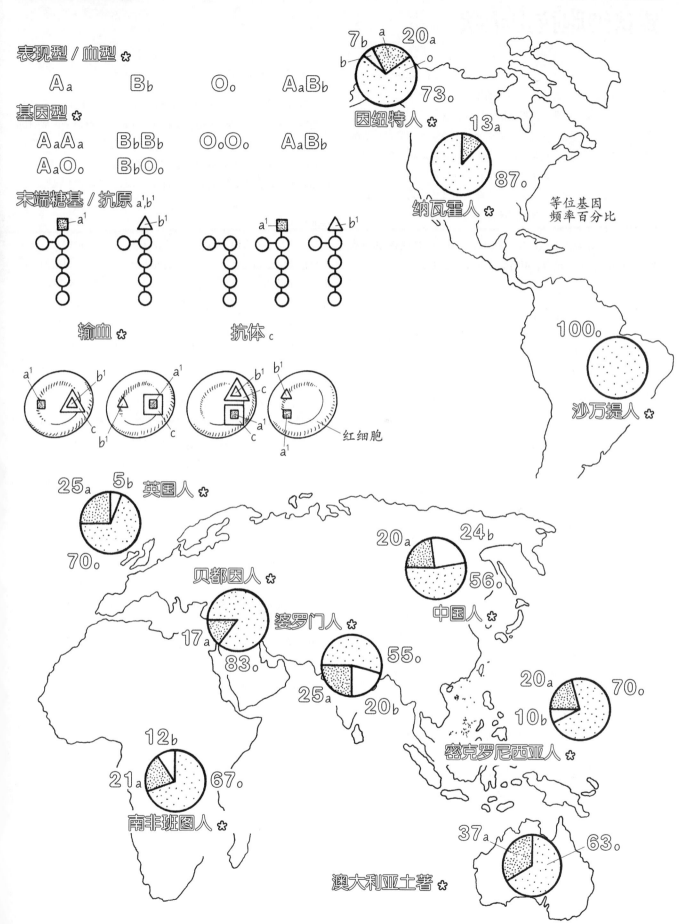

表现型／血型 ✽

A$_a$ B$_b$ O$_o$ A$_a$B$_b$

基因型 ✽

A$_a$A$_a$ B$_b$B$_b$ O$_o$O$_o$ A$_a$B$_b$
A$_a$O$_o$ B$_b$O$_o$

末端糖基／抗原 a^1 b^1

输血 ✽   抗体 c

红细胞

7$_b$ a 20$_a$
b o
73$_o$
因纽特人 ✽

13$_a$
87$_o$
纳瓦霍人 ✽

等位基因
频率百分比

100$_o$
沙万提人 ✽

25$_a$ 5$_b$ 英国人 ✽
70$_o$

20$_a$ 24$_b$
56$_o$
中国人 ✽

贝都因人 ✽
婆罗门人 ✽
17$_a$
83$_o$

55$_o$
25$_a$ 20$_b$

20$_a$ 70$_o$
10$_b$
密克罗尼西亚人 ✽

12$_b$
21$_a$ 67$_o$
南非班图人 ✽

37$_a$ 63$_o$
澳大利亚土著 ✽

315

6-14
镰状细胞抗击疟疾

1904 年，芝加哥的詹姆斯·赫里克医生（Dr. James Herrick）见到一名来自加勒比地区格林纳达的年轻非洲裔学生。学生说自己有心悸和虚弱的症状。赫里克医生发现，这名学生患有严重的贫血。当他在显微镜下观察患者的血液时，他看到一些长长的镰刀形状的奇怪红细胞。这是人们第一次将红细胞形状与疾病联系起来。现在我们知道，镰状细胞贫血是一种严重的遗传疾病，在非洲人和非洲裔美国人中很常见。在研发出现代药物之前，镰状细胞病患者通常在 20 岁前就面临致命威胁。

先用反差明显的颜色，分别为图版顶部的正常红细胞和镰状细胞病患者的红细胞填色。再为血红蛋白的类型填色。

镰状细胞病患者的部分红细胞为新月形或镰刀形，而不是正常的碟形。在分子层面，这种镰刀形来自一种突变的血红蛋白，叫做异常血红蛋白（HbS）。1949 年，化学家莱纳斯·鲍林和同事们发现，异常血红蛋白与正常血红蛋白（HbA）的结构不同，从而识别出第一种"分子疾病"。（正如我们在 2-9 了解的，在鲍林对血红蛋白进行更深入的观察后，他还成了分子钟的发现者之一。）

接下来，为 5、6、7 位点上的氨基酸填色。

1956 年，剑桥大学的弗农·英格拉姆（Vernon Ingram）在 DNA 发现者弗朗西斯·克里克的建议下，对两种血红蛋白进行了测序，并找到 HbS 和 HbA 之间的差异。他发现，缬氨酸（一种氨基酸，见 2-5）在镰刀形血红蛋白 HbS 中取代了谷氨酸。这项研究成果让英格拉姆获得了诺贝尔奖。

现在，为 mRNA 密码子上的核苷酸碱基及 DNA 链填色。

一个突变可以导致一个核苷酸碱基发生变化，从而替换掉原本的氨基酸。当 mRNA 密码子上的腺嘌呤被尿嘧啶取代后，就会编码出取代谷氨酸的缬氨酸，以合成蛋白质 HbS。这个密码子是镰刀形血红蛋白的基因基础。这样一来，一个突变就使红细胞的形状发生了巨大的变化。当 HbS 分子将氧气释放到毛细血管中后，它们会连接成长链，这被称为聚合物。镰状细胞病患者的毛细血管会被阻塞，进而抑制体内多个器官的血液循环，最终导致各种问题。患者会遭受一阵阵剧烈的疼痛，受到伤及关节和脑的组织损伤，患上肾衰竭、心衰竭和严重的贫血，或出现生长异常等。正常的血红蛋白则不会形成聚合物。

为图版下侧镰状细胞基因的遗传过程填色。

具有两个正常血红蛋白等位基因（AA）的个体具有正常的红细胞。杂合个体（AS）会有镰状细胞特征，拥有部分正常的血红蛋白，以及部分镰刀形血红蛋白。因此，他们的部分红细胞会变为镰状。镰状细胞导致疾病的情况在某些极端条件下也有例外，比如为了满足在高海拔地区生活的生理需求，具有镰状细胞特征的个体不会出现严重的疾病症状。纯合个体（SS）则一定患有镰状细胞病。

对于很多人来说，镰状细胞病在儿童时期是致命的。它在非洲热带地区是如此普遍，以至于研究人员十分好奇，为何如此严重的遗传缺陷能够在人群中延续下去，而没有被自然选择淘汰。20 世纪 50 年代，遗传学家安东尼·艾莉森（Anthony Allison）怀疑，镰状细胞等位基因之所以能够代代相传，是因为它能抵御世界上最重要的传染病，即热带地区的头号杀手——疟疾。

疟疾是通过蚊子的叮咬从一人传播给另一人的，患者血液中存在一种致病的寄生虫。这种寄生虫叫做恶性疟原虫，其在一部分生命周期中存活于人类的红细胞中，繁殖就是在此阶段完成的。疟原虫感染 HbS 和 HbA 两种红细胞的程度相同。然而，HbS 红细胞在被感染后会更快地变为镰状，迅速杀死寄生虫，使其无法完成 48 小时的繁殖周期。突变的血红蛋白不能完全抵御疟疾，但能显著降低感染的严重性，使患病的个体存活足够长的时间，直到其获得免疫能力。

在疟疾肆虐的地区，具有 AA 基因型的个体对该疾病几乎没有任何抵抗能力，具有 SS 基因型的个体会患镰状细胞病，而具有 AS 基因型的个体则拥有镰状细胞特征，能够在一定程度上抵御疟疾。严重的疟疾感染会导致高烧和严重的组织损伤，特别是对于儿童而言。没有镰状细胞特征的儿童的死亡率是 HbS 基因携带者的两倍。

通过 DNA 研究，镰刀形血红蛋白看似在不同的突变作用下至少独立地出现过 4 次：两次在西非，一次在非洲的班图，还有一次在印度或阿拉伯。这些独特的突变基因使我们得以追溯镰状细胞基因在非洲北部和地中海欧洲区域的起源。北部的基因并不是新出现的，而是来自西非中部，很可能是通过以马匹、牛、盐和制造业商品来换取象牙、黄金和奴隶的商队传播的。遗传学家罗纳德·内格尔（Ronald Nagel）曾用这些基因来追溯美国马里兰州巴尔的摩的非洲裔美国人的起源。他们有大约 18% 的祖先来自非洲的班图，15% 来自西非的大西洋海岸，还有 62% 来自西非中部。

镰状细胞很好地展示了一个对首要功能（向身体组织输送氧气）有害，但对次要功能（抗击疟疾）有益的特征。

镰状细胞的特征

红细胞 ✿
正常细胞 n
镰状细胞 s
血红蛋白类型 n^1, s^1

氨基酸 ✿
脯氨酸 pro
谷氨酸 glu
缬氨酸 val

核苷酸碱基 ✿
鸟嘌呤 G
腺嘌呤 A
尿嘧啶 U
胸腺嘧啶 T
胞嘧啶 C

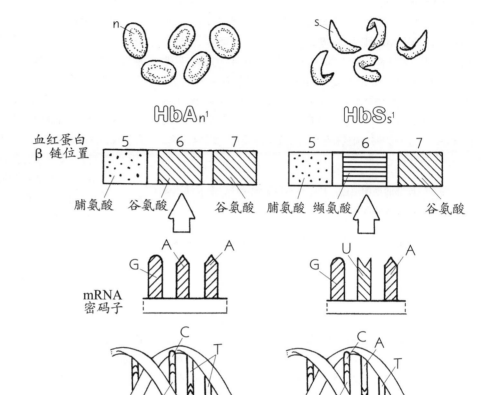

血红蛋白 β 链位置

5　6　7　　　　5　6　7

脯氨酸　谷氨酸　谷氨酸　　　脯氨酸　缬氨酸　谷氨酸

mRNA
密码子

DNA

红细胞和疟疾 ✿

基因型 ✿
等位基因 n^2, s^2

$A_{n^2} A_{n^2}$　　　$A_{n^2} S_{s^2}$　　　$S_{s^2} S_{s^2}$

表现型 ✿　　　　　正常 ✿　　　镰状细胞特征 ✿　　　镰状细胞病 ✿

红细胞 n,s

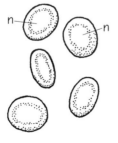
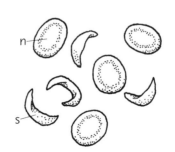

疟疾环境 ✿　　　没有保护 ✿　　　抗病能力 ✿　　　镰状细胞病 ✿

6-15
镰状细胞：环境与文化

疟疾在热带地区肆虐了至少数千年，杀人无数。对于人类种群来说，它是一个很强大的自然选择媒介。在 18 世纪的尾声到来以前，人们都相信这种疾病是由于呼吸了"不好的空气"才感染的，尤其是夜晚潮湿的空气。驻印度的英国医疗官罗纳德·罗斯（Ronald Ross）怀疑，疟疾是蚊子传播的。他用同样会患疟疾的鸟类进行实验，证明被感染的红细胞可以通过一种特殊的蚊子从一只鸟传播到另一只鸟身上。对于人类而言，疟疾也具有同样的传播方式。为了表彰这项没有任何官方支持的研究，罗斯在 1902 年获得了诺贝尔奖。[①]

为图版顶部的地图填色，其中标示出了全年性、季节性和周期性疟疾肆虐的非洲地区。

疟疾发生率最高的地方是热带雨林，因为那里有可供疟蚊全年繁殖的潮湿环境。

为右侧的地图填色。

两千年前，从东南亚引进的刀耕火种式农业改变了非洲中部的热带雨林风貌。农民通过砍伐和燃烧植被清除了小片森林。这些土地在被使用几年后便会被废弃，进入休耕期，以恢复土壤的养分。水汇聚在田野中敞开的、有日照的池塘中，为蚊子提供了理想的产卵环境。农业对人类种群有着深远的影响。非洲的人群曾经主要以狩猎采集为生，以小型游牧式社会群体的形式存在。当农业被引进后，人群的生活方式就更加静止了，他们有了更多食物，人口密度也随之增加。随着越来越多的人在很小的地方聚集成稳定的群体，疟原虫在人群间传播疟疾也就无可避免。

注意，在整个刀耕火种式农业区域的内部和周围，都有很多疟疾肆虐的地方。这种农业活动使疟疾成为非洲中部主要的健康威胁。

用反差明显的颜色为下侧的地图填色。

在刀耕火种的地区，拥有镰状细胞特征的个体不容易感染疟疾，所以比只有正常血红蛋白的人群具有自然选择优势（见 6-16）。因此，在刀耕火种式农业更为普及的地区，也就是全年都受疟疾威胁的区域，其人群具有镰状细胞特征的比例也最高（10%～16%）。

超过 10% 的非洲人都保留有镰状细胞基因，而这是在权衡对红细胞的损害和对抗击疟疾的益处后产生的演化结果。然而，在疟疾肆虐的环境中对非洲人有利的特征在他们的美国温带后代身上却变成了不利因素，因为美国人患疟疾的风险很低。在非洲人后代在北美洲生活的约 400 年中，镰状细胞特征的出现概率已经从原来的 10% 降低到 5% 左右，这很可能是由于自然选择的综合作用现在倾向于保留 *HbA* 基因，而不是 *HbS* 基因，而且非洲裔和其他人群基因的混合也有影响。

除了 HbS，疟疾地区的人群还演化出了多种对抗寄生虫的防御机制。血红蛋白 C（HbC）在西非十分常见，而血红蛋白 E 则多见于东南亚。这些血红蛋白在抗击疟疾方面不如 HbS，但它们在具有纯合基因型的个体身上引发的疾病也不如镰状细胞基因引发的严重。地中海贫血常见于地中海周围和东南亚。这类贫血是由于血红蛋白分子的合成速率过慢而引起的，从而使疟原虫没有足够的胞内巢穴来进行繁殖。此外，红细胞中的葡萄糖-6-磷酸脱氢酶（G6PD）不足也会抑制寄生虫感染，这种情况很普遍，椭圆形红细胞增多症（体内的红细胞是椭圆形而非圆形）也可发挥同样的功效。

人们已经识别出血红蛋白和其他红细胞因子的数百种异常状态，但其中只有几种能够抵御疟疾。据生物学家贾里德·戴蒙德（Jared Diamond）称，就地中海贫血而言，不同地区人群的致病基因有明显的区别，足以说明这种疟疾防御机制在新几内亚就至少已独立出现过 6 次。有时，这些抗疟疾基因会在孤立的欧洲家庭中表达出来，但由于它们在无疟疾的环境中没有选择优势，所以也不会在种群中扩散。

镰状细胞的故事将孟德尔遗传学、达尔文演化理论、分子生物学以及生物学和文化的相互作用交织在一起。尽管新的抗疟疾药物不断涌现，但疟疾每年仍然会夺取将近 300 万人的性命，所以这个疾病本身在选择具有保护基因的个体方面也是一种强大的力量。镰状细胞拯救了很多人的性命，同时也夺走了不少人的性命。它的故事还远远没有结束。

[①] 原文为 one of the first Nobel prizes in 1901，该年份有误。当年的诺贝尔奖只颁发了一次，Ross 也只获得过一次诺奖，所以也不是"首个"。——译者注

镰状细胞：环境与文化

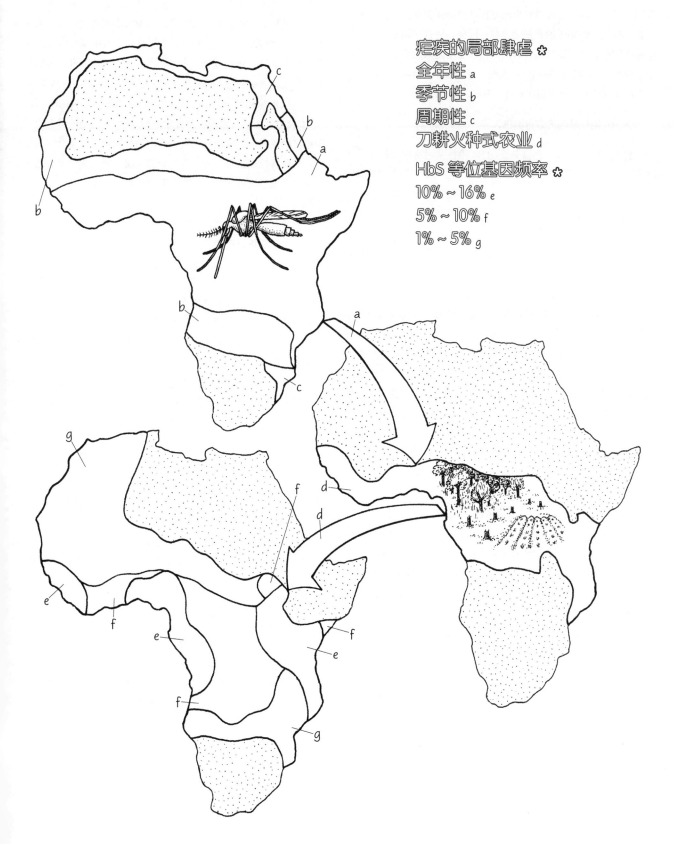

疟疾的局部肆虐 ✳
全年性 a
季节性 b
周期性 c
刀耕火种式农业 d

HbS 等位基因频率 ✳
10% ~ 16% e
5% ~ 10% f
1% ~ 5% g

6-16
人类的迁徙

人类在迁徙时也带着基因和语言一同迁徙，因而基因研究和语言研究都能为了解人类过去的迁徙活动及迁徙历史提供线索。当两个种群分离后，各自种群的基因都会继续突变。分离的时间越长，有差异的基因的数量就越多。同样，语言在词汇、发音和结构方面也会在分离后随着时间的推移发生越来越多的变化。遗传学家 L. L. 卡瓦利-斯福尔扎发现，基于世界人口的基因关系和语言所建立的两个谱系树间有着十分显著的对应关系。

为 Rh 阴性基因的分布填色。

巴斯克人的语言及其高频率的 Rh 隐性基因反映出一个关于欧洲人是如何定居下来的模型。Rh 因子既是一个广为人知的基因标记，又是一种人类血液抗原，有显性和隐性之分。如果母亲是 Rh 隐性，而胎儿是 Rh 显性，那么母亲就有可能产生针对胎儿的抗体，并导致其患上新生儿黄疸。在全世界范围内，Rh 隐性基因在欧洲比较常见，而在非洲和亚洲西部较少，在东亚和美洲及澳洲的土著中则几乎不存在。

巴斯克人生活在西班牙北部和法国西南部之间的山区，具有世界上最高的 Rh 隐性比例（25%）。他们的语言与其周围地区的群体也有很大的区别。语言和基因都表明，巴斯克人可能是最早的欧洲居民。现代的 Rh 基因分布情况很可能是由农业的扩张导致的。卡瓦利-斯福尔扎提出，新石器时代早期的农民从中东地区向西移动，将他们的 Rh 显性基因和印欧语系的语言也带到那边。我们在地图中可以看到，进一步往西边延伸，迁徙基因的混合程度显著降低。巴斯克人受迁徙的影响相对较小，这是因为他们相距很远，生活在山区，而且还具有传统的放牧文化，而不是种植文化。因此，他们比任何其他欧洲人种都保留了更多的原始基因及语言。

通过对比 DNA，我们可以追溯数万年前的人类基因关系，而语言的谱系树最多可以追溯到 5,000 年前左右，即书面文字出现的时候。语言人类学家约瑟夫·格林伯格（Joseph Greenberg）提供的证据表明，几乎所有已知的语言在指代身体部位（如手指）和较小的数字（如一、二、三）时都有共同点。例如，数字"一"在尼罗-撒哈拉语系中为"tek"，在亚非语系中为"tak"，在印欧语系中为"deik"，在美洲印第安语、爱斯基摩-阿留申语系和汉藏语系中为"tik"，而在印度-太平洋语系中则为"dik"。英语中"digit"（数字、手指）一词也明显是衍生于这个通用的词根。

世界上 42 个种群的演化起源谱系树与他们的语言谱系树表现出很强的相关性。本图版将基因和语言谱系树结合起来，呈现了一个简化的版本。

为人类种群和语言的谱系树填色。

在所有的非洲人中，桑人（布须曼人）的科依桑语系被认为可能是世界上最古老的口头语言，而桑人则可能代表着智人最古老的连续种群之一。在大约 3,000 年前，非洲中部和南部的班图人开始在非洲大规模迁徙。据格林伯格称，400 种班图语全都由尼日利亚和喀麦隆地区的早期农民使用的一种口头语言演变而来。

印欧语系包括大部分伊朗语、东印度语和所有的欧洲语言（意大利语、法语、德语、西班牙语和英语），它是地球上使用范围最广的语系。印欧语系同阿尔泰语系和印第安语系共同构成了一个诺斯特拉超语系。大量基因研究表明，亚洲人和美洲土著之间有很近的亲缘关系。阿尔泰语系则包括蒙古语、日语和西伯利亚语。

关于基因与语言之间的联系有一个最受争议的地方，那就是美洲土著和新世界的语言的关系。基因和语言各自领域中的研究结果表明，人类在历史上曾多次不连续地从亚洲迁入美洲。尽管美洲被人类占据了仅 1.5 万年，但美洲土著的族群却有超过 100 种不同的语言。格林伯格将这些语言分为三个超语系，即包括大部分语言的印第安语系，在阿拉斯加和加拿大使用的纳-德内语系，以及爱斯基摩-阿留申语系。这三个语系与地理人口亚群间的基因差异有显著的相关性。

中文有多种方言，使用者超过 10 亿人，属于汉藏语系。从基因角度来看，亚洲人可根据线粒体 DNA 的差异被分为两个群体：其中一个亚洲人群体缺少 9 个碱基对序列，而另一个亚洲人群体却具有这 9 个碱基对序列——这在几乎所有的非洲人及欧洲人中是一样的。根据这段序列缺失与否，可以推断人类走出亚洲本土的迁徙模式，这就使其成为一个很好的基因标记。几乎 100% 的波利尼西亚海岛居民都缺少这段序列，这说明他们的奠基者祖先们也有相同的情况。美拉尼西亚人和很多其他太平洋岛屿上的人群都有这段序列，说明他们的祖先来自另一个种群，并且是在另一拨迁徙中来到岛上的。东南亚人在 5 万年前便来到澳大利亚，比他们在波利尼西亚和新几内亚定居的时间早很多。澳大利亚系的独特性也反映出这段独立的历史。

尽管基因和语言派系的对应程度很高，但对应关系并不完美。语言可以在还没有发生基因改变的时候就被替换，反过来，基因也能在语言没有改变的情况下被替换。在罗马帝国的统治下，拉丁语被传播到欧洲西部和其他国家。在 19 世纪，移民浪潮下的美国经历了大规模的基因变化，但其主导语言却维持不变。

基因与语言

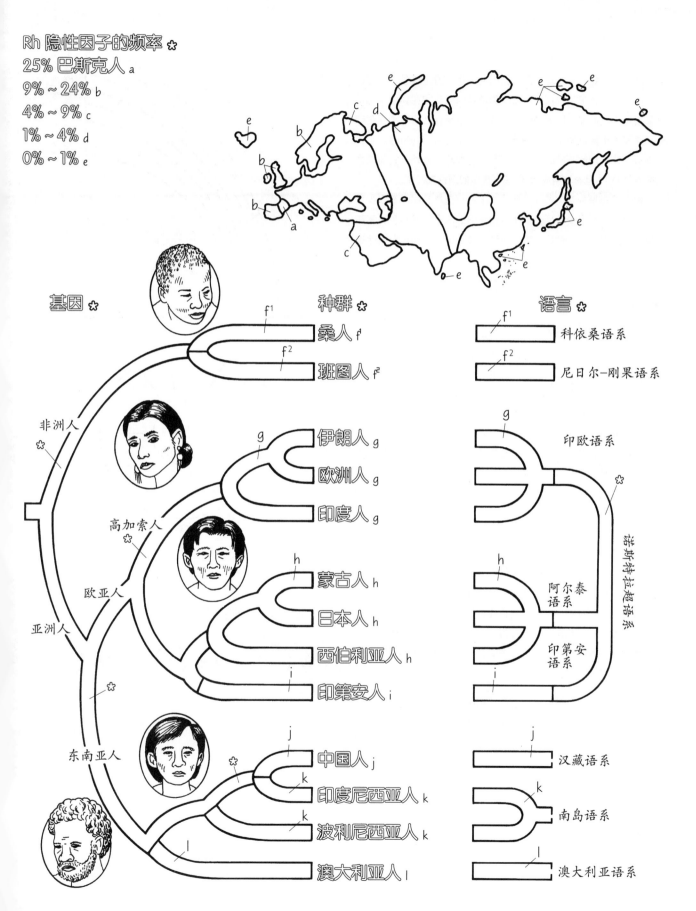

Rh 隐性因子的频率 ✿
25% 巴斯克人 a
9% ~ 24% b
4% ~ 9% c
1% ~ 4% d
0% ~ 1% e

基因 ✿

种群 ✿

语言 ✿

桑人 f   科依桑语系

班图人 f²   尼日尔-刚果语系

非洲人 ✿

伊朗人 g   印欧语系

欧洲人 g

印度人 g

高加索人 ✿

蒙古人 h   阿尔泰语系

欧亚人

日本人 h   诺斯特拉超语系

亚洲人   西伯利亚人 h   印第安语系

印第安人 i

中国人 j   汉藏语系

东南亚人

印度尼西亚人 k   南岛语系

波利尼西亚人 k

澳大利亚人 l   澳大利亚语系

321

进阶版填色技巧

这本书涉及颜色，很多很多的颜色。你要用颜色来区别各种结构，并将各个结构及其名称对应起来。颜色不仅要用来区分不同的结构，也要用来表现不同结构间的关系。通过填色，你可以给图版添加一种美学层面的质感。你填色的对象能在你的记忆中存留很多年，而部分原因是你为它选的颜色给自己留下了深刻印象。这篇关于颜色使用及其特质的简单介绍将给你的填色过程提供支持，让你理解基础的颜色知识和配色技巧。另外，它还能帮你把简单的 12 色彩笔当成 36 色甚至更多的颜色来使用。

你会选择哪种颜色？要根据什么来进行选择？你需要多少种颜色？手中又有多少种颜色？如何用手中的水彩笔或彩色铅笔拓展出多得多的颜色？最后，该怎样计划每个图版的颜色分配才能得到最好的效果呢？继续往下阅读吧。

颜色的基本原则

太阳光是白光。白光包括可见光谱中的所有颜色。在无限宽的辐射能量光谱上，可见光只占一块很窄的条带，其余大部分都是人眼不可见的。如果在阳光下放置一个棱镜，你就会看见一组光谱色。光是颜色的本质，而它自身却不是一种颜色。没有光，就没有颜色。夜晚中没有光，因而夜晚也没有颜色。

我们看到的颜色是建立在反射的基础上的。如上所述，白光包括了所有的颜色，当光线照射在物品上时，例如一颗柠檬，大多数光谱色都会被柠檬吸收。只有一小部分光线被柠檬的表面反射出来，即反射光。这就是我们感知到的颜色，也就是物品的颜色。在柠檬这个例子中，反射的颜色是黄色。

在彩虹中，我们可以看到光谱色或一系列色彩条带的另一个例子。当阳光照射到雨中，彩虹就会出现。当太阳的白光穿过雨滴时，光的路径就会被弯曲，我们称之为折射。当白光被（如棱镜或雨滴）折射后，光谱中的各个颜色分开，我们才可以看见它们。每种光谱色都有其特定的波长或特性。简单说来，彩虹光谱从紫光开始，然后依次是红色、橙色、黄色、绿色、蓝色，再回到紫色。如果我们将彩虹弯成一个圈，再将两道紫色相连，就会得到一个色轮。

为了更好地认识这些颜色变化，请根据图中标注的颜色为彩虹填色。然后，按同样的颜色次序为彩虹下侧的色轮填色，从缺口处的紫色开始。

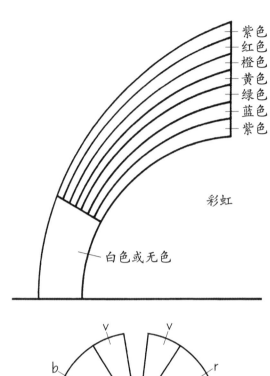

彩虹

白色或无色

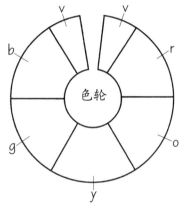

色轮

光谱中共有三种原色：

红色　　　　　黄色　　　　　蓝色

322

原色不能通过混合其他颜色而得到。然而，它们却可以互相混合，以得到其他颜色。

通过混合两种原色，你可以得到一种**二次色**。

红色 ⃝　与黄色 ⃝　可得到橙色 ⃝

黄色 ⃝　与蓝色 ⃝　可得到绿色 ⃝

红色 ⃝　与蓝色 ⃝　可得到紫色 ⃝

你还可以将原色与二次色继续混合，得到**三次色**。三次色的名称一般比较简单，由混合的两种颜色的名称叠加而成。因此，将红色和橙色混合，就可以得到三次色——橙红色。一共有 6 种三次色。

下面又有一个色轮，由三个同心圆组成。这个色轮被划分为 6 份，每份都由原色或二次色代表。

从原色开始，用标注的颜色为每一份填色。在填二次色时，尝试将原色混合起来，而不是用你可能已经有的二次色。水彩笔的效果可能不甚理想，那样的话，也许就必须使用已有的二次色。

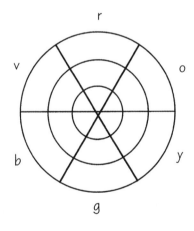

颜色被称为色调。纯色的**强度**和**饱和度**最高。

每个纯色还有另一套特征，被称为色值。色值指的是颜色的亮度或暗度。每种颜色都有一个色值区间，从非常亮（接近白色）到非常暗（接近黑色）。当需要使颜色变亮时，要将其变浅，而欲让颜色变暗时，要将其加深。举例来说，红色是一个饱和色，色值最高。粉色是较浅的红色，而酒红则是较深的红色。

先为色轮最外圈所有的颜色都叠加一层白色（或是你有的最接近白色的颜色）。和上一步一样，彩色铅笔比水彩笔的效果更好。然后，为最内圈填上黑色，但不要盖过其颜色。

现在，你已经拥有变浅和加深的原色和二次色，色轮上的每种颜色都有了 3 个色调。你可以通过改变色值的方法，重复使用一种颜色。这一点对你来说很重要。你可以用同一种颜色的不同色调来为某个图版中相关的结构或过程填色。

纯色或亮色也有不同的色值。观察一下色轮上的颜色，就可看出，蓝色的色值比黄色更大。每种颜色都有自己的色值。

下图为一个黑白色值表，由 11 个方框水平排列而成（1 号），我们称之为灰度表。从最左端的白色（w）开始，每个方框都增加 10% 的黑色，直到得出最右端 100% 的纯黑色（b）。

在灰度表下方还有另一个有 11 个方框的空白色值表（2 号）。将你的 6 种原色和二次色放在旁边。依次将每支水彩笔 / 彩色铅笔的笔尖放在上面的灰度表上挪动，找到对应色值（暗度）的灰色方框。用这支笔的颜色将该方框下面的空白框填满。如果多个颜色都具有同样的色值，请填在方框下方的空白处。

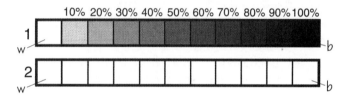

在标注有 3 号、4 号和 5 号的一系列方框中，你可以用三种颜色绘制你自己的色值表。把最左侧的方框留白（白色，w），然后将最右侧的方框涂黑（b）。从 2 号表中挑选一种纯（亮）色，将其填在 3 号表的对应方框中。向左依次变浅，直到与白色方框相连。向右依次加深，直到与黑色方框相连。完成后，再选用另外两种颜色，来完成 4 号和 5 号。

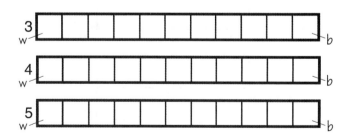

如何巧妙运用颜色

我们的下一步就是了解如何运用颜色。颜色在视觉和心理上具有很多功能，可以让人宁静放松，也可以让人产生紧张或兴奋等各种情绪。通过组合不同的颜色，艺术家可以使一种颜色看起来与另一种相似，也可以使一种颜色看上去比实际更明亮。

我们会把颜色与物理现象联系起来。与太阳和火焰相关的颜色被称为"暖色"，例如红色、黄色和橙色。在一个场景或一幅画中，暖色看起来是向前突出的。"冷色"与冰和水有关，如蓝色和绿色，其看上去是向后退的。我们可以将画面远处的景色填为冷色，以创造空气透视感。

不同颜色的组合也会产生很多效应。当选用色轮上相邻的颜色时，它们会产生协调的感觉，它们被称为类似色或协调色。类似色会使人感到平静放松。红色、紫色和蓝色就是色轮上一组典型的类似色。在这段文字旁边的空白处填上一组这些颜色，以感受它们的和谐感。再选用两种类似色填在页边的空白处。

将色轮上相隔较远的颜色组合在一起，则会产生鲜明的对比效果。对比色会产生比类似色更强烈的效果。选择色轮上距离相等的三种原色，就能得到一个三色组。原色就是一个三色组，所以红色、黄色、蓝色能够产生强烈的对比。二次色也是一个三色组。

色轮上正对的两种颜色叫做互补色，例如红色和绿色、黄色和紫色，以及蓝色和橙色。当互补色相邻时，就会增强彼此的效果。红色会变成更明亮的红色，绿色看上去也会更明亮。这叫做同时对比。

在下面的三组方框中，为每个方框上半部分的长条填上一种原色，并将其对比色填在下半部分的长条中。

如果你用的颜色是纯色，那么就能观察到同时对比的效果。诸如文森特·凡·高（Vincent van Gogh）、保罗·高更（Paul Gauguin）、图卢兹–劳特雷克（Toulouse-Lautrec）这样的艺术家都是运用对比色的大师。黑色和白色同样会产生同时对比的效果。

有意思的是，当我们让互补色相邻时，它们会使彼此更加明亮。而当我们将互补色混合后，它们却会彼此钝化或中和。

有了这些知识，你就可以更加享受为本书填色的过程了，填色技巧也会更上一层楼。那就祝你填色愉快吧！

——杰伊·戈利克、克里斯蒂娜·戈利克
美国加利福尼亚州纳帕谷学院

出版后记

　　大约在 38 亿年前，地球还是一片寂静之地。但从那时开始，无机物开始合成有机小分子，在闪电和岩浆的作用下，有机小分子合成有机大分子，有机大分子之间的相互作用最终演化出原始生命。接下来，原始生命发展出多种生命形式，当然也包括我们人类。原始生命和人类之间的桥梁就是演化，而人类在成为一个物种前经历了怎样的演化过程是我们一直以来想要弄明白的问题。

　　本书作者阿德里安娜·L. 齐尔曼是一位拥有四十多年教学经验的人类学教授，其在猿类生命史、灵长类比较解剖学和人类体质学领域都成就斐然。一次偶然的机会让善于教学的齐尔曼意识到，涂绘可能是学习人类演化过程很好的辅助手段。于是，齐尔曼和卡拉·西蒙斯等插画师联手创作了本书。正如书中提到的，人脑很复杂。文字与插图以及色彩相结合，能对大脑产生更强烈的刺激。因此，读者通过阅读、看图、涂绘的方式，不仅能更加深刻地理解与记忆本书的内容，也许还能发散思维，领略到本书未涵盖的事物。

　　自 1982 年第一版出版以来，本书受到好评，成为美国数所高校的人类学入门教材。在近二十年的时间内，科学研究和技术手段不断发展。在作者听取各方对第一版的评价，并加入运用新技术，特别是分子技术得出的研究成果后，第二版于 2001 年出版。现在，本书共有六大章、154 小节以及 154 个图版，详细介绍了演化论的合理性、演化的分子基础、演化的成果及人类演化现状，重现了灵长类—人科—人属—智人—现代人的演化历程。

　　如今，人类社会已经进入太空时代，我们的未来将在宇宙中的哪一个位置，以什么样的方式"重启"？"重启"后的发展是否会遵循我们曾在地球上适用的方式？无数的科学家投身于对人类去路的探索，而这些都应基于对人类来处的充分理解。无论你是科学家，还是人类学的学生，或者你只是一位对人类演化感兴趣的读者，本书都希望同你一起探索人类演化的足迹，并就人类将何去何从做出一些思考。

图书在版编目（ＣＩＰ）数据

成为智人：人类演化足迹探索涂绘书 /（美）阿德
里安娜·L. 齐尔曼著；程孙雪子，田保花译 . —— 福州：
海峡书局，2023.1
　书名原文 : THE HUMAN EVOLUTION COLORING BOOK
　ISBN 978-7-5567-1051-5

　Ⅰ . ①成… Ⅱ . ①阿… ②程… ③田… Ⅲ . ①人类进
化—历史—普及读物 Ⅳ . ① Q981.1-49

中国国家版本馆 CIP 数据核字 (2023) 第 005638 号

The Human Evolution Coloring Book, 2nd Edition
Copyright © 1982, 2000 by Coloring Concepts Inc.
Published by arrangement with Collins Reference, an imprint of HarperCollins Publishers.
Through Bardon-Chinese Media Agency.
Simplified Chinese translation copyright © 2023 by Ginkgo (Shanghai) Book Co., Ltd.
All rights reserved.

本书中文简体版权归属于银杏树下（上海）图书有限责任公司
著作权合同登记号：13-2023-001
审图号：GS（2023）1841 号

成为智人：人类演化足迹探索涂绘书
CHENGWEI ZHIREN: RENLEI YANHUA ZUJI TANSUO TUHUISHU

著　　者	［美］阿德里安娜·L. 齐尔曼	译　　者	程孙雪子　田保花
出 版 人	林　彬	选题策划	后浪出版公司
出版统筹	吴兴元	编辑统筹	杨建国
责任编辑	廖飞琴　龙文涛	特约编辑	赵倩莹
装帧制造	墨白空间·黄　海	营销推广	ONEBOOK
出版发行	海峡书局	社　　址	福州市白马中路 15 号
邮　　编	350001		海峡出版发行集团 2 楼
印　　刷	天津中印联印务有限公司	开　　本	889 mm × 1194 mm　1/16
印　　张	21.5	字　　数	500 千字
版　　次	2023 年 1 月第 1 版	印　　次	2023 年 6 月第 1 次印刷
书　　号	ISBN 978-7-5567-1051-5	定　　价	95.00 元

后浪出版咨询（北京）有限责任公司　版权所有，侵权必究
投诉信箱：copyright@hinabook.com　　fawu@hinabook.com
未经许可，不得以任何方式复制或者抄袭本书部分或全部内容
本书若有印、装质量问题，请与本公司联系调换，电话 010-64072833